AUTOMATISCHE AUTOMOBILGETRIEBE

MIT HYDRODYNAMISCHER KRAFTÜBERTRAGUNG

VON

PROF. DR. JOSEF STÜPER

FLUGKAPITÄN, MAICHINGEN / WÜRTTEMBERG

MIT 310 TEILS FARBIGEN TEXTABBILDUNGEN

1965

SPRINGER-VERLAG

WIEN · NEW YORK

ISBN-13: 978-3-7091-8134-8   e-ISBN-13: 978-3-7091-8133-1
DOI: 10.1007/978-3-7091-8133-1

Titel Nr. 8959

*Dieses Buch widme ich
dem Andenken der Erfinder und Konstrukteure:*

Nikolaus August Otto
** 10. 6. 1832 in Holzhausen (Taunus), † 26. 1. 1891 in Köln*

Gottlieb Daimler
** 17. 3. 1834 in Schorndorf, † 6. 3. 1900 in Cannstatt*

John Boyd Dunlop
** 5. 2. 1840 in Dreghorn (Ayrshire), † 23. 11. 1921 in Dublin*

Carl Benz
** 25. 11. 1844 in Karlsruhe, † 4. 4. 1929 in Ladenburg*

Wilhelm Maybach
** 9. 2. 1846 in Heilbronn, † 29. 12. 1929 in Cannstatt*

Rudolf Diesel
** 18. 3. 1858 in Paris, † 29. 9. 1913 (verunglückt)*

Robert Bosch
** 23. 9. 1861 in Albeck bei Ulm, † 12. 3. 1942 in Stuttgart*

Prosper L'Orange
** 1. 2. 1876 in Beirut (Syrien), † 30. 7. 1939 in Stuttgart*

Hermann Föttinger
** 12. 2. 1877 in Nürnberg, † 28. 4. 1945 in Berlin*

Ihrem genialen Schaffen verdanke ich meinen Wagen

Josef Stüper

Vorwort

Eines der modernsten Bauteile eines Automobils ist das automatische Getriebe. In den USA gehört es schon fast zur Standardausrüstung, und in Europa wächst seine Anwendung von Jahr zu Jahr. Während über diese Art der Kraftübertragung in der amerikanisch-englischen Literatur bereits einige gute Werke vorliegen, fehlt eine zusammenfassende Darstellung in deutscher Sprache. Diese Lücke soll das vorliegende Buch ausfüllen. Es wendet sich an alle, die sich für automatische Automobilgetriebe und ihre Technik interessieren: an den Fachmann im Kraftfahrwesen, den Studierenden und Lehrer, den angehenden Ingenieur oder erfahrenen Praktiker und nicht zuletzt an alle die Fahrer, die wissen möchten, wie ihr Getriebe aufgebaut ist und wie es arbeitet.

Auf die klare Darlegung der technisch-physikalischen Zusammenhänge ist großer Wert gelegt worden. Die Anforderungen an die mathematischen und physikalischen Kenntnisse des Lesers sind niedrig gehalten. Wo immer es geht, dienen zur näheren Erläuterung des Aufbaus und der Vorgänge Zeichnungen und Bilder. Ihr Studium setzt allerdings wegen der vielen erforderlichen Hinweise auf Einzelheiten die Bereitschaft des Lesers zur Mitarbeit voraus.

Dank gebührt den Werken der Automobilindustrie und den Verlagsanstalten, die mich durch die Überlassung von Unterlagen, Bildern, Zeichnungen, Druckstöcken und Beschreibungen unterstützt haben. In sehr entgegenkommender Weise hat sich Herr Dr.-Ing. H. J. Förster, der Leiter der Abteilung Sondergetriebe im Hause Daimler-Benz, bereit gefunden, das Manuskript durchzusehen; hierfür und für manchen guten Rat und Hinweis spreche ich ihm meinen herzlichsten Dank aus. Ohne Anlehnung an seine tiefschürfenden und grundlegenden Arbeiten zur Kraftübertragung in Automobilen hätte ich das vorliegende Werk kaum schreiben können.

Anerkennung schulde ich dem Springer-Verlag Wien und seinem Leiter, Herrn Senator O. Lange, der meinen Vorschlag, dieses Buch erscheinen zu lassen, sofort bereitwillig aufgriff. Die harmonische Zusammenarbeit mit den Angehörigen des Verlags machten die Pflichten des Verfassers zu einem Vergnügen.

Maichingen, im Herbst 1964   Josef Stüper

Bezeichnungen

a	Außenrad (Hohlrad) eines Planetengetriebes
A	Austritt, Index für Anfahren
b	Beschleunigung [m s^{-2}], spezifischer Kraftstoffverbrauch
B	Kraftstoffverbrauch, Index für Beschleunigung und für Bremse
c	Konstante, Absolutgeschwindigkeit, c_w Luftwiderstandsbeiwert
C	Celsius
d	Dicke
D	Durchmesser [m]
e	Basis der natürlichen Logarithmen
E	Eintritt
f	Querschnittsfläche eines Zahnes, f_R Rollwiderstandsbeiwert
F	Fläche [m^2]
g	Erdbeschleunigung (9,81 m s^{-2})
G	Gewicht [kp]
h	Stunde
h	Index für Hinterachse
i	Übersetzung $\left(\text{z. B. } \dfrac{n_1}{n_2}\right)$
k	Kupplungsfaktor, Momentaufnahmefaktor
km	Kilometer
K	Kupplung
l	Länge
L	Leitrad, Index für Luft und für Leerlauf
m	Momentenbeiwert, m_p Momentaufnahmefaktor der Pumpe
M	Drehmoment [m kp]
Min	Minute
n	Drehzahl [U/Min]
N	Leistung [PS]
p	Planetenrad, Planetenträger, Pumpe
P	Pumpenrad, Bremsbetätigungskraft [kp]
PS	Pferdestärke
Q	Volumen pro Zeit [m^3 s^{-1}], Radlast [kp]
r	Radius [m]
R	Radius, Index für Rollen und für Rückwärts
Re	REYNOLDSsche Zahl
s	Sekunde

s	Sonnenrad eines Planetengetriebes, Schlupf
S	Steigung, Sammelpunkt, Index für Steigung und für Sekunde
t	Zeit, Turbine
T	Turbinenrad, Temperatur
u	Umfangsgeschwindigkeit [m/s]
U	Umdrehung
v	Geschwindigkeit [m/s], [km/h]
V	Verzweigungspunkt, Index für Verlust und für Vorwärts
w	Relativgeschwindigkeit [m/s]
W	Widerstand [kp]
z	Zähnezahl eines Zahnrades
Z	Zugkraft [kp]
α	Steigungswinkel (tg α = Steigung), Umschlingungswinkel, Flächenverhältnis
β	Schaufelein- oder -austrittswinkel (Kantenwinkel)
γ	spezifisches Gewicht (Wichte) [kp m^{-3}], [gr/cm^3]
η	Wirkungsgrad, technische Zähigkeit
λ	Liefergrad
μ	Momentwandlung $\dfrac{M_T}{M_P}\left(=\dfrac{M_2}{M_1}\right)$, Reibungskoeffizient, μ_g Gleitreibung, μ_h Haftreibung, μ_A Momentwandlung beim Anfahren (im Start)
ν	kinematische Zähigkeit $\left(=\dfrac{\eta}{\varrho}\right)$
π	Ludolfsche Zahl (= 3,1415926...)
ϱ	Dichte [kp s^2 m^{-4}]
ψ	Drehzahlverhältnis $\dfrac{n_T}{n_P}\left(=\dfrac{n_2}{n_1}\right)$
ω	Winkelgeschwindigkeit [s^{-1}]
0	Index bei Nennleistung (Höchstleistung $N_{\max}$), z. B. M_0, n_0, Z_0
1	Hinweis auf Antrieb
2	Hinweis auf Abtrieb
mdul	*mit dem Uhrzeigersinn laufend*
edul	*entgegen dem Uhrzeigersinn laufend*

Die amerikanischen Getriebebezeichnungen werden oft getrennt geschrieben, z. B. Cruise-O-matic. Hier ist einheitlich die gebundene Schreibweise (z. B. Cruiseomatic) benutzt worden.

Die Bezeichnung „Getriebeautomat" ist sprachlich nicht einwandfrei; der Hauptbegriff muß hinten stehen. Richtig (aber nicht glücklich) ist die Wortbildung „Automatikgetriebe" oder „Automatgetriebe".

Quellenverzeichnis der Abbildungen

Borg-Warner: Abb. 53, 61 bis 64, 136, 235 bis 237.

Chrysler: Abb. 228, 229, 231, 239, 240.

Van Doorne's Automobielfabriek: Abb. 274, 275, 277.

Daimler-Benz: Abb. 44, 48, 65, 114, 115, 137, 211, 212, 214, 215, 290 bis 293, 296, 297, 301, 302.

Ford (über Ford Köln): Abb. 38, 53, 57, 58, 60, 221, 224 bis 226, 243, 244, 262, 264.

General Motors (über Adam Opel Rüsselsheim): Abb. 20, 25, 51, 56, 57, 68, 158, 159, 173, 177, 178, 180, 182, 191, 192, 248 bis 250, 252, 254, 256, 257, 260, 266, 267, 269 bis 272.

Hobbs: Abb. 282.

Renault: Abb. 67, 116, 303 bis 305.

ZF (Friedrichshafen): Abb. 307 bis 309.

Aus [6] Abb. 113; aus [11] Abb. 100, 107; aus [15] Abb. 92, 117; aus [18] Abb. 7, 32, 33, 36, 52, 54, 163 bis 171, 185, 207, 209, 213; aus [19] Abb. 71, 99; aus [28] Abb. 59, 162, 186, 187; aus [36] Abb. 133, 175, 183, 189, 196, 200, 220, 222, 232; aus [59] Abb. 6, 18; aus [126] Abb. 88, 93, 94, 118 bis 123, 202; aus [127] Abb. 70, 72 bis 79; aus [199] Abb. 105; aus [208] Abb. 102; aus [249] Abb. 281, 283, 285, 286 bis 288; aus [250] Abb. 124 bis 127; aus [252] Abb. 245; aus [330] Abb. 156, 310; aus [349] Abb. 145, 146.

Die übrigen Bilder und Zeichnungen stammen aus dem Archiv des Verfassers.

I. Einführung

Unsere Zeit steht im Zeichen der Motorisierung des Verkehrs und der Motorisierung des einzelnen. Millionen von Kraftwagen bewegen sich in den Städten und Dörfern, auf den Landstraßen und Autobahnen, deren Netz kaum mit der Zunahme Schritt halten kann. Das Erlernen der Kunst, ein Automobil zu steuern, gehört heute fast zur Grundausbildung eines Menschen. Neben dem Streben nach Steigerung der Leistungsfähigkeit und der Wirtschaftlichkeit des Kraftwagens geht die technische Entwicklung dahin, seine Handhabung zu vereinfachen, um so Komfort und Sicherheit im Verkehr zu erhöhen. Sie zielt darauf ab, dem Fahrer möglichst viel an Denk-, Fuß- und Handarbeit abzunehmen. Er soll nur noch die Bedieneinrichtungen vorfinden, auf die man nicht verzichten kann:

das Lenkrad für die Richtung,

den Gashebel und die Bremse für die Regelung der Geschwindigkeit und *sonst nichts.*

Das gilt für den normalen Fahrbetrieb. Beim Start kommt das Anlassen des Motors und das Umschalten auf Vorwärts- oder Rückwärtsfahrt, bei Nacht das Schalten der Beleuchtung hinzu.

Ein Wagen stellt nun an die Zugkraft und an ihr Ausmaß unter den verschiedenen Fahrverhältnissen: Anfahren, Beschleunigen, Überwinden von Steigungen, Einhalten einer Geschwindigkeit bestimmte Anforderungen, die vom Motor, der mit seiner Leistung die Zugkraft erzeugt, erfüllt werden müssen. Leider gibt der Verbrennungsmotor bei all seinen sonstigen Vorzügen, die ihn schlechthin zu *der* Kraftquelle im Automobil machen, seine Leistung in einer Form ab, die den skizzierten Eigenarten des Fahrbetriebes nicht entspricht. Die Kennung des Motors, wie man den Verlauf der Leistung oder des Drehmomentes in Abhängigkeit von der Drehzahl nennt, muß gewandelt werden. Als *Kennungswandler* dienen die allen Autofahrern bekannten Einrichtungen von Kupplung und Schaltgetriebe. Sie sind ein empfindlicher Nachteil, der nun einmal im Charakter des Verbrennungsmotors begründet ist. Daß es auch ohne Kupplung und Getriebe gehen kann, beweist das Bild einer der ersten Dampflokomotiven, Abb. 1, bei der die Kraft des gespannten Dampfes unmittelbar auf die Antriebsräder übertragen wird, wie es auch heute noch geschieht. Beim Getriebe und der Kupplung eines Automobils würde man den Aufwand an Gewicht, Raum und Kosten vielleicht noch

hinnehmen, wenn nicht eine völlig unnötige und unerwünschte Erschwerung der Bedienung hinzukäme. Manche Fahrschüler und noch
mehr die Fahrlehrer können ein Lied davon singen. Dieses Übel sollen
die automatischen Automobilgetriebe beseitigen, die in Zusammenarbeit mit dem Motor eine Kennung liefern, d. h. eine Leistungsabgabe
erwirken, die genau zu den Anforderungen des Fahrbetriebes eines
Wagens paßt. Man kann sie geradezu als Ergänzung oder Bestandteil des
Motors ansehen, der dann zu seiner Regelung nur noch den Gashebel besitzt.

Abb. 1. Eine der ersten Lokomotiven, „*The Rocket*" von STEPHENSON (1829)

Mit den automatischen Automobilgetrieben, ihrem Aufbau, ihren
Einzelteilen und ihrer Arbeitsweise befaßt sich dieses Buch. Die ersten
marktgängigen automatischen Getriebe sind in Amerika konstruiert und
gebaut worden, und dort haben sie sich schnell und gründlich die Gunst
der Käufer erworben. Etwas langsam und zögernd, aber doch stetig
greift diese Entwicklung nach Europa über. Alle amerikanischen Getriebe
haben ohne jede Ausnahme die gleiche Grundform, die sich offensichtlich
als die zur Zeit beste Lösung herausgeschält hat: Eine hydrodynamische
Kupplung oder ein hydrodynamischer Wandler, die oft auch nach dem
Erfinder FÖTTINGER benannt sind, arbeitet zusammen mit einem Planetengetriebe. Falls erforderlich, übernimmt eine hydraulische Steuerautomatik das Schalten im Getriebe.

Damit ist die Grundeinteilung des vorliegenden Buches gegeben. Der erste Abschnitt berichtet über die Anforderungen, die der Fahrbetrieb eines Automobils an die Kraftquelle stellt. Anschließend wird die Leistungsabgabe eines Verbrennungsmotors dargelegt und die Zusammenarbeit von Wagen und Motor behandelt, wie sie sich mit dem Einfügen von Kupplung und Getriebe ergibt.

Die drei nächsten Kapitel, die den zweiten Teil des Buches darstellen, sind der technischen Physik des Planetengetriebes, der FÖTTINGER-Kupplung und des FÖTTINGER-Wandlers gewidmet. Ein historischer Abriß gibt einen Rückblick auf die Entwicklung der FÖTTINGER-Getriebe. In dem Abschnitt über die Versuche zur Verbesserung des Wirkungsgrades der Strömungsmaschinen wird auch auf die Auswirkung der Leistungsverzweigung eingegangen.

Der dritte Teil des Buches befaßt sich mit der eingehenden Darlegung und Beschreibung von ausgeführten automatischen Automobilgetrieben. Die ersten vier Kapitel zeigen die amerikanischen Getriebe, zunächst die *Hydramatic*-Ausführungen der GENERAL MOTORS CORPORATION, die eine FÖTTINGER-Kupplung mit Planetensätzen aufweisen. Im zweiten Abschnitt wird die sehr interessante Entwicklung des *Dynaflow*-Getriebes und seiner Varianten dargestellt, während das dritte Kapitel den automatischen Getrieben für die Compact Cars vorbehalten ist. Im vierten Abschnitt sind dann die jüngsten Konstruktionen, die automatischen Getriebe für die Modelle 1964 beschrieben. Im Anschluß daran werden die Arbeiten in Europa zur Schaffung automatischer Automobilgetriebe aufgezeichnet, ein Bild, das im Hinblick auf die hierbei angewandte Technik wesentlich bunter ist als das amerikanische. Wenn auch in diesem Abschnitt Getriebe vorkommen, die keine hydrodynamische Kraftübertragung aufweisen, so glaubten wir doch bei der Bedeutung der FÖTTINGER-Getriebe an dem Untertitel des Buches festhalten zu dürfen.

Als Abschluß werden noch einige Hinweise auf das Fahren mit automatischen Getrieben gegeben. Zum Schluß ist neben dem Namen- und Sachverzeichnis ein ausführliches Literaturverzeichnis angefügt, auf das im Text die Zahlen hinweisen, die in eckigen Klammern stehen.

A. Leistungsbedarf eines Automobils

Wenn ein Wagen auf ebener Straße mit gleichbleibender Geschwindigkeit dahinrollt, so treten zwei Widerstände auf, der *Rollwiderstand* W_R und der *Luftwiderstand* W_L. Soll das Fahrzeug unter Beibehalten der Geschwindigkeit auch noch eine Steigung überwinden, so kommt der *Steigungswiderstand* W_S hinzu. Schließlich bedingt eine Erhöhung der Geschwindigkeit, die bei jeder Fahrt von Null an beginnt, einen weiteren

Widerstand, den nach dem NEWTONschen Grundgesetz jeder Körper einer Änderung seiner Geschwindigkeit entgegensetzt, den *Beschleunigungswiderstand* W_B.

Der gesamte *Fahrwiderstand* $W = W_R + W_L + W_S + W_B$ muß nun durch die Zugkraft Z, die der Motor mit seiner Leistung N und dem Drehmoment M an den Antriebsrädern erzeugt, überwunden werden.

Zu den einzelnen Widerstandsarten ist folgendes zu bemerken. Der *Rollwiderstand* entsteht durch die Arbeit der Reifen auf der Fahrbahn, durch die Walkarbeit im Reifen und als Lüfterwiderstand des Rades. Er hängt auf der einen Seite von der Art der Fahrbahn und ihrer Beschaffenheit, auf der anderen Seite von dem Reifen selbst, dem Reifendruck und dem Reifendurchmesser und in geringem Maße auch von der Fahrgeschwindigkeit ab; bei größerer Geschwindigkeit nimmt er etwas zu. Der Rollwiderstand ist proportional dem Wagengewicht; zur Berechnung setzt man daher $W_R = f_R \cdot G$, wobei f_R der Rollwiderstandsbeiwert ist. In der Literatur [3] werden für Luftreifen folgende Werte für f_R angegeben:

Kopfsteinpflaster	0,015
Kleinpflaster	0,015
Beton, Asphalt	0,015
Schotter, gewalzt	0,02
Schotter, geteert	0,025
Erdweg	0,05
Ackerboden	0,1

Man kann für Überschlagsrechnungen mit einem Mittelwert von 0,02 rechnen.

Der *Luftwiderstand*, den ein Gegenstand bei der Bewegung durch Luft erfährt, nimmt zu mit dem Quadrat der Geschwindigkeit und mit der Größe des Körpers. Einen besonders starken Einfluß hat die äußere Form. Bezeichnet man mit ϱ die Dichte der Luft (in Erdnähe ist im Mittel $\varrho = 0{,}125\ \frac{\text{kp s}^2}{\text{m}^4}$), mit F die größte Querschnittsfläche (Spantfläche) des Fahrzeugs senkrecht zur Bewegungsrichtung, mit v die Fahrgeschwindigkeit, so setzt man: $W_L = c_w \frac{\varrho}{2} v^2 F$; dabei ist c_w der Luftwiderstandsbeiwert, der den Einfluß der Körperform erfaßt. Es hat sich gezeigt, daß innerhalb des bei Automobilen vorkommenden Geschwindigkeitsbereichs c_w als unveränderlich angesehen werden darf. Die Größe von c_w schwankt zwischen etwa 0,2 bei einem gut stromlinienförmig verkleideten Rennwagen bis zu etwa 0,6 bei einem Wagen älterer Ausführung (mit Kotflügeln, freistehenden Scheinwerfern). Die heutigen Ponton-Limousinen, deren Aufbau und äußere Gestaltung mit Recht nicht nur von der Strömung, sondern auch vom Zweck her bestimmt sind, weisen ungefähr ein $c_w \approx 0{,}3$ bis 0,4 auf.

Der *Steigungswiderstand* ist die Komponente des Wagengewichtes G in Bewegungsrichtung, Abb. 2. Aus dem Bild liest man sofort ab, daß $W_S = G \sin \alpha$ ist, wenn man mit α den Steigungswinkel bezeichnet. Den Wert von tg α nennt man die Steigung, die meist in Prozenten angegeben wird; es ist demnach das Verhältnis vom Höhengewinn zur Projektion der Wegstrecke auf die Waagerechte. Eine Steigung von 100% hat demnach einen Neigungswinkel von 45°.

Beim Befahren von Gefällen erhält man einen ,,negativen Widerstand'', also eine Zugkraft. Man kann diese Kraft zur Überwindung von Roll- und Luftwiderstand benutzen und so ohne jede weitere Kraftquelle zu Tal fahren.

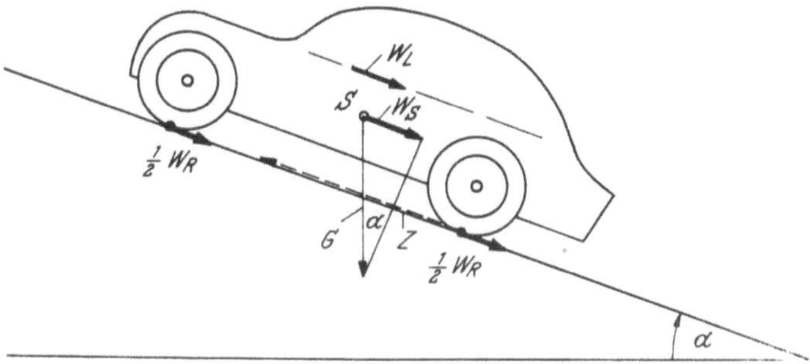

Abb. 2. Kräftespiel an einem Automobil; S Schwerpunkt, W_L Luftwiderstand, W_R Rollwiderstand, W_S Steigungswiderstand, Z Zugkraft, α Steigungswinkel

Das Gewicht des Wagens darf man sich in einem Punkt, dem Schwerpunkt, vereint vorstellen, s. Abb. 2; hier greifen der Steigungswiderstand W_S (und der Beschleunigungswiderstand W_B) an. Der Luftwiderstand wirkt längs einer Linie parallel zum Boden, die meist etwas oberhalb des Schwerpunktes verläuft. Man achtet bei der Formgestaltung von Automobilen darauf, daß als Luftkraft nur ein Widerstand auftritt, aber keine Kraft, die den Wagen anhebt (Auftrieb) oder herunterdrückt. Der Angriffsort des Rollwiderstandes W_R ist die Berührungsstelle zwischen Reifen und Fahrbahn. Bei den Antriebsrädern entsteht hier auch die Zugkraft Z.

In Abb. 3 ist für den Durchschnittsfall, wie er bei den allermeisten Wagen vorliegt, der Leistungsbedarf in dimensionsloser Form aufgezeichnet. Die Geschwindigkeit v ist dabei auf die Höchstgeschwindigkeit $v_{\max}$ bezogen. Bei dieser Höchstgeschwindigkeit ist bei Fahrt in der Ebene das Drehmoment an den Antriebsrädern gleich M_0, das dort dann am Radumfang die Zugkraft Z_0 hervorruft. Mit diesen Werten von M_0 und Z_0 sind die Angaben des Momentes M in der Antriebsachse und der

Zugkraft Z dimensionslos gemacht. Die Kurve für den Fahrwiderstand in der Ebene ist dick ausgezogen ($W_R + W_L$); die gestrichelten Kurven geben den Zugkraftbedarf für die verschiedenen Steigungen an.

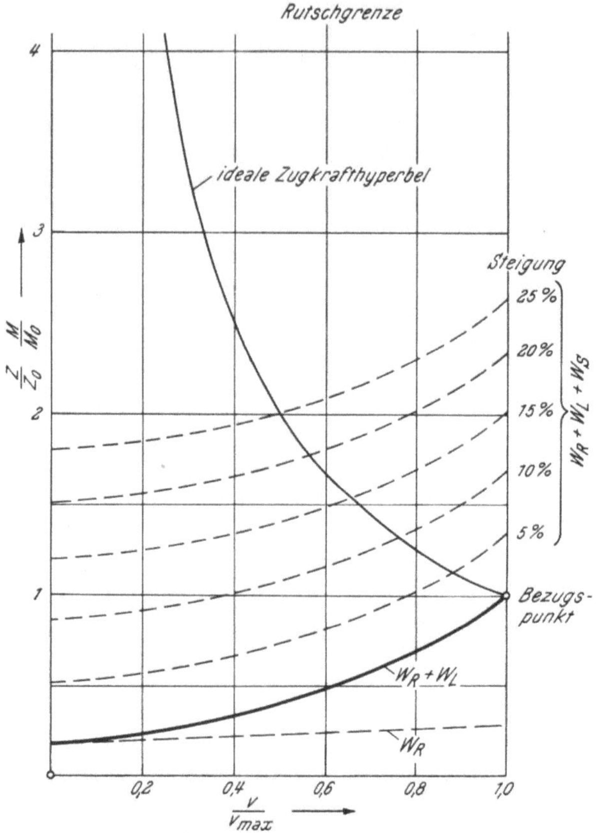

Abb. 3. Zugkraftbedarf eines Fahrzeugs; M Drehmoment, Z Zugkraft, v Geschwindigkeit, Bezugspunkt: Höchstgeschwindigkeit v_{max} mit M_0 und Z_0

Nimmt man nun an, daß die für die Höchstgeschwindigkeit v_{max} erforderliche Leistung auch bei allen kleineren Geschwindigkeiten ungeschmälert zur Verfügung steht, sei es durch die Art der Kraftquelle oder z. B. durch ein stufenloses Getriebe, so kommt man, weil $Z = \dfrac{Z_0}{v/v_{max}}$ ist, zu einem Zugkraftverlauf in Form einer Hyperbel. Da hier die günstigsten und deshalb gewünschten Verhältnisse vorliegen, nennt man sie die „ideale Zugkrafthyperbel".

Die Zugkraft an den Antriebsrädern kann man nicht beliebig steigern. Sie findet ihre Grenzen an der Haftung am Boden. Ist Q die Last, die auf einem Rad liegt, so ist der Grenzwert der Zugkraft Z_g anzusetzen mit $Z_g = \mu_h Q$. Dabei ist μ_h der Haftreibungsbeiwert (Kraftschlußbeiwert), der vom Zustand der Fahrbahn und vom Reifen abhängt. Einige Werte von μ_h sind in der Tabelle 1 zusammengestellt [3]. Mit steigender Fahrgeschwindigkeit nimmt μ_h etwas ab. Für trockene Straßen kann man als Mittelwert mit $\mu_h = 0,6$ rechnen. Wenn das zu Z_g gehörende Drehmoment an der Antriebsachse überschritten wird, so beginnt der Reifen zu rutschen. Der Gleitreibungswert μ_g, der dann an die Stelle von μ_h tritt, ist meist kleiner als μ_h, so daß auch die Zugkraft beim Rutschen kleiner wird.

Tabelle 1. *Haftreibungsbeiwerte μ_h von Luftreifen*

Straßendecke	trocken	naß		vereist
		sauber	schmierig	
Schotter, gewalzt	0,7	0,5	0,4	
Schotter, gewalzt, geteert...	0,6	0,4	0,3	
Beton	0,65	0,5	0,3	
Kopfsteinpflaster	0,6	0,4	0,3	trocken 0,2,
Teermakadam	0,55	0,4	0,3	naß 0,1
Kleinpflaster..............	0,55	0,3	0,2	und kleiner
Asphalt, Holzpflaster	0,55	0,3	0,2	
Erdweg, Ackerboden	0,45	—	0,2	

In Abb. 3 ist oben die Rutschgrenze angedeutet als Hinweis, daß hier das Arbeitsfeld des Zugkraft-Geschwindigkeits-Diagramms ein Ende findet. Für ein gewöhnliches Automobil mit durchschnittlicher Leistungs-belastung und der üblichen Verteilung der Achslasten liegt bei dem Mittelwert von μ_h die Rutschgrenze bei Z/Z_0 oder M/M_0 zwischen 4 und 6, leicht abnehmend bei steigender Geschwindigkeit. Kleinere Leistungsbelastung, z. B. bei Rennwagen, oder geringere Belastung der Antriebsachse oder kleinerer Reibungskoeffizient, z. B. bei Straßen-nässe oder gar Glatteis, lassen die Rutschgrenze tiefer liegen.

Der zwischen der durch die Steigung festgelegten Fahrwiderstands-linie und der Zugkrafthyperbel liegende Rest des Momentes oder der Zug-kraft steht für die Beschleunigung, d. h. für die Überwindung des *Be-schleunigungswiderstandes* W_B zur Verfügung. Dabei entspricht der Verlauf der idealen Zugkrafthyperbel sehr den Anforderungen des Fahr-betriebes; denn gerade je kleiner die Geschwindigkeit noch ist, umso größer ist das Verlangen nach Beschleunigung, um möglichst bald die gewünschte Fahrgeschwindigkeit zu erzielen. Andererseits sollte bei der normalen Reisegeschwindigkeit noch eine Reserve an Zugkraft vor-handen sein zur Überwindung von Steigungen ohne zu große Einbuße an Geschwindigkeit oder für Überholvorgänge.

Bezeichnet man das Wagengewicht mit G (in kp), die Erdbeschleunigung mit g ($= 9{,}81$ m/s^2) und die Beschleunigung des Wagens mit b (in m/s^2), so ist $W_B = \dfrac{G}{g}\, b$. Die Beschleunigung eines Automobils hängt natürlich sehr stark von der zur Verfügung stehenden Motorleistung ab. In den Testberichten und Firmenangaben wird meist die Zeit angegeben, die der Wagen vom Start oder von einem Geschwindigkeitswert an benötigt, um mit voller Ausnutzung der Antriebsmittel eine

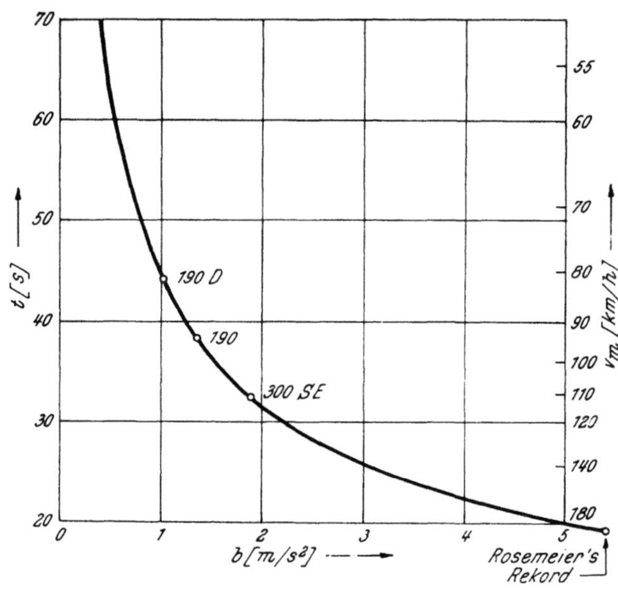

Abb. 4. Fahrzeit t für 1 km bei stehendem Start bei mittlerer konstanter Beschleunigung b; v_m mittlere Geschwindigkeit

bestimmte Geschwindigkeit zu erreichen. Zusätzlich wird oft mitgeteilt, in welcher Zeit vom stehenden Start aus die Strecke von einem Kilometer zurückgelegt wird. Setzt man eine konstante Beschleunigung voraus, so erhält man den in Abb. 4 dargestellten Zusammenhang zwischen der Beschleunigung b und der Zeit t für 1 km. An der rechten Seite ist noch die dabei erzielte mittlere Geschwindigkeit v_m angezeigt. Eingetragen sind die Zeitwerte für einige Wagen der DAIMLER-BENZ AG und die Weltrekordmarke von BERND ROSEMEYER (1937). Auf diesen Rekord, der zweifellos eine Spitzenleistung bedeutet und der daher sehr lange unüberboten blieb, war ROSEMEYER mit Recht besonders stolz, da für das sehr genaue Durchschalten der einzelnen Gänge höchste Fahrkunst erforderlich war.

In Wirklichkeit ist die Beschleunigung beim Fahren über die Prüfstrecke von 1 km nicht konstant. Schon die Differenz zwischen Zugkraft und Fahrwiderstand in Abb. 3 läßt erwarten, daß sie unmittelbar im Start ihren größten Wert hat, um dann gegen Ende der Strecke mehr und mehr abzunehmen. Im Mittel weisen die heutigen Personenwagen im Start eine Beschleunigung von etwa 2 bis 3 m/s² auf.

B. Leistungsabgabe eines Automobilmotors

Es würde die bauliche und technische Anordnung eines Fahrzeugs sehr vereinfachen, wenn der Antriebsmotor seine Leistung in einer Form abgibt, die in etwa der idealen Zugkrafthyperbel entspricht, d. h. die Leistung müßte fast unabhängig von der Drehzahl der Motorwelle sein. Diese Voraussetzung wird ziemlich weitgehend von einer Dampfmaschine erfüllt, und deshalb konnte man, wie schon Abb. 1 zeigte, die Kolben der Maschine direkt mit den Antriebsrädern verbinden[1]. Auch ein Hauptstrom-Elektromotor weist eine ähnliche Charakteristik in seiner Leistungsabgabe auf; daher läßt man z. B. in Straßenbahnen die Motoren direkt auf die Antriebsachse wirken. (Ein dazwischengeschaltetes festes Zahnradpaar zur Anpassung der Drehzahlen soll in diesem Fall als Bestandteil des Motors, als Vorgelegewelle, angesehen werden.)

Leider liegen bei den Motoren nach dem OTTO- oder DIESEL-Prinzip, die nahezu ausschließlich für Automobile in Frage kommen, die Verhältnisse nicht so günstig. Den Verlauf des Drehmomentes und der Leistung eines Motors in Abhängigkeit von der Drehzahl nennt man seine Kennung. Eine große Rolle spielt dabei die Regel- oder Steuereinrichtung, die bei den Verbrennungsmotoren meist als Gasdrossel (Drosselklappe, Gaspedal, Fahrfußhebel o. ä.) bekannt ist, auch dann wenn die Regelung selbst durch andere Eingriffe (Brennstoffzufuhr usw.) erfolgt. Bei allen Steuereinrichtungen zur Dosierung der Leistungsabgabe ist ein Betriebszustand völlig eindeutig, die Vollgasstellung. Hierbei wird aus dem Antriebsmotor bei allen Drehzahlen die höchste Leistung herausgeholt. In Abb. 5 ist der charakteristische Verlauf der Vollgas-Kennlinien eines Automobilmotors aufgezeichnet. Die Momentenkurve ist weit von einer Hyperbel entfernt, sie verläuft fast konstant mit der Drehzahl, im Anfang leicht ansteigend, dann abfallend. Man spricht von einer Büffelcharakteristik wegen der Ähnlichkeit des Kurvenverlaufs mit der oberen Körperkontur dieses Tieres. Die Leistungskurve steigt fast linear an, um dann am Ende bei hohen Drehzahlen zu einem Maximum (N_{max}) umzubiegen.

---

[1] A. MAIER machte kürzlich darauf aufmerksam, daß schon JAMES WATT erkannt hatte, daß ein Dampfwagen auf Straßen, die auch Pferde benutzen, dringend ein Getriebe benötigt. Deshalb beanspruchte WATT im Jahre 1784 das erste Patent für ein Wechselgetriebe [21 a, 123].

Zu dieser Höchstleistung des Motors gehören das Drehmoment M_0 und die Drehzahl n_0. Bei manchen Motoren liegt die höchstzulässige Drehzahl n_{max} noch etwas über n_0 hinaus; die Leistung fällt dann (wegen der nicht mehr vollständigen Füllung der Motorzylinder) ab. Im folgenden lassen wir gelegentlich im Sinne einer Vereinfachung n_0 und n_{max} zusammenfallen, was für die behandelten Vorgänge ohne Einfluß ist.

Von den oben erwähnten Kraftquellen Dampfmaschine und Hauptstrom-Elektromotor unterscheidet sich die Brennkraftmaschine völlig in ihrem Verhalten beim Start. Sie kann nicht unter Last anfahren, ja nicht

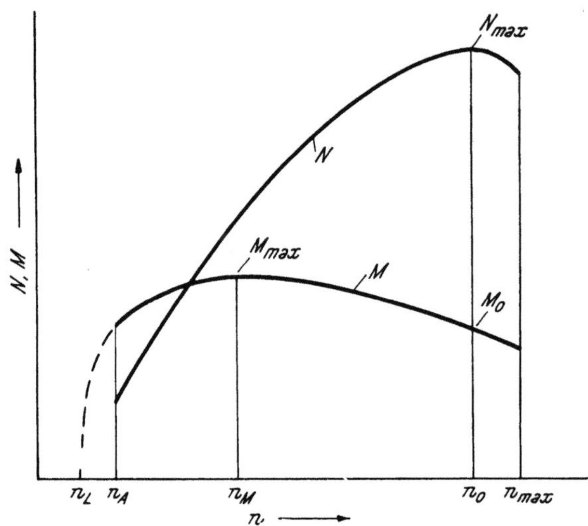

Abb. 5. Charakteristischer Verlauf der Vollgas-Kennlinien eines Verbrennungsmotors (Brennkraftmaschine); n Drehzahl, M Drehmoment, N Leistung

einmal ohne Last aus eigener Kraft anlaufen, sondern muß von einer fremden Maschine (Anlasser) in Gang gebracht werden. Danach darf eine bestimmte Drehzahl, die Leerlaufdrehzahl n_L (s. Abb. 5), die etwa bei 400 bis 800 U/Min liegt, nicht unterschritten werden, andernfalls bleibt der Motor stehen, er wird abgewürgt. Eine ruckfreie Leistungsabgabe, wie sie z. B. zum Anfahren oder gleichmäßigen Rollen in der Ebene erforderlich ist, kann sogar erst oberhalb einer Drehzahl n_A ($\approx$ 1000 U/Min und mehr) erfolgen. Das Drehmoment hat an dieser Stelle schon fast seinen nahezu konstanten Wert erreicht.

Zur Kennung eines Motors gehört natürlich nicht nur sein Verhalten bei Vollgas, sondern auch bei den verschiedenen Zwischenstellungen der Gasdrossel bis herunter zur Leerlaufstellung. Darüber hinaus möchte man oft gern Kenntnis haben über den Kraftstoffverbrauch bei den verschiedenen Betriebszuständen, einmal absolut als Meßwert B in kp/h, dann als spezifischer Verbrauch b_e in $\frac{\text{gr}}{\text{PS} \cdot \text{h}}$. Weiterhin interessiert manchmal der Unterdruck im Vergaser und im Saugrohr des Motors. Diese Drücke werden für Regelzwecke (z. B. Einspritzmotor) oder für Servogeräte (Bremshilfe, automatische Kupplung o. ä.) herangezogen. Alle diese Kurven ergeben das *Kennfeld*, das als Beispiel für einen beliebig gewählten Motor mit einer Höchstleistung von 48 PS bei 4200 U/Min

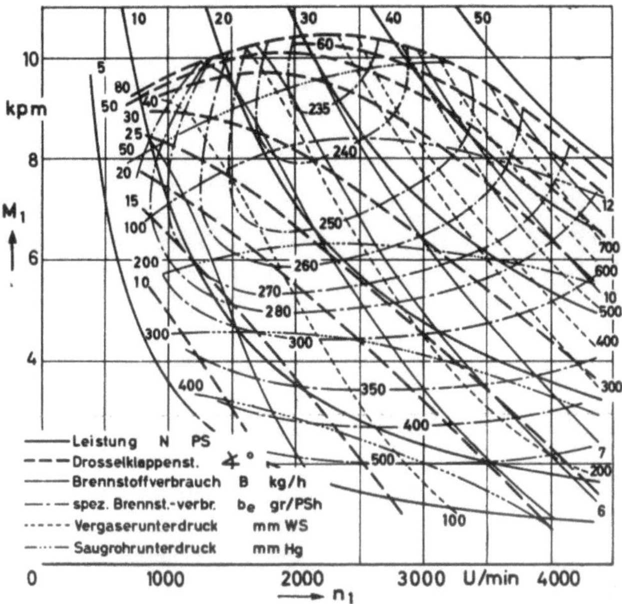

Abb. 6. Kennfeld eines Automobilmotors

in Abb. 6 wiedergegeben ist [59]. Aufgetragen ist über der Drehzahl n_1 der Kurbelwelle das Drehmoment M_1 an dieser Welle. Die hyperbelförmigen Äste für die Leistung N gehören zum Koordinatennetz; sie ergeben sich aus der Beziehung $N = c\, n_1\, M_1$. Dabei ist c eine Konstante, die sich aus der Wahl der Maßeinheiten für N, n_1 und M_1 ergibt. Mißt man N in PS, n_1 in U/Min und M_1 in m kp, so ist $c = 1/716{,}2$.

Es würde in den folgenden Darlegungen selbstverständlich viel zu weit, ja ins Uferlose führen, wenn alle Betrachtungen jeweils auf das ganze Kennfeld ausgedehnt werden. Wir folgen daher dem Brauch in der Literatur und beschränken uns bei den meisten Überlegungen auf die Vollgas-Kennlinie; andere Betriebszustände werden dann berücksichtigt, wenn es von Bedeutung ist.

C. Die Kupplung

Um den laufenden Motor für den Start mit den zunächst noch stillstehenden Antriebsrädern zu verbinden, benötigt man einen Drehzahlwandler, der eine allmähliche Übertragung der Motorleistung vornimmt, ohne daß dabei die Drehzahl des Motors zu sehr absinkt. Diese Aufgabe übernimmt die *Kupplung.* Die gebräuchlichste Ausführung ist eine Scheiben-Reibungskupplung, Abb. 7, bei der eine Scheibe, meist das Schwungrad, am Ende der Motorwelle sitzt, während die zweite, gegenüberstehende Mitnehmerscheibe mit der Abtriebswelle vereint ist. Durch die Kupplungsdruckfedern wird die Mitnehmerscheibe zwischen Schwungrad und Druckplatte eingeklemmt. Wenn man auf das Kupplungspedal tritt, so sind die Scheiben in einem kleinen Abstand voneinander getrennt, der Kraftfluß vom Motor zu den Rädern ist unterbrochen. Vor dem Fahrbeginn dreht sich die eine Scheibe mit Motordrehzahl, die andere steht still. Durch allmähliches Loslassen des Pedals werden Schwungrad, Mitnehmerscheibe und Druckplatte mit ihren Kupplungsbelegen gegeneinander gedrückt. Durch die Reibung und mit Schlupf nimmt das Schwungrad die Mitnehmerscheibe mehr und mehr mit, bis beide fest miteinander verbunden sind und sich gleich schnell drehen. Bei diesem Kupplungsvorgang muß dem Motor Gas gegeben werden, so daß seine Drehzahl nicht absinkt.

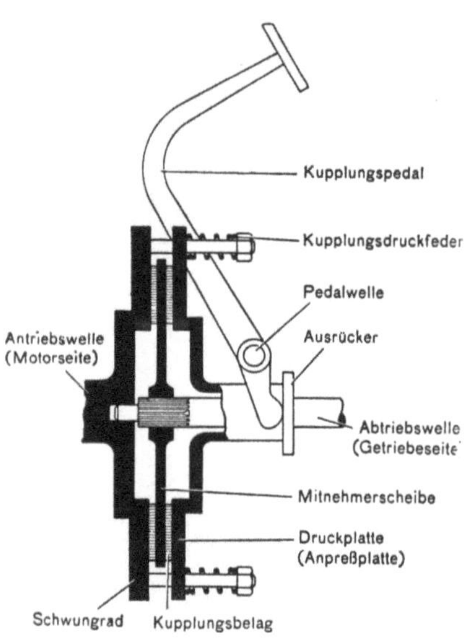

Abb. 7. Prinzipieller Aufbau einer Scheibenkupplung

Das bei dem Schlupf übertragene Drehmoment ist gleich dem Motormoment M_1. (Von der stoßartigen Erhöhung von M_2 durch plötzliches Einkuppeln nach Erhöhen der Motordrehzahl und somit Ausnutzen der Schwungkraft des Motors sei hier abgesehen, weil diese Methode für die Praxis ohne Bedeutung ist.) Es kann also höchstens das maximale Motormoment M_{max} durch eine Reibungskupplung übertragen werden, wenn man den Motor auf die Drehzahl n_M (s. Abb. 5) bringt. Diese Verhältnisse sind in Abb. 8 skizziert. Aufgetragen ist über der Fahrgeschwindigkeit v/v_{max} (oder gleichbedeutend über der Abtriebsdrehzahl n_2/n_0) der Verlauf des vom Motor herrührenden Momentes M_1/M_0 (hier ist die Geschwindigkeit bei n_0 gleich v_{max} gesetzt), wenn der Motor direkt mit der Abtriebswelle verbunden wäre. Gestrichelt ist der Gang des Abtriebsmomentes M_2 unter Einwirkung der Kupplung eingezeichnet. Dabei ist die Motordrehzahl n_1 während des Einkuppelns auf der Höhe gehalten, die zu dem Maximum von M_1 gehört. Ein Anfahren wäre auch mit etwas kleineren Motordrehzahlen (bis herunter zu n_A in Abb. 5) möglich gewesen, entsprechend dem schraffierten Bereich in Abb. 7.

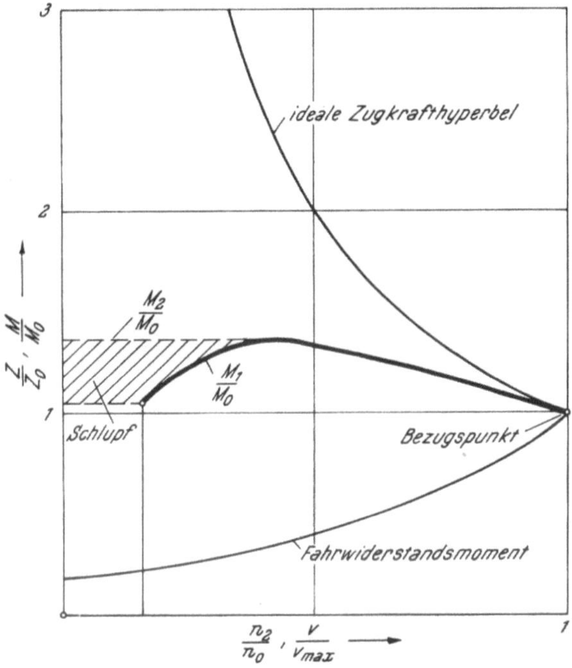

Abb. 8. Einwirkung einer Reibungskupplung auf den Momentenverlauf; n_2 Abtriebsdrehzahl, M Moment, v Fahrgeschwindigkeit, Bezugspunkt: Höchstgeschwindigkeit v_{max} mit n_0 und M_0

Von der Leistung, die der Motor beim Anfahren abgibt, wird, solange ein Unterschied von n_1 und n_2, also ein Schlupf vorliegt, nur ein Teil auf die Antriebsräder übertragen. Der Rest erhitzt die Kupplung und erhöht ihren Verschleiß. Der Wirkungsgrad einer Kupplung ist gleich dem Verhältnis der Abtriebs- zur Antriebsdrehzahl; es ist $\eta = \dfrac{n_2}{n_1}$, weil

$$\eta = \frac{N_2}{N_1} = \frac{n_2 M_2}{n_1 M_1}$$ und $M_1 = M_2$ ist. Mit Schlupf bezeichnet man den

Wert $s = \dfrac{n_1 - n_2}{n_1} = 1 - \eta$. Diese Beziehungen gelten allgemein für jede Kupplung.

In dem Bestreben zu automatisieren sind Reibungskupplungen entwickelt worden, die nicht durch Fußdruck des Fahrers ein- oder ausgeschaltet werden, sondern Fliehkräfte übernehmen die Aufgabe, eine kraftschlüssige Verbindung von An- und Abtriebswelle herzustellen. Von einer bestimmten Drehzahl an, die etwas über n_A in Abb. 5 liegt, beginnt dann die Kupplung weich zu fassen. Bei steigender Umdrehungsgeschwindigkeit werden die Fliehkräfte größer, und spätestens an der Stelle n_M hat die Kupplung ohne Schlupf gefaßt. Eine Fliehkraftkupplung wird weiter unten bei dem automatischen DAF-Getriebe beschrieben (s. S. 301).

In einem anderen automatischen Automobilgetriebe, dem *Mechamatic*-Getriebe von HOBBS tritt an die Stelle der Kupplungsfedern in Abb. 7 mit ihren Andruckkräften eine ölhydraulische Einrichtung. Öldruck preßt die Druckplatte und die Mitnehmerscheibe gegen das Schwungrad.

FERLEC in Frankreich hat in seiner Reibungskupplung an die Stelle von Feder- oder Öldruck die Kraft eines Elektromagneten dazu benutzt, die Kupplungsscheiben aneinander zu drücken. Hierzu hat er im Schwungrad Drahtwindungen angebracht, durch die über zwei Schleifringe und Bürsten ein elektrischer Strom zur Erzeugung des Magnetfeldes geschickt wird.

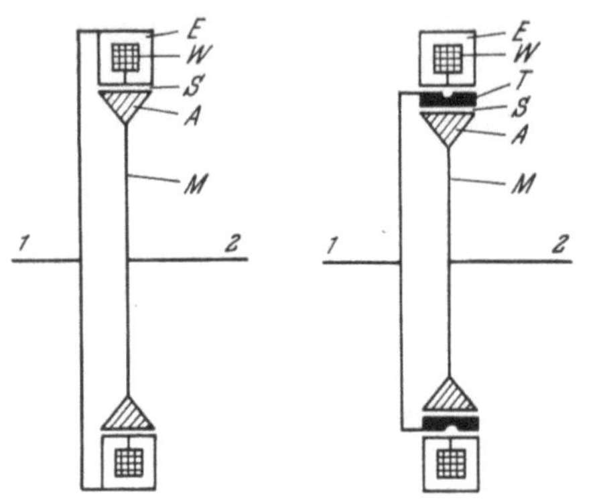

Abb. 9. Aufbau von Magnetpulverkupplungen; E Eisenkern mit Wicklungen W, S Spalt mit Eisenpulver, A Anker auf der Scheibe M der Abtriebswelle 2, T Trommel aus Weicheisen, 1 Antrieb

Eine andere elektrische Kupplung, die auf eine Erfindung des Amerikaners RABINOW zurückgeht, arbeitet nach dem Magnetpulver-Prinzip. Zwei Ausführungsformen, wie sie in dem automatischen Getriebe $T\ 124$ von RENAULT und dem *Autoselectric*-Getriebe von SMITHS Anwendung finden, sind in Abb. 9 wiedergegeben. Das Schwungrad des Motors besteht aus einem Eisenring E, in dem die Wicklung W zur Erzeugung eines magnetischen Feldes untergebracht ist. Bei der Anordnung im linken Bildteil wird dazu bei der JAEGHER-Kupplung der Strom über zwei Schleifringe mit Bürsten auf das sich drehende Schwungrad übertragen. Die mit dem Abtrieb 2 verbundene Mitnehmerscheibe M trägt an ihrem äußeren Rand den Eisenanker A. In dem schmalen Spalt S zwischen dem Eisenring E und dem Anker A befindet sich sehr feines Eisenpulver. Wenn durch die Windungen W ein elektrischer Strom geschickt wird, so entsteht ein Magnetfeld in E und A. Unter dem Einfluß der magnetischen Kraft stellen die Eisenpulverteilchen eine mechanische Brücke zwischen dem Ring E und dem Anker A her, die um so fester und kraftschlüssiger wird, je stärker der Strom und damit der Magnetfluß ist. Das von der Kupplung übertragene Drehmoment ist fast linear abhängig von der Stromstärke, s. Abb. 286 auf S. 320.

Um den Kontaktschwierigkeiten bei Schleifringen und Bürsten aus dem Wege zu gehen, steht in der zweiten Anordnung, Abb. 9, rechts, der Eisenring E mit den Wicklungen fest. Zwischen dem Ring E und dem Anker A der Mitnehmerscheibe ist eine aus Weicheisen hergestellte Antriebsglocke T geschaltet, die auf dem Ende der Motorwelle sitzt. Das Magnetpulver befindet sich in dem Spalt S zwischen Treibglocke T und Anker A und stellt hier wieder in Abhängigkeit vom Erregerstrom in der Wicklung W zunächst mit, dann ohne Schlupf eine kraftschlüssige Verbindung zwischen T und A und damit von An- und Abtriebswelle her. Beim Ausschalten des Stromes bricht die Magnetpulverbrücke zusammen, und unter der zusätzlichen Einwirkung der Zentrifugalkräfte auf das Eisenpulver wird die Kupplung schnell und einwandfrei gelöst.

Eine völlig andere Art von Kupplung ist die, bei der die Übertragung von Moment oder Leistung nicht durch Reibungs- oder Magnetkräfte erfolgt, sondern durch die Strömungskräfte einer Flüssigkeit. Diese *hydrodynamische Kupplung* und der ihr verwandte hydrodynamische Drehmomentwandler, deren Erfindung auf H. FÖTTINGER zurückgeht, haben gerade in automatischen Automobilgetrieben eine derart dominierende Bedeutung erlangt, daß wir ihrer Beschreibung und der Behandlung ihrer Wirkungsweise und des Zusammenarbeitens mit dem Automobilmotor einen Abschnitt des Buches widmen müssen. An dieser Stelle mag daher dieser Hinweis genügen.

D. Das Getriebe

Mit der beschriebenen Drehzahlwandlung beim Anfahren allein ist es nicht getan. Der Wagen braucht bei noch geringer Geschwindigkeit, also kleinen Drehzahlen n_2, ein großes Moment, eine große Leistung, die der Motor aber erst bei hohen Drehzahlen hergibt, s. Abb. 5. In Abb. 8 ist noch die ideale Zugkrafthyperbel eingezeichnet, die sich aus der Höchstleistung N_{max} mit dem Moment M_0 bei der Höchstgeschwindigkeit v_{max} ergibt. Gerade bei kleinen Geschwindigkeiten ist die Diskrepanz zwischen Ideal und Wirklichkeit sehr groß und spürbar. Der Verbrennungsmotor erfordert daher für das Anfahren und Beschleunigen wie auch für das Befahren von Steigungen einen *Drehmoment*wandler. Die einfachste Art besteht aus einem Zahnradpaar; das eine Rad mit dem geringeren Durchmesser und daher kleineren Zähnezahl wird vom Motor gedreht und treibt seinerseits das größere Rad an. Das Verhältnis der Durchmesser oder

Zähnezahlen gibt die Übersetzung[1] und damit die Wandlung des Momentes
an. Durch verschiedene Zahnradpaare, die im *Getriebe* eines jeden Automobils zusammengefaßt sind, kann man zwei, drei, vier oder auch mehr
Übersetzungen erhalten und damit die Leistungsabgabe des Motors
besser dem Leistungsbedarf des Wagens bei den verschiedenen Fahrzuständen anpassen.

Wegen der großen Bedeutung, die Zahnräder und Zahnradgetriebe im Automobilbau erlangt haben, sollen im folgenden ihre Gesetzmäßigkeiten näher aufgezeigt werden. Abb. 10 gibt ein einfaches Zahnradpaar wieder, zwei Stirn-

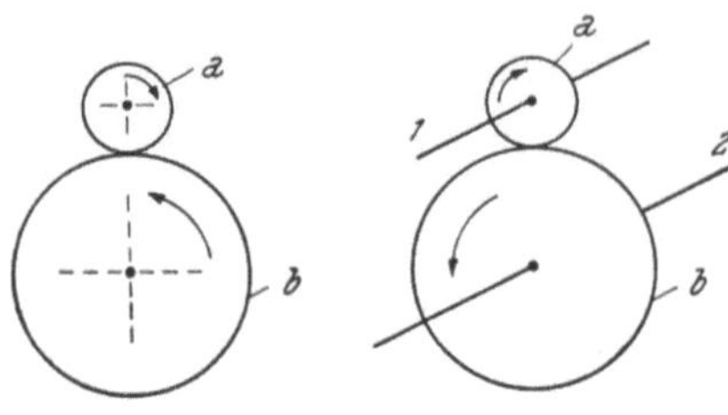

Abb. 10. Zahnradpaar mit Außenverzahnung

räder, mit Außenverzahnung. Bezeichnet man das eine Rad mit a und
das andere mit b und benutzt diese Bezeichnungen als Index für die
Drehzahlen n und Zähnezahlen z, so ist

$$n_a z_a = - n_b z_b.$$

Das Minuszeichen weist darauf hin, daß bei der Anordnung nach
Abb. 10 eine Umkehr der Drehrichtung erfolgt. Verknüpft man a mit
dem Antrieb 1 und b mit dem Abtrieb 2, so erhält man:

$$\frac{n_1}{n_2} = i = - \frac{z_b}{z_a} = - \frac{M_2}{M_1}.$$

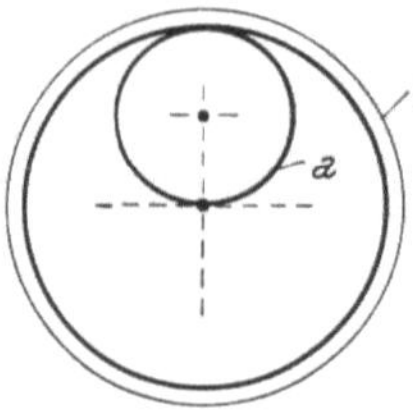

Die Drehrichtung wird beibehalten, wenn man das größere Rad mit Innenverzahnung versieht, Abb. 11. Dann ist

$$n_a z_a = n_b z_b$$

Abb. 11. Zahnradpaar mit Innenverzahnung

und mit a als An- und b als Abtrieb

$$\frac{n_1}{n_2} = i = \frac{z_b}{z_a} = \frac{M_2}{M_1}.$$

---

[1] Hier sei eine Bemerkung eingefügt über die Benutzung des Wortes
„Übersetzung" in diesem Buch. Ist n_1 die Antriebs- und n_2 die Abtriebsdrehzahl eines Getriebes, so bedeutet $i = \dfrac{n_1}{n_2}$ die Übersetzung. Dabei ist
es gleichgültig, ob $i > 1$ oder $i < 1$ ist. Das Vorwort „über" hat hier demnach den Sinn von „hin", nicht von „nach oben" (als Gegensatz von „nach
unten"). Die Bezeichnung Übersetzung wird also im weitest umfassenden
Sinn für jede Drehzahländerung gebraucht. Zum Unterschied kann man bei
$i > 1$ von einer „Übersetzung ins Langsame" und bei $i < 1$ von einer „Übersetzung ins Schnelle" sprechen. Die hier und da in der Literatur vorkom-
mende Unterscheidung in *Über-* und *Unter*setzung wird hier nicht angewandt.

Der Drehsinn kann bei Außenverzahnung auch beibehalten werden, wenn man die Räder a und b nicht direkt miteinander kämmen läßt, sondern nach Abb. 12 ein Zwischenrad c einfügt. Es ist

$$n_a\, z_a = n_b\, z_b\ (= -\, n_c\, z_c).$$

Für das Übersetzungsverhältnis zwischen a und b ist also das Zwischenrad c ohne Einfluß; es dient nur zur Umkehr des Drehsinns. Ist wieder a der Antrieb 1 und b der Abtrieb 2, so bekommt man

$$\frac{n_1}{n_2} = i = \frac{z_b}{z_a} \ \text{(Übersetzung) und}$$

$$\frac{M_2}{M_1} = i \ \text{(Momentwandlung).}$$

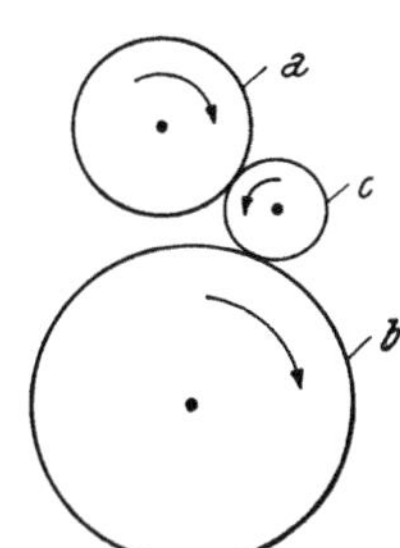

Abb. 12. Zahnradpaar mit Zwischenrad

Um nun in einem Automobil über verschiedene Übersetzungen zu verfügen, faßt man in einem *Getriebe* mehrere Zahnradstufen zusammen. Schon im ersten Zahnradgetriebe von G. DAIMLER aus dem Jahre 1889 liegen die Konstruktionsmerkmale vor, die bis auf den heutigen Tag im Automobilbau Gültigkeit haben und zur Anwendung kommen, das Kennzeichen einer wirklich genialen Erfindung[1]. Ein weiteres Getriebe aus der Anfangszeit des Automobils zeigt Abb. 13. Von der Antriebswelle *1* wird über das Zahnradpaar *10* mit Übersetzung ins Langsame die Vorgelegewelle *11* angetrieben. Auf ihr befinden sich für den 1., 2. und 3. Gang die fest mit der Welle verbundenen Zahnräder *6* und *9*. Auf der Abtriebsachse *4* sind in Längsrichtung verschiebbar, für die Drehung aber in Nuten formschlüssig verbunden, die Zahnradpaare *7* und *8* angebracht. Verschiebt man mittels der Schaltstange *2* das Paar *7* nach rechts, bis das rechte Rad mit dem Rad *6* zum Eingriff gelangt ist und mit ihm kämmt, so ist der 1. Gang eingeschaltet. Es findet eine Übersetzung bei *10* und eine weitere zwischen *6* und *7* statt. In ähnlicher Weise lassen sich durch die Zahnräder *8* die 2. und 3. Gangstufe herstellen.

Antriebswelle *1* und Abtriebswelle *4* sind fluchtend, d. h. die Drehachsen liegen in einer Linie. Dadurch können für den 4. Gang mittels der Schieberadkupplung *3* beide Wellen direkt miteinander verbunden werden; daher kommt die Bezeichnung „direkter Gang". Die Vorgelegewelle *11* läuft über das Paar *10* leer und ohne Funktion mit.

---

[1] Der eigentliche Vater dieses Getriebes ist W. MAYBACH (Mitarbeiter von G. DAIMLER). Er schrieb seinerzeit darüber: „Gleich nach dem ersten Riemenwagen hatte ich ein Vierrad mit reinem Zahnradantrieb gebaut, das aber nie eine Freude DAIMLERS war. Es gefiel Herrn LEVASSOR in Paris aber besser als der Riemenwagen, und er behielt das von uns im Jahre 1889 erstmals in Paris vorgeführte Vierrad dort als Muster. Von diesem Wagen übernahm er den Stirnräderantrieb mit den während des Ganges schiebbaren Wechselrädern und setzte schließlich den Motor nach vorn" [28a].

Nach diesen Prinzipien sind heute noch fast alle Handschaltgetriebe
aufgebaut. Die Verbesserungen der letzten Jahrzehnte erstreckten sich
im wesentlichen auf Schalterleichterungen, z. B. auf die Schaffung von
Einrichtungen, die dafür sorgen, daß ein Einschalten eines Ganges nur
möglich ist, wenn vorher ein passender Gleichlauf zwischen den sich
drehenden Teilen erzwungen wurde (Synchronisierung) [21a].

Hier lag und liegt eine der großen Schwierigkeiten und ein starker
Nachteil der üblichen Zahnradgetriebe mit Vorgelegewelle. PANHARD
und LEVASSOR, Pioniere des Automobilbaues, die 1890 ein ähnliches

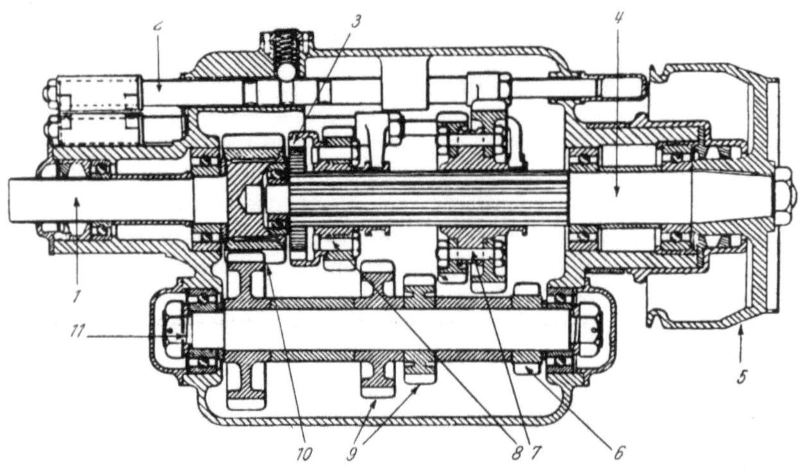

Abb. 13. Schnitt durch eines der ersten Automobilgetriebe; *1* Antriebswelle, *2* Schaltstange, *3* Zahnradkupplung, *4* Abtriebswelle, *5* Abtriebsriemenscheibe, *6* festes Zahnrad für 1. Gang, *7* auf der Abtriebswelle verschiebbares Zahnradpaar für den 1. und 2. Gang, *8* verschiebbares Zahnrad für den
3. und 4. Gang, *9* feste Zahnräder für den 2. und 3. Gang, *10* Zahnradpaar zum Antrieb der Vorgelegewelle *11*

Getriebe wie DAIMLER entwarfen, taten über den Schaltvorgang den
historischen Ausspruch: „C'est brutale mais ça marche!" („Es ist brutal,
aber es geht!"). Der Schrecken kratzender und krachender Zahnräder
ist durch die Synchronisiereinrichtungen gebannt. Aber nach wie vor
können die Getriebe nicht unter Last, sondern nur bei vollständiger
Unterbrechung des Kraftflusses geschaltet werden. Es muß also die
Verbindung zum Motor klar unterbrochen sein. Das ist die zweite und
wichtige Aufgabe, die die oben behandelte Kupplung im Automobil zu
lösen hat. Es zeigte sich, daß die Reibungs- und Magnetpulverkupplungen
diese Forderung leicht und sicher erfüllen können, nicht aber die hydrodynamische Kupplung, weil in ihr auch bei Leerlauf des Motors noch
ein kleines Restmoment übertragen wird. Zwar läßt sich die daher-
rührende Kriechneigung des Wagens mit der Fuß- oder Handbremse

ohne weiteres unterbinden. Für den einwandfreien Schaltvorgang ist dieses Moment jedoch zu groß. Erst mit Getrieben, die auch unter Last umgeschaltet werden können, ist dieses Hindernis überwunden worden.

In Abb. 14 ist schematisch noch einmal der Aufbau eines Getriebes mit Vorgelegewelle in der einfachsten Ausführung gezeigt. Es ist

$$n_a\, z_a = -\, n_b\, z_b,$$
$$n_c\, z_c = -\, n_d\, z_d,$$
$$n_b = n_c.$$

Daraus erhält man, wenn a mit dem Antrieb 1 und d mit dem Abtrieb 2 verknüpft ist, für die Übersetzung

$$i = \frac{n_1}{n_2} = \frac{z_b}{z_a}\cdot\frac{z_d}{z_c}$$

und für die Momentwandlung

$$\frac{M_2}{M_1} = i.$$

Damit die Wellen 1 und 2 fluchten, muß die Summe der Wälzkreisradien von a und b gleich der von d und c sein, also

$$r_a + r_b = r_c + r_d$$

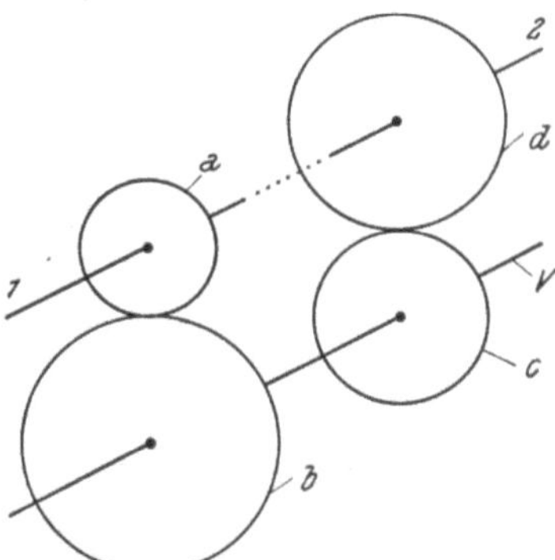

Abb. 14. Schematischer Aufbau eines einfachen Zahnradgetriebes mit Vorgelegewelle; *1* An- und *2* Abtrieb, *a* und *b* Zahnräder zum Antrieb der Vorgelegewelle *V*

sein. (Man darf hier an die Stelle der Wälzkreisradien nur dann die meist leichter zu ermittelnden Zähnezahlen der Räder setzen, wenn beide Zahnradpaare gleiche Verzahnung aufweisen.)

Bei all den bisher erwähnten Zahnradanordnungen lagen die Wellen im Gehäuse fest. Es gibt eine Getriebekategorie, bei der die Vorgelegewelle nicht fest gelagert ist, sondern sich drehen kann, die Klasse der *Umlaufgetriebe*. Eine einfache Anordnung dieser Art zeigt Abb. 15. Fest gelagert ist das Rad s. Das mit s kämmende Zahnrad p wird von einem Träger t gehalten, der sich um die gleiche Achse wie s drehen kann. Dabei bewegt sich das Rad p zum Rad s wie ein Planet um seine Sonne, und aus diesem Bild hat man auch die Bezeichnungen gewählt, indem

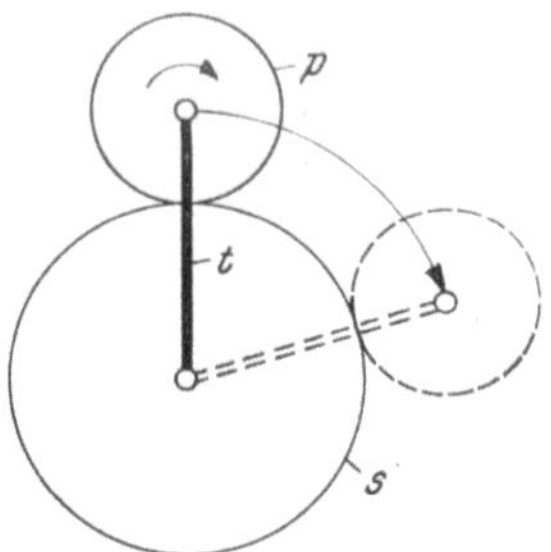

Abb. 15. Grundsätzlicher Aufbau eines Umlaufgetriebes; *s* Sonnenrad, *p* Planetenrad, *t* Planetenradträger

man s das *Sonnenrad* und p das *Planetenrad* nennt. Es ist t der Planetenträger, und seine Drehung ist das Charakteristische dieser Getriebeform.

Ähnlich wie die Strömungsmaschinen sind Planetengetriebe für den Aufbau der heutigen automatischen Automobilgetriebe von solch eminenter Bedeutung, daß auch sie in einem eigenen Abschnitt ausführlich dargelegt werden müssen. Einer ihrer Vorteile ist die eben erwähnte Schaltbarkeit unter Last, die überhaupt erst die Verbindung einer hydrodynamischen Kraftübertragung mit einem Zahnradgetriebe möglich machte.

E. Zusammenarbeit von Motor und Getriebe

Um die Auswirkung eines Getriebes in seiner Zusammenarbeit mit einem Motor zu erfassen, rechnet man für die Übersetzung der einzelnen Gangstufen die Änderung der Drehzahlen und die Wandlung des

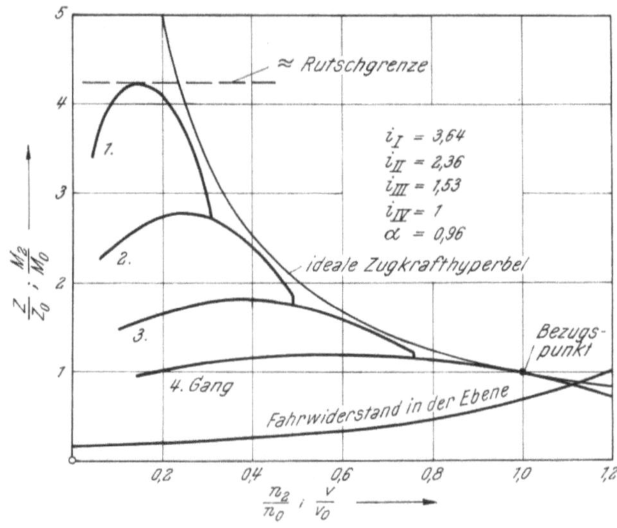

Abb. 16. Zusammenarbeit eines Motors mit einem Viergang-Zahnradgetriebe; n_2 Drehzahl der Getriebeabtriebswelle, v Fahrgeschwindigkeit, M_2 Abtriebsmoment, Z Zugkraft; Bezugspunkt bei Höchstleistung des Motors mit Drehzahl n_0 und Moment M_0; die Bedeutung von α wird auf Seite 124 erläutert

Momentes aus. Bei den vorstehenden Überlegungen ist der Einfachheit halber der Wirkungsgrad einer Zahnradübersetzung gleich 1 gesetzt worden, zumal der in der Praxis gemessene Wert für ein Zahnradpaar mit $\eta \approx 0,98$ nicht weit davon abweicht. Für genauere Leistungsuntersuchungen sollte man den Wirkungsgrad eines Getriebes, der auch noch sehr durch die Eigenschaften des Schmiermittels, Viskosität, Pantschverluste usw. beeinflußt wird, kennen und berücksichtigen.

Eine eingehende Untersuchung über die Veränderung des Motorkennfeldes durch Getriebe, in der das gesamte Kennfeld eines Motors nach Abb. 6 berücksichtigt wird, hat H. J. FÖRSTER angestellt [59]. Hier mag es genügen, in Abb. 16 in einem Fahrkennfeld, Momentenverlauf über der Abtriebsdrehzahl (oder, was auf die gleichen Kurven führt, Zugkraft über der Fahrgeschwindigkeit) für Vollgas bei Verwendung eines Getriebes mit vier Gängen darzustellen [250]. Man sieht, wie hierbei bereits eine sehr gute Annäherung an die ideale Zugkrafthyperbel erreicht wird. Die Anwendung von vier Gängen statt drei oder gar nur zwei wirkt sich in diesem Fall vorteilhaft aus. Über die Festlegung der Gangstufen, ihre Zahl wie auch die einzelnen Übersetzungen und über ihren Einfluß auf Steigfähigkeit und Beschleunigungsvermögen wird im Schrifttum an verschiedenen Stellen berichtet [9, 18, 28, 123]. All diese Überlegungen finden ihren Niederschlag in den heutigen Automobilgetrieben, den manuell betätigten und den automatischen.

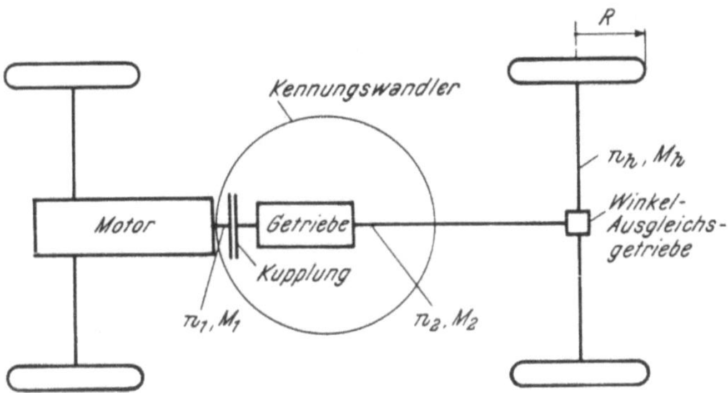

Abb. 17. Kraftübertragung bei einem Automobil in Standardbauweise

Bei den heutigen Reifendurchmessern liegt die Übersetzung zwischen der Motordrehzahl n_1 und der Drehzahl der Antriebsräder n_h etwa in der Größenordnung von 14 für $\dfrac{n_1}{n_h}$ im kleinsten, dem 1. Gang (Anfahren). Das führt bei einer festen Übersetzung im Winkelgetriebe (Differential) von rund 3 bis 4 auf eine Übersetzung des Getriebes im 1. Gang von etwa 4. Der Bereich von diesem Gang bis zur direkten oder nahezu direkten Übertragung wird bei Handschaltgetrieben in drei oder vier Stufen unterteilt. In automatischen Automobilgetrieben kommen dazu auch Ausführungen mit nur zwei Gangstufen vor, weil ein Teil der Übersetzung von der hydrodynamischen Kraftübertragung im Wandler vorgenommen wird.

In Abb. 17 ist das Prinzip der Kraftübertragung in einem Automobil der sogenannten Standardform aufgezeichnet, wie es sich aus den vorstehenden Ausführungen ergibt. Auf den Motor mit der Drehzahl n_1 und dem Moment M_1 folgt die Kupplung, die zusammen mit dem anschließenden Getriebe den Kennungswandler darstellt. Am Getriebeende tritt die Leistung mit der Drehzahl n_2 und dem Moment M_2, beide gegebenenfalls im Getriebe gewandelt, aus. Über das Winkelgetriebe, das meist gleichzeitig Differentialgetriebe ist, werden die Hinterräder

angetrieben. Auch bei anderen Bauformen, Frontantrieb oder Heckmotor, ist das Prinzipielle der Anordnung nach Abb. 17 gewahrt.

Man gelangt zu verschieden gearteten graphischen Darstellungen der
Antriebsverhältnisse, den Kennfeldern, je nachdem, für welche Stelle des
Weges der Kraft vom Motor bis zur Fahrbahn unter den Antriebsrädern
die Betrachtungen und Untersuchungen angestellt werden. Wenn man
an diesem Ort in Abb. 17 einen Schnitt ausführt, so kommt jeweils von
links das Leistungsangebot, von rechts der Leistungsbedarf, der zur
Überwindung des Fahrwiderstandes nötig ist.

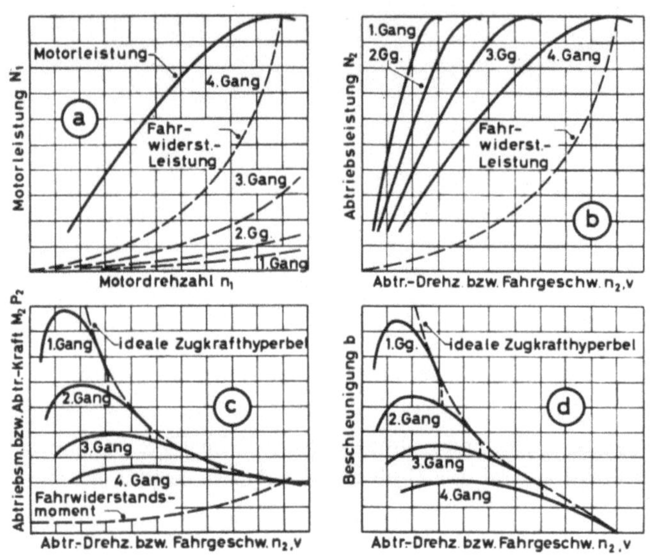

Abb. 18. Verschiedene Kennfeldarten; *a* Verhältnisse am Kurbelwellenflansch; weiterhin in Abhängigkeit von der Getriebeabtriebsdrehzahl n_2 oder der Fahrgeschwindigkeit v: *b* die Abtriebsleistung N_2,
c das Abtriebsmoment M_2 oder die Zugkraft P_2, *d* die Beschleunigung

Eine beliebte Stelle ist der *Austritt aus dem Getriebe*; man hat hier die
durch den Kennungswandler den Anforderungen des Fahrbetriebes an-
gepaßte Leistung mit der Drehzahl n_2 und dem Moment M_2 vor sich.
Ein Beispiel dieser Art lernten wir in Abb. 16 kennen. Da $n_2 \sim n_h \sim v$
und $M \sim Z$ ist, erhält man für die Abhängigkeit des Momentes oder der
Zugkraft von der Getriebeaustritts- oder Hinterachsdrehzahl oder der
Fahrgeschwindigkeit den gleichen Kurvenverlauf wie in Abb. 16, wenn
man die Bezugsgrößen n_0, n_{h0}, v_0, M_0 und Z_0 anwendet, die zur Höchstleistung N_{max} des Motors gehören.

Untersucht man den Kraftfluß am *Kurbelwellenflansch*, also vor dem
Eintritt in die Kupplung, so kommt von links die Motorleistung N_1 mit
der Drehzahl n_1 und von rechts, die Fahrwiderstandsleistung, die dann

natürlich für jeden Getriebegang verschieden verläuft, Abb. 18 bei a.
In Abb. 18, die von H. J. FÖRSTER stammt [59], sind noch Beispiele
weiterer Kennfelder aufgezeichnet. Über der Abtriebsdrehzahl n_2 (oder
der Fahrgeschwindigkeit v) ist in b die Abtriebsleistung N_2, in c das Abtriebsmoment oder die Zugkraft (entsprechend Abb. 16) und schließlich
in d die Beschleunigung aufgetragen.

F. Automatisierung

Das einwandfreie Arbeiten von Kupplung und Getriebe mit den
Anfahr- und Schaltvorgängen verlangt vom Fahrer die richtige Bedienung
von Bremse, Handschalthebel, Kupplungs- und Gaspedal. Hier liegen
für manchen, Anfänger und Fortgeschrittenen, die größten Schwierigkeiten des Autofahrens. Um den Fahrer zu entlasten und ihn für seine
eigentliche Aufgabe, das reibungslose Einfügen seines Fahrzeuges in den
Straßenverkehr, frei zu machen, hat man schon vor längerer Zeit ange-
strebt, zunächst wenigstens den Kupplungsvorgang zu automatisieren,
also das Kupplungspedal fortfallen zu lassen, so daß für die Fahrt-
geschwindigkeit und ihre Regelung nur noch drei Betätigungsorgane:
Gangschalthebel, Bremse und Gaspedal, übrig bleiben.

Alle automatischen Kupplungen sind so aufgebaut, daß sie bei Leerlauf des Motors gelöst sind und daß bei zunehmender Motordrehzahl,
also beim Gasgeben, Motor und Abtrieb kraftschlüssig miteinander verknüpft werden, im Anfang noch mit Schlupf, von einer bestimmten
Drehzahl an, die in etwa der Abgabe des Höchstdrehmomentes entspricht,
jedoch ohne Schlupf. Bei abnehmender Drehzahl erfolgt dann bei einer
Umdrehungsgeschwindigkeit, die unterhalb der liegt, bei der die Kupplung
zu fassen beginnt, das Entkuppeln.

Die Kupplungskraft kann von der Fliehkraft herrühren (z. B. *Saxomat*)
oder durch elektrischen Strom hervorgerufen sein (z. B. FERLEC-Kupplung)
oder durch die Kräfte einer strömenden Flüssigkeit, eine Kupplungsart,
die weiter unten noch sehr eingehend behandelt wird.

Da das Schalten von Zahnradgetrieben mit Vorgelegewelle, wie sie
nahezu ausschließlich in Verbindung mit den erwähnten automatischen
Kupplungen zur Momentwandlung herangezogen werden, eine Unterbrechung des Kraftflusses verlangt, ist meist zwischen der automatischen
Kupplung und dem Getriebe noch eine Trennkupplung eingefügt, die
nur beim Schalten in Tätigkeit tritt. Dazu wird beim Berühren des
Schalthebels ein elektrischer Kontakt geschlossen, der über einen Servo-
motor (oft pneumatisch mit dem Saugrohrunterdruck) das Lösen dieser
Kupplung besorgt. Beim Loslassen des Schalthebels nach dem Wechsel
der Gangstufe wird die Trennkupplung wieder eingeschaltet; dabei
regelt man durch Eingriff in die Servoeinrichtung die Schaltzeit so, daß

beim Gasgeben das Einrücken der Kupplung schnell erfolgt, damit der Motor nicht durchgeht. Umgekehrt geschieht bei Teilgas das Greifen der Kupplung langsamer, um Schaltstöße zu vermeiden.

Die automatischen Kupplungen haben in Europa eine gewisse Verbreitung erlangt, wenn ihnen auch ein durchschlagender Erfolg versagt blieb. Die Konstrukteure haben das Endziel, die volle Automatisierung der durch die Eigenarten des Verbrennungsmotors nun einmal bedingten Schaltvorgänge nicht aus dem Auge verloren. Eine in diesem Sinne vollwertige Kennungswandlung gelingt erst durch die automatischen Automobilgetriebe, die beide Vorgänge, Drehzahl- und Drehmomentwandlung, in der für den Fahrbetrieb erforderlichen Weise selbsttätig vornehmen.

In den vorstehenden, einführenden Abschnitten haben wir bei drei Bauelementen: dem Planetengetriebe, der hydrodynamischen Kupplung und dem hydrodynamischen Drehmomentwandler, auch kurz Wandler genannt, auf ihre große Bedeutung bei der Zusammensetzung automatischer Automobilgetriebe hingewiesen und deshalb eine ausführliche Darstellung und Behandlung in Aussicht gestellt, die in den folgenden Abschnitten geboten wird.

II. Die Bauelemente der automatischen Automobilgetriebe

A. Planetengetriebe

Im Automobilbau finden zwei Arten von Zahnradgetrieben Anwendung, einmal das Standgetriebe mit Vorgelegewelle (s. Abb. 13 und 14). Die Handschaltgetriebe sind durchweg nach diesem Prinzip aufgebaut. Der Wechsel in den Gangstufen erfolgte ursprünglich durch Verschieben der Zahnräder, später durch formschlüssige Kupplungen (Klauenkupplung, Zahnradkupplung o. ä.). Das Umschalten ist im allgemeinen nur bei Unterbrechung des Kraftflusses möglich.

Die zweite Getriebeart, die Umlauf- oder Planetengetriebe, gelangt ausschließlich in den automatischen Automobilgetrieben zum Einbau. Sie ist jedoch im Automobilbau nicht neu. Das bekannte Ford T-Modell, das mit einer Serie von 15 Millionen Stück die Ära des Automobils als Massenfahrzeug einleitete, besaß ein Planetengetriebe. Vorzüge der Umlaufgetriebe sind ihre kleine, kompakte Bauweise, die Verteilung der Kraft auf mehrere Zahnräder und, da die schrägverzahnten Räder stets in Eingriff stehen, ihre Geräuscharmut. Ein für die automatischen Getriebe sehr wichtiger und für die Anwendung hydrodynamischer Kraftübertragung geradezu ausschlaggebender Vorteil liegt darin, daß ein Schalten von einer Gangstufe zur anderen ohne Unterbrechung des Kraftflusses erfolgen kann.

1. Grundsätzlicher Aufbau

Abb. 19 zeigt links den grundsätzlichen Aufbau eines Planetensatzes, wie er in automatischen Automobilgetrieben viel verwendet wird. Es sind vier Grundelemente zu unterscheiden:

1. das *Sonnenrad*, hier mit der Antriebswelle *1* verbunden;

2. das *Planetenrad*, entweder zwei wie in der Abbildung, häufiger noch drei um je 120° versetzt auf dem Planetenträger gelagert, s. Abb. 20. Es kommen auch Getriebe vor, deren Planetensatz vier oder sechs Planetenräder aufweisen, s. Abb. 302.

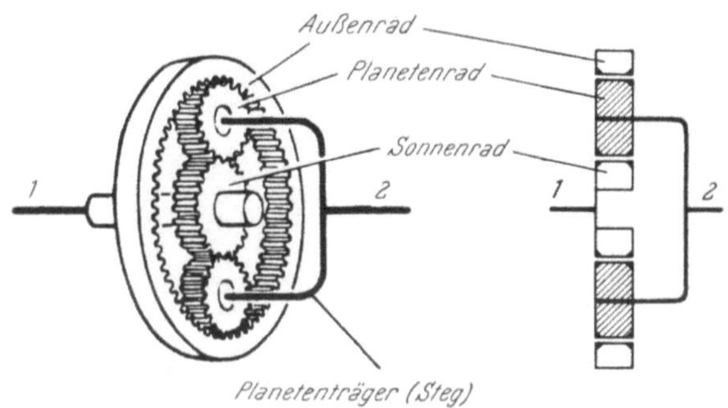

Abb. 19. Aufbau eines einfachen Planetengetriebes; *1* Antrieb, *2* Abtrieb

3. Der *Planetenträger*, auch Steg genannt, trägt die Drehachsen der Planetenräder. Er ist in der Abb. 19 mit der Abtriebsachse *2* verbunden. Beim Drehen dieser Achse drehen sich die Planetenräder um ihre eigenen Achsen; sie rollen dabei mit ihren Zähnen auf den Sonnenrad ab und umkreisen so das Sonnenrad wie Planeten die Sonne. Dieser Umlauf der Planetenräder, die Drehbewegung des Planetenträgers, des Stegs, ist das Wesentliche dieser Getriebeart und hat ihr den Namen gegeben.

4. Das *Außenrad* besitzt eine Innenverzahnung, in die die Planetenräder eingreifen.

In Abb. 19 ist rechts eine schematische Darstellung (Schnitt) des Planetengetriebes wiedergegeben. Die Mittellinie ist gemeinsame Drehachse für Sonnenrad, Planetenträger und Außenrad. Wegen der Symmetrie im Aufbau, die ja auch bei Verwendung von drei (s. Abb. 20) oder mehr Planetenrädern gewahrt bleibt, genügt es, die obere Hälfte der schematischen Darstellung wiederzugeben, wie es in den weiteren Abbildungen geschieht.

In Abb. 19 ist der Antrieb mit dem Sonnenrad und der Planetenträger mit dem Abtrieb verbunden. Grundsätzlich kann natürlich jedes der drei Elemente: Sonnenrad, Planetenträger, Außenrad sowohl als

Antrieb oder aber auch als Abtrieb dienen. Eine weitere Steigerung der Möglichkeiten ergibt sich, wenn man z. B. zwei Elemente als Antrieb und das dritte als Abtrieb verwendet.

In der nachfolgenden Behandlung wird für das Außenrad der Index a benutzt, also Zähnezahl z_a, Drehzahl n_a und Radius r_a des Teilkreises, der für die auftretende Übersetzung maßgebend ist. Für das Sonnenrad gilt der Index s, also Zähnezahl z_s, Drehzahl n_s und Radius r_s. Die Planeten-

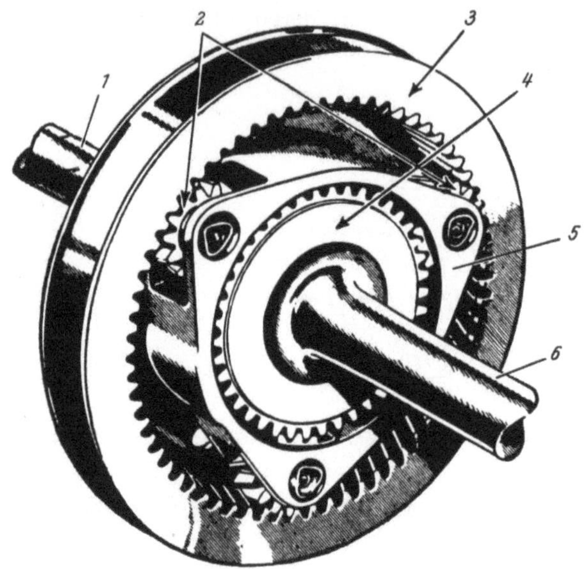

Abb. 20. Planetensatz aus dem *Hydramatic*-Getriebe; *1* Abtriebswelle, *2* Planetenräder, *3* Außenrad, *4* Sonnenrad, *5* Planetenträger (Steg), *6* Antriebswelle

räder haben die Radien r_p und die Zähnezahlen z_p. Ihre Drehzahlen interessieren nicht weiter, wohl aber die Drehzahl des Planeten*trägers*, die mit n_p bezeichnet wird.

Aus rein geometrischen Gründen ist $r_p = \dfrac{r_a - r_s}{2}$. Die Radien der Teilkreise von Zahnrädern sind nicht einfach zu bestimmen; daher greift man für die Errechnung der Übersetzungsverhältnisse lieber auf die Zähnezahlen zurück, die den Radien proportional sind. Es ist daher

$$z_p = \frac{z_a - z_s}{2}.$$

Diese Beziehung gilt streng nur bei unendlich kleinen und vielen Zähnen (Abwicklung der Teilkreise). In der Praxis kann die so ermittelte Zähnezahl z_p bis um eine Einheit nach oben oder unten abweichen ohne Einfluß auf die Übersetzung. Hierfür genügt die Kenntnis von z_a und z_s.

2. Die Grundgleichung des einfachen Planetengetriebes

Die drei Drehzahlen n_s, n_p und n_a eines Planetengetriebes stehen in einem Zusammenhang, der durch die Zähnezahlen z_a und z_s festgelegt ist. Zur Ableitung dieser Beziehung, der Grundgleichung des einfachen Planetengetriebes, geht man von folgendem Gedankengang aus.

Jeden beliebigen Betriebszustand eines Planetengetriebes mit den Drehzahlen n_s, n_p und n_a kann man sich aus zwei Grunddrehungen zusammengesetzt vorstellen. Bei der „*Grunddrehung I. Art*" bleibt der Planetenträger in Ruhe ($n_p = 0$), Abb. 21, links. Wir haben also jetzt

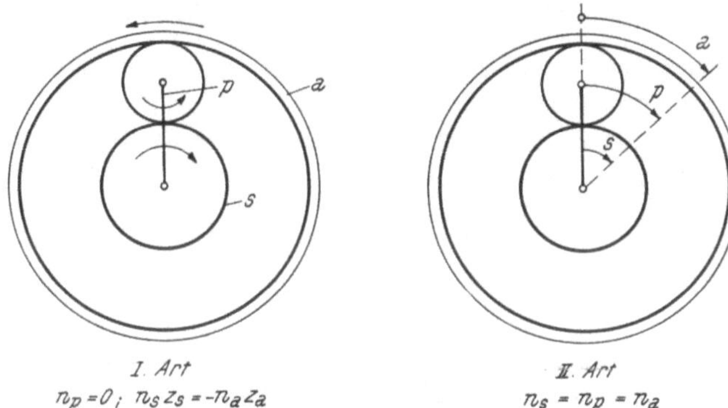

Abb. 21. Die beiden Grunddrehungen eines Planetengetriebes; *a* Außenrad, *p* Planetenradträger, *s* Sonnenrad

ein Standgetriebe vor uns. Das Sonnenrad mit der Drehzahl n_{sI} treibt über die Planetenräder, deren Achsen feststehen, das Außenrad mit der Drehzahl n_{aI}. Die Planetenräder vermitteln eine Abwicklung des Sonnenrades auf dem Außenrad. Man erkennt daher leicht, daß $\dfrac{n_{sI}}{n_{aI}} = -\dfrac{z_a}{z_s}$ sein muß. Das Minuszeichen weist darauf hin, daß durch die behandelte Anordnung eine Umkehr der Drehrichtung erfolgt. Das Verhältnis z_a/z_s eines Planetengetriebes nennt man die **Stand-** oder **Grundübersetzung**. Sie ist maßgebend für alle mit einem Planetensatz möglichen Übersetzungen.

In der „*Grunddrehung II. Art*", Abb. 21, rechts, dreht sich der Planetenträger mit der Drehzahl n_{pII}, wobei alle Räder ihre Stellung zueinander nicht verändern; es bleiben also immer die gleichen Zähne im Eingriff. Das Planetengetriebe läuft demnach als Block, als Einheit um. Es ist somit in diesem Fall $n_{pII} = n_{sII} = n_{aII}$.

Wenn man nun einem Getriebe in einem beliebigen Betriebszustand mit den Drehzahlen n_s, n_a und n_p eine Grunddrehung II. Art mit der

Drehzahl $n = -n_p$ überlagert, so kommt dadurch der Planetenträger zum Stillstand, und man erhält so den Zustand der Grunddrehung I. Art. Es ist dann $n_{s\,\mathrm{I}} = n_s - n_p$ und $n_{a\,\mathrm{I}} = n_a - n_p$. Mit obiger Beziehung ist danach

$$\frac{n_s - n_p}{n_a - n_p} = \frac{n_{s\,\mathrm{I}}}{n_{a\,\mathrm{I}}} = -\frac{z_a}{z_s}.$$

Daraus erhält man die Grundgleichung des einfachen Planetengetriebes

$$n_s + \frac{z_a}{z_s}\, n_a - \left(1 + \frac{z_a}{z_s}\right) n_p = 0.$$

3. Die verschiedenen Anordnungen des einfachen Planetengetriebes

In der Hauptanordnung eines Planetengetriebes wird eines der drei Elemente Sonnenrad, Planetenträger oder Außenrad angetrieben, das zweite dient als Abtrieb, während das dritte durch eine Bremsvorrichtung

Tabelle 2. *Die verschiedenen Anordnungen eines einfachen Planetengetriebes*

Schema	Anordnung			Übersetzung		Anwendung im Automobil
	Antrieb (1)	Abtrieb (2)	fest	$i = \dfrac{n_1}{n_2}$	Bereich	
	Sonnenrad	Planetenträger	Außenrad	$1 + \dfrac{z_a}{z_s}$	$2 < i < \infty$	1. (oder 2.) Gang
	Sonnenrad	Außenrad	Planetenträger	$-\dfrac{z_a}{z_s}$	$-\infty < i < -1$	Rückwärtsgang (*1*)
	Planetenträger	Sonnenrad	Außenrad	$\dfrac{1}{1 + \dfrac{z_a}{z_s}}$	$0 < i < 0{,}5$	—
	Planetenträger	Außenrad	Sonnenrad	$\dfrac{1}{1 + \dfrac{z_s}{z_a}}$	$0{,}5 < i < 1$	Schnellgang (Overdrive)
	Außenrad	Sonnenrad	Planetenträger	$-\dfrac{z_s}{z_a}$	$-1 < i < 0$	Rückwärtsgang (*2*)
	Außenrad	Planetenträger	Sonnenrad	$1 + \dfrac{z_s}{z_a}$	$1 < i < 2$	2. (oder 3.) Gang

festgehalten wird, so daß es sich nicht drehen kann. Aus der obigen Grundgleichung lassen sich die dabei auftretenden Drehzahlverhältnisse, d. h. die Übersetzungen, ermitteln.

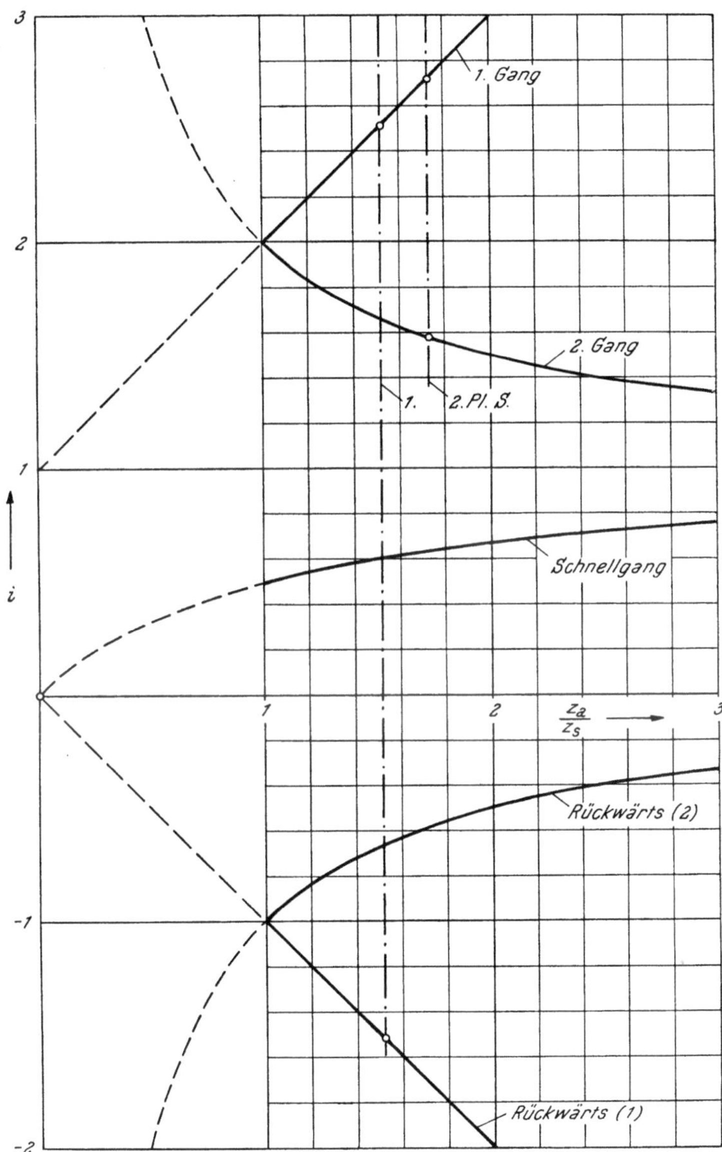

Abb. 22. Übersetzung i eines Planetengetriebes in Abhängigkeit von der Stand- oder Grundübersetzung $\dfrac{z_a}{z_s}$

Bei festgehaltenem Außenrad $(n_a = 0)$ ist $\dfrac{n_s}{n_p} = 1 + \dfrac{z_a}{z_s}$,

bei festgehaltenem Planetenträger $(n_p = 0)$ ist $\dfrac{n_s}{n_a} = -\dfrac{z_a}{z_s}$

und

bei festgehaltenem Sonnenrad $(n_s = 0)$ ist $\dfrac{n_a}{n_p} = 1 + \dfrac{z_s}{z_a}$.

Da jeder der beiden drehbaren Teile die Rolle des Antriebes oder des Abtriebes übernehmen kann, ergeben sich sechs verschiedene Anordnungen, die in der Tabelle 2 zusammengestellt sind. Die angegebenen Bereichsgrenzen erhält man aus der Überlegung, daß das Sonnenrad kleiner als das Außenrad sein muß; man läßt also einmal $z_s \to z_a$ und dann $z_s \to 0$ gehen. In der letzten Spalte der Tabelle sind die Anwendungsgebiete im Automobilbau angegeben. Bis auf die Anordnung der 3. Reihe, die eine starke Übersetzung ins Schnelle bedeutet, werden alle Anordnungen benutzt. Das Verhältnis der Übersetzungsstufen untereinander ist nicht frei wählbar, sondern durch die Grundübersetzung z_a/z_s bestimmt. In Abb. 22 sind in Abhängigkeit von z_a/z_s die Übersetzungen i der verschiedenen in der Tabelle angegebenen Anwendungen dargestellt. Die beiden eingetragenen Beispiele für $z_a/z_s = 1{,}52$ und $= 1{,}725$ entsprechen dem 1. und 2. Planetensatz des weiter unten (s. S. 322) eingehend beschriebenen DAIMLER-BENZ-Getriebes; die dabei benutzten Anordnungen sind durch einen Kreis hervorgehoben.

Beim Rückwärtsgang *2* erfolgt eine Übersetzung ins Schnelle $(|i| < 1)$. In der Praxis wird man daher immer eine hohe Übersetzung ins Langsame vor- oder nachschalten, um im Resultat ein Drehzahlverhältnis mit $-i > 1$ zu bekommen, z. B. im BORG-WARNER-Getriebe, s. S. 229.

Zu den beschriebenen sechs Anordnungen eines einfachen Planetengetriebes, die zu Übersetzungen führen, kommt noch als siebente die Übertragung 1 : 1 (direkter Gang), die bereits in der Grunddrehung II. Art dargelegt wurde. Man erhält sie, indem man zwei der drei Elemente durch eine Kupplung fest miteinander verbindet. Dann läuft der Planetensatz als Einheit, als Block um, und es ist $n_s = n_p = n_a = n_1 = n_2$, somit ist $i = 1$.

In den vorstehenden Ausführungen sind zwei Hilfsmittel für Planetengetriebe erwähnt worden, Bremsen und Kupplungen, die im Aufbau von automatischen Automobilgetrieben eine große Rolle spielen. Als drittes Servoglied kommen noch Freilaufsperren hinzu. Über die Gestaltung und Wirkungsweise dieser Einrichtungen wird weiter unten ausführlich berichtet.

4. Planetengetriebereihen

Wenn man mehr als zwei Vorwärtsgänge und einen Rückwärtsgang in einem Getriebe zur Verfügung haben will, so kann man zwei Planetensätze hintereinander schalten. Eine Anordnung dieser Art zeigt Abb. 23. Das Sonnenrad s_1 des 1. Planetensatzes (1. Pl.) ist Antrieb, das Außenrad a_1 wird festgehalten. Der Planetenträger p_1 ist mit dem Außenrad a_2 des 2. Planetensatzes (2. Pl.) verbunden. Das Sonnenrad s_2 dieses Satzes wird festgesetzt und der Steg p_2 mit dem Abtrieb verknüpft. Der 1. Planetensatz liefert die Übersetzung $i_1 = 1 + \dfrac{z_{a1}}{z_{s1}}$, der zweite $i_2 = 1 + \dfrac{z_{s2}}{z_{a2}}$; somit ist die Gesamtübersetzung der geschilderten Getriebereihe:

$$i = i_1 i_2 = \left(1 + \frac{z_{a1}}{z_{s1}}\right)\left(1 + \frac{z_{s2}}{z_{a2}}\right).$$

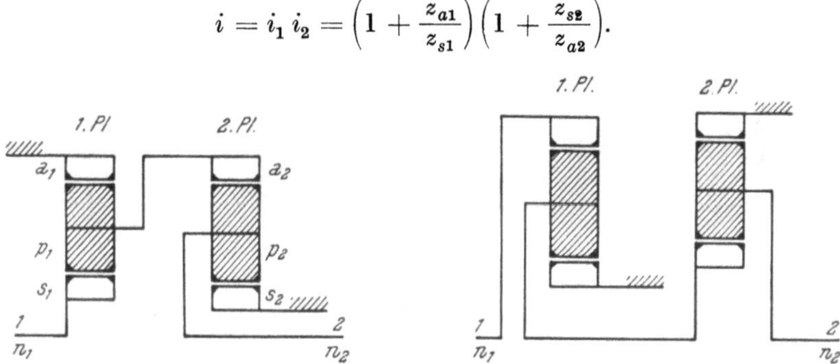

Abb. 23. Planetengetriebereihe durch einfaches Hintereinanderschalten von zwei Planetensätzen (DAIMLER-BENZ AG)

Abb. 24. Planetengetriebereihe aus dem *Hydramatic*-Getriebe Ausf. *A* und *B*, 1. Gang

Da jeder Planetensatz sechs verschiedene Anordnungen zuläßt, sind theoretisch insgesamt 36 Kombinationsmöglichkeiten gegeben, von denen praktisch aber nur wenige von Interesse sind. Die in Abb. 23 gezeigte Verbindung kommt im DAIMLER-BENZ-Getriebe zum Aufbau des 1. Ganges vor. Eine ähnliche Vereinigung von zwei Planetensätzen weist das *Hydramatic*-Getriebe für seinen 1. Gang auf, Abb. 24; die beiden Planetensätze haben gegenüber Abb. 23 ihre Lage vertauscht. Es ist also jetzt

$$i = \left(1 + \frac{z_{s1}}{z_{a1}}\right)\left(1 + \frac{z_{a2}}{z_{s2}}\right).$$

In einem anderen Getriebe (BORG-WARNER) befindet sich die Anordnung nach Abb. 25. Bei beiden Planetensätzen ist das Sonnenrad fest. Der Antrieb erfolgt über das Außenrad des 1. Satzes, während der Steg des 2. Satzes zum Abtrieb führt. Es ist also

$$i_1 = 1 + \frac{z_{s1}}{z_{a1}} \quad \text{und} \quad i_2 = 1 + \frac{z_{s2}}{z_{a2}}$$

und damit die Gesamtübersetzung

$$i = i_1 \, i_2 = \left(1 + \frac{z_{s1}}{z_{a1}}\right)\left(1 + \frac{z_{s2}}{z_{a2}}\right).$$

Ein anderer Weg, zwei Planetensätze miteinander zu verknüpfen, besteht darin, jeweils zwei der Elemente: Sonnenrad, Steg oder Außenrad des 1. Satzes mit zwei Elementen des zweiten zu verbinden, wie Abb. 26 an einem Beispiel zeigt; es findet Anwendung beim Rückwärtsgang des Getriebes *Hydramatic*, Ausf. *A* und *B*, s. S. 156 und 180. Hier sind das Außenrad des 1. Planetensatzes mit dem Sonnenrad des 2. Satzes sowie die beiden Planetenträger miteinander verbunden. Der Antrieb erfolgt über das 1. Sonnenrad, der Abtrieb über die verbundenen Planetenträger, während das 2. Außenrad festgebremst wird. Die Leistung, die über den Antrieb zufließt, wird im 1. Planetensatz aufgeteilt und läuft

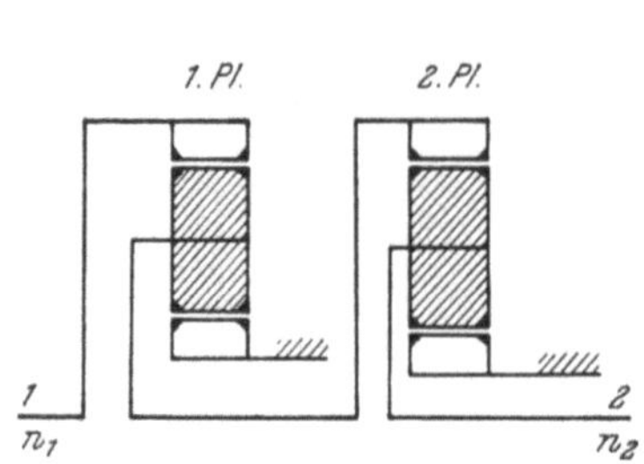

Abb. 25. Planetengetriebereihe für den 1. Gang des BORG-WARNER-Getriebes (STUDEBAKER)

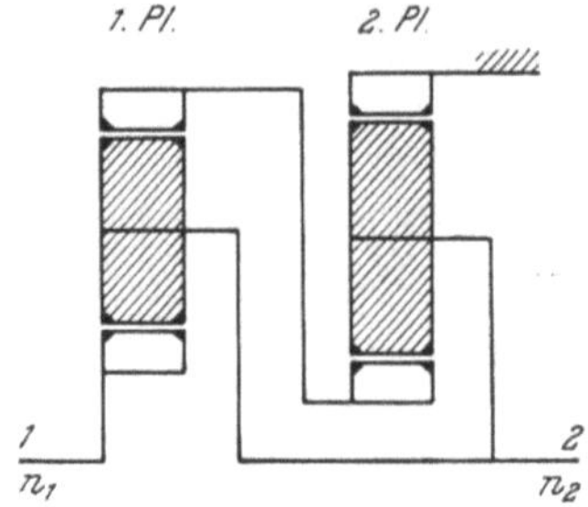

Abb. 26. Planetengetriebereihe mit Doppelbindung; Rückwärtsgang beim *Hydramatic*-Getriebe Ausf. *A* und *B*

in zwei Zweigen weiter. Der eine geht über den Steg des 1. Satzes zum Abtrieb, während der andere Zweig seinen Weg über das 1. Außenrad in den 2. Planetensatz nimmt. Von hier mündet er über den 2. Steg ebenfalls in den Abtrieb. Über Aufbau, Wirkungsweise und Sinn von Leistungsverzweigungen, die in verschiedenen automatischen Automobilgetrieben Anwendung finden, wird in einem Abschnitt (s. S. 136) ausführlich gesprochen.

In der zuletzt erwähnten Getriebereihe mit Doppelbindung behält man vier unabhängige Elemente, zwei Doppelglieder und zwei einfache. Insgesamt sind mit zwei Planetensätzen zwölf verschiedene Bauarten möglich. Damit die Getriebereihe wirksam wird, sind folgende Bedingungen einzuhalten. Eines der beiden Einzelglieder muß An- oder Abtrieb sein. (Anderenfalls ist nur einer der beiden Planetensätze wirksam, und zwar der, dessen 3. Element festgehalten wird.) Wenn man das eine Einzelglied als Antrieb, das andere als Abtrieb verwendet, so ist eines der Doppelglieder gegen Fest abzustützen, d. h. festzubremsen.

Man hat dann aber keine Doppelbindung mit Leistungsverzweigung vor sich, sondern zwei hintereinander geschaltete Planetensätze. Ein Beispiel dieser Art liegt im Rückwärtsgang des BORG-WARNER-Getriebes vor, Abb. 27. Normalerweise wird daher neben einem Einzelglied eines der Doppelglieder als An- oder Abtrieb herangezogen; es ist dann das noch freie Einzelglied festzulegen.

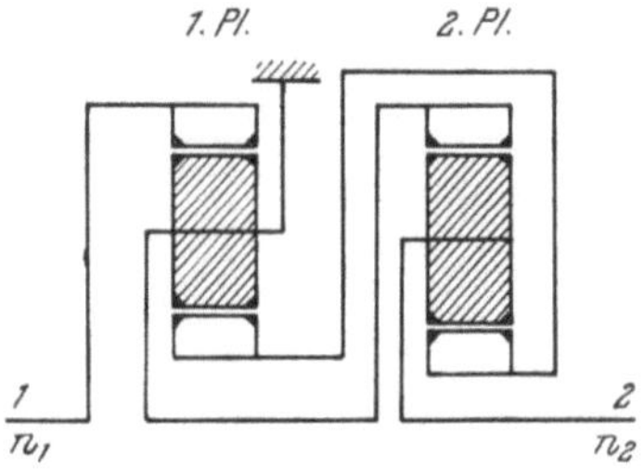

Von den erwähnten zwölf theoretisch möglichen Bauweisen werden bis jetzt fünf in der Praxis angewandt; sie sind im folgenden dargestellt und beschrieben, wobei die Übersetzungsverhältnisse abgeleitet werden.

Abb. 27. Planetengetriebereihe mit scheinbarer Doppelbindung. In Wirklichkeit ist die Verbindung zwischen dem Planetenträger des 1. und dem Außenrad des 2. Satzes ein Teil des feststehenden Gehäuses. Rückwärtsgang im BORG-WARNER-Getriebe (STUDEBAKER)

In der Anordnung der Abb. 26, die in den *Hydramatic*-Getrieben Ausf. *A* und *B* vorkommt, ist im 2. Planetensatz $n_{p2} = n_2$ und $n_{a2} = 0$, somit nach Tabelle 2, 1. Zeile,

$$\frac{n_{s2}}{n_{p2}} = 1 + \frac{z_{a2}}{z_{s2}}.$$

Im ersten Planetensatz ist:

$$n_{a1} = n_{s2} = n_2\left(1 + \frac{z_{a2}}{z_{s2}}\right),$$

$$n_{p1} = n_2,$$

$$n_{s1} = n_1.$$

Überlagert man jetzt eine Grunddrehung II. Art mit der Drehzahl $n = -n_1$, so erhält man folgende durch Überstreichungen gekennzeichnete Drehzahlen:

für das Außenrad *1* $\qquad \overline{n_{a1}} = n_{a1} - n_1 = n_2\left(1 + \frac{z_{a2}}{z_{s2}}\right) - n_1,$

für den Planetenträger *1* $\qquad \overline{n_{p1}} = n_{p1} - n_1 = n_2 - n_1,$

für das Sonnenrad *1* $\qquad \overline{n_{s1}} = n_{s1} - n_1 = 0.$

Nach Tabelle 2, 6. Zeile, ist nun

$$\frac{\overline{n_{a1}}}{\overline{n_{p1}}} = 1 + \frac{z_{s1}}{z_{a1}}.$$

Nach Ausrechnung erhält man für die Übersetzung der Anordnung von Abb. 26

$$i = \frac{n_1}{n_2} = 1 - \frac{z_{a1}}{z_{s1}}\frac{z_{a2}}{z_{s2}}.$$

Zum gleichen Ergebnis gelangt man, wenn man auf den 1. Planetensatz die Grundgleichung des einfachen Planetengetriebes (s. S. 28)

$$n_s + \frac{z_a}{z_s}\, n_a - \left(1 + \frac{z_a}{z_s}\right) n_p = 0$$

anwendet. Setzt man die oben angegebenen Drehzahlen des 1. Satzes ein, so bekommt man

$$n_1 + \frac{z_{a1}}{z_{s1}}\, n_2 \left(1 + \frac{z_{a2}}{z_{s2}}\right) - \left(1 + \frac{z_{a1}}{z_{s1}}\right) n_2 = 0.$$

Daraus ergibt sich mit

$$i = \frac{n_1}{n_2} = 1 - \frac{z_{a1}}{z_{s1}}\,\frac{z_{a2}}{z_{s2}}$$

die oben abgeleitete Beziehung.

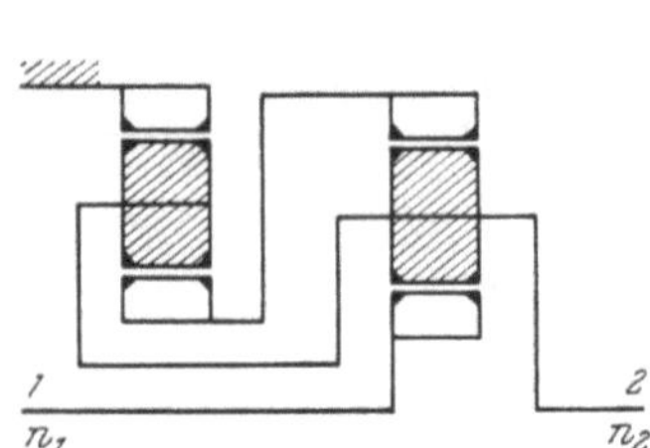
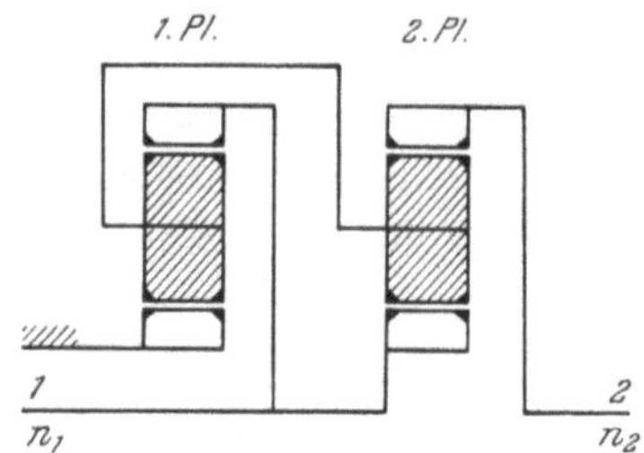

Abb. 28. Planetengetriebereihe mit Doppelbindung; Rückwärtsgang im *Hydramatic*-Getriebe Ausf. *C*

Abb. 29. Planetengetriebereihe mit Doppelbindung; 1. Gang im *Powerflite*-Getriebe

Da immer $z_a > z_s$ ist, erhält man als Ergebnis einen negativen Zahlenwert, was auf die Umkehr der Drehrichtung (Rückwärtsgang) hinweist. Im Rückwärtsgang der Getriebe *Turboglide* und *Flight Pitch Dynaflow* sowie später in einem anderen *Hydramatic*-Getriebe, das für Compact Cars bestimmt ist und hier mit „Ausf. C" bezeichnet wird, hat man die beiden Planetensätze umgestellt, was Abb. 28 im Vergleich zu Abb. 26 erkennen läßt. Man erhält daher auch in diesem Fall für die Übersetzung

$$i = \frac{n_1}{n_2} = 1 - \frac{z_{a1}}{z_{s1}}\,\frac{z_{a2}}{z_{s2}}.$$

In einem weiteren automatischen Getriebe (*Powerflite*, s. S. 245) sind im 1. Gang die beiden Planetensätze so vereint, wie Abb. 29 wiedergibt. Es sind die beiden Planetenträger miteinander verbunden und das 1. Außenrad mit dem 2. Sonnenrad. Im 1. Planetensatz gilt:

für das Außenrad $n_{a1} = n_1,$

für das Sonnenrad $n_{s1} = 0;$

damit ergibt sich nach Tabelle 2, 6. Zeile,

$$\frac{n_{a1}}{n_{p1}} = 1 + \frac{z_{s1}}{z_{a1}},$$

somit

für den Planetenträger $\quad n_{p1} = \dfrac{n_{a1}}{1 + \dfrac{z_{s1}}{z_{a1}}} = \dfrac{n_1}{1 + \dfrac{z_{s1}}{z_{a1}}}.$

Für den 2. Planetensatz erhält man so:

Außenrad $\quad n_{a2} = n_2,$

Steg $\qquad n_{p2} = n_{p1} = \dfrac{n_1}{1 + \dfrac{z_{s1}}{z_{a1}}},$

Sonnenrad $\quad n_{s2} = n_1.$

Um nun $i = \dfrac{n_1}{n_2}$ zu ermitteln, könnte man in bekannter Weise eine Grunddrehung II. Art überlagern oder auf den 2. Planetensatz die oben aufgestellte Grundgleichung des einfachen Planetengetriebes anwenden. Setzt man die obigen Beziehungen in die Gleichung ein, so kommt

$$n_1 + \frac{z_{a2}}{z_{s2}}\, n_2 - \left(1 + \frac{z_{a2}}{z_{s2}}\right) \frac{n_1}{1 + \dfrac{z_{s1}}{z_{a1}}} = 0.$$

Die Ausrechnung ergibt

$$i = \frac{n_1}{n_2} = \frac{1 + \dfrac{z_{s1}}{z_{a1}}}{1 - \dfrac{z_{s1}}{z_{a1}} \dfrac{z_{s2}}{z_{a2}}}.$$

Im *Powerflite*-Getriebe sind die beiden Planetensätze in ihrer Anordnung und Größe einander gleich; es ist $z_{a1} = z_{a2} = z_a$ und $z_{s1} = z_{s2} = z_s$. Somit ist

$$i = \frac{n_1}{n_2} = \frac{1}{1 - \dfrac{z_s}{z_a}}.$$

Da hier $\dfrac{z_a}{z_s} = 2{,}39$ ist, wird $i = 1{,}72$.

Eine Anordnung von zwei Planetensätzen mit Doppelbindung, die im ersten Gang des *Torqueflite*-Getriebes (s. S. 247) vorliegt, ist in Abb. 30 aufgezeichnet. Miteinander verbunden sind einmal die beiden Sonnenräder und zum anderen das 1. Außenrad mit dem 2. Planetenträger und dem Abtrieb. Der Antrieb wirkt auf das 2. Außenrad, während der 1. Steg festgehalten wird. Für den 1. Planetensatz gelten folgende Drehzahlen:

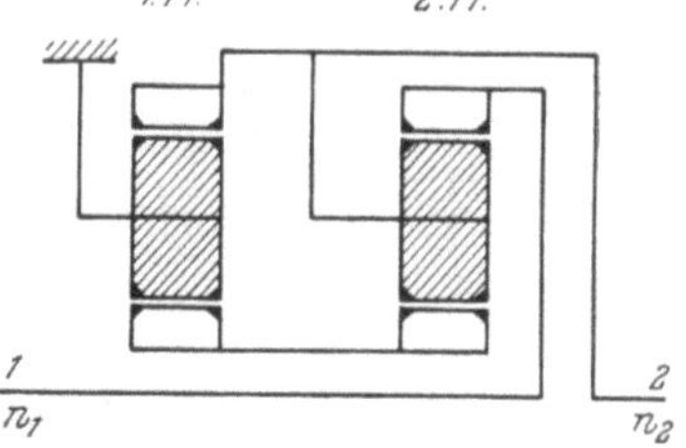

Abb. 30. Planetengetriebereihe mit Doppelbindung; 1. Gang im *Torqueflite*-Getriebe

Außenrad $\qquad n_{a1} = n_2,$

Planetenträger $\quad n_{p1} = 0;$

somit ist nach Tabelle 2, 2. Zeile, für das

Sonnenrad $\qquad n_{s1} = -\, n_{a1}\, \dfrac{z_{a1}}{z_{s1}}$

und im 2. Planetensatz:

Außenrad $\qquad n_{a2} = n_1,$

Planetenträger $\quad n_{p2} = n_2,$

Sonnenrad $\qquad n_{s2} = n_{s1} = -\, n_{a1}\, \dfrac{z_{a1}}{z_{s1}} = -\, n_2\, \dfrac{z_{a1}}{z_{s1}}.$

Wendet man auf den zweiten Planetensatz die Grundgleichung des einfachen Planetengetriebes an, so erhält man

$$-\, n_2\, \frac{z_{a1}}{z_{s1}} + n_1\, \frac{z_{a2}}{z_{s2}} - n_2\left(1 + \frac{z_{a2}}{z_{s2}}\right) = 0.$$

Das führt zu

$$i = \frac{n_1}{n_2} = \frac{1 + \dfrac{z_{a1}}{z_{s1}} + \dfrac{z_{a2}}{z_{s2}}}{\dfrac{z_{a2}}{z_{s2}}}.$$

In dem genannten Getriebe sind die beiden Planetensätze von gleichem Aufbau; es ist $z_{s1} = z_{s2} = z_s$ und $z_{a1} = z_{a2} = z_a$. Daraus folgt

$$i = \frac{n_1}{n_2} = 2 + \frac{z_s}{z_a}.$$

In einem anderen *Torqueflite*-Getriebe, das in Compact Cars eingebaut wird (s. S. 260), haben, wie Abb. 31 zeigt, die beiden Planetensätze ihre Plätze getauscht. Man erhält daher

$$i = \frac{n_1}{n_2} = \frac{1 + \dfrac{z_{a1}}{z_{s1}} + \dfrac{z_{a2}}{z_{s2}}}{\dfrac{z_{a1}}{z_{s1}}},$$

und da auch hier $z_{s1} = z_{s2} = z_s$ und $z_{a1} = z_{a2} = z_a$ ist, wieder

$$i = \frac{n_1}{n_2} = 2 + \frac{z_s}{z_a},$$

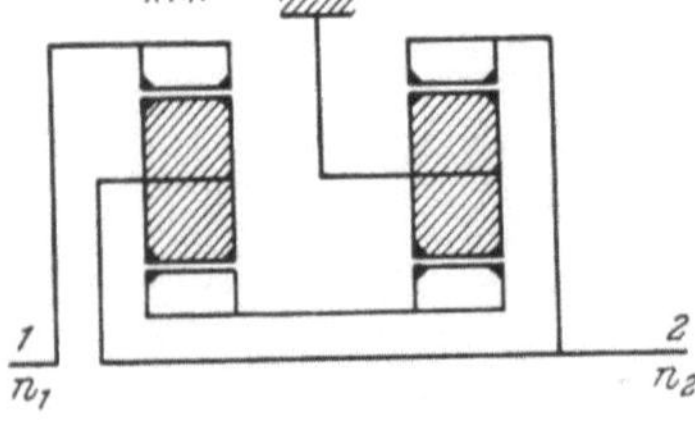

Abb. 31. Planetengetriebe mit Doppelbindung; 1. Gang im *Torqueflite*-Getriebe für Compact Cars

woraus sich für beide Getriebe mit $\dfrac{z_a}{z_s} = 2{,}22$ die Übersetzung im 1. Gang zu $i = 2{,}45$ errechnet.

5. Planetengetriebeketten

Bei vielen automatischen Automobilgetrieben erfolgt im Hauptfahrbereich die Drehmomentänderung durch einen hydrodynamischen Wandler, der gleichzeitig die Aufgabe der Kupplung übernimmt. Nur für das Anfahren und Beschleunigen sowie für starke Steigungen und in den Bergen wird zusätzlich eine Wandlung in einem nachgeschalteten Planetengetriebe vorgenommen. Es genügt dann oft, daß diese Getriebe neben dem direkten und dem Rückwärtsgang noch zwei Übersetzungen oder gar nur eine aufweisen. Die Anwendung einer Planeten*reihe* mit zwei oder drei Planetensätzen ist dann zu aufwendig und kostspielig.

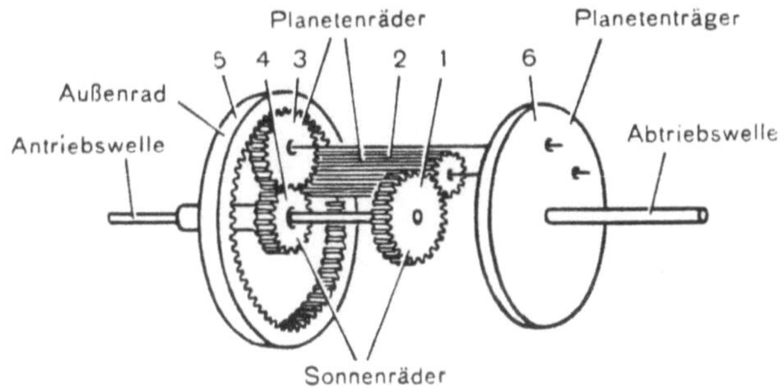

Abb. 32. Planetengetriebekette I; *1* Sonnenrad s_2, *2* Planetenrad p_2, *3* Planetenrad p_1, *4* Sonnenrad s_1, *5* Außenrad *a*, *6* Planetenträger

Für diesen Zweck hat man zwei Planetengetriebe*ketten* entwickelt, die sich in Millionen von Automobilen gut bewährt haben. Die eine Bauart (I) verfügt neben dem Rückwärtsgang über zwei Vorwärtsgänge, während die andere (II) drei besitzt. Es handelt sich in beiden Fällen um eine rückkehrende Einsteg-Getriebekette.

Die *Getriebekette I*, nach ihrem Erfinder auch RAVIGNEAUX-Getriebe genannt, Abb. 32, besteht aus dem Außenrad *a* (*5*), zwei Sonnenrädern s_1 (*4*) und s_2 (*1*), den langen (*2*) und den kurzen (*3*) Planetenrädern p_1 und p_2 (meist je zwei oder drei), die vom Planetenträger gehalten werden. Die Antriebswelle ist mit dem großen Sonnenrad s_2 (*1*), der Abtrieb mit dem Planetenträger verbunden. In der perspektivischen Skizze, Abb. 33, und in der schematischen Darstellung der Getriebekette I, Abb. 34, sind die Servoglieder eingezeichnet, die für den Aufbau der drei Gänge: ein übersetzter Berggang, eine direkte Übertragung (1 : 1) und ein Rückwärtsgang, benötigt werden.

Die Lamellenkupplung *K* erlaubt eine kraftschlüssige Verbindung der beiden Sonnenräder s_1 und s_2. In diesem Fall läuft das Getriebe als Block um, entsprechend der Grunddrehung II. Art. Es findet keine Übersetzung statt; die Übertragung erfolgt direkt.

Zieht man das Bremsband $B\,1$ an, so wird das kleine Sonnenrad s_1 festgehalten. Das große Sonnenrad s_2 treibt über das lange Planetenrad p_2 das kurze Rad p_1 an; dieses rollt auf dem festen Sonnenrad s_1 ab und dreht so den Planetenträger und damit die Abtriebswelle. Das Außenrad a hat in diesem Fall keine Funktion.

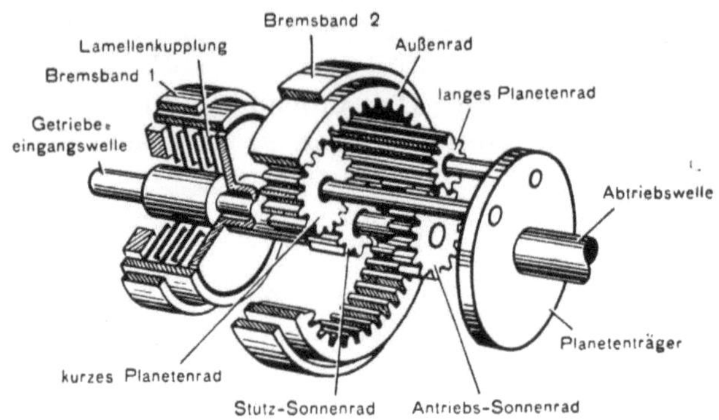

Abb. 33. Planetengetriebekette I mit den Servogliedern: der Lamellenkupplung und den Bremsbändern *1* und *2*

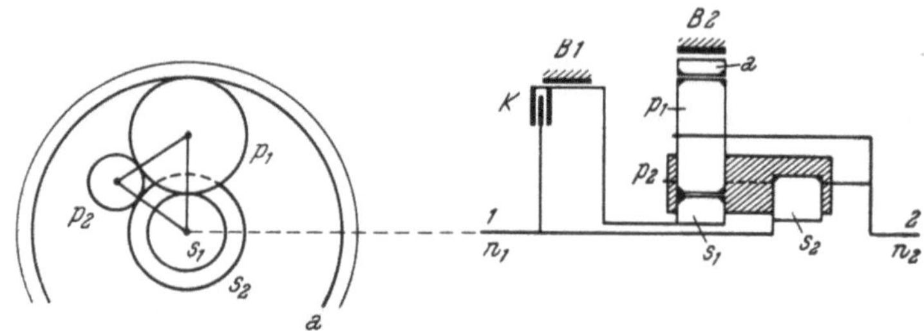

Abb. 34. Schema der Planetengetriebekette I; s_1 kleines Sonnenrad, s_2 großes Sonnenrad, p_1 kurzes und p_2 langes Planetenrad, a Außenrad, K Lamellenkupplung, $B\,1$ und $B\,2$ Bremsbänder, n_1 Antriebs- und n_2 Abtriebsdrehzahl

Tabelle 3. *Getriebekette I*

Gang	K	$B\,1$	$B\,2$	$i = \dfrac{n_1}{n_2}$
1		●		$1 + \dfrac{z_{s1}}{z_{s2}}$
2	●			1
R			●	$1 - \dfrac{z_a}{z_{s2}}$

Um die Übersetzung $i = \dfrac{n_1}{n_2}$ zu ermitteln, bringt man die Getriebekette zunächst in den Zustand der Grunddrehung I. Art, d. h. alle Räder können sich frei bewegen, nur der Planetenträger bleibt in Ruhe ($n_p = 0$). In diesem Betriebszustand wickelt sich der Umfang des Sonnenrades s_1 über die Planetenräder p_1 und p_2 als Zwischenträger auf dem Umfang des Rades s_2 ab. Dabei dreht sich das Sonnenrad s_2 entgegengesetzt wie s_1. Es ist somit

$$n_{s2}\, z_{s2} = -\, n_{s1}\, z_{s1}.$$

Jetzt überlagert man eine Grunddrehung II. Art mit der Drehzahl $n = -\, n_{s1}$. Auf diese Weise kommt in dem resultierenden Betriebszustand (gekennzeichnet durch die überstrichenen Drehzahlangaben) das Sonnenrad s_1 zum Stillstand, wie es ja sein muß, weil das Rad s_1 durch die Bremse $B\,1$ gehalten wird. Es gilt also für:

das Sonnenrad s_1 $\qquad \overline{n_{s1}} = 0,$

das Sonnenrad s_2 $\qquad \overline{n_{s2}} = n_{s2} - n_{s1} = n_1,$

den Planetenträger $\quad \overline{n_p} = -\, n_{s1} = n_2.$

Nimmt man aus der obigen Beziehung hinzu, daß

$$n_{s2} = -\, n_{s1}\, \frac{z_{s1}}{z_{s2}}$$

ist, so erhält man

$$\frac{n_1}{n_2} = i = 1 + \frac{z_{s1}}{z_{s2}} \quad \text{(Berggang)}.$$

Für den Rückwärtsgang wird das Bremsband $B\,2$ betätigt. Das Sonnenrad s_2 treibt über das lange Planetenrad p_2 das kurze Rad p_1 an. Dieses Rad p_1 rollt in dem durch Bremse $B\,2$ festgehaltenen Außenrad a ab, wobei sich der Planetenträger mit dem Abtrieb entgegen der Drehrichtung des antreibenden Sonnenrades s_2 bewegt. Das Sonnenrad s_1 hat keine Wirkung; es läuft leer mit.

Bei der Grunddrehung I. Art, d. h. bei $n_p = 0$, treibt das Sonnenrad s_2 mittels Übertragung durch p_2 und p_1 das Außenrad a im gleichen Drehsinn an. Es ist also

$$n_{s2}\, z_{s2} = n_a\, z_a.$$

Durch die Überlagerung einer Grunddrehung II. Art mit der Drehzahl $n = -\, n_a$ wird in dem resultierenden Betriebszustand das Außenrad zu Stillstand gebracht, entsprechend der Tatsache, daß es in diesem Zustand durch $B\,2$ festgehalten wird. Es ergeben sich dann folgende Drehzahlen:

für das Außenrad $\qquad\qquad \overline{n_a} = 0,$

für den Planetenträger $\qquad \overline{n_p} = -\, n_a = n_2,$

für das Sonnenrad s_2 $\qquad \overline{n_{s2}} = n_{s2} - n_a = n_1;$

daraus kommt dann

$$\frac{n_1}{n_2} = i = 1 - \frac{z_a}{z_{s2}} \quad \text{(Rückwärtsgang)}.$$

Der Aufbau der einzelnen Gänge in der Getriebekette I ist in der Tabelle 3 zusammengestellt. Abb. 35 gewährt einen Einblick in den praktischen Aufbau einer Getriebekette I und läßt die Einzelheiten der Ausführung erkennen.

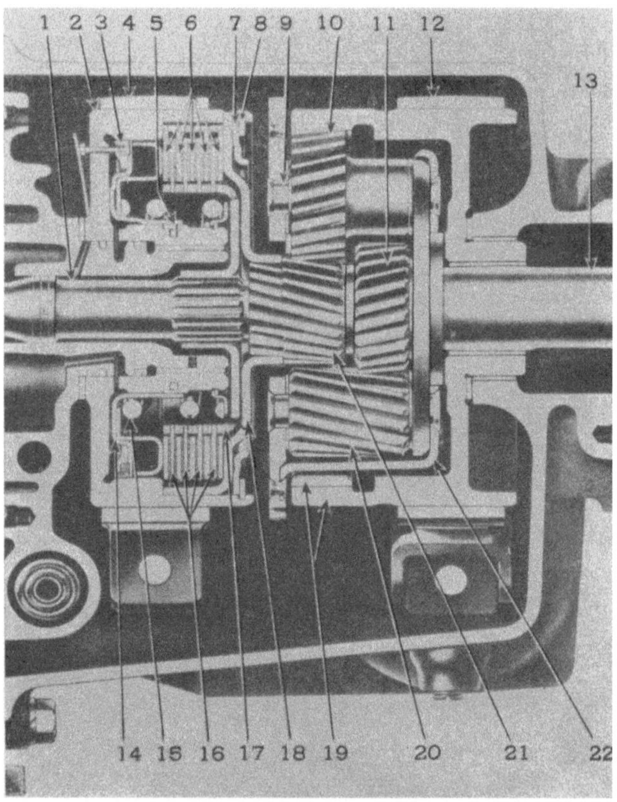

Abb. 35. Planetengetriebekette I des *Dynaflow*-Getriebes

1 Antrieb,	*9* Achse des kurzen	*16* Kupplung K,
2 Bremstrommel,	Planetenrades (p_1),	*17* Kupplungsring,
3 Ringkolben,	*10* Planetenrad p_1	*18* Flansch,
4 Bremsband $B1$,	*11* Sonnenrad s_2,	*19* Außenrad a und Brems-
5 Ringkolben,	*12* Bremsband $B2$,	trommel,
6 Lamellenkupplung K,	*13* Abtrieb,	*20* langes Planetenrad p_2,
7 Flansch,	*14* Ringkolben,	*21* Sonnenrad s_1,
8 Flanschring.	*15* Feder,	*22* Planetenradträger

Die *Getriebekette II*, Abb. 36, weist auch ein Außenrad, zwei Sonnenräder sowie kurze und lange Planetenräder auf. Die schematische Darstellung in Abb. 37 macht die gegenüber der Kette I (Abb. 34) geänderte Anordnung klar. Das kleine Sonnenrad s_1 treibt über das kurze Planetenrad p_1 das lange Planetenrad p_2 an. Dieses Rad p_2 steht im Eingriff mit

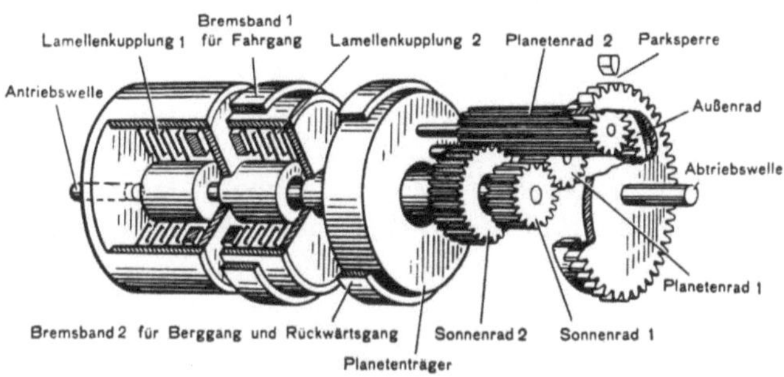

Abb. 36. Planetengetriebekette II mit Servogliedern; zwei Lamellenkupplungen *1* und *2* sowie zwei Bremsbänder *1* und *2*

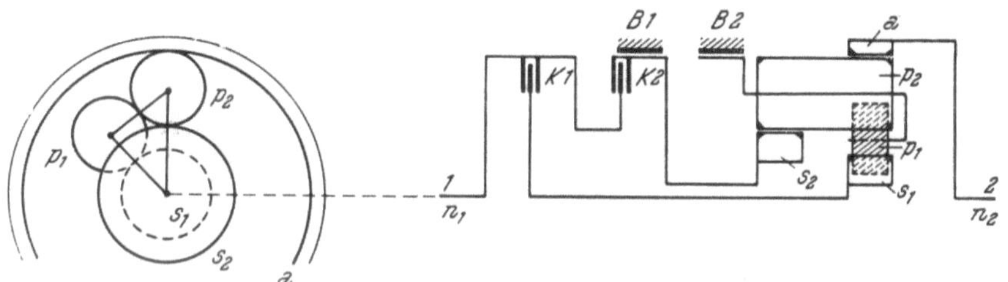

Abb. 37. Schema der Planetengetriebekette II; *a* Außenrad, s_1 kleines und s_2 großes Sonnenrad, p_1 kurzes und p_2 langes Planetenrad, *K 1* und *K 2* Kupplungen, *B 1* und *B 2* Bremsbänder, n_1 Antriebs- und n_2 Abtriebsdrehzahl

Tabelle 4. *Getriebekette II*

Gang	K 1	K 2	B 1	B 2	$i = \dfrac{n_1}{n_2}$
1	●			●	$\dfrac{z_a}{z_{s1}}$
2	●		●		$\dfrac{\dfrac{z_a}{z_{s1}} + \dfrac{z_a}{z_{s2}}}{1 + \dfrac{z_a}{z_{s2}}}$
3	●	●			1
R		●		●	$-\dfrac{z_a}{z_{s2}}$

dem großen Sonnenrad s_2 und dem Außenrad a. Der Abtrieb erfolgt hier über das Außenrad.

Mit Hilfe der beiden Kupplungen $K\,1$ und $K\,2$ sowie der Bremsbänder $B\,1$ und $B\,2$ lassen sich drei Vorwärtsgänge und ein Rückwärtsgang aufbauen. Beim 1. und beim 3., dem direkten Gang, sowie im Rückwärtsgang sind die Betriebsverhältnisse leicht zu durchschauen, und man kann die Übersetzungen sofort angeben.

Für den *1. Gang* wird die Kupplung $K\,1$ betätigt und das Bremsband $B\,2$ angezogen. Die Antriebswelle ist jetzt mit dem Sonnenrad s_1 verbunden. Der Planetenträger ist durch Bremse $B\,2$ festgelegt; damit ist $n_p = 0$. Es liegt also eine Grunddrehung I. Art vor. Das Sonnenrad s_1 treibt über die Räder p_1 und p_2 das Außenrad a im gleichen Drehsinn an. Es ist also

$$n_{s1}\,z_{s1} = n_a\,z_a.$$

Da nun $n_1 = n_{s1}$ und $n_2 = n_a$ ist, erhält man

$$\frac{n_1}{n_2} = i = \frac{z_a}{z_{s2}} \quad \text{(1. Gang)}.$$

Im *3. Gang* werden durch die Kupplungen $K\,1$ und $K\,2$ die beiden Sonnenräder miteinander und mit dem Antrieb verbunden. Innerhalb der Getriebekette kann so keine Drehung der Räder untereinander erfolgen. Das Getriebe läuft als Einheit wie bei der Grunddrehung II. Art um; es ist $i = \dfrac{n_1}{n_2} = 1$ (direkter Gang).

Der *Rückwärtsgang* entsteht durch das Einschalten der Kupplung $K\,2$ und des Bremsbandes $B\,2$. Es wird dann das Sonnenrad s_2 vom Motor her angetrieben. Der Planetenträger ist durch die Bremse $B\,2$ festgehalten. Es liegt also wieder eine Grunddrehung I. Art vor. Das Planetenrad p_2 überträgt die Drehung von s_2 auf das Außenrad a und kehrt die Drehrichtung um; die Räder p_1 und s_1 laufen leer um. Es ist demnach

$$n_{s2}\,z_{s2} = -\,n_a\,z_a$$

und mit $n_{s2} = n_1$ und $n_a = n_2$ kommt

$$\frac{n_1}{n_2} = i = -\,\frac{z_a}{z_{s2}} \quad \text{(Rückwärtsgang)}.$$

Für den *2. Gang*, der eine mittlere Übersetzung aufweisen soll, wird die Kupplung $K\,1$ eingeschaltet und das Bremsband $B\,1$ betätigt. Von der Antriebswelle wird nun über die Kupplung $K\,1$ das kleine Sonnenrad s_1 angetrieben, während das Band $B\,2$ das große Sonnenrad s_2 festhält. Das Rad s_1 treibt über das kurze Planetenrad p_1 das lange Rad p_2 an, das sich auf dem festen Sonnenrad s_2 abwickelt und dabei den Planetenträger in der Richtung des Antriebes dreht. Hierdurch wird auch das Außenrad a in der gleichen Drehrichtung bewegt.

Zur Errechnung der Übersetzung geht man wieder von der Grunddrehung I. Art aus, d. h. es sei der Planetenträger in Ruhe ($n_p = 0$), während alle anderen Räder sich um ihre Achsen drehen können. Eine Drehung des Sonnenrades s_1 wird sich über die Planetenräder p_1 und p_2 im gleichen Richtungssinn auf das Außenrad a übertragen; demnach ist

$$n_{s1}\, z_{s1} = n_a\, z_a.$$

Hierbei wird über die Planetenräder p_2 auch das Sonnenrad s_2 gedreht, allerdings in umgekehrter Richtung. Es ist daher

$$n_{s2}\, z_{s2} = - n_a\, z_a.$$

Überlagert man nun eine Grunddrehung II. Art mit der Drehzahl $n = -n_{s2}$, so kommt damit das Sonnenrad s_2 zum Stillstand (entsprechend der Wirkung von $B\,2$). Es ergeben sich im resultierenden Betriebszustand (Grunddrehung I. Art + Grunddrehung II. Art) folgende Drehzahlen:

Sonnenrad s_1 $\qquad \overline{n_{s1}} = n_{s1} - n_{s2} = n_1,$

Außenrad a $\qquad \overline{n_a} = n_a - n_{s2} = n_2.$

Mit Berücksichtigung der oben abgeleiteten Beziehungen

$$n_{s1} = n_a \frac{z_a}{z_{s1}}$$

und

$$n_{s2} = - n_a \frac{z_a}{z_{s2}}$$

erhält man

$$n_1 = n_a \frac{z_a}{z_{s1}} + n_a \frac{z_a}{z_{s2}}$$

und

$$n_2 = n_a + n_a \frac{z_a}{z_{s2}}$$

und damit

$$i = \frac{n_1}{n_2} = \frac{\dfrac{z_a}{z_{s1}} + \dfrac{z_a}{z_{s2}}}{1 + \dfrac{z_a}{z_{s2}}}.$$

In der Tabelle 4 ist zusammengefaßt aufgezeigt, wie sich die einzelnen Gänge mit ihren Übersetzungen ergeben. Abb. 38 stellt aufgeschnitten die praktische Ausführung einer Getriebekette II dar.

Die bisherigen Betrachtungen befaßten sich mit der Bestimmung des Verhältnisses von An- zu Abtriebsdrehzahl, der Übersetzung, eines

Planetengetriebes. Manchmal möchte man auch die Geschwindigkeiten der einzelnen Räder oder der Zwischenwellen im Getriebe kennen. Sie lassen sich ohne weiteres mit Hilfe der Grundgleichung des einfachen Planetengetriebes errechnen.

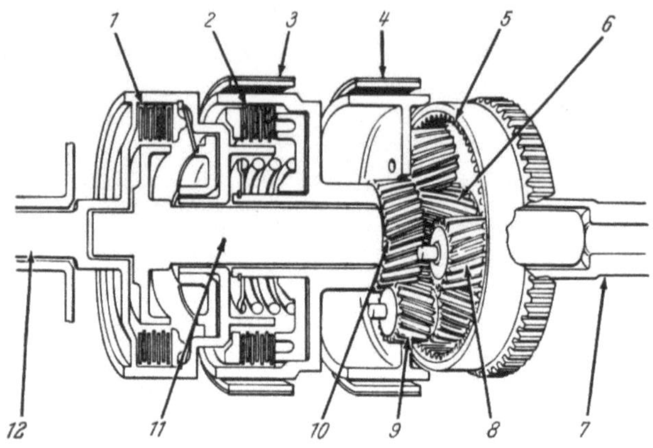

Abb. 38. Blick in die Planetengetriebekette II des *Fordomatic*-Getriebes; *1* Kupplung $K1$, *2* Kupplung $K2$, *3* Bremsband $B1$, *4* Bremsband $B2$, *5* Außenrad a, *6* Sonnenrad s_1, *7* Abtrieb, *8* kurzes (p_1) und *9* langes Planetenrad p_2, *10* Sonnenrad s_2, *11* Achse des Sonnenrades s_1, *12* Antrieb

6. Der Lauf des Drehmomentes durch die Planetengetriebe

Von besonderem Interesse ist der Weg des eingeleiteten Drehmomentes durch die einzelnen Teile eines Getriebes. Die Größe des durchlaufenden Momentes bestimmt aus Festigkeitsgründen die Ausführung der Zahn-

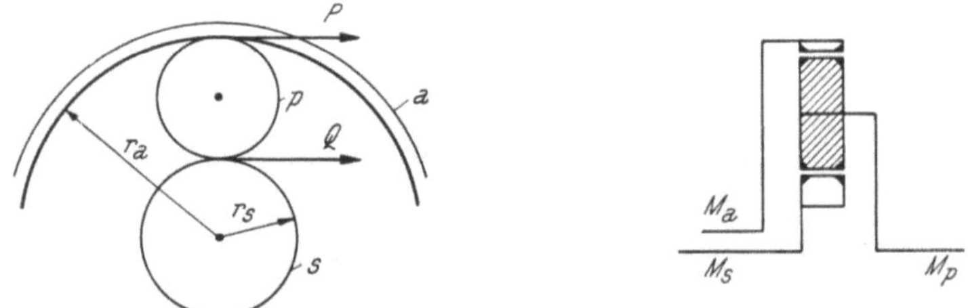

Abb. 39. Momentengleichgewicht in einem einfachen Planetengetriebe; a Außenrad mit Radius r_a, P und Q Kräfte am Planetenrad p; M_a, M_s und M_p Drehmomente

räder, die Anordnung der Lager, die Auslegung und Bemessung der Kupplungen oder Bremsen, die die Momente abstützen oder übertragen müssen. Zusammen mit der Kenntnis der verschiedenen Drehzahlen der Bauteile erhält man durch die Momentenverteilung auch Aufschluß über den Leistungsfluß in einem Getriebe.

Für die nachfolgenden Überlegungen gilt folgende Vorzeichenregel. Die Drehzahl in der Antriebsrichtung, also im Automobilbau durchweg mdul, ist positiv, die entgegengesetzte negativ. Das Drehmoment, das in Richtung vom Antrieb auf den Abtrieb gesehen in Antriebsrichtung wirkt, ist positiv, das in umgekehrter Richtung wirkt, negativ. Die Leistung, die vom An- zum Abtrieb fließt, ist positiv, die mit umgekehrter Flußrichtung negativ.

Am Planetenrad p, Abb. 39, herrscht Gleichgewicht, wenn die Kraft $P = Q$ ist. Nun ist $P = \dfrac{M_a}{r_a}$ und $Q = \dfrac{M_s}{r_s}$; somit ist

$$\frac{M_a}{M_s} = \frac{r_a}{r_s}.$$

Es verhalten sich die Radien der Räder wie ihre Zähnezahlen, also ist

$$\frac{r_a}{r_s} = \frac{z_a}{z_s}.$$

Damit ist

$$M_a = \frac{z_a}{z_s} M_s.$$

Hierzu tritt die aus dem Momentengleichgewicht sich ergebende Beziehung

$$M_a + M_s - M_p = 0.$$

Aus den beiden letzten Gleichungen erhält man:

$$M_a = \frac{z_a}{z_s} M_s = \frac{\dfrac{z_a}{z_s}}{1 + \dfrac{z_a}{z_s}} M_p,$$

$$M_s = \frac{1}{1 + \dfrac{z_a}{z_s}} M_p = \frac{z_s}{z_a} M_a,$$

$$M_p = \left(1 + \frac{z_s}{z_a}\right) M_a = \left(1 + \frac{z_a}{z_s}\right) M_s.$$

Damit sind die Grundlagen für die Berechnung der Momente gegeben.

Als erstes Beispiel wählen wir die in Abb. 24 gezeigte Anordnung von zwei einfachen hintereinander geschalteten Planetengetrieben (*Hydramatic*-Getriebe, Ausf. *A*, 1. Gang), Abb. 40. Im 1. Planetensatz ist:

$$M_{a1} = M_2,$$

$$M_{p1} = \left(1 + \frac{z_{s1}}{z_{a1}}\right) M_{a1} = \left(1 + \frac{z_{s1}}{z_{a1}}\right) M_1,$$

$$M_{s1} = \frac{z_{s1}}{z_{a1}} M_{a1} = \frac{z_{s1}}{z_{a1}} M_1.$$

Für den 2. Planetensatz mit der Grundübersetzung $\dfrac{z_{a2}}{z_{s2}}$ ist dann:

$$M_{s2} = M_{p1} = \left(1 + \frac{z_{s1}}{z_{a1}}\right) M_1,$$

$$M_{a2} = \frac{z_{a2}}{z_{s2}} M_{s2} = \left(\frac{z_{a2}}{z_{s2}} + \frac{z_{a2}}{z_{s2}}\frac{z_{s1}}{z_{a1}}\right) M_1,$$

$$M_{p2} = \left(1 + \frac{z_{a2}}{z_{s2}}\right) M_{s2} = \left(1 + \frac{z_{s1}}{z_{a1}}\right)\left(1 + \frac{z_{a2}}{z_{s2}}\right) M_1 = M_2.$$

Aus der letzten Gleichung erhält man in der Größe der Gesamtmomentwandlung

$$\frac{M_2}{M_1} = \left(1 + \frac{z_{s1}}{z_{a1}}\right)\left(1 + \frac{z_{a2}}{z_{s2}}\right)$$

eine Kontrolle; denn sie muß, da wir keine Verluste berücksichtigt haben, gleich der Übersetzung $i = \dfrac{n_1}{n_2}$ sein, was, wie ein Vergleich mit dem Ergebnis auf S. 31 zeigt, der Fall ist.

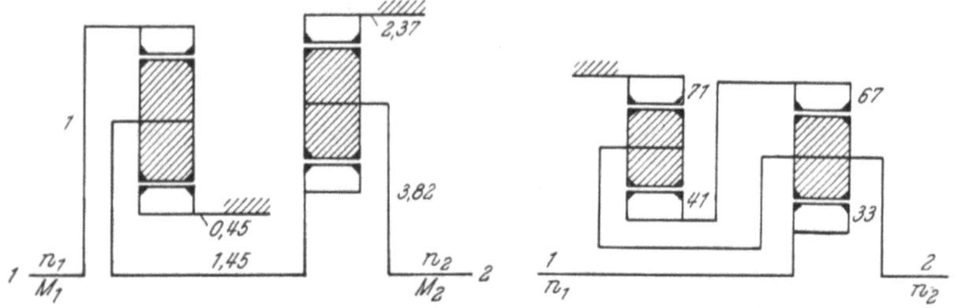

Abb. 40. Verlauf des Drehmoments durch eine einfache Planetengetriebereihe (*Hydramatic* Ausf. *A*, 1. Gang)

Abb. 41. Planetengetriebereihe mit Doppelbindung (*Hydramatic* Ausf. *C*, Rückwärtsgang) mit Angabe der Zähnezahlen

In dem der Abb. 40 zugrunde liegenden *Hydramatic*-Getriebe ist: $z_{a1} = 60$, $z_{s1} = 27$, $z_{a2} = 67$, und $z_{s2} = 41$. Dadurch ergeben sich für die Räder und Wellen die Drehmomente M, bezogen auf das eingeleitete Motormoment M_1, also die Werte von $\dfrac{M}{M_1}$, die in den Zahlen der Abb. 40 angegeben sind. Die Bremsvorrichtung, die das Sonnenrad s_1 festhält, hat demnach das 0,45fache, die Bremse für das Außenrad a_2 das 2,37fache des Motormomentes aufzunehmen, während durch die Zwischenwelle das 1,45fache des Momentes übertragen wird. Da nur *ein* Leistungsweg vorliegt, fließt durch jede Stelle die eingeleitete Leistung N_1, die zu dem Moment M_1 mit der Drehzahl n_1 gehört.

In dieser Weise läßt sich der Momentenverlauf in den einfachen Planetengetriebereihen (s. Abb. 23, 24 und 28) bestimmen. Auch das Errechnen des Momentenflusses in den Planetengetrieben mit Doppelbindung bereitet mit den oben aufgestellten Gleichungen keine grundsätzlichen Schwierigkeiten.

Als Beispiel dient die in Abb. 28 gezeigte Anordnung für den Rückwärtsgang im *Hydramatic*-Getriebe, Ausf. *C*, Abb. 41. Es ist im 2. Planetensatz:

$$M_{s2} = M_1,$$

$$M_{p2} = \left(1 + \frac{z_{a2}}{z_{s2}}\right) M_{s2} = \left(1 + \frac{z_{a2}}{z_{s2}}\right) M_1,$$

$$M_{a2} = \frac{z_{a2}}{z_{s2}} M_{s2} = \frac{z_{a2}}{z_{s2}} M_1,$$

und im 1. Planetensatz:

$$M_{s1} = M_{a2} = \frac{z_{a2}}{z_{s2}} M_1,$$

$$M_{p1} = \left(1 + \frac{z_{a1}}{z_{s1}}\right) M_{s1} = \left(1 + \frac{z_{a1}}{z_{s1}}\right) \frac{z_{a2}}{z_{s2}} M_1,$$

$$M_{a1} = \frac{z_{a1}}{z_{s1}} M_{s1} = \frac{z_{a1}}{z_{s1}} \frac{z_{a2}}{z_{s2}} M_1.$$

Ferner ist

$$M_{p2} = M_2 + M_{p1},$$

somit

$$M_2 = \left(1 + \frac{z_{a2}}{z_{s2}}\right) M_1 - \left(1 + \frac{z_{a1}}{z_{s1}}\right) \frac{z_{a2}}{z_{s2}} M_1$$

und

$$\frac{M_2}{M_1} = 1 - \frac{z_{a1}}{z_{s1}} \frac{z_{a2}}{z_{s2}}.$$

Das *Hydramatic*-Getriebe Ausf. *C* hat folgende Zähnezahlen: $z_{a1} = 71$, $z_{s1} = 41$, $z_{a2} = 67$ und $z_{s2} = 33$. Daraus ergeben sich die Momentwerte $\frac{M}{M_1}$, die im linken Teilbild der Abb. 42 eingetragen worden sind. Die Bremse, die das Außenrad a_1 hält, muß das 3,52fache Motormoment

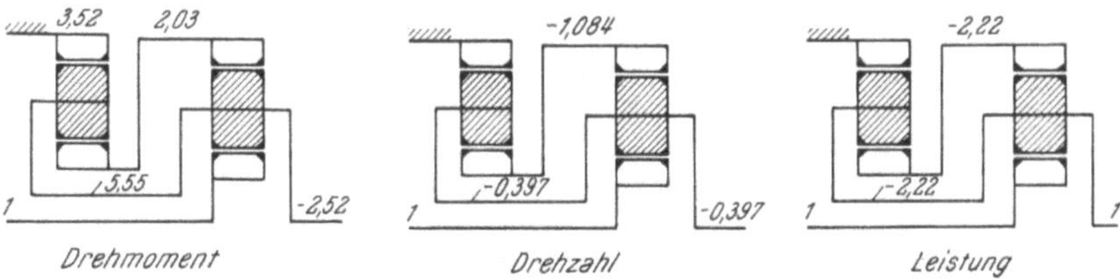

Abb. 42. Verlauf von Drehmoment, Drehzahl und Leistung im Planetengetriebe nach Abb. 41

aufnehmen können. Beachtlich ist weiter, daß durch die Zwischenwelle, die die beiden Planetenträger verbindet, das 5,55fache Moment fließt.

Um einen Einblick in den Leistungsfluß zu bekommen, bestimmt man auf dem oben beschriebenen Wege die Drehzahlen der Abtriebswelle, die gleichzeitig die beiden Planetenträger miteinander verbindet, sowie der Zwischenwelle, die das Sonnenrad s_1 mit dem Außenrad a_2 verknüpft, in Abhängigkeit von der Antriebsdrehzahl n_1. Es ist:

$$n_{s2} = n_1 \text{ (Antrieb)},$$

$$n_{p1} = n_{p2} = n_2 = \frac{1}{1 - \dfrac{z_{a1}}{z_{s1}}\dfrac{z_{a2}}{z_{s2}}} \text{ (Abtrieb)},$$

$$n_{s1} = n_{a2} = \frac{1 + \dfrac{z_{a1}}{z_{s1}}}{1 - \dfrac{z_{a1}}{z_{s1}}\dfrac{z_{a2}}{z_{s2}}} \text{ (Zwischenwelle)}.$$

Die Ausrechnung für das *Hydramatic*-Getriebe Ausf. *C* (*R*-Gang) liefert die in der mittleren Zeichnung der Abb. 42 angegebenen Werte von $\dfrac{n}{n_1}$. Aus Drehzahl und Moment ergibt sich dann der Leistungsfluß, der im rechten Bild der Abb. 42 dargestellt ist; dabei ist N_1 die Eingangsleistung, die zu n_1 und M_1 gehört. Man macht dabei eine interessante Feststellung. Obwohl nur die Leistung N_1 in das Getriebe ein- und austritt, (weil von Verlusten abgesehen wird), so fließt im Innern des Getriebes von p_2 über p_1, s_1 und a_2 zurück nach p_2 eine negative Leistung von 2,22 N_1, also wesentlich größer als die ein- und austretende Leistung. Auf diese in Leistungsverzweigungen auftretende Schein- oder Blindleistung hat erstmalig H. von Thüngen [349] aufmerksam gemacht. Wir kommen darauf im Abschnitt über Leistungsverzweigung noch zurück.

Der Momenten- und Leistungsfluß durch die Getriebeketten I und II kann in ähnlicher Weise verfolgt werden. Für die Ermittlung der Belastungen der Bremsbänder gelangt man jedoch einfacher zum Ziel, weil zur gleichen Zeit immer nur ein Band wirkt und weil das dabei aufgenommene Abstützmoment M_B gleich der Differenz von An- und Abtriebsmoment sein muß; es ist $M_B = M_1 - M_2$. Nun ist

$$\frac{M_2}{M_1} = \frac{n_1}{n_2} = i,$$

somit

$$M_B = (1 - i)\, M_1.$$

Es muß also in der Getriebekette I (s. Abb. 32 und Tabelle 3) im 1. Gang die Bremse *B 1* das Moment $M_{B1} = -\dfrac{z_{s1}}{z_{s2}}\, M_1$ und im Rückwärtsgang das Band *B 2* das Moment $M_{B2} = \dfrac{z_a}{z_{s2}}\, M_1$ aufnehmen. Die Kupplung *K 2* hat im 2. Gang, wie man leicht einsieht, das eingeführte Moment M_1 zu übertragen.

In der Getriebekette II (s. Abb. 36 und Tabelle 4) geht in den Vorwärtsgängen durch die Kupplung *K 1* und im Rückwärtsgang durch *K 2* das eingeleitete Moment M_1. Die Abstützmomente für die Bremsen $B\,1$ und $B\,2$ im 1. und 2. sowie im R-Gang ergeben sich zu

$$M_B = (1 - i)\,M_1,$$

wobei man für die verschiedenen Gänge die Werte von i aus der Tabelle 4 entnehmen kann. Im 3. Gang liegt eine Leistungsverzweigung vor. Der 1. Zweig geht über die Kupplung $K\,1$, das Sonnenrad s_1 und das Planetenrad p_1 zum Planetenrad p_2, während der 2. Zweig über die Kupplung $K\,2$ und das Sonnenrad s_2 zum Planetenrad p_2 verläuft. Aus dem Gleichgewicht am Planetenrad p_2 errechnet man, daß durch den Zweig I der Momententeil

$$M_\mathrm{I} = \frac{z_{s1}}{z_{s1} + z_{s2}}\,M_1$$

und durch Zweig II der Anteil

$$M_\mathrm{II} = \frac{z_{s2}}{z_{s1} + z_{s2}}\,M_1$$

übertragen wird.

7. Zusammenhänge zwischen den Zähnezahlen eines Planetengetriebes

Aus den rein geometrischen Verhältnissen eines einfachen Planetengetriebes nach Abb. 19 läßt sich sofort ersehen, daß zwischen den Teilkreisradien die Beziehung $2\,r_p = r_a - r_s$ bestehen muß. Setzt man nun statt der Radien die ihnen proportionalen Zähnezahlen ein, so ist

$$z_p = \frac{z_a - z_s}{2}.$$

Daraus ersieht man, daß die Differenz der Zähnezahlen von Außen- und Sonnenrad durch 2 teilbar sein soll; das gilt unabhängig von der Anzahl der Planetenräder.

Wenn nun in einem Planetengetriebe mehrere Planetenräder mit ihren Achsen symmetrisch zur Mittelachse vorgesehen sind, so müssen weitere Gesetzmäßigkeiten zwischen den Zähnezahlen eingehalten werden, damit sich das Getriebe einwandfrei zusammensetzen läßt, so daß die Zähne jeweils in entsprechende Lücken eingreifen und daß nicht Zahn auf Zahn zu stehen kommt. Man kann die daraus sich ergebenden Vorschriften in verschiedener Form ausdrücken. P. M. Heldt [12] leitete folgende Regeln ab:

bei zwei Planetenrädern

z_s kann gerade oder ungerade sein, ebenso z_p;

bei drei Planetenrädern

wenn z_s teilbar durch 3 ist, muß auch z_p durch 3 teilbar sein,

wenn $z_s - 1$ teilbar durch 3 ist, muß auch $z_p + 1$ durch 3 teilbar sein,

wenn $z_s + 1$ teilbar durch 3 ist, muß auch $z_p - 1$ durch 3 teilbar sein;

bei vier Planetenrädern

wenn z_s gerade ist, muß auch z_p gerade sein,

wenn z_s ungerade ist, muß auch z_p ungerade sein.

H. REICHENBÄCHER [28] stellte zu der oben erwähnten Forderung, daß $z_a - z_s$ gerade sein soll, noch die Bedingung auf, daß $z_a + z_s$ bei n Planetenrädern durch n teilbar sein muß.

Die Formulierungen der beiden Autoren sehen zwar verschieden aus, in ihrem mathematischen Inhalt sind sie aber gleich; die eine läßt sich aus der anderen ableiten. Wenn man in der Praxis bei der Forderung nach bestimmten Übersetzungsverhältnissen oder dem Einhalten von Baugrößen die aufgeführten Bedingungen nicht erfüllen kann, so muß man durch Änderungen am Getriebe (z. B. Lage der Achsen der Planetenräder) dafür sorgen, daß die Zahnräder einwandfrei kämmen.

Außer den hier angewandten rechnerischen Verfahren zur Behandlung der physikalischen Vorgänge in Planetengetrieben gibt es noch graphische Methoden, die auf das Erstellen von Geschwindigkeits- oder Momentenplänen hinauslaufen. Es sei hier auf die einschlägigen Arbeiten von K. KUTZBACH [342] und R. ZAJONZ [229] hingewiesen.

8. Die Servoeinrichtungen

Zum Schalten der verschiedenen Gangstufen dienen in einem Planetengetriebe Kupplungen und Bremsen. Mit Hilfe einer Kupplung werden zwei der sich drehenden Teile: Sonnenrad, Planetenträger oder Außenrad (Hohlrad), kraftschlüssig miteinander verbunden, so daß sie dann die gleiche Drehgeschwindigkeit aufweisen. Mittels einer Bremse kann eines der genannten Elemente festgehalten werden. Durch das Abwickeln der beiden anderen Getriebeteile entsteht dann die Übersetzung. Zur Schalterleichterung werden oft Freilaufsperren eingesetzt.

a) Die Kupplungen

Abb. 43 zeigt im Schemabild zwei Lamellenkupplungen, wie sie in automatischen Automobilgetrieben sehr häufig zu finden sind. Jede Kupplung besteht aus zwei Arten von Lamellenringen. Die eine, *5* in Abb. 43 und *29* in Abb. 44, ist durch eine Außenverzahnung formschlüssig mit dem äußeren Kupplungsgehäuse *4* und *9* so verbunden, daß sie an der Drehung teilnehmen, axial aber verschiebbar sind. In gleicher Weise sind die anderen Lamellen *8* in Abb. 43 mittels einer Innenverzahnung (*30* in Abb. 44) mit der Innennabe *2* und *11* verbunden. Kommt

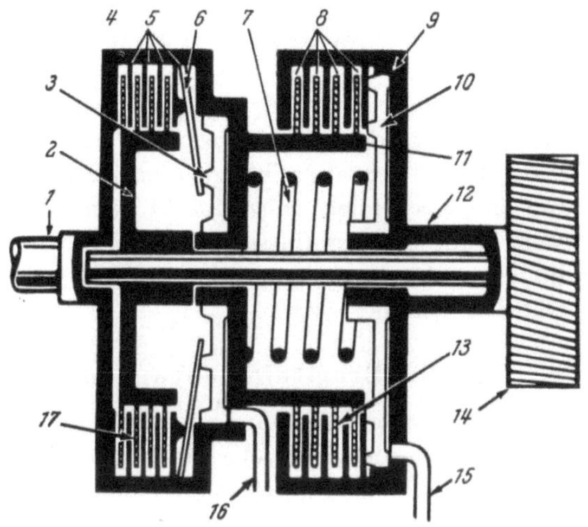

Abb. 43. Schema von zwei Lamellenkupplungen in einem Planetengetriebe (FORD)

1 Antriebswelle,
2 innere Nabe der Kupplung *17*,
3 Ringkolben,
4 äußeres Kupplungsgehäuse,
5 Kupplungslamellen verbunden mit *4*,
6 Tellerfeder,
7 Lösefeder,
8 Lamellen verbunden mit der Innennabe *11*,
9 Außengehäuse,
10 Ringkolben,
11 Innennabe,
12 Abtriebswelle,
13 rechte Kupplung,
14 Sonnenrad,
15 Drucköhlzuleitung für Kupplung *13*,
16 Drucköhlzuleitung für Kupplung *17*

auf den Ringkolben *10* durch die Leitung *15* Drucköl, so preßt er die Lamellen zusammen und läßt die Kupplung *13* allmählich fassen, womit die Antriebsachse *1* mit der Welle *12* verbunden wird. Wenn der Öldruck nachläßt und das Öl durch die Leitung *15* wieder abfließen kann, so löst die zentrale Feder *7* die Kupplung. Manchmal sind statt einer großen zentralen Feder auch viele Einzelfedern in einem Kreis angeordnet.

Die Größe des Momentes, das die Kupplung ohne Schlupf

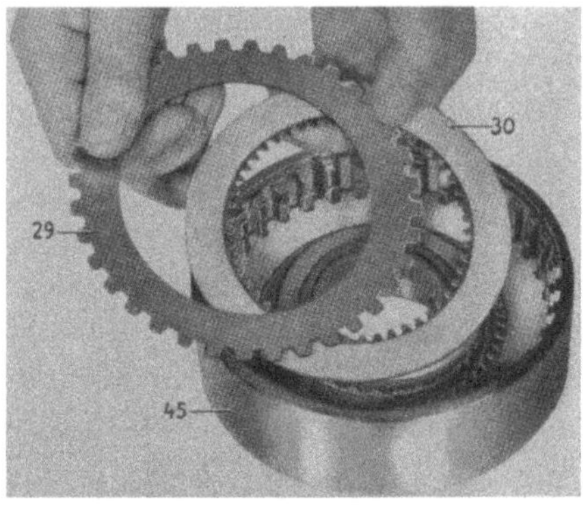

Abb. 44. Die beiden Lamellenarten einer Kupplung; *29* Lamellenring mit Außenverzahnung, *30* Lamelle mit Innenverzahnung, *45* Außengehäuse der Kupplung

übertragen kann, hängt von der Größe und Anzahl der Lamellen, von dem Reibungskoeffizienten ihrer Beläge und vor allem vom Anpreßdruck (Öldruck in *15*) ab. Die vom Öldruck herrührende Kraft kann man noch erhöhen, wenn man, wie bei der Kupplung *17* dargestellt ist, den Ringkolben *3* nicht direkt auf die Lamellen, sondern über eine Tellerfeder *3* drücken läßt. Durch die Hebelwirkung wird in Abb. 43 die Anpreßkraft mehr als verdoppelt.

Der einer Kupplung zugeführte Öldruck kann unter Umständen durch die Zentrifugalkraft, die auf das in der Kupplung befindliche Öl einwirkt und die vom Quadrat der Drehzahl abhängt, wesentlich verstärkt werden. Das kann erwünscht, aber auch unerwünscht sein. Es ist durch die konstruktive Ausführung des Ölabflusses dafür Sorge zu tragen, daß das Lösen der Kupplung nicht durch einen ungewollten, von der Fliehkraft herrührenden Öldruck behindert wird.

b) Die Bremseinrichtungen

Schon in der schematischen Darstellung der Planetenketten in Abb. 33 und 36 ist angedeutet worden, daß die Außengehäuse der Lamellenkupplungen gleichzeitig als Bremstrommeln einer Bandbremse dienen können. Diese Bauweise wird daher in automatischen Automobilgetrieben gern benutzt; ihr Schema ist in Abb. 45 wiedergegeben. Ein flaches Metallband *B*, das mit einem geeigneten Belag versehen ist, umschlingt die Trommel *T*. Der Umschlingungswinkel α, der für die Bremswirkung von ausschlaggebender Bedeutung ist, kann durch geschickte konstruktive Ausführung (z. B. im *Hydramatic*-Getriebe Ausf. *C*, s. Abb. 177 auf S. 186) größer sein als 360° (in Bogenmaß 2π). Für die Betätigung der Bremse wird das Band *B* mit der Kraft P_1 an die Trommel gepreßt. Am anderen Ende des Bandes, das durch ein Widerlager gehalten

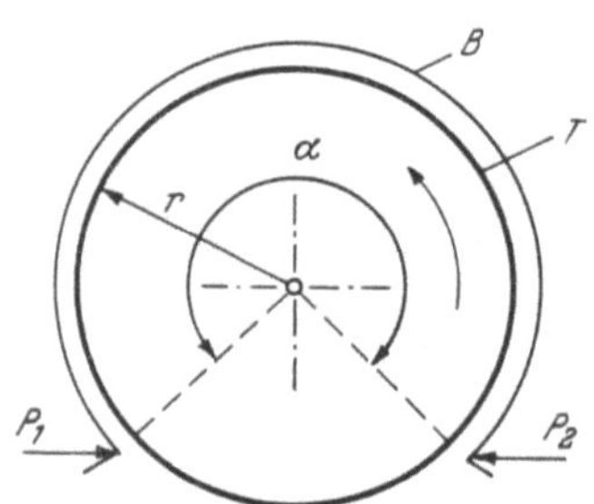

Abb. 45. Grundsätzlicher Aufbau einer Bandbremse; *B* Bremsband, P_1 Betätigungskraft, P_2 Widerlagerkraft, *r* Radius der Bremstrommel *T*, α Umschlingungswinkel (anzugeben in Bogenmaß)

wird, tritt dann die Kraft P_2 auf. Bei dem in Abb. 45 angegebenen Drehsinn der Trommel (Vorwärtsgdrehung) (oder des Momentes, das die Trommel zu drehen sucht), ist dann

$$P_2 = P_1\, e^{\mu\alpha},$$

wobei μ der Reibungskoeffizient zwischen Band und Trommel ist. Beim Drehen der Trommel ist μ_g und bei Stillstand μ_h einzusetzen. Bei den heute üblichen Bremsbandbelägen, die in den Getrieben von Öl benetzt werden, liegt μ etwa zwischen 0,1 und 0,2. In Abb. 46 ist der Wert von

$e^{\mu\alpha}$ in Abhängigkeit vom Umschlingungswinkel α für verschiedene μ aufgezeichnet. Das Bremsmoment an der Trommel T in Abb. 45 ist

$$M_{BV} = (P_2 - P_1)\,r = P_1\,r\,(e^{\mu\alpha} - 1).$$

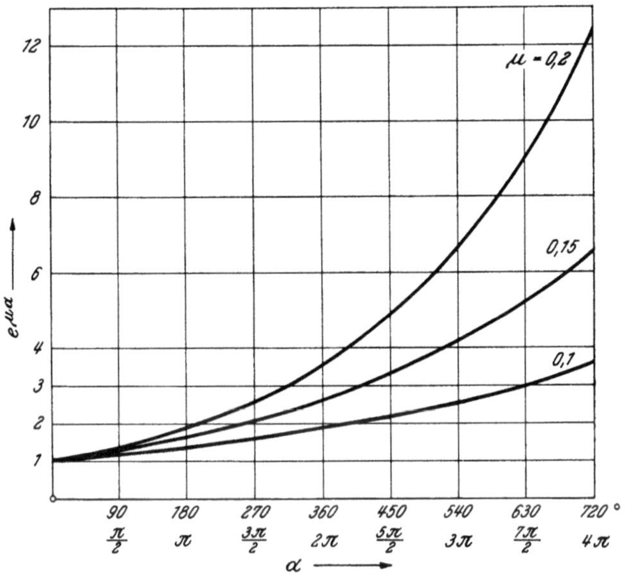

Abb. 46. $e^{\mu\alpha}$ in Abhängigkeit von α für verschiedene μ

Wenn es größer ist als das Moment, das die Trommel antreibt, so kommt sie zum Stillstand und wird festgehalten. Bei Umkehr des Drehsinns in Abb. 45 (Rückwärtsdrehung) wird $P_2 = \dfrac{P_1}{e^{\mu\alpha}}$. Daraus errechnet sich leicht, daß in diesem Fall das Bremsmoment

$$M_{BR} = P_1\,r\left(1 - \frac{1}{e^{\mu\alpha}}\right)$$

ist. Es ist demnach das Bremsmoment beim Rückwärtslauf wesentlich kleiner ($\dfrac{M_{BV}}{M_{BR}} = e^{\mu\alpha}$).

Abb. 47 zeigt die Ausführung von zwei Bremsbändern in dem *Fordomatic*-Getriebe. In der linken Bremsanlage fließt Drucköl bei *4* ein, schiebt den Kolben *2* nach links und zieht so die Bremse an. Dabei wird vom Gehäuse nicht nur das Bremsmoment [$= (P_2 - P_1)\,r$] aufgenommen, sondern über das Widerlager bei *1* die Kraft P_2 und über das Zylindergehäuse zum Kolben *2* auch die Gegenkraft zu P_1. Das Lösen der Bremse geschieht beim Nachlassen des Öldruckes in der Leitung *4* durch die

Feder links vom Kolben; zur Unterstützung kann über die Leitung *3*
Drucköl auf die Löseseite des Kolbens *2* geschickt werden, wodurch
gleichzeitig der Lösezustand der Bremseinrichtung festgehalten und
somit sichergestellt wird.

Ist das Abstützmoment, das von der Bremse aufgenommen werden
muß, sehr groß, was vor allem beim Rückwärtsgang vorkommt, so kann
man z. B. zur Erzeugung einer genügend hohen Betätigungskraft die
Kolbenfläche entsprechend vergrößern. Man hat dazu sogar Doppelkolben verwandt, s. Abb. 215 auf S. 232. Ein anderer Ausweg besteht
darin, die Anpreßkraft P_1 von einem Hebel auf das Bremsband zu übertragen, wie die rechte Bremseinrichtung in Abb. 47 zeigt. Man hat hier

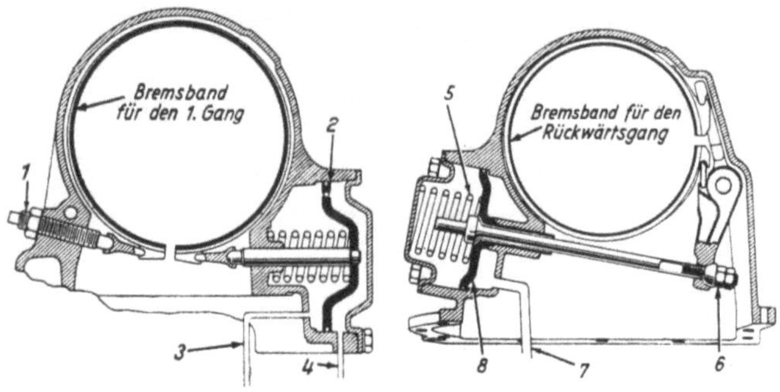

Abb. 47. Anordnung der Bremsbänder im *Fordomatic*-Getriebe; *1* Einstellschraube, *2* Betätigungskolben, *3* Zuleitung des Lösedrucköls, *4* Druckölzuleitung für die Betätigung, *5* Lösefeder, *6* Einstell-
mutter, *7* Druckölzuleitung, *8* Kolben

außerdem das Widerlager für die Kraft P_2 nicht mit dem Gehäuse verbunden, sondern über einen Zuganker mit dem Betätigungshebel für P_1
(oberhalb *6* in Abb. 47). Dadurch wird erreicht, daß das Getriebegehäuse nur durch die Differenz $(P_2 - P_1)$ zur Abstützung des Momentes
beansprucht wird, nicht aber von den sehr hohen Einzelkräften P_1 und P_2.

Neben Bandbremsen gibt es in automatischen Automobilgetrieben
auch Bremsen, deren Aufbau den oben beschriebenen Lamellenkupplungen
entspricht (Lamellenbremsen). Sie unterscheiden sich von den Kupplungen nach Abb. 43 nur dadurch, daß die äußere Trommel als Bestandteil
des Gehäuses feststeht und sich nicht dreht. Gelegentlich werden auch
noch Konusbremsen angewandt, wie sie aus der Anfangszeit des Automobils bekannt sind, s. Abb. 172 auf S. 180.

Die sehr hohen Abstützmomente beim Rückwärtsgang und die Tatsache, daß der Rückwärtsgang nur bei Stillstand des Wagens eingeschaltet
wird, veranlaßten die Konstrukteure des ersten automatischen Automobilgetriebes, des *Hydramatic*-Getriebes Ausf. *A*, überhaupt keine Bremseinrichtung anzuwenden, sondern das zu blockierende Planetenelement

(es handelt sich um das Außenrad des 3. Planetensatzes, s. Abb. 158 auf S. 157 bei *m*) durch ein Klinkenrad mit Sperrklinke festzuhalten. Von dieser Ausführung ist man aber bald zugunsten einer Konusbremse wieder abgegangen. Klinkenrad und Sperre haben sich jedoch für eine andere Aufgabe in automatischen Getrieben gehalten, für die *Parksperre.* Während man bei Handschaltgetrieben mit Reibungskupplung den abgestellten Wagen gegen Wegrollen zusätzlich durch Einlegen eines Ganges, meist des 1. oder des Rückwärtsganges, sichern kann, fehlt bei hydrodynamischer Kraftübertragung diese Möglichkeit. Es besteht prinzipbedingt in Ruhestellung keine kraft- oder formschlüssige Verbindung zwischen Motor und Antriebsrädern. Deshalb hat man in vielen automatischen Automobilgetrieben eine Parksperre (Abb. 48) eingebaut, die die

Abb. 48. Parksperre in dem BORG-WARNER *Detroit* Gear für DAIMLER-BENZ; *1* Abtriebswelle, *2* Parksperrenrad, *3* Sperrklinke, *4* Sperrenhebel, *5* federnde Zugstange, *6* Bereichswählhebel

Antriebsräder vom Getriebe her blockiert. Die Abtriebswelle (*1*) trägt ein Klinkenrad (*2*), in das eine Sperre (*3*) eingreifen kann. Es sind Sicherungen vorgesehen, daß die Parksperre nicht versehentlich bei rollendem Wagen wirksam wird.

c) Die Freilaufsperren

Bei manchen Betriebszuständen können mit Vorteil an die Stelle von Kupplungen oder Bremsen Freilaufsperren treten. Sie haben den Vorzug, daß sie selbsttätig arbeiten und nicht von einem Steuermechanismus oder von Hand ein- oder ausgeschaltet werden müssen. Deshalb zieht man sie gern zur Erleichterung von Umschaltvorgängen heran.

Eine Freilaufsperre kann dann eine Bremseinrichtung vertreten, wenn es sich darum handelt, daß eine Achse sich zwar in der einen Richtung drehen darf, in der anderen aber festgehalten, d. h. gesperrt werden soll. Abb. 49 zeigt einige Beispiele von Freilaufsperren. Es ist leicht einzusehen, daß sich das Klinkenrad im oberen Bildteil im Uhrzeigersinn (mdul) drehen kann, daß eine Drehung edul jedoch durch die Sperrklinke verhindert ist. Wird bei dem Freilauf unten links der Außenkranz festgehalten, so kann die innere Welle im Sinne mdul frei laufen; im Sinne edul jedoch klemmen sich die Kugeln oder Rollen wegen der Auflaufschräge zwischen Nabe und Außenkranz und sperren die Drehung. Ähnliche Verhältnisse liegen beim Klemmenfreilauf unten rechts vor. Die Gestalt der Klemmkörper

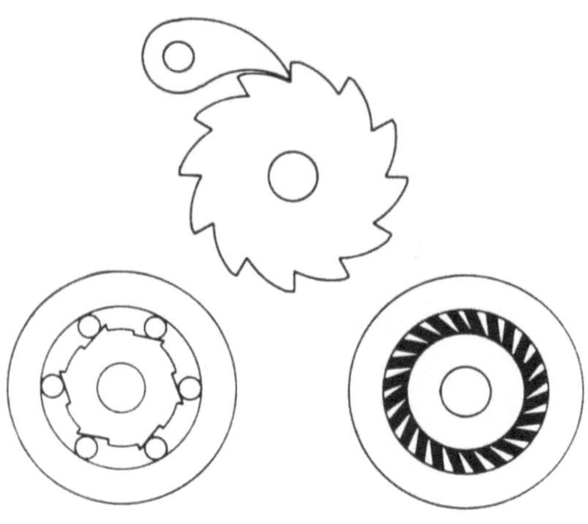

kann sehr verschieden sein. Der Kreisquerschnitt der Kugeln oder Rollen nach Abb. 49 unten links hat Anlaß zu der Darstellung der Freilaufsperren in den Schemazeichnungen der automatischen Getriebe im zweiten Teil dieses Buches gegeben. Es ist jeweils eine Rolle gezeichnet mit der Lage der Auflaufschrägen, wie man sie sieht, wenn man in Richtung des Kraftflusses auf den Freilauf blickt, Abb. 50. Bei a ist die Achse 1 bei Drehung mdul freilaufend, bei edul gesperrt.

Abb. 49. Freilaufsperren; oben Sperrad und Klinke, unten links Klemmenfreilauf mit Kugeln oder Rollen, unten rechts Klemmenfreilauf

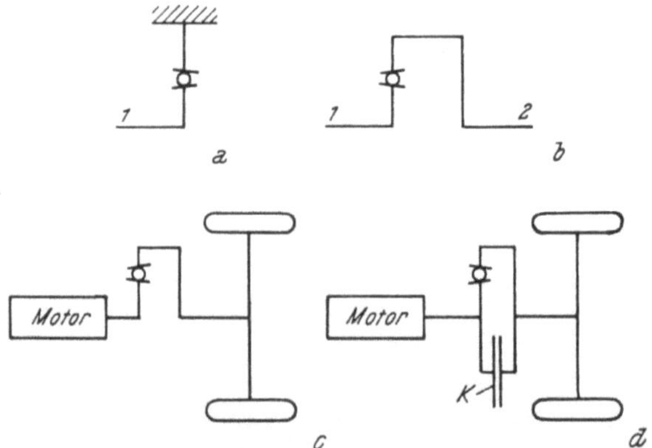

Abb. 50. Anordnungen von Freilaufsperren; a Sperrung einer Drehrichtung der Welle 1, b Verbindung der Wellen 1 und 2 durch einen Freilauf, c Einfügen eines Freilaufes bei einem Wagen mit Zweitaktmotor, d Überbrückung einer automatischen Kupplung K durch einen Freilauf, der bei schiebendem Wagen sperrt

Wenn eine Freilaufsperre an die Stelle einer Kupplung treten soll, so ist bei der Ausführung nach Abb. 49 unten links der Außenkranz mit der einen und die Innennabe mit der anderen Achse verbunden. Als Beispiel führt in Abb. 50 bei b die Innennabe zur Welle 1 (Antrieb) und der Außenkranz zur Welle *2* (Abtrieb). Bei der eingezeichneten Sperrrichtung eines Kugel- oder Rollenfreilaufes lautet die Bedingung $n_1 \leqq n_2$. Es nimmt also der Antrieb *1* die Achse *2* formschlüssig mit. Wenn sich die Welle *2* aus irgend einem Grund schneller drehen möchte als *1*, so ist das ohne weiteres möglich, es wird dann „*1* von *2* überlaufen".

Freilaufsperren sind verschiedentlich im Automobilbau angewandt worden. So veranlaßte das Leerlaufverhalten des Zweitaktmotors das Einfügen eines Freilaufes zwischen Motor und Antriebsrädern nach Abb. 50*c*, die der Anordnung unter *b* entspricht. Solange der Motor den Wagen antreibt, sperrt der Freilauf. Wenn jedoch beim Gaswegnehmen oder bei Talfahrten der Wagen schiebt, so läßt der Freilauf einen Leerlauf des Motors mit der üblichen Leerlaufdrehzahl zu. Der Motor wird nicht vom Wagen getrieben, er bremst daher auch nicht. Der Wunsch nach wirksamer Motorbremsung hat in einem anderen Fall

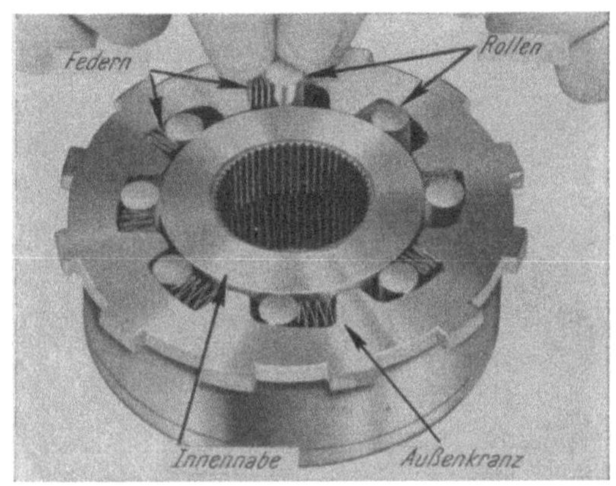

Abb. 51. Rollenfreilauf aus einem automatischen Getriebe von BUICK

(automatische Kupplung bei DAIMLER-BENZ [58]) dazu geführt, einen Freilauf mit umgekehrter Sperrichtung gemäß Abb. 50*d* einzubauen. Mit Abnahme der Fahrgeschwindigkeit und der Drehzahl des Motors löst sich die automatische Kupplung. Bei schiebendem Wagen bleibt durch die Freilaufsperre eine Verbindung zwischen Antriebsrädern und Motor, der so als Bremse wirkt. Abb. 51 zeigt die praktische Ausführung eines Rollenfreilaufes aus einem automatischen Getriebe von BUICK.

d) Die Ölhydraulik

Als Ölpumpen, die das Drucköl zum Einschalten und manchmal auch zum Lösen der Kupplungen und Bremsen in den Planetengetrieben liefern, werden häufig Zahnradpumpen verwendet, wie sie sich für den Schmierölkreislauf des Motors bewährt haben, Abb. 52. Das eine Zahnrad wird angetrieben, das andere dann durch das Kämmen der Zähne mitgenommen. Beide Zahnräder transportieren in den Räumen zwischen den Zähnen und dem Pumpengehäuse Öl von der Saug- zur Druckseite. Als Drucköl wird aber nur der Anteil in die Druckleitung gepreßt, der jeweils von dem eingreifenden Zahn aus der Lücke des anderen Zahnrades verdrängt wird. Ist z die Anzahl der Zähne eines Zahnrades mit der Umdrehungszahl n (U/Min) und f in cm² die Querschnittsfläche eines Zahnes, deren Höhe durch den Kopfkreis des Gegenrades begrenzt ist, sowie d die Tiefe, d. h. die Dicke des Zahnrades, so ist die Fördermenge $V = 2\,n\,f\,d\,z\,\lambda$

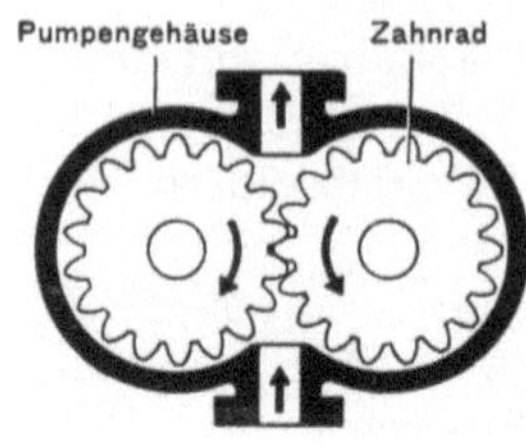

Abb. 52. Schema einer Zahnradpumpe; unten Saug-, oben Druckseite

(cm³/Min). Mit dem Faktor λ, dem Liefergrad, werden die Spaltverluste berücksichtigt; er beträgt bei den heutigen Pumpen etwa 0,8 [4].

Aus Raumgründen werden in automatischen Automobilgetrieben häufig Zahnradpumpen mit Innenverzahnung eingebaut, Abb. 53. Auch hier wird in den Räumen zwischen den Zähnen und dem mondförmigen Zwischenstück Öl von der Saug- nach der Druckseite gebracht, wobei wieder die Verdrängung des Öls durch die kämmenden Zähne erfolgt. Hat das innere, getriebene Rad z Zähne mit einer Querschnittsfläche f [cm²] und beträgt seine Drehzahl n (U/Min), so gilt die obige Gleichung für die Fördermenge.

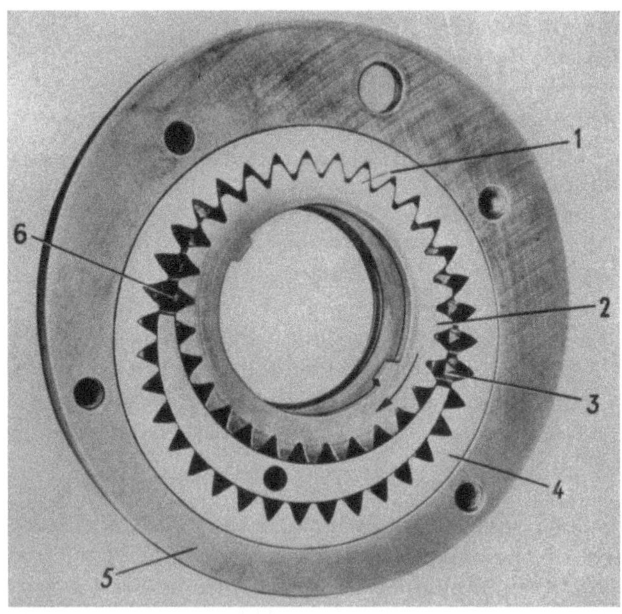

Abb. 53. Zahnradpumpe mit Innenverzahnung; *1* Außenzahnrad, *2* inneres, angetriebenes Zahnrad, *3* Saugseite, zwischen *2* und *4* sichelförmiges Zwischenstück, *5* Pumpengehäuse, *6* Druckseite

Die Leistung, die eine Ölpumpe erfordert, hängt von der Fördermenge und vom Förderdruck ab. Um diese Leistung, die ja im Gesamthaushalt als Verlust zu buchen ist, möglichst klein zu halten, muß man danach streben, Ölmenge und vor allem Öldruck den Erfordernissen des Getriebes anzupassen, d. h. nicht größer werden zu lassen, als nötig ist.

Nun ist einmal der Drehzahlbereich vom Leerlauf des Motors bis zur Höchstdrehzahl, zum anderen die Momentabgabe von Null im Leerlauf bis zum Höchstwert zu überbrücken. Eine Zahnradpumpe, die so ausgelegt ist, daß sie im Leerlauf den Ölbedarf deckt, wird voraussichtlich bei Höchstdrehzahl viel zu viel liefern und daher unnötig Leistung schlucken. Schon aus diesem Grunde baut man in viele automatische Getriebe zwei Ölpumpen ein, eine größere, die im Leerlauf und bei niedrigen Drehzahlen arbeitet, und eine kleinere, die die Öllieferung bei höheren und höchsten Drehzahlen übernimmt. Man hat mit diesen beiden Pumpen gleichzeitig noch ein anderes Problem gelöst. Die kleinere Ölpumpe wird nicht von der Motorwelle, sondern von der mit den Antriebsrädern verbundenen Abtriebs-

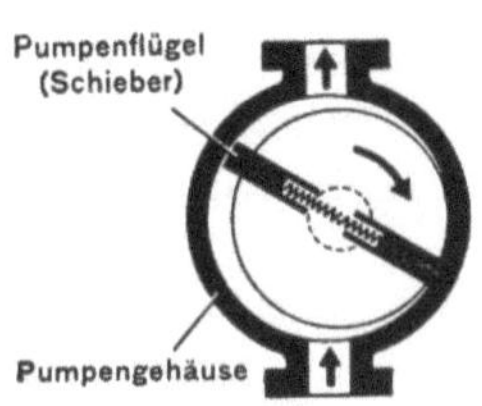

Abb. 54. Schema einer Flügelpumpe; unten Saug-, oben Druckseite

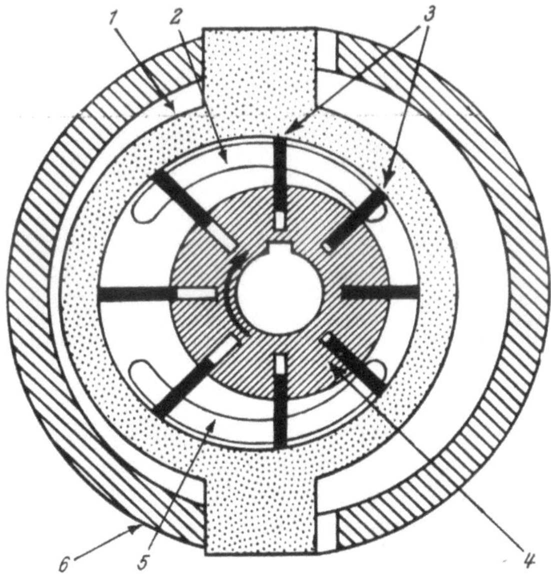

Abb. 55. Ölpumpe mit variabler Liefermenge; *1* seitlich verschiebbares Pumpengehäuse, *2* Austritt (Druckseite), *3* Flügel (Schieber), *4* angetriebene Nabe mit Führungsschlitzen, *5* Eintritt (Saugseite), *6* festes Außengehäuse

welle des Getriebes angetrieben. Dadurch wird es möglich, einen stehenden Motor durch Anschieben oder Abrollen vom Hang anzulassen. Sobald in diesem Fall die Geschwindigkeit des Wagens groß genug ist, liefert die

hinten eingebaute kleinere Ölpumpe genügend Druck, um im Getriebe
einen Gang einzuschalten, womit das Anwerfen des stehenden Motors
gelingt.

Eine weitere Ausführungsart der Ölpumpe, die Flügelpumpe, Abb. 54,
gestattet im Gegensatz zu den erwähnten Zahnradpumpen auch bei
konstanter Drehzahl die Fördermenge zu variieren. Durch die zum
Gehäuse exzentrische Lage der Drehachse mit den radial verschiebbaren
Flügeln (Schiebern) ändert sich während der Drehung die Kammer-

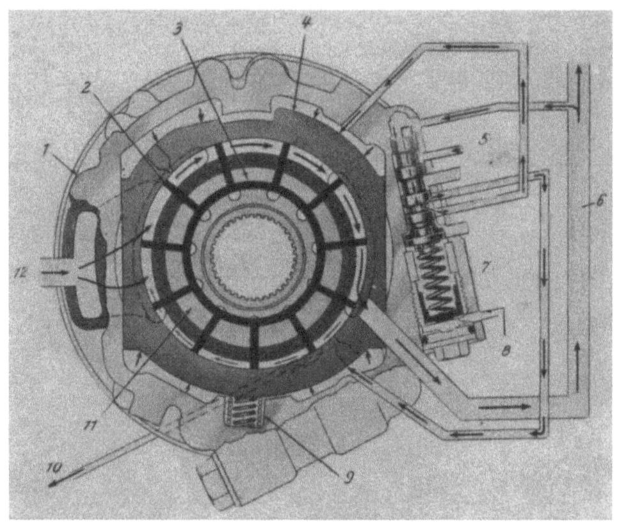

Abb. 56. Öldruckpumpe für variable Menge und veränderlichen Druck; *1* Pumpenkörper, *2* Pumpenschieber, *3* Führungsring, *4* Gleitstück, nach oben und unten verschiebbar, *5* Druckabfall, *6* Hauptdrucköllleitung, *7* Druckregeleinrichtung, *8* Drucksteigerung, *9* Feder, *10* Zuleitung für Ölkühler und
Schmierung, *11* Rotor, *12* Ölzufluß

größe. Solange die Kammer größer wird, unterer Teil in Abb. 54, wird
Öl von unten an- und eingesaugt, während beim Kleinerwerden der
Kammer (im oberen Teil der Pumpe) das Öl nach oben herausgedrückt
wird. Die Größe der Kammern und damit die Menge des geförderten
Öls hängt von dem Ausmaß der Exzentrizität ab. Wenn man nun, wie
Abb. 55 darstellt, das Gehäuse seitlich verschiebbar macht, so kann man
damit die Fördermenge verändern. Sie ist am größten in der gezeichneten
Stellung und wird kleiner, wenn das Pumpengehäuse nach rechts rückt.
Fallen dabei die Mittelpunkte von Pumpengehäuse und Antriebsnabe
zusammen, so ist die Förderung gleich Null.

Abb. 56 ist ein Schnitt durch die Öldruckpumpe für variable Menge
und Druck aus den *Hydramatic*-Getrieben Ausf. *C* und *D*. Das Gleit-

stück *4*, in dem sich exzentrisch mit den Flügeln *2* die Nabe dreht, kann
durch Öldruck und die Feder *9* nach oben zur Steigerung der Ölmenge
oder zu ihrer Verminderung nach unten gedrückt (verschoben) werden.
Die Steuerung der Bewegung nimmt der Druckregler *7* vor, dessen Schaltschieber Drucköl entweder auf den oberen Teil von *4* zur Druckminderung
oder zur Drucksteigerung auf den unteren Teil gibt. Wegen dieser Veränderlichkeit arbeitet die Pumpe unter allen Betriebsbedingungen

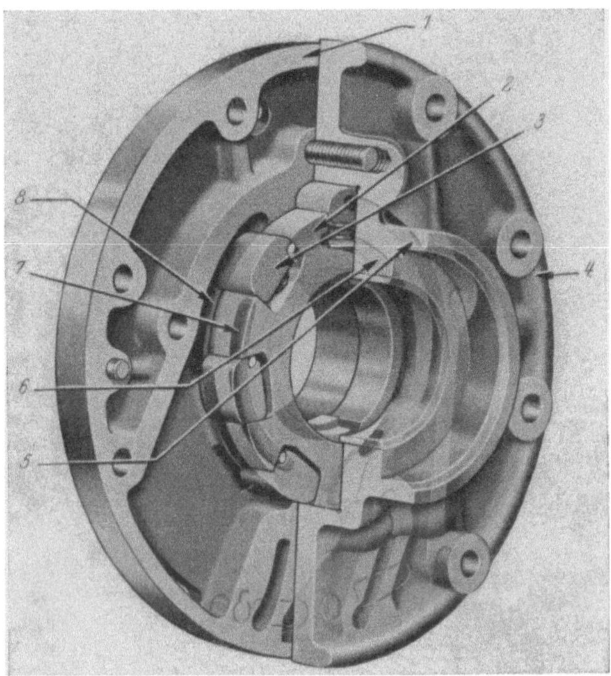

Abb. 57. Doppeltwirkende Flügelpumpe für den Öldruck im *Dual Path Turbine Drive*-Getriebe von
BUICK; *1* Gehäuse, *2* Rotor, *3* Gleitsteine (Flügel), *4* Pumpengehäuse, *5* äußere Ölaustrittsöffnung,
6 innere Ölaustrittsöffnung, *7* innere und *8* äußere Öleintrittsöffnung

genügend wirtschaftlich, so daß in den Getrieben keine zweite Ölpumpe
nötig ist. Man verzichtet dann allerdings darauf, den Motor durch Anschieben oder Ablaufen vom Hang anlassen zu können.

Aus Abb. 55 ist ersichtlich, wie sich die einzelnen Flügel in ihren
Führungschlitzen in radialer Richtung bei jeder Umdrehung hin und her
bewegen. Man kann auch diese Bewegung zusätzlich zum Pumpen von
Öl ausnutzen. Um zu einer entsprechenden Fördermenge zu kommen,
sind die Flügel (Schieber) wesentlich breiter ausgeführt, Abb. 57. Man
verfügt so unter guter Raumausnutzung über zwei Ölpumpen, eine äußere

nach dem Flügelschieberprinzip, und eine innere, die man als Kolbenpumpe ansprechen kann.

Zum Einhalten eines bestimmten Öldruckes in einer hydraulischen Anlage hat man Druckregelventile nach Abb. 58 eingefügt. Die Größe

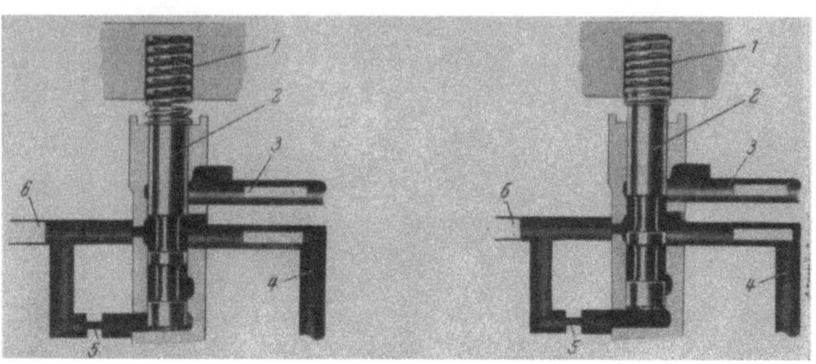

Abb. 58. Druckregelventil, links in Ruhe, rechts in Arbeitsstellung; *1* Regelfeder, *2* Ventilschieber, *3* Ausfluß in die Ölwanne, *4* Zufluß des Drucköls von der Ölpumpe, *5* Drossel, *6* Abfluß des Öls mit geregeltem Druck

der Federkraft *1*, die gegebenenfalls sogar im Betrieb durch Änderung der Lage des Federendes verstellbar sein oder durch Öldruck unterstützt werden kann, bestimmt die Höhe des Öldruckes in der Leitung *6*. Dieser Druck geht über eine Drossel *5* auf die untere Kolbenfläche des Ventilschiebers *2* und hebt ihn gegen die Feder *1* an. Bei zu großem Druck gibt der Schieber dem von *4* kommenden Hauptöldruck einen Abfluß über *3* in die Ölwanne frei, s. Abb. 58 rechts.

Es ist oben bereits erwähnt worden, daß zur Einsparung unnötiger Ölpumpenleistung die Druckhöhe für die Kupplungen und Bremsen abhängig von der Größe des Kraftflusses im Getriebe sein sollte. Ein gutes Maß für das Motordrehmoment ist der Unterdruck im Saugrohr des Vergasers, der deshalb über einen Modulator zur Regelung der

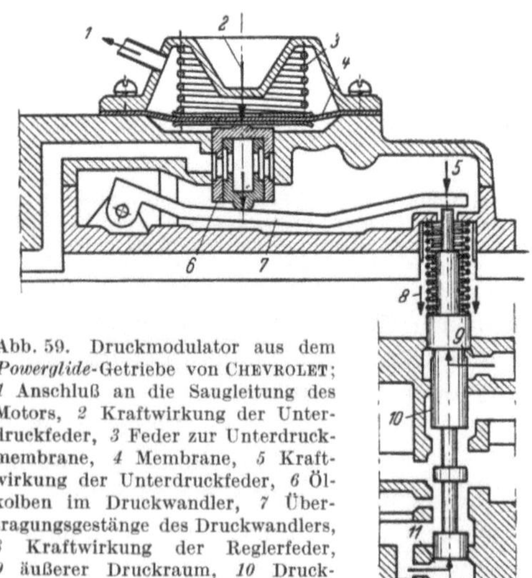

Abb. 59. Druckmodulator aus dem *Powerglide*-Getriebe von CHEVROLET; *1* Anschluß an die Saugleitung des Motors, *2* Kraftwirkung der Unterdruckfeder, *3* Feder zur Unterdruckmembrane, *4* Membrane, *5* Kraftwirkung der Unterdruckfeder, *6* Ölkolben im Druckwandler, *7* Übertragungsgestänge des Druckwandlers, *8* Kraftwirkung der Reglerfeder, *9* äußerer Druckraum, *10* Druckregelventil, *11* Schieberunterseite

Arbeitsdruckhöhe des Öls herangezogen wird, Abb. 59. Der Unterdruck wirkt über die Leitung *1* auf die Membran *4*, deren Bewegung über den Hebel *7* auf den Steuerschieber *10* übertragen wird, der so die Höhe des Regeldruckes entsprechend verändert.

Ferner wird in den hydraulischen Steueranlagen der automatischen Automobilgetriebe ein Öldruck zur Steuerung der Umschaltungen benötigt, dessen Höhe von der Fahrgeschwindigkeit (oder der Abtriebsdrehzahl) abhängig sein soll.

Hierzu benutzt man die Einwirkung der Zentrifugalkraft auf ein Gewicht, das sich um eine Achse, die von der Abtriebswelle angetrieben wird, dreht oder auf der Antriebswelle selbst sitzt, wie als Beispiel Abb. 60 zeigt. Das als Schaltschieber ausgebildete Fliehgewicht *1* wird durch die Zentrifugalkraft nach außen, durch den Steueröldruck in Leitung *4* nach innen gedrückt. Je stärker die Fliehkraft wird und damit den Öldruck überwindet, um so größer wird der Regeldruck in der Leitung *3*, die der Schieber dann mehr und mehr öffnet, wobei der Abfluß *2* geschlossen wird. Da die Fliehkraft

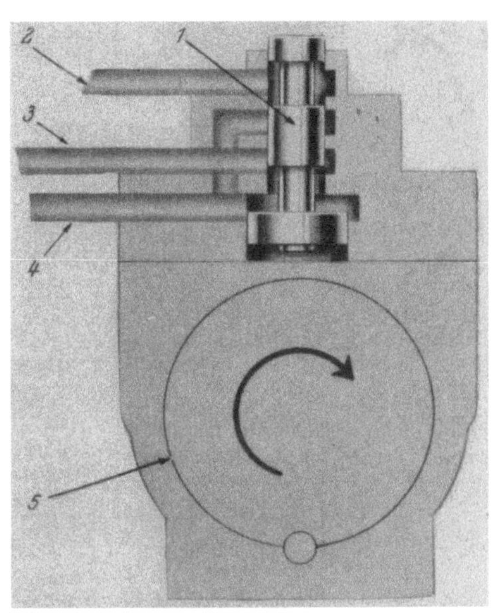

Abb. 60. Fliehkraftregler; *1* Ventilschieber (Fliehgewicht), *2* Austritt zur Ölwanne, *3* Regeldruckleitung, *4* Steuerdruckleitung, *5* Abtriebswelle

mit dem Quadrat der Umdrehungsgeschwindigkeit der Abtriebswelle zunimmt, wird der Regeldruck aufgetragen in Abhängigkeit von n_2 einen parabelförmigen Verlauf aufzeigen.

Für die Regelzwecke schätzt man meist mehr einen linearen Zusammenhang. Um einen angenähert linearen Verlauf zu erzielen, hat BORG-WARNER in seinem *35*-Getriebe den Fliehkraftregler wie folgt angeordnet. In dem Regler, Abb. 61, sind Fliehgewicht und Ventil voneinander getrennt und nur über eine Feder verbunden. Bei niedrigen Drehzahlen wirken beide als eine Einheit. Der Öldruck muß über eine Ringfläche der Fliehkraft der Gewichte die Waage halten. Da diese Fliehkraft, wenn Gewicht und Ventil zusammenwirken, schnell mit der Drehzahl wächst, steigt auch der Regeldruck schnell. Am sogenannten „Knickpunkt" legt sich das eigentliche Fliehgewicht gegen das Gehäuse

an, und es wirkt von da an nur das Gewicht des Ventils. Da dessen Fliehkraft über der Drehzahl langsamer zunimmt, wächst auch der Regeldruck

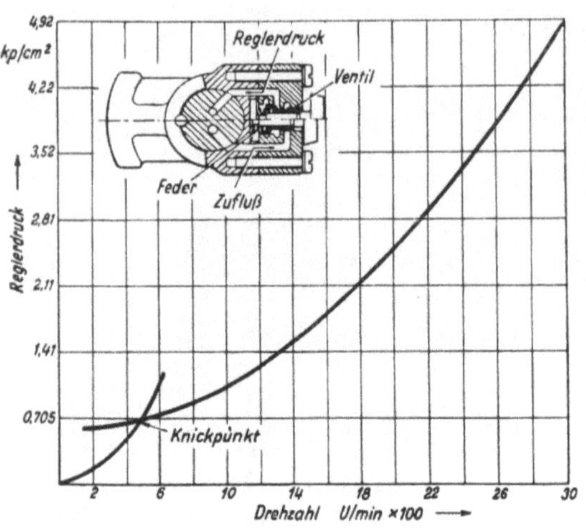

Abb. 61. Fliehkraftregler aus dem BORG-WARNER 35-Getriebe
und seine Kennlinie

(Öldruck) langsamer an.
Die Abhängigkeit des
Regeldruckes von der
Fahrgeschwindigkeit be-
steht so aus zwei Parabel-
ästen, s. Abb. 61, die eine
gewisse Linearisierung der
Zuordnung ergeben [253].
Man benutzt auch Flieh-
kraftregler, die über
mehrere von Fliehgewich-
ten gesteuerte Ventile
einen mit der Fahr-
geschwindigkeit stufen-
förmig verlaufenden Re-
geldruck erzeugen (DAIM-
LER-BENZ).

Über den sehr mannig-
faltigen Aufbau der hy-

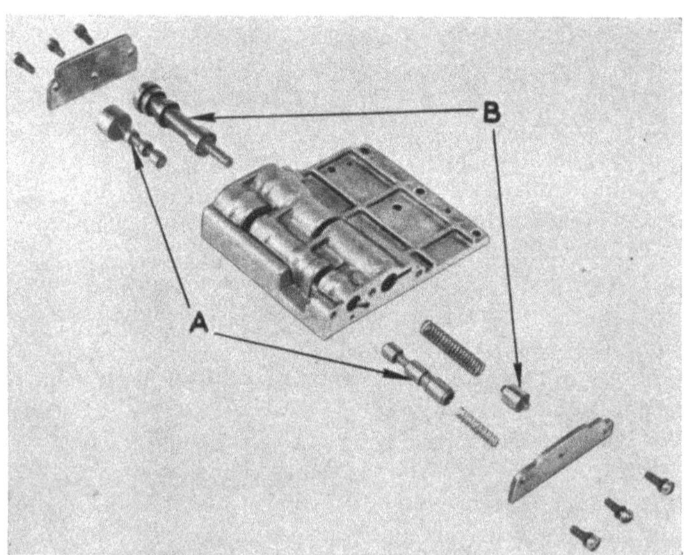

Abb. 62. Schaltschieberkasten aus dem BORG-WARNER 35-Getriebe; A und B Schaltschieber

draulischen Schaltanlagen wird weiter unten bei der Beschreibung der
einzelnen ausgeführten Getriebe noch eingehend in Wort und Bild zu

berichten sein. Die durch die Regeldrücke betätigten Ventile und Schaltschieber, die in der passenden Form und im richtigen Zeitpunkt Drucköl
zu den Kupplungen und Bremsen der Planetengetriebe schicken, um die
Gänge zu schalten, sind in einem Schaltkasten unterhalb des Getriebes
zusammengefaßt. In Abb. 62 ist als einfaches Beispiel ein Schaltkasten
mit vier Schaltschiebern und zwei Regelfedern wiedergegeben. Die Ölfluß-
verbindungen werden ganz selten als Rohrleitungen, sondern meist als

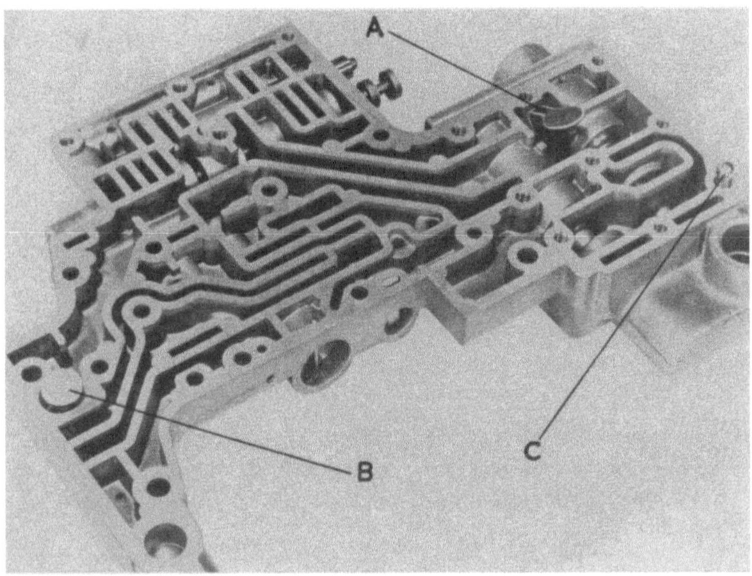

Abb. 63. Ölverteilungsplatte aus dem Schaltkasten des BORG-WARNER-*35*-Getriebes; *A*, *B* und *C* Anschlußelemente

Kanäle in einem Druckgußkörper, Abb. 63, der Bestandteil des Schalt-
kastens mit den Schaltschiebern und Ventilen ist, oder als Bohrungen
in Gehäuseteilen ausgeführt.

Auch bei einem Getriebe, das völlig automatisch arbeitet, muß der
Fahrer von der Neutralstellung (N), die man auch Leergang nennt,
oder von der Parkstellung P aus die Fahrbereiche willkürlich wählen,
ob vorwärts oder rückwärts (R), wobei der Vorwärtsbereich meist noch
in zwei, manchmal auch drei Bereiche aufgeteilt ist. Der Hauptbereich,
der normalerweise Anwendung findet, wird oft mit D (= Drive) bezeichnet. Daneben gibt es für schwierige Fahrverhältnisse (Gebirge,
steile Ausfahrten usw.) eine Stellung L (= Low), in der das Getriebe
im untersten Gang verbleibt. Manchmal ist der Vorwärtsbereich noch
anders unterteilt, wie später bei den Getrieben angegeben ist.

All die genannten Kommandos kann der Fahrer über eine Wähleinrichtung der hydraulischen Schaltanlage und dem darin befindlichen
Wählschieber mitteilen. In Abb. 64 ist der am Lenkrad ähnlich wie der

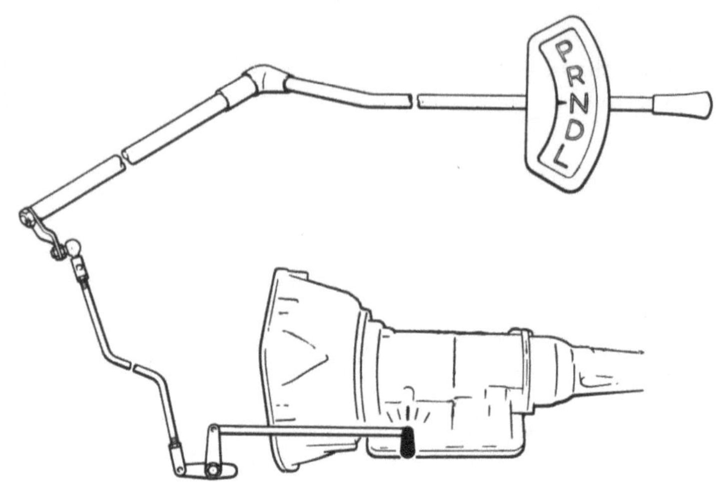

Abb. 64. Verbindung zwischen dem Wählhebel am Lenkrad und dem BORG-WARNER-35-Getriebe

bisherige Handschalthebel angebrachte Wählhebel über Stangen und
Gelenk mit dem Getriebe verbunden. Der gewählte Bereich kann an
einer Markierung abgelesen werden. In Abb. 65 ist als weiteres Beispiel

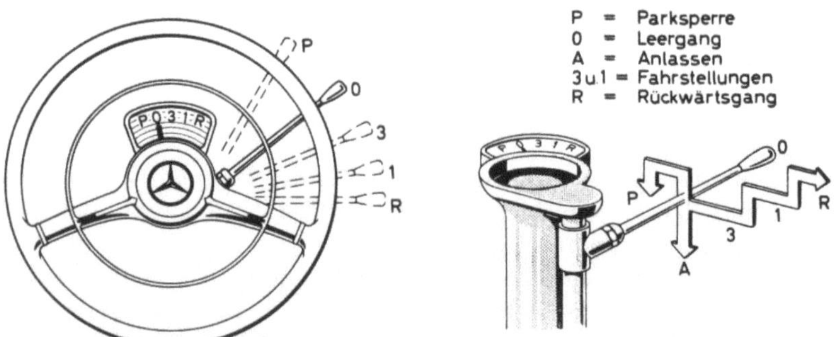

Abb. 65. Wählhebel und seine Bewegung beim DAIMLER-BENZ 300c mit BORG-WARNER Detroit Gear

die Anordnung des Wählhebels beim DAIMLER-BENZ 300c mit BORG-
WARNER-Getriebe dargestellt. Im rechten Teil des Bildes ist angegeben,
daß die Schaltstellungen des Wählhebels in verschiedenen Ebenen liegen,
um versehentliches Einrücken ungewollter Stellungen, z. B. P oder R
zu vermeiden. In der Leerstellung 0 (Leergang) kann durch Nieder-

Abb. 66. Druckknopfschaltung der Wählbereiche

Abb. 67. Druckknopfschaltung für das *T 124*-Getriebe im RENAULT *R 8*

5*

drücken des Wählhebels nach A der Motor angelassen werden. Sonst wird meist durch Einfügen eines elektrischen Schalters erreicht, daß der Motor nur in den Wählhebelstellungen N oder P Anlaßstrom erhält.

Um die etwas aufwendige Wählhebelmechanik einzusparen, hat man zuerst in den USA das Einrücken der einzelnen Bereiche mit Hilfe von Druckknöpfen vorgenommen, die im Armaturenbrett angebracht sind, Abb. 66. Eine ähnliche Anordnung wählte RENAULT für die Be-

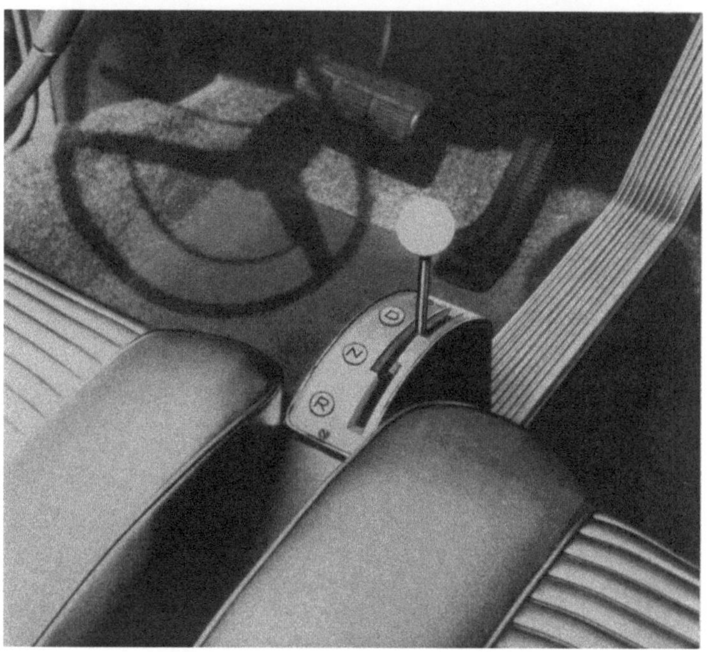

Abb. 68. Wählhebel zwischen den Vordersitzen (GMC PONTIAC)

dienung des *T 124*-Getriebes, Abb. 67. Während sich beim Wählhebel durch die Lage der einzelnen Stellungen, s. Abb. 64 und 65, eine bestimmte Reihenfolge zwangsläufig ergibt, könnte man bei Druckknöpfen in beliebiger Reihenfolge schalten. Zur Verhütung von unerwünschten Funktionsfolgen sind jedoch oft Sperren eingebaut; so ist z. B. beim RENAULT-Getriebe nach Abb. 67 ein Übergang von der Stellung A (Automatik) auf „1" nur möglich, wenn vorher die Taste „2" (oder N) gedrückt wurde.

In Sportwagen schätzt man die Verwendung eines kurzen Gangschalthebels zwischen den Vordersitzen; man hat daher auch Wählhebel für automatische Getriebe in dieser Weise angeordnet, Abb. 68, z. B. STUDEBAKER *Avanti, Mercedes 230 SL* u. a.

Bei den Wähleinrichtungen der automatischen Automobilgetriebe kommen heute folgende Bezeichnungen (und damit Wählstellungen) vor:

N oder 0 für die Neutralstellung (Anlassen, Leerlauf) Leergang;
P für Parken;

für den Normalfahrbereich:
D = Drive = Dauerstellung oder
A = Automatik oder
4 (bzw. 3) zum Zeichen, daß alle 4 (bzw. 3) Gänge automatisch geschaltet werden;

für schwierige Fahrverhältnisse:
L = Low = Last = Lock up;
B = Brems- und Berggang;
S = Superperformance oder Steigung;

3 oder 2 oder 1, als Angabe, wieviel Gänge automatisch geschaltet oder bevorzugt herangezogen werden oder bis zu welchem Gang die Automatik das Getriebe benutzt;

für das Motorbremsen:
HR = Hill Retarder oder GR = Grade Retarder.

B. Abriß über die Entwicklung der Föttinger-Strömungsmaschinen und Einführung in ihre technische Physik

Etwa um die Jahrhundertwende begann die Dampfturbine, sich durchzusetzen und auf manchen Gebieten die bis dahin allein herrschende Kolbendampfmaschine abzulösen. Es ist der Kampf einer reinen Rotationsmaschine gegen Maschinen mit hin- und hergehenden Teilen, wie wir ihn heute auf dem Feld der Verbrennungsmotoren mit den Gasturbinen und den Rotationskolbenmaschinen (WANKEL) auch erleben. Beim Antrieb von Schiffen mittels Dampfturbinen trat eine grundsätzliche Schwierigkeit auf. Turbinen arbeiten (das ist ja gerade ihre Stärke) mit hohen Drehzahlen. Die Schiffsschrauben können jedoch aus verschiedenen Gründen (Wirkungsgrad, Kavitation) nur mit relativ kleinen Drehgeschwindigkeiten laufen. Die untere Grenze der Turbinendrehzahl lag etwa bei 1500 U/Min, während Schiffsschrauben allerhöchstens 300 bis 500 U/Min zulassen. Die damaligen Linienschiffe liefen mit 110 U/Min, die kleinen Kreuzer mit 140 U/Min und die schnellen Torpedoboote mit rund 300 U/Min der Schraubenwelle. Für die sehr hohen zu übertragenden Leistungen von einige hundert bis zu mehreren tausend PS gab es seinerzeit keine brauchbaren Zahnradgetriebe.

Die VULCAN-Werft in Stettin stellte ihrem im Jahre 1899 bei ihr eingetretenen Mitarbeiter HERMANN FÖTTINGER die Aufgabe, geeignete Übersetzungsgetriebe, also Übersetzungen ins Langsame von $i = 3$ bis 5, zu entwickeln. FÖTTINGER, der von Haus aus Elektroingenieur war, suchte zunächst Lösungen auf elektrischem Wege. So abwegig war der Gedanke gar nicht, wenn man berücksichtigt, daß heute z. B. bei großen DIESEL-Lokomotiven eine derartige Leistungsübertragung mit Erfolg angewandt wird. Die DIESEL-Maschine treibt dabei einen elektrischen Generator und sein Strom einen Elektromotor. Die gewünschte Umformung (Wandlung) der Drehzahlen und Drehmomente geschieht durch geeigneten Eingriff in die elektrische Anlage. Für Schiffe erwies sich eine solche Einrichtung doch als äußerst unpraktisch. Einmal sind Gewicht, Größe und Kosten nicht klein, da man Generator und Elektromotor für die volle Leistung auslegen muß; zum anderen konnte man sich an den Gedanken von Hochspannung auf Schiffen und gar Kriegsschiffen keineswegs vertraut machen.

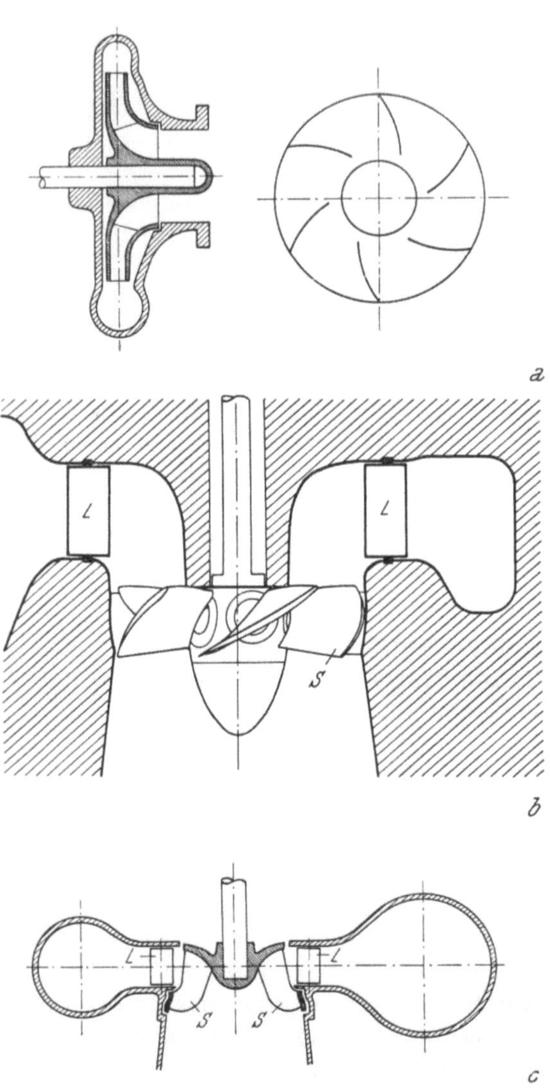

Abb. 69. Prinzipieller Aufbau von Strömungsmaschinen; *a* radial durchströmte Kreiselpumpe (Zentrifugalpumpe), *b* axial durchströmte Turbine (KAPLAN-Turbine), *c* radial durchströmte Turbine (FRANCIS-Turbine) *L* Leitrad, *S* Schaufel

Auf der Suche nach anderen Lösungswegen stieß FÖTTINGER dann auf die Strömungsmaschinen. Der Gedanke kam ihm, als er die Größe einer

Kreiselpumpe mit der des antreibenden Elektromotors verglich. Strömungsmaschinen haben in festen geschlossenen Gehäusen rotierende mechanische Teile, die entweder Energie aufnehmen und an eine Flüssigkeit als Geschwindigkeit und Druck übertragen (Pumpen) oder aus einer strömenden Flüssigkeit Leistung aufnehmen und an eine Welle abgeben (Turbinen). Die Pumpen, die hier im Gegensatz zu den Kolbenpumpen auch Kreiselpumpen genannt werden, weisen meist unter Ausnutzung der Zentrifugalwirkung eine nach außen gehenden radiale Durchströmung auf, Abb. 69a. Bei Turbinen gibt es sehr unterschiedliche Ausführungen: axial durchströmt (KAPLAN-Turbinen), Abb. 69b, radial durchströmt

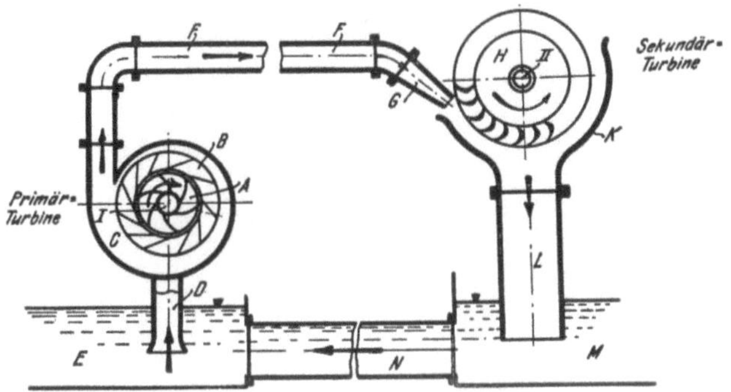

Abb. 70. Schema einer primitiven hydrodynamischen Arbeitsübertragung; A Pumpenrad, B Leitrad, C Spiralgehäuse, D Saugrohr, E Wasserbehälter, F Verbindungsrohr, G Düse, H Turbine (PELTON-Rad), K Ablaufgehäuse, L Ablaufrohr, M Behälter, N Verbindung der Behälter (Rückfluß), I Antriebs- und II Abtriebswelle

(FRANCIS-Turbinen), Abb. 69c, sowie Übergangsformen zwischen diesen beiden Arten, und schließlich die Freistrahl-Turbine (PELTON-Rad), die kein eigentliches Turbinengehäuse besitzt. Zur geeigneten wirkungsvollen Führung der Strömung haben Pumpen oft, Turbinen mit Gehäuse immer fest angeordnete Leiträder, deren Schaufelwinkel manchmal zur Anpassung an die Betriebsverhältnisse verstellbar ist.

Man kann nun eine einfache hydrodynamische Arbeitsübertragung dadurch aufbauen, daß man, wie Abb. 70[1] darlegt, eine Pumpe und eine

---

[1] Abb. 70 stammt wie eine Reihe der nächsten Abbildungen aus der ersten Veröffentlichung von H. FÖTTINGER [127]. Er benutzt dem damaligen Sprachgebrauch folgend die Bezeichnung Turbine allgemein sowohl für die Pumpen, wobei er Primär- und Sekundärturbine unterschied, als auch für Leiträder. Heute wird wie auch im vorliegenden Buch als Turbine nur eine Maschine bezeichnet, die Leistung abgibt. Aus dem ihm vertrauten Gebiet der Elektrotechnik übernahm FÖTTINGER den Ausdruck *Transformator* für seine Übersetzungsgetriebe. Wir werden, solange es sich um die Umformung von Drehmoment handelt, von *Wandler* sprechen, während für die Geräte zur Änderung und Anpassung von Drehzahlen ohne Momentänderung der Name *Kupplung* gebraucht wird.

Turbine zu einem Kreislauf zusammenschließt. Ein Motor treibt die Kreiselpumpe A an, die Flüssigkeit aus einem Behälter E ansaugt und in die Leitung F drückt. In der Sekundär-Turbine, die hier als PELTON-rad dargestellt ist, wird die Strömungsenergie wieder in Wellenleistung umgeformt, die an der Abtriebswelle II abgenommen werden kann. Es ist nun durch entsprechende Auslegung der beiden Strömungsmaschinen möglich, im stationären Betrieb den Wellen I und II unterschiedliche Drehzahlen zu geben, also zu einer Übersetzung $i = \dfrac{n_\mathrm{I}}{n_\mathrm{II}}$ zu gelangen.

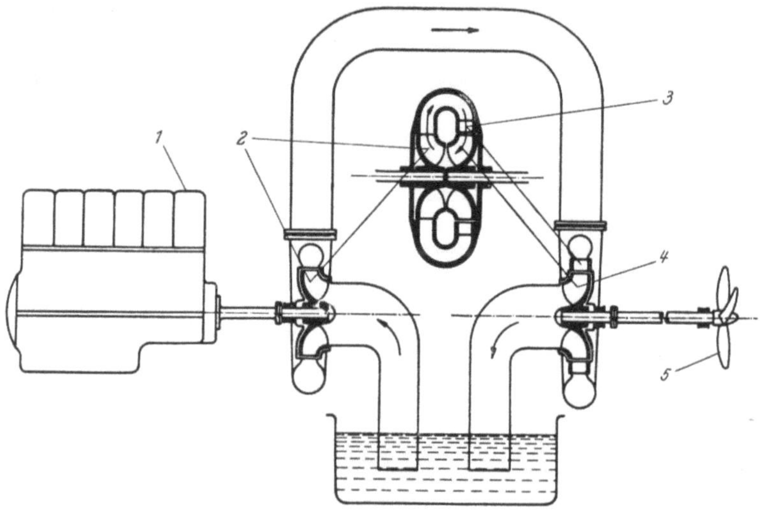

Abb. 71. Der Erfindungsgedanke von H. FÖTTINGER; *1* Motor, *2* Pumpenrad, *3* Leitrad, *4* Turbinenrad, *5* Schiffsschraube

Um Verluste in den Strömungsleitungen und Krümmern zu vermeiden, kam FÖTTINGER auf die Idee, Pumpe und Turbine möglichst eng zusammen zu legen. F. KUGEL verdankt man die Darstellung in Abb. 71, die den Erfindungsgedanken von FÖTTINGER sehr anschaulich macht [160]. Sie zeigt in der Mitte des Bildes, wie das Pumpenrad *2* einer Kreiselpumpe und von einer Turbine rechts das Leitrad *3* und das Turbinenrad *4* zu einer Einheit und zu einem einzigen Strömungskreislauf in einem Gehäuse zusammengefaßt sind. Doch lassen wir dazu FÖTTINGER selbst sprechen; in seiner Patentschrift vom 24. Juni 1905 legt er die Erfindung wie folgt dar:

„Man hat bereits in verschiedener Weise Turbopumpen und Turbinen miteinander zu vereinigen versucht, um eine hydraulische Kraftübertragung zu erhalten. Die beiden Teile wurden aber entweder getrennt in üblicher Weise ausgeführt und unter Zuhilfenahme von Saug- und

Druckrohrleitungen einfach hintereinander geschaltet oder sie wurden unmittelbar miteinander vereinigt; in jedem Falle wurde aber die Arbeitsflüssigkeit von der Pumpe durch Krümmer und Rohre angesaugt, in die Turbine übergeleitet und, nachdem sie dort ihre Energie zum Teil wieder abgegeben, durch Spiralgehäuse, Krümmer, Rohre usw. wieder abgeleitet, wobei aber der in der Arbeitsflüssigkeit noch enthaltene, ziemlich erhebliche Teil der Energie ungenützt mit fortgeführt wurde, so daß derartige Einrichtungen mit großen Verlusten arbeiten, die teils in den Spiralgehäusen, Krümmern und Rohrleitungen durch Reibung und Stöße, teils als Austrittsverluste durch unausgenutzte Energie entstehen. Ferner beanspruchen die von den normalen Turbopumpen und Turbinen her übernommenen Zu- und Ableitungen des Wassers, die Spiralgehäuse, Krümmer und Rohre viel mehr Raum, Gewicht und Kosten als Turbinenräder selbst, welche den Energieumsatz besorgen.

Die vorliegende Erfindung betrifft eine neue Anordnung derartiger Getriebe, die sowohl hinsichtlich des erzielten Wirkungsgrades wie des Aufbaus ganz wesentliche Vorteile ergibt. Sie erstreckt sich auf solche Vorrichtungen, bei denen Pumpen- und Turbinenlaufrad dicht neben- oder ineinander in einem gemeinsamen Arbeitsraum vereinigt sind. Während aber bei den bisher bekannten Vorrichtungen dieser Art die gesamte Flüssigkeit, wie bei normalen Schleuderpumpen und Turbinen, durch Krümmer und Rohrleitungen angesaugt und abgeleitet wurde, besteht das Hauptkennzeichen der vorliegenden Erfindung in der Anordnung eines enggeschlossenen Kreislaufes der Flüssigkeit von den primären nach den sekundären Turbinenrädern und zurück, und zwar soll dieser enge Kreislauf durch geeignete Gestaltung und Zusammensetzung der Turbinenräder selbst erzielt werden. Insbesondere sind zu diesem Zweck die primären, sekundären und feststehenden Turbinenräder so gestaltet, daß die Flüssigkeit nach dem Durchlaufen der letzten Sekundärräder auf kürzesten und sanftesten Bahnen möglichst unmittelbar (d. h. höchstens unter Zwischenschaltung fester Leitkanäle, Leitringe oder Leiträder) in ein Primärrad zurückgelangt. Infolge dieser Anordnung entsteht schon durch die Gesamtheit der Turbinenräder, auch ohne Zuhilfenahme der üblichen Zu- und Ablaufrohrleitungen, ein gemeinsamer, und zwar einheitlicher Arbeitsraum, und die Flüssigkeit läuft nur innerhalb derjenigen Teile um, welche für die Kraftübertragung unumgänglich sind, nämlich innerhalb der Lauf- und Leiträder.

Die vorliegende Erfindung ergibt daher nicht nur eine außerordentliche Ersparnis an Raum, Gewicht und Herstellungskosten, sie ermöglicht auch durch die gedrängte Anordnung den Ausbau des Flüssigkeitsgetriebes zu einem beliebig umsteuerbaren Wendegetriebe und gibt wesentlich gesteigerte Wirkungsgrade. Denn mit dem Fortfall der umfangreichen Zu- und Ablaufkrümmer und der Rohrleitungen entfallen

auch alle Verluste, welche in diesen Teilen durch Reibung, Stöße, Wirbelbildung und durch nicht ausgenutzte Druck- oder Geschwindigkeitsenergie (sogenannte Austrittsverluste) sonst entstehen. Die letzteren
Verluste lassen sich überhaupt nur bei einem engen Kreislauf wie im
vorliegenden Falle vollständig vermeiden. Durch den Wegfall der erwähnten Leitungen usw. wird es erst ermöglicht, die hinter einem der
Turbinenräder vorhandene Geschwindigkeitsenergie unmittelbar, d. h.
ohne vorherige Umwandlung in Druck, in den darauffolgenden Rädern
auszunutzen, weshalb die bei einer mehrmaligen Umwandlung der Energie
entstehenden Verluste gleichfalls vermieden sind.

Zur Einschränkung der Verluste und Erzielung höchster Wirkungsgrade ist es ferner in den meisten Fällen zweckmäßig, in den Kreislauf
feste und zwar mit Leitschaufeln versehene Leitkränze einzuschalten.
Solche könnten zwar in manchen Fällen ganz fehlen, wenn nämlich die
Drehzahl der Sekundärwelle um einen gewissen Betrag niedriger als die
der Primärwelle ist. Diese Fälle sind indessen von untergeordneter Bedeutung. In allen Fällen dagegen, in denen die Umlaufzahlen der beiden
Wellen stärker verschieden sind, eine Übersetzung ins Schnelle oder gar
eine Umkehr des Drehsinnes erfolgt, bietet die Anordnung geeigneter
fester Leitkanäle, außer der Beschränkung des Kreislaufes auf die zur
Kraftübertragung unumgänglichen Teile, ein weiteres Mittel zur Erzielung guter Wirkungsgrade. Diese festen Leiträder können dabei in
solcher Weise angeordnet und ausgestaltet sein, daß sie der Flüssigkeit
eine geeignete Richtung erteilen und den Rückdruck aufnehmen, der sich
aus dem Unterschied der Drehmomente der beiden Wellen ergibt.

Der durch den engen Kreislauf sehr geringe Inhalt der Arbeitsräume
ermöglicht die Verwendung von Flüssigkeiten mit geringster innerer
Reibung und möglichst hohem spezifischen Gewicht (Benzol, Petroleum,
von geeigneten Mischungen oder Lösungen, heißen Flüssigkeiten oder
Quecksilber) selbst bei hohem Preis derselben und läßt Verluste durch
Entstehung negativer Drücke (Hohlraumbildung) dadurch vermeiden,
daß der ganze Arbeitsraum, z. B. durch ein hochliegendes Gefäß oder
eine Pumpe, unter Druck gesetzt wird.

Die vorliegende Anordnung soll zwischen benachbarten Wellen als
Ersatz von Riemen-, Zahnrad- oder Kettengetrieben usw. sowie besonders
für Wendegetriebe Verwendung finden, welche sämtlich für hohe
Leistungen und Geschwindigkeiten nicht mehr brauchbar sind. Durch
geeignete Wahl der Abmessungen und der Bauart der Primär- und
Sekundärturbine hat man es in der Hand, zwischen den Umlaufzahlen
derselben ein beliebiges Übersetzungsverhältnis herzustellen; auch
können alle bekannten Einstellvorrichtungen, welche bei Turbopumpen
und Turbinen, auch Dampfturbinen, angewendet werden, wie z. B. die
Änderung der Umlaufzahl durch entsprechende Wahl der Stufenzahl,

bei dem vorliegenden Getriebe angewendet werden, um nach Belieben während des Ganges das Übersetzungsverhältnis zu ändern (drehbare Schaufeln, Ringschützen, Spalt- oder Gitterschieber usw.). Auch ist man durch Anordnung geeigneter Absperr- oder Verteilmittel, Wechselventile u. dgl. in Verbindung mit besonderen Rückwärtsturbinen oder von verstellbaren Leit- oder Laufschaufeln in der Lage, eine oder mehrere der getriebenen Wellen umzusteuern.

In schematischer Darstellung ist eine Ausführungsform des Flüssigkeitsgetriebes in Abb. 72 im Schnitt und in Abb. 73 in Abwicklung der Schaufelräder dargestellt. Die in dem Schleuderpumpenrad A mit Energie versehene Flüssigkeit tritt in das Sekundärrad B über, an das sie fast die gesamte Energie abgibt, während der ihr beim Austritt aus B noch innewohnende Rest der Energie sie befähigt, durch das feststehende

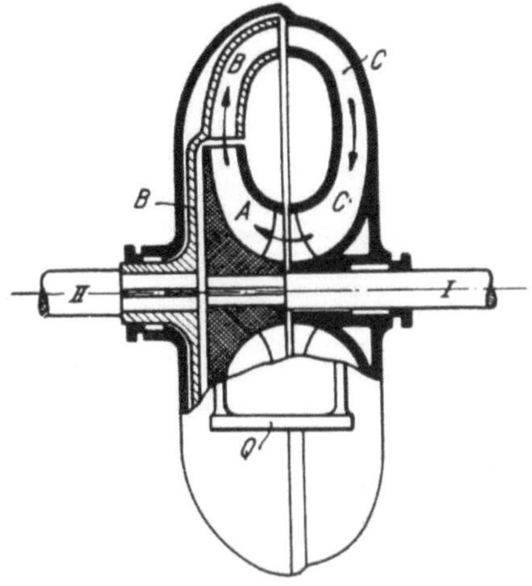

Abb. 72. Grundschema des hydrodynamischen Wandlers; I Antrieb, II Abtrieb, A Pumpenrad, B Turbinenrad, C festes Leitrad, Q Befestigungsflansch

Rückleitungsrad C zur Eintrittsseite des Primärrades zurückzuströmen. Das Leitrad C gibt der Flüssigkeit gleichzeitig eine geeignete Richtung für den Eintritt in das Primärrad, wie aus Abb. 73 ersichtlich ist, in der die Drehungsrichtung der Räder durch Pfeile angedeutet ist.

In der Anordnung nach Abb. 74, 75 und 76 gelangt die Flüssigkeit aus dem Primärrad A erst in ein feststehendes Leitrad B und von diesem in das nach Art einer FRANCIS-Turbine ausgeführte Sekundärrad C, um dann unmittelbar in das Primärrad wieder zurückzuströmen. Je nach der gewünschten Drehungsrichtung des Sekundärteiles muß die Schaufelkrümmung der verschiedenen Räder abweichend ausgeführt sein; Abb. 75

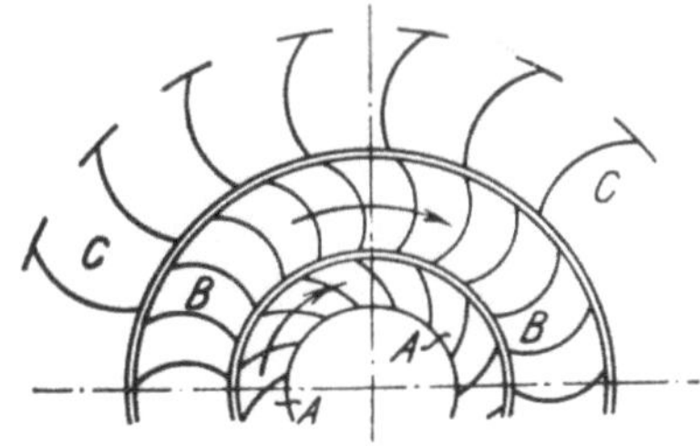

Abb. 73. Abgewickeltes Schauflungsschema zu Abb. 72; A Pumpe, B Turbine, C Leitrad

zeigt beispielsweise in Abwicklung die Anordnung, wenn die Sekundärwelle im gleichen Sinn wie die primäre umläuft und Abb. 76 entsprechend, wenn sie entgegengesetzt umläuft, wie aus den Pfeilen hervorgeht."

FÖTTINGER führt noch eine Reihe von Ausführungsbeispielen an und formuliert dann seine Patentansprüche. Im Jahre 1905 erhielt er für seine Erfindung Schutzrechte unter dem D. R. P. Nr. 221 422. Doch Fachleute bezweifelten die Brauchbarkeit der Idee, und auch A. STODOLA, der damals als der führende Turbinenspezialist galt, und den FÖTTINGER um Rat fragte, prophezeite nur einen Wirkungsgrad von weniger als 70%. Das hätte das Todesurteil für die Erfindung bedeutet. FÖTTINGER schreibt dazu in seiner Mitteilung über die ersten Versuchserfahrungen [127]: „Der Wirkungsgrad einer solchen primitiven Übertragung (s. Abb. 70), d. h. das Verhältnis der an der Sekundärwelle nützlich abgegebenen Pferdestärken zu den der Primärwelle zugeführten Pferdestärken ergibt sich als Produkt aus den Einzelwirkungsgraden der Primärpumpe, der Turbine und der Rohrleitung. Setzen wird die Durchschnittswerte der besten existierenden Ausführungen ein, nämlich für die Zentrifugalpumpe 84%, für die Sekundär-

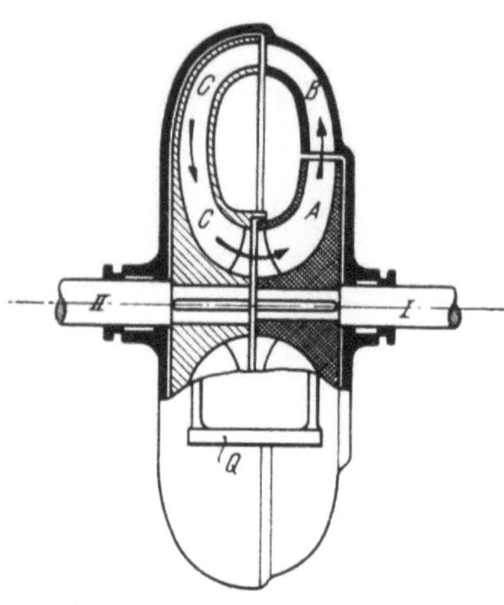

Abb. 74. Zweites Schema eines hydrodynamischen Wandlers: I Antrieb, II Abtrieb, A Pumpenrad, B festes Leitrad, C Turbinenrad, Q Befestigungsflansch

turbine 85%, und für die Rohrleitung, mit Rücksicht auf die Reibungs- und Wirbelverluste in den Krümmern, Absperrkammern usw., 97%, so erhält man einen Gesamtwirkungsgrad von 0,84 × 0,85 × 0,97 = 69,2%,

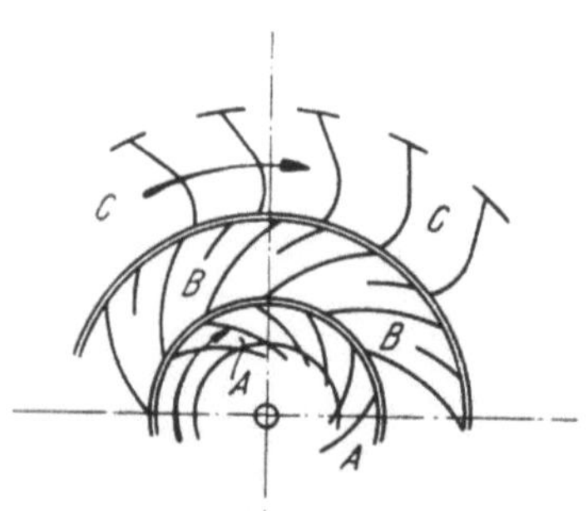

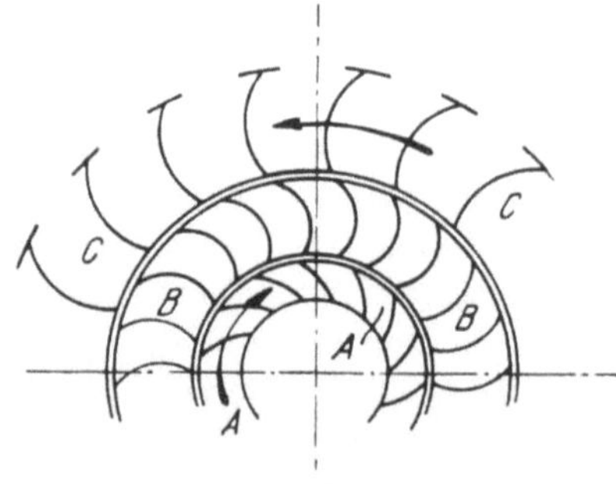

Abb. 75. Abgewickeltes Schauflungsschema zu Abb. 74; gleicher Drehsinn der Wellen I und II, A Pumpe, B Leitrad, C Turbine

Abb. 76. Abgewickeltes Beschauflungsschema zu Abb. 74; entgegengesetzter Drehsinn der Wellen I und II; A Pumpe, B Leitrad, C Turbine

d. h. noch nicht einmal 70%. Solche Anordnungen, die neuerdings allerwärts für Schiffe und Automobile vorgeschlagen sind, kämen daher nur für ganz untergeordnete Zwecke in Frage, ganz abgesehen vom Raum- und Gewichtsbedarf.

Ganz anders liegen die Verhältnisse nun bei der neuen hydrodynamischen Arbeitsübertragung, die den Kernpunkt meiner heutigen Darlegung bilden wird.

Auf allen Gebieten der Technik hat sich gezeigt, daß ein Fortschritt, eine neue Wirkung über das Gewöhnliche hinaus, niemals durch mechanisches, gedankenloses Aneinanderreihen des Bekannten, sondern nur durch organische Umgestaltung, durch gegenseitiges Ineinandergreifen, durch Anpassen und Ausbauen der einzelnen Elemente erreicht wird."

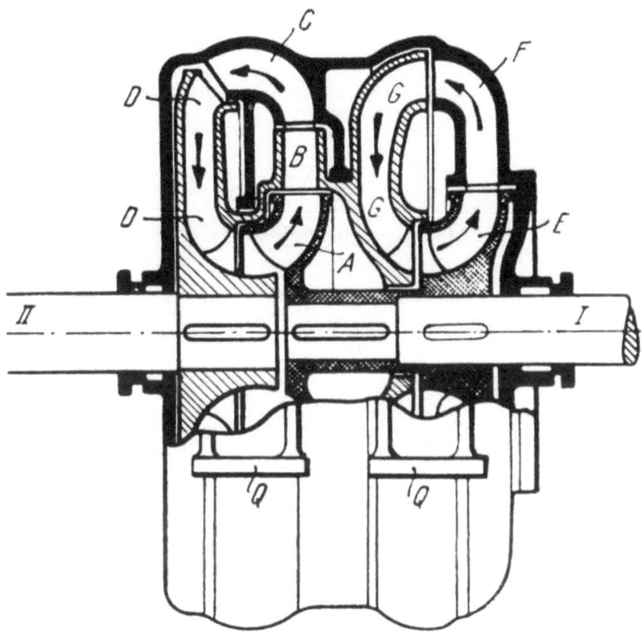

Abb. 77. Umsteuerbarer Wandler mit zwei Kreisläufen; I Antriebs- und II Abtriebswelle, links Wandler für Vorwärts- und rechts für Rückwärtsfahrt; A Pumpe, B 1. Turbine, C Leitrad, D 2. Turbine, E Pumpe, F Leitrad, G Turbine, Q Befestigungsflansch

Es gelang FÖTTINGER 1907 nach zähem Ringen, den Vorstand der VULCAN-Werke, der er später die Rechte an seiner Erfindung abtrat, zu veranlassen, eine Versuchsanlage zu bauen. Schon in seiner Patentschrift hatte er einen „reversierbaren Transformator mit zwei Kreisläufen" nach Abb. 77 aufgezeichnet. I ist die Antriebs- und II die Abtriebswelle. Links befindet sich ein Wandler mit dem Pumpenrad A. Die Turbine ist in zwei Stufen, den miteinander verbundenen Turbinenrädern B und D aufgeteilt, zwischen die das Leitrad C gesetzt ist. Im rechten Teil ist für die Rückwärtsfahrt (Umkehr des Drehsinns von Welle I) ein Wandler nach der Art von Abb. 74 und 76 angebaut. Auf das Pumpenrad E folgt hier zunächst das feste Leitrad F und dann das Turbinenrad G, das über die Turbine B und D des linken Wandlers mit der Abtriebswelle II verbunden ist. Das Umschalten von der Vorwärtsfahrt mit dem linken Wandler auf die Rückwärtsfahrt mit dem rechten und umgekehrt geschieht einfach dadurch, daß man den Wandler, der in Betrieb ge-

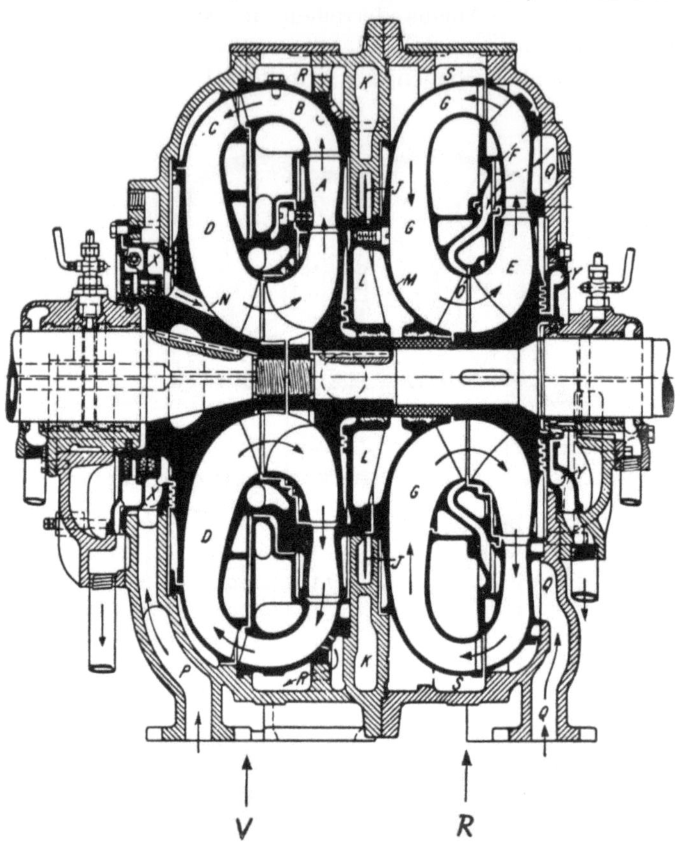

Abb. 78. Föttinger-Versuchstransformator Typ I; links zweistufiger Vorwärtskreislauf, rechts einstufiger Rückwärtskreislauf; A 1. Turbine, B Leitrad (fest), C und D 2. Turbine, E Pumpe, F Umkehrleitrad, G Turbine, J Labyrinthdichtung, K äußerer und L innerer Hohlraum, M Wandung, P, X und N Zustrom für den Vorwärtskreislauf, Q und O Zustrom für den Rückwärtskreislauf, R und S Ringraum für die Entleerung

nommen werden soll, mit Flüssigkeit füllt, den anderen gleichzeitig entleert. Diese sehr bequeme und wirksame Art des Ein-, Aus- oder Umschaltens von Föttinger-Getrieben hat man zum Teil bis heute beibehalten.

Nach dem Prinzip der Abb. 77 hat Föttinger seinen ersten Wandler, den „*Versuchstransformator Typ I*" gebaut, Abb. 78, der zunächst für

eine Aufnahme von 100 PS und eine Übersetzung von etwa 1000 U/Min
der Antriebswelle auf 225 U/Min der Abtriebsachse entworfen wurde.
Ein junger Mitarbeiter von FÖTTINGER, W. SPANNHAKE, führte Konstruktion und Berechnung durch. Links in Abb. 78 liegt der Vorwärts-,
rechts der Rückwärtswandler. Als Arbeitsflüssigkeit diente Wasser.
Der vorausberechnete Wirkungsgrad von 0,82 konnte schon in den ersten
Versuchen erreicht und sogar um fast 2% überboten werden. Auch in
anderen Punkten erwies sich die Vorausberechnung als gut zutreffend.
In Abb. 79 sind im Original die ersten von FÖTTINGER und SPANNHAKE

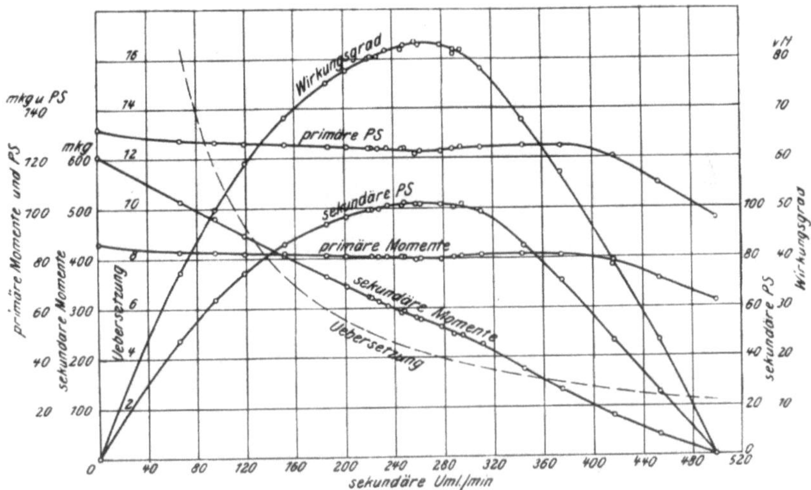

Abb. 79. Bremsresultate mit dem 1. FÖTTINGER-Wandler nach Abb. 78; bei konstanter Antriebsdrehzahl $n_1 = 1100$ U/Min; primär = Antrieb, sekundär = Abtrieb

[127] erzielten Versuchsresultate wiedergegeben. Sie zeigen für konstante
Antriebsdrehzahl bei fast konstantem Verlauf von Antriebsleistung und
-moment den für die neue Getriebeart kennzeichnenden parabelförmigen
Verlauf von Abtriebsleistung und Wirkungsgrad. Der höchste Wirkungsgrad
wurde mit $\eta_{max} = 0,84$ bei einer Übersetzung von $\dfrac{n_\mathrm{I}}{n_\mathrm{II}} = \dfrac{1100 \text{ U/Min}}{259 \text{ U/Min}} =$
$= 4,25$ erzielt. Bezieht man die Drehzahlen auf die konstante Antriebs-
drehzahl und die Momente auf das nahezu konstante Antriebsmoment
(hier wurde dazu das an der Stelle des größten Wirkungsgrades vorliegende Moment M_0 gewählt), so kommt man zu den in Abb. 80 wiedergegebenen dimensionslosen Kennlinien, wie sie heute für die Darstellung
und Kennzeichnung der Eigenschaften von Wandlern meist üblich sind.

Nach den guten Prüfstandsergebnissen drängte FÖTTINGER darauf,
seinen Transformator in einem Schiff mit Dampfturbine zu erproben.

Die VULCAN-Werft war bereit, einen geeigneten Versuchsträger zu bauen. Es läßt sich aber für eine Leistung von nur 100 PS bei 1000 U/Min keine rationelle Dampfturbine entwerfen. Hier zeigte die neue Getriebeart eine weitere gute Eigenschaft, von der man später bei der Anwendung im Automobilbau noch oft Gebrauch machte. Ohne am Getriebe etwas zu ändern, konnte durch die Steigerung der Drehzahl von 1000 U/Min auf 1750 U/Min die aufgenommene Leistung von 100 PS auf 500 PS erhöht werden. Man konstruierte und baute eine Dampfturbine von

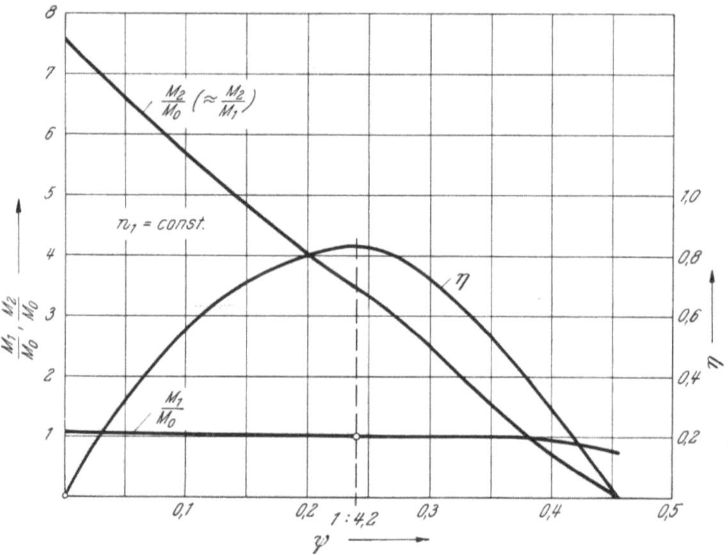

Abb. 80. Kennlinien des 1. FÖTTINGER-Wandlers nach Abb. 78; M_1 Antriebs- und M_2 Abtriebsmoment, n_1 Antriebs- und n_2 Abtriebsdrehzahl, $\psi = \dfrac{n_2}{n_1}$, η Wirkungsgrad

500 PS Wellenleistung bei 1750 U/Min, die zusammen mit dem Versuchstransformator Typ I (s. Abb. 78) in einen Tender von 76,7 Tonnen Wasserverdrängung eingebaut wurde. Die praktischen Erfahrungen mit dem Schiff, das den Namen „FÖTTINGER-*Transformator*" erhielt, waren so befriedigend, daß man in der VULCAN-Werft sofort die Herstellung größerer Anlagen in Angriff nahm. Nichts kann das Vertrauen, das die Werftleitung zu den Arbeiten von FÖTTINGER und SPANNHAKE gewann, besser kennzeichnen als die Tatsache, daß bereits der zweite Transformator für eine Leistungsaufnahme von 10000 PS bei etwa 1500 U/Min entworfen und hergestellt wurde. Die Getriebe sind zunächst in Passagierschiffe, bald auch in Kriegsschiffe eingebaut worden.

Mit vollem Recht weist H. J. FÖRSTER darauf hin, daß es sich bei dem FÖTTINGER-Transformator um eine der wenigen Erfindungen handelt, die auf Grund sorgfältiger theoretischer Überlegungen entstanden sind und die dann auch gleich von Anfang an den Erwartungen entsprochen haben. Bei keiner anderen Erfindung konnte die Leistung in kaum 20 Jahren von 100 PS auf 25000 PS, also auf das 250fache gesteigert werden. Bei keiner anderen Erfindung wurden von Anfang an gleich gute hohe Wirkungsgrade erreicht, und schließlich können sich nur wenige Ingenieure rühmen, daß um ihre Konstruktion ein ganzes Schiff als Versuchsträger herumgebaut wurde [126].

In und nach dem ersten Weltkrieg gelang es, Zahnradgetriebe, die ja von Haus aus bessere Wirkungsgrade besitzen, auch für die hohen Schiffsleistungen zu bauen. Damit verlor der FÖTTINGER-Wandler seine Bedeutung in der Schiffahrt. Eine Ausführung des FÖTTINGER-Getriebes hat jedoch ihren Platz in Wasserfahrzeugen bis heute erhalten können, die *hydrodynamische Kupplung*, mit der es überhaupt erst möglich wurde, die stoßweise arbeitenden DIESEL-Motoren mit den oben erwähnten Zahnradgetrieben und der Schiffsschraube zu verbinden. FÖTTINGER hatte in seiner ersten Patentschrift (s. oben) bereits darauf hingewiesen, daß man in den Flüssigkeitsgetrieben für bestimmte Fälle die Leitein-

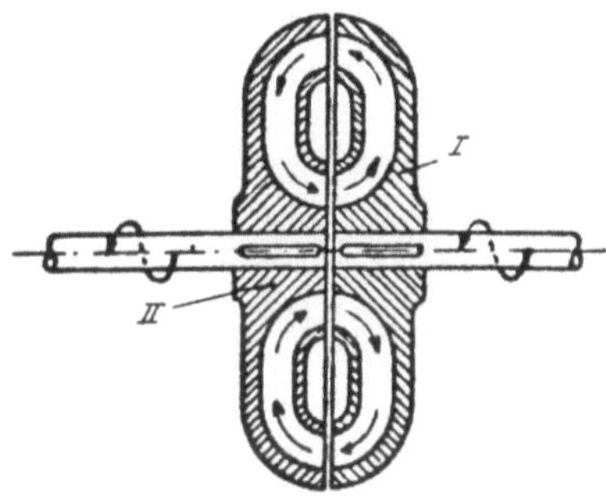

Abb. 81. Prinzip der FÖTTINGER-Kupplung, aus der Patentschrift D. R. P. Nr. 238 804

richtungen ganz weglassen kann. Er hielt jedoch diese Fälle von untergeordneter Bedeutung. Bei den Versuchen mit seinem Getriebe muß er aber seine Ansicht grundlegend (und mit Recht) geändert haben; denn im Jahre 1910 suchte die VULCAN-Werft für die Ausführung der Flüssigkeitsgetriebe, die nach der Patentzeichnung in Abb. 81 nur aus Pumpen- und Turbinenrad bestehen, um Erfinderschutz nach, der ihr in D. R. P. 238 804 zugestanden wurde.

Da wegen des Fehlens von festen, ruhenden Bauelementen keine Möglichkeit besteht, ein Reaktions-(Stütz-)Moment aufzunehmen oder einzuleiten, muß bei der hydrodynamischen Kupplung nach Abb. 81 das eingeführte Moment M_1 gleich dem Abtriebsmoment M_2 sein. Weil die Eingangsleistung $N_1 = c\, n_1\, M_1$ und die Austrittsleistung $N_2 = c\, n_2\, M_2$ ist (c ist eine Konstante abhängig von der Wahl der Maßeinheiten), so ist der Wirkungsgrad $\eta = \dfrac{N_2}{N_1} = \dfrac{n_2}{n_1}$. Damit ergeben sich im Vergleich zu den Kennlinien eines FÖTTINGER-*Wandlers* in Abb. 80 die einfachen, in Abb. 82 dargelegten Geraden als die Kennlinien einer FÖTTINGER-*Kupplung*.

Die hydrodynamische Kupplung erwies sich bald als geradezu ideale Lösung für alle Anfahrprobleme, die in der Technik bei der Verbindung von Kraftquellen mit ihrem Verbraucher, z. B. Schiffsmotor mit der Schraube, Dampf- oder Wasserturbine mit dem elektrischen Generator, Motor mit den Antriebsrädern bei Fahrzeugen u. v. a. m. immer wieder auftreten.

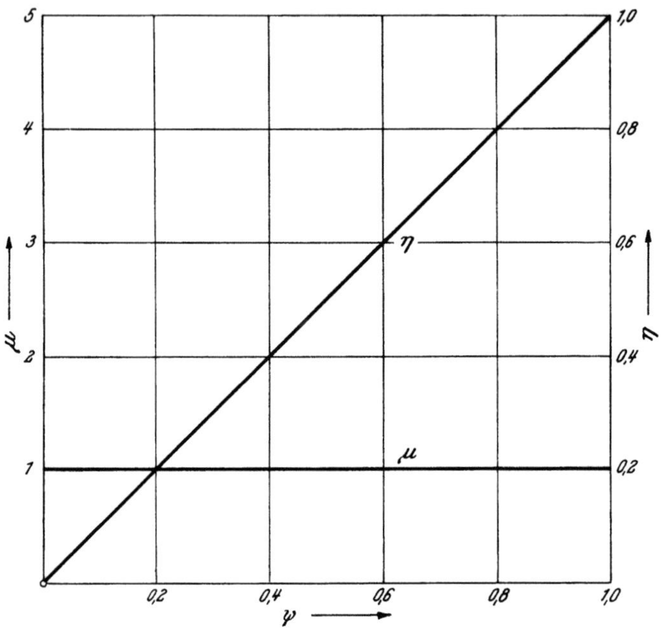

Abb. 82. Kennlinien einer FÖTTINGER-Kupplung; Antrieb mit Moment M_1 und Drehzahl n_1, Abtrieb mit Moment M_2 und Drehzahl n_2, η Wirkungsgrad, $\psi = \dfrac{n_2}{n_1}$, $\mu = \dfrac{M_2}{M_1}$

Je kleiner in einer Kupplung das zu übertragende Moment wird, umso näher kommen sich die Werte von n_1 und n_2, umso besser wird also der Wirkungsgrad. Oder anders ausgedrückt: Wenn ein vorgegebenes Drehmoment mit einem bestimmten hohen Wirkungsgrad übertragen werden soll, so muß man die hydrodynamische Kupplung nur groß genug ausführen, um diese Anforderung zu erfüllen.

Zusammenfassend sind in Abb. 83 noch einmal die beiden Arten der hier erwähnten Strömungsmaschinen, links der FÖTTINGER-Wandler und rechts die FÖTTINGER-Kupplung dargestellt. In der *Kupplung* erfolgt eine Anpassung der Drehzahlen, aber keine Änderung des übertragenen Momentes, also auch keine Übersetzung. Bei den hohen angestrebten Wirkungsgraden sind nach Beendigung des Kupplungs-(Anfahr-)vorganges die Drehzahlen n_1 und n_2 fast gleich; $\dfrac{n_2}{n_1} = \eta \approx 0{,}97$ bis $0{,}98$. Im *Wandler* dagegen wird das eingeleitete Moment vor allem im Start ($n_2 = 0$) erhöht (gewandelt). Im Betriebszustand besten Wirkungsgrades, der mit $\eta \approx 0{,}8$ (bis $0{,}9$) kleiner ist als bei der Kupplung, liegt ein durch die Konstruktion (Anordnung der Schaufeln usw.) bestimmtes Drehzahlverhältnis $\dfrac{n_2}{n_1}$ vor (Übersetzung). Bei weiterer Zunahme von $\dfrac{n_2}{n_1}$ fällt der Wirkungsgrad wieder ab, s. Abb. 80 und 110.

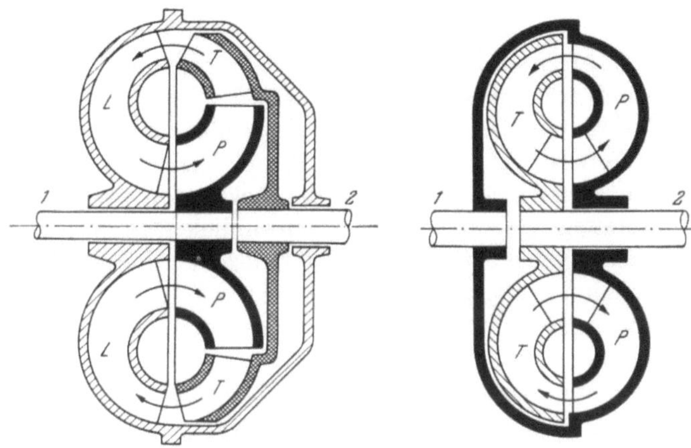

Abb. 83. Die beiden Arten der Föttinger-Strömungsmaschinen, links ein Wandler, rechts eine Kupplung; P Pumpe, T Turbine, L Leitrad, 1 An- und 2 Abtrieb

Föttinger selbst hat zwar erwähnt, daß man seine Transformatoren auch in Schienen- oder Straßenfahrzeugen anwenden könne, er hat aber die Einführungsarbeit seinen Mitarbeitern und anderen Stellen überlassen. Es sind hier die Namen G. Bauer, H. Sinclair, Lysholm, Smith, F. Kugel (von der Firma Voith), W. Spannhake, H. Kluge, K. von Sanden und viele andere Konstrukteure und Erfinder zu nennen, die sich um die erfolgreiche Verwendung der Föttinger-Getriebe in Schienenfahrzeugen, vor allem Diesel-Lokomotiven, und in Lastwagen und Omnibussen bemüht haben. Hermann Rieseler, ein Mitarbeiter von Bauer und Föttinger, war der erste, der im Jahre 1925 für einen Personenwagen ein automatisches Getriebe mit hydrodynamischem Wandler und Planetengetriebe konstruierte, baute und erprobte. Trotz zufriedenstellender Ergebnisse setzte sich seine Erfindung noch nicht durch. Der bahnbrechende Erfolg automatischer Automobilgetriebe trat erst ein, als sich etwa ab 1939 die großen amerikanischen Automobilhersteller, an der Spitze die riesige General Motors Corporation, der Aufgabe zuwandten. Über all diese Arbeiten wird weiter unten ausführlich berichtet.

Für die Berechnung ihres Transformators gingen FÖTTINGER und W. SPANNHAKE von der Turbinentheorie aus, soweit sie damals (1905) vorlag. Zu dieser Theorie des hydrodynamischen Transformators berichtet FÖTTINGER zusammenfassend:

„Die wesentlichen Grundzüge sind die folgenden:

1. Die Theorie setzt sich zusammen aus der Theorie der Turbinenpumpe und der Theorie der Gefällsturbine. Sie geht aus von der auf dem Flächensatz beruhenden EULERschen Momentengleichung, die auf jedes einzelne Rad angewendet wird. Unabhängig von der Veränderung der Drücke erhält man daraus die von den Laufrädern auf die Wellen oder von den Leiträdern auf das feste Gehäuse übertragenen Drehmomente.

2. Die Wasserdrücke berechnen sich, sobald der Druck an irgend einer Stelle (z. B. der Eintrittsöffnung der Pumpe) willkürlich vorgeschrieben ist, aus der theoretischen Förderhöhe der Pumpe (errechnet aus Leistung und Wassermenge pro Sekunde) nach der bekannten Grundgleichung über die Umsetzung von Druck in Geschwindigkeit und umgekehrt. Von der Berücksichtigung der Höhenlage der einzelnen Punkte des Transformators kann immer abgesehen werden.

Die Gesamtenergie (Summe aus Pressungs- und Geschwindigkeitshöhe) sinkt von der Pumpe ab teils durch Energieabgabe an die Laufräder, teils durch die Wasserreibung in den Kanälen, von Rad zu Rad immer weiter, bis am Austritt des letzten Rades vor der Pumpe die gesamte Energiedifferenz aufgezehrt ist und vom Pumpeneintritt ab die Energiezufuhr von neuem beginnt.

3. Transformatoren ohne beschaufelte (oder sonstwie zur Aufnahme eines Drehmomentes geeignete) feste Kanalteile ergeben höchstens einen Wirkungsgrad gleich dem Tourenverhältnis, können daher nur ins Langsame und mit schlechtem Nutzeffekt Energie übertragen. Sie verdienen den Namen Übersetzungsgetriebe so viel und so wenig als eine lose eingerückte Reibungskupplung, die gleichfalls nur durch Slip „übersetzt". Ökonomische Transformatoren müssen mit festen Kanalteilen arbeiten, die bei gleichem Drehsinn die Differenz, bei entgegengesetztem die Summe der Wellen-Drehmomente aufnehmen und auf den festen Boden übertragen. Dies folgt schon aus dem Momentengrundsatz der Elementarmechanik, wenn man sich den Transformator zunächst frei im Raum schwebend und Primär- und Sekundärmoment eingeleitet denkt.

4. Bei konstant gehaltener Übersetzung steigen die Wasserdrücke für ein bestimmtes Transformatormodell wie die Quadrate der Touren, die Momente derselben ebenso, die *Leistungen* daher wie die *Kuben der Touren*.

5. Bei konstanter Tourenzahl verhalten sich die von ähnlichen, aber verschieden großen Transformatoren übertragenen *Leistungen* wie die *fünften* Potenzen der *linearen Dimensionen*.

6. Transformatoren gleicher Übersetzung und Stufenzahl können hydraulisch ähnlich gebaut werden (gleiche Winkel- und Radienverhältnisse). Für die konstruktiven Dimensionen gilt dies indessen nicht.

7. Der Wirkungsgrad größerer Transformatoren kann durch Messung der abzuführenden Wärmemenge bestimmt werden, die sich nur um den Strahlungs- und Leitungsverlust von der mechanischen Verlustenergie unterscheidet [127]".

In der eindimensionalen *Stromfadentheorie* wird die Strömung zwischen den einzelnen Schaufeln als eine Kanalströmung zwischen gekrümmten Wänden behandelt. Man kann dann die Vorgänge längs eines Stromfadens studieren, wobei man annimmt, daß der benachbarte Stromfaden sich gleich verhält. Diese Vorstellung stimmt umso mehr mit der Wirklichkeit überein, je enger die Schaufeln stehen.

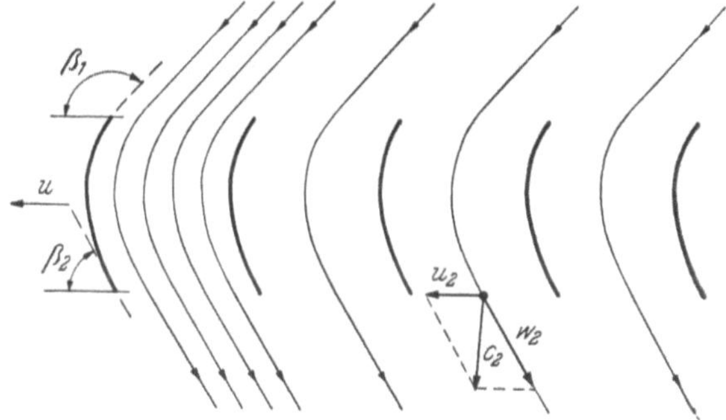

Abb. 84. Abgewickeltes Schaufelgitter einer Axialturbine; β_1 Schaufeleintritts- und β_2 -austrittswinkel, w Strömungsgeschwindigkeit relativ zum Schaufelrad, u Umfangsgeschwindigkeit, c Absolutgeschwindigkeit, 1 Eintritt, 2 Austritt

Legt man durch eine Axialturbine nach Abb. 69b einen zylindrischen Schnitt koaxial zur Drehachse und wickelt ihn ab, so erhält man ein in Abb. 84 wiedergegebenes Schaufelgitter, durch das die Strömung von oben nach unten hindurchgeht. Die Schaufeln haben den Eintrittswinkel β_1 und den Austrittswinkel β_2. Die Flüssigkeit, die relativ zum Rad mit der Geschwindigkeit w_1 ein- und mit w_2 austritt, wird durch die Krümmung der Schaufeln in erster Näherung um den Betrag $\beta_1 - \beta_2$ abgelenkt. Dabei entspricht immer die Austrittsrichtung der Strömung w_2 dem Austrittswinkel β_2. In Abb. 84 ist angenommen worden, daß auch der Eintrittswinkel β_1 und die Richtung von w_1 übereinstimmen. Man spricht in diesem Fall vom „stoßfreien Eintritt". Wenn am Eintritt Strömungsrichtung und Schaufelwinkel nicht gleich sind, so entstehen Stoßverluste. Ein Maß für ihre Größe ist die Stoßgeschwindigkeit w_s, die zu dem Geschwindigkeitsvektor w_1 hinzugefügt werden muß, um einen stoßfreien Eintritt zu erreichen (s. weiter unten Abb. 104). Man kann die Stoßempfindlichkeit von Schaufelrädern herabsetzen, indem man die Eintrittskante nicht scharf, sondern abgerundet ausbildet, was man schon aus Herstellungsgründen gern tut. Die Querschnitte der Schaufeln erhalten dann Tragflügelprofile.

Die Flüssigkeit, die relativ zur Schaufel mit der Geschwindigkeit w_1 eintritt, bekommt an dieser Stelle durch die Drehbewegung des Rades zusätzlich die Umfangsgeschwindigkeit u_1 (Führungsgeschwindigkeit), die am Ort des Eintritts $r_1 \omega$ ($= \dfrac{\pi}{30} r_1 n$) ist. Beide Geschwindigkeiten

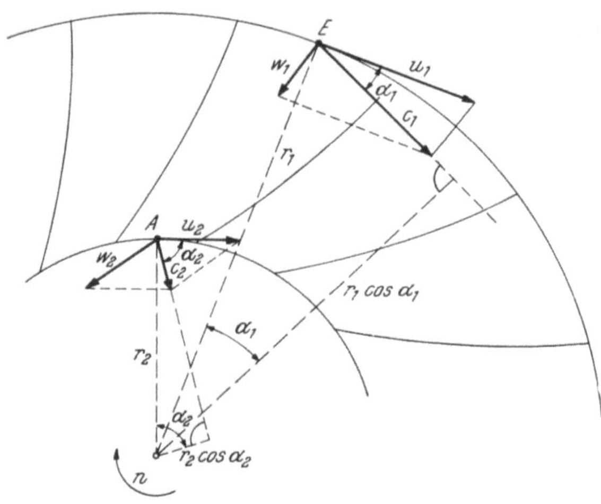

Abb. 85. Strömung durch eine Radialturbine; E Eintritt mit Index 1, A Austritt mit Index 2, w Strömungsgeschwindigkeit relativ zum Rad, u Umfangsgeschwindigkeit, c Absolutgeschwindigkeit, α Winkel zwischen u und c, r Radius, n Drehzahl

ergeben dann zusammen die resultierende Absolutgeschwindigkeit c_1 am Schaufeleintritt. In ähnlicher Weise erhält man am Austritt aus w_2 und u_2 ($= r_2 \omega$) die Resultierende c_2, wie das Geschwindigkeitsdreieck in Abb. 84 zeigt.

Für eine Radialturbine sind die Strömungsverhältnisse und Geschwindigkeitsdreiecke in Abb. 85 dargestellt. Das Schaufelrad dreht sich um 0 mit der Drehzahl n. Mit E und dem Index 1 ist der Eintritt, mit 2 und A der Austritt der Strömung gekennzeichnet. Die Tangentialkomponente der Absolutgeschwindigkeit c ist beim Eintritt $c_{u1} = c_1 \cos \alpha_1$ und beim Austritt $c_{u2} = c_2 \cos \alpha_2$.

Im Falle einer stationären Strömung ist nach dem Impulsmomentensatz (allgemeinen Flächensatz) der Mechanik das Moment der Kräfte, das von den Schaufeldrücken auf die Flüssigkeit oder mit umgekehrtem Vorzeichen von der strömenden Flüssigkeit auf die Schaufelflächen ausgeübt wird, einmal proportional der Masse der in der Zeiteinheit in allen Schaufelkanälen umlaufenden Flüssigkeit, die man mit $Q\varrho$ angeben kann, wenn Q das in der Zeiteinheit umlaufende Flüssigkeitsvolumen und ϱ $\left(=\dfrac{\gamma}{g}\right)$ die Dichte des strömenden Mediums ist. Zum anderen ist das Moment proportional der Änderung des Dralls ($= r\,c_u$) zwischen Ein- und Austritt, also der Größe $(r\,c_u)_1 - (r\,c_u)_2$. Setzt man für c_{u1} und c_{u2}

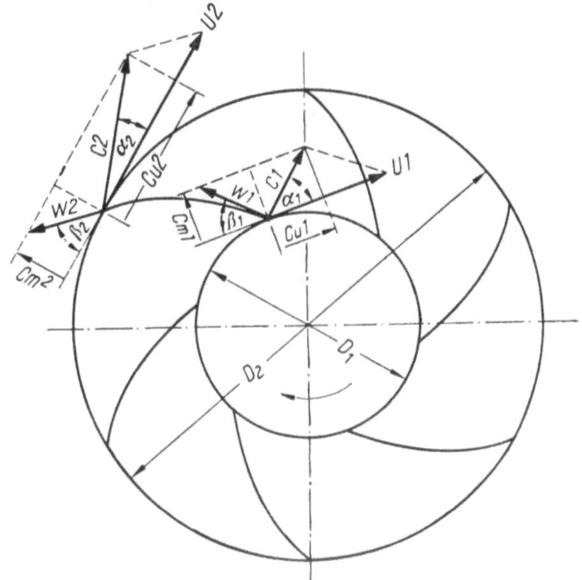

Abb. 86. Strömung durch eine Radialpumpe; D Durchmesser, w Strömungsgeschwindigkeit relativ zum Rad, u Umfangsgeschwindigkeit, c Absolutgeschwindigkeit, 1 Eintritt, 2 Austritt, c_u Tangential- (Umfangs-) und c_m Meridiankomponente von c, β Schaufelwinkel

die obigen Werte ein, so bekommt man die für alle hydrodynamischen Maschinen geltende Hauptgleichung

$$M = Q\,\varrho\,(r_1\,c_1\cos\alpha_1 - r_2\,c_2\cos\alpha_2).$$

Diese Beziehung, die man die EULERsche Turbinengleichung nennt, gilt auch für Pumpenräder, für die ein Beispiel mit Einzeichnung der Geschwindigkeitsdreiecke in Abb. 86 wiedergegeben ist. Voraussetzung für die Gültigkeit der EULERschen Gleichung ist ein enger Schaufel- abstand. Je größer diese Abstände werden, umso mehr verlieren die Zwischenräume zwischen den Schaufeln den Charakter als Führungs- kanäle; man muß dann die Strömung um die einzelne Schaufel unter- suchen. Mit der Behandlung der Flügelschnitte nach der Profiltheorie kommt man so zum ebenen, zweidimensionalen Problem. Der nächste

Schritt wäre dann mit der Erfassung der endlichen Ausmaße der Flügel und der Strömung eine dreidimensionale, räumliche Aufgabe.

Man vermag zwar heute theoretisch die Vorgänge an einem Tragflügel mit vorgegebener Form selbst unter Berücksichtigung der Reibungs- und Kompressibilitätseinflüsse genügend genau vorauszubestimmen. Aber schon bei dem einfachsten räumlichen Strömungsproblem, bei dem eine Drehung mit im Spiel ist, bei der geradlinig bewegten, freifahrenden Luftschraube ist man von einer rein rechnerischen Erfassung der Vorgänge weit entfernt. So bestehen z. B. über den Einfluß der Zentrifugal- und CORIOLIS-Kräfte auf die Reibung am Schraubenblatt nur allererste theoretische Ansätze und selbst Messungen liegen hierfür nur spärlich vor. Man ist daher für das zahlenmäßige Festlegen des Geschehens in Pumpen und Turbinen und somit auch in FÖTTINGER-Maschinen auf empirische Ergebnisse und ihre Auswertung angewiesen. Üblich sind dabei wie auch sonst in der Strömungstechnik Untersuchungen an Modellen, die der späteren Großausführung geometrisch ähnlich sind. Schon FÖTTINGER (s. oben) wies darauf hin, daß auch für seine Transformatoren das für Turbinen und Kreiselpumpen bekannte Modellgesetz für die Aufnahme des Momentes M_1 bzw. der Leistung N_1 gilt:

$$M_1 = k\, n_1{}^2\, D^5$$

und

$$N_1 = k\, c\, n_1{}^3\, D^5,$$

wobei M_1 das Drehmoment des Pumpenrades mit der Drehzahl $n_1\,[\mathrm{U/Min}]$ und $D\,[m]$ eine charakteristische Längengröße der FÖTTINGER-Strömungsmaschine ist. Man wählt hierzu meist den größten Durchmesser des Strömungskreises. Es ist c eine Konstante, die sich aus der Wahl der Maßeinheiten ergibt; ist M in m kp, n in U/Min, D in m und N in PS angegeben, so ist $c = \dfrac{\pi}{2250} = \dfrac{1}{716{,}2}$. Der Faktor k mit der Dimension $[\mathrm{kp\ min^2\ m^{-4}}]$ umfaßt die Einflüsse aller Konstruktionsgrößen: der Form des Strömungsquerschnittes und der Schaufeln sowie ihrer Ein- und Austrittswinkel, der Anordnung der Pumpen-, Turbinen- und Leiträder, des spezifischen Gewichts der strömenden Flüssigkeit. Er ist weiterhin vom jeweils vorliegenden Drehzahlverhältnis von Turbinen- und Pumpenrad $\left(\dfrac{n_2}{n_1}\right)$ und damit auch vom Schlupf $s\left(=1-\dfrac{n_2}{n_1}\right)$ abhängig.

Da das Moment und die Leistung dem spezifischen Gewicht γ der Flüssigkeit direkt proportional sind, findet sich im Schrifttum auch die Definitionsgleichung

$$M_1 = k_1\, \gamma\, n_1{}^2\, D^5.$$

Um zu handlichen Zahlenwerten des Faktors zu gelangen, ist auch die Beziehungsgleichung

$$M_1 = k_2 \left(\frac{n_1}{100}\right)^2 D^5$$

angewandt worden. Weiterhin kommen folgende Ansätze vor:

$$M_1 = k_3 \left(\frac{n_1}{100}\right)^2$$

oder

$$N_1 = k_4 \, n_1{}^3 \, D^5$$

oder

$$M_1 = k_5 \, s \, \varrho \, n_1{}^2 \, D^5, \quad [177] \quad (s = \text{Schlupf})$$

oder

$$M_1 = 7{,}162 \, k_6 \left(\frac{n_1}{100}\right)^2 D^5.$$

Die jeweilige Dimension von k läßt sich aus der Bestimmungsgleichung ermitteln. Um zu einem dimensionslosen Wert zu gelangen hat man den Ansatz

$$M_1 = k_7 \, \varrho \, \omega_1{}^2 \, D^5$$

benutzt.

Statt k ist vor allem bei Föttinger-Wandlern die Bezeichnung m_p (Momentaufnahmefaktor) üblich. Beim Studium der Fachliteratur tut man in jedem Falle gut daran, sich über die genaue Definition von k und m_p zu vergewissern; leider werden an einigen Stellen diese Werte nebeneinander in verschiedener Bedeutung und manchmal auch ohne Angabe ihrer Definition gebraucht.

Ähnlichkeitsgesetze. Das Modellgesetz $M_1 = k \, n_1{}^2 \, D^5$ läßt sich, wie an verschiedenen Stellen in der Literatur dargelegt wird [15, 126], aus der Eulerschen Gleichung ableiten. Man erhält so auch rechnerisch Angaben von k, die aber bei der Föttinger-Kupplung und dem -Wandler wohl qualitativ aber nicht quantitativ mit der Wirklichkeit übereinstimmen. Schon wegen der großen, unübersehbaren Vielzahl der Einflüsse, die auf k einwirken, ist man darauf angewiesen, den Verlauf von k in Abhängigkeit von $\frac{n_2}{n_1}$ durch Versuche an geeigneten Modellen zu ermitteln. Zu einander ähnlichen und daher vergleichbaren Strömungen und Geschwindigkeitsdreiecken bei Großausführung und Modell kommt man, wenn in beiden Fällen neben der geometrischen Ähnlichkeit der Ausführung das gleiche Drehzahlverhältnis $\frac{n_2}{n_1}$ vorliegt. Da Reibungs-

(Zähigkeits-) und Trägheitskräfte im Spiel sind, müßte weiterhin das REYNOLDSsche Ähnlichkeitsgesetz eingehalten werden, d. h. Betriebszustände am Modell und an der Großausführung sind nur dann ähnlich, wenn sie bei der gleichen REYNOLDSschen Zahl (Re) ablaufen. Es ist $\mathrm{Re} = \dfrac{v\,l}{v}$ eine dimensionslose Kennzahl, in der v eine Geschwindigkeit, l eine charakteristische Länge ist, für die sich bei FÖTTINGER-Strömungsmaschinen der Durchmesser D des Strömungskreises anbietet. Ferner bedeutet v die kinematische Zähigkeit des strömenden Mediums, s. Abb. 134. Für die Geschwindigkeit v ist der Wert an einer Stelle zu wählen, z. B. die Meridiangeschwindigkeit c_m am Pumpenaustritt. Es läßt sich jedoch dieser Wert nur schwer angeben. Da die Drehzahl n des Pumpenrades gut meßbar ist, definiert man die Re-Zahl auch $\mathrm{Re} = \dfrac{n\,D^2}{v}$. Bei den Modellversuchen kann man meist die Bedingung des REYNOLDSschen Gesetzes nicht einhalten; es hat sich gezeigt, daß das im Rahmen der Untersuchungen an Kupplungen und Wandlern für die hydrodynamische Kraftübertragung in automatischen Automobilgetrieben auch nicht erforderlich ist.

SPANNHAKE hat die Berechnungsmethoden für die FÖTTINGER-Strömungsmaschinen von ihren ersten Anfängen an soweit ausgebaut, daß seine Veröffentlichung aus dem Jahre 1939, die sich speziell mit der Anwendung im Automobil befaßt [199], in Verbindung mit weiteren Untersuchungen [195] noch heute als die Grundlage für den Konstrukteur gilt. Über das weitere, sehr reichhaltige Schrifttum über Einzelfragen unterrichtet das Literaturverzeichnis, vor allem im Abschnitt C.

In der letzten Zeit sind im Springer-Verlag zwei Bücher über die FÖTTINGER-Strömungsmaschinen herausgekommen [15, 36]: im Jahre 1962 von M. WOLF: *„Strömungskupplungen und Strömungswandler“*, im Jahre 1963 von E. KICKBUSCH: *„FÖTTINGER-Kupplungen und FÖTTINGER-Getriebe“*. Während das erstgenannte Werk mehr den Theoretiker anspricht, ist das zweite für den anwendenden Techniker gedacht, also für den Kreis, an den sich auch das vorliegende Buch wendet. Da in beiden Veröffentlichungen bereits eine geschlossene Darstellung des allgemeinen Aufbaues, der Eigenarten sowie der Berechnungs- und Konstruktionsunterlagen der FÖTTINGER-Maschinen vorliegt, bietet sich die Möglichkeit, uns hier in dieser Hinsicht wesentlich knapper zu fassen und mehr die Bedeutung der FÖTTINGER-Kupplung und -Wandler gerade für die automatischen Automobilgetriebe darzulegen mit besonderem Hinblick auf die Entwicklung zu den heutigen Bauformen. Weiterhin kommt der Gewinn an Raum der wünschenswerten eingehenderen Wiedergabe und Beschreibung ausgeführter Getriebe zugute.

C. Die Föttinger-Kupplung

1. Aufbau

In Abb. 87 ist der Schnitt durch eine FÖTTINGER-Kupplung wiedergegeben. Der Strömungsquerschnitt ist kreisförmig. Der innere Ring wird oft weggelassen, wie Abb. 88 zeigt. Pumpen- und Turbinenrad sind einander sehr ähnlich; sie besitzen senkrecht stehende, radialgerichtete, ebene Schaufeln. Um Schwingungen und Geräusche zu vermeiden, ist die Schaufelzahl beim Pumpenrad 4 bis 8% höher als bei der Turbine, z. B. in Abb. 88 für die Pumpe 48, für die Turbine 44. Meist wird das Pumpenrad zu einem Gehäuse erweitert, das die Turbine umschließt, s. Abb. 83 und 87.

Die Drehung des Pumpenrades treibt durch die Zentrifugalkräfte die Flüssigkeit nach außen und dann in das Turbinenrad.

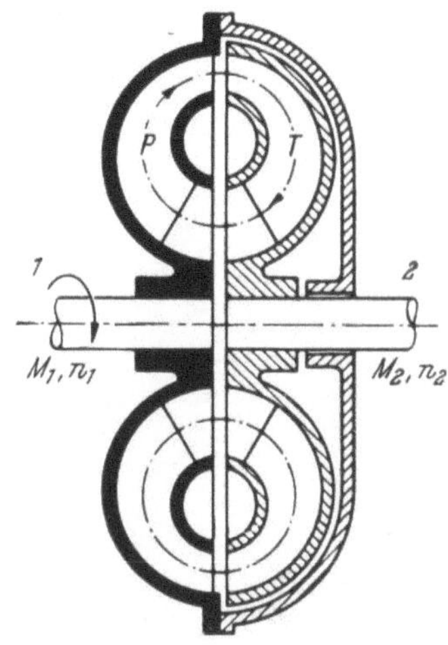

Abb. 87. Aufbau einer FÖTTINGER-Kupplung mit Strömungsring; P Pumpenrad, T Turbine, 1 An- und 2 Abtrieb

Abb. 88. FÖTTINGER-Kupplung von CHRYSLER ohne Innenring; links Pumpenrad mit Anlaßzahnkranz, rechts Turbine

In ihm strömt sie unter Abgabe ihrer in der Pumpe aufgenommenen Energie von außen nach innen und so zur Pumpe zurück, Abb. 89. Diese Strömung, die den Energieaustausch ermöglicht, setzt voraus, daß $n_1 > n_2$ ist. Wenn $n_2 > n_1$ ist, was bei einer Kupplung in einem Automobil eintreten kann, wenn der Wagen schiebt, so vertauschen Pumpe und Turbine ihre Rollen, d. h. die Übertragung des Momentes erfolgt stets nach der Seite der Kupplung hin, die sich langsamer dreht. Man kann daher mit einer hydrodynamischen Kupplung ähnlich wie bei einer Reibungskupplung den leerlaufenden Motor im Gefälle als Bremse benutzen.

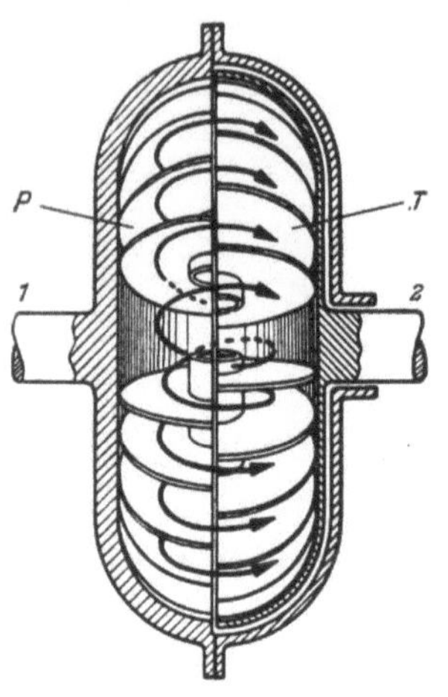

Abb. 89. Strömung in einer FÖTTINGER-Kupplung nach Abb. 87

Auch für die FÖTTINGER-Kupplung gelten die oben allgemein für Kupplungen mitgeteilten Gleichungen für Moment- oder Leistungsübertragung, Schlupf s und Wirkungsgrad η:

$$M_2 = M_1,$$

$$N_2 = \frac{n_2}{n_1}\, N_1,$$

$$s = \frac{n_1 - n_2}{n_1},$$

$$\eta = \frac{n_2}{n_1} = 1 - s.$$

In den folgenden Ausführungen wird das Drehzahlverhältnis $\frac{n_T}{n_P}\left(= \frac{n_2}{n_1}\right)$ mit ψ und die Momentwandlung $\frac{M_T}{M_P}\left(= \frac{M_2}{M_1}\right)$ mit μ bezeichnet. Somit gilt für die Kupplung $\mu = 1$ und $\eta = \psi$.

Der Verlauf von η über dem Drehzahlverhältnis ψ ist eine Gerade von 0 bis 1 (s. Abb. 82). Es gibt dabei einen singulären Punkt. Im Fall $n_1 = n_2$ läuft die Flüssigkeitsmenge in der Kupplung wegen der Gleichheit der Zentrifugalkräfte von Pumpe und Turbine ohne innere Bewegung mit den Rädern als Block um. Da so kein Impuls- oder Energieaustausch stattfinden kann, ist der Wirkungsgrad $\eta = 0$.

Man findet im Schrifttum manchmal Darstellungen des Wirkungsgradverlaufes, in denen die Gerade bei etwa $\eta \approx 0{,}97$ abknickt und steil nach unten auf Null abfallend gezeichnet ist. Ein solcher Kurvenverlauf tritt nur ein, wenn bei Abnahme des zu übertragenden Momentes der (im allgemeinen vernachlässigbar kleine) Anteil des Pumpenmomentes M_1, der zur Überwindung von Lagerreibung oder Luftreibung am Kupplungsgehäuse dient, eine spürbare Rolle spielt; es ist dann eben hier $\mu \neq 1$ ($M_2 \neq M_1$). Bei hydrodynamischen Kupplungen in Automobilgetrieben ist das meist nicht der Fall. Von Lagerreibung kann völlig abgesehen werden; denn Pumpe und Turbine sind immer fliegend ge-

lagert, d. h. sie besitzen keine eigenen Lager. Das Pumpenrad ist auf das
Ende der Kurbelwelle gesetzt und das Turbinenrad auf die Antriebswelle
des nachgeschalteten Zahnradgetriebes. Die Luftreibung am Kupplungsgehäuse ist unbedeutend; sie kann allerdings von Einfluß sein, wenn
man auf das Gehäuse zu Kühlzwecken ventilatorähnliche Flügel gesetzt
hat, s. Abb. 136. Andererseits wirken die Abdichtungseinrichtungen
zwischen Pumpengehäuse und Abtriebswelle wie eine kleine Reibungs-

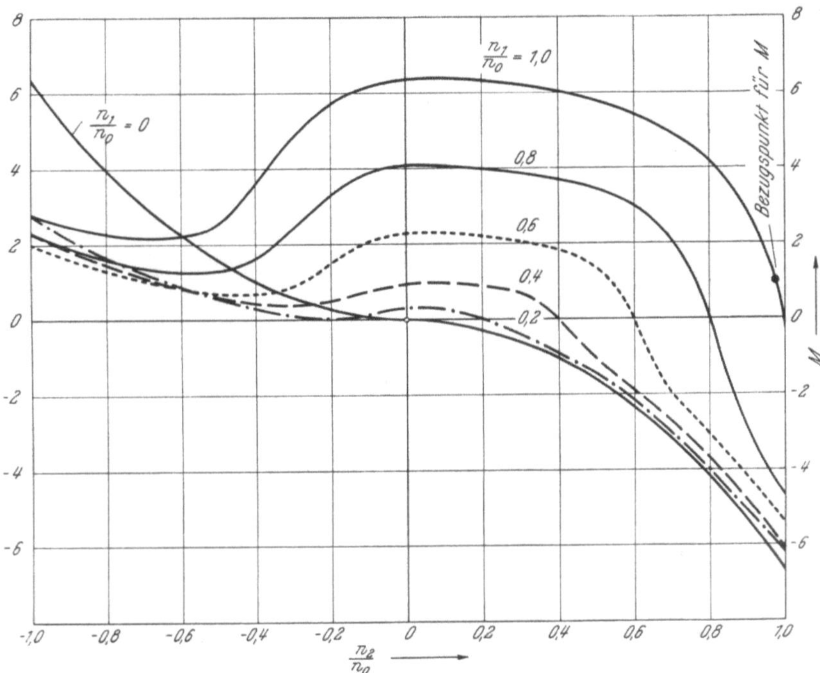

Abb. 90. Kennfeld einer FÖTTINGER-Kupplung nach Messungen von F. KUGEL [19]; n_1 Pumpendrehzahl, n_2 Turbinendrehzahl, n_0 Höchstdrehzahl (Bezugswert), M Drehmoment

kupplung und übertragen ein (im allgemeinen unbedeutendes) Moment,
so daß unter Umständen das Erreichen von $\psi = 1$, also $n_2 = n_1$ mit $\eta = 1$
wie bei einer fassenden Reibungskupplung durchaus möglich ist.

In Abb. 90 ist das Kennfeld einer hydrodynamischen Kupplung nach
Messungen von F. KUGEL [19, 169] für positive und negative Abtriebsdrehzahlen n_2 wiedergegeben. Alle Drehzahlen sind auf die maximale
Pumpendrehzahl n_0 bezogen. Eingezeichnet sind sechs Kurvenzüge,
jeweils für eine konstante Antriebsdrehzahl $\frac{n_1}{n_0}$ zwischen 0 und 1.
Das Moment, das bei $\psi = \eta = 0{,}975$ übertragen wurde, ist als Einheit
benutzt worden.

2. Modellgesetz und Kupplungsfaktor

Für das aufgenommene und übertragene Moment gilt die oben aufgeführte Modellgleichung

$$M_1 = M_2 = k\, n_1^2\, D^5.$$

FÖTTINGER hatte die Feststellung gemacht, daß sich im Gegensatz zum Wandler für eine hydrodynamische Kupplung der Verlauf von k in Abhängigkeit vom Drehzahlverhältnis ψ (oder vom Schlupf) rechnerisch nur sehr schlecht erfassen läßt. Man ist daher auf Messungen angewiesen. In Abb. 91 ist der Verlauf von k aufgezeichnet, wie ihn SPANNHAKE an einer Kupplung mit Strömungsring gemessen hat. Eingefügt sind zwei weitere Kurvenzüge, die M. WOLF für eine hydrodynamische Kupplung ermittelt hat [36], die eine theoretisch, die andere experimentell. Im Start ($n_2 = 0$) ist der Faktor k am größten. Die von der Pumpe geförderte Flüssigkeit fließt in das stillstehende Turbinenrad; die Strömung füllt dabei den gesamten Querschnitt aus. Mit abnehmendem Schlupf wird die Zirkulationsströmung von Pumpe zur Turbine und zurück nach außen abgedrängt. Der Kupplungsfaktor sinkt erst langsam, dann stärker ab, bis er bei $\psi = 1$ den Wert Null erreicht hat.

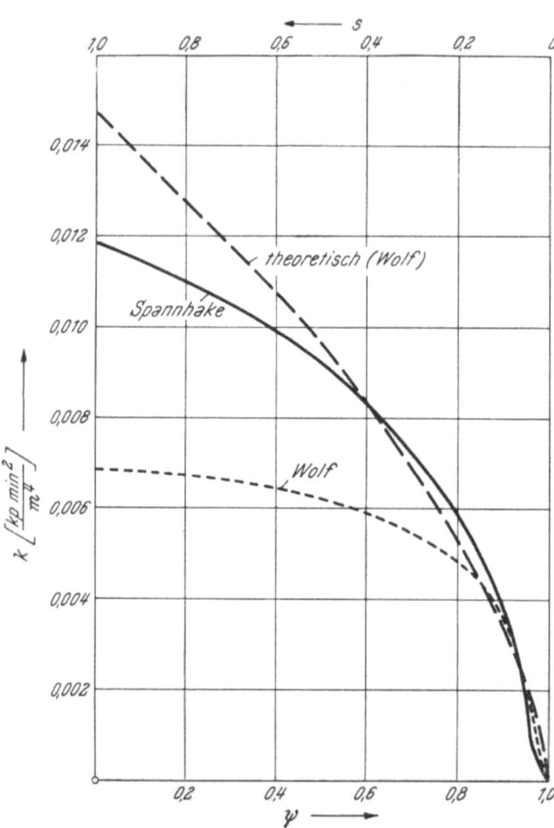

Abb. 91. Verlauf des Kupplungsfaktors k für eine FÖTTINGER-Kupplung mit Innenring nach Untersuchungen von W. SPANNHAKE [197] und M. WOLF [36]

Das Hauptarbeitsgebiet einer hydrodynamischen Kupplung liegt bei $\eta = 0,96$ bis $0,98$, also bei Werten von k etwa zwischen $0,001$ bis $0,002$ $\left[\dfrac{kp\,min^2}{m^4}\right]$. Wenn man die Antriebsdrehzahl n_1 konstant beibehält, so wird dann im Start mit $k \approx 0,01$ ein rund zehnmal so großes Moment übertragen, s. Abb. 90. Ein solch großes Moment kann der Verbrennungsmotor nicht hergeben. Die hydrodynamische Kupplung wirkt daher auf den Motor wie eine Bremse; seine Drehzahl wird herunter gedrückt.

Schon aus diesem Grunde möchte man für große Schlupfwerte ($\psi \to 0$) den Kupplungsfaktor k herabgesetzt haben, ohne jedoch den Verlauf in der Gegend $\psi \to 1$ zu ändern. An einem kleineren Kupplungsfaktor k bei großem Schlupf ist man auch interessiert, um die Kriechneigung des bei leerlaufendem Motor stillstehenden Wagens zu vermindern.

FÖTTINGER hatte angeregt und mit Erfolg ausprobiert, zur Beeinflussung von k die Kupplung nur teilweise mit Arbeitsflüssigkeit zu füllen. Diese Methode ist jedoch für Automobilgetriebe nicht übernommen worden, weil die Konstruktion zu kompliziert und kostspielig würde. Zu brauchbaren Ergebnissen kam u. a. die Firma VOITH,

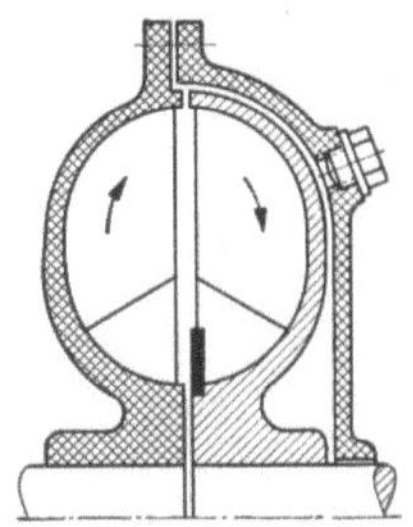

Abb. 92. Beeinflussung des Übertragungsverhaltens (des Kupplungsfaktors k) einer FÖTTINGER-Kupplung durch Querschnittsform und Drosselring am Turbinenrad (VOITH)

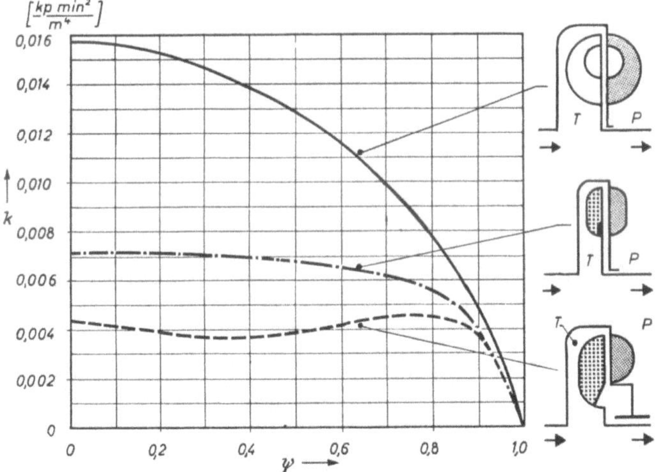

Abb. 93. Verlauf des Kupplungsfaktors k für verschiedene FÖTTINGER-Kupplungen

als sie am inneren Teil des Turbinenrades eine Stauscheibe (Prallscheibe, Drosselring) anbrachte, Abb. 92. Die sonst im Start sich ausbildende, den vollen Querschnitt ausfüllende Strömung wird empfindlich gestört und dadurch für kleine Drehzahlverhältnisse der Kupplungsfaktor k heruntergedrückt, wie der Kurvenverlauf in Abb. 93 zeigt. Es wurde oben bereits erwähnt, daß in einer hydrodynamischen Kupplung bei $\psi \to 1$ die Strömung mehr nach außen abgedrängt wird; der Drosselring hat dann auf sie kaum noch einen Einfluß. Ähnlich wie die Drosselscheibe wirkt die Anbringung eines Stauraumes durch die unterschiedliche Größe von Pumpen- und Turbinenrad, Abb. 93 untere Kurve. Zur weiteren Verbesserung des Übertragungsverhaltens hat VOITH den meist kreis-

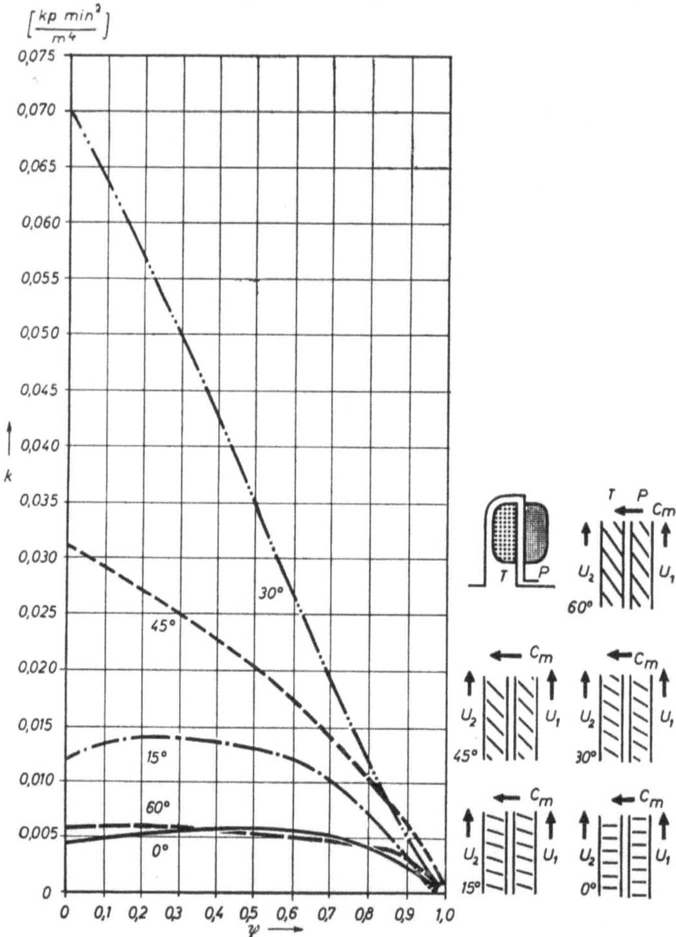

Abb. 94. Einfluß des Schaufelwinkels auf den Kupplungsfaktor k; P Pumpe mit Umfangsgeschwindigkeit u_1, T Turbine mit Umfangsgeschwindigkeit u_2, c_m Meridiangeschwindigkeit

förmigen Querschnitt länglich ausgebildet, s. Abb. 92, und später noch weiter modifiziert, s. Abb. 291.

Die bisher behandelten Kupplungen hatten ebene, radial angeordnete und senkrecht stehende Schaufeln, s. Abb. 88. H. J. FÖRSTER berichtete über Messungen an FÖTTINGER-Kupplungen mit schrägen Schaufeln

[126]. Die Schaufelflächen waren dabei um ihre Vorderkante um einen bestimmten Winkel zur Achse gedreht. In Abb. 94 sind für ein und dieselbe Kupplungsform die Kupplungsfaktoren k für verschiedene Schaufelwinkel in Abhängigkeit vom Drehzahlverhältnis ψ aufgezeichnet. Die ausgezogene Kurve gilt für die Kupplung mit 0° Winkel zwischen Fläche und Achse. Werden die Schaufeln um 15° gegenüber der Achse geneigt, und zwar im gleichen Drehsinn bei Pumpe und Turbine, so erhält man einen Verlauf des k-Faktors, der im Anfahrpunkt auf mehr als das Doppelte gestiegen ist. Besonders markant ist der Verlauf des k-Faktors einer Kupplung mit unter 30° geneigten Schaufeln. Der Anfahrwert ist aus das 14fache (!) des ursprünglichen Wertes, nämlich auf 0,07 gestiegen. Dieser Zuwachsfaktor nimmt mit zunehmender Annäherung an $\psi = 1$ ab.

Neigt man die Schaufeln noch weiter, auf 45°, so ist ein weiterer Gewinn nur bei großem Drehzahlverhältnis zu erreichen. Der k-Faktor im Anfahrpunkt wird wieder kleiner. Bei einem Winkel von 60° erhält man schließlich fast die gleiche Charakteristik wie beim Winkel 0°; eine Verbesserung ist nur noch bei großem ψ vorhanden.

Diese Werte gelten natürlich nur für die speziell untersuchte Kupplung; sie hatte ungewollt eine kleine Stauscheibe, die notwendig war, um die Schaufeln festzuhalten. Ohne eine solche kleine Stauscheibe ändert sich der Charakter der Kennlinien erheblich[1]. Weiter muß man beachten, daß der Kupplungsfaktor des Schaufelwinkels 0° für beide Drehrichtungen gilt, während mit zunehmendem Schaufelwinkel ein großer Unterschied der Kupplungsfaktoren in Vorwärts- und Rückwärtsdrehrichtung entsteht. Die Unterschiede werden so groß, daß Kupplungen mit stark geneigten Schaufelwinkeln fast als Freiläufe anzusprechen sind.

Von der Steigerung der Übertragungsfähigkeit durch schräge Schaufeln kann man vor allem bei Kupplungen profitieren, die dauernd im gleichen Betriebspunkt arbeiten. Das trifft bei Schaltkupplungen zu, bei denen der Anfahrpunkt nie gebraucht wird. Eine solche Kupplung mit schrägen Schaufeln ist beispielsweise als Schaltkupplung in dem amerikanischen *Hydramatic*-Getriebe Ausf. *B* (s. Abb. 173) eingebaut, weil dort mit einem möglichst kleinen Durchmesser ein möglichst hoher Wirkungsgrad erreicht werden soll [126].

3. Zusammenarbeit von Föttinger-Kupplung und Verbrennungsmotor

Dem Konstrukteur ist meist ein Motor vorgegeben, zu dem eine geeignete FÖTTINGER-Kupplung entworfen werden soll. Vom Motor ist das Kennfeld nach Abb. 6 bekannt oder doch wenigstens der Verlauf des Motormomentes M_1 bei Vollgas in Abhängigkeit von der Motor-

---

[1] Nach einer brieflichen Mitteilung von H. J. FÖRSTER.

drehzahl n_1. Für die Form der Kupplung liegt die Kurve des Kupplungsfaktors k in Abhängigkeit von der Pumpendrehzahl n_1 wie in Abb. 91 oder 93 vor. Erste Aufgabe ist nun die Bestimmung des Durchmessers D einer Kupplung, die zusammen mit dem Motor zu einer gewünschten Kennung führt. Für die Festlegung von D kann man nun von sehr verschiedenen Überlegungen und Gesichtspunkten ausgehen; drei Möglichkeiten sind in Abb. 95 aufgezeichnet. Dargestellt ist der Verlauf des Motormomentes mit der Anfahrdrehzahl n_A und dem dazugehörigen Moment M_A, während bei der Höchstleistung (Nennleistung) N_{max} das Moment M_0 mit der Drehzahl n_0 abgegeben wird. Der Höchstwert des Drehmomentes M_{max} wird bei $n_{M\,max}$ erzielt.

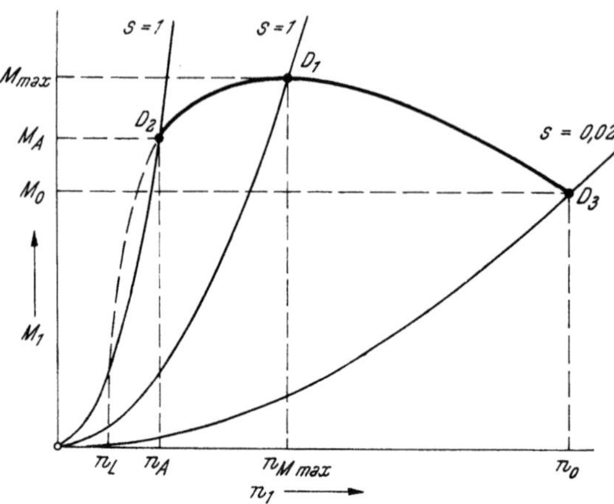

Abb. 95. Zusammenarbeit von FÖTTINGER-Kupplung und Verbrennungsmotor; n_1 Motor- und Pumpendrehzahl, M_1 Motor- und Pumpenmoment, s Schlupf, D Durchmesser, n_L Leerlaufdrehzahl, n_A Anfahrdrehzahl mit Moment M_A, n_0 Drehzahl bei Höchstleistung N_{max} mit Drehmoment M_0, M_{max} Höchstwert des Motormomentes

Man kann nun im *1. Fall* eine Kupplung vorsehen, deren Durchmesser so gewählt ist, daß im Start, also beim Schlupf $s = 1$, das größte Motormoment M_{max} ausgenutzt wird. Bezeichnet man den Kupplungsfaktor im Anfahrpunkt mit k_A, so ist

$$D_1 = \sqrt[5]{\frac{M_{max}}{k_A\, n^2_{M\,max}}}.$$

Im *2. Fall* geht man von der Überlegung aus, daß im Start von der Pumpe gerade das Anfahrmoment M_A mit der Drehzahl n_A aufgenommen werden soll. Das führt auf eine Kupplung mit

$$D_2 = \sqrt[5]{\frac{M_A}{k_A\, n_A^2}}.$$

Während man in den beiden bisher betrachteten Fällen von den Verhältnissen im Start ausging, legt man im *3. Fall* den Betriebszustand der Motorhöchstleistung mit M_0 und n_0 zugrunde. Verlangt wird, daß diese Leistung mit einem Wirkungsgrad von $\eta = 0,98$ (also mit einem Schlupf $s = 0,02$) übertragen wird. Damit ergibt sich für die dritte Kupplung

$$D_3 = \sqrt[5]{\frac{M_0}{k_0\, n_0^2}},$$

wobei k_0 der Kupplungsfaktor bei $s = 0{,}02$ ($\psi = 0{,}98$ in Abb. 91 und 93) ist.

Die Verhältnisse im *1. Fall* sind in Abb. 96 näher dargelegt. Im links wiedergegebenen Motorkennfeld sind die Momentaufnahmekurven der Föttinger-Kupplung mit dem Durchmesser D_1 für verschiedene Schlupfwerte eingetragen. Es ist dabei eine Kupplung mit einem Übertragungsverhalten ähnlich dem von Spannhake (s. Abb. 91) angenommen worden. Unter Berücksichtigung von $s = 1 - \dfrac{n_2}{n_1}$ und $M_2 = M_1$ kann man nun die Momentenkurven für Motor und Kupplung für das Turbinenkennfeld,

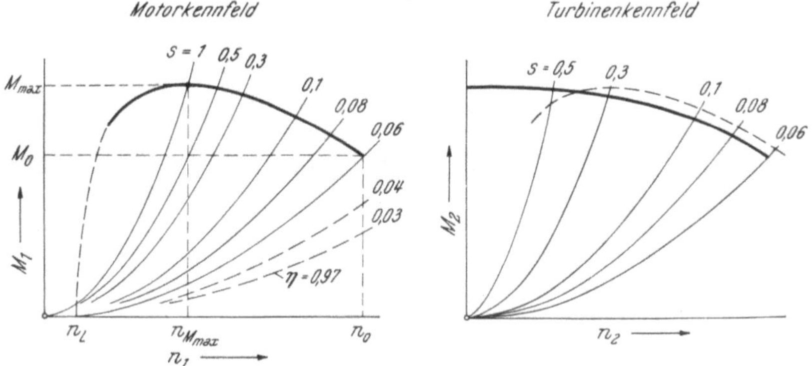

Abb. 96. Föttinger-Kupplung mit Durchmesser D_1 (Abb. 95), links Antriebs-(Motor-)Kennfeld, rechts Abtriebs-(Turbinen-)Kennfeld

rechts in Abb. 96, umrechnen. Gestrichelt ist zum Vergleich das Motormoment eingezeichnet, wobei $n_2 = n_1$ ist. Man sieht, wie unter der Einwirkung der Föttinger-Kupplung jetzt bereits im Start ($n_2 = 0$) das maximale Motormoment $M_{\max}$ als Abtriebsmoment M_2 zur Verfügung steht. Die Höchstleistung des Motors wird von dieser Kupplung nur mit einem Wirkungsgrad von $\eta = 0{,}94$ übertragen.

Zu etwas günstigeren Verhältnissen im Bereich höherer Drehzahlen gelangt man im *2. Fall*. Da M_A und $M_{\max}$ nicht sehr voneinander verschieden sind, dagegen im allgemeinen $n_A < n_{M\max}$ ist, so wird $D_2 > D_1$ sein. Wenn man in der oben beschriebenen Weise das Motor- und anschließend das Turbinenkennfeld errechnet und aufzeichnet, so erhält man das in Abb. 97 dargestellte Ergebnis. Im Start verfügt man jetzt gemäß der Auslegung von D_2 über das Anfahrmoment M_A; das Größtmoment $M_{\max}$ wird erst bei einem Schlupf von $s \approx 0{,}25$ erreicht. Gegenüber dem 1. Fall liegen die Verhältnisse bei Höchstleistung des Motors mit $\eta = 0{,}96$ etwas günstiger.

Noch besser ist es im *3. Fall*, bei dem von vornherein die Festlegung des Durchmessers D_3 so vorgenommen wurde, daß die Nennleistung mit einem Wirkungsgrad $\eta = 0{,}98$ übertragen wird, Abb. 98. Es ist $D_3 > D_2$.

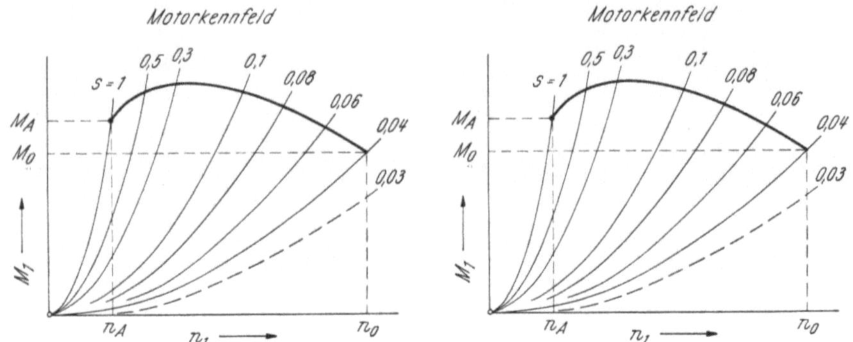

Abb. 97. FÖTTINGER-Kupplung mit Durchmesser D_2 (Abb. 95), links Antriebs-(Motor-)Kennfeld, rechts Abtriebs-(Turbinen-)Kennfeld

Hält man an der bisherigen Kupplungsform fest, so hat die parabelförmige Momentenaufnahmekurve für $s = 1$ keinen Schnittpunkt mehr mit der Motorkurve, wie Abb. 98 zeigt. Ein Laufen des Motors bei großem

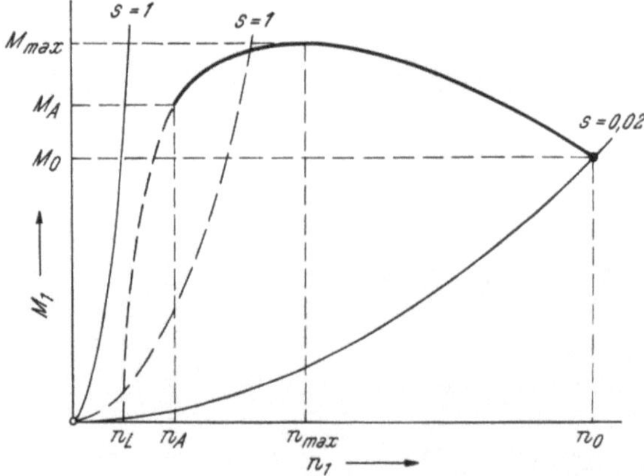

Abb. 98. FÖTTINGER-Kupplung mit Durchmesser D_3 (Abb. 95); Motorkennfeld, gestrichelt Schleppmoment einer modifizierten Kupplung

Schlupf $(s \to 1)$ ist weder bei Vollgas noch bei Leerlauf möglich; der Motor wird abgewürgt. Abhilfe ist durch eine FÖTTINGER-Kupplung gegeben, bei der z. B. durch eine der oben angeführten Maßnahmen der Kupplungsfaktor k im Bereich großen Schlupfs herabgesetzt ist, s. Abb. 93.

Man kann dann für eine so modifizierte Kupplung den gestrichelt eingetragenen Verlauf der Momentaufnahme im Start erzielen, der die Kurve des Motormomentes zwischen dem Anfahrpunkt und dem Höchstwert M_{max} schneidet.

Für die Ermittlung der Kennfelder über die Zusammenarbeit von Motor und Kupplung sind außer der hier beschriebenen punktweisen Errechnung im Schrifttum auch graphische Methoden mitgeteilt worden [165]. Zusammenfassend sind in Abb. 99 die Kurven über das Zusammen-

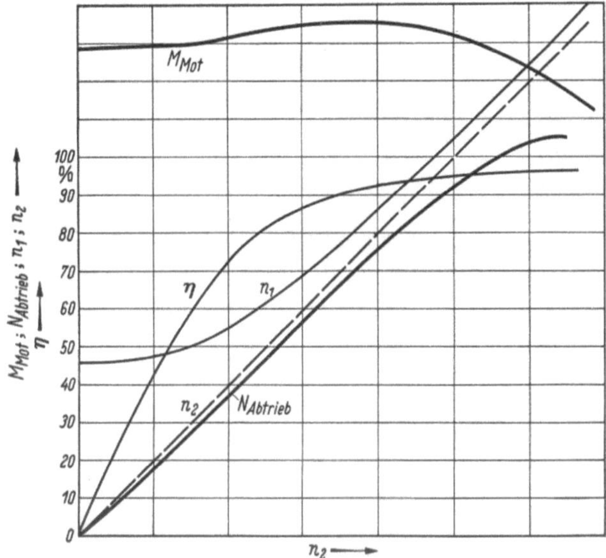

Abb. 99. Kurven für die Zusammenarbeit einer FÖTTINGER-Kupplung mit einem Verbrennungsmotor; n_2 Abtriebsdrehzahl, n_1 Motor-(Pumpen-)Drehzahl, M_{Mot} Motordrehmoment an der Abtriebswelle, N Leistung, η Wirkungsgrad

wirken einer FÖTTINGER-Kupplung mit einem Verbrennungsmotor wiedergegeben. Über der Abtriebsdrehzahl n_2, die der Fahrgeschwindigkeit v entspricht, ist der Verlauf des Motormomentes M_{Mot}, der Motordrehzahl n_1, der Abtriebsleistung und des Wirkungsgrades η bei Vollgas aufgetragen. Der Unterschied von n_2 und n_1 läßt den Schlupf erkennen. Dem Motormoment proportional ist die Zugkraft an den Antriebsrädern; ihr Verlauf ist weit von dem der idealen Zugkrafthyperbel entfernt, vor allem bei kleinen und mittleren Abtriebsdrehzahlen. Zur Beseitigung dieses Mangels wird immer ein Zahnradgetriebe der Kupplung nachgeschaltet. Auf das Zusammenwirken von Motor, Kupplung und Getriebe gehen wir weiter unten noch ein.

D. Der Föttinger-Wandler

Für die beim Anfahren und Beschleunigen eines Automobils oder für das Befahren von Steigungen wünschenswerte oder gar erforderliche Wandlung (Erhöhung) des Drehmomentes eines Verbrennungsmotors ist man nicht nur auf Zahnradgetriebe angewiesen. Die ursprüngliche Aufgabe, die FÖTTINGER mit der Erfindung seiner Strömungsmaschinen lösen wollte, war die möglichst verlustarme Übertragung einer Leistung mit einer Übersetzung der Antriebsdrehzahl ins Langsame, d. h. mit einer Momenterhöhung; er hatte dabei zunächst an ein konstantes Übersetzungsverhältnis gedacht. Ein solcher Wandler setzt natürlich neben der Pumpe und Turbine für die Aufnahme und Abgabe der Momente ein drittes Bauelement voraus, das als Reaktion den Unterschied der Momente $(M_2 - M_1)$ aufnimmt und abstützt, damit gemäß den Erhaltungssätzen der Mechanik die Summe aller Momente gleich Null wird. Diese Aufgabe übernimmt das gehäusefeste Leitrad.

1. Aufbau und Kennlinien

In Abb. 100 ist der Schnitt durch einen FÖTTINGER-Wandler wiedergegeben, der in seinem Aufbau dem Vorschlag der Patentschrift,

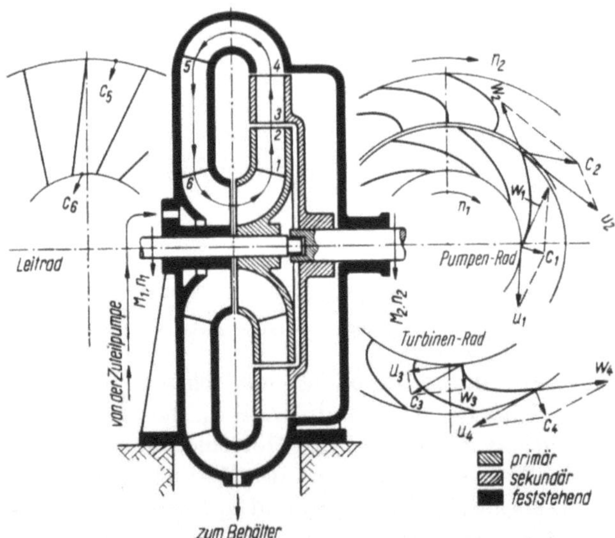

Abb. 100. FÖTTINGER-Wandler mit Geschwindigkeitsdreiecken; w Strömungsgeschwindigkeit relativ zum Rad, u Umfangsgeschwindigkeit, c Absolutgeschwindigkeit, 1 Pumpeneintritt und 2 -austritt, 3 Turbinenein- und 4 -austritt, 5 Leitradein- und 6 -austritt, n_1 Pumpen- und n_2 Turbinendrehzahl, M_1 Pumpen- und M_2 Turbinenmoment

s. Abb. 72, entspricht. Die Pumpe ist als Zentrifugalpumpe ausgebildet. Auch das anschließende Turbinenrad wird zentrifugal durchströmt; es handelt sich demnach im Prinzip um eine FOURNEYRON-Turbine, die

selten gebaut wird. Der größte Teil des Strömungsquerschnittes steht
fest und wird von dem Leitapparat eingenommen. Im Gegensatz zur
FÖTTINGER-Kupplung sind hier die Schaufeln von Pumpe und Turbine
gekrümmt, und ihre Ein- und Austrittskanten weisen bestimmte Winkel
auf, die vom Konstrukteur festgelegt werden. Den eingezeichneten
Parallelogrammen für die Zusammensetzung der Geschwindigkeits-
vektoren ist der Betriebszustand zugrunde gelegt, bei dem die Eintritts-
geschwindigkeit w_1 in die Pumpe, w_3 in die Turbine und w_5 in das Leit-

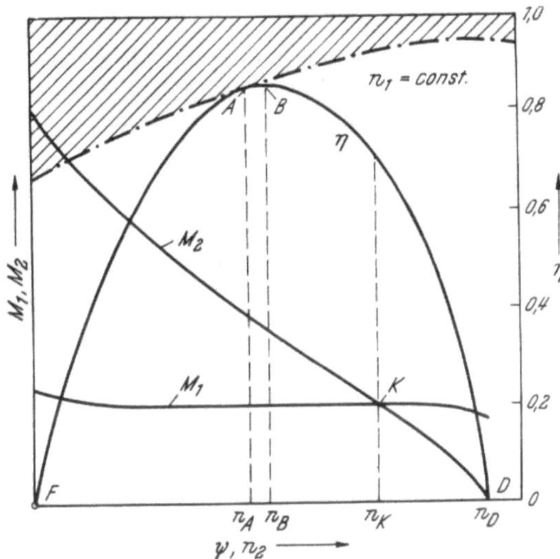

Abb. 101. Allgemeines Kennfeld des FÖTTINGER-Wandlers; n_1 Pumpen- und n_2 Turbinendrehzahl,
M_1 Pumpen- und M_2 Turbinenmoment, η Wirkungsgrad, F Festbrems- oder Anfahrpunkt, A Aus-
legungs- oder Konstruktionspunkt, B Punkt besten Wirkungsgrades, K Kupplungspunkt, D Durchgangspunkt

rad gerade mit den Schaufeleintrittswinkeln übereinstimmen. Es ist
dies der sogenannte Auslegungs- oder Konstruktionspunkt des Wandlers;
in ihm ist die Strömung durch alle Räder stoßfrei und daher ohne Stoßverluste.

Wenn man einen FÖTTINGER-Wandler auf einem Versuchs- und Meß-
stand durch einen Motor mit konstanter Eingangsdrehzahl n_1 antreibt
und mit einer variablen Bremseinrichtung die Ausgangsleistung aufnimmt, so kommt man zu Angaben über das Betriebsverhalten, wie
sie am Beispiel des allerersten Wandlers, des FÖTTINGER-Transformators
Typ I, in Abb. 79 und 80 bereits vorgelegt wurden. Der prinzipielle
Verlauf der Wirkungsgrad- und Momentenkurven in Abhängigkeit vom
Drehzahlverhältnis ψ ist in Abb. 101 aufgezeichnet. Das Eingangsmoment M_1 ist nahezu unabhängig von ψ, während das Abtriebsmoment M_2
von seinem größten Wert im Start ($\psi = 0$) fast geradlinig abfällt und im

Punkte D gleich Null wird. Der Wirkungsgrad hat den parabelförmigen Verlauf, wie er von Turbinen her bekannt ist.

In Abb. 101 sind durch Buchstaben noch einige wichtige Betriebszustände hervorgehoben. Bei $\psi = 0$, wenn man also die Turbine durch die Bremsvorrichtung festhält, liegt der *Festbremspunkt F*, auch *Anfahrpunkt* genannt. In ihm hat die Momentwandlung $\mu_A = \dfrac{M_2}{M_1}$ ihren Höchstwert. Das entspricht gerade den Anforderungen des Automobilbetriebes, bei dem im Start zum Anfahren und Beschleunigen das Abtriebsmoment möglichst groß sein soll. Der Punkt A mit dem Moment M_A und der Drehzahl n_A ist der oben bereits erwähnte *Auslegungs-* oder *Konstruktionspunkt*. Hier liegt stoßfreier Eintritt der Strömung in alle drei Räder: Pumpe, Turbine und Leitrad, vor. In diesem Punkt oder doch in seiner Nähe ist der Betriebszustand mit dem besten Wirkungsgrad, der Punkt B, zu erwarten.

Die Stelle K, an der $M_2 = M_1$ wird, heißt der *Kupplungspunkt*, weil sich hier der Wandler wegen der Gleichheit der Momente wie eine Kupplung verhält. Das Leitrad ist momentenfrei, daher nun ohne Bedeutung und ohne Einfluß auf die Strömung.

Wenn man die Turbine völlig entlastet ($M_2 = 0$), so wird sie ihre höchste Drehzahl annehmen, sie geht durch; daher heißt dieser Punkt D der *Durchgangspunkt* mit der Durchgangsdrehzahl n_D. Obwohl keine Leistung abgegeben wird, also $\eta = 0$ ist, nimmt die Pumpe doch die volle Eingangsleistung auf.

In einem Wandler wird im allgemeinen von der Eingangsleistung $N_1 = c\,n_1\,M_1$ der Anteil $N_2 = c\,n_2\,M_2$ auf den Abtrieb übertragen. Der Wirkungsgrad ist dann

$$\eta = \frac{N_2}{N_1} = \frac{n_2}{n_1}\,\frac{M_2}{M_1} = \psi\,\mu.$$

Es ist $N_2 - N_1 = N_V$ die Verlustleistung, die im Wandler in Wärme umgesetzt wird. Gibt man ihr Verhältnis zur Eingangsleistung an, so erhält man $\dfrac{N_V}{N_1} = 1 - \eta$. In Abb. 101 ist demnach das Feld zwischen der Geraden $\eta = 1$ und der Wirkungsgradkurve ein Maß für die Höhe der Verlustleistung. Diese Verluste setzen sich zusammen aus dem *Reibungsverlust* durch die Flüssigkeitsbewegung an den Rädern und am Gehäuse sowie aus den *Stoßverlusten* am Schaufeleintritt. Die Reibungsverluste hängen in erster Linie von der Größe der Geschwindigkeit der Strömung ab. Sie ist zweifellos am höchsten im Anfahrpunkt. Die Turbine steht still, und die Zentrifugalkraft auf die Flüssigkeit in der Pumpe kann sich voll auswirken. Je schneller sich die Turbine dreht, umso mehr wird durch ihre Energieaufnahme die Strömungsgeschwindigkeit verringert. Daraus ergibt sich ungefähr ein Verlauf des Reibungsverlustes, wie ihn das schraffierte Feld in Abb. 101 andeutet. Die strichpunktierte Linie trennt das Gebiet des Reibungsverlustes von dem der Stoßverluste, das zwischen dieser Linie und der Wirkungsgradkurve liegt. Die Linie muß die Wirkungsgradkurve im Konstruktionspunkt berühren, weil dort definitionsgemäß keine Stoßverluste auftreten dürfen. Da vom Konstruktionspunkt an bei zunehmendem Drehzahlverhältnis Stoßverluste nicht so schnell auftreten, wie die Reibungsverluste absinken, verschiebt sich die Stelle besten Wirkungsgrades ganz wenig vom Konstruktionspunkt in Richtung auf größeres ψ. Diese Erscheinung war schon bei den ersten Untersuchungen am ursprünglichen FÖTTINGER-Transformator Typ I aufgetreten, s. Abb. 79 und 80; er war ausgelegt für ein Übersetzungsverhältnis $i = \dfrac{1}{\psi} = 4{,}45$, und der beste Wirkungsgrad lag nach den Messungen bei $i = 4{,}25$.

In einer FÖTTINGER-Kupplung wird der Reibungsverlust bei $\psi = 1$ auf Null zurückgehen, weil wegen der Gleichheit der Zentrifugalkräfte in Pumpen- und Turbinenrad die Strömung zum Stillstand kommt. Diese Bedeutung hat der Synchronpunkt ($\psi = 1$) bei einem Wandler nicht, weil wegen der Unsymmetrie der Räder (Schaufelkrümmungen usw.) doch eine Strömung vorliegt. Es ist zu erwarten, daß nach Überschreiten von n_D die Reibungsverluste wieder zunehmen, s. Abb. 101.

Die Konstanz des Momentes M_1, d. h. ihre Unabhängigkeit von der Turbinendrehzahl n_2, rührt in erster Linie von der Tatsache her, daß das Leitrad *nach* der Turbine und *vor* der Pumpe liegt. Der Zustrom der Flüssigkeit ist so in hohem Maße unbeeinflußt von den Vorgängen in der Turbine und ihrer Momentabgabe. Die Verhältnisse ändern sich grundlegend, wenn, wie in Abb. 74 angegeben ist, das Leitrad unmittelbar der Pumpe folgt (solche Anordnungen kommen jedoch in den heutigen automatischen Automobilgetrieben nicht mehr vor). Die Momentaufnahme hängt jetzt sehr vom Drehzahlverhältnis ab. In der Zusammenarbeit mit einem Motor wirkt sich das in einer Herabsetzung der Motordrehzahlen (Motordrückung) bei abnehmenden ψ-Werten aus.

Ein Wort sei hier zur Drehzahldrückung eingefügt. Wenn sie vorliegt, so ist die Leistung bei kleineren Drehzahlen kleiner, während ohne Drückung beim Anfahren die volle Nennleistung zur Verfügung steht. Das scheint gegen die Drehzahldrückung zu sprechen. In Wirklichkeit kommt es jedoch beim Anfahren gar nicht darauf an, daß der Motor eine möglichst große Leistung abgibt, die bei den vorliegenden kleinen Wirkungsgraden doch nur zum Aufheizen des Wandlers führt. Viel wichtiger ist ein möglichst großes Drehmoment, und sein Höchstwert liegt bei kleineren Drehzahlen, etwa $\dfrac{n_1}{n_0} = 0{,}4$ bis $0{,}5$, s. Abb. 95. Auch aus psychologischen Gründen ist man an einer gewissen Drehzahldrückung interessiert; denn der Fahrer empfindet es als natürlich, wenn mit steigender Fahrgeschwindigkeit auch die Motordrehzahl ansteigt.

2. Ausführungsformen für Automobilgetriebe

Schon der einfache FÖTTINGER-Wandler mit einstufiger Ausführung von Pumpe, Turbine und Leitapparat erlaubt eine Vielzahl von Bauformen. Drei Beispiele zeigt die Abb. 102. Die Anordnung *a*, bei der

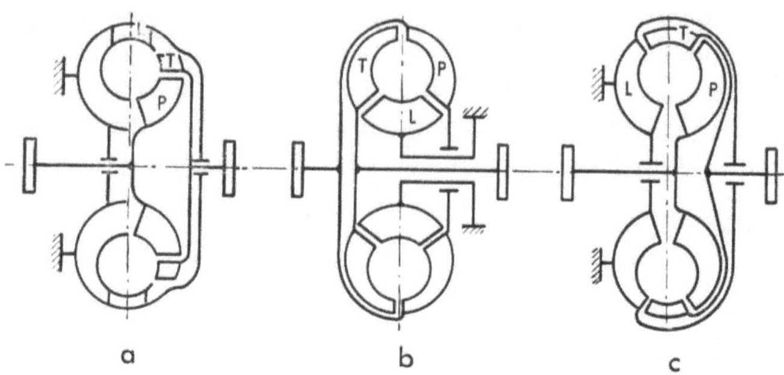

Abb. 102. Verschiedene Anordnung der Räder in einem einfachen dreikränzigen FÖTTINGER-Wandler; *a* mit Zentrifugalturbine, *b* mit Zentripetalturbine und axial durchströmtem Leitrad, *c* mit Axialturbine

Pumpe und Turbine zentrifugal durchströmt werden, geht auf FÖTTINGER zurück, s. Abb. 72 aus seiner Patentschrift; er hielt sie für besonders günstig. Im Wandler unter *b* strömt die Arbeitsflüssigkeit im wesentlichen zentrifugal durch die Pumpe, zentripetal durch die Turbine und axial durch das Leitrad, während bei *c* die Turbine axiale und das Leitrad zentripetale Durchströmung aufweisen.

Für die Wandler in automatischen Automobilgetrieben wird heute ausschließlich aus Gründen, die im nächsten Abschnitt (*Trilok*-Wandler) ersichtlich werden, die in Abb. 102 unter *b* dargestellte Form gewählt. Wenn auch diese Ausführung, wie gerade dargelegt wurde, von Haus aus zu einer konstanten Momentaufnahme neigt, so läßt sich der für eine gewünschte Drehzahldrückung geeignete Momentaufnahmeverlauf durch die Schaufelgestaltung erzielen [126].

Abb. 103 gewährt einen Blick in einen so aufgebauten einfachen Wandler, wobei die Pfeile die Dreh- und Strömungsrichtungen angeben. In Abb. 104 sind

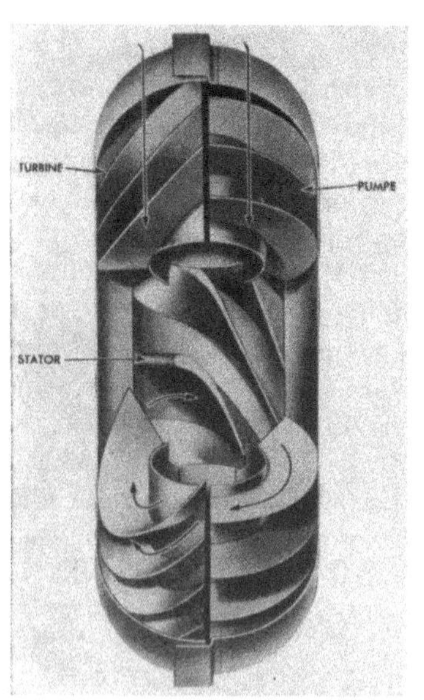

Abb. 103. Blick in einen FÖTTINGER-Wandler nach Abb. 102*b*

für die wichtigsten in Abb. 101 angeführten Betriebszustände an den Querschnitten der Schaufeln die Geschwindigkeitsdreiecke für die jeweils ein- und austretende Strömung aufgezeichnet. Studiert man die einzelnen Bilder, so läßt sich die Entstehung der Kennlinien und der Verluste nach Abb. 101 leicht aufzeigen.

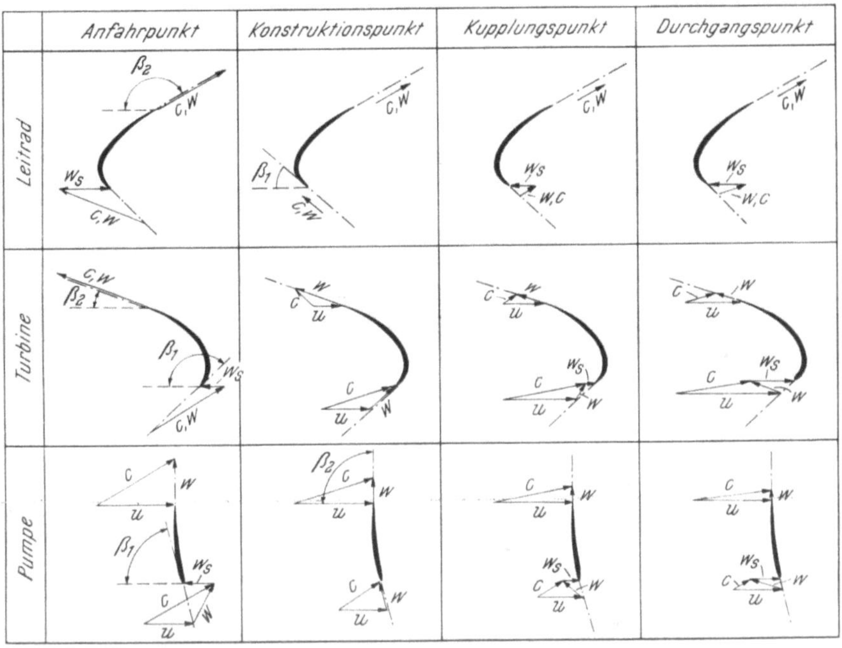

Abb. 104. Strömungsverhältnisse an den drei Rädern eines FÖTTINGER-Wandlers nach Abb. 103 in den verschiedenen Betriebszuständen F, A, K und D nach Abb. 101; 1 Eintritt, 2 Austritt, β Schaufelwinkel, w Strömungsgeschwindigkeit relativ zum Rad, u Umfangsgeschwindigkeit, c Absolutgeschwindigkeit, w_s Stoßkomponente

Im *Anfahrpunkt* ist für den gewählten Wandler nach Abb. 103 die allgemeine Strömungsgeschwindigkeit und damit die sekundlich umlaufende Flüssigkeitsmenge am größten. Die Pumpe verleiht dem Arbeitsmedium einen Drall, da die Komponente der Geschwindigkeit c in Umfangsrichtung am Austritt größer ist als beim Eintritt. Die erhebliche Dralländerung in der Turbine deutet auf das hohe Abtriebsmoment hin, dessen Reaktion sich in der ebenfalls großen, aber entgegengesetzt gerichteten Dralländerung im Leitrad widerspiegelt. Die hohen Austrittsgeschwindigkeiten an den Schaufelkanten sind verantwortlich für die großen Reibungsverluste. Auch die Stoßverluste erreichen hier ihren Höchstwert, weil bei allen drei Rädern wegen der Divergenz zwischen Schaufel- und Strömungsrichtung starke Stoßkomponenten w_s auftreten.

Der *Konstruktionspunkt* ist dadurch gekennzeichnet, daß in ihm keine Stoßverluste vorliegen. Einschneidend geändert haben sich die Strömungsverhältnisse an der Turbine durch das Hinzutreten der Umfangsgeschwindigkeit u. Gegenüber dem Anfahrpunkt sind die Dralländerungen an Turbine und Leitrad kleiner geworden.

Im *Kupplungspunkt* ist die Änderung des Strömungsdralls in Pumpe und Turbine einander gleich. Das Leitrad steht wirkungslos in der Strömung; es nimmt kein Reaktionsmoment auf. An allen drei Eintrittskanten treten wieder Stoßkomponenten auf, die aber jetzt im Vergleich zum Anfahrpunkt entgegengesetzte Richtung aufweisen.

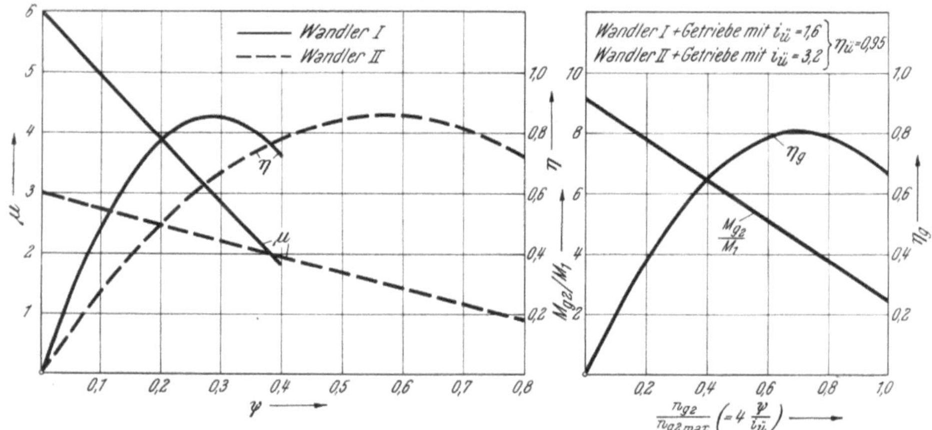

Abb. 105. Kennfeld von zwei Wandlern I und II, links die Wandler allein mit Drehzahlverhältnis ψ als Abszisse, rechts Abtriebskennfeld eines Getriebes, bestehend aus Wandler und Zahnradstufe; η_g Wirkungsgrad des Gesamtgetriebes, n_{g2} Abtriebsdrehzahl des Getriebes, M_{g2} Abtriebsmoment, M_1 Motormoment

In der letzten Spalte der Abb. 104 sind die Geschwindigkeiten im *Durchgangspunkt* aufgezeichnet. Die Stoßverluste sind weiter gestiegen, wie die Zunahme von w_s darlegt. Die Turbine verursacht keine Dralländerung, sie ist momentfrei, während am Leitrad ein Abstützmoment in der Größe des Pumpenmomentes auftritt.

Man kann nun das Verhalten eines FÖTTINGER-Wandlers durch die Anordnung, Reihenfolge und Lage der Räder und durch die Gestaltung der Schaufeln mit ihren Ein- und Austrittswinkeln und der Krümmung sehr stark beeinflussen und variieren, worüber ein reichhaltiges Schrifttum vorliegt, s. Literaturverzeichnis unter C. Manchmal ist dieser Unterschied in seiner Auswirkung in einem Getriebe unbedeutend. So zeigt nach einem Beispiel von W. SPANNHAKE [199] der linke Teil der Abb. 105 die Kennlinien von zwei Wandlern. Der Wandler I weist in seinem Hauptarbeitsgebiet (um $\eta_{\max}$) eine etwa doppelt so große Übersetzung $i = \dfrac{1}{\psi}$ auf wie Wandler II. Auch die Momentenerhöhung im Start hat bei Wandler I den doppelten Betrag gegenüber Wandler II. Nun schaltet man dem Wandler I eine Zahnradstufe mit der Übersetzung $i_{\ddot{u}} = 1,6$ und dem Wandler II eine Stufe mit $i_{\ddot{u}} = 3,2$ nach. Wenn angenommen wird, daß die Zahnradgetriebe mit einem Wirkungsgrad $\eta_{\ddot{u}} = 0,95$ arbeiten, so erhält man für die beiden Gesamtgetriebe die im rechten Teil von Abb. 105 wiedergegebenen Kennlinien, wobei kein Unterschied mehr zwischen der Ausführung mit Wandler I oder II besteht. Aus Gründen, die mit dem im nächsten Abschnitt behandelten *Trilok*-Prinzip zusammenhängen, gibt man heute dem Wandler in automatischen Automobilgetrieben durchweg eine Auslegung, bei der der Kupplungspunkt etwa bei $\psi = 0,7$ bis $0,9$ liegt; das führt dann auf eine Momentwandlung im Anfahrpunkt von ungefähr $\mu_A = 2$ bis $2,8$.

3. Das Trilok-Prinzip und der Trilok-Wandler

a) Entwicklung

Der Höchstwert des Wirkungsgrades η zwischen $0,8$ und $0,9$ beim Wandler ist spürbar kleiner als bei der FÖTTINGER-Kupplung, mit der ohne Schwierigkeiten Werte von $\eta = 0,96$ bis $0,98$ erreichbar sind. Weiterhin stört beim Wandler der schnelle Abfall des Wirkungsgrades

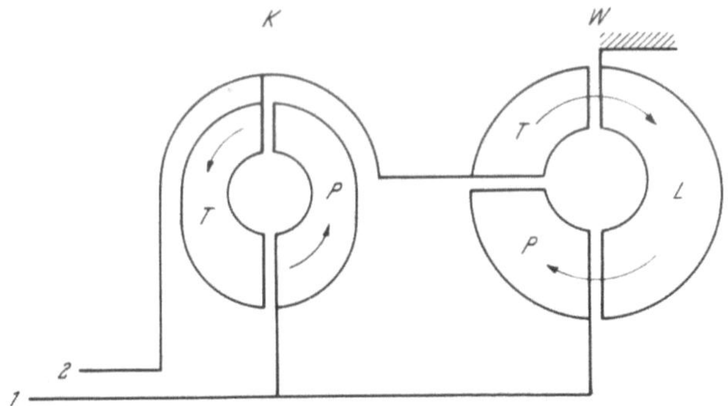

Abb. 106. Schema der Wandler-Kupplung-Verbindung von VOITH; *K* Kupplung, *W* Wandler, *P* Pumpe, *T* Turbine, *L* Leitrad, *1* An- und *2* Abtrieb

nach Überschreiten des Drehzahlverhältnisses ψ bei $\eta_{\max}$, s. Abb. 101. Die Firma VOITH, die sich um die Erprobung und Einführung der FÖTTINGER-Strömungsmaschinen für Schienenfahrzeuge große Verdienste erworben hat, fand einen Weg, für das kurzzeitige Anfahren und anschließende Beschleunigen eines Fahrzeugs die angenehmen Eigenschaften eines FÖTTINGER-Wandlers mit der selbsttätigen Anpassung der Momentenverhältnisse an die Fahrbedingungen zur Verfügung zu haben, während man in dem über längere Zeit beibehaltenen Normalfahrzustand den hohen Wirkungsgrad einer FÖTTINGER-Kupplung ausnutzt. Zu diesem Zweck schaltete sie einen FÖTTINGER-Wandler und eine FÖTTINGER-Kupplung nach dem Schema von Abb. 106 zusammen. Für den Start wird zunächst nur der Wandler mit Arbeitsflüssigkeit gefüllt. Wenn das Fahrzeug dann soweit beschleunigt worden ist, daß ein Drehzahlverhältnis von etwa $\psi \approx 0{,}7$ erreicht ist, dann wird der Wandler W entleert und gleichzeitig die hydrodynamische Kupplung K gefüllt. Die weitere Übertragung der Leistung geschieht dann nur noch über die Kupplung.

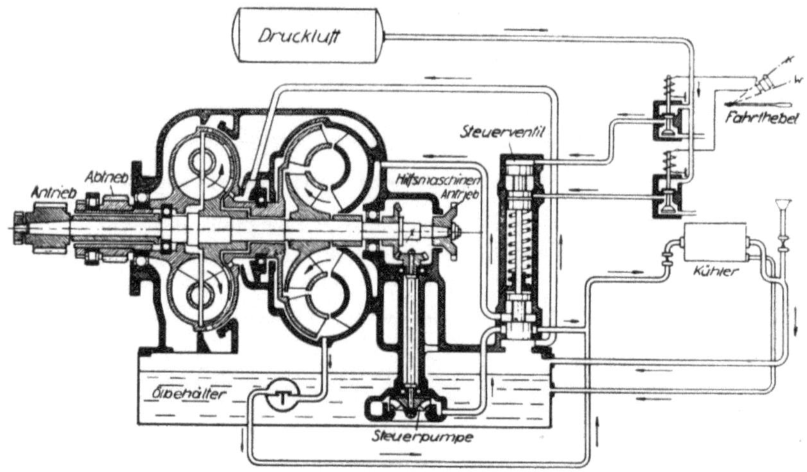

Abb. 107. Ausgeführtes Getriebe nach Abb. 106 mit Hilfsmaschinen

Die praktische Ausführung einer solchen Anordnung mit den Hilfsmaschinen gibt Abb. 107 wieder. Mittels Druckluft wird über den Fahrthebel das Steuerventil bewegt und damit von der Steuerpumpe das Arbeitsöl zum Wandler in der Fahrthebelstellung W oder später in der Stellung K zur Kupplung geleitet. Das Fahrkennfeld in Abb. 108 läßt erkennen, daß im Wandlungsbereich Eingangsdrehzahl und -moment konstant sind. Das Abtriebsmoment fällt von der Anfahrwandlung $\mu_A = 4{,}5$ fast linear ab und würde bei $\psi = 0{,}7$ gleich dem Antriebsmoment (Kupplungspunkt) sein. Kurz vorher erfolgt die Umschaltung von Wandler- auf Kupplungsbetrieb. Hierbei fällt die Motordrehzahl auf etwa 70% ihres bisher konstanten Höchstwertes ab; das Abtriebsmoment bleibt nun fast konstant ($= M_1$). Der Wirkungsgrad, der beim Wandler bereits abzufallen begann, springt nach oben und erreicht ungefähr 0,97 bis 0,98 [11].

In Schienenfahrzeugen, Elektrolokomotiven und Triebwagen, hat sich diese Anordnung (nebst weiteren Abwandlungen), die die hydrodynamische Kraftübertragung in zwei Phasen, den Wandlungs- und den Kupplungsbereich, aufteilt, gut bewährt. Für ein Automobil ist sie jedoch zu aufwendig und daher zu teuer. Hinzu kommt, daß bei Schienenfahrzeugen Anfahrvorgänge viel seltener sind als bei Kraftwagen im Straßenverkehr. Es bleibt sehr zweifelhaft, ob die nötigen Umschaltvorgänge dann immer schnell genug und zur rechten Zeit erfolgen werden.

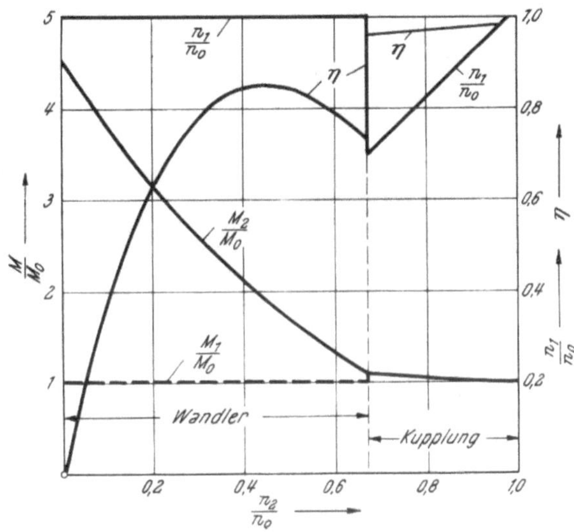

Abb. 108. Abtriebskennfeld der Wandler-Kupplung-Anordnung nach Abb. 106 und 107; n_1 Antriebs- und n_2 Abtriebsdrehzahl, n_0 Nenndrehzahl bei Höchstleistung N_{max} mit dem Moment M_0, M_2 Abtriebsmoment, η Wirkungsgrad

Hier setzt die bahnbrechende Erfindung der drei Professoren W. SPANHAKE, H. KLUGE und K. VON SANDEN ein. Sie hatten an der Technischen Hochschule KARLSRUHE bereits seit 1925 zusammengearbeitet und gaben 1928 ihrer Arbeitsgemeinschaft, die sich u. a. mit dem Antrieb von Lokomotiven befaßte und die von der Notgemeinschaft der Deutschen Wissenschaften materiell gefördert wurde, den Namen *Trilok* [185]. Es gelang ihnen, einen FÖTTINGER-Wandler so zu modifizieren, daß in ihm, also in einem einzigen Strömungskreislauf die beiden Phasen, zunächst die Momentwandlung, dann das Kuppeln ablaufen. Dabei erfolgt das Umschalten zwischen den Phasen, der Übergang vom Wandlungszum Kupplungsbereich und gegebenenfalls wieder zurück in den Wandlungsbereich, völlig automatisch in ausgezeichneter Anpassung an die Anforderungen des Betriebes.

Den schematischen Aufbau des ursprünglichen *Trilok*-Wandlers gibt Abb. 109. Er unterscheidet sich von den bisher behandelten Wandlerausführungen dadurch, daß das Leitrad nicht mehr fest mit dem Gehäuse verbunden, sondern auf einer Zwischenwelle drehbar gelagert ist.

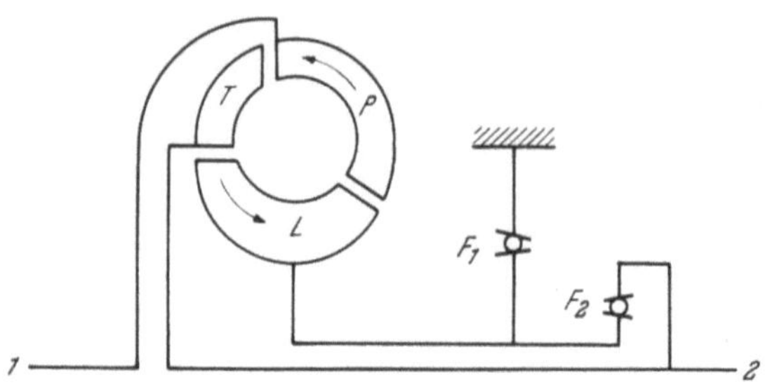

Abb. 109. Ursprüngliche Anordnung des *Trilok*-Wandlers; *P* Pumpe, *T* Turbine, *L* Leitrad, F_1 und F_2 Freilaufsperren, *1* An- und *2* Abtrieb

Es kann sich durch die Freilaufsperre F_1 gegen Fest abstützen und so stillstehen, falls die Strömung es gegen die Drehrichtung von Pumpe und Turbine drehen will, wie es beim Start und bei kleinen Drehzahlverhältnissen geschieht, s. Abb. 104; die Differenz der Momente, $M_2 - M_1$, wird dabei von dem festgehaltenen Leitrad aufgenommen. Mit Erreichen des Kupplungspunktes verschwindet das Reaktionsmoment. Die bei festem Leitrad mit weiter zunehmendem Drehzahlverhältnis sich ergebenden negativen Momente am Leitrad treten beim *Trilok*-Wandler nicht auf, weil der Freilauf F_1 nun das Leitrad frei in der Strömung laufen läßt. Da es von der Flüssigkeit kein Moment aufnehmen kann, ist das Turbinenmoment gleich dem Pumpenmoment; *aus dem Wandler ist eine Kupplung geworden.* Die Sperre F_2 sollte verhindern, daß sich das Leitrad in seinem Freilauf schneller dreht als die Turbinenwelle *2*. Man hat später erkannt, daß man auf diese Freilaufsperre verzichten kann und kam so zu dem bis heute bewährten Grundaufbau des einfachen, dreikränzigen, einstufigen *Trilok*-Wandlers nach Abb. 110. Die ersten *Trilok*-Wandler sind von der Firma KLEIN, SCHANZLIN und BECKER AG FRANKENTHAL gebaut worden.

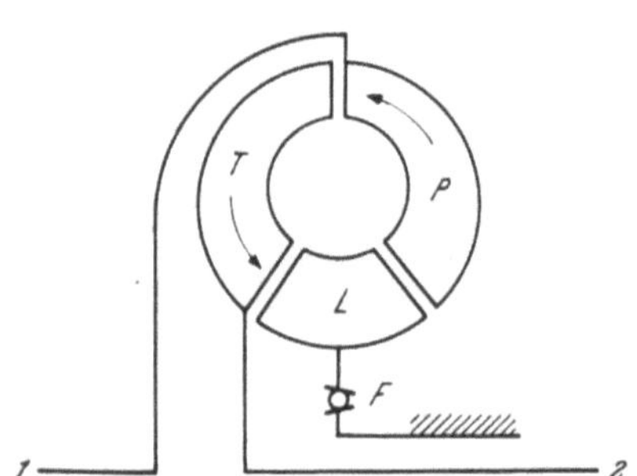

Abb. 110. Schema eines *Trilok*-Wandlers; *P* Pumpe, *T* Turbine, *L* Leitrad, *F* Freilauf, *1* An- und *2* Abtrieb

b) Kennlinien

Die Kennlinien eines *Trilok*-Wandlers mit seinen zwei Phasen zeigt Abb. 111. Er besitzt in diesem Beispiel eine Anfahrwandlung von $\mu_A = 2{,}3$. Bei $\psi = 0{,}81$ wird der Kupplungspunkt erreicht; von hier ab läuft das Leitrad frei um. Der Wirkungsgrad, der bereits in dem Wandlungsgebiet bei $\psi = 0{,}72$ einen Höchstwert von $\eta = 0{,}86$ aufwies und dann anschließend abfiel, steigt in der Kupplungsphase wieder längs der bekannten Geraden $\eta = \psi$ an. Links im Bild sind an einem Quer-

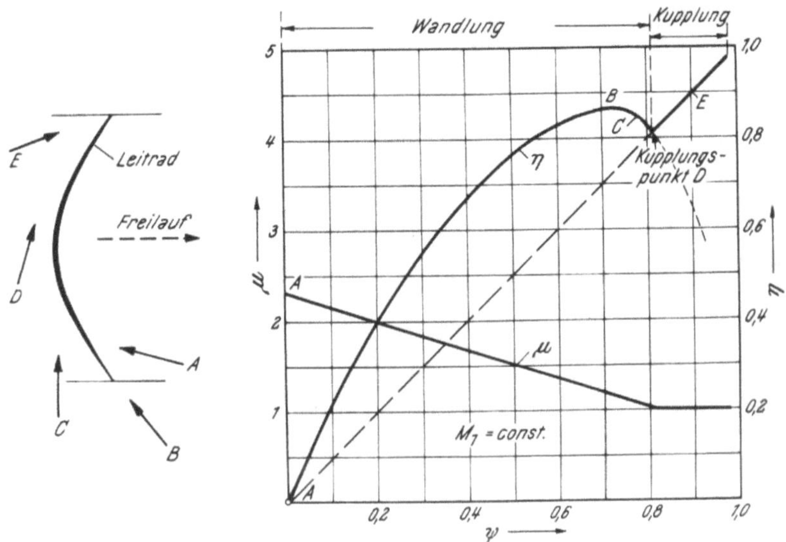

Abb. 111. Kennlinie eines *Trilok*-Wandlers; links Querschnitt einer Leitradschaufel mit Strömungsrichtungen; n_1 Pumpen- und n_2 Turbinendrehzahl, M_1 Pumpen- und M_2 Turbinenmoment, η Wirkungsgrad, A Anfahrpunkt, B Konstruktionspunkt ($\sim$ bester Wirkungsgrad), D Kupplungspunkt, E Kupplungsbereich

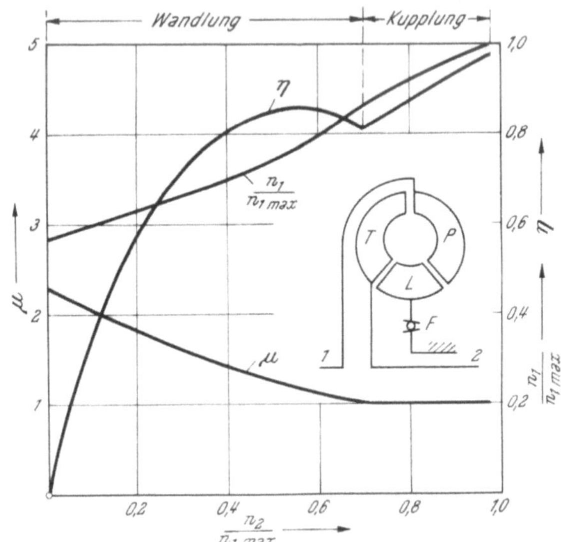

Abb. 112. Abtriebskennfeld eines *Trilok*-Wandlers nach Abb. 111 bei Vollast

schnitt einer Leitradschaufel die verschiedenen Anströmrichtungen angegeben, die zu den bezeichneten Betriebszuständen $A = $ Anfahren ($n_2 = 0$), $B = $ Konstruktionspunkt ($w_s = 0$), $D = $ Kupplungspunkt ($\mu = 1$) und $E = $ Kupplungsbereich ($\mu = 1$) gehören.

Die Bedeutung des *Trilok*-Wandlers nach Abb. 111 wird noch deutlicher, wenn man über der Abtriebsdrehzahl die Vollastlinien des Wandlers mit einem Motor aufträgt, Abb. 112. Die Motordrehzahl n_1 ist leicht gedrückt. Der zunächst kleine Wirkungsgrad stört nicht, zumal bereits bei $\psi = 0{,}3$ ein Wert von $\eta = 0{,}7$ vorliegt. Von $\psi = 0{,}7$ ab läuft der Wandler als Kupplung.

c) Ausführung

Die Anbringung des Leitradfreilaufes ließ sich am besten und einfachsten an der Wandlerausführung nach Abb. 102 *b* vornehmen. Deshalb wird heute in automatischen Automobilgetrieben diese Form ohne jede Ausnahme angewandt. Der Querschnitt weicht meist vom Kreis nicht sehr weit ab. Abb. 113 zeigt die Lagerung eines Leitrades auf einem Rollenfreilauf, und in Abb. 114 erkennt man die drei Laufräder eines einfachen *Trilok*-Wandlers, *1* das Pumpen-, *2* das Turbinen- und *3* das Leitrad, das auf einem Klemmkörperfreilauf gelagert ist, Abb. 115. Pumpen- und Turbinenrad dieses Wandlers, der in dem *Detroit Gear* von BORG-WARNER Verwendung findet, sind aus Stahlblech gefertigt. Der Innenring in den beiden Rädern hat neben seinem strömungstechnischen Zweck noch die Aufgabe, die einzelnen Schaufeln zu halten. Häufig werden auch die Räder eines Wandlers in Guß gefertigt, Abb. 116. Bei beiden Herstellungsarten strebt man mit Erfolg danach, mit möglichst wenig Nacharbeit auskommen zu können, um den Preis niedrig zu halten.

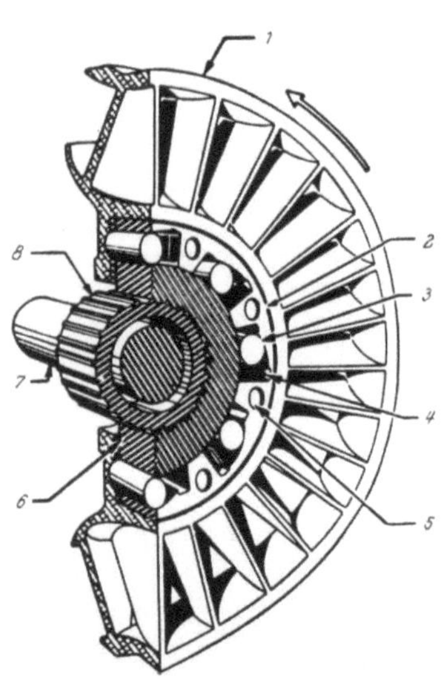

Abb. 113. Leitrad eines *Trilok*-Wandlers mit Freilauf; *1* Leitrad, *2* Auflauffläche am Außenring des Freilaufs, *3* Klemmrollen, *4* Feder, *5* Außenring, *6* Innenring, *7* Achse des Turbinenrades, *8* Verbindung des Innenringes mit dem festen Gehäuse

Im Fahrbetrieb eines Automobils interessiert neben dem Normalarbeitsfeld auch das Verhalten eines FÖTTINGER-Wandlers im Bremsbereich, d. h. bei schiebendem Wagen, also bei Drehzahlverhältnissen $\psi > 1$. Von der FÖTTINGER-Kupplung ist bekannt (s. S. 92), daß sich ihr Übertragungsverhalten durch Umkehrung der Wirkung von Pumpe und Turbine nicht ändert; sie läßt demnach ein Bremsen mit dem leerlaufenden Motor, z. B. bei Talfahrten, ähnlich wie eine Reibungskupplung

Abb. 114. Die drei Laufkränze eines einfachen *Trilok*-Wandlers; *1* Pumpenrad, *2* Turbine, *3* Leitrad mit Freilauf

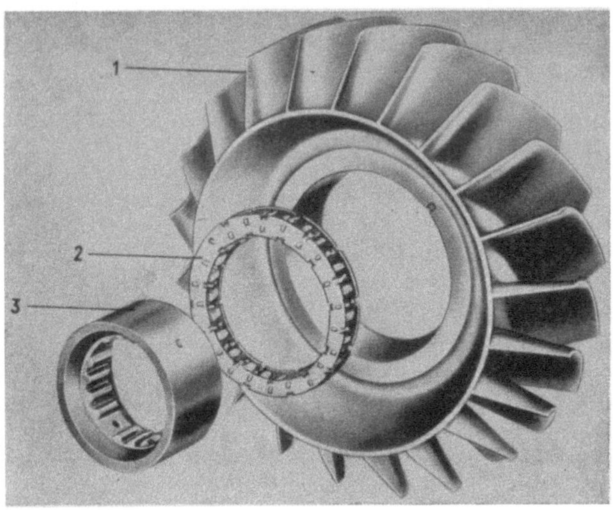

Abb. 115. Die Freilaufeinrichtung des Wandlers nach Abb. 114; *1* Leitrad, *2* Ring mit Klemmkörpern, *3* Innennabe

zu. So günstig liegen die Verhältnisse bei einem FÖTTINGER-Wandler (oder bei einem *Trilok*-Wandler in der Wandlerphase) nicht. Eine

8*

Bremswirkung tritt zwar ein, wenn die Drehzahl über die Durchgangs-
zahl hinausgeht. Die Firma KLEIN, SCHANZLIN und BECKER hat an einem
Trilok-Wandler Messungen bis zu einem Drehzahlverhältnis $\psi = 5$ ausgeführt, Abb. 117 [15]. (Statt der Bezeichnung $\psi = \dfrac{n_2}{n_1}$ ist hier i_n und für

Abb. 116. In Guß hergestellte Laufräder eines *Trilok*-Wandlers; unten Pumpenrad, darüber Turbine
oben Leitrad (RENAULT)

das Momentenverhältnis $\mu = \dfrac{M_2}{M_1} = \dfrac{M_T}{M_P} = i_m$ gesetzt worden.) $M_{P\,1000}$ ist
die Momentaufnahme der Pumpe bei $n_1 = 1000$ U/Min, aufgetragen in
Abhängigkeit von $i_n \, (= \psi)$. Eingezeichnet sind die Momentparabeln
über n_P mit i_n als Parameter. Bei Überschreiten von $i_n = 1$ erhält man

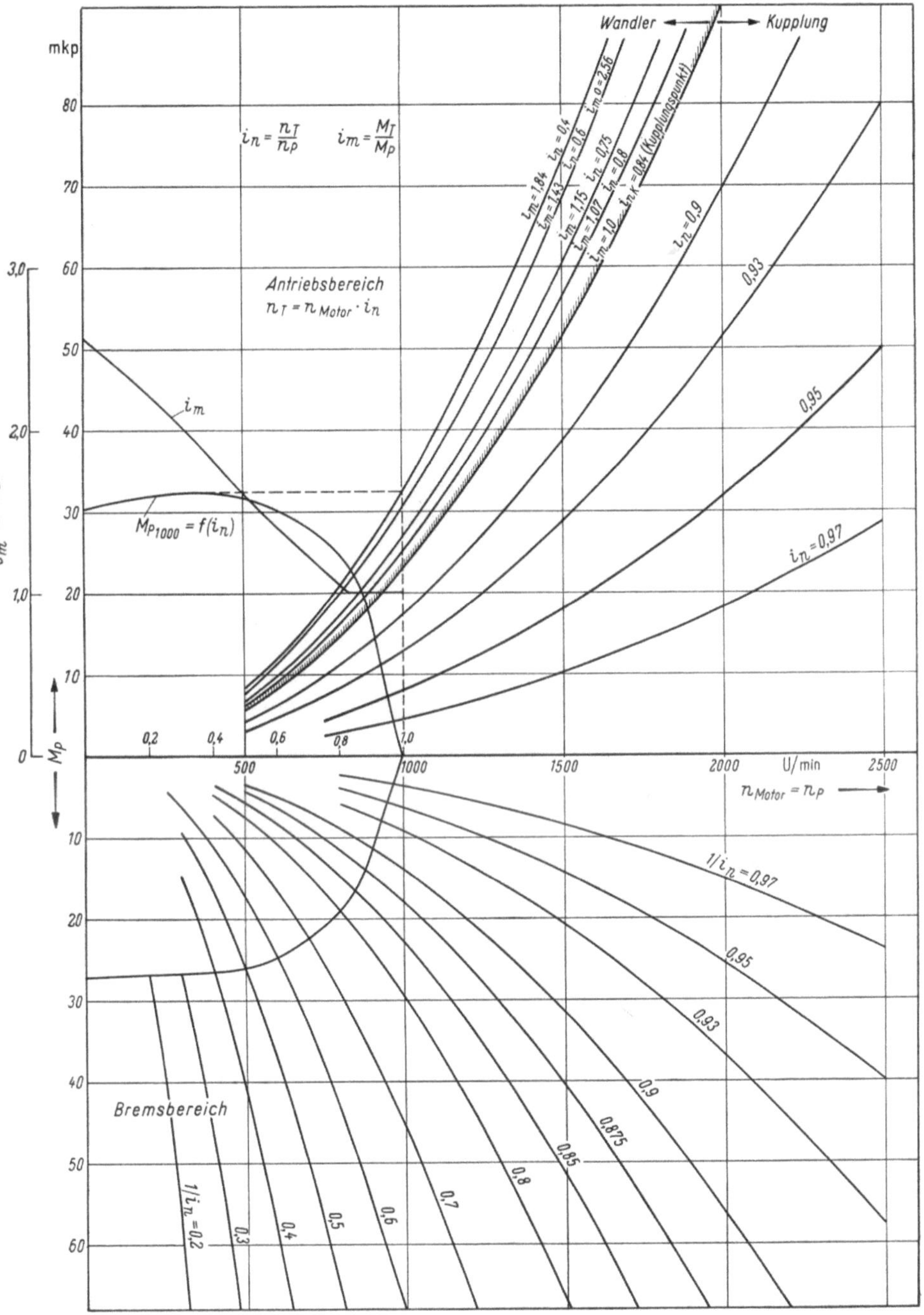

Abb. 117. Kennfeld eines *Trilok*-Wandlers mit Antrieb- und Bremsbereich; *P* Pumpe, *T* Turbine, $M_{P\,1000}$ von Pumpe aufgenommenes Drehmoment bei $n_1 = 1000$ U/Min

mit negativen Momenten M_P ähnliche Parabeln, für deren Parameter-
bezeichnung man wie üblich die reziproken Werte $\dfrac{1}{i_n}$ benutzt hat. Die
Bremswirkung eines *Trilok*-Wandlers ist nicht sehr stark, und hier liegt
eine der wenigen Schwächen dieser Einrichtung, wenigstens soweit man
die Motorleistung direkt überträgt und auf den Einfluß einer zuge-
schalteten Zahnradstufe verzichtet. Bei der Beschreibung der ausgeführten automatischen Getriebe wird noch aufgezeigt, wie man auch
diesen kleinen Mangel beheben kann.

d) Zusammenarbeit des Wandlers mit einem Motor

Für das Aufstellen der Kennfelder über das Zusammenarbeiten von
Trilok-Wandler und Motor benötigt man das Motorkennfeld (s. Abb. 6)
und das Wandlerkennfeld (s. Abb. 117). Auch hier müßten sich die
Betrachtungen und Untersuchungen auf das gesamte Kennfeld erstrecken. Es sei nochmals auf die verdienstvolle Arbeit von H. J. FÖRSTER
hingewiesen [59], in der er die Kennfelder nicht nur für das Verhalten
eines *Trilok*-Wandlers, sondern auch für andere Getriebearten, z. B. FÖT-
TINGER-Kupplung mit Wechselgetriebe, FÖTTINGER-Wandler mit festem
Leitrad u. a. m., mitgeteilt hat.

Um das Grundsätzliche der Zusammenarbeit von Wandler und
Motor darzulegen, genügt es jedoch vollauf, sich auf den Betriebszustand
bei Vollast des Motors zu beschränken. H. J. FÖRSTER hat hierfür in
einer seiner Veröffentlichungen [126] in Zusammenfassung seiner umfangreichen Rechnungen einen Überblick gegeben, aus dem die folgenden
Darstellungen stammen.

Bei einem Wandler spielt die Auswahl und Bestimmung des passenden
Durchmessers eine weit bedeutendere Rolle als bei der FÖTTINGER-
Kupplung, weil von ihm die Größe der angebotenen Abtriebsleistung
und die Höhe des zu erwartenden Mehrverbrauches an Kraftstoff ab-
hängen. In Abb. 118 ist das Kennfeld eines Verbrennungsmotors aufgezeichnet. Alle Angaben sind bezogen auf die Höchstleistung N_0 mit
dem Moment M_0 bei der Drehzahl n_0 und dem Kraftstoffverbrauch b_0.
Die Hyperbeln für die Leistung $N/N_0 = $ const. sind Teil des Koordi-
natennetzes. Außer einer für einen Verbrennungsmotor charakteristischen
Momentenkurve sind noch dünn gestrichelt die Muschelkurven für den
Verbrauch b/b_0 eingezeichnet. In dieses Feld hat man die Betriebs-
kurven von drei Wandlern gleicher Bauform aber mit verschiedenem
Durchmesser eingefügt. Der gewählte Wandlertyp hat eine Anfahrwandlung des Momentes von $\mu_A = 2{,}3$, und seine Momentaufnahme ist
unabhängig von der Abtriebsdrehzahl (keine Drehzahldrückung).

Der 1. Wandler (ausgezogene Kurve) ist mit seinem Durchmesser
$D = D_0$ so ausgelegt worden, daß der Schnittpunkt seiner Betriebslinie

gerade durch den Bezugspunkt mit der Höchstleistung des Motors bei Vollast geht. Der 2. Wandler erhielt einen größeren Durchmesser $D = 1{,}2\,D_0$. Die gestrichelte Parabel seiner Momentaufnahme ist zu kleineren Motordrehzahlen hin verschoben. Das Motormoment $\dfrac{M_1}{M_0}$ am Schnittpunkt mit der Vollastlinie ist von 1 auf 1,23 gestiegen. Wird der Durchmesser des 3. Wandlers auf $D = 1{,}4\,D_0$ erhöht, so verläuft seine Parabel der Momentaufnahme (strichpunktiert) bei noch kleineren Motordrehzahlen, während das Motormoment $\dfrac{M_1}{M_0}$ im Schnittpunkt mit der Vollastlinie mit 1,25 fast gleichgeblieben ist.

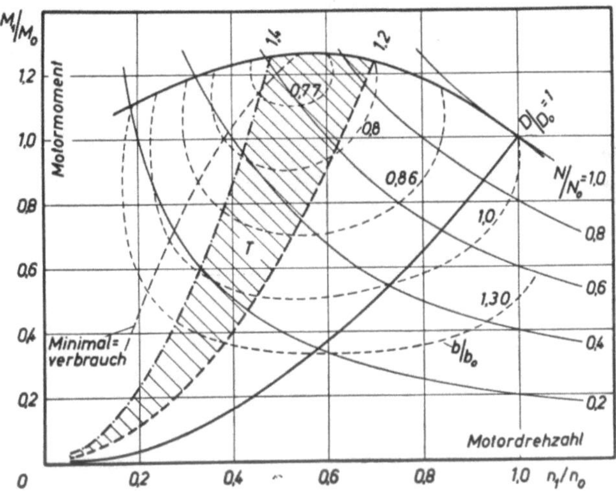

Abb. 118. Motorkennfeld mit den Arbeitskurven von drei Wandlern mit verschiedenen Durchmesserverhältnissen D/D_0 und dem Arbeitsfeld T eines Wandlers mit Drehzahldrückung, N/N_0 Leistungsverhältnis, b/b_0 spezifischer Kraftstoffverbrauch

Jeder dieser drei Wandler hat wegen der Unabhängigkeit der Momentaufnahme von der Turbinendrehzahl im Motorkennfeld nur die eine in Abb. 118 eingezeichnete Betriebslinie. Um die Auswirkung einer Drehzahldrückung zu erfassen, ist noch ein 4. Wandler eingetragen, bei dem die Momentaufnahme mit zunehmender Turbinendrehzahl sinken soll. Der Einfachheit halber ist angenommen, daß im Festbremspunkt die Momentaufnahme gerade der des 3. Wandlers (mit $D = 1{,}4\,D_0$) und im Kupplungspunkt — also wenn der Wandlungsbetrieb zu Ende ist — der des 2. Wandlers (mit $D = 1{,}2\,D_0$) entspricht. Ein solcher Wandler „T" hat im Motorkennfeld nicht nur *eine* Betriebs*linie*, sondern ein Betriebsfeld, das in Abb. 118 durch die Schraffur gezeigt ist.

Über den Unterschied der vier Wandler ist folgendes zu bemerken. Zuerst ist sofort zu erkennen, daß die zu verarbeitende Motorleistung umso größer ist, je kleiner der Wandlerdurchmesser wird. In Abb. 119 sind die Verhältnisse über der Abtriebsdrehzahl aufgezeichnet. Nach Festsetzung arbeitet der Motor beim 1. Wandler ($D = D_0$) vom Fest-brems- bis zum Kupplungspunkt mit der vollen Motorleistung $N = N_0$. Der 2. Wandler ($D = 1{,}2\,D_0$) läßt in diesem Gebiet nur eine Motorleistung $N = 0{,}84\,N_0$, der 3. Wandler ($D = 1{,}4\,D_0$) überhaupt nur eine solche von $N = 0{,}61\,N_0$ zu. Der 4. Wandler („T", mit Drehzahldrückung) hat im Anfahrpunkt die gleiche kleine Motorleistung, die dann mit zunehmender Fahrgeschwindigkeit steigt. Neben diesen Vollast-kurven ist in Abb. 119 noch die Leistungs-aufnahme bei Straßenlast eingetragen. Hier bestimmt nicht mehr der Wandler die Leistung, sondern der Fahrwider-stand; daher liegen praktisch die Kurven alle übereinander.

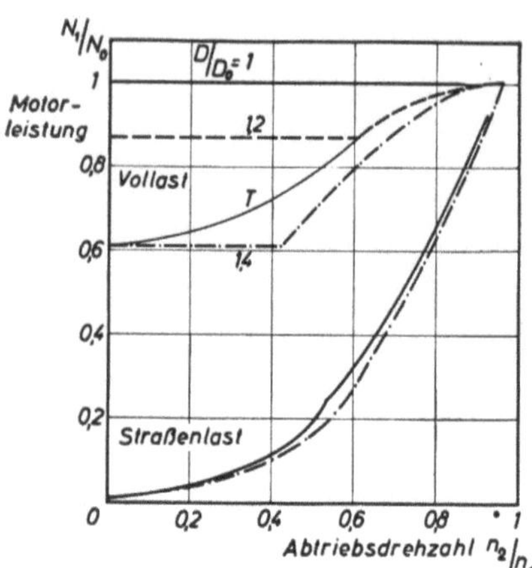

Abb. 119. Einfluß der Wandler nach Abb. 118 auf die Eingangsleistung

Betrachtet man die Wirkungsgrade, Abb. 120, die die vier Wandler aufweisen, aufgetragen über der Abtriebsdrehzahl links bei Vollast, rechts bei Straßenlast, so muß sich schon aus der Lage des Kupplungs-

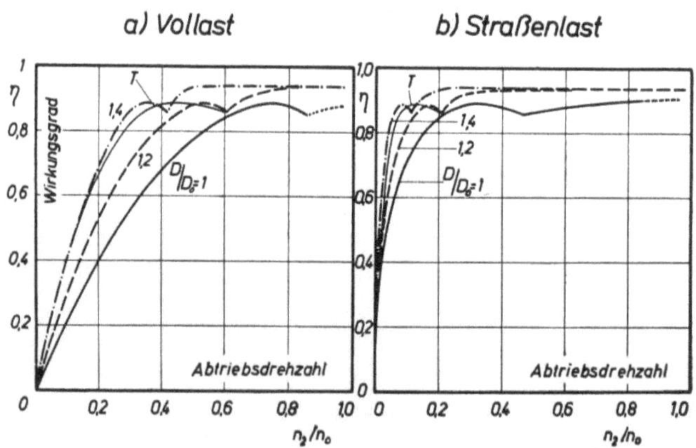

Abb. 120. Wirkungsgrad der Wandler nach Abb. 118 an der Turbinenwelle, *a* bei Vollast, *b* bei Straßenlast

punktes ergeben, daß sein Wirkungsgrad beim 1. Wandler ($D = D_0$) erst bei hoher, beim 3. Wandler ($D = 1{,}4\,D_0$) dagegen schon bei sehr viel niedrigerer Fahrgeschwindigkeit erreicht wird. Der 2. Wandler

($D = 1{,}2\,D_0$) liegt zwischen diesen beiden Extremen. Der 4. Wandler (T) hat bei kleiner Abtriebsdrehzahl den guten Wirkungsgrad des 4. Wandlers ($D = 1{,}4\,D_0$); sein Kupplungspunkt entspricht dem des 2. Wandlers ($D = 1{,}2\,D_0$). Bei Straßenlast ist die Tendenz aufrechterhalten, s. Abb. 120 rechts; aber die Kurven sind stark zu kleinen Abtriebsdrehzahlen hin verschoben, und die Unterschiede zwischen den einzelnen Wandlern sind nicht mehr so groß. Es zeigt sich, daß ein großer Wandler bei kleiner Abtriebsdrehzahl einen hohen Wirkungsgrad und eine niedrige Motorleistung hat. Ein kleiner Wandler dagegen hat einen niedrigen Wirkungsgrad, dafür eine hohe Motorleistung.

Den bedeutenden Einfluß des Wandlerdurchmessers sieht man klar, wenn man wie in Abb. 121 die Verlustleistung $\dfrac{N_V}{N_0}$ über der Abtriebsdrehzahl $\dfrac{n_2}{n_0}$ aufzeichnet. Hier liegt der große Wandler mit $D = 1{,}4\,D_0$ ganz erheblich besser als der kleine (mit $D = D_0$), weil er wenig Leistung mit gutem Wirkungsgrad verarbeitet, während mit abnehmendem Wandlerdurchmesser bei gleicher Abtriebsdrehzahl die Verlustleistung immer größer wird. Diese Aussagen gelten vor allem für das Vollastgebiet, die Unterschiede bei Straßenlast sind sehr viel geringer.

In Abb. 118 ist noch die Kurve für den Minimalverbrauch angegeben. Man erhält sie, wenn man die Berührungspunkte der Muschelkurven für den spezifischen Kraftstoffverbrauch b/b_0 mit den Leistungshyperbeln N/N_0 miteinander verbindet. Es zeigt sich, daß sich die Betriebslinie des 3. Wandlers ($D = 1{,}4\,D_0$) sehr gut dieser Kurve des Minimalverbrauches nähert, während der Abstand von dieser Kurve günstigsten Verbrauches umso größer wird, je kleiner der Wandler ist. Diese Eigenschaft zusammen mit den unterschiedlichen Verlustleistungen (s. Abb. 121) ergibt nun auch sehr unterschiedlichen Vollaststreckenverbrauch für die einzelnen Wandler, Abb. 122. Aufgetragen ist der Streckenverbrauch (kp Brennstoff pro Fahrtstrecke) B/B_0, wobei der Ver-

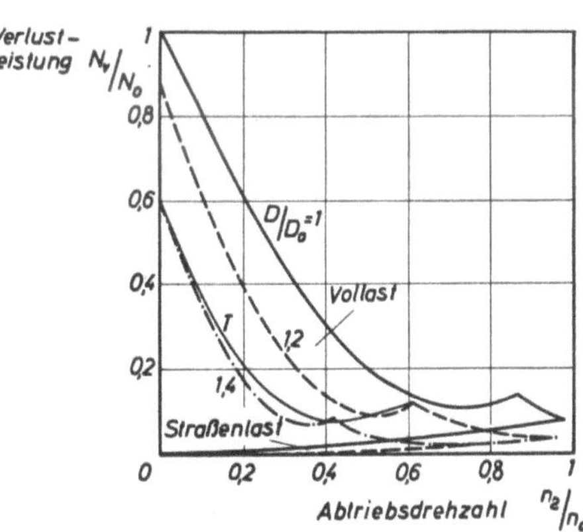

Abb. 121. Verlustleistung der Wandler nach Abb. 118 bei Vollast und Straßenlast

brauch eines mechanischen Getriebes bei der Motorhöchstleistung als Bezugsgröße gewählt ist (linke Abszisse). Der Wandler mit $D = 1{,}4\,D_0$ schneidet hier außerordentlich günstig ab; denn er hat z. B. bei einer Abtriebsdrehzahl $n_2 = 0{,}4\,n_0$ einen Streckenverbrauch, der nur 40% von

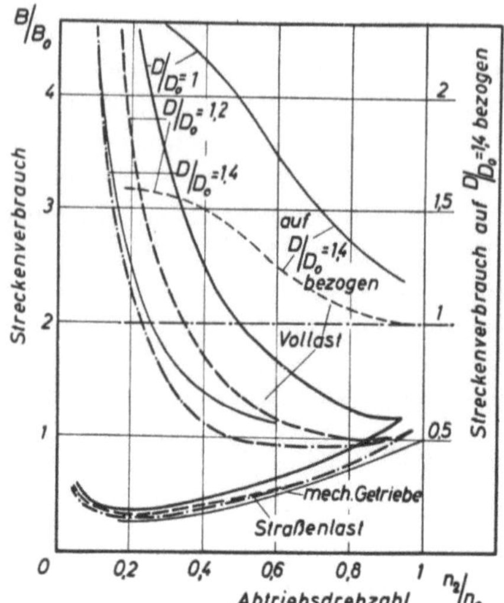

Abb. 122. Streckenverbrauch (kp Kraftstoff pro Fahrstrecke) der Wandler nach Abb. 118 bei Vollast und Straßenlast

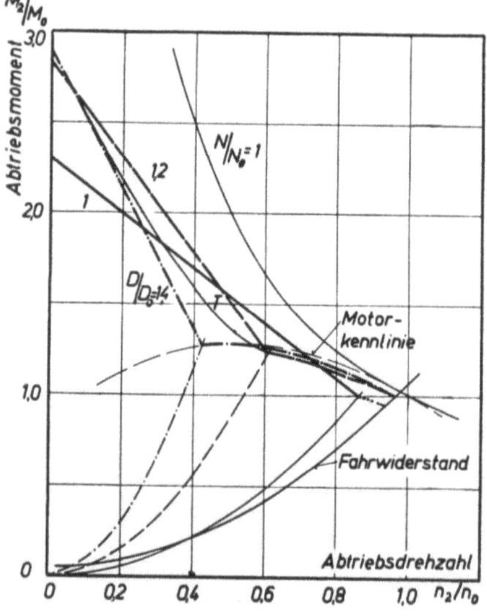

Abb. 123. Turbinenkennfeld (Fahrkennfeld) der Wandler nach Abb. 118

dem des 1. Wandlers (mit $D = D_0$) beträgt. Auch zeigt Abb. 122 die günstige Lage des Wandlers T mit Drehzahldrückung, der im Anfahrgebiet den Streckenverbrauch des 3. Wandlers ($D = 1,4\,D_0$), mit zunehmender Fahrgeschwindigkeit den des 2. Wandlers ($D = 1,2\,D_0$) hat. Zum Vergleich sind noch die Verbrauchskurven des 1. und 2. Wandlers eingetragen, wenn man die Werte auf den Verbrauch des 3. Wandlers bezieht, rechte Abszisse.

Gegenüber den Unterschieden bei Vollast sind die Unterschiede bei Straßenlast auffallend klein.

Schon das in Abb. 122 aufgezeigte Ergebnis sollte Anlaß sein, allen Berichten über den Mehrverbrauch, den FÖTTINGER-Getriebe verursachen, außerordentlich skeptisch gegenüberzustehen.

Diese Mehrverbrauche können schon bei Vollast ganz unterschiedlich ausfallen, je nach der gewählten Wandlergröße und -art. Der tatsächlich gefahrene Verbrauch aber liegt irgendwo zwischen dem Verbrauch bei Straßenlast und dem bei Vollast. Es hängt vom Fahrzeug, vom Einsatzort, von der Einsatzart und vor allem vom Fahrer ab, wo sich in diesem breiten Feld die Hauptzeit des Betriebes abspielt. Bei durchschnittlichem Fahrbetrieb liegt das Hauptnutzungsgebiet immer in der Nähe der Fahrwiderstandskurve, und es ist durchaus glaubhaft, wenn Getriebe- oder Automobilhersteller einen nur geringen Mehrverbrauch (etwa 3 bis 5%) bei Einbau von FÖTTINGER-Getrieben angeben.

Die großen Unterschiede im Brennstoffverbrauch, zu denen die Wahl des Wandlerdurchmessers und der Wandlerart führen kann, sind keine Gewinne oder Verluste durch schlechtere oder bessere Getriebewirkungsgrade. Sie beruhen auf der unterschiedlichen Größe der verarbeiteten Motorleistung und auf der Verweildauer in den Gebieten guten Wirkungsgrades. Daher finden sie ihren Niederschlag auch in der Höhe der angebotenen Abtriebsleistung. In Abb. 123 ist das Abtriebs-(Turbinen-)Kennfeld für die untersuchten vier Wandler dargestellt. Es ist für den 1. Wandler ($D = D_0$) im ganzen gesehen sehr ungünstig; er schneidet nur im mittleren Gebiet besser ab als die anderen Wandler. Das liegt an der Art der Motorkennlinie. Da der Wandler immer nur das Eingangsmoment wandeln kann, ergibt sich für den 1. Wandler im Anfahrpunkt nur ein Abtriebsmoment $M_2 = 2,3\ M_0$, weil sein Betriebspunkt, s. Abb. 118, nach Voraussetzung beim Moment $M_1 = M_0$ liegt. Der 2. Wandler kann dagegen ein Moment $M_1 = 1,23\ M_0$, der 3. mit $D = 1,4\ D_0$ ein Moment $M_1 = 1,25\ M_0$ verarbeiten, so daß bei gleicher Wandlung im Start ($\mu_A = 2,3$) das Abtriebsmoment auf $M_2 = 2,8\ M_0$ bzw. $M_2 = 2,9\ M_0$ gestiegen ist [126].

In Abb. 123 ist auch noch mit der Bezeichnung $N/N_0 = 1$ die „ideale Hyperbel" eingetragen, die man für das Abtriebsmoment (oder die Zugkraft) erhält, falls die Nennleistung N_0 bei allen Abtriebsdrehzahlen zur Verfügung steht. Man sieht, daß die Momentenkurven der *Trilok*-Wandler auch bei günstigem Durchmesser von dieser Wunschkurve noch weit entfernt sind, vor allem im Bereich kleiner Fahrgeschwindigkeit, also im Start und beim Anfahren. Die früheren Versuche, ein Automobil nur mit einem *Trilok*-Wandler für die Kennungswandlung auszurüsten, sind daher gescheitert. Man kann auf die zusätzliche Anwendung eines Zahnradstufengetriebes nicht verzichten.

e) Zusammenarbeit von Motor, Wandler und Getriebe

Einen sehr guten Einblick in das Zusammenwirken von Verbrennungsmotor, Föttinger-Wandler *(Trilok)* und Zahnradstufengetriebe geben die nächsten vier Abbildungen, die aus einer Beschreibung des Daimler-Benz-Getriebes [250] stammen und mit freundlicher Zustimmung des Verlages (Franckh, Stuttgart) hier wiedergegeben werden. In den Abb. 124 bis 127 liegt das bekannte Abtriebsfeld eines Motors bei Vollast vor. Das Feld ist begrenzt unten und links von den beiden Koordinatenachsen, oben von der Rutschgrenze (Haftgrenze der Antriebsräder auf der Fahrbahn), dann von der Hyperbel des optimalen Abtriebsmomentes und schließlich rechts von der Senkrechten $\frac{n_2}{n_0}$, die zu dem Schnittpunkt mit der Fahrwiderstandskurve in der Ebene führt. Das so begrenzte Feld, dessen Größe man durch Ausplanimetrieren ermitteln kann, stellt physikalisch eine Arbeitsleistung dar. In Abb. 124 ist dick ausgezogen die Kennlinie eines FÖTTINGER-Wandlers *(Trilok)* eingezeichnet, der im Start eine Momentwandlung $\mu_A = 2,48\ (= i_{m\,A})$ besitzt. Bis $\dfrac{n_2}{n_0} = 0,5$ reicht die Wandlungsphase, dann wird aus dem Wandler eine Kupplung. Der eng und weit schraffierte Anteil des optimalen Leistungsfeldes geht verloren. Wenn man die Restfläche, also das Leistungsfeld, das der *Trilok*-Wandler anbietet, ausmißt, so ergibt sich als Verhältnis zur optimalen Leistungsfläche der Wert $\alpha = 0,578$.

Als Vergleich sind die Momentenkurven eines Viergang-Schaltgetriebes mit den angegebenen Übersetzungen der einzelnen Stufen eingefügt. Bei dem Getriebe verliert man gegenüber dem Optimum nur noch die eng schaffierten Teile, und es ergibt sich ein Flächenverhältnis $\alpha = 0,96$, also eine ganz wesentlich bessere Annäherung an die besten Verhältnisse.

Verbindet man den gleichen Wandler mit einem Zweistufengetriebe mit den Übersetzungen $i_\mathrm{I} = 1,82$ und $i_\mathrm{II} = 1$, so erhält man das Kennfeld nach Abb. 125. Die Schraffur gibt wieder das verlorene Leistungsfeld an. Die Verhältnisse haben

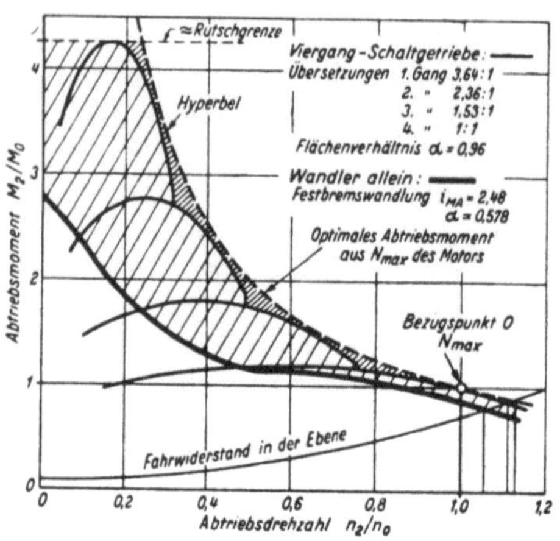

Abb. 124. Fahrkennfeld (Turbinenkennfeld) eines Automobils mit *Trilok*-Wandler allein und mit einem Viergang-Schaltgetriebe

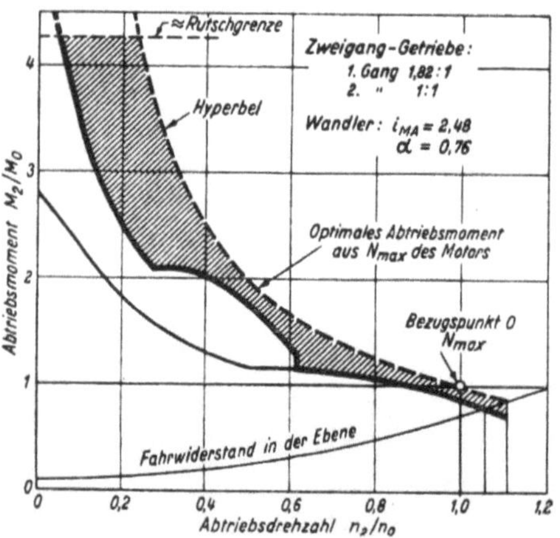

Abb. 125. Fahrkennfeld eines Automobils mit *Trilok*-Wandler und nach geschaltetem Zweiganggetriebe

sich gegenüber denen beim Wandler allein in Abb. 124 etwas verbessert, wie auch das Flächenverhältnis $\alpha = 0,76$ zeigt.

Noch besser wird die Annäherung an die Kurve des optimalen Abtriebsmomentes, wenn man ein Dreiganggetriebe dem *Trilok*-Wandler nachschaltet, Abb. 126. Das Flächenverhältnis ist auf $\alpha = 0,823$ angestiegen.

Zu einer weiteren Verbesserung kann man nun noch gelangen, wenn man statt eines FÖTTINGER-Wandlers eine FÖTTINGER-Kupplung mit ihren besseren Wirkungsgraden verwendet. Wegen der fehlenden Momentwandlung muß man dann allerdings noch eine weitere Übersetzungstufe im Zahnradgetriebe vorsehen. Dann kann das Ergebnis erzielt werden, das Abb. 127 darstellt, das bei einem Flächenverhältnis von $\alpha = 0,94$ fast an das Optimum des Vierganggetriebes mit $\alpha = 0,96$ in Abb. 124 herankommt.

Aus allen vorstehenden Betrachtungen geht klar hervor, daß sich die FÖTTINGER-Kupplung und der FÖTTINGER-Wandler mit ihren Eigenschaften ganz ausgezeichnet für die Kraftübertragung und Kennungswandlung in Automobilen eignen. Es lassen sich leicht folgende Vorzüge aufzählen [125]:

1. Bei kleinen Antriebsdrehzahlen trennen sie den Motor vom Fahrzeug und übertragen nur ein sehr kleines Drehmoment, so daß ein Abwürgen des Motors vom Fahrzeug nicht möglich ist.

2. Bei Stillstand des Motors sind Fahrzeug und Motor vollständig getrennt, so daß ein Anlassen des Verbrennungsmotors ohne sonstige Trennkupplung möglich ist.

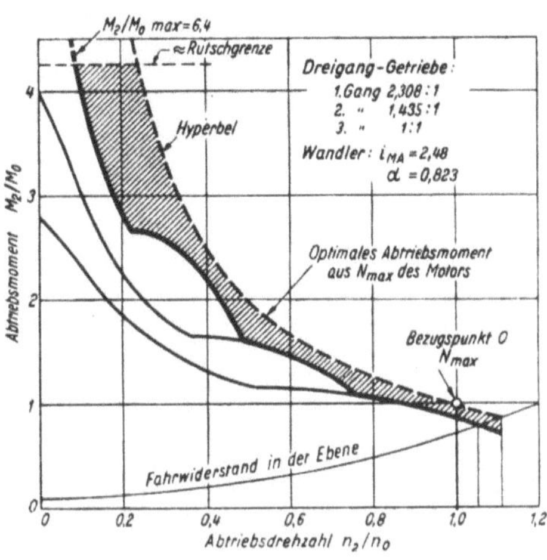

Abb. 126. Fahrkennfeld eines Automobils mit *Trilok*-Wandler mit nachgeschaltetem Dreiganggetriebe

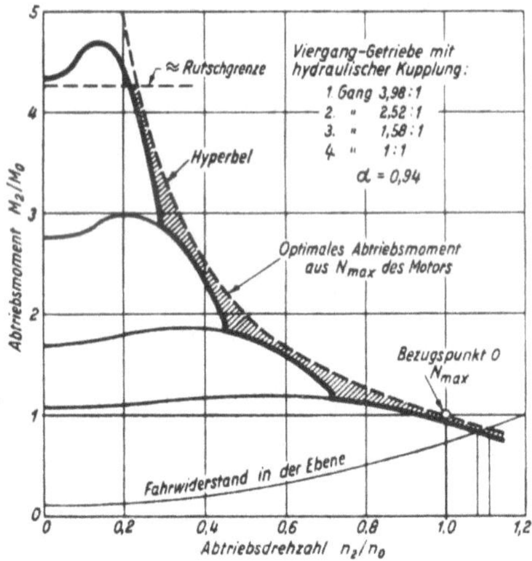

Abb. 127. Fahrkennfeld eines Automobils mit FÖTTINGER-Kupplung und nachgeschaltetem Vierganggetriebe

3. Bei Stillstand des Wagens kann die Motordrehzahl durch Gasgeben weiter gesteigert werden, und bei Vollgas gibt es einen definierten Betriebspunkt des Motors, der ein Durchgehen verhindert.

4. Weiches Anfahren bei jeder beliebigen Drosselklappenstellung, beim langsamen oder schnellen Gasgeben ist sicher.

5. Stufenlose Drehmomentwandlung beim FÖTTINGER-Wandler, wobei das größte Moment beim Anfahren gegeben ist.

6. Immer richtige Anpassung der Wandlung an den Drehmomentbedarf als inneres Gesetz des Strömungskreislaufes ohne jede Regelung von außen, damit aber auch ohne jedes Übersteuern und Schwingen.

7. Steigender Wirkungsgrad bei abnehmender Leistung, was besonders für die FÖTTINGER-Kupplung und den automatisch auf Kupplung umschaltenden Wandler (*Trilok*-Wandler) zutrifft.

8. Ein Größtmaß an Lebensdauer und Verschleißfreiheit, da die Leistung nur durch Öl übertragen wird und keine Teile aufeinander gleiten.

9. Der Geräuschpegel kann so niedrig gehalten werden, daß das Getriebe nicht zu hören ist.

10. Relativ kleine Baugröße, insbesondere bei den hohen Drehzahlen bei Personenwagenmotoren.

11. Nahezu keine bearbeiteten Teile, daher Massenherstellung in Guß oder Blech relativ billig.

12. Dämpfung der Schwingungsspitzen und Abbau von Drehmomentstößen, wodurch eine weitgehende Schonung der übrigen Fahrzeugteile erreicht wird [170, 171].

Das Drehmoment, das bei stillstehender Turbine, wenn man also den Wagen durch die Hand- oder Fußbremse festhält, von der Pumpe aufgenommen wird, heißt *Schleppmoment*, das von der Turbine abgegebene das *Festbremsmoment*. Bei der FÖTTINGER-Kupplung sind beide Momente einander gleich, beim Wandler muß man das Schleppmoment mit der Anfahrwandlung μ_A multiplizieren, um das Festbremsmoment zu erhalten. Es ist bei leerlaufendem Motor manchmal noch so groß, daß auf ebener Fahrbahn der Wagen ganz langsam zu kriechen beginnt (Kriechneigung), zumal auch noch der im Stillstand eingeschaltete kleine Gang eine Erhöhung des an sich kleinen Momentes bewirkt. Deshalb verwendet man in einigen Getrieben im Normalfahrbereich zum Anfahren nicht den 1., sondern den 2. Gang. Mit der Hand- oder Fußbremse ist das Kriechen leicht zu unterbinden.

Von Interesse ist noch die Festbremsdrehzahl, d. h. die Motordrehzahl bei festgehaltener Turbine. Sie wird bei Leerlaufstellung der Gasdrossel etwas höher liegen als die Motordrehzahl, mit der der völlig entlastete Motor gerade rund läuft, weil das Schleppmoment geliefert werden muß. Demnach muß man insgesamt den Leerlauf eines Motors mit hydrodynamischer Kraftübertragung höher einstellen, damit beim

Einschalten eines Ganges der Motor nicht abgewürgt wird. Die Festbremsdrehzahl bei Vollgas kann zur schnellen Überprüfung von Motor und Getriebe benutzt werden. Wird der in den Werkstattbüchern jeweils angegebene Wert unterschritten, so gibt der Motor nicht seine volle Leistung her; liegt die Drehzahl höher, so ist zu vermuten, daß entweder die Kupplung (bzw. der Wandler) nicht mit Arbeitsflüssigkeit gefüllt ist oder daß im Planetengetriebe eine Servo-Bremse oder -Kupplung rutscht.

Bei all den erwähnten Vorzügen sollen auch Nachteile nicht übersehen werden. Ein geringer Mehrverbrauch oder ein etwas höheres Gewicht im Vergleich zur üblichen Reibungskupplung mit Handschaltgetriebe mag noch als Opfer für die Vorteile und die Steigerung des Fahrkomforts hingenommen werden. Schwerwiegender ist die Kostenfrage. In Deutschland bedingt heute der Einbau eines automatischen Getriebes eine Erhöhung des Wagenpreises um 8 bis 14%. Eine spürbare Senkung ist nur durch Rationalisierung und Großserienbau denkbar, aber auch möglich, wie das Beispiel der USA beweist.

Das Streben der Konstrukteure war in den letzten Jahren stark darauf gerichtet, die Leistungsverluste in automatischen Automobilgetrieben zu verkleinern. Während die FÖTTINGER-Kupplung kaum zu verbessern ist, hat man den Wirkungsgrad der FÖTTINGER-Wandler durch Eingriff in den Aufbau steigern können. Darüber hinaus ist mit Erfolg versucht worden, die zu übertragende Motorleistung aufzuzweigen und nur einen Teil über die nun einmal mit Verlusten behaftete Strömungsmaschine, den anderen Teil aber direkt ohne oder fast ohne Wirkungseinbuße zu den Antriebsrädern zu schicken. Über diese Leistungsverzweigung und ihre Anwendung in automatischen Automobilgetrieben wird weiter unten im Abschnitt G ausführlich berichtet.

4. Verbesserung des Wandlerwirkungsgrades durch mehrstufige Räder

Beim FÖTTINGER-Wandler kam es darauf an, das Gebiet (Bereich des Drehzahlverhältnisses) mit gutem Wirkungsgrad möglichst breit zu gestalten. Weiterhin sollte der Abfall der Wirkungsgradkurve zum Kupplungspunkt hin weitgehend beseitigt werden. Wenn man mit wenig oder ohne nachgeschaltete Zahnradstufen auskommen wollte, so mußte auch die Momentwandlung im Anfahrpunkt höher sein. Aus der obigen Behandlung des FÖTTINGER-Wandlers ist bekannt, daß sich die Verluste im Wandler aus Reibungs- und Stoßverlusten zusammensetzen. Die Reibungsverluste lassen sich kaum einschneidend verringern, wohl aber die Stoßverluste. Sie entstehen, wenn die Anströmrichtung mit der der Schaufeleintrittskanten nicht übereinstimmt. Eine Verbesserung läßt sich erreichen, wenn man die Schaufelkrümmung, deren Gesamtgröße wegen der erforderlichen Dralländerung der Strömung nicht vermindert werden kann, auf zwei oder noch mehr Stufen aufteilt. Abb. 128 zeigt unter b, c und d einige Abwandlungen des unter a dargestellten einfachen, dreiteiligen und einstufigen *Trilok*-Wandlers. Die Ausführung unter b, bei der die Turbine in die zwei Stufen T_1 und T_2 aufgeteilt ist, hat FÖTTINGER für seinen ersten Wandler, den Versuchstransformator Typ I, nach dem in seiner Patentschrift gezeigten Schema von Abb. 77 zur Er-

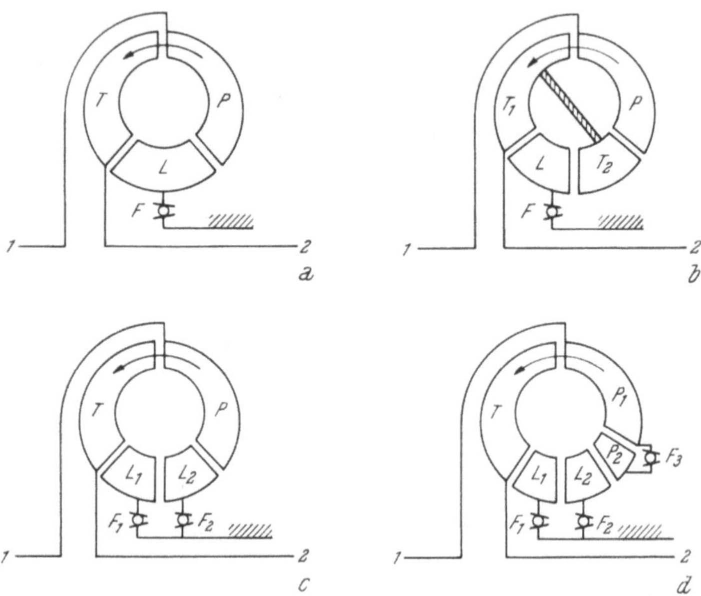

Abb. 128. Entwicklung des *Trilok*-Wandlers; a einfache Ausführung mit drei Laufkränzen, b Wandler mit zweistufiger Turbine, c Wandler mit zweistufigem Leitrad (Zweiphasenwandler), d Wandler mit zweistufigem Leitrad und zweistufiger Pumpe (Polyphase-Wandler); P Pumpe, T Turbine, L Leitrad, F Freilauf, P_1 Hauptpumpe, P_2 Vorpumpe, 1 An- und 2 Abtrieb

zielung einer hohen Übersetzung $\left(i = \dfrac{1}{\psi}\right)$ im Bereich des optimalen Wirkungsgrades (was gleichbedeutend mit großer Momentwandlung bei kleinen Drehzahlverhältnissen ist) gewählt. Auch der erste in ein Automobil eingebaute FÖTTINGER-Wandler im RIESELER-Getriebe aus dem Jahre 1925 (s. Abb. 156 auf S. 151) besaß eine Turbine mit zwei Stufen. Wenn man wie FÖTTINGER und RIESELER die beiden Turbinenräder auf *eine* Achse setzt, so muß zwischen den Rädern ein Leitrad angeordnet sein. Dieses Leitrad kann fehlen, wenn jedes Turbinenrad seine eigene Welle hat und so unterschiedliche Drehzahlen möglich sind.

Am stärksten sind im *Trilok*-Wandler die Änderungen der Anström-richtung am Leitrad, vor allem weil es in der ersten Arbeitsphase stillsteht. Eine Unterteilung des Leitrades in zwei Stufen nach Abb. 128c, bei der die 1. Stufe bereits vor der 2. bei kleinerem Drehzahlverhältnis freilaufen kann, läßt eine Verringerung der Stoßverluste und damit eine Verbesserung des Wirkungsgrades hoffen. Man hat dann drei Betriebsphasen zu unterscheiden. Für eine weitere Steigerung ist in der Anordnung von Abb. 128d neben dem Leitrad auch die Pumpe zweistufig gebaut, was auf einen *Polyphase-* (= Vielphasen-) Wandler führt.

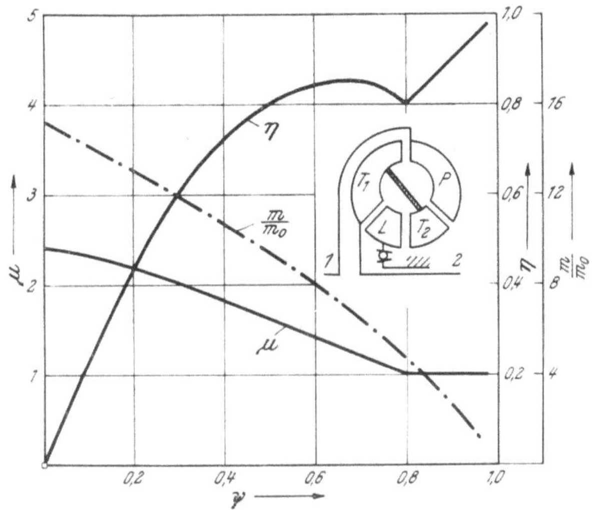

Abb. 129. Kennlinien eines Wandlers mit zweistufiger Turbine nach Abb. 128b; *1* An- und *2* Abtrieb, μ Momentverhältnis (Momentwandlung), ψ Drehzahlverhältnis, η Wirkungsgrad, P Pumpe, T_1 1. und T_2 2. Turbinenrad, L Leitrad, $\dfrac{m}{m_0}$ Momentaufnahme der Pumpe

Die Kennlinien eines *Trilok*-Wandlers mit zweistufiger Turbine sind in Abb. 129 wiedergegeben. Über dem Drehzahlverhältnis ψ sind das Momentenverhältnis μ und der Wirkungsgrad η aufgetragen. Er erreicht im Wandlungsbereich bei $\psi = 0{,}67$ einen Höchstwert von 0,85. Der Kupplungspunkt liegt bei $\psi = 0{,}80$. Da sich die zweite Turbinenstufe unmittelbar vor der Pumpe befindet, war zu erwarten, daß die Momentaufnahme m der Pumpe bei zunehmenden Abtriebsdrehzahlen absinkt. Die Kurve der Momentaufnahme ist wieder auf das Moment m_0 bezogen, das im Kupplungsbereich bei $\psi = \eta = 0{,}97$ übertragen wird. Die Vollastkurve eines derartigen Wandlers, der in dem *Ultramatic*-Getriebe von PACKARD Anwendung fand, werden bei der Behandlung dieses Getriebes in Abb. 208 gezeigt.

Das Kennfeld eines *Trilok*-Wandlers mit zwei Leiträdern nach Abb. 128c ist in Abb. 130 ergänzt durch die Wiedergabe der verschiedenen

Anströmrichtungen am Querschnitt eines Leitradschaufelpaares im
linken Teil des Bildes. Im Anfahrpunkt A ist die Umlenkung der Strömung
an den durch die beiden Freilaufsperren festgehaltenen Leiträdern am
stärksten. Die Richtung unter B ist der stoßfreie Eintritt in die 1. Leit-
radstufe, der zum 1. Maximum der Wirkungsgradkurve Anlaß gibt.
In C wird das 1. Leitrad momentfrei, es wird bei weiterer Steigerung von ψ
frei umlaufen, womit vom Punkt C an die Umlenkung der Strömung
allein von dem noch feststehenden 2. Leitrad vorgenommen wird. Im

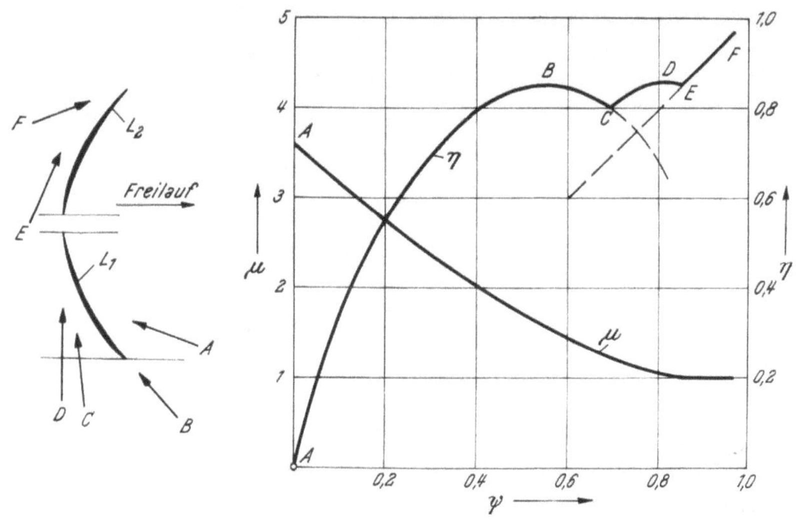

Abb. 130. Kennlinien eines Wandlers mit zweiteiligem Leitrad nach Abb. 128c; links Querschnitt
durch ein Schaufelpaar der beiden Leiträder mit eingezeichneten Anströmrichtungen, A Anfahrpunkt,
B Konstruktionspunkt ($\sim$ 1. Wirkungsgradmaximum), C Beginn des Freilaufs von L_1, D stoßfreier
Eintritt in L_2 (2. Wirkungsgradmaximum), E Kupplungspunkt, F Kupplungsbereich

Punkt D tritt in dieses Rad (L_2) die Strömung stoßfrei ein, der Wirkungsgrad hat deshalb hier sein 2. Maximum, das mit $\eta = 0{,}86$ nur ganz wenig
höher liegt als das 1. Maximum mit $\eta = 0{,}85$. Bei E nimmt auch das
2. Leitrad kein Moment mehr auf; Pumpen- und Turbinenmoment sind
einander gleich geworden ($\mu = 1$); es beginnt der Kupplungsbereich, der
sich bis $\psi = \eta = 0{,}97$ ausdehnt. Abb. 131 zeigt die Vollastlinien eines
solchen Wandlers über der Abtriebsdrehzahl. Die Anfahrwandlung ist
mit $\mu_A = 3{,}6$ wesentlich größer als beim einfachen *Trilok*-Wandler, die
Drückung der Motordrehzahl nicht sehr stark, wie man aus dem Verlauf

von $\dfrac{n_1}{n_{1\,\mathrm{max}}}$ entnimmt.

Ein Wandler mit einem Aufbau nach Abb. 128d, mit zweistufigem
Leitrad und zweistufiger Pumpe, wobei die Pumpe P_2 über eine Freilauf-

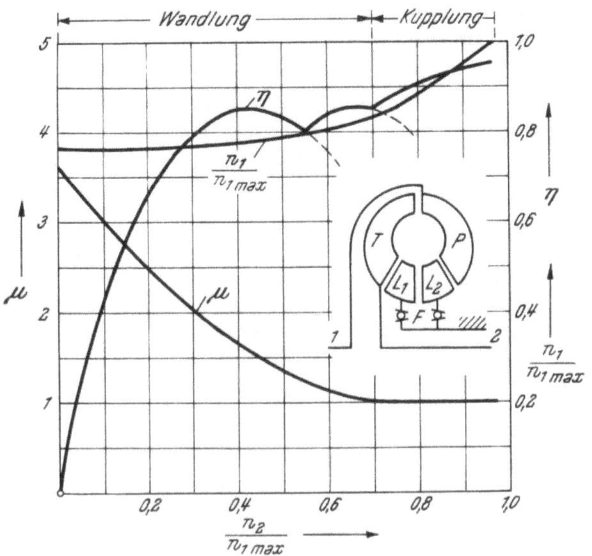

Abb. 131. Abtriebskennfeld eines Wandlers mit zweiteiligem Leitrad; n_1 Motordrehzahl mit Höchstwert n_{1max}, n_2 Abtriebsdrehzahl, μ Momentenverhältnis, η Wirkungsgrad

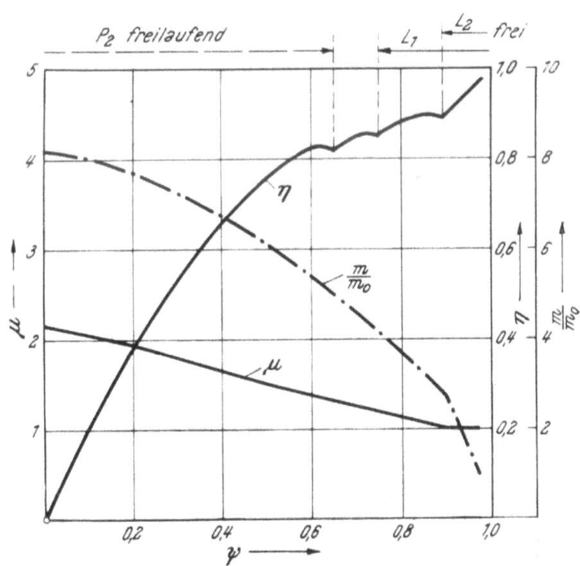

Abb. 132. Kennlinien eines *Polyphase*-Wandlers nach Abb. 128d; 1 An- und 2 Abtrieb, ψ Drehzahlverhältnis, μ Momentenverhältnis, $\dfrac{m}{m_0}$ Momentaufnahmefaktor der Pumpe (Pumpenmoment $m = m_0$ bei $\eta = 0,97$), η Wirkungsgrad, P_2 Vorpumpe, L_1 und L_2 Leiträder

sperre mit der Hauptpumpe P_1 verbunden ist, hat vier Betriebsphasen, deren Auswirkung im Kennfeld Abb. 132 aufzeigt. Beim Anfahren sind die beiden Leiträder durch ihre Sperren fest. Die Pumpe P_2, auch Vorpumpe genannt, läuft mit einer größeren Drehzahl als die Hauptpumpe P_1 frei um und hat so zunächst keinen Einfluß auf die Strömung (1. Phase). Bei $\psi = 0{,}65$ holt die Pumpe P_1 die Vorpumpe ein, und über den sich sperrenden Freilauf nimmt nun P_2 einen Teil des Eingangsmomentes auf (2. Phase). Das 1. Leitrad löst sich bei $\psi = 0{,}75$ in seinem Freilauf und

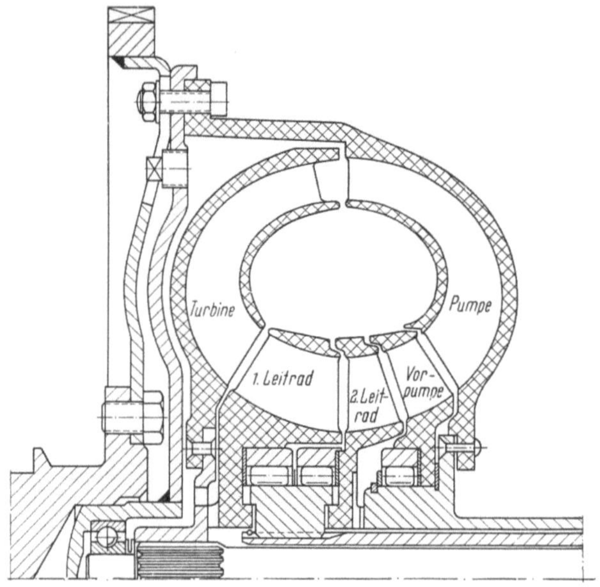

Abb. 133. Schnitt durch den *Polyphase*-Wandler im *Dynaflow*-Getriebe von BUICK

leitet so die 3. Phase ein. Von $\psi = 0{,}89$ ab wird auch das 2. Leitrad frei und der Wandler arbeitet nun in der 4. Phase als Kupplung. Der Wirkungsgradverlauf in Abb. 132 zeigt, daß der vom einfachen *Trilok*, Wandler her bekannte Knick der Kurve vor dem Kupplungspunkt fast völlig verschwunden ist.

Einen *Trilok*-Wandler mit zwei Leiträdern und zweistufiger Pumpe hat die Firma BUICK in ihrem ersten *Dynaflow*-Getriebe (1948) angewandt, Abb. 133. Dieser Wandler war der Ausgangspunkt einer sehr interessanten Entwicklung von FÖTTINGER-Wandlern, die ausführlich in dem späteren Abschnitt über: *Das Dynaflow-Getriebe und seine Varianten* in dem Buchteil mit der Beschreibung der ausgeführten automatischen Automobilgetriebe behandelt wird.

E. Arbeitsflüssigkeit für die Föttinger-Strömungsmaschinen

Das Übertragungsverhalten von FÖTTINGER-Kupplung und -Wandler wird abgesehen von ihrer konstruktiven Ausbildung stark von den Eigenschaften der Flüssigkeit mitbestimmt. Wünschenswert ist eine niedrige Viskosität, die wenig von der Temperatur abhängt, und ein hohes spezifisches Gewicht, weil dann die Ausmaße der Maschinen klein sein können. FÖTTINGER benutzte in seinen Transformatoren zunächst Wasser, das er nach der Erwärmung im Wandler den Dampfkesseln als Speisewasser zuführte, um so einen Teil der sonst verlorenen Leistung zurückzugewinnen. Für Automobilgetriebe kommt Wasser trotz seiner geringen Viskosität nicht in Frage. Neben den zu erwartenden Schwierigkeiten im Winter muß man die Komplizierung vermeiden, die sich aus einer Trennung von Schmierölkreislauf des Getriebes und Wasserkreislauf der Strömungsmaschine ergibt. Zur Vereinfachung des Aufbaus und damit zur Einsparung von Kosten sollten daher der Arbeitsflüssigkeit außer dem Energietransport noch weitere Aufgaben übertragen werden: die Schmierung des Getriebes, vor allem der Zahnradstufen, die Arbeit als Drucköl in der hydraulischen Schaltanlage und der Wärmetransport für die Kühlung des Getriebes. Jede dieser vier Aufgaben stellt besondere Anforderungen an das Getriebeöl. In den heutigen automatischen Automobilgetrieben gelangen ohne Ausnahme Öle der ATF-Klasse (ATF = = Automatic Transmission Fluid) zur Verwendung. Sie besitzen ein spezifisches Gewicht von etwa $\gamma = 0,86$ bis $0,89$ gr/cm^3; der Flammpunkt liegt bei $200°$ C, der Stockpunkt bei $-40°$ C. Die spezifische Wärme beträgt im Durchschnitt $0,5 \dfrac{\text{kcal}}{\text{kp Grad}}$ und die Verdampfungswärme $90 \dfrac{\text{kcal}}{\text{kp}}$. Die Abhängigkeit der Viskosität (kinematische Zähigkeit ν) von der Temperatur für diese Öle gibt die Gerade *4* in Abb. 134 an. Zum Vergleich sind noch die Linien für Wasser (*1*) und Dieselöl (*2*) eingetragen.

In letzter Zeit sind ausgehend von den USA synthetische Öle für Strömungsmaschinen auf den Markt gekommen [330]. In Abb. 134 ist unter *3* die Viskositätskurve eines solchen Öls als Beispiel eingefügt. Seine kleine kinematische Zähigkeit ergibt sich in erster Linie durch das relativ hohe spezifische Gewicht von $\gamma = 1,13$ gr/cm^3; die übrigen Eigenschaften (Stockpunkt, Flammpunkt und spezifische Wärme) entsprechen dem oben angeführten ATF-Öl. Eine Erhöhung des spezifischen Gewichts von $\gamma = 0,87$ auf $1,13$ gr/cm^3 erlaubt es, den Durchmesser einer FÖTTINGER-Kupplung oder eines FÖTTINGER-Wandlers um den Faktor $\sqrt[5]{\dfrac{0,87}{1,13}} = 0,95$, also um 5%, zu verkleinern. Synthetische Öle haben bis heute wohl wegen ihres hohen Preises noch keine Anwendung in automatischen Automobilgetrieben gefunden.

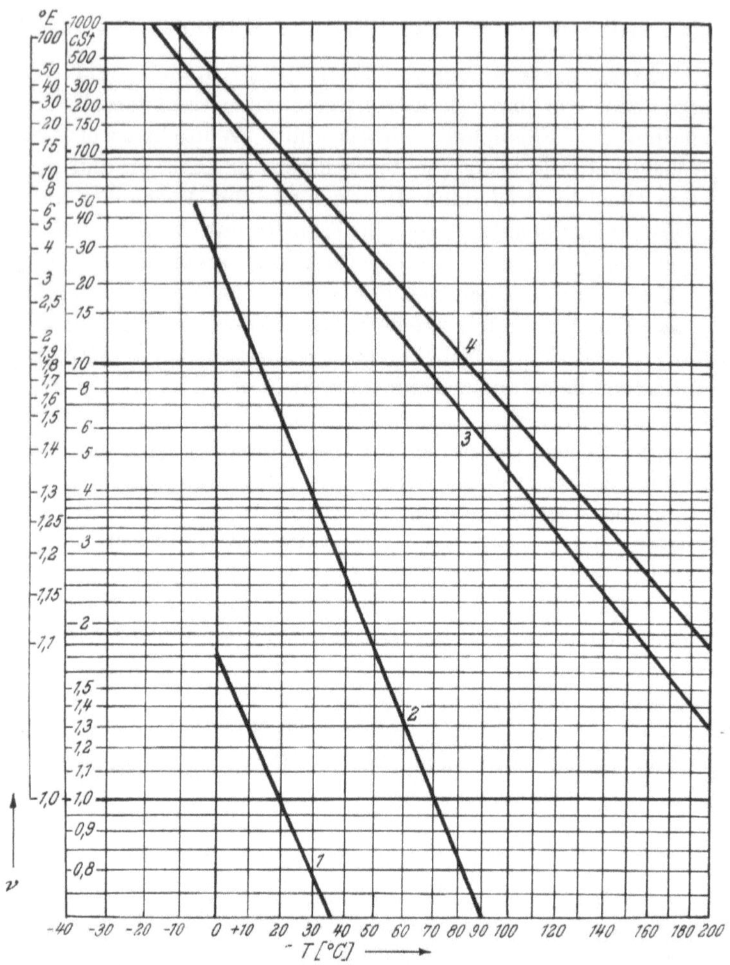

Abb. 134. Kinematische Zähigkeit (Viskosität) verschiedener Flüssigkeiten in Abhängigkeit von der Temperatur, aufgetragen im Diagramm nach UBBELOHDE-WALTHER; *1* Wasser, *2* Dieselöl, *3* synthetisches Getriebeöl, *4* ATF-Getriebeöl (*A*utomatik *T*ransmission *F*luid)

F. Kühlung von automatischen Automobilgetrieben

Der Anteil N_V, der von der Eingangsleistung N_1 in einem automatischen Getriebe verlorengeht, wird in Wärme umgesetzt. Es ist $N_V = N_1 - N_2$ und mit $\dfrac{N_2}{N_1} = \eta$ ist $N_V = (1 - \eta) N_1$. Gibt man N in PS an, so beträgt die entstehende Wärmemenge

$$W = (1 - \eta) N_1\; 632 \text{ kcal/h}.$$

Ihre Abführung erfolgt zuzunächst durch die Wärmekapazität des Getriebes selber,
dann durch Strahlung und
durch Abgabe an die Außenluft um das Wandler- und
Getriebegehäuse, wobei ein
Teil des Wärmetransportes
vom Öl wahrgenommen wird.
Im Dauerfahrbetrieb stellt
sich ein Gleichgewichtszustand ein; es dürfen dabei
aber bestimmte Temperaturen
des Getriebes oder des Getriebeöls nicht überschritten
werden. Diese Grenze gibt im
Motorkennfeld eines Getriebes

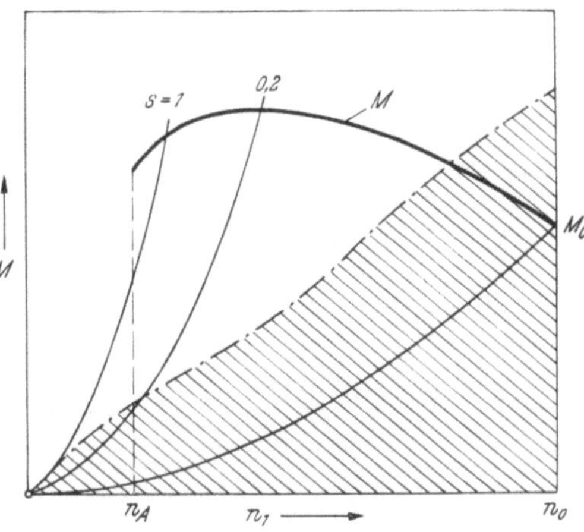

Abb. 135. Einfluß der Temperatur auf den Arbeitsbereich einer FÖTTINGER-Kupplung

ein Gebiet an, schraffiert in Abb. 135, in dem ein Dauerbetrieb möglich
ist. Außerhalb dieses Feldes, also vor allem bei großen Schlupfwerten,
ist ein Betriebszustand
nur so lange statthaft,
solange die Erhitzung
die zulässige Höhe noch
nicht überschreitet.

Man kann das Dauerarbeitsfeld vergrößern,
indem man die Kühlung
verstärkt. Hierzu hat
man auf das umlaufende
Wandler- oder Kupplungsgehäuse Ventilatorschaufeln gesetzt, Abb.
136. Ihre Lüfterwirkung
läßt sich noch durch
eine passende Gestaltung
des umgebenden festen
Getriebegehäuses steigern, s. Abb. 221 unter 6.
Wenn die Luftkühlung
zur Abführung der anfallenden Wärmemenge
nicht ausreicht, so kann
man (meist zusätzlich)

Abb. 136. Wandlergehäuse mit aufgesetzten Ventilatorblechen
für die Luftkühlung

die Temperatur des heißen Getriebeöls in einem besonderen Kühler
herabsetzen. Hierzu wird nach Abb. 137 ein Öl-Wasser-Wärmetauscher
herangezogen, der in den Kühlwasserkreislauf des Motors eingefügt
wird. Diese Anordnung hat den Vorzug, daß bei sehr kalter Witterung
das Getriebeöl gegebenenfalls schnell vom Motor aus auf die Betriebs-

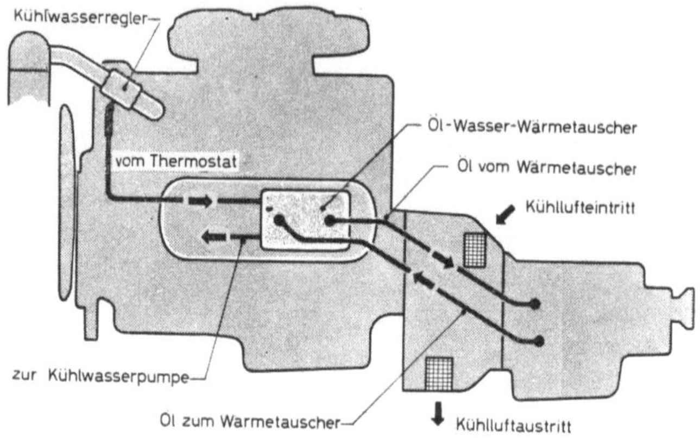

Abb. 137. Wasserkühlung eines automatischen Automobilgetriebes

temperatur gebracht und auch gehalten wird; das ist für den Wirkungsgrad wie überhaupt für das gesamte ordnungsgemäße Arbeiten des Getriebes von großer Bedeutung. Auf der anderen Seite sind die Kühl-
anlagen aller automatischen Automobilgetriebe so ausgelegt und bemessen, daß sie auch unter den ungünstigsten Bedingungen (Paßfahrten
mit vollbesetztem Wagen und Anhänger an heißen Tagen) nicht zur
Überhitzung führen.

G. Leistungsverzweigung

1. Prinzipieller Aufbau und Grundgleichungen

In der Technik läßt man oft die von einem Motor zum Verbraucher
fließende Leistung, Abb. 138, nicht über einen einzigen Weg laufen,

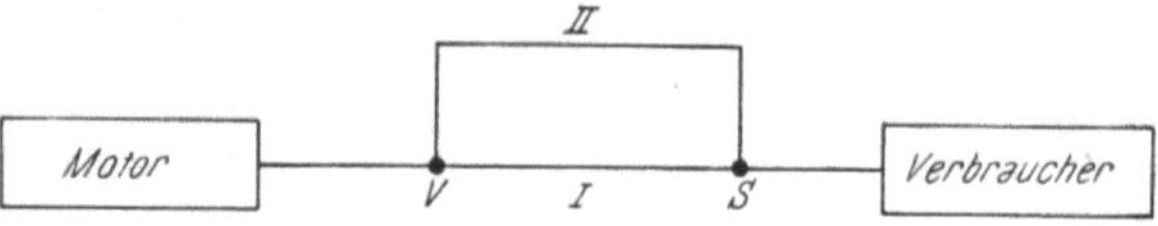

Abb. 138. Leistungsverzweigung; V Verzweigungspunkt, I und II Leistungszweige, S Sammelpunkt

sondern man teilt sie in zwei (oder noch mehr) Leistungszweige auf.
Dabei unterscheidet man den Verzweigungspunkt V, die Leistungszweige I
und II und den Sammelpunkt S. Einer dieser Punkte, entweder V

oder S, besteht aus einem Differentialgetriebe, z. B. einem Planetengetriebe; dann kann der andere Punkt im einfachsten Fall eine feste Verbindung sein. Abb. 139 zeigt eine derart aufgebaute *Leistungsverzweigung mit Sammelgetriebe*. Die Antriebsleistung N_1 wird im Verzweigungspunkt V aufgeteilt. Der eine Teil (N_I) geht über den Zweig I zum Sonnenrad s, der andere (N_II) über den Weg II zum Außenrad a. Bei dieser Anordnung ist $n_1 = n_2$, $M_1 = M_2$ und $N_1 = N_2$, wenn man von

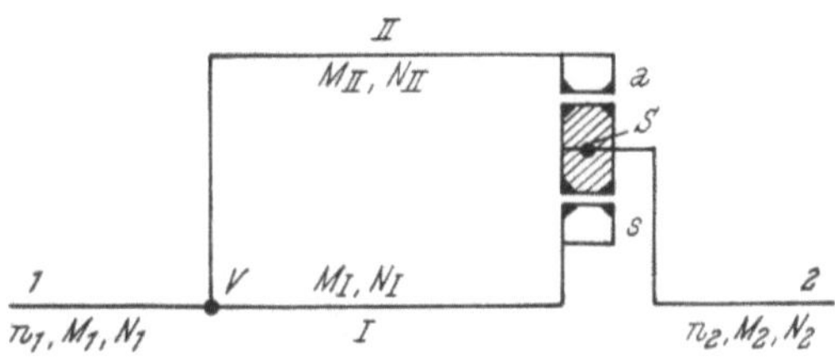

Abb. 139. Leistungsverzweigung mit Sammelgetriebe; V Verzweigungs- und S Sammelpunkt, a Außenrad, s Sonnenrad, *1* An- und *2* Abtrieb, I und II Leistungsarme

Verlusten im Sammelgetriebe zunächst absieht. Die Aufteilung der Leistung (und des Momentes) auf die Zweige I und II hängt von der Grundübersetzung $\dfrac{z_a}{z_s}$ des Sammelgetriebes ab. Es ist

$$\frac{N_\mathrm{I}}{N_1} = \frac{M_\mathrm{I}}{M_1} = \frac{1}{1 + \dfrac{z_a}{z_s}}$$

und

$$\frac{N_\mathrm{II}}{N_1} = \frac{M_\mathrm{II}}{M_1} = \frac{\dfrac{z_a}{z_s}}{1 + \dfrac{z_a}{z_s}}; \qquad \frac{N_\mathrm{II}}{N_\mathrm{I}} = \frac{z_a}{z_s}.$$

Da aus baulichen Gründen $1 < \dfrac{z_a}{z_s} < \infty$ sein muß, so ergibt sich

$$0 < \frac{N_\mathrm{I}}{N_1} < 0{,}5 \quad \text{und} \quad 0{,}5 < \frac{N_\mathrm{II}}{N_1} < 1.$$

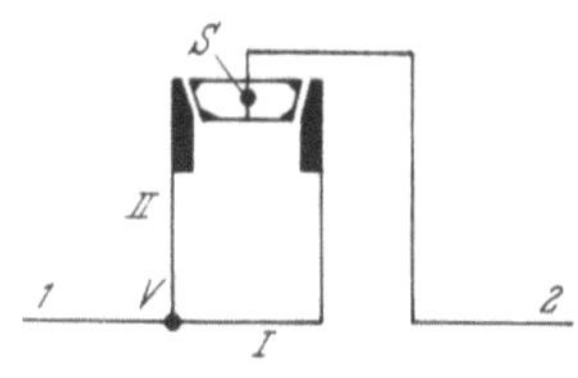
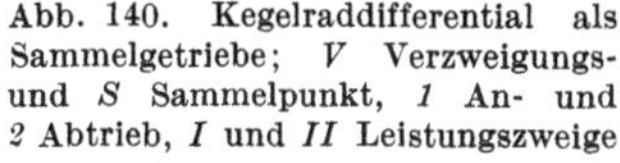

Abb. 140. Kegelraddifferential als Sammelgetriebe; V Verzweigungs- und S Sammelpunkt, *1* An- und *2* Abtrieb, *I* und *II* Leistungszweige

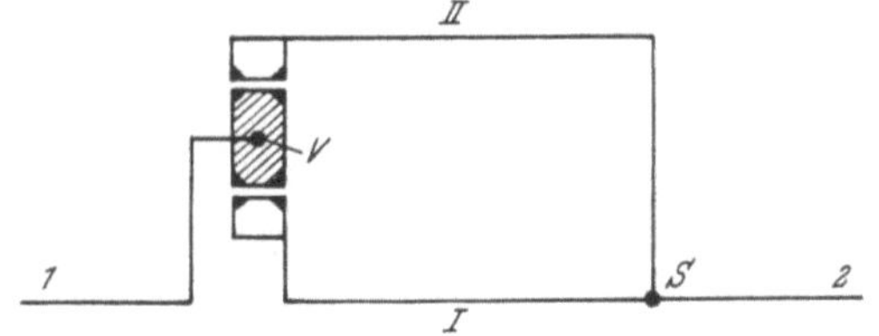

Abb. 141. Leistungsverzweigung mit Verteilergetriebe; V Verzweigungs- und S Sammelpunkt, *1* An- und *2* Abtrieb, I und II Leistungszweige

Der Leistungsfluß durch Zweig I ist also stets kleiner, der durch Zweig II größer als die Hälfte der Eingangsleistung. Soll durch jeden der Zweige die halbe Leistung gehen, so ist das Getriebe als Kegelraddifferential auszubilden, Abb. 140.

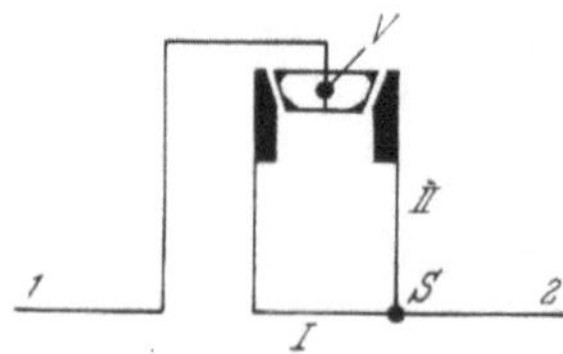

Abb. 142. Kegelraddifferential als Verteilergetriebe; *V* Verzweigungs- und *S* Sammelpunkt, *1* An- und *2* Abtrieb, I und II Leistungszweige

In Abb. 141 ist eine Anordnung aufgezeichnet, in der ein Planetensatz als *Verteilergetriebe* wirkt, während die beiden Leistungszweige I und II im festen Sammelpunkt *S* zusammenfließen. Wie man leicht einsieht, gelten hier für die Aufteilung von Moment und Leistung die gleichen Beziehungen, die oben für die Leistungsverzweigung mit Sammelgetriebe aufgestellt wurden. Soll in beiden Zweigen die gleiche Leistung fließen, so kommt ein Kegelraddifferential nach Abb. 142 zur Anwendung.

In die Leistungszweige I und II kann man nun Wandler für Drehzahl und Moment einfügen, z. B. Zahnräder mit festem Übersetzungsverhältnis (konstanter Leistungszweig) oder Getriebe mit veränderlichen Verhältnissen (variabler Leistungszweig). Abb. 143 zeigt eine Leistungsverzweigung mit Sammelgetriebe. Der Index 1 weist auf den Antrieb

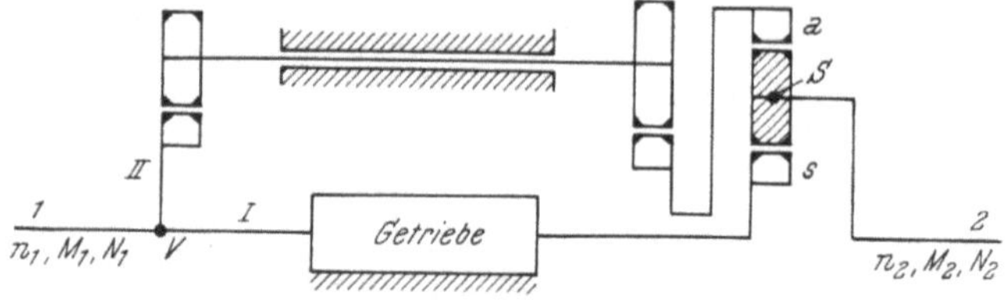

Abb. 143. Leistungsverzweigung mit Sammelgetriebe; *I* Leistungszweig mit variabler Übersetzung durch Getriebe, *II* Zweig mit konstanter Übersetzung, *V* Verzweigungs- und *S* Sammelpunkt, *1* An- und *2* Abtrieb, *a* Außenrad und *s* Sonnenrad des Planetensatzes

hin mit der Drehzahl n_1, dem Drehmoment M_1 und der Eingangsleistung N_1. Für den Abtrieb ergeben sich entsprechend n_2, M_2 und N_2. In dem Zweig I liegt ein Getriebe; das veränderliche Übersetzungsverhältnis ist $i_\mathrm{I} = \dfrac{n_1}{n_s}$. Der Zweig II hat durch zwei Zahnradpaare eine feste Übersetzung $i_\mathrm{II} = \dfrac{n_1}{n_a}$. Dann lassen sich über die Leistungsteile N_I und N_II für den in der Abb. 143 gezeigten Aufbau folgende Beziehungen ableiten:

$$\frac{N_\mathrm{II}}{N_\mathrm{I}} = \frac{i_\mathrm{I}}{i_\mathrm{II}} \frac{z_a}{z_s},$$

$$\frac{N_\mathrm{I}}{N_1} = \frac{\dfrac{z_s}{i_\mathrm{I}}}{\dfrac{z_s}{i_\mathrm{I}} + \dfrac{z_a}{i_\mathrm{II}}} \quad \text{und} \quad \frac{N_\mathrm{II}}{N_1} = \frac{\dfrac{z_a}{i_\mathrm{II}}}{\dfrac{z_s}{i_\mathrm{I}} + \dfrac{z_a}{i_\mathrm{II}}}.$$

Hierbei sind zunächst keine Verluste berücksichtigt; erfolgt die Übertragung im Zweig I mit dem Wirkungsgrad η_I und im Zweig II mit η_II, so erhält man

$$\frac{N_{\mathrm{I}}}{N_1} = \frac{\dfrac{z_s}{i_{\mathrm{I}}}}{\dfrac{z_s}{i_{\mathrm{I}}\,\eta_{\mathrm{I}}} + \dfrac{z_a}{i_{\mathrm{II}}\,\eta_{\mathrm{II}}}} \quad \text{und} \quad \frac{N_{\mathrm{II}}}{N_1} = \frac{\dfrac{z_a}{i_{\mathrm{II}}}}{\dfrac{z_s}{i_{\mathrm{I}}\,\eta_{\mathrm{I}}} + \dfrac{z_a}{i_{\mathrm{II}}\,\eta_{\mathrm{II}}}}.$$

Der Gesamtwirkungsgrad ergibt sich zu

$$\eta = \frac{N_2}{N_1} = \frac{\dfrac{z_s}{i_{\mathrm{I}}} + \dfrac{z_a}{i_{\mathrm{II}}}}{\dfrac{z_s}{i_{\mathrm{I}}\,\eta_{\mathrm{I}}} + \dfrac{z_a}{i_{\mathrm{II}}\,\eta_{\mathrm{II}}}}.$$

In analoger Weise kann man eine Leistungsverzweigung mit Verteilergetriebe herstellen, bei dem wieder Zweig I den variablen und II den konstanten Leistungsarm darstellt. Zu zwei weiteren Aufbauten gelangt man, wenn man den Zweig I zum konstanten und den Zweig II, der vom oder zum Außenrad des Planetengetriebes kommt, zum variablen Leistungsarm macht.

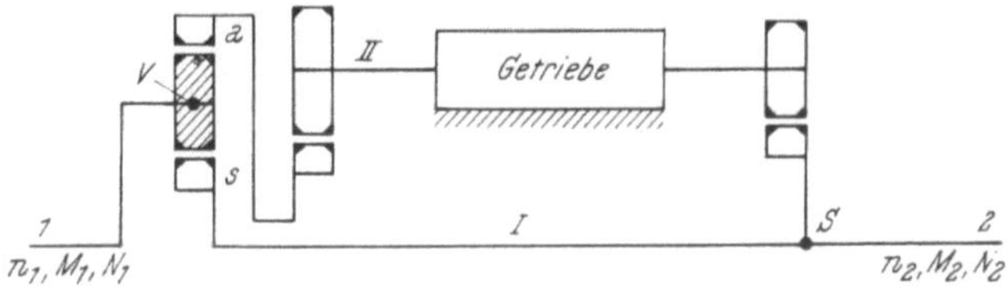

Abb. 144. Leistungsverzweigung mit Verteilergetriebe; V Verzweigungs- und S Sammelpunkt, I Leistungszweig mit konstanter Übersetzung (hier = 1), II Zweig mit variabler Übersetzung durch Getriebe, a Außen- und s Sonnenrad des Planetensatzes, 1 An- und 2 Abtrieb

In Abb. 144 ist eine Leistungsverzweigung mit Verteilergetriebe wiedergegeben, bei der das veränderliche Getriebe im Zweig II liegt. Für die Aufteilung der Eingangsleistung N_1 in die Anteile N_{I} und N_{II} kann man, wenn

$$i_{\mathrm{I}} = \frac{n_s}{n_2} \quad \text{und} \quad i_{\mathrm{II}} = \frac{n_a}{n_2}$$

gesetzt wird, folgende Gleichungen ableiten:

$$\frac{N_{\mathrm{II}}}{N_{\mathrm{I}}} = \frac{i_{\mathrm{II}}}{i_{\mathrm{I}}}\,\frac{z_s}{z_a},$$

und mit η_{I} und η_{II} als den Übertragungswirkungsgraden in den Zweigen I und II ist

$$\frac{N_{\mathrm{II}}}{N_1} = \frac{z_s\,i_{\mathrm{II}}}{z_a\,i_{\mathrm{I}} + z_s\,i_{\mathrm{II}}} \quad \text{und} \quad \frac{N_{\mathrm{I}}}{N_1} = \frac{z_a\,i_{\mathrm{I}}}{z_a\,i_{\mathrm{I}} + z_s\,i_{\mathrm{II}}},$$

$$\frac{N_{\mathrm{II}}}{N_2} = \frac{z_1\,i_{\mathrm{II}}}{z_a\,i_{\mathrm{I}}\,\eta_{\mathrm{I}} + z_s\,i_{\mathrm{II}}\,\eta_{\mathrm{II}}} \quad \text{und} \quad \frac{N_{\mathrm{I}}}{N_2} = \frac{z_a\,i_{\mathrm{I}}}{z_a\,i_{\mathrm{I}}\,\eta_{\mathrm{I}} + z_s\,i_{\mathrm{II}}\,\eta_{\mathrm{II}}};$$

$$\eta = \frac{N_2}{N_1} = \frac{z_a\,i_{\mathrm{I}}\,\eta_{\mathrm{I}} + z_s\,i_{\mathrm{II}}\,\eta_{\mathrm{II}}}{z_a\,i_{\mathrm{I}} + z_s\,i_{\mathrm{II}}}.$$

Es läßt sich die Vielfalt der möglichen Anordnungen noch steigern, wenn man berücksichtigt, daß in den als Sammel- oder Verteilungsgetrieben arbeitenden Planetensätzen Sonnenrad, Planetenträger und Außenrad ihre Plätze untereinander vertauschen können.

Zur Ermittlung der für Entwurf und Konstruktion wichtigen Größen (Getriebeübersetzung mit ihren Grenzwerten, Regelübersetzung und Regelbereich, Leistungsverhältnis usw.) hat H. von Thüngen Konstruktionstafeln mitgeteilt [350].

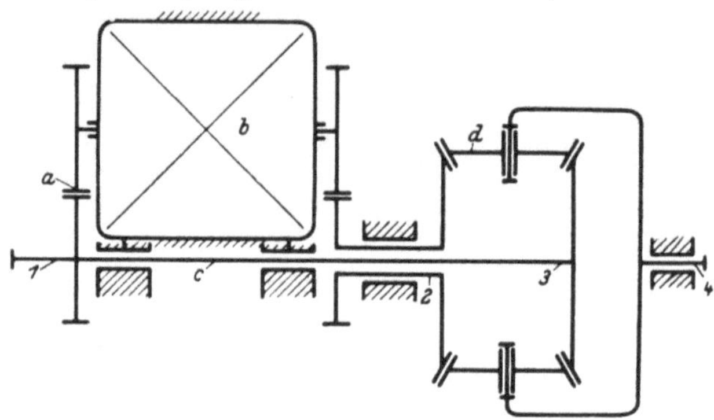

Abb. 145. Leistungsverzweigung mit Kegelraddifferential; *1* Antrieb, *2* Welle mit vorderem und *3* mit hinterem Kegelrad (Sonnenrad), *4* Abtrieb, *a* Zahnradübertragung für den variablen Leistungszweig, *b* Getriebe, *c* direkter (konstanter) Leistungszweig, *d* Kegelrad des Differentials

Schon in einer früheren Arbeit [349] hatte sich H. von Thüngen mit der Leistungsverzweigung in Getrieben befaßt und dabei auf eine eigenartige Erscheinung hingewiesen. In der Anordnung nach Abb. 145 lassen sich durch den im Zweig *2* liegenden Wandler *b* dem mit der Welle *2* verbundenen Kegelrad Drehzahlen aufzwingen, die in Richtung (Drehsinn) und Größe sehr unterschiedlich sein können. H. von Thüngen betrachtete an Hand von Abb. 145 drei Beispiele. Im ersten beträgt die Drehzahl n_2 der Achse *2*, auf der das eine Kegelrad des Sammelgetriebes sitzt, ein Drittel der Eingangsdrehzahl n_1. Das andere Kegelrad hat die Drehzahl n_3 ($= n_1$). Dann ist die Abtriebsdrehzahl

$$n_4 = \frac{n_2 + n_3}{2} = n_1.$$

Die Durchrechnung des Leistungsflusses ergibt, daß sich die Eingangsleistung N_1 so in die beiden Zweige aufteilt, daß durch den Zweig *2* mit dem Wandler $\frac{1}{4} N_1$ fließt, während durch die Welle *c* direkt $\frac{3}{4} N_1$ übertragen werden, die sich dann im Sammelgetriebe zu $N_4 = N_1$ vereinen, Abb. 146 oben. (Die Getriebeanordnung ist dabei als verlustfrei angenommen worden.)

Im zweiten Beispiel ist $\dfrac{n_2}{n_1} = -\dfrac{1}{3}$. Es beträgt dann die Abtriebs-drehzahl $n_4 = \dfrac{1}{3}\,n_1$. In der Welle 3 fließt jetzt ein Leistungsteil $N_3 = 1{,}5\,N_1$ und im Zweig 2 (durch den Wandler b) $N_2 = -0{,}5\,N_1$. Es liegt hier also eine negative Blindleistung vor, Abb. 146 Mitte, die im Getriebe um-läuft und die halb so groß ist wie die durchfließende Leistung $N_1\,(=N_4)$.

Noch krasser werden die Verhältnisse im dritten Beispiel, in dem $n_2 = -\dfrac{2}{3}\,n_1$ gesetzt ist; somit ist $n_4 = \dfrac{1}{6}\,n_1$. Im Zweig 3 fließt nun eine Leistung $N_3 = 3\,N_1$ und im Zweig 2 von $N_2 = -2\,N_1$, Abb. 146 unten. Die blind im Ge-triebe umlaufende Leistung ist also wesentlich größer als die zugeführte Lei-stung N_1. Auf einen ähn-lichen Fall waren wir bereits bei der Behandlung des Leistungs- und Momen-tenflusses durch Planeten-getriebe gestoßen (s. S. 48). Der Konstrukteur eines Getriebes wird sein Augenmerk auf umlaufende Blindleistungen richten müssen, um nicht unliebsame Überraschungen durch Überbeanspruchung von Bauteilen zu erleben.

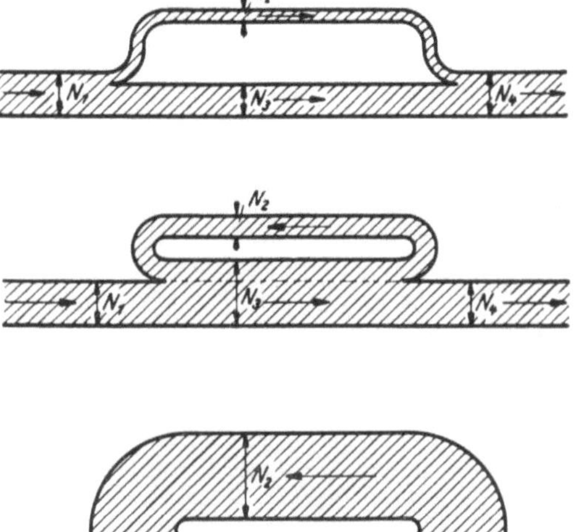

Abb. 146. Aufteilung der Leistung bei der Verzweigung nach Abb. 145 oben bei dem ersten, in der Mitte beim zweiten und unten beim dritten Beispiel, s. Text

2. Strömungsmaschinen in Leistungsverzweigungen

FÖTTINGER hat schon im Jahre 1938 darauf hingewiesen [130], daß es zweckmäßig sein kann, durch eine hydrodynamische Kupplung oder einen hydraulischen Drehmomentwandler nicht die volle zu übertragende Leistung zu schicken, sondern mittels einer Verzweigung nur einen be-stimmten Teil, ohne damit die Vorzüge der Strömungsmaschine (z. B. weiches Anfahren, stufenlose Wandlung) zu verlieren. Zwei Vorteile einer solchen Anordnung springen sofort ins Auge. Da nur ein Teil der Leistung über die hydrodynamische Maschine fließt, kann ihre Größe

und damit Gewicht nebst Kosten kleiner sein. Weiterhin wirkt sich der
mit einer Strömungsmaschine nun einmal verbundene Abfall an Wirkungsgrad nur auf einen Teil und nicht auf die gesamte übertragene
Leistung aus. Der Gesamtwirkungsgrad kann demnach bei Anwendung
einer Leistungsverzweigung besser sein, wie folgendes Beispiel erläutert.
Ein Wandler mit $\eta = 0{,}85$ wird von 100 PS Eingangsleistung noch 85 PS
abgeben. Überträgt man in einer Leistungsverzweigung 60 PS direkt
ohne Verlust und läßt die restlichen 40 PS über den Wandler gehen, so
verliert man in ihm nur 6 PS, und die Austrittsleistung beträgt jetzt
94 PS. Der Gesamtwirkungsgrad ist also von $\eta = 0{,}85$ auf $0{,}94$ gestiegen.

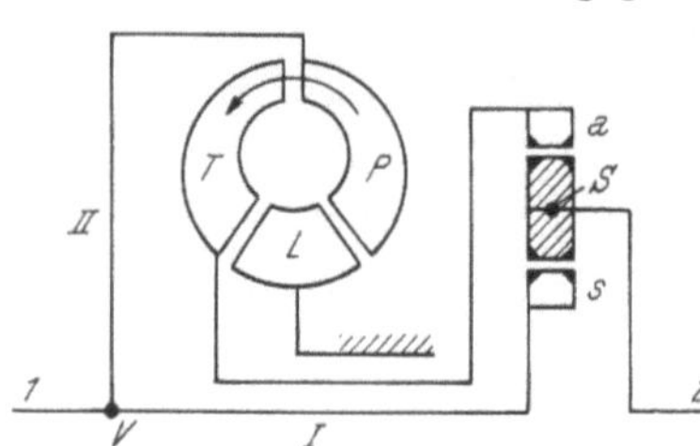

Abb. 147. Föttinger-Wandler in einer
Leistungsverzweigung mit Sammelgetriebe;
V Verzweigungs- und S Sammelpunkt der
Leistungszweige I und II, P Pumpe, T Tur-
bine, L Leitrad, a Außen- und s Sonnenrad
des Planetensatzes, 1 An- und 2 Abtrieb;
Föttinger-Wandler in Zweig II

Dem Gewinn an Wirkungsgrad
steht eine Einbuße an Regelbereich
gegenüber. Je kleiner z. B. in einer
Leistungsverzweigung der Leistungsanteil ist, der über eine hydrodynamische Kupplung geführt wird, umso
„steifer" (oder „härter") wird die
Übertragung. Der Einsparung an
Gewicht und Kosten bei einem kleineren Wandler stehen der höhere Aufwand durch das notwendige Ver-
teiler- oder Sammelgetriebe und
die zusätzlichen Übertragungsorgane
(Wellen, Lager usw.) gegenüber. Hierin
ist der Hauptgrund zu sehen, daß trotz des Vorschlages von Föttinger
die Leistungsverzweigung bei Strömungsmaschinen zunächst keine
praktische Anwendung fand.

In den automatischen Automobilgetrieben sind die Verhältnisse jedoch
wesentlich günstiger. Für den Rückwärtsgang und für das Befahren
starker Steigungen ist stets ein Zahnradgetriebe vorhanden. Wenn es
gelingt, dieses Getriebe für das Verzweigen oder Sammeln der Leistung
heranzuziehen, so fällt ein zusätzlicher Aufwand weg.

In Abb. 147 ist eine Leistungsverzweigung mit Sammelgetriebe aufgezeichnet, bei der in dem Zweig II (vom Verzweigungspunkt V zum
Außenrad a) ein Föttinger-Wandler eingefügt ist. In dem Zweig I
erfolgt keine Übersetzung der Drehzahl; es ist $i_{\mathrm{I}} = 1$. Im Zweig II ist
die Übersetzung veränderlich; sie entspricht dem Drehzahlverhältnis
von Pumpenrad und Turbine; es ist $i_{\mathrm{II}} = \dfrac{n_P}{n_T}$. Damit erhält man für
die Aufteilung der Eingangsleistung N_1 auf die beiden Zweige mit Hilfe
der obigen Grundgleichungen

$$\frac{N_{\mathrm{II}}}{N_{\mathrm{I}}} = \frac{n_T}{n_P} \cdot \frac{z_a}{z_s}, \qquad \frac{N_{\mathrm{I}}}{N_1} = \frac{i_{\mathrm{II}}\, z_s}{i_{\mathrm{II}}\, z_s + z_a}, \qquad \frac{N_{\mathrm{II}}}{N_1} = \frac{z_a}{i_{\mathrm{II}}\, z_s + z_a}.$$

Für Überschlagsrechnungen kann dabei $i_{II} \approx 1$ gesetzt werden, so daß die Aufteilung der Leistung nur von der Grundübersetzung $\frac{z_a}{z_s}$ des Sammelgetriebes abhängt. In Abb. 147 wird $\frac{N_{II}}{N_1} < 0{,}5$ sein. Soll die Leistung, die über den Wandler geht, größer als $0{,}5\,N_1$ sein, so muß er in den Zweig I, der vom Verzweigungspunkt V zum Sonnenrad s führt, gelegt werden, wie Abb. 148 zeigt.

Die Wirkungsweise von Föttinger-Getrieben in Leistungsverzweigungen hat K. Kollmann in zwei Dissertationen, die eine von H. J. Förster [124], die andere von M. Diederichs [119], untersuchen lassen.

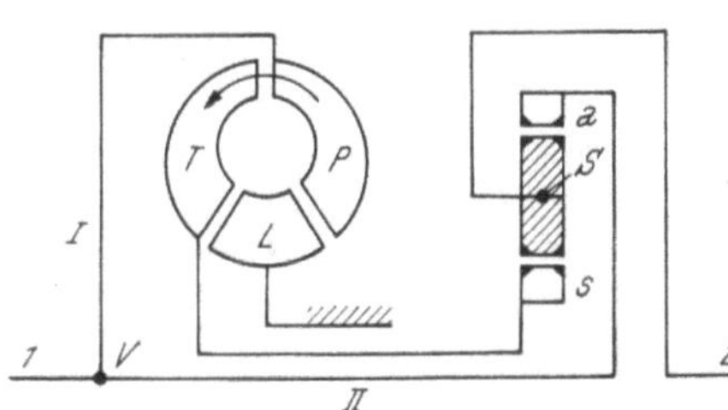

Abb. 148. Föttinger-Wandler in Leistungsverzweigung mit Sammelgetriebe; Wandler in Zweig I, V Verzweigungs- und S Sammelpunkt der Zweige I und II, P Pumpe, T Turbine, L Leitrad, a Außen- und s Sonnenrad des Planetensatzes, 1 An- und 2 Abtrieb

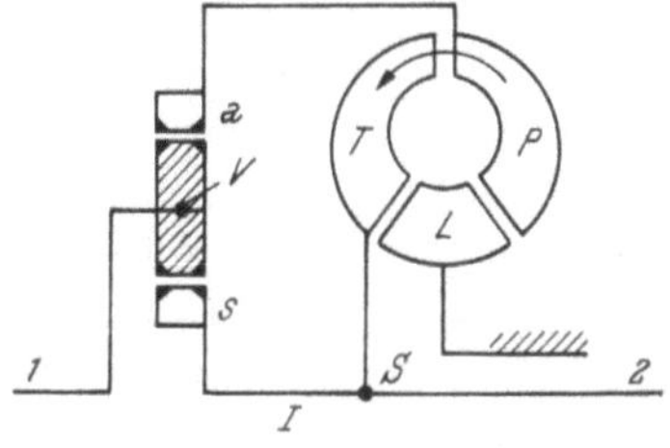

Abb. 149. Föttinger-Wandler in Leistungsverzweigung mit Verteilergetriebe; Wandler in Zweig II, V Verzweigungs- und S Sammelpunkt, P Pumpe, T Turbine, L Leitrad, a Außen- und s Sonnenrad, 1 An- und 2 Abtrieb

H. J. Förster geht in seiner Arbeit von dem in Abb. 147 gezeigten Grundaufbau aus. Nach Tabelle 2 (s. S. 28) gibt es sechs verschiedene Anordnungen eines einfachen Planetengetriebes. Da der Planetensatz, wie oben dargelegt wurde, als Verteiler- oder als Sammelgetriebe, Abb. 147, 148 und 149, wirken kann, lassen sich insgesamt auf diese Weise zwölf Anordnungen von Leistungsverzweigungen angeben, bei denen in einem Zweig ein Föttinger-Getriebe (Kupplung oder Wandler) eingeschaltet ist. H. J. Förster behandelt eingehend alle diese Fälle und untersucht auch den Einfluß der Wandlerkennlinien auf die Charakteristik des Gesamtgetriebes bei Leistungsverzweigung sowie die Zusammenarbeit des Verbrennungsmotors mit dem Föttinger-Getriebe in Leistungsverzweigung. Er kommt dabei in seiner Zusammenfassung zu folgenden Erkenntnissen als Resultat seiner Untersuchungen:

1. Mit einer Leistungsteilung kann der Arbeitsbereich eines hydrodynamischen Wandlers nicht erweitert werden. Dieser Bereich bleibt immer kleiner als der des Wandlers allein.

2. Der beste Wirkungsgrad kann durch eine Leistungsteilung je nach Wahl der Getriebekenngröße auf das 1,05- bis 1,10fache des besten Wandlerwirkungsgrades erhöht werden.

3. Große Wirkungsgradverbesserungen sind mit einer großen Bereichsabnahme, kleine Wirkungsgradverbesserungen mit einer kleinen Bereichsabnahme verbunden.

4. Bei einer Leistungsteilung kann man den Durchmesser des Wandlers um etwa 10 bis 15% vermindern.

Im ganzen gesehen, gibt es nur wenige Möglichkeiten, die Charakteristik von Strömungswandlern durch Anwendung einer Leistungsteilung den besonderen Bedingungen des Kraftfahrzeuges anzupassen. Es sind bestimmte Wirkungsgradsteigerungen möglich, von denen aber ein Teil von den zusätzlichen mechanischen Verlusten in dem Umlaufgetriebe wieder verzehrt wird. Die Baugröße des Strömungsgetriebes kann der Teilleistung angepaßt werden. Von der Gewichtsersparnis geht aber ein großer Teil wegen der zusätzlich nötigen Zahnräder wieder verloren.

In einigen Fällen kann man aus den Möglichkeiten, die die Kombination von Leistungsverzweigungen mit FÖTTINGER-Wandlern bietet, Nutzen ziehen. Dazu wird meist eine der nachstehend aufgeführten Bedingungen erfüllt sein müssen:

1. Man wird besonders dann die Leistungsverzweigung vorteilhaft verwenden, wenn der verlangte Wandlungsbereich so klein ist, daß die Leistungsteilung in einem Gebiet arbeiten kann, das fühlbare Wirkungsgradverbesserungen liefert. Dagegen lohnt es sich in den meisten Fällen nicht, wegen der Einschränkung des Arbeitsbereiches durch eine Leistungsverzweigung ein zusätzliches Übersetzungsgetriebe vorzusehen.

2. Besonders günstig werden die Bedingungen, wenn die Leistungsverzweigung ohne zusätzliches Bauelement in bestimmten Betriebsbereichen der Getriebe vorhanden ist. Dann fallen nämlich alle vorstehend genannten Einschränkungen bezüglich des Gewichtes der Zusatzgetriebe und ihrer eigenen Verluste fort, und es bleiben nur die Vorteile der eigentlichen Leistungsverzweigung erhalten.

3. Der Bereich $0 < u_1 < 1$ mit Verteilergetriebe (es ist hier $u_1 = \dfrac{n_T}{n_P}$ bei festgehaltenem Antrieb) wird vor allem dort interessante Möglichkeiten bieten, wo bei kleinem Wandlungsbereich dauernd eine konstante Übersetzung ins Langsame erwünscht ist.

4. Die Möglichkeiten, die Motor-Drehzahlminderung durch eine Rückwirkung der Turbine zu erreichen, sind begrenzt und beeinflussen oft die Güte des Wandlers an sich. In Fällen, in denen eine große Motor-Drehzahlminderung aus praktischen oder psychologischen Gründen richtig erscheint, kann man die Leistungsverzweigung mit normal aufgebauten Wandlern anwenden.

Insbesondere für das Kraftfahrzeug hat es allerdings nicht den Anschein, als könnte die Anwendung der Leistungsverzweigung auf die Dauer der Weiterentwicklung des Strömungsgetriebes entscheidende

Impulse vermitteln, vornehmlich dann nicht, wenn die Wirkungsgrade der Strömungsgetriebe in zunehmend größerem Maße 90% erreichen und man die im Kraftfahrzeugbau nötigen Wandlungsbereiche beherrschen kann [124].

Soweit das Ergebnis von H. J. FÖRSTER, das zwar keinen entscheidenden Gewinn und damit auch keine allgemeine Anwendung der Leistungsverzweigung erwarten läßt, aber doch einige Vorteile als erreichbar hinstellt.

Bei dem von H. J. FÖRSTER behandelten Aufbau wird ein Umlaufgetriebe als Verteiler- oder Sammelgetriebe benutzt, während in einem der beiden Zweige ein FÖTTINGER-Wandler liegt. Diese Anordnung nennt

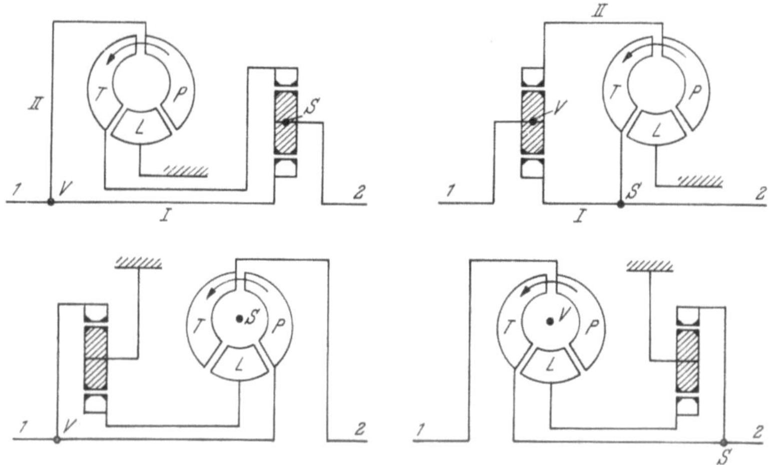

Abb. 150. Beispiele der verschiedenen Arten von Leistungsverzweigungen: oben äußere und unten innere Leistungsverzweigung, oben links mit Sammelgetriebe, unten links mit Sammelwandler, oben rechts mit Verteilergetriebe, unten rechts mit Verteilerwandler

man auch die *äußere Leistungsverzweigung* im Gegensatz zur *inneren Leistungsverzweigung*. Bei ihr erfolgt entweder das Verzweigen oder das Sammeln der beiden Leistungsarme in einem FÖTTINGER-Wandler, während in einem der beiden Zweige (dem variablen) ein Umlaufgetriebe eingebaut ist. Bei dieser Art ist der andere Punkt, in dem die Leistungszweige zusammentreffen, eine starre mechanische Verbindung. Während bei beiden Verzweigungsarten, der äußeren und der inneren, der eine Leistungszweig meist nur durch einen glatten mechanischen Durchtrieb gebildet ist, wird in dem anderen Zweig das für die Drehmomentwandlung im Gesamtgetriebe erforderliche Reaktionsmoment eingeleitet, und zwar bei der äußeren Leistungsverzweigung durch das Leitrad des FÖTTINGER-Wandlers, und bei der inneren Leistungsverzweigung durch einen sich gegen Fest abstützenden Teil des Umlaufgetriebes [119].

Zum Vergleich sind in Abb. 150 vier Beispiele von äußerer und innerer Leistungsverzweigung mit Föttinger-Wandlern dargestellt. Auch bei der inneren Leistungsverzweigung gibt es zwölf Varianten. Alle diese Spielarten sind von M. Diederichs untersucht worden. Er gelangt zu dem Ergebnis: Im allgemeinen steht der technische Mehraufwand der auf ihre Verwendungsfähigkeit beim Antrieb von Kraftfahrzeugen untersuchten Verzweigungsgetriebe mit innerer Leistungsverzweigung in keinem vertretbaren Verhältnis zu dem erzielbaren Gewinn gegenüber normalen Föttinger-Wandlern. Daher fand sie auch bisher keine Anwendung in der Praxis [119].

Wenn auch das Ergebnis der Arbeiten von M. Diederichs zunächst negativ erscheint, so sind wir doch darauf so ausführlich eingegangen, weil in der Forschung über Versuche und Überlegungen mit negativen Ausgang (negativ nur deshalb, weil der erhoffte oder erwünschte Erfolg sich nicht einstellte) leider oft nicht berichtet wird, so daß diese Wege immer und immer wieder völlig unnötig beschritten werden.

3. Leistungsverzweigung in automatischen Automobilgetrieben

Wenn auch das Verzweigen der Leistung keinen Gewinn in Aussicht stellt, der eine allgemeine Verwendung unumgänglich macht, so gibt es doch einige Getriebehersteller, die mit Erfolg aus den beschränkten Verbesserungsmöglichkeiten Nutzen ziehen. Das amerikanische *Hydramatic*-Getriebe, das weiter unten im Abschnitt über ausgeführte Automobilgetriebe noch sehr ausführlich besprochen und dargestellt wird, weist in seinen vier Modellen, die hier Ausf. *A*, *B*, *C* und *D* genannt werden, Leistungsverzweigung auf. Sie findet ferner Anwendung in dem *Tempestorque Getriebe* von Pontiac und bei Buick im *Dual Path Turbine Drive*. Die Bezeichnung des zuletzt genannten Getriebes rührt von den beiden Pfaden her, über die die Leistung geführt wird.

Die *Hydramatic*-Getriebe Ausf. *A* und *B* besitzen eine hydraulische Kupplung. Die für den Fahrbetrieb erforderliche Wandlung des Momentes geschieht in vier Stufen (Gängen), die durch zwei Planetensätze aufgebaut werden. Eine Eigenart der *Hydramatic*-Getriebe Ausf. *A* und *B* besteht darin, daß die hydraulische Kupplung im Kraftfluß nicht wie sonst meist üblich *vor* dem Zahnradgetriebe, sondern zwischen den beiden Planetensätzen liegt. Abb. 151 zeigt schematisch die Getriebeteile der *Hydramatic* Ausf. *A*, die im 3. und 4. Gang, die man als die Hauptfahrgänge ansehen kann, zusammenwirken. Die Motorleistung läuft über die Antriebswelle (*1*) zum Außenrad des 1. Planetensatzes (1. Pl.). Für den 3. Gang hält die Bandbremse *B* das Sonnenrad des Satzes fest. Die Leistung geht somit nach Wandlung von Drehzahl und Moment vom Planetenträger zum Verzweigungspunkt *V*. Von hier führt der Zweig II direkt zum Außenrad des 2. Planetensatzes (2. Pl.), das als Sammelgetriebe arbeitet. Im Zweig I, von V zum Sonnenrad, liegt die FÖTTINGER-Kupplung mit Pumpe P und Turbine T. Sieht man von dem Schlupf dieser Kupplung ab, so ergibt sich bei den angegebenen Zähnezahlen im 2. Planetensatz, daß 62% der Leistung direkt und die restlichen 38% über die Kupplung übertragen werden.

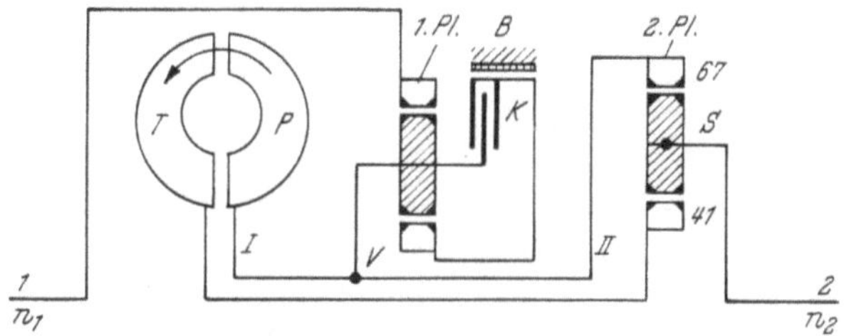

Abb. 151. *Hydramatic* Ausf. *A*; schematische Darstellung für den 3. und 4. Gang, *1* An- und *2* Abtrieb, *P* Pumpe und *T* Turbine der FÖTTINGER-Kupplung, 1. Pl. erster und 2. Pl. zweiter Planetensatz, *B* Bandbremse, *K* Lamellenkupplung, *V* Verzweigungs- und *S* Sammelpunkt der Leistungsverzweigung

Für den 4. Gang werden durch die Lamellenkupplung K Planetenträger und Sonnenrad des 1. Planetensatzes miteinander verbunden, so daß dieser Satz als Block umläuft. Die Eingangsleistung geht mit der Eingangsdrehzahl n_1 zum Verzweigungspunkt V. Es erfolgt dann eine Verzweigung im gleichen Verhältnis wie beim 3. Gang.

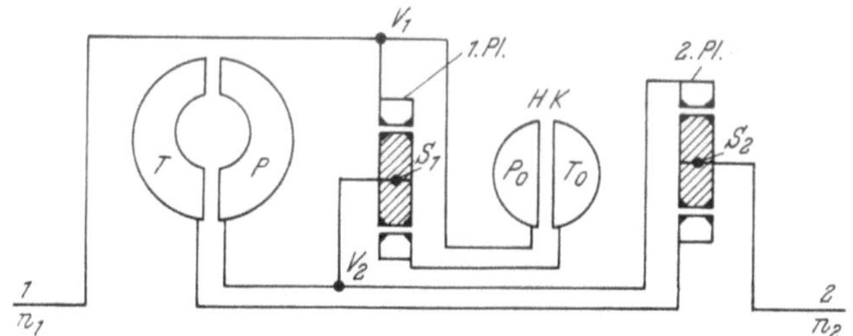

Abb. 152. *Hydramatic* Ausf. *B*; Aufbau des 4. Ganges, *P* Pumpe und *T* Turbine der Hauptkupplung, V_1 und V_2 Verzweigungspunkte, S_1 und S_2 Sammelpunkte der beiden Leistungsverzweigungen, P_0 Pumpe und T_0 Turbine der Hilfskupplung *HK*, *1* An- und *2* Abtrieb, 1. Pl. erster und 2. Pl. zweiter Planetensatz

Im *Hydramatic*-Getriebe Ausf. *B* ist der 3. Gang ähnlich aufgebaut wie in der Ausf. *A*. Die Aufgabe der Bandbremse übernimmt ein Freilauf oder eine Scheibenbremse. Für den 4. Gang kommt eine weitere Änderung hinzu; denn an die Stelle der Lamellenkupplung K der Ausf. *A* ist jetzt zur Erzielung besonders weichen Umschaltens die hydrodynamische Hilfskupplung *HK*, Abb. 152, getreten. Man macht nun zweimal

10*

von der Leistungsverzweigung Gebrauch. Die erste Aufteilung erfolgt bei V_1; 65% der Eingangsleistung gehen direkt zum Außenrad des 1. Planetensatzes (1. Pl.), während 35% den Weg über die hydraulische

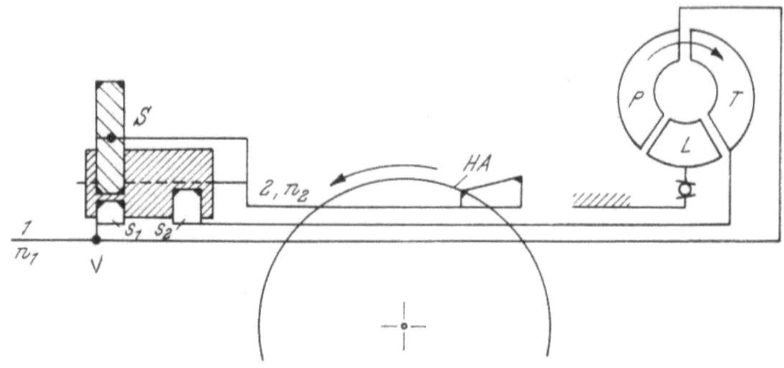

Abb. 153. *Tempestorque*-Getriebe (PONTIAC), schematische Darstellung für den Hauptfahrgang; *1* An- und *2* Abtrieb, s_1 kleines und s_2 großes Sonnenrad der Getriebekette I, *V* Verzweigungs- und *S* Sammelpunkt der Leistungsverzweigung, *P* Pumpe, *T* Turbine, *L* Leitrad, *HA* Hinterachsantrieb mit Hypoidverzahnung

Hilfskupplung *HK* nehmen. Die im Planetenträger des 1. Planetensatzes (bei S_1) gesammelte Leistung wird nun im Punkte V_2 zum zweiten Mal verzweigt, wobei ein Teil von 0,60 direkt zum Außenrad des 2. Planeten-

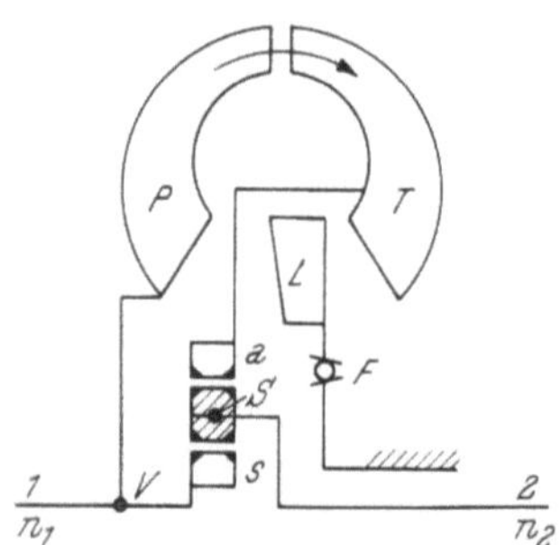

Abb. 154. *Dual Path Turbine Drive* von BUICK, schematische Darstellung für den Hauptfahrgang mit Leistungsverzweigung, *V* Verzweigungs- und *S* Sammelpunkt, *P* Pumpe, *T* Turbine, *L* Leitrad mit Freilauf *F*, *s* Sonnenrad- und *a* Außenrad des Planetensatzes, *1* An- und *2* Abtrieb

satzes und der Restteil von 0,40 über die hydrodynamische Kupplung zum Sonnenrad gelangt.

Die Leistungsverzweigung der *Hydramatic*-Getriebe Ausf. *C* und *D* wird weiter unten bei der Behandlung der Getriebe beschrieben.

In der *Tempestorque* Transmission hat man das automatische Getriebe und den Hinterachsantrieb baulich zu einer Einheit zusammengefügt, die in Amerika den Namen „transaxle" erhielt. Dabei liegt das Planetengetriebe, eine Getriebekette I, vor dem Hinterachsantrieb, der hydraulische Wandler hinter ihm, Abb. 153. Die Motorleistung wird durch eine dünne, flexible Stahlwelle an der Unterseite des Wagens, s. Abb. 249 auf S. 269, in das Getriebe eingeführt, bei *1* in Abb. 153. Im großen Gang, dem Hauptfahrgang, erfolgt an der Stelle *V* die Verzweigung der Leistung; 45% fließen direkt zu dem kleineren Sonnenrad (s_1), während 55% erst nach dem Umweg über den hinten liegenden Wandler zum größeren

Sonnenrad (s_2) gelangen. Im Planetenträger bei S werden beide Leistungszweige gesammelt und dem Abtrieb 2 zugeführt.

Das in zahlreichen Modellen von BUICK eingebaute *Dual Path Turbine Drive*-Getriebe weist im Hauptfahrgang eine Leistungsverzweigung auf, deren grundsätzlicher Aufbau in Abb. 154 wiedergegeben wird. Von dem Planetengetriebe mit Doppelsonnenrad (s. Abb. 255 auf S. 274) ist nur der in diesem Gang wirksame Anteil aufgezeichnet. Bei V wird die Leistung verzweigt. Im Gegensatz zu den *Hydramatic*-Getrieben liegt hier der Wandler im Zweig II (vom Verzweigungspunkt zum Außenrad des sammelnden Getriebes). Dadurch wird nur ein Anteil von 0,37 direkt zum Sonnenrad (Zweig I) und 0,63 über den Wandler geführt. Über die Auswirkung der Leistungsverzweigung auf Momentwandlung und Wirkungsgrad beim *Tempestorque* und *Dual Path Turbine Drive* wird bei der Beschreibung der Getriebe noch berichtet.

Bei all den genannten Getrieben ist der zusätzliche Aufwand für die Leistungsverzweigung verschwindend klein. Die für die Sammlung oder Aufteilung der Leistungszweige nötigen Umlaufgetriebe waren sowieso vorhanden.

III. Ausgeführte Getriebe

Der erste, der ein automatisches Getriebe mit hydrodynamischer Kraftübertragung für ein Automobil konstruierte, war H. RIESELER, ein Mitarbeiter von H. FÖTTINGER. Er begann diese Arbeit im Jahre 1925. Das Getriebe wurde im Jahre 1927 in einen *Mercedes*-Wagen eingebaut und vermessen, worüber P. KÖCHLING ausführlich berichtet [271].

Abb. 155 zeigt den schematischen Aufbau des Getriebes, während Abb. 156 einen Längsschnitt wiedergibt. RIESELER benutzte einen Wandler mit zweistufiger Turbine, eine Bauform, die FÖTTINGER bereits bei seinem ersten Transformator vorsah, s. Abb. 78. Im Start hat der Wandler das eingeleitete Motormoment 2,6-fach vergrößert; dabei wurde das Reaktionsmoment des Leitrades L durch die Bremse $B\,1$ vom Gehäuse aufgenommen. Eine weitere Momentwandlung erfolgte in einem nachgeschalteten Planetengetriebe. Betätigen der Bremse $B\,3$ hielt den Planetenradträger fest. Man hatte dann ein Standgetriebe vor sich, in dem die Achse der drei Planetenräder als Vorgelegewelle diente (1. Gang). Im 2. Gang lief durch das Einschalten der Kupplung $K\,2$ das Planetengetriebe als Block um; es fand dabei keine Übersetzung, sondern eine direkte Übertragung des Wandlermomentes statt.

Um in den nächsten Fahrgängen, dem 3. und 4., die Verluste im Strömungswandler zu vermeiden, hat ihn RIESELER durch die Kupplung $K\,1$ überbrückt. Sie verband kraftschlüssig Pumpe P und Turbinenräder $T\,1$ und $T\,2$. Dabei wurde gleichzeitig durch Lösen des Brems-

bandes *B 1* das Leitrad *L* freigegeben. Der Wandler lief in allen Teilen
mit Motordrehzahl um, ohne eine Funktion auszuüben. Auf diese Weise
ließen sich, wie auch das Schema der Abb. 155 darlegt, vier Vorwärtsgänge und auch ein Rückwärtsgang verwirklichen.

Es ist erstaunlich, daß in dem RIESELER-Getriebe des Jahres 1925
bereits alle Bauelemente: hydrodynamischer Wandler, Planetengetriebe
mit den Servogliedern wie Lamellenkupplung, Bandbremse, Überbrückungskupplung, ölhydraulische Steuerung mit der Führung des

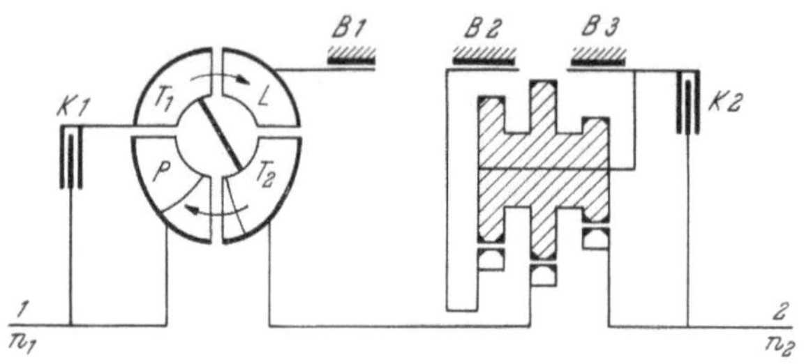

Gang	Kupplung		Bremsband			Über-setzung	Moment-wandlung im Start	Bemerkung
	K 1	*K 2*	*B 1*	*B 2*	*B 3*			
1			●		●	1,83	4,75	
2		●	●			1	2,6	
3	●				●	1,83		Wandler überbrückt
4	●	●				1		Wandler überbrückt
R			●	●		− 2,58	− 6,7	

Abb. 155. Schematischer Aufbau des RIESELER-Getriebes; *K 1* Überbrückungskupplung, *P* Pumpe,
T_1 erstes und T_2 zweites Turbinenrad, *L* Leitrad, *B 1*, *B 2* und *B 3* Bremsbänder, *K 2* Kupplung

Drucköls durch Bohrungen im Gehäuse zur Vermeidung von Rohrleitungen, vorlagen, die auch heute noch in den inzwischen millionenfach
bewährten modernen automatischen Automobilgetrieben zur Anwendung
gelangen. Obwohl das RIESELER-Getriebe die Erwartungen des Er-
finders und Konstrukteurs erfüllte und gute Leistungen aufwies [271],
fand es bei der Industrie keinen Anklang. Es teilte das Schicksal manch
guter Erfindung, es war seiner Zeit viel zu weit voraus.

Das Zeitalter der automatischen Automobilgetriebe brach erst an,
als sich der Welt größter Automobilkonzern, die GENERAL MOTORS
CORPORATION (GMC), in Amerika diesen Problemen zuwandte. Die
Vorarbeiten begannen im Jahre 1932, als man in der DETROIT Transmission Division dieser Firma, die für die Kraftübertragung der *Olds-*

mobile- und *Cadillac*-Wagen zuständig war, eine einzelne, automatisch schaltbare Getriebestufe konstruierte, einen sogenannten Overdrive. Ein solcher Overdrive wird hinter ein übliches Handschaltgetriebe gesetzt, eine Anordnung, die sich bei einigen Automobiltypen mit gutem Erfolg bis heute erhalten hat, z. B. beim OPEL-*Kapitän*. Im Zuge der Weiterentwicklung kam man bei der GMC über eine halbautomatische Kraftübertragung dann im Jahre 1939 zu einem vollautomatischen Getriebe, bestehend aus einer hydrodynamischen Kupplung und einem Planetengetriebe mit vier Vorwärtsgängen und einem Rückwärtsgang.

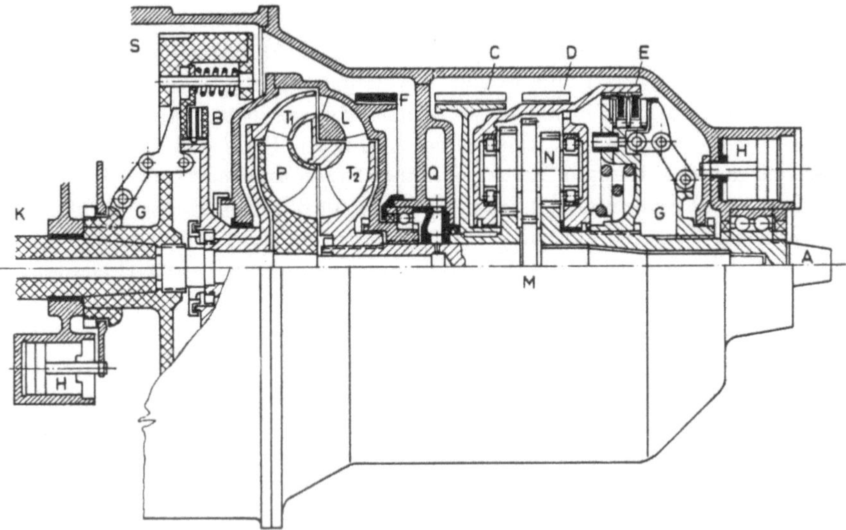

Abb. 156. Schnitt durch das RIESELER-Getriebe; *A* Abtrieb, *B* Überbrückungskupplung *K 1*, *C* Bremsband *B 2*, *D* Bremsband *B 3*, *E* Kupplung *K 2*, *F* Bremsband *B 1*, *G* Kupplungsgelenke, *H* Servoeinrichtungen, *K* Kurbelwelle, *L* Leitrad, *M* Sonnenrad, *N* Planetenradsatz, *P* Pumpe, *Q* Ölzuführung, *S* Motorschwungrad, T_1 erstes und T_2 zweites Turbinenrad

Es wurde unter dem Namen *Hydramatic* ab 1940 in die *Oldsmobile*- und ab 1941 in die *Cadillac*-Wagen eingebaut. Dieses automatische Automobilgetriebe steht mit seinen verschiedenen im Laufe der Zeit erschienenen Varianten auch heute noch eindeutig an der Spitze. Es ist in weit über zehn Millionen Stück gebaut worden. Der bahnbrechende Erfolg dieses Getriebes läßt es angebracht erscheinen, seinen Aufbau und seine Arbeitsweise im nächsten Abschnitt ausführlich zu behandeln.

Die GMC hat die Lösung der Aufgabe, automatische Kraftübertragungen für Automobile zu schaffen, von zwei grundverschiedenen Seiten in Angriff genommen. FÖTTINGER-Strömungsmaschinen hatten sich in den zwanziger Jahren als Kupplung oder Wandler für Schienen- und schwere Straßenfahrzeuge, vor allem Omnibusse, bereits gut bewährt. Vor einer Verwendung im Personenwagen schreckte man jedoch zurück, weil die Strömungsmaschine nun einmal einen kleineren Wirkungsgrad aufweist als die bisher üblichen Übertragungselemente Reibungskupplung nebst Zahnradgetriebe. Auf der anderen Seite reizt aber die völlig stufenlose Übersetzungsänderung (Momentwandlung) eines Strömungswandlers, die sich stets den Fahrverhältnissen automatisch anpaßt, für die Anwendung in einem Automobil. Die GMC hat daher zwei Entwicklungsrichtungen verfolgen lassen.

Die *erste*, oben bereits erwähnte Arbeitsgruppe der GMC (*Oldsmobile* und *Cadillac*) hatte sich die Aufgabe gestellt, ein automatisches Automobilgetriebe mit möglichst kleinen Verlusten zu entwickeln unter Beibehalten der besonderen, in den vorstehenden Abschnitten dargelegten Vorzüge der hydrodynamischen Kraftübertragung. Um von vornherein einen guten Wirkungsgrad sicherzustellen, legte man die gesamte Momentwandlung in ein vierstufiges Zahnrad-(Planeten-)Getriebe und überließ nur den Kupplungsvorgang einer Strömungsmaschine. Weiteren Wirkungsgradgewinn erzielte man dadurch, daß in den Hauptfahrgängen der größere Teil der Leistung direkt übertragen wird und nur der Rest von etwa einem Drittel durch die Strömungskupplung fließt (Leistungsverzweigung). Die vier Stufen des Getriebes werden automatisch von einem hydraulischen Steuermechanismus in Abhängigkeit von der Fahrgeschwindigkeit und der Gashebelstellung, also der Anforderung des Fahrers, geschaltet. Ein großer Teil, wenn nicht gar der Hauptteil der Entwicklungsarbeit im Laufe der Jahre war darauf gerichtet, die Übergänge beim Herauf- und Herabschalten der Getriebestufen stoß- und ruckfrei zu gestalten, d. h. Moment- und Drehzahländerung möglichst weich vor sich gehen zu lassen.

Mit diesen Schwierigkeiten hatte die *zweite* Arbeitsgruppe, die sich an die Firmennamen BUICK und CHEVROLET der GMC knüpft, nicht zu kämpfen. Sie hatte sich das Ziel gesteckt, wenigstens im Hauptfahrbetrieb die Momentenänderung ausschließlich durch einen hydrodynamischen Wandler vorzunehmen. Ihre Arbeit, die im Jahre 1948 im *Dynaflow*-Getriebe ihre ersten Früchte zeigte, lief auf eine Verbesserung des Wirkungsgrades des bekannten dreiteiligen, einstufigen *Trilok*-Wandlers mit seinen zwei Phasen hinaus. Die dabei in den Jahren von 1948 bis 1961 entstandene Reihe von Getrieben stellt vor allem in ihrem hydrodynamischen Teil ein äußerst interessantes Kapitel in der technischen Entwicklung dieses Automobilteiles dar.

Der durchschlagende Erfolg, den die GMC mit ihren automatischen Getrieben errang, veranlaßte ab 1950 auch andere Firmen in den USA, für ihre Wagen oder für die Modelle anderer Hersteller eine solche Ausrüstung anzubieten: PACKARD, BORG-WARNER (STUDEBAKER), FORD, CHRYSLER u. a.

Die in den Jahren 1959/60 einsetzende Welle der „Compact Cars“, die nach amerikanischen Begriffen zu den kleineren Wagen, nach europäischen Maßstäben zu den Mittelklassewagen zählen, brachten neuen Schwung in die Entwicklung von automatischen Getrieben. Die amerikanischen Konstrukteure griffen keineswegs nur zu den bereits bewährten Ausführungen der großen Modelle zurück. Sie hatten zum Teil recht neuartige Ideen. Vor allem lieferten sie den Beweis, daß sich nicht nur Wagen mit großen, starken Motoren für den automatischen Antrieb eignen, wie oft geäußert worden war.

Diese Annahme hat dazu geführt, daß man in Europa bis vor kurzem trotz der guten amerikanischen Erfahrungen an den seit je benutzten Reibungskupplungen und Handschaltgetrieben für die Kraftübertragung im Automobil festhielt. Durch eine kurzsichtige Gesetzgebung erfolgt in den meisten europäischen Ländern eine Besteuerung des Kraftwagenbesitzes nach dem Hubraum des Motors. Technisch sinnvoller und dem Fortschritt dienlicher wäre es, wenn schon für die Benutzung öffentlicher Straßen eine Steuer erhoben werden muß, z. B. den Kraftstoffverbrauch als Maßstab für die Höhe der Steuer heranzuziehen. Man müßte dann auch für den Gebrauch und nicht für den Besitz eines Wagens Abgaben zahlen, was vernünftig erscheint. Die Besteuerung nach dem Hubraum führt zur Entwicklung kleiner, hochdrehender Motoren mit gerade ausreichenden Leistungen. Solche Kraftquellen eigenen sich nicht so gut für eine Verbindung mit hydrodynamischen Getrieben wie die amerikanischen Drosselmotoren, von anderen Nachteilen ganz abgesehen.

Die Scheu vor dem Wirkungsgradverlust in Strömungsgetrieben führte um 1939 in Deutschland zu Versuchen mit rein mechanischen Ausführungen. Zu erwähnen sind hier die KREIS-Getriebe [282, 335], bei denen die Übersetzungsstufen eines Zahnradvorgeleges durch Fliehkraftkupplungen geschaltet wurden. K. BREUER entwickelte in den Jahren 1938/39 in der MIAG Braunschweig ein automatisches Automobilgetriebe. Zur Erzielung von vier Vorwärtsgängen und einem Rückwärtsgang waren nur zwei einfache Planetensätze notwendig. Die Gänge wurden durch zwei Kupplungen und zwei Bremsen unter Last von einem Regler geschaltet. Der Regler hatte schon die wesentlichen Organe, die zur Erfassung der richtigen Umschaltgeschwindigkeiten notwendig sind. Als Anfahrkupplung war eine durch Öldruck betätigte Reibungskupplung vorgesehen [273].

Man hat dann in Europa zunächst versucht, die Automatisierung der Hand- oder, besser gesagt, Fußhabung nur auf die Kupplung zu erstrecken. Es ist eine Reihe von automatischen Kupplungen: mechanisch als Fliehkraftkupplung, elektrisch nach dem Magnetpulversystem oder auch hydraulisch (FÖTTINGER-Kupplung) konstruiert und in den Handel gebracht worden. Ein voller Erfolg war diesen Einrichtungen nicht beschieden; einige von ihnen sind wieder vom Markt verschwunden. Der Verbraucher sagt sich: „Wenn schon automatisch, dann auch voll und ganz!"

Die ersten europäischen automatischen Automobilgetriebe kamen aus England. Es waren die Lizenznachbauten des *Hydramatic*-Getriebes bei ROLLS-ROYCE und des *Detroit*-Getriebes von BORG-WARNER, die in Letchworth in England eine eigene Fabrik gründeten. Dort werden auch die BORG-WARNER-35-Getriebe hergestellt. Zu diesen Getrieben amerikanischer Herkunft kamen zwei englische Konstruktionen, die von vornherein auf die europäischen Verhältnisse Rücksicht nahmen, das *Mechamatic*-Getriebe von HOBBS und das *Autoselectric*-Getriebe von SMITHS [249].

Eine besonders originelle Lösung des Getriebeproblems fand die holländische Automobilfabrik DAF (VAN DOORNES *Automobielfabriek*). In ihrem Kleinwagen erfolgt eine stufenlose Übersetzung mit Hilfe eines Keilriemenantriebes mit kontinuierlich veränderlichem Durchmesser der Riemenscheiben *(Variomatic)*.

In Frankreich hat man sich sehr erfolgreich der Entwicklung von Magnetpulverkupplungen zugewandt. Erst in jüngster Zeit (1963) wird von RENAULT ein vollautomatisches Getriebe auf elektrischer Grundlage angeboten.

Der erste, der in Deutschland ein automatisches Automobilgetriebe in Serie baute, war C. BORGWARD. Er benutzte einen hydrodynamischen Wandler mit Überbrückungskupplung und einem nachgeschalteten Zweiganggetriebe. Später rüstete er seine Wagen mit dem englischen HOBBS-Getriebe aus.

Die DAIMLER-BENZ AG hat zunächst ihren Wagentyp *Mercedes 300c* mit dem DETROIT-Getriebe von BORG-WARNER ausgestattet. Im Jahre 1961 brachte sie eine Eigenentwicklung heraus, ein automatisches Getriebe bestehend aus einer FÖTTINGER-Kupplung und einem automatisch geschalteten Viergang-Planetengetriebe. Es kann in allen Wagentypen zur Anwendung gelangen.

Zur Internationalen Automobilausstellung in Frankfurt im Herbst 1963 stellte die ZAHNRADFABRIK FRIEDRICHSHAFEN AG ihr *ZF-Automat-Getriebe 3 HP-12* vor, das für den Einbau in Wagen mit 1,5 bis 2,5 l Hubraum gedacht ist.

Aus Rußland kommen Nachrichten von zwei automatischen Automobilgetrieben, dem Modell *Wolga* (1956) und der Ausführung *Tschaika M-13* (1960), während aus Japan ein Getriebe unter der Bezeichnung *Toyoglide* erwähnt wird. Dort werden von den Firmen MAZDA, NISSAN und TOYOPET automatische Getriebe in ihre Wagen eingebaut.

Es ist sehr bezeichnend, daß in dem Katalog der oben erwähnten Automobilausstellung kein einziger italienischer Wagen mit automatischem

Getriebe ausgerüstet werden kann, während im Angebot aus den USA (von einigen seltenen Sportausführungen abgesehen) *alle* Wagen ohne Ausnahme entweder auf Wunsch oder oft sogar serienmäßig ein automatisches Getriebe besitzen. Zwischen diesen beiden Extremen halten sich die übrigen Automobile herstellenden Länder mit leicht ansteigendem Interesse. In den Vorschauen auf die in den nächsten Jahren kommende technische Entwicklung sind sich alle führenden Konstrukteure einig, daß schon die immer schwieriger werdende Verkehrssituation zur weiteren Automatisierung zwingt.

Die vorstehenden Ausführungen legen folgende Einteilung für das Kapitel über ausgeführte Getriebe nahe:

A. Automatische Automobilgetriebe aus den USA unter Verwendung einer hydrodynamischen Kupplung: *Hydramatic* Ausf. *A, B, C* und *D.*

B. Automatische Automobilgetriebe mit Föttinger-Wandler:
1. das *Dynaflow*-Getriebe und seine Varianten,
2. weitere Getriebe aus den USA,
3. die Getriebe für die amerikanischen Compact Cars,
4. neue Getriebe aus den USA für die Modelle 1964.

C. Automatische Automobilgetriebe in Europa.

Wenn auch einige der unter C eingereihten Getriebe keine hydrodynamische Kraftübertragung aufweisen und daher streng genommen nicht unter den Buchtitel fallen, so scheint es doch richtig zu sein, sie hier zu behandeln.

A. Automatische Automobilgetriebe aus den USA unter Verwendung einer hydrodynamischen Kupplung

1. Das Hydramatic-Getriebe Ausf. A

Kraftübertragung mit einer hydraulischen Kupplung und Momentenänderung in einem Zahnradgetriebe wird man dann bevorzugen, wenn es darauf ankommt, in einem weiten Fahrbereich mit möglichst geringen Leistungsverlusten zu arbeiten. Nach diesen Gesichtspunkten ist das erste vollautomatische Automobilgetriebe der Welt, das *Hydramatic*-Getriebe der General Motors Corporation, in den Jahren um 1939 erdacht, entworfen, konstruiert und gebaut worden.

a) Aufbau

Das Schema eines der ersten Modelle, das zur Unterscheidung hier die Bezeichnung „Ausf. *A*" trägt, Abb. 157, läßt erkennen, daß man außer der hydrodynamischen Kupplung drei Planetensätze mit zwei Kupplungen, zwei Bandbremsen und einer Sperre verwendet. Die unten in der Abbildung stehende Tabelle legt dar, wie durch das Ein- und Ausschalten der Servoglieder, Bandbremsen oder Kupplungen, mit Hilfe der beiden ersten Planetensätze vier Vorwärtsgänge mit verschiedenen Übersetzungen hergestellt werden können. Für den Rückwärtsgang wird noch der 3. Planetensatz hinzugenommen.

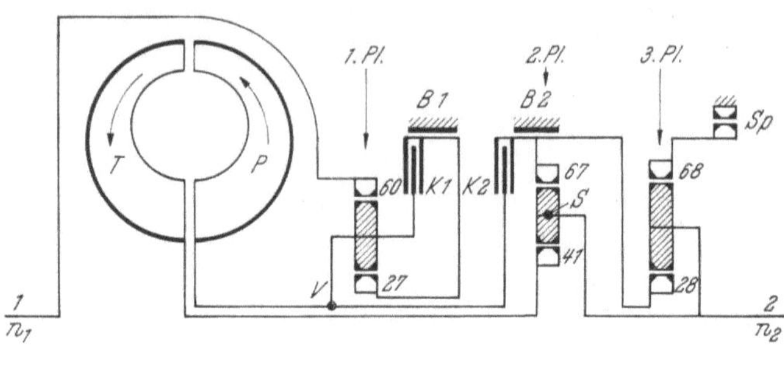

Gang	Bremsband		Kupplung		Sperre Sp	Übersetzung				Bemerkung
	$B\,1$	$B\,2$	$K\,1$	$K\,2$		1.Pl.	2.Pl.	3.Pl.	Gesamt ($s=0$)	
P		●			●					
1	●	●				1,45	2,634		3,819	$n_P = 0{,}69\,n_1$
2		●	●			1	2,634		2,634	$n_P = n_1$
3	●			●		1,45	1		1,45	$n_P = 0{,}69\,n_1$ LV[1]
4			●	●		1	1		1	$n_P = n_1$ LV[1]
R	●				●	1,45	— 2,969		— 4,305	$n_P = 0{,}69\,n_1$

[1] LV = Leistungsverzweigung.

Abb. 157. Schematischer Aufbau des *Hydramatic*-Getriebes Ausf. *A*; *P* Pumpe, *T* Turbine, *Pl* Planetensätze, *K 1* und *K 2* Kupplungen, *B 1* und *B 2* Bremsbänder, *Sp* Sperre, *V* Verzweigungs- und *S* Sammelpunkt der Leistungsverzweigung, n_1 Antriebs- und n_2 Abtriebsdrehzahl; die Zahlen an den Zahnrädern geben die Zähnezahlen an

An Hand des Schemas ist der Kraftfluß in den verschiedenen Gangstufen leicht zu verfolgen. Die bauliche Anordnung der einzelnen Elemente in dem ausgeführten Getriebe zeigen Abb. 158 und 159. Wenn sich auch in der räumlichen Aufteilung die hydrodynamische Kupplung am Anfang des Getriebes unmittelbar neben dem Motorschwungrad und vor dem 1. Planetensatz befindet, so liegt sie im Leistungsfluß doch hinter dem 1. und vor dem 2. Planetensatz. Aus dieser Lage ergeben sich Vorteile, die weiter unten noch dargelegt werden.

Für den *1. Gang* sind die beiden Bremsbänder *B 1* und *B 2* angezogen; *B 1* hält das Sonnenrad des 1. Planetensatzes fest. Der Antrieb geht von dem Schwungrad des Motors auf das Außenrad des 1. Planetensatzes,

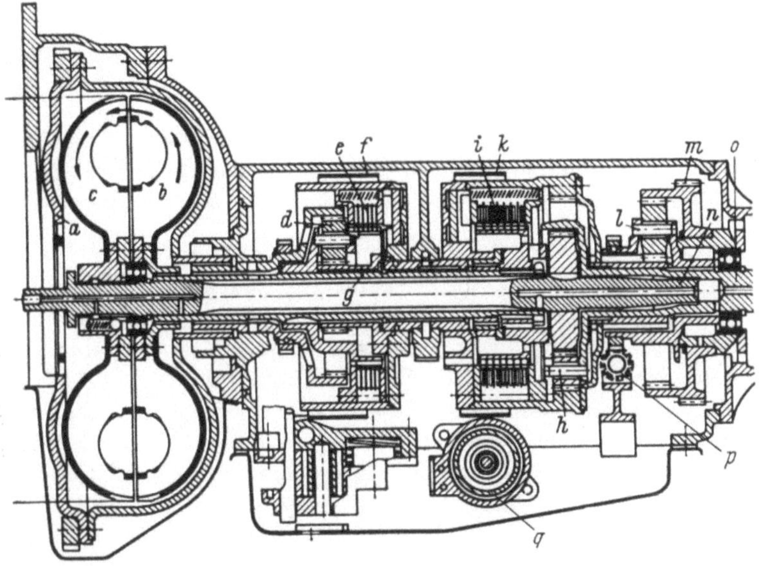

Abb. 158. Schnitt durch das *Hydramatic*-Getriebe Ausf. *A*; *a* Motorschwungrad, *b* Pumpe, *c* Turbine, *d* 1. Planetensatz, *e* Kupplung *K 1*, *f* Bremsband *B 1*, *g* Zwischenwelle, *h* 2. Planetensatz, *i* Kupplung *K 2*, *k* Bremsband *B 2*, *l* 3. Planetensatz, *m* Sperrad, *n* Getriebewelle, *o* Abtriebswelle, *p* Antrieb für die hintere Ölpumpe und den Fliehkraftregler, *q* Bremsbandkolben für *B 2*

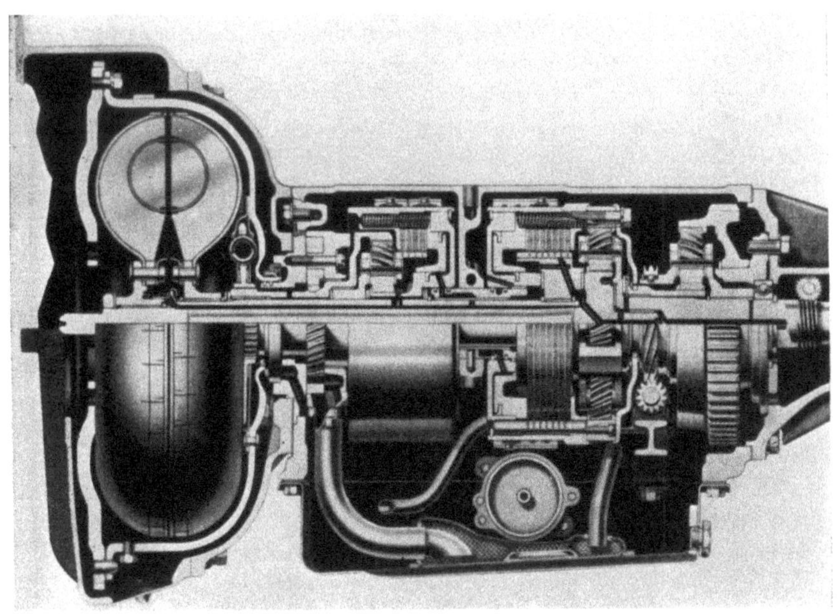

Abb. 159. Schnittbild des *Hydramatic*-Getriebes Ausf. *A*

dessen Planetenträger nun mit reduzierter Drehzahl ($= 0{,}69\,n_1$) das Pumpenrad der hydraulischen Kupplung dreht. Wenn man zunächst einmal vom Schlupf der Kupplung absieht ($\frac{n_P}{n_T} = 1$, $s = 0$), so wird durch die Turbine diese Drehzahl auf das Sonnenrad des 2. Planetensatzes übertragen. In ihm ist durch die Bremse $B\,2$ das Außenrad fest, so daß sich der mit dem Abtrieb verbundene Planetenträger mit der Drehzahl $n_2 = \dfrac{0{,}69}{2{,}634}\,n_1$ dreht, was eine Übersetzung von $i_\mathrm{I} = 3{,}819$ ergibt.

Im *2. Gang* bleibt das Bremsband $B\,2$ angezogen; $B\,1$ wird gelöst und dafür die Kupplung $K\,1$ geschlossen. Damit sind Sonnenrad und Planetenträger des 1. Planetensatzes kraftschlüssig miteinander verbunden; der 1. Planetensatz läuft als Block um. Der Motor treibt so die Pumpe der Strömungskupplung mit der Drehzahl n_1 an. Das eingeleitete Motormoment wird im 2. Planetensatz auf das 2,634fache erhöht, die Drehzahl n_2 im gleichen Maße reduziert; also ist $i_\mathrm{II} = 2{,}634$.

Beim Umschalten vom 2. zum *3. Gang* werden $B\,2$ und $K\,1$ gelöst und dafür jetzt $B\,1$ und $K\,2$ betätigt. Die Leistung fließt wie im 1. Gang vom Motor über das Außenrad des 1. Planetensatzes zu dessen Planetenträger, unmittelbar danach verzweigt sie sich (s. Verzweigungspunkt in Abb. 157). Ein Teil geht direkt über die Kupplung $K\,2$ zum Außenrad des 2. Planetensatzes, der bei dieser Leistungsverzweigung als Sammelgetriebe wirkt. Der andere Leistungszweig geht über die hydraulische Kupplung zum Sonnenrad des 2. Planetensatzes. Bei $s = 0$ drehen sich Sonnen- und Außenrad dieses Satzes gleich schnell; beide haben die Pumpendrehzahl $n_P = 0{,}69\,n_1$, und diese Drehzahl weist dann auch der Planetenträger des 2. Satzes und damit die Abtriebswelle auf. Das führt zu einer Übersetzung $i_\mathrm{III} = 1{,}45$.

Die Aufteilung der Leistung auf die beiden Zweige läßt sich aus den Größenverhältnissen im 2. Planetensatz bestimmen. Aus dem Momentengleichgewicht ergibt sich, daß der direkt zum Außenrad gehende Leistungsanteil L sich zur Gesamtleistung L_1 verhalten muß wie $x = \dfrac{z_{a2}}{z_{a2} + z_{s2}}$. Mit den in Abb. 103 angegebenen Zähnezahlen ist $x = 0{,}62$. Es fließen demnach 62% der Leistung direkt durch das Getriebe, und nur 38% nehmen den etwas verlustreicheren Weg über die Strömungskupplung.

Auch im *4. Gang*, dem Hauptfahrgang, wird die Leistung in der dargelegten Art verzweigt, da die Kupplung $K\,2$ eingerückt bleibt. Unter der Wirkung der Kupplung $K\,1$ erfolgt im 1. Planetensatz eine direkte Übertragung von Moment und Drehzahl auf den Verzweigungspunkt. Abgesehen vom Schlupf der Kupplung, findet im Getriebe keine Änderung von Drehzahl oder Moment statt (direkter Gang), $i_\mathrm{IV} = 1$.

Für den *Rückwärtsgang* ist neben dem 1. und 2. nun auch der 3. Planetensatz wirksam. Sein Außenrad wird durch eine in einen Zahnkranz *Sp* eingreifende Sperrklinke formschlüssig mit dem Getriebegehäuse verbunden. Wie im 1. Gang wird die hydraulische Kupplung vom Motor mit im 1. Planetensatz herabgesetzter Drehzahl ($= 0{,}69\,n_1$) angetrieben. Die volle Leistung geht dann auf das Sonnenrad des 2. Planetensatzes. Der 2. und 3. Satz sind durch eine Doppelbindung zusammengeschaltet. Über diesen Aufbau und die Auswirkung auf die Übersetzung ist bereits im Abschnitt über Planetengetriebe (s. Abb. 26 auf S. 32) berichtet worden. Die in Abb. 157 eingetragenen Zähnezahlen führen auf eine Übersetzung im 2. und 3. Planetensatz von $-2{,}969$, so daß sich für den Rückwärtsgang eine Gesamtübersetzung $i_R = -4{,}305$ ergibt.

Das Sichern des stehenden Wagens gegen Wegrollen, wie es bei Handschaltgetrieben durch Einlegen eines Ganges, meist des 1. oder des Rückwärtsganges, geschieht, ist bei einem automatischen Getriebe nicht ohne weiteres möglich, weil bei stehendem Motor keine feste Verbindung zu den Antriebsrädern besteht. Deshalb wird meist in die automatischen Getriebe zusätzlich eine Parksperre eingebaut, die aus einem auf der Abtriebswelle fest angebrachten Zahnrad besteht, in das eine Sperrklinke eingreift. Im *Hydramatic*-Getriebe Ausf. *A* wird für die Parksperre die Sperre *Sp* eingerastet und das Bremsband *B 2* angezogen. Die Bremse *B 2* ist so konstruiert, daß der Betätigungsdruck durch eine Feder aufgebracht wird; bei stehendem Motor stünde ja eine andere Servokraft, z. B. Öldruck, nicht zur Verfügung.

In den vorstehenden Betrachtungen wurde bisher die vereinfachende Annahme gemacht, daß der Schlupf der hydrodynamischen Kupplung verschwindend klein, daß $s = 0$ ist. Eine genauere Berechnung der Drehzahl- und Momentverhältnisse muß natürlich den immer vorhandenen Schlupf berücksichtigen. Man kann dazu die zwischen Pumpe und Turbine auftretende Änderung der Drehzahlen n_P und n_T als eine Art Übersetzung i_s ansehen ($i_s = \dfrac{n_P}{n_T} = \dfrac{1}{1-s}$), womit im Fall der hydrodynamischen Kupplung natürlich keine Momentwandlung verbunden ist. In der Tabelle 5 sind für die verschiedenen Gänge die Momentwandlung und die Drehzahlverhältnisse unter Berücksichtigung des Schlupfs s oder der damit verbundenen Übersetzung i_s angegeben. Die Errechnung der Tabellenwerte erfolgte nach den im Abschnitt über die Planetengetriebe beschriebenen Methoden.

Um einen Einblick zu geben, welche Momente von den Bremsbändern und Kupplungen übertragen und aufgenommen werden müssen, sind in den weiteren Spalten der Tabelle 5 ihre Größenwerte im Verhältnis zum eingeleiteten Motormoment M_1 zusammengestellt. Auffallend hoch ist das Stützmoment für die Sperre *Sp* beim Einlegen des Rückwärtsganges. Aus diesem Grunde hatte man bei den ersten *Hydramatic*-Getrieben die Sperre als formschlüssige Verbindung mit Zahnrad und Klinke ausgebildet.

In der Weiterentwicklung des Getriebes hat man jedoch später an ihre Stelle eine Konusbremse mit hydraulischer Betätigung gesetzt.

Das in der letzten Spalte der Tabelle angegebene Verhältnis der Kupplungsfaktoren $\frac{k}{k_0}$ stammt aus einer Arbeit von K. KOLLMANN und H. J. FÖRSTER [273]. Sie führten einen Vergleich zwischen zwei Getrieben durch. Bei dem einen (mit dem Index 0) ist die Strömungskupplung *vor* den Zahnradsätzen angeordnet, bei dem zweiten liegt sie wie im *Hydramatic*-Getriebe zwischen dem 1. und 2. Planetensatz. Es geht bei dem Vergleich um den Einfluß der Bauweise auf den Schlupf und überhaupt auf das Verhalten des Gesamtgetriebes.

Tabelle 5. *Drehzahl- und Momentenverhältnisse im Hydramatic-Getriebe, Ausf. A*

Gang	Momentwandlung $\frac{M_2}{M_1}$	Drehzahlverhältnis		Verhältnis der Stütz- oder Kupplungsmomente zum Motormoment M_1					Kupplungsfaktor $\frac{k}{k_0}$
		$\frac{n_2}{n_1} = \frac{1}{i}$	$\frac{n_1}{n_2} = i$	$B\,1$	$B\,2$	$K\,1$	$K\,2$	Sp	
1	3,819	$0{,}262\,(1-s)$	$3{,}819\,i_s$	0,45	$-\,2{,}37$	0	0	0	3,04
2	2,634	$0{,}38\,(1-s)$	$2{,}634\,i_s$	0	0,45	1,63	0	0	1
3	1,45	$0{,}69-0{,}262\,s$	$\dfrac{1{,}45\,i_s}{0{,}38+0{,}62\,i_s}$	0,45	0	0	0,90	0	1,16
4	1	$1-0{,}38\,s$	$\dfrac{i_s}{0{,}38+0{,}62\,i_s}$	0	0	0,45	0,62	0	0,38
R	$-\,4{,}305$	$-0{,}232\,(1-s)$	$-\,4{,}305\,i_s$	0,45	0	0	0	$-\,5{,}755$	3,04

Für eine FÖTTINGER-Kupplung gilt die oben (s. S. 94) angeführte Beziehung $k = \dfrac{M}{D^5\,n^2}$. Der Verlauf des Kupplungsfaktors k gibt Abb. 91 an. Kennt man das Verhältnis der Pumpen- zur Motordrehzahl $\left(\frac{n_P}{n_1}\right)$ und das Momentenverhältnis $\frac{M_P}{M_1}$, so kann man für die einzelnen Gänge das Verhältnis des Kupplungsfaktors im *Hydramatic*-Getriebe *(k)* zu dem Faktor k_0 eines Getriebes, bei dem die Kupplung *vor* den Zahnradsätzen angeordnet ist, angeben. Die Ausrechnung führt zu den in der letzten Spalte wiedergegebenen Werten.

Hat nun in beiden Getrieben die hydraulische Kupplung eine Abhängigkeit des Kupplungsfaktors vom Drehzahlverhältnis, wie sie in Abb. 91 in der von SPANNHAKE herrührenden Kurve angegeben ist (was für das *Hydramatic*-Getriebe zutrifft), so besagt für den 1. Gang der Wert von $\frac{k}{k_0} = 3{,}04$, daß das *Hydramatic*-Getriebe bei einer Eingangsleistung und Drehzahl, die bei *vorgeschalteter* Kupplung zu einem

Schlupf von beispielsweise $s_0 = 0,1$ ($k_0 = 0,038$ kp s²/m⁴) führen würde, auf einen Kupplungsfaktor $k = 0,114$ kp s²/m⁴ kommt. Die Kupplung in der *Hydramatic* wird in diesem Beispiel mit einem Schlupf $s = 0,9$ arbeiten. Das Getriebe drückt demnach den Motor in seiner Drehzahl sehr wenig, das Anfahren ist recht weich und die Kriechneigung entsprechend klein, alles Eigenschaften, die beim Start eines Wagens sehr erwünscht sind. Um bei einem Getriebe mit der Kupplung vor den Zahnradsätzen zum gleichen Ergebnis im 1. Gang zu gelangen, müßte man eine Kupplung nehmen, deren Durchmesser D im Verhältnis der 5. Wurzel der beiden Kupplungsfaktoren kleiner ist, also $D = D_0 \sqrt[5]{\dfrac{k_0}{k}}$, was in dem obigen Beispiel auf $D = 0,8\,D_0$ führt.

Im 2. Gang ergibt sich mit $\dfrac{k}{k_0} = 1$ kein Unterschied im Verhalten der beiden Vergleichsgetriebe, und auch im 3. Gang ist er mit $\dfrac{k}{k_0} = 1,16$ nur klein.

Von größerer Bedeutung für Wirkungsgrad und Verhalten ist das Ergebnis mit $\dfrac{k}{k_0} = 0,38$ im 4. Gang, der im praktischen Fahrbetrieb am häufigsten zur Anwendung gelangt. Zu dem im obigen Beispiel gewählten Schlupf $s_0 = 0,1$ erhält man mit $k_0 = 0,038$ kp s²/m⁴ nach Abb. 91 für das *Hydramatic*-Getriebe mit $k = 0,014$ kp s²/m⁴ einen Schlupf von nur $s = 0,04$. Die Kupplung ist härter geworden. Die Weichheit der Übertragung und die Fähigkeit, Schwingungen zu schlucken, sind allerdings in gleichem Maß gesunken [273]. Bevor sich jedoch im Fahrbetrieb die Härte der Kupplung bei abnehmender Fahrgeschwindigkeit auswirken kann, schaltet die Automatik aus dem 4. in den 3. Gang zurück.

b) Die Schaltautomatik des *Hydramatic*-Getriebes Ausf. *A*

Das Wechseln der Gangstufen im *Hydramatic*-Getriebe, das Hoch- und Rückschalten zwischen dem 1. und 2., dem 2. und 3. sowie dem 3. und 4. Gang besorgt eine hydraulische Schaltautomatik. Ehe der grundlegende Aufbau gezeigt und die Wirkungsweise dieser Steuereinrichtung beschrieben wird, sollen vorher kurz die Gesichtspunkte dargelegt werden, die zur Aufstellung eines bestimmten Schaltprogrammes führen. Die Umschaltung der Gänge hängt in erster Linie von der Fahrgeschwindigkeit v ab; weiterhin spielt die jeweils gewünschte Fahrweise eine Rolle. Wenn der Fahrer (als Extrem nach der einen Seite) ruhig dahinrollen, d. h. bummeln, will, so soll das Getriebe möglichst frühzeitig, also schon bei geringen Geschwindigkeiten und niedrigen Drehzahlen, in den nächsten Gang hochschalten. Damit wird zwar auf große Beschleunigung verzichtet, aber ein günstiger Kraftstoffverbrauch erreicht. Will jedoch der Fahrer (als Extrem nach der anderen Seite) sehr stark beschleunigen und möglichst schnell höhere Geschwindigkeiten erzielen, so liegt ihm daran, daß der Motor in den einzelnen Gängen ausgefahren wird und erst dann ein Gangwechsel erfolgt. Die Höhe der Motordrehzahl, die in diesem Fall das Getriebe in den ersten drei Gängen zulassen soll, wird oft aus Geräuschgründen begrenzt.

Aus all diesen Erwägungen hat man für die ersten Automobile, die ein *Hydramatic*-Getriebe Ausf. *A* bekamen, für den Hauptfahrbereich (Wählhebelstellung „Dr", s. S. 65) das Schaltprogramm aufgestellt,

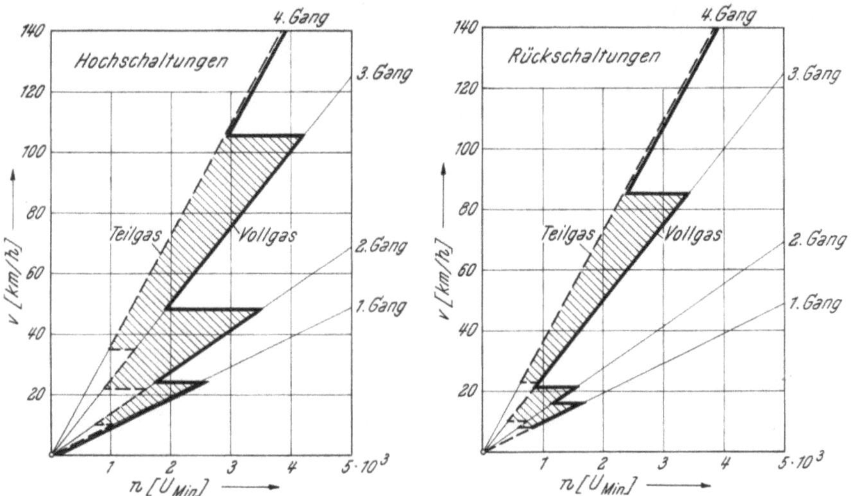

Abb. 160.   Schaltprogramm des *Hydramatic*-Getriebes Ausf. *A* im Hauptfahrbereich, Wählhebelstellung D (oder Dr), *n* Motordrehzahl, *v* Fahrgeschwindigkeit

das in Abb. 160 dargestellt ist. Aufgetragen ist über der Motordrehzahl n die Fahrgeschwindigkeit v für die vier Gänge. Das linke Bild gilt für die Hochschaltungen, wie sie z. B. vom Start bis zum Erreichen der Höchstgeschwindigkeit von der Automatik ausgeführt werden. Bei Teilgas (Bummelfahrt) erfolgt bereits bei $v = 10$ km/h der Übergang vom 1. auf den 2. Gang, bei etwa $v = 22$ km/h auf den 3. und bei 35 km/h auf den 4., den direkten Gang. Bei Vollgas dagegen schaltet die Automatik das Getriebe erst bei 24 km/h in den 2., bei 48 km/h in den 3. und bei 105 km/h in den 4. Gang. Die Motordrehzahlen, die dabei zugelassen werden, sich unterschiedlich hoch, beim Wechsel 1.—2. etwa $n = 2500$ U/Min, beim 2.—3. etwa $n = 3500$ U/Min und bei 3.—4. $n = 4400$ U/Min. Der Grund für diese Unterschiede ist darin zu finden, daß bei den kleineren

Geschwindigkeiten das Fahrgeräusch noch gering ist, so daß eine hohe Motordrehzahl sehr laut wirkt.

Wenn von hoher Geschwindigkeit ausgehend die Fahrt verlangsamt wird, so erfolgen die Rückschaltungen im Getriebe, wie es im rechten Bild der Abb. 160 angegeben ist. Auch hier geht den Anforderungen der Fahrpraxis entsprechend der Gangwechsel unter Vollgas bei höheren Drehzahlen und Fahrgeschwindigkeiten vor sich als bei Teilgas.

In der Darstellung der Abb. 160 ist der Schlupf der hydrodynamischen Kupplung nicht berücksichtigt. In Wirklichkeit laufen die Linien beim Stillstand des Wagens ($v = 0$) nicht in den Nullpunkt, sondern sie gehen im Bereich kleiner Drehzahlen in gekrümmter Form auf den Punkt der Leerlaufdrehzahl (etwa $n = 400$ U/Min) zu. Für die hier betrachteten Vorgänge ist diese Abweichung ohne Bedeutung.

Bei jedem Schaltpunkt müssen, wenn die gleiche Gashebelstellung beibehalten wird, die Drehzahlen und Geschwindigkeiten beim Hochschalten eindeutig höher liegen als beim Rückschalten („Hysteresis"). Andernfalls wird beim Fahren in der Nähe eines Schaltpunktes bei nur geringen Schwankungen der Geschwindigkeit das Getriebe dauernd herauf- und herunterschalten (pendeln). Die Erfüllung dieser Voraussetzung im *Hydramatic*-Getriebe für das Beispiel der Vollgasstellung beweist Abb. 161.

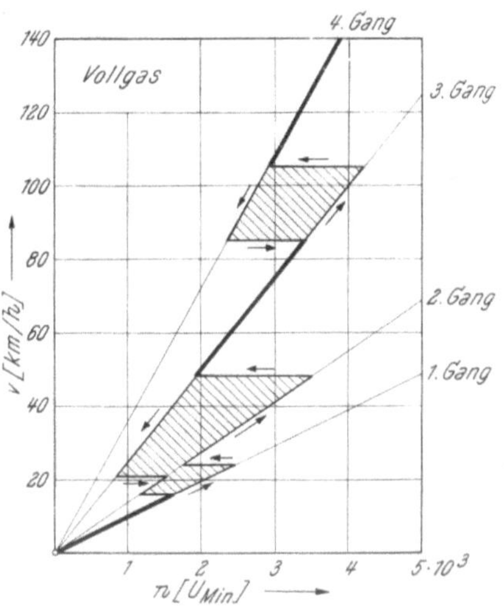

Abb. 161. Unterschied der Umschaltpunkte zwischen Hoch- und Rückschaltungen beim *Hydramatic*-Getriebe Ausf. *A* (Vollgas)

Die Abwicklung des vorstehend erläuterten Schaltprogrammes des *Hydramatic*-Getriebes nimmt eine Steueranlage vor, deren wichtigste Teile im und unten am Getriebe angebracht sind, s. Abb. 158 und 159. Über den Aufbau der einzelnen Elemente: Ölpumpe, Druckregler, Druckschieber, Zentrifugalregler, Drosselschieber, Ringkolben, Bremsbänder, Kupplungen u. a. ist bereits früher berichtet worden (s. S. 50). Um das Zusammenarbeiten all dieser Teile in der Steuerung des *Hydramatic*-Getriebes aufzuzeigen, können wir dem Beispiel von H. REICHENBÄCHER [28] folgend auf die ausgezeichnete und sehr klare Beschreibung zurückgreifen, die K. KOLLMANN und H. J. FÖRSTER [273] gegeben haben.

„Um eine einfache konstruktive Lösung in gedrängtester Bauweise zu bekommen, hat man darauf verzichtet, die beiden für die jeweiligen

Schaltvorgänge maßgebenden Kenngrößen Fahrgeschwindigkeit und
Gashebelstellung mechanisch auf die Schaltelemente wirken zu lassen.
Man hat vielmehr in das hydraulische Drucköölsystem, das zur Betätigung
der Bandbremsen und Lamellenkupplungen erforderlich ist, auch die
beiden Kenngrößen einbezogen, und zwar sind sowohl die Fahrgeschwin-

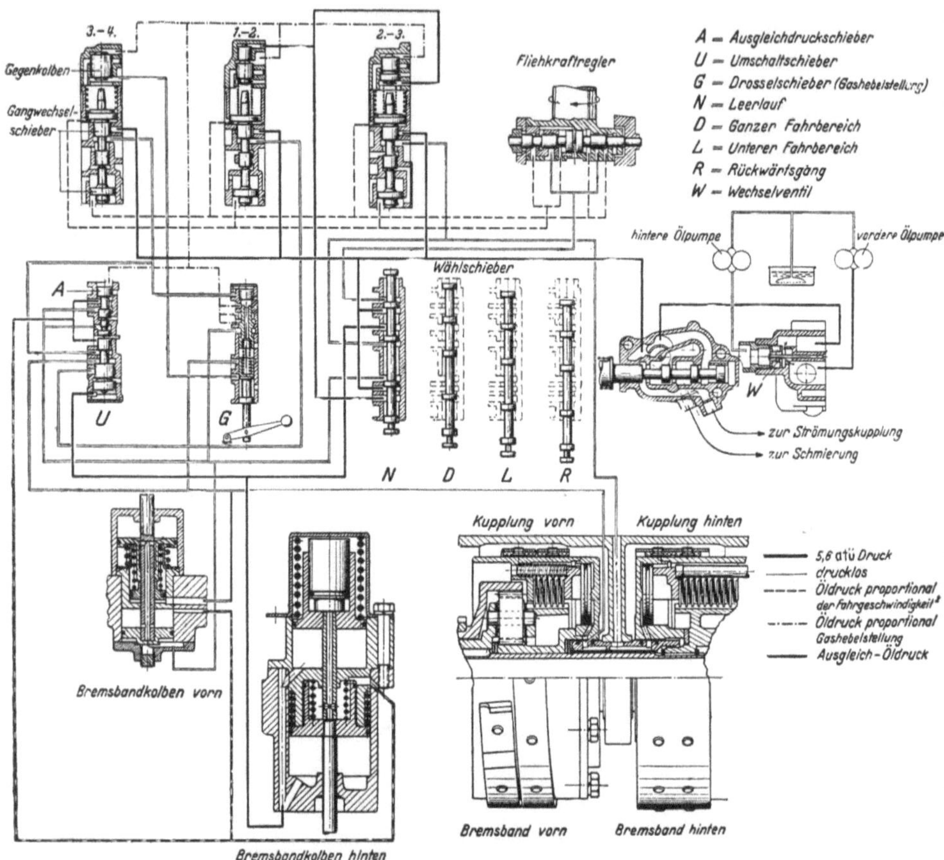

Abb. 162. Schaltautomatik des *Hydramatic*-Getriebes Ausf. *A*

digkeit als auch die Stellung der Drosselklappe über besondere Druck-
reduzierkolben als Öldruck in der Schaltautomatik wirksam. Damit ist
es möglich, die drei zur Schaltung der Gänge notwendigen Steuerkolben
auf engstem Raum nebeneinander anzuordnen und sie nur mit dem der
Fahrgeschwindigkeit proportionalen Öldruck einerseits und dem der
Drosselklappenstellung proportionalen Öldruck andererseits, also ohne

jede mechanische Verbindung untereinander, in eine solch eindeutige Abhängigkeit zu bringen, daß immer nur ein Steuervorgang, und zwar der zwangsläufig richtige, zur Ausführung gelangt. Die Reduzierung des Öldrucks entsprechend der Fahrgeschwindigkeit erfolgt über einen von der Getriebeabtriebswelle angetriebenen Fliehkraftregler, diejenige des der Drosselklappenstellung entsprechenden Öldrucks im Drosselschieber G, Abb. 162, der mit dem Gestänge der Drosselklappe verbunden ist. Dies ist der Grundgedanke der in der Automatik des *Hydramatic*-Getriebes verwendeten Hydraulik, die im folgenden im einzelnen besprochen werden soll.

Die beiden Lamellenkupplungen der Planetengetriebe sind mit Innenlamellen, die mit einem Spezialreibbelag versehen sind, ausgestattet. Die äußeren Stahllamellen sind geschirmt, um die Leerlaufreibverluste zu verringern und das Lösen der Kupplung zu erleichtern. Sechs konzentrisch um die Mittelachse angeordnete Kolbenscheiben — in neueren Getrieben ein Zentralkolben — werden vom Öldruck gegen eine gemeinsame Druckplatte verschoben und pressen so die Lamellen zusammen. Im entlasteten Zustand sorgen Rückzugsfedern, die am äußeren Umfang angeordnet sind, für das Zurückschieben der Druckplatte und verhindern, daß ein eventuell von der Fliehkraft her sich aufbauender Öldruck auf die Lamellen wirksam werden kann. Die Kupplungen sind rechts und links von einer Mittelwand des Getriebes angeordnet, s. Abb. 158, durch welche die Ölleitungen zu den durch Kolbenringe abgedichteten Austauschstellen zwischen Kupplung und Getriebe führen.

Das Bremsband ($B\,1$) des vorderen Planetengetriebes wird von einem Kolben unter Öldruck angezogen. Dabei muß die Kraft einer leichten Feder überwunden werden. In gleicher Richtung wirkt der Ausgleichöldruck. Zur Lösung der Bremse wird die andere Seite des Kolbens belastet. Ausgleichöldruck und Arbeitsöldruck wirken weiter in der gleichen Richtung, also in Richtung „Bremse fest", aber die Kraft des Entlastungsöldruckes überwiegt. Der Zylinder ist daher mit drei Öffnungen ausgerüstet: die eine für die Betätigung, die andere für das Lösen der Bremse, die dritte für den Ausgleichöldruck. Drucklos befindet sich das vordere Bremsband in gelöstem Zustand.

Das Bremsband ($B\,2$) des hinteren Planetengetriebes wird von starken Federn angezogen. Zum Lösen des Bremsbandes muß Öldruck auf zwei Kolben in Parallelschaltung gegeben werden. Der Ausgleichöldruck unterstützt die Federn der Bremse. Der Zylinder ist daher mit zwei Öffnungen versehen; die eine muß zum Lösen der Bremse beschickt werden, während die andere an die Ausgleichsleitung des Reglers angeschlossen ist. Im drucklosen Zustand ist die Bremse fest und ermöglicht in Verbindung mit der Rückwärtsraste, den abgestellten Wagen festzustellen.

c) Die Anordnung der selbsttätigen Schaltvorrichtung des *Hydramatic*-Getriebes

Um den Wechsel der Getriebegänge in Abhängigkeit von der Wagengeschwindigkeit und der Drosselklappenstellung selbsttätig vorzunehmen, setzt sich das Regelorgan aus einer großen Zahl von Teilen zusammen:

Die vordere Ölpumpe liefert Öldruck und Arbeitsöl bei Stillstand des Fahrzeugs aber sich drehendem Motor und versorgt gleichzeitig die Strömungskupplung und die Getriebeschmierstellen mit Öl.

Die hintere Ölpumpe, die von der Getriebeabtriebswelle angetrieben wird, übernimmt die Versorgung des Reglers bei fahrendem Wagen.

Der Druckregler (links von *W* in Abb. 162) sorgt für die Regelung des maximalen Öldruckes und die Verteilung und die Verteilung der von Front- und Heckölpumpe gelieferten Ölmenge.

Das Wechselventil (*W*) schließt bei Stillstand oder kleiner Fahrzeuggeschwindigkeit, also kleinem Öldruck der hinteren Pumpe, deren Leitung, bei Überwiegen des Hecköldruckes über den Frontöldruck die Leitung der Frontölpumpe zum Druckregler.

Der Fliehkraftregler besteht aus einem sich proportional der Abtriebswellendrehzahl drehenden Gehäuse, das zwei der Fliehkraft und dem Öldruck unterworfene Schieber enthält. Fliehkraft und Öldruck beeinflussen sich gegenseitig so, daß an jedem Schieber ein der Abtriebsdrehzahl bzw. Wagengeschwindigkeit quadratisch zugeordneter Öldruck entsteht, der dann die Schaltvorgänge einleitet.

Eine Schieberbatterie enthält die weiteren zur automatischen Betätigung notwendigen Schieber, nämlich:

Den Wählschieber, der vom Wählhebel am Lenkrad betätigt wird und vier definierte Stellungen einnehmen kann: Leergang = „N"; normaler Fahrbereich = „Dr" (oder D); unterer Fahrbereich oder Berggang = „Lo" (oder L); Rückwärtsgang = „R". In der Stellung „Dr" werden alle Vorwärtsgänge benutzt, während in der Stellung „Lo" nur der 1. und 2. Gang automatisch geschaltet werden.

Den Drosselschieber (*G* in Abb. 162). Er besteht aus zwei Teilen, die mit einer Feder kraftschlüssig verbunden sind, und einem Gegenkolben, der allerdings nur nach Einschalten des 4. Ganges in Tätigkeit tritt. Der Drosselschieber wird vom Gasfußhebel betätigt. Er wird mit dem Arbeitsöldruck vom Druckregler über den Wählschieber beaufschlagt und erzeugt einen der Stellung der Drosselklappe proportionalen Öldruck, welcher zur Beeinflussung des Umschaltmomentes auf die später erwähnten Umschaltgegenkolben gegeben wird. Er besitzt ferner Öffnungen, welche bei ganz durchgetretenem Gaspedal (entsprechende Geschwindigkeit vorausgesetzt) den Rückschaltvorgang zur Beschleunigung auslösen.

Den Ausgleichschieber (*A* in Abb. 162). Dieser wird vom Arbeitsöldruck und vom Drosselschieberöldruck beaufschlagt und erzeugt einen dem Drosselschieberöldruck proportionalen Ausgleichsdruck, welcher mit Ausnahme des Leergangs in allen Stellungen des Wählschiebers dauernd auf den vorderen und auf den hinteren Bremsbandkolben zur Unterstützung der Betätigung gegeben wird. Da der Ausgleichsöldruck annähernd proportional dem übertragenen Moment (proportional der Gashebelstellung) ist, wird die auf die Bandbremse ausgeübte Kraft mit zunehmendem Moment vergrößert. Es ist:

bei geschlossener Drossel Ausgleichsöldruck klein, also langsames Anziehen, schnelles Lösen der Bänder,

bei offener Drossel Ausgleichsöldruck groß, also schnelles Anziehen, langsames Lösen der Bänder,

von geschlossener zu offener Drossel der Übergang kontinuierlich.

Hört die Beaufschlagung des Ausgleichschiebers vom Arbeitsöldruck her auf, so verbindet der Schieber die Ausgleichleitung zur Entlastung der einzelnen Schieber mit Null.

Den Umschaltschieber (*U*). Er hat zwei definierte Lagen. In der unteren verbindet er die vordere Servo-Einheit (Bremse und Kupplung vorn, *B 1* und *K 1*) mit dem Gangwechselschieber 1.—2., in der oberen mit dem Gangwechselschieber 3.—4. Der Schaltvorgang des Schiebers wird von der Differenzkraft, Arbeitsöldruck minus Ausgleichsöldruck, in der einen Richtung oder vom Ausgleichsöldruck allein in der anderen Richtung bewirkt.

Den Gangwechselschieber für den 1. zum 2. Gang. Er ist aus Einbaugründen geteilt und besitzt zwei Flächen (unterer und oberer Teller), die von dem Öldruck des Fliehkraftreglers (schwere Seite) beaufschlagt werden. In angehobenem Zustand gibt der Wechselschieber dem Arbeitsöl den Weg zur Betätigung der vorderen Kupplung und zur Entlastung des vorderen Bremsbandkolbens frei (über Umschaltschieber).

Den Gangwechselschieber für den 2. zum 3. Gang (oben Mitte) und *den Gangwechselschieber für den 3. zum 4. Gang* (oben links in Abb. 163). Alle drei Wechselschieber sind grundsätzlich gleich gebaut. Beim Schieber 2.—3. wird auf den unteren Teller der Öldruck der leichten Seite des Fliehkraftreglers gegeben und der der schweren auf den oberen Teller. Beim Wechselschieber 3.—4. ist es umgekehrt. Beide Öldrücke heben, wenn sie groß genug sind, um die Vorspannung der Feder zu überwinden, die Wechselschieber an und geben so die Ölkanäle frei, die zur Betätigung des entsprechenden Ganges unter Druck stehen bzw. entlastet sein müssen.

Die Schaltschiebergegenkolben befinden sich gegenüber den Gangwechselschiebern. Auf ihrer Oberseite bzw. auf eine Ringfläche wirkt der Drosselschieberdruck. Im Betrieb kann er den Gegenkolben — zum

Teil gegen die Vorspannung einer Feder — nach unten verschieben, bis eine Überlaufkante freigegeben wird, welche dem Drosselschieberöldruck erlaubt, zwischen Schaltschieber und Gegenkolben zu treten. Der Druck, der sich dabei im Zwischenraum einstellt, muß — multipliziert mit der

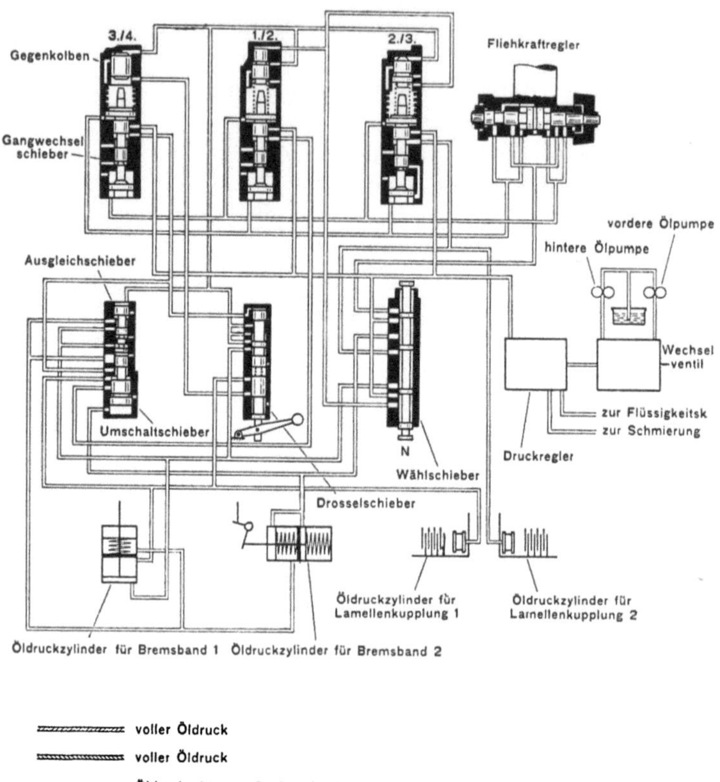

Abb. 163. Schaltautomatik des *Hydramatic*-Getriebes Ausf. A bei Stillstand des Motors, Wählhebelstellung N; links Zeichenerklärung für die nachfolgenden Funktionsdarstellungen

Kolbenfläche — eine Kraft nach oben ausüben, welche zusammen mit der Federvorspannung der Kraft die Waage hält, welche der Drosselschieberdruck auf die Oberfläche bzw. die Ringfläche ausübt. Der so entstehende Zwischendruck wirkt aber auch auf die Oberseite des oberen Tellers der Gangwechselschieber, so daß diese stärker nach abwärts gepreßt werden. Die von unten nach oben wirkende, der Fahrgeschwindigkeit entsprechende Kraft, muß für eine Hochschaltung größer werden als die von oben nach unten wirkende Kraft, welche sich aus der Wirkung des Zwischendruckes auf die Oberseite des oberen Tellers und der Federvorspannung zusammensetzt. Sobald die Umschaltung erfolgt ist, entlastet sich der Zwischendruck, so daß der Gangwechselschieber in seine obere Grenzlage geschoben wird. Dabei gibt er die Steuerkante für das Arbeitsöl frei, das, noch auf eine Differenzfläche wirkend, den Druck nach oben verstärkt. Nach erfolgter Umschaltung wirkt nach unten nur der Drosselschieberdruck multipliziert mit der Oberseite bzw. Ringfläche der Gegenkolben, während nach oben zu dem Geschwindigkeitsdruck auch noch die Wirkung des Arbeitsöldrucks auf die Differenzfläche kommt. Hierdurch ist erreicht, daß die Abwärtsschaltung bei erheblich kleineren und weniger stark von der Drosselklappenstellung abhängigen Geschwindigkeiten stattfindet als die Aufwärtsschaltung. Der Gegenkolben des Schaltschiebers 1.—2. kann auf seiner Oberseite unter bestimmten Bedingungen vom vollen Druck beaufschlagt werden, der Drosselschieberdruck wirkt bei ihm nur auf eine Ringfläche.

d) Die Arbeitsweise der hydraulischen Anlage des *Hydramatic*-Getriebes

Leergangstellung (Abb. 164), Wählhebel an der Lenksäule steht auf „N". Bei laufendem Motor und stillstehendem Wagen läuft nur die vordere Ölpumpe (proportional der Motordrehzahl). Die hintere Ölpumpe, die proportional der Wagengeschwindigkeit läuft, also in diesem Augenblick noch steht, hat in diesem Zustand keinen Druck, so daß das Wechselventil den Zulauf von der vorderen Pumpe zum Druckregelventil freigibt, während es die hintere Pumpe abschließt. Die vordere Ölpumpe füllt zuerst das Schiebersystem. Erst dann kann sich ein ausreichender Druck (etwa 5 bis 6 atü) aufbauen und den Schieber des Druckreglers nach links schieben (s. Abb. 162) und einen Zufluß zur hydraulischen Kupplung öffnen. Auch hier muß sich erst ein gewisser Druck aufbauen, bis das überschüssig geförderte Öl zur Schmierung abfließt. Alle Schaltschieber befinden sich in der unteren Stellung, da der Wählschieber die Zuleitung zum Fliehkraftregler abgeschlossen hat. Dagegen ist ein Zufluß zum hinteren Bremsbandkolben freigegeben, welcher den Kolben gegen die Vorspannung der Arbeitsfedern zurückdrückt und auf diese Weise das Bremsband löst. Der gleiche Öldruck geht auch auf die Unterseite des Umschaltschiebers, wodurch zusätzlich die Verbindung vom Schaltschieber des 1. zum 2. Gang zur vorderen Kupplung unterbrochen wird. Drosselschieber und Ausgleichschieber sind drucklos, da der Wählschieber die Zuflußleitung abschließt. Über eine andere Steuerkante kann der Öldruck auf den Gegenkolben des 1. zum 2. Gang und in den

Zwischenraum zwischen Gegenkolben und Umschaltschieber des 2. zum 3. Gang fließen, so daß diese beiden Schieber hydraulisch an einer Bewegung verhindert werden, welche unter Umständen durch Fahrstöße eintreten könnte. Diese Art der Verriegelung ist notwendig, weil der Arbeitsöldruck nur durch die Umschaltschieber von den Servo-Organen abgetrennt ist. Es sind damit im Leergang alle Servo-Einheiten in gelöstem Zustand, so daß keine Kraftübertragung stattfinden kann.

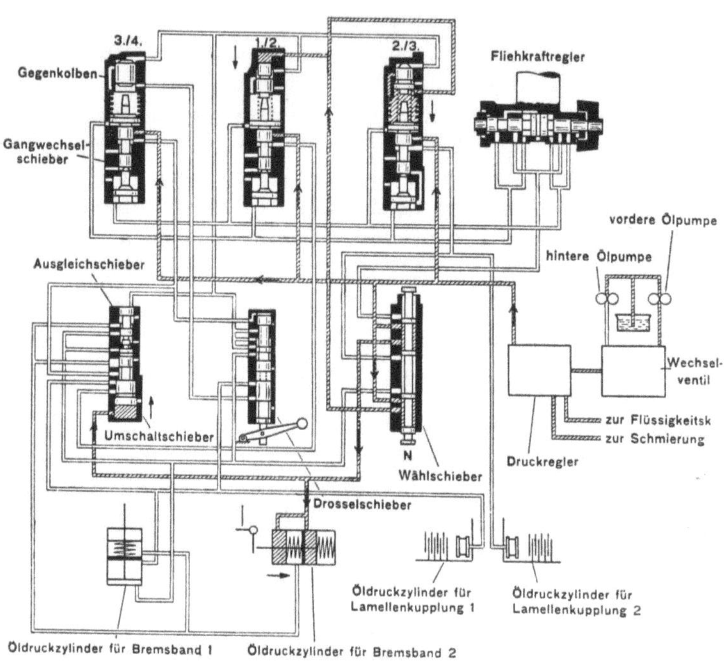

Abb. 164. Steuerung bei Wählhebelstellung N (Leergang) und Leerlauf des Motors

Normaler Fahrbereich, Abb. 165. Wird der Schalthebel an der Lenksäule auf „*Dr*" gestellt, so wird das Getriebe auf den 1. Gang umgeschaltet, ohne daß sich der Wagen in Bewegung setzt, wenn nicht gleichzeitig durch Gasgeben das zum Antrieb über die hydraulische Kupplung notwendige Anfahrmoment erzeugt wird. Solange der Wagen steht, ändert sich nichts an der Funktion der vorderen und hinteren Ölpumpe und des Wechselventils. Der Fliehkraftregler wird jetzt über den Wählschieber mit Arbeitsöl versorgt und kann, sobald sich das Fahrzeug in Bewegung setzt, seinen der Fahrgeschwindigkeit entsprechenden Druck geben. Der hintere Bremsbandkolben ist vom Öldruck entlastet, so daß die Bandbremse durch die Feder angezogen wird. Ebenso ist die hydrau-

lische Verriegelung der Umschaltschieber aufgehoben, während Arbeitsöl
zum Drosselschieber, zum Ausgleichschieber und zum vorderen Bremsbandkolben fließen kann. Das vordere Bremsband wird angezogen.
Der Drosselklappenschieber kann den der Drosselklappenstellung entsprechenden Druck regeln, der auf die Gegenkolben und den Ausgleichschieber geht. Damit sind beide Bremsbänder angezogen, und die Automatik ist in einem arbeitsfähigen Zustand.

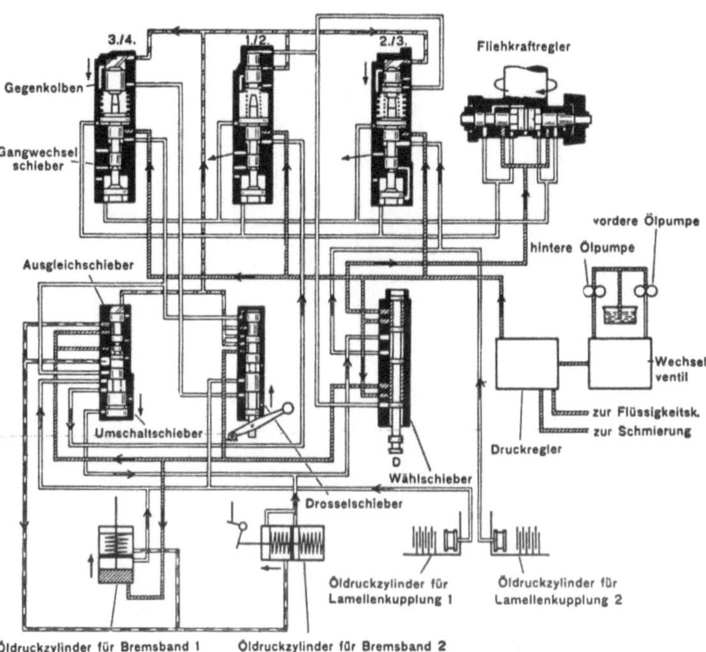

Abb. 165. Steuerung bei Wählhebelstellung D (oder Dr), Einschalten des 1. Ganges

Sobald der Fliehkraftregler sich zu drehen beginnt, werden die Schieber
durch die Gewichte nach außen gezogen und geben dem Drucköl einen
Zufluß frei. Der Druck des aus dem Fliehkraftregler abströmenden Öles
ist gleichzeitig auf eine Differenzfläche gegeben. Die dadurch entstehende
Kraft drückt die Schieber nach innen und hält in jedem Augenblick (bis
der Regler ausgesteuert ist) der Fliehkraft das Gleichgewicht. Dadurch
entsteht ein dem Quadrat der Fahrgeschwindigkeit proportionaler
Druck. Die beiden verschieden großen Gewichte bewirken die verschieden große Empfindlichkeit der beiden Reglerstufen.

Wenn der Gashebel bewegt wird, wird gleichzeitig über die zwischen
den zwei Kolben des Drosselschiebers befindliche Feder der obere Kolben

verschoben, der dem Arbeitsöl einen Abfluß ermöglicht. Der Druck der Abflußleitung hat die Möglichkeit, auf eine Fläche des oberen Kolbens zu wirken, so daß auch hier Gleichgewicht besteht zwischen der Vorspannung der Feder und dem hinter dem Drosselschieber herrschenden „Drosseldruck". Die gleichen Verhältnisse bestehen am Ausgleichschieber. An diesem wird der Drosseldruck mit einem konstanten Faktor multipliziert, so daß der Ausgleichsdruck immer proportional dem Drosseldruck ist.

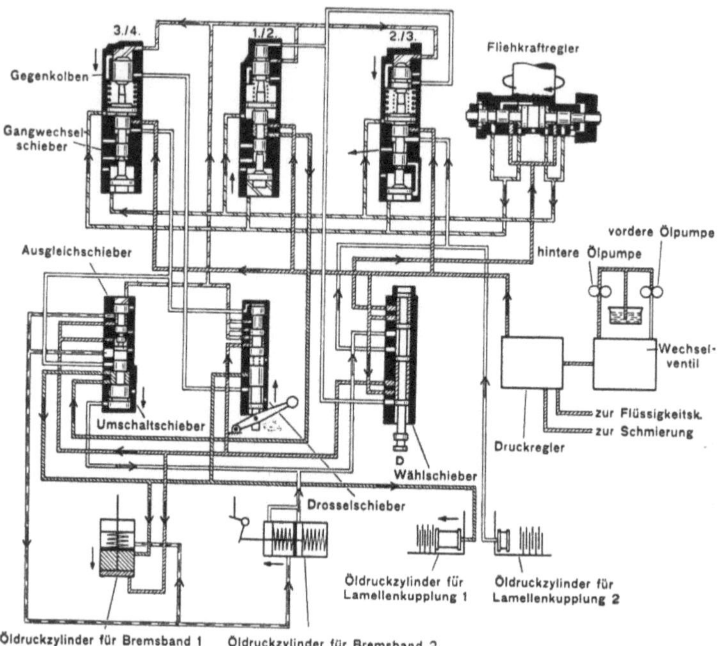

Abb. 166. Steuerung bei Wählhebelstellung D, Wechsel vom 1. auf den 2. Gang

Wenn im Laufe des Fahrbetriebes der Druck der hinteren Ölpumpe den der vorderen überwiegt, schaltet das Wechselventil die vordere Ölpumpe ab. Die weitere Ölversorgung wird von der kleineren Sekundärpumpe übernommen. Die vordere Ölpumpe arbeitet nur noch gegen einen Druck von 2 kp/cm², so daß die aus ihrem Antrieb entstehende Verlustleistung verringert wird.

Umschaltung vom 1. in den 2. Gang, Abb. 166. Ist die Fahrgeschwindigkeit so weit gestiegen, daß der Geschwindigkeitsdruck in seiner Wirkung auf die Unterseite der Teller des Gangwechselschiebers 1.—2. größer ist als die sich aus Drosseldruck und Federvorspannung ergebende Gegenkraft, so springt, wie schon beschrieben, der Gangwechselschieber nach oben und gibt dem Arbeitsöl den Weg frei zum Umschaltschieber. Da dieser unter der Wirkung des Ausgleichdruckes nach unten verschoben ist, kann das Drucköl zur vorderen Kupplung und zu den beiden Löseseiten des vorderen Bremsbandkolbens weiterfließen. In dem Maße, wie die Kupplung fester wird, löst sich auch das Bremsband. Die einem Freilauf sehr nahe kommende Wirkung der doppelten Umschlingung erleichtert dabei die Weichheit der Schaltung, weil die Kupplung die fest-

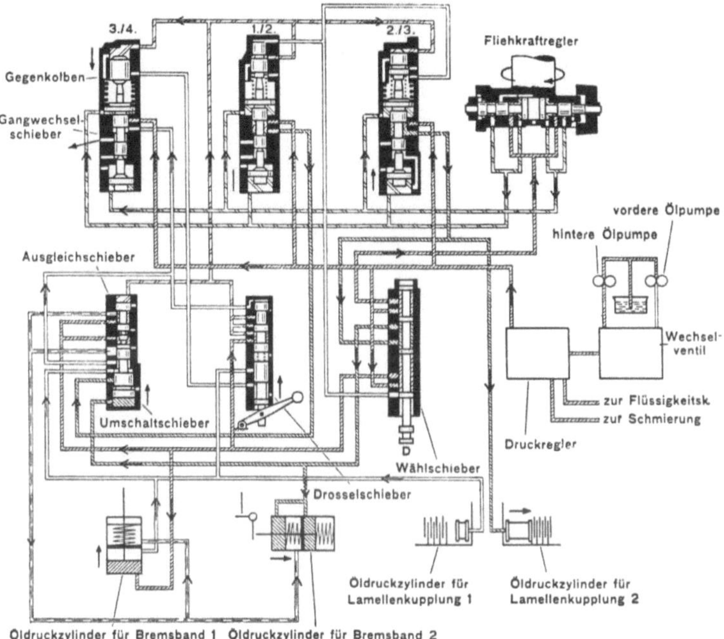

Abb. 167. Steuerung bei Wählhebelstellung *D*, Wechsel vom 2. auf den 3. Gang

gebremste Sonne aus dem Bremsband herausdreht. Die hintere Kupplung und die hintere Bremse bleiben vom Öldruck entlastet, so daß die Kupplung lose und die Bremse unter Wirkung der Arbeitsfedern angezogen ist.

Umschaltung vom 2. auf den 3. Gang, Abb. 167. Bei gleicher Drosselklappenstellung wird mit zunehmender Fahrgeschwindigkeit das Kraftverhältnis am Gangwechselschieber vom 2. zum 3. Gang so sein, daß er nach oben wechselt. Dadurch wird dem Arbeitsöl der Weg freigegeben zur Betätigung der hinteren Kupplung. Gleichzeitig kann er über den Wählschieber auf die Unterseite des hinteren Bremsbandkolbens und des Umschaltschiebers fließen.

Wenn sich in den Ölleitungen ein entsprechender Öldruck aufgebaut hat, kann dieser das hintere Bremsband lösen und den Umschaltschieber gegen den Ausgleichdruck nach oben drängen. Der Umschaltschieber schließt dabei die vordere Kupplung und das vordere Bremsband von der Ölversorgung ab und verbindet diese Leitung über den Umschaltschieber vom 3. zum 4. Gang mit Null. Dadurch löst sich die vordere Kupplung, während der Bremsbandkolben angezogen wird. Die Abschaltung der

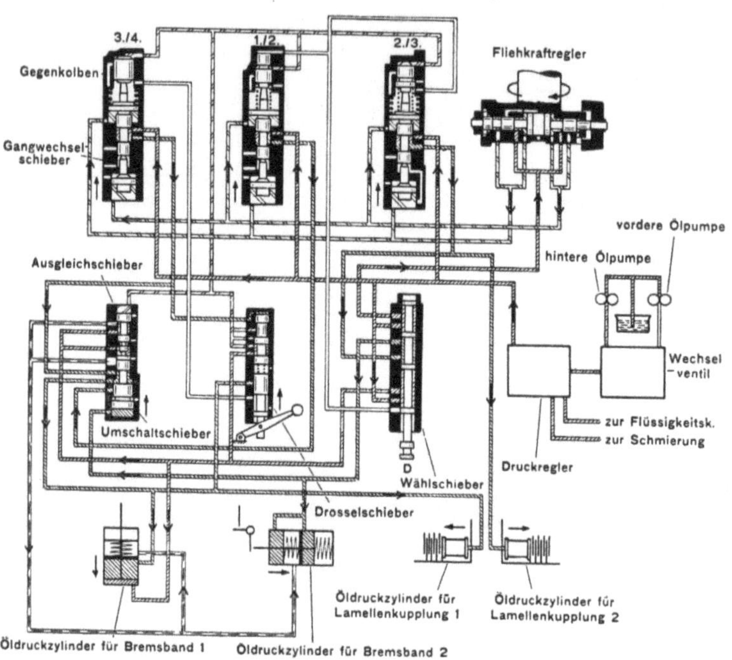

Abb. 168. Steuerung bei Wählhebelstellung D, Wechsel vom 3. auf den 4. Gang

vorderen Kupplung erfolgt also um so später, je größer der Ausgleich- bzw. der Drosselschieberdruck ist, so daß mit stärker durchgetretenem Gashebel die Überschneidung größer ist als bei wenig Gas.

Umschaltung vom 3. in den 4. Gang, Abb. 168. Beim Gangwechsel-schieber für den 3. zum 4. Gang ist die untere Seite des unteren Tellers vom Fliehkraftöldruck der schweren Seite, die des oberen Tellers vom Fliehkraftöldruck der leichten Seite beaufschlagt. Der Gegenkolben fühlt auf seiner Oberseite mit der ganzen Fläche den Drosselschieber-druck und kann sich so weit nach unten bewegen, bis der zwischen Gegen-kolben und Umschaltschieber entstehende Gegendruck eine weitere Ab-wärtsbewegung verhindert. Der Einfluß der Stellung der Drosselklappe ist daher, gemessen an den anderen Schaltwechseln, groß und der Unterschied der Umschaltgeschwindigkeit zwischen der geschlossenen und offenen Drosselklappe beträchtlich. Die extremen Werte der Fahrgeschwindigkeiten für die Umschaltung sind der Abb. 160 zu entnehmen.

Überwiegt die Wirkung des von der Fahrgeschwindigkeit abhängigen Öldrucks die des Drosselschieberdrucks, so kann der Gangwechselschieber in seine obere Stellung umwechseln, wobei wieder der Zwischendruck mit Null verbunden wird. Dem Arbeitsöl ist damit der Weg freigegeben zum Umschaltschieber und von da weiter zum Lösen des vorderen Bremsbandkolbens und zum Anziehen der vorderen Kupplung.

Da schon beim 3. Gang die hintere Kupplung eingerückt und das hintere Bremsband gelöst waren, laufen nun beide Umlaufsätze als Einheit um, und das Übersetzungsverhältnis ist 1:1. Der Arbeitsöldruck kann nach erfolgter Umschaltung in den 4. Gang noch auf die obere Seite des kleinen Gegenkolbens im Drosselschieber treten, Abb. 169. Dieser Gegenkolben stellt den Druckpunkt für die erzwungene Rückschaltung vom 4. in den 3. Gang dar *(kick-down)*. Der Gashebel kann im 4. Gang nur dann in seine Endstellung gedrückt werden, wenn die Ölkraft auf dem kleinen Gegenkolben überwunden wird. Dabei wird dann dem zur vorderen Kupplung fließenden Öldruck ein Weg in den Zwischenraum zwischen Gangwechselschieber und Gegenkolben für den 3. und

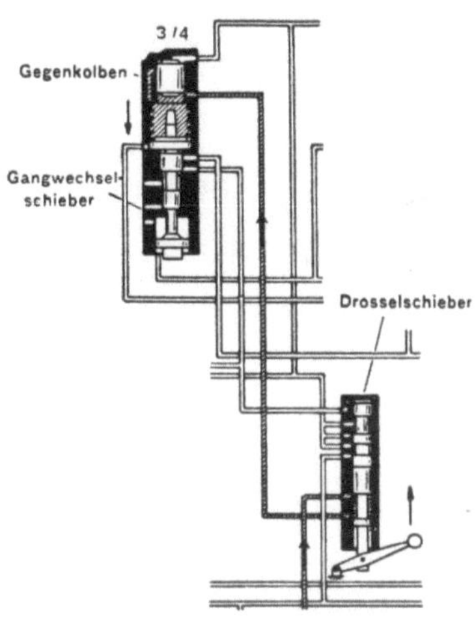

Abb. 169. Steuerung bei Wählhebelstellung D; Betätigen des kick-down, Rückschalten vom 4. auf den 3. Gang

4. Gang freigegeben. Hat die Fahrgeschwindigkeit 85 km/h noch nicht überschritten, so reicht die Wirkung dieses Zwischendrucks aus, den Gangwechselschieber wieder nach unten zu drücken, d. h. vom 4. in den 3. Gang zurückzuschalten. Bei dieser Umschaltung wird der Zufluß zur vorderen Kupplung und damit auch der Zufluß zur Löseseite des vorderen Bremsbandkolbens, ferner der Zwischendruck und der Druck auf den Drosselschieber-Gegenkolben mit Null verbunden, so daß die gesamte Anlage sich wieder im normalen Zustand des Fahrbetriebes im 3. Gang befindet und die weiteren Umschaltungen entsprechend der Zuordnung von Gashebelstellung und Fahrgeschwindigkeit erfolgen.

Aus Geräuschgründen liegt die höchste Rückschaltgeschwindigkeit ohne kick-down sehr niedrig. Der Fahrer hat dadurch die Möglichkeit gewonnen, einen Einfluß auf den geschalteten Gang des Getriebes zu nehmen. Nimmt er nämlich nach kurzem Anfahren den Gashebel und damit den Drosselschieber zurück, so schaltet er automatisch bereits bei Geschwindigkeiten über 32 km/h in den 4. Gang. Gibt der Fahrer nun wieder Gas, so bleibt das Getriebe im höchsten Gang, und es bedarf einer besonderen Willenskundgebung, nämlich der Überwindung der Kraftwirkung des Drosselschiebergegenkolbens (kick-down), um zur Beschleunigung in den 3. Gang zu schalten. Diese Einrichtung des Schaltreglers hat den Vorteil, daß überflüssiges Schalten durch häufiges Gasgeben und Gaswegnehmen auf ein Mindestmaß reduziert wird. Die Anordnung hat aber auch den Nachteil, daß bei schiebendem Wagen und zurückgenommenem Gashebel sehr früh eine Umschaltung in den höchsten Gang erfolgt, der Motor also nicht ohne weiteres in den Zwischengängen zur Bremsung herangezogen werden kann.

Für diesen besonderen Fall ist die Stellung „Lo" des Wählhebels an der Lenkradsäule (unterer Fahrbereich) vorgesehen, die den Bereich des Automaten auf die Umschaltung vom 1. zum 2. Gang begrenzt. Mit dieser Umschaltung ist gleichzeitig eine Verlegung der Umschaltgeschwindigkeit zwischen 1. und 2. Gang vorgesehen, so daß bei offener Drossel die Umschaltung bei einer Fahrgeschwindigkeit von 45 km/h gegen 28 km/h im oberen Fahrbereich erfolgt.

Die Stellung „Lo" ermöglicht es so, länger im 1. und beliebig lange im 2. Gang zu bleiben und bei kleinen Fahrgeschwindigkeiten mit entsprechend größerer Leistung zu beschleunigen. Ebenso kann bei schiebendem Fahrzeug eine automatische Umschaltung vom 2. in einen höheren Gang nicht mehr stattfinden.

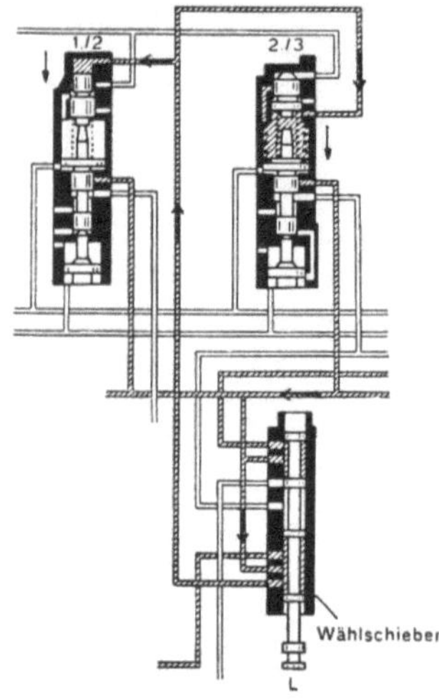

Abb. 170. Steuerung bei Wählhebelstellung L (oder Lo), Begrenzung des Fahrbereichs auf den 1. und 2. Gang

Im Schiebersystem selbst, Abb. 170, bedeutet die Umschaltung des Wählschiebers von „Dr" auf „Lo", daß das Arbeitsöl auf den Gegenkolben vom 1. zum 2. Gang und zwischen den Gangwechselschieber und Gegenkolben vom 2. zum 3. Gang fließen kann. Bei der Umschaltung vom 1. in den 2. Gang muß jetzt also die Kraftwirkung des Fahrgeschwindigkeitsdruckes die zusätzliche Kraftwirkung des Arbeitsdruckes auf den Gegenkolben überwinden. Über 72 km/h ist auch beim Umlegen des Schalthebels an der Lenkung von „Dr" auf „Lo" keine Rückschaltung zu erzwingen.

Schaltung auf den Rückwärtsgang, Abb. 171. Wird der Wählhebelschalter nochmals etwa 5 mm nach unten auf die Stellung „R" bewegt, so wird der Ölzufluß zum Fliehkraftregler abgeschlossen und zum Lösen des hinteren Bremsbandkolbens gegeben. Gleichzeitig haben die Schaltschieber vom 1. zum 2. Gang und vom 2. zum 3. Gang Verriegelungsöldruck. Eine Umschaltung in einen Vorwärtsgang ist also nicht möglich. Das hintere Bremsband ist so zwangsweise immer geöffnet. Mit der Bewegung des Wählschiebers nach unten wird ferner eine verzahnte Klinke nach innen gedrückt und damit das Ringrad (*m* in Abb. 158) des 3. Planetensatzes für den Rückwärtsgang mechanisch festgehalten.

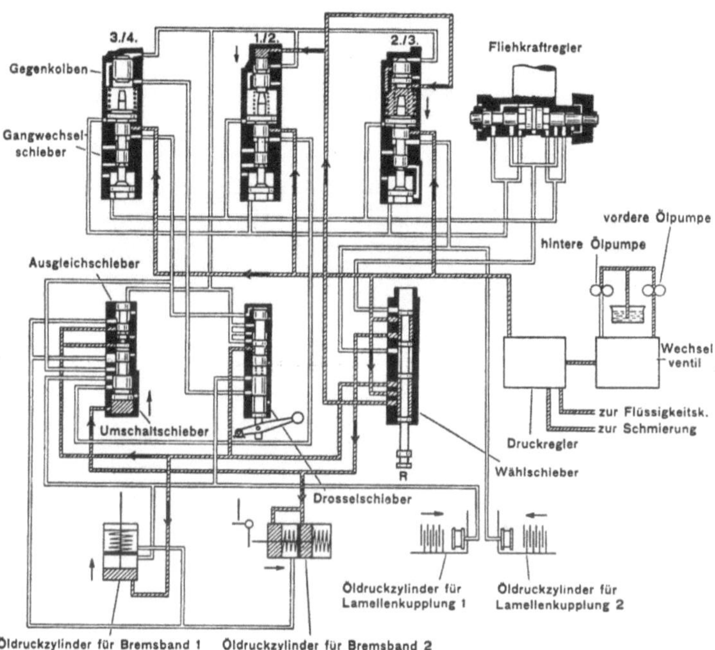

Abb. 171. Steuerung bei Wählhebelstellung R, Einschalten des Rückwärtsganges

Parksperre. Bei abgestelltem Motor ist die Stellung des Rückwärtsganges auch die Parksperre, weil dann gleichzeitig das Ringrad des 1. Umlaufsatzes der 2. Gruppe durch die Bandbremse hinten und das Ringrad des Rückwärtsgangsatzes durch die Klinke festgehalten werden. Das Fahrzeug ist damit gegen eine Bewegung blockiert" [273].

Soweit die Ausführungen von K. KOLLMANN und H. J. FÖRSTER, in die zur Erläuterung und Ergänzung die Abb. 163 bis 171 eingefügt wurden, die der Verlag J. KRAMER AG, Bern, dankenswerterweise zur Verfügung stellte [18].

Da das *Hydramatic*-Getriebe das erste und bis heute erfolgreichste automatische Automobilgetriebe ist, haben wir geglaubt, der eingehenden

Beschreibung der Schaltvorgänge den nötigen Raum geben zu dürfen. Das ist in solcher Ausführlichkeit für die Schaltanlagen der nachstehend beschriebenen automatischen Getriebe nicht möglich. In dem hier gesteckten Rahmen muß es genügen, falls erforderlich, den grundsätzlichen Aufbau der jeweiligen Schalteinrichtung wiederzugeben. Wer sich sehr eingehend über das Arbeiten einer bestimmten Getriebeanlage unterrichten will, der sei auf die Werkstatthandbücher der Herstellerwerke hingewiesen. Wegen des manchmal sehr komplizierten Aufbaues und der Vielzahl der in einem Getriebe vorkommenden Steuer-, Regler- und Arbeitsdrücke (bis zu elf!) hat man in den Prinzip- und Arbeitszeichnungen oft die farbige Darstellung zur Unterscheidung herangezogen, wodurch die Zusammenhänge meist leichter und sicherer zu erfassen sind, s. Abb. 301.

Das *Hydramatic*-Getriebe Ausf. *A* hat im Laufe der Zeit einige Verbesserungen erfahren. Die Bemühungen richteten sich in erster Linie darauf, das Umschalten zwischen den Gangstufen ruck- und stoßfrei, also so weich wie möglich, zu gestalten. Noch besser gelöst hat man dann dieses Problem durch eine Neukonstruktion, der der folgende Abschnitt gewidmet ist.

2. Das Hydramatic-Getriebe Ausf. B

Das *Hydramatic*-Getriebe Ausf. *B* (auch *Stratoflight Hydramatic* genannt) besitzt, wie das Schema der Abb. 172 und das Schnittbild in Abb. 173 zeigen, wieder eine hydraulische Kupplung, die in bekannter Weise in dem Kraftfluß zwischen dem 1. und dem 2. Planetensatz angeordnet ist. Für den Rückwärtsgang ist ein 3. Planetensatz vorgesehen. Die Änderung gegenüber der Ausf. *A* besteht u. a. darin, daß die ursprüngliche Lamellenkupplung *K 1* (s. Abb. 157) jetzt durch eine Flüssigkeitskupplung *K 1* und das Bremsband *B 1* durch die Scheibenbremse *B 1* und den Freilauf *F 1* ersetzt wurden. Die Aufgabe des früheren Bremsbandes *B 2* (s. Abb. 157) übernimmt in der Ausf. *B* teils das Bremsband *B 3* (s. Abb. 172), teils der Freilauf *F 2* in Verbindung mit der Lamellenbremse *B 2*.

Das Einlegen der hydrodynamischen Kupplung *K 1* geschieht durch Füllen des Gehäuses mit Öl, was im Betrieb etwa ein bis zwei Sekunden dauert; genau so schnell geht das Entleeren zur Entkupplung vor sich, wenn ein Ventil geöffnet wird. Pumpe und Turbine dieser Hilfskupplung haben schräggestellte Schaufeln (s. Abb. 94), so daß sie in Arbeitsdrehrichtung sofort kuppelt, in der anderen nahezu freiläuft.

Im *1. Gang* ist die Kupplung *K 1* leer. Das Sonnenrad des 1. Planetensatzes stützt sich, wenn der Wählhebel in die normale Fahrstellung „D₁" gebracht ist, über den Freilauf *F 1* gegen das Gehäuse ab. Der 1. Planetensatz, dessen Außenrad vom Motor angetrieben wird, liefert somit eine Übersetzung $i_1 = 1{,}55$. Mit der reduzierten Drehzahl läuft auch die Pumpe der Hauptkupplung und überträgt ihr Moment über die Turbine auf das Sonnenrad des 2. Getriebesatzes. Sein Außenrad ist durch den Freilauf *F 2* und die Bremse *B 2* festgehalten, so daß eine weitere Übersetzung $i_2 = 2{,}55$ entsteht. Wenn man vom Schlupf der Kupplung absieht ($s = 0$), so ist die Gesamtübersetzung im 1. Gang $i_\mathrm{I} = \dfrac{n_1}{n_2} = i_1\,i_2 =$ $= 3{,}96$.

Zum Wechseln vom 1. auf den *2. Gang* wird die hydrodynamische Kupplung *K 1* mit Öl gefüllt. Dadurch werden Außen- und Sonnenrad des 1. Planetensatzes weich und völlig stoßfrei miteinander verbunden. Der 1. Satz läuft somit als Block um; eine Übersetzung findet nur noch im 2. Planetensatz statt mit $i_\mathrm{II} = 2{,}55$. Die Kupplung *K 1* liegt in einer Leistungsverzweigung, bei der der 1. Planetensatz als Sammelgetriebe arbeitet. Die vom Motor kommende Leistung verteilt sich vor dem Außenrad des 1. Planetensatzes (s. oberen Verzweigungspunkt in Abb. 172).

Da $\dfrac{z_{a1}}{z_{s1}} = 1{,}82$ ist, errechnet sich der direkt in den Planetensatz fließende Leistungsanteil (mit $x = \dfrac{\dfrac{z_{a1}}{z_{s1}}}{1 + \dfrac{z_{a1}}{z_{s1}}}$) zu 65%, während die restlichen 35% ihren Weg über die Kupplung *K 1* nehmen.

Für den *3. Gang* wird die Hilfskupplung *K 1* geleert und ist daher unwirksam. Das Einlegen der Kupplung *K 2* bewirkt in ähnlicher Weise, wie für die Ausf. *A* beschrieben wurde, eine Leistungsteilung. Vom Planetenträger des 1. Satzes gehen etwa 61% über *K 2* direkt zu dem Außenrad des 2. Satzes und 39% über die Hauptkupplung zum Sonnenrad. Die im 2. Planetensatz gesammelte Leistung fließt vom Planetenträger dem Abtrieb zu. Eine Übersetzung liefert nur der 1. Planetensatz; demnach ist $i_\mathrm{III} = 1{,}55$.

Im *4. Gang* sind die Kupplungen *K 1* und *K 2* wirksam, es findet eine doppelte Leistungsverzweigung statt. Abgesehen vom Schlupf der beiden Strömungskupplungen, ändert sich die Drehzahl n_1 im Getriebe nicht (direkter Gang); $i_\mathrm{IV} = 1$.

Steht der Wählhebel auf „D_2", so schaltet die Automatik je nach Gashebelstellung und Fahrgeschwindigkeit nur den 1., 2. oder 3. Gang ein. Im 1. und 3. Gang ist das Sonnenrad des 1. Planetensatzes durch die Scheibenbremse *B 1* in beiden Drehrichtungen festgehalten, also auch dann, wenn der schiebende Wagen den Motor zu treiben sucht. Man kann daher in diesen beiden Gängen den Motor als Bremse benutzen. Um auch im 2. Gang über die Bremswirkung des Motors zu verfügen,

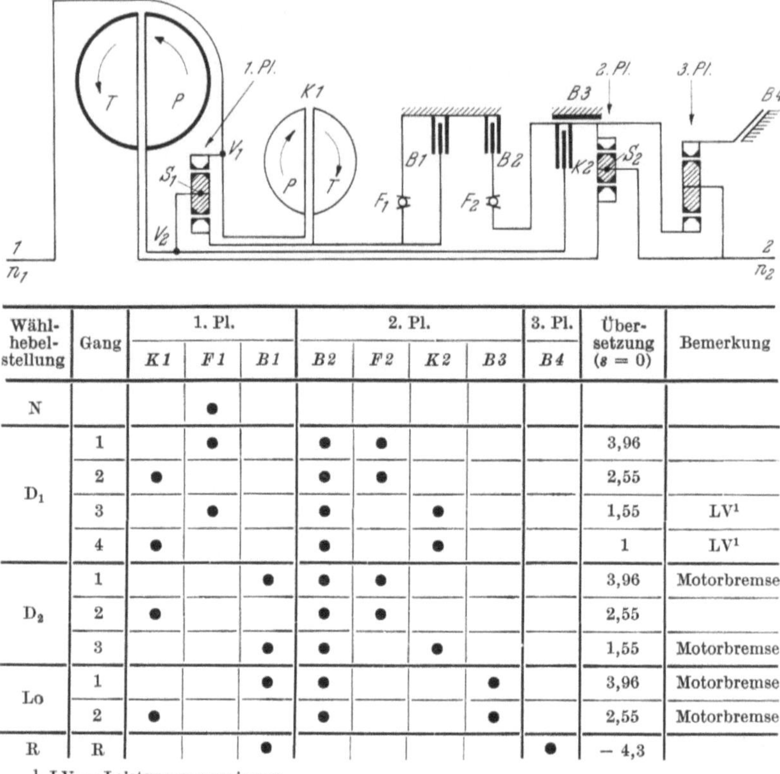

Wähl-hebel-stellung	Gang	1. Pl.			2. Pl.				3. Pl.	Über-setzung $(s = 0)$	Bemerkung
		$K1$	$F1$	$B1$	$B2$	$F2$	$K2$	$B3$	$B4$		
N			●								
D_1	1		●		●	●				3,96	
	2	●			●	●				2,55	
	3		●		●		●			1,55	LV[1]
	4	●			●		●			1	LV[1]
D_2	1			●	●	●				3,96	Motorbremse
	2	●			●	●				2,55	
	3			●	●		●			1,55	Motorbremse
Lo	1			●	●			●		3,96	Motorbremse
	2	●			●			●		2,55	Motorbremse
R	R			●					●	− 4,3	

[1] LV = Leistungsverzweigung.

Abb. 172. *Hydramatic*-Getriebe Ausf. *B (Stratoflight Hydramatic)*, Schema; *P* Pumpe, *T* Turbine, *K1* hydraulische Hilfskupplung, *K2* Kupplung, F_1 und F_2 Freiläufe, *B1* Scheibenbremse, *B2* Lamellenbremse, *B3* Bremsband, *B4* Konusbremse, 1. Pl., 2. Pl. und 3. Pl. Planetengetriebesätze, n_1 Antriebs- und n_2 Abtriebsdrehzahl, V_1 und V_2 Verzweigungspunkte, S_1 und S_2 Sammelpunkte der Leistungsverzweigungen

wird der Wählhebel in die Stellung „Lo" gebracht. Dann ist durch *B 3* der Freilauf von *F 2* bei schiebendem Wagen aufgehoben.

Beim Rückwärtsgang sind wieder der 2. und 3. Planetensatz doppelt miteinander verbunden; darüber wurde schon an Hand von Abb. 26 auf S. 32 berichtet. An der Gesamtübersetzung im Rückwärtsgang $i_R = -4,3$ sind alle drei Planetensätze beteiligt.

Die Schalteinrichtung für den automatischen Wechsel der Gänge ähnelt im Aufbau dem für die Ausf. *A*. Wegen der Einfügung der beiden Freiläufe konnten einige Einrichtungen, die früher für das zeitlich richtige und genügend sanfte Fassen der Bremsbänder erforderlich waren, weggelassen werden.

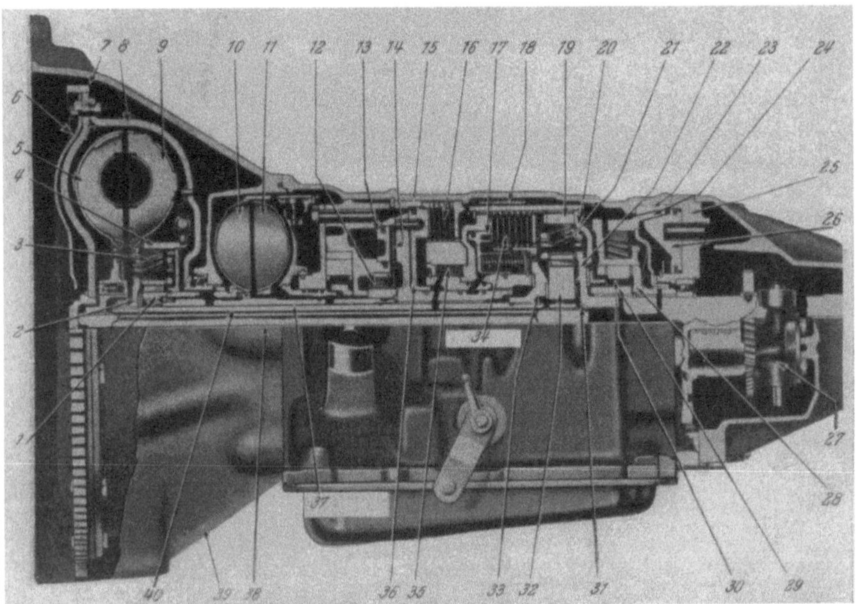

Abb. 173. Schnitt durch das *Hydramatic*-Getriebe Ausf. *B*; 1. Planetensatz mit

1 Sonnenrad,
2 Planetenträger,
3 Planetenrädern und
4 Außenrad,
5 Turbine,
6 Schwungrad,
7 Anlaßzahnkranz,
8 Kupplungsgehäuse,
9 Pumpe,
10 Pumpenrad und
11 Turbine der Hilfskupplung *K1*,
12 Freilauf F_1,
13 Ringkolben für
14 Scheibenbremse *B1*,

15 Getriebegehäuse,
16 Bremse *B2*,
17 Ringkolben für Kupplung *K2* (*34*),
18 Bremsband *B3*,
19 Außenrad des 2. Planetensatzes,
20 Verbindungsflansch,
21 Planetenräder und
22 Planetenträger des 2. Planetensatzes,
23 und *24* Konusbremse *B4*
25 Gehäuseabschluß,
26 Ringkolben für *B4*,
27 Fliehkraftregler,

28 Planetenträger,
29 Sonnenrad und
30 Planetenräder des 3. Planetensatzes,
31 Planetenträger und
32 Sonnenrad des 2. Planetensatzes,
33 Nabe der Kupplung *K2*,
35 Freilauf F_2,
36 Ringkolben für Scheibenbremse *B1*
37 kurze Zwischenwelle,
38 Hauptwelle,
39 Gehäuse,
40 lange Zwischenwelle

3. Das Hydramatic-Getriebe Ausf. C

Die General Motors Corporation sah sich etwa im Jahre 1959 veranlaßt, der Reihe der bisherigen *Hydramatic*-Getriebe eine kleinere und einfachere Ausführung anzufügen, die zunächst *Hydramatic 61—15*, später *Roto Hydramatic 240* oder auch einfach *Hydramatic* genannt wurde und hier die Bezeichnung *Hydramatic*-Getriebe Ausf. *C* trägt. Sie war vorgesehen für den Einbau in eines der ersten Compact Car-Modelle, das *Oldsmobile F 85*, sowie für Wagen, die innerhalb der GMC in ihren Firmen außerhalb der USA gefertigt werden: in England Vauxhall-*Cresta* und -*Velox*, in Deutschland Opel-*Kapitän* (bis 1964).

Ein erster Blick auf das Schema, Abb. 174, und auf das Schnittbild in Abb. 175 läßt den Eindruck entstehen, als ob von den bisherigen *Hydramatic*-Getrieben fast nur der Name übernommen sei. Ein näheres Studium zeigt jedoch, daß sich viele Einzelheiten und vor allem wichtige Erfahrungen von den ursprünglichen Ausführungen im Aufbau des neuen Getriebes widerspiegeln. So findet man das Ein- und Auskuppeln einer hydrodynamischen Kupplung durch Füllen und Leeren des Gehäuses mit Öl, das bei der Hilfskupplung in dem *Hydramatic*-Getriebe Ausf. *B* angewandt wurde, hier wieder, ebenso die Leistungsverzweigung im Haupt fahrgang.

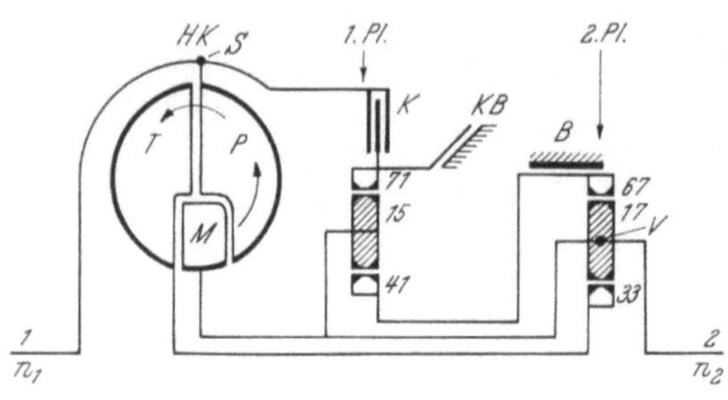

Gang	HK	1. Pl.		2. Pl.	Übersetzung			Moment-wandlung im Start	Be-merkung
		K	KB	B	1. Pl.	2. Pl.	gesamt		
0 (N)	●								
1	●			●		3,03	3,03	3,64	M wirksam
2		●		●	1,58		1,58		Motorbremse
3	●	●			1	1	1		LV[1]
R	●			●		− 2,52	− 2,52	− 3,58	M wirksam

[1] LV = Leistungsverzweigung.

Abb. 174. Das *Hydramatic*-Getriebe Ausf. *C*, schematischer Aufbau; *HK* hydraulische Kupplung, *P* Pumpe, *T* Turbine, *M* Multiplikator, *K* Lamellenkupplung, *KB* Konusbremse, *B* Bremsband, *V* Verzweigungs- und *S* Sammelpunkt der *LV*

Die Strömungskupplung ist in der Ausf. *C* nicht nur baulich, sondern auch im Leistungsfluß *vor* den beiden Planetensätzen angeordnet. Sie enthält außer dem üblichen Pumpen- und Turbinenrad ein 3. Bauelement, ein Reaktionsrad, das die Hersteller Multiplikator nennen. Es spielt nicht ganz die Rolle, die das Leitrad beim *Trilok*-Getriebe innehat. Das Reaktionsmoment ist wesentlich kleiner; die Drehmomentwandlung im Start beträgt nur $\mu_A = 1{,}3$, während bei einfachen Wandlern nach dem *Trilok*-Prinzip Werte von etwa $\mu_A = 2{,}0$ bis 2,8 erreicht werden, soweit es sich um Automobilgetriebe handelt.

Die Abstützung des Reaktionsmomentes des Multiplikators erfolgt nicht, wie sonst in den Getrieben üblich, über einen Freilauf zum Gehäuse hin, sondern auf die Abtriebswelle. Dadurch geht beim Vorwärtsfahren ein Teil des Momentengewinnes im Getriebe wieder verloren; beim Rückwärtsgang dagegen unterstützt die Reaktion das Antriebsmoment.

Diese eigenartige Anordnung des Multiplikators im Strömungsteil bewirkt, daß eine Reaktion und damit Wandlung des Momentes nur erfolgt, wenn sich die Drehzahlen von An- und Abtrieb stark unterscheiden, also im 1. und Rückwärtsgang. Bei der direkten Übertragung, im 3. Gang, bleibt der Multiplikator unwirksam, weil er dann mit Pumpe und Turbine nahezu die gleiche Drehzahl aufweist. (Im 2. Gang ist die gesamte hydrodynamische Kupplung ohne Funktion.)

Wenn auch die Strömungsmaschine in dem *Hydramatic*-Getriebe Ausf. *C* einen Übergang zwischen einer hydrodynamischen Kupplung und einem Wandler darstellt, so wollen wir hier doch im Einklang mit dem Herstellerwerk an der Bezeichnung Kupplung festhalten; daher

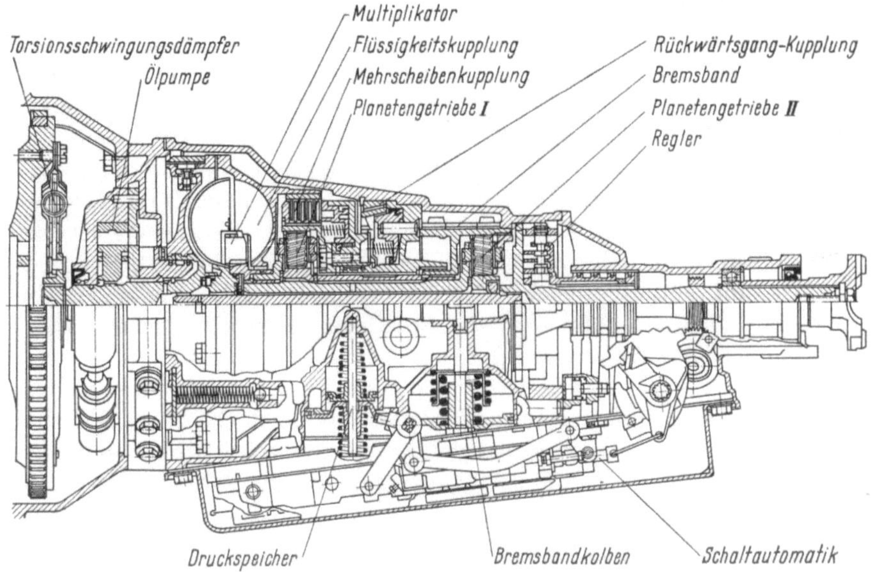

Abb. 175. Schnitt durch das *Hydramatic*-Getriebe Ausf. *C*

ist auch das Getriebe in diesen Abschnitt eingereiht worden. Die eigentliche Momentwandlung geschieht in den beiden nachgeschalteten Planetensätzen, wobei der 2. Planetensatz für den 1. Gang und der 1. Satz für den 2. Gang herangezogen wird.

Unmittelbar nach dem Anlassen des Motors, das nur in der Wählhebelstellung N oder P möglich ist, wird die hydraulische Kupplung (*HK* in Abb. 174) mit Öl gefüllt. Das Stellen des Wählhebels auf den normalen Fahrbereich (D) bewirkt das Anziehen des Bremsbandes *B*; man schaltet damit den *1. Gang* ein. Die Leistung fließt vom Motor über die Flüssigkeitskupplung zum Sonnenrad des 2. Planetensatzes, dessen Außenrad durch *B* festgehalten ist. Drehzahl und Moment werden gewandelt; die Übersetzung ist $i_\mathrm{I} = 3,03$. In der Strömungskupplung wird beim Anfahren das eingeleitete Moment auf das 1,3fache erhöht. Von dem im 2. Planetensatz noch einmal gewandelten Moment muß jedoch das Reaktionsmoment des Multiplikators abgezogen werden, weil seine Drehrichtung der Antriebsrichtung entgegengesetzt ist. Die resultierende Momentwandlung im Start ist daher $\dfrac{M_2}{M_1} = 1,3 \cdot 3,03 -$ $- 0,3 = 3,64$. Im Endeffekt beträgt demnach die durch den Multiplikator im Start erreichte Momentwandlung zwar nur $\dfrac{3,64}{3,03} = 1,20$; sie genügt aber vollauf als Unterstützung beim Anfahren. Beim Umschalten auf den *2. Gang* wird an der hydrodynamischen Kupplung (HK) ein Ventil geöffnet; innerhalb etwa einer Sekunde ist das Gehäuse entleert, die Kupplung damit gelöst, während gleichzeitig die Lamellenkupplung K den Motorantrieb mit dem Außenrad des 1. Planetensatzes verbindet. Die Bandbremse B, die angezogen bleibt, hält das Sonnenrad des 1. Satzes fest. Das durch die Kupplung K übertragene Motormoment wandelt der 1. Planetensatz und gibt es über die Welle, die den Multiplikator und die beiden Planetenradträger miteinander verknüpft, an den Abtrieb weiter mit der Übersetzung $i_{\mathrm{II}} = 1,58$. Im 2. Gang arbeitet demnach das Getriebe rein mechanisch. Es treten keine Strömungsverluste auf, und es kann der Motor als wirksame Bremse herangezogen werden. Allerdings fällt auch die Schwingungsdämpfung einer hydrodynamischen Kraftübertragung fort.

Um die etwas verwickelten Verhältnisse im *3. Gang* leichter zu verstehen, betrachtet man zunächst einmal, was im 2. Gang mit den drei Bauelementen der geleerten und daher unwirksamen hydrodynamischen Kupplung geschieht. Der Multiplikator läuft mit der Abtriebsdrehzahl n_2 $\left(= \dfrac{n_1}{1,58}\right)$, das Pumpenrad P mit der Antriebsdrehzahl n_1. Das Turbinenrad T wird angetrieben vom Sonnenrad des 2. Planetensatzes, dessen Außenrad durch B festgebremst ist. Aus den in Abb. 174 angegebenen Zähnezahlen und mit Hilfe von Tabelle 2 errechnet sich, daß die Turbinendrehzahl $n_T = 3,03\,n_2 = 1,92\,n_1$ ist. Das Rad dreht sich also in dem leeren Kupplungsgehäuse fast doppelt so schnell wie das Pumpenrad.

Wenn jetzt zum Einrücken des 3. Ganges neben dem Lösen des Bremsbandes B die Kupplung HK mit Öl gefüllt wird, so übernimmt das zunächst sich sehr viel schneller drehende Turbinenrad die Rolle der Pumpe, und das bisherige Pumpenrad wird zur Turbine. Es ist zu erwarten, daß so ein Teil der über die Kupplung K und den 1. Planetensatz gehende Leistung im 2. Planetensatz abgezweigt und über das Sonnenrad in die jetzt umgekehrt arbeitende hydrodynamische Kupplung und von dort zurück in den Hauptleistungsfluß nach K geführt wird.

Der Momententeil ($x \cdot M_1$), der vom Sonnenrad des 2. Planetensatzes auf die hydrodynamische Kupplung übermittelt wird, ist nach den im Abschnitt über die Planetengetriebe mitgeteilten Rechenregeln (s. S. 44) wie folgt zu bestimmen. Es ist im 1. Planetensatz:

$$M_{a1} = (1 + x)\, M_1,$$

$$M_{s1} = \frac{z_{s1}}{z_{a1}}\, M_{a1} = (1 + x)\, \frac{z_{s1}}{z_{a1}}\, M_1,$$

$$M_{p1} = -\left(1 + \frac{z_{s1}}{z_{a1}}\right) M_{a1} = -(1 + x)\left(1 + \frac{z_{s1}}{z_{a1}}\right) M_1$$

und im 2. Planetensatz:

$$M_{a2} = M_{s1} = (1 + x)\, \frac{z_{s1}}{z_{a1}}\, M_1,$$

$$M_{s2} = \frac{z_{s2}}{z_{a2}}\, M_{a2} = (1 + x)\, \frac{z_{s1}}{z_{a1}}\, \frac{z_{s2}}{z_{a2}}\, M_1 = x\, M_1,$$

$$M_{p2} = M_{p1} + M_2 = -(1 + x)\left(1 + \frac{z_{s1}}{z_{a1}}\right) M_1 + M_2.$$

Aus der vorletzten Gleichung ergibt sich

$$x = \frac{1}{\dfrac{z_{a1}}{z_{s1}} \cdot \dfrac{z_{a2}}{z_{s2}} - 1},$$

und mit den Zähnezahlen des *Hydramatic*-Getriebes Ausf. C (s. Abb. 174) ist $x = 0{,}40$. Damit kann man aus den obigen Gleichungen den Momentenfluß durch das Getriebe errechnen, Abb. 176. Da alle Achsen sich, vom Schlupf der Kupplung abgesehen, mit n_1 drehen, geben die Zahlen in der Abbildung auch den Leistungsfluß an. Es laufen demnach zwei negative

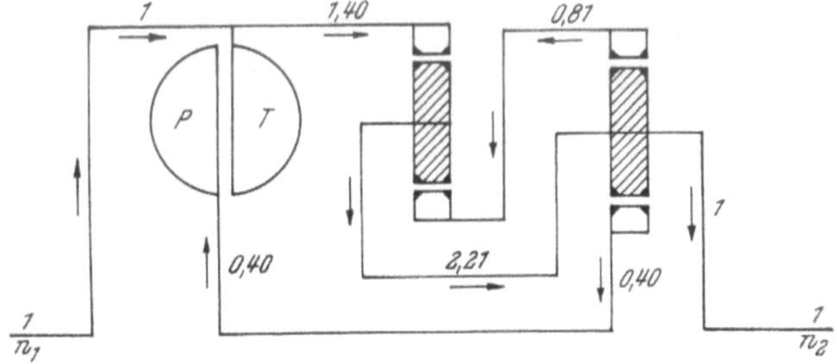

Abb. 176. Momenten- und Leistungsfluß durch das *Hydramatic*-Getriebe Ausf. C im 3. Gang

Blindleistungen um, einmal eine von 40% über die hydrodynamische Kupplung, zum anderen eine von 81% über die direkte Doppelbindung der beiden Planetensätze. Die umlaufenden Blindleistungen haben auf den Wirkungsgrad kaum einen Einfluß, während sich die Leistungsverzweigung günstig auswirkt.

Der Einfluß des Kupplungsschlupfes auf die Gesamtübersetzung läßt sich mit Hilfe der Hauptgleichung des einfachen Planetengetriebes

(s. S. 28) leicht angeben. Setzt man $\dfrac{n_P}{n_T} = i_s$ (wobei der Index P jetzt zur ursprünglichen Turbine und T zum Pumpenrad gehört), so gilt mit

$$n_{a1} = n_1 = n_T, \; n_{s1} = n_{a2}, \; n_{p1} = n_{p2} = n_2, \; n_{s2} = n_P$$

im 1. Planetensatz

$$n_{s1} + \frac{z_{a1}}{z_{s1}}\, n_1 - \left(1 + \frac{z_{a1}}{z_{s1}}\right) n_2 = 0$$

und im 2. Planetensatz

$$i_s\, n_1 + \frac{z_{a2}}{z_{s2}}\, n_{s1} - \left(1 + \frac{z_{a2}}{z_{s2}}\right) n_2 = 0.$$

Daraus erhält man

$$\frac{n_1}{n_2} = i_{\mathrm{III}} = \frac{\dfrac{z_{a1}}{z_{s1}} - \dfrac{z_{s2}}{z_{a2}}}{\dfrac{z_{a1}}{z_{s1}} - \dfrac{z_{s2}}{z_{a2}}\, i_s} \left(= \frac{1}{1{,}397 - 0{,}397\, i_s} \right).$$

Abb. 177a. Blick in das aufgeschnittene *Hydramatic*-Getriebe Ausf. *C*

1 Antrieb,	8 Konusbremse *KB*,	14 Wellenverbindung zum Wählhebel,
2 Ölpumpe,	9 Bremsband *B*,	15 Kolben und Feder zum Betätigen des Bremsbandes *9*,
3 Turbine,	10 Klinkenrad für die Parksperre,	
4 Multiplikator,	11 Ölleitungen für den Fliehkraftregler,	16 Verbindung zum Gashebel,
5 Pumpe,	12 Tachometerantrieb,	17 Druckspeicher
6 Kupplung *K*,	13 Abtrieb,	
7 Ringkolben für die Betätigung von *K*,		

Die Betriebsverhältnisse der beiden Planetensätze im *Rückwärtsgang* sind an Hand der Abb. 41 und 42 (s. S. 46) ausführlich dargelegt und beschrieben worden. Das Motormoment wird über die Strömungskupplung (*HK* in Abb. 174) und die Zwischenwelle den beiden Planetensätzen zugeführt. Wegen der Übersetzung ($i_R = -2{,}52$) besteht ein Drehzahlunterschied zwischen Multiplikator und Pumpenrad, was zu einer Anfahrwandlung in der Kupplung von $\mu_A = 1{,}3$ führt. Das Abstützmoment muß jetzt dem gewandelten Motormoment zugezählt werden. Es ist demnach $\dfrac{M_2}{M_1} = 1{,}3 \cdot (-2{,}52) - 0{,}3 = -3{,}58$. Damit ergibt sich in diesem Fall eine effektive Wandlung durch den Multiplikator von $\dfrac{-3{,}58}{-2{,}52} = 1{,}42$, womit die für einen Rückwärtsgang an sich geringe mechanische Momentübersetzung von $-2{,}52$ für den Fahrbetrieb ausreichend bleibt, selbst dann, wenn man berücksichtigt, daß das Getriebe für Wagen mit höherer Leistungsbelastung gedacht ist.

Abb. 177a zeigt das aufgeschnittene Getriebe, während Abb. 177b die einzelnen Bauelemente wiedergibt. Im *Hydramatic*-Getriebe Ausf. *C* findet eine Ölpumpe mit variablem Druck und Durchfluß Anwendung,

Abb. 177b.   Einzelteile des *Hydramatic*-Getriebes Ausf. *C*

1 Gehäusedeckel,	*7* Konusbremse *KB*,	*11* Pumpenrad,
2 Getriebegehäuse,	*8* Außenrad des 2. Pla-	*12* Welle von der Turbine
3 Schaltschiebergehäuse,	netensatzes mit Brems-	mit Sonnenrad des
4 Deckel der hydraulischen	trommel,	2. Planetensatzes,
Kupplung,	*9* Antriebsscheibe mit	*13* Abtriebswelle mit
5 Turbinenrad,	Feder-Schwingungs-	Fliehkraftregler,
6 Zwischenwelle mit den	dämpfer,	*14* Bremsband *B*,
beiden Planetenträgern,	*10* Multiplikator,	*15* Lamellenkupplung *K*

wie es schon von der Ausf. *B* bekannt ist. Die Motoren in Wagen mit *Hydramatic*-Getrieben der Ausf. *B* und *C* können daher nicht durch Anschieben oder Abrollenlassen von einem Hang angelassen werden; der für das Getriebe erforderliche Öldruck entsteht nur, wenn der Motor läuft, andererseits wird der Leistungsverlust, den auch eine leerumlaufende Ölpumpe verursacht, vermieden.

Die Hoffnung, daß man mit der Vereinfachung des Getriebeaufbaues auch den Schaltmechanismus für das automatische Schalten der drei Vorwärtsgänge wesentlich weniger aufwendig gestalten könne, hat sich nicht erfüllt [252], Abb. 178. Obwohl nur zwei Gangwechsel vorkommen, von 1—2 und 2—3 und umgekehrt, sind immer noch über 20 Schieber und Ventile erforderlich, um die einwandfreie Abwicklung des Schaltprogramms sicherzustellen. Die unten im Getriebegehäuse angebrachte Schaltautomatik wird über einen Fliehkraftregler von der Fahrgeschwindigkeit, von der Gashebelstellung und von der Lage des Wählhebels am Lenkrad beeinflußt.

Am Wählhebel kann der Fahrer außer den bekannten Positionen: N (Leergang), P (Parken) und R (Rückwärtsgang) für den Vorwärtsfahrbereich drei Stellungen wählen: D, S und L, die im Deutschen mit D = Dauerbetrieb, S = Steigerung und L = Last in Zusammenhang gebracht werden, während im englisch-amerikanischen Sprachgebrauch D = Drive, S = Superperformance und L = Low übersetzt wird. In diesen Ländern wird statt D auch die Bezeichnung DR und statt S auch I (= Intermediate) gebraucht. In der Stellung D und S werden alle drei Vorwärtsgänge automatisch geschaltet. Der Steuermechanismus im *Hydramatic*-Getriebe Ausf. *C* hält dabei z. B. im OPEL-*Kapitän* folgendes Schaltprogramm ein:

Stellung D

Hochschaltungen:	1—2	je nach Gas 18 bis 45 km/h,
	2—3	je nach Gas 22 bis 95 km/h;
Rückschaltungen:	3—2	bei Vollgas bei 52 km/h,
		bei Teilgas entsprechend später, im Schub bei 23 km/h,
	2—1	bei Vollgas bei etwa 25 km/h,
		bei Teilgas entsprechend später;

Stellung S

Hochschaltungen:	1—2	je nach Gas 18 bis 45 km/h,
	2—3	unabhängig vom Gas bei 97 km/h;
Rückschaltungen:	3—2	unabhängig vom Gas bei 97 km/h, im Schub bei 88 km/h,
	2—1	bei Vollgas bei etwa 25 km/h, bei Teilgas später;

Stellung L

keine Hochschaltungen; Getriebe bleibt im 1. Gang;
Rückschaltungen: wenn während der Fahrt von D oder S auf L geschaltet wird, so erfolgt bei 52 km/h der Übergang 2—1;

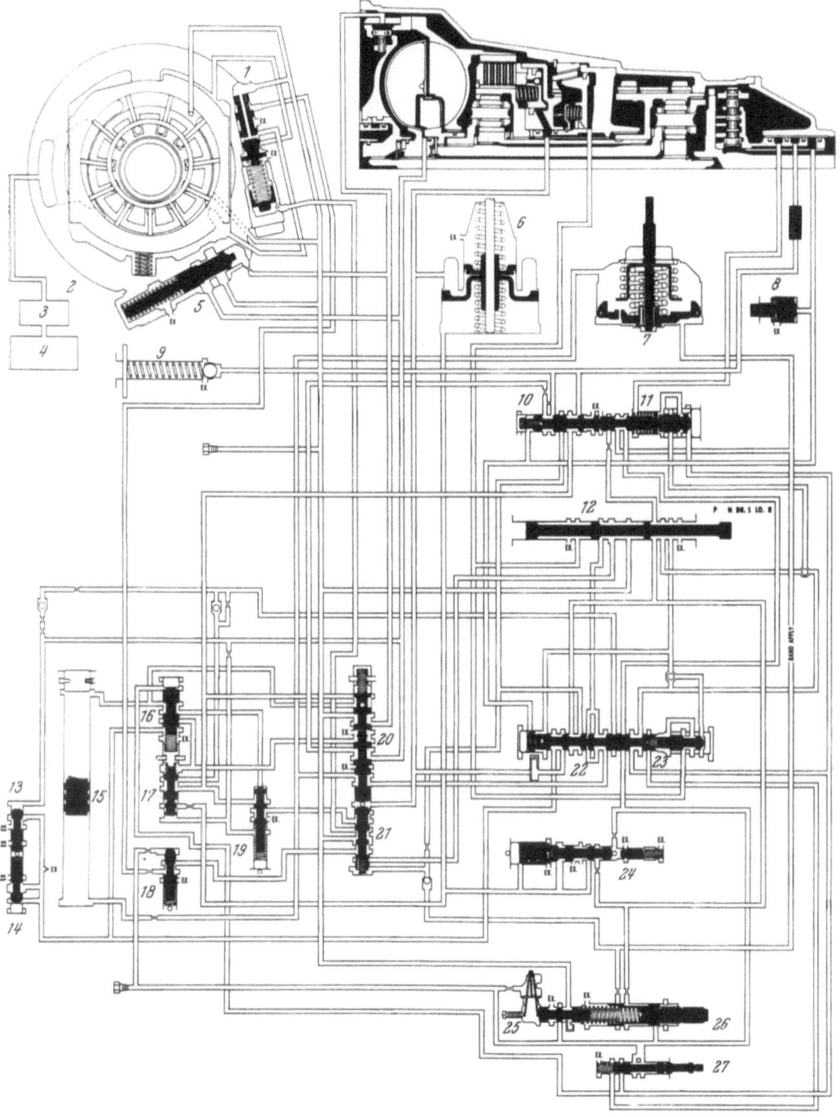

Abb. 178. Schaltplan der hydraulischen Anlage im *Hydramatic*-Getriebe, Ausf. *C*

1 Druckregelventil,	*9* Überdruckventil,	*19* 2—3 Druckerhöhungs- ventil,
2 Ölpumpe,	*10* 2—3 Steuerventil,	
3 Ölsieb,	*11* 2—3 Umschaltschieber,	*20* Kupplungsabstimm- schieber,
4 Ölsumpf, in den die mit „Ex" bezeichneten Ab- flüsse münden,	*12* Wählhebelschieber,	
	13 Kupplungsventil,	*21* Druckerhöhungsventil,
5 Kupplungsfüllventil,	*14* 2—1 Rückschaltventil,	*22* 1—2 Steuerventil,
6 Speicher,	*15* Bremslösespeicher- ventil,	*23* 1—2 Umschaltschieber,
7 Servoeinrichtung für das Bremsband *B*,		*24* Kompensierdruckventil,
	16 Gasdrosselsteuerventil,	*25* Gasdrosselventil,
	17 Bremslöseschaltventil,	*26* Bremsbandventil,
8 R-Gang-Blockierventil,	*18* Druckminderungsventil,	*27* Auslösedruckventil

Übergas (kick-down)

Rückschalten 3—2 bei Geschwindigkeiten unter 85 km/h,
Rückschalten 2—1 bei Geschwindigkeiten unter 45 km/h.

Der Schaltapparat arbeitet nach dem bereits von der Ausf. *A* her bekannten Prinzip. Ein von einem Fliehkraftregler in Abhängigkeit von der Fahrgeschwindigkeit gesteuerter Öldruck wirkt auf die eine

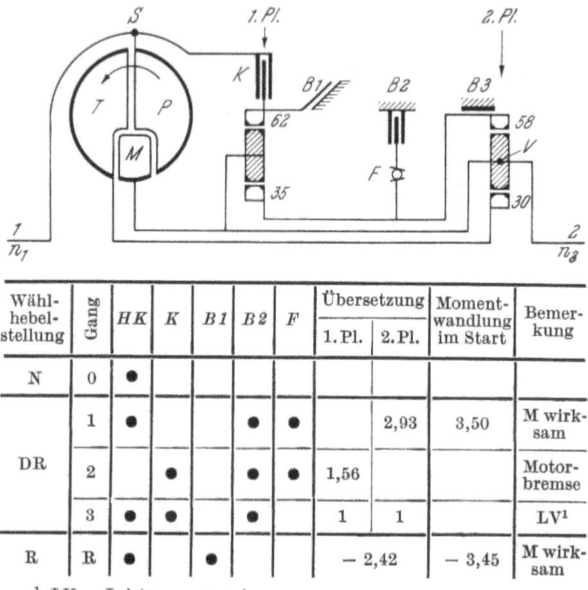

Wählhebelstellung	Gang	HK	K	B1	B2	F	Übersetzung		Momentwandlung im Start	Bemerkung
							1.Pl.	2.Pl.		
N	0	●								
DR	1	●			●	●		2,93	3,50	M wirksam
DR	2		●		●	●	1,56			Motorbremse
DR	3	●	●		●		1	1		LV¹
R	R	●		●			— 2,42		— 3,45	M wirksam

¹ LV = Leistungsverzweigung.

Abb. 179. Schema des *Hydramatic*-Getriebes Ausf. *D*; *T* Turbine, *P* Pumpe und *M* Multiplikator der hydrodynamischen Kupplung *HK*, *K* Lamellenkupplung, *B1*, *B2* und *B3* Bremsen, *F* Freilauf, 1. Pl. erster und 2. Pl. zweiter Planetensatz, *S* Sammel- und *V* Verzweigungspunkt der *LV*

Seite eines Schaltventils, auf die andere ein von der Gashebelstellung geregelter Steuerdruck. Je nach Überwiegen der einen Druckkraft über die andere erfolgt das Verschieben des Ventilkolbens und damit das Umschalten (s. Abb. 162), entweder das Hochschalten 1—2 und 2—3 oder das Rückschalten 3—2 und 2—1.

Das Einrücken der Kupplung *K* für den 2. Gang erfordert besondere Maßnahmen, vor allem für das Schalten unter Last. Zu schnelles und zu hartes Fassen würde zu einem starken Stoß führen, während bei zu langsamen Einrücken Gefahr besteht, daß die Kupplungslamellen zu heiß werden und verbrennen. Für den richtigen zeitlichen Ablauf des Einschaltens der Kupplung sorgt der Druckspeicher, s. Abb. 175. Er besteht aus zwei einander gegenüberliegenden Kolben mit verschiedenem

Durchmesser; jeder wird durch eine Feder in die Ruhelage gedrückt. Auf die Unterseite des großen Kolbens kann außer der Feder auch noch ein Kompensieröldruck wirken, der von der Gashebelstellung gesteuert wird. Das Drucköl, das zum Einschalten der Kupplung auf den Ring-

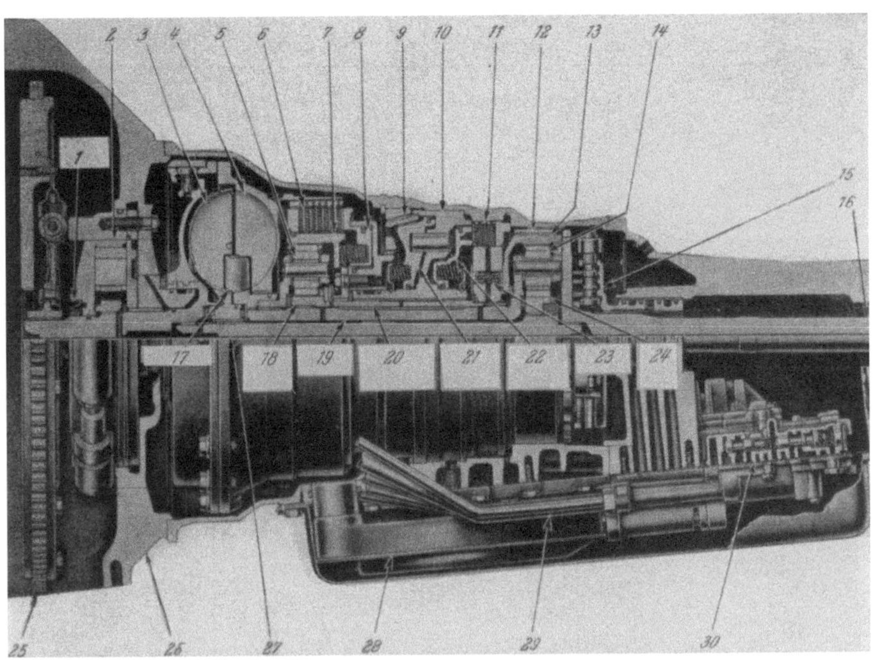

Abb. 180. Schnitt durch das *Hydramatic*-Getriebe Ausf. *D*

1 Dichtring,	*11* Lamellenbremse *B2*,	*21* Ringkolben der Konusbremse *B1*,
2 Ölpumpe,	*12* Bremsband *B3*,	*22* Kolben der Bremse *B2*,
3 Turbinenrad,	*13* Außenrad und	*23* Freilauf,
4 Pumpenrad,	*14* Planetenräder des	*24* Sonnenrad des
5 Planetenräder des	2. Planetensatzes	2. Planetensatzes,
1. Planetensatzes,	*15* Fliehkraftregler,	*25* Schwungrad mit Anlasserzahnkranz,
6 Kupplung *K*,	*16* Abtrieb,	
7 Außenrad des 1. Planetensatzes,	*17* Multiplikator,	*26* Gehäuse,
	18 Sonnenrad des 1. Planetensatzes,	*27* Hauptwelle,
8 Ringkolben der Kupplung *K*,	*19* innere	*28* Ölsieb,
9 Konusbremse *B1*,	und	*29* Druckölleitungen,
10 Gehäusezwischenwand,	*20* äußere Zwischenwelle,	*30* Steuerventile

kolben geschickt wird, fließt gleichzeitig auch in den Raum zwischen den beiden Kolben. Der Ringkolben legt zunächst seinen Leerweg zurück und bringt die Lamellenscheiben der Kupplung zur Berührung, aber noch nicht zum vollen Fassen. Bei weiterer Drucksteigerung werden die beiden Speicherkolben gegen die Kraft ihrer Federn und gegen den Kompensierdruck auseinandergeschoben. Der Druck auf den Ringkolben und damit das Einrücken der Kupplung hängt nun in erster Linie von der Höhe des Kompensierdruckes und somit von der Gashebelstellung ab. Durch diese Einrichtung geht unter allen Lastverhältnissen zwischen Leerlauf und Vollgas das Greifen der Kupplung jeweils im richtigen Tempo vor sich.

Tabelle 6. *Automatische Automobilgetriebe*

Allgemeine Ausgaben				Hydraulische Übertragung	
Hersteller	Bezeichnung	Bau-jahr	eingebaut in	Art	Moment-wandlung im Start
General Motors Corporation (GMC)	Hydramatic (hier „Ausf. *A*" genannt)	1940	Oldsmobile, Cadillac, Pontiac, Nash, Lincoln, Kaiser, Rolls Royce, Bentley, Jensen		1
General Motors Corporation (GMC)	Hydramatic 315, Stratoflight Hydramatic, (hier „Ausf. *B*" genannt)	1956	Cadillac, Pontiac		1
General Motors Corporation (GMC)	Hydramatic 61-05, Hydramatic 240 (hier „Ausf. *C*" genannt)	1960	Oldsmobile, Vauxhall, Opel, Holden		1,3
General Motors Corporation (GMC)	Hydramatic 375 (hier „Ausf. *D*" genannt)	1961	Pontiac, Oldsmobile		1,3

4. Das Hydramatic-Getriebe Ausf. D

Die guten Erfahrungen, die die GMC mit dem Getriebe Ausf. *C* machten, haben sie veranlaßt, auch ein Modell dieser Art für amerikanische Wagen in Normalgröße herzustellen, das *Hydramatic*-Getriebe Ausf. *D*, auch *Hydramatic 375* genannt. Wie Abb. 179 und 180 erkennen lassen, unterscheidet sich die Ausf. *D* von *C* (abgesehen von dem größeren Durchmesser der hydrodynamischen Kupplung und einer leichten Änderung in den Zähnezahlen des Planetengetriebes) nur durch das Ein-

aus den USA mit hydrodynamischer Kupplung

Planetengetriebe					Küh-lung	Bemerkung	
Art	Vorwärtsgänge		Über-setzungen	Wählhebel-stellungen	L = Luft W = Wasser	LV = Leistungs-verzweigung	Schema in
	Zahl	davon auto-matisch					
3 Pla-neten-sätze	4	4	3,819 2,634 1,45 1 — 4,304	N Dr Lo R	L	LV im 3. und 4. Gang. Wählhebel-stellungen beim Rolls Royce-Nachbau: N, 4, 3, 2, R	Abb. 157
3 Pla-neten-sätze	4	4	3,96 2,55 1,55 1 — 4,3	P N D_1 D_2 Lo R	L	LV im 3. und 4. Gang	Abb. 172
2 Pla-neten-sätze	3	3	3,03 1,58 1 — 2,50	P N D S L *R*	L	Überbrückungs-kupplung im 2. Gang; LV im 3. Gang	Abb. 174
2 Pla-neten-sätze	3	3	2,93 1,56 1 — 2,42	P N D S L R	L	Überbrückungs-kupplung im 2. Gang; LV im 3. Gang	Abb. 179

fügen der Lamellenbremse *B 2* mit dem Freilauf *F*. Ihre Mitwirkung beim Aufbau der verschiedenen Übersetzungen geht aus der Tabelle der Abb. 179 hervor.

Stüper, Automobilgetriebe   13

Um auch im 1. und 3. Gang über die Wirkung der Motorbremse zu verfügen, wird in der Wählhebelstellung I (oder S) und L (hier nur für den 1. Gang) das Bremsband $B\,3$ an Stelle von $B\,2$ angezogen.

Die Schaltautomatik zum *Hydramatic*-Getriebe Ausf. D entspricht weitgehend in ihrem Aufbau der Steuerung der Ausf. C.

In der Tabelle 6 sind die wichtigsten Angaben über die hier behandelten vier *Hydramatic*-Getriebe zusammengestellt.

B. Automatische Automobilgetriebe mit Föttinger-Wandler

1. Das Dynaflow-Getriebe und seine Varianten

a) Aufbau

Die 2. Arbeitsgruppe der GMC, die sich der Entwicklung automatischer Automobilgetriebe zuwandte und die mit den Firmennamen BUICK und CHEVROLET verknüpft ist, strebte an, die im Betrieb eines Automobils erforderliche Momentwandlung, soweit es eben geht, auf hydrodynamischem Wege vorzunehmen und ohne Zahnradstufen auszukommen. Man hat dabei den Vorzug der kontinuierlichen Änderung der Wandlung, die sich von selbst den vorliegenden Fahrverhältnissen an-

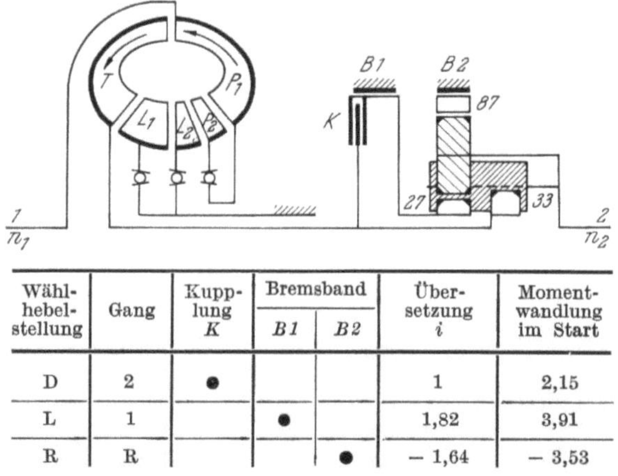

Wähl-hebel-stellung	Gang	Kupp-lung K	Bremsband		Über-setzung i	Moment-wandlung im Start
			$B\,1$	$B\,2$		
D	2	●			1	2,15
L	1		●		1,82	3,91
R	R			●	− 1,64	− 3,53

Abb. 181. Schema des *Dynaflow*-Getriebes von BUICK (1948); P_1 und P_2 Pumpenräder, T Turbine, L_1 und L_2 Leiträder, K Kupplung, $B\,1$ und $B\,2$ Bremsbänder

paßt. In der Darlegung der technischen Physik des FÖTTINGER-Wandlers (s. S. 123) ist bereits gesagt worden, daß der an sich sehr bewährte *Trilok*-Wandler allein den Anforderungen des Fahrbetriebes selbst bei relativ starken und elastischen Motoren nicht ganz genügt. Es müßte der Wirkungsgrad bei kleinen Drehzahlverhältnissen verbessert und sein Abfall, seine Abschwächung in der Umgebung des Kupplungspunktes

vermieden werden. Beide Mängel hängen mit dem Auftreten von Stoßverlusten zusammen. Der Eintritt der Strömung in die einzelnen
Schaufelräder: Pumpe, Turbine und Leitrad weicht zu sehr von dem
optimalen Zustand im Konstruktionspunkt ab, wenn sich das Drehzahl-

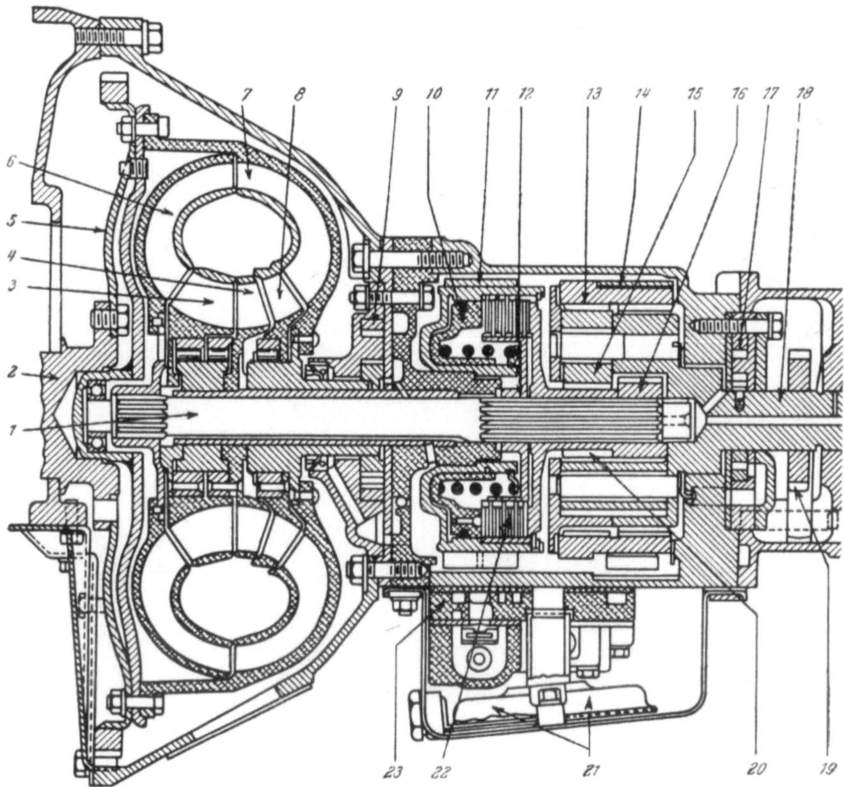

Abb. 182. Schnitt durch das *Dynaflow*-Getriebe (1948)

1 Zwischenwelle,	9 vordere Ölpumpe,	16 Sonnenrad s_1,
2 Kurbelwelle des Motors,	10 Ringkolben für die Kupp-	17 hintere Ölpumpe,
3 Leitrad L_1,	lung K,	18 Abtrieb,
4 Leitrad L_2,	11 Bremsband $B1$,	19 Klinkenrad für die Parksperre,
5 biegsame Antriebsscheibe,	12 Nabe der Kupplung K,	20 Sonnenrad s_2,
6 Turbine,	13 Außenrad,	21 Ölsieb,
7 Hauptpumpenrad P_1,	14 Bremsband $B2$,	22 Kupplung K,
8 Hilfspumpenrad P_2,	15 Planetenrad,	23 Steuermechanismus

verhältnis ψ zu weit von dieser Stelle entfernt. Um zu einer einschnei-
denden Verbesserung der Strömungsverhältnisse zu gelangen, wurde
zunächst die Umlenkung des Ölstroms im Leitrad in zwei Stufen vorgenommen (s. Abb. 128c); dann hat man, dem ursprünglichen Beispiel
von FÖTTINGER (s. Abb. 77) folgend, die Turbine in zwei Stufen aufgeteilt, zwischen die das Leitrad angeordnet war (s. Abb. 128b). Eine

13*

weitere Steigerung konnte erreicht werden, als man sowohl Leitrad als auch Pumpe zweistufig ausführte, s. Abb. 128 *d*. Die vier Phasen im Betrieb eines solchen Wandlers, die weiter unten in Abb. 184 dargelegt sind, führten zur Bezeichnung *Polyphase-* (= Vielphasen-) Wandler. Er gelangte in dem ersten automatischen Getriebe, das die Firma BUICK (GMC) im Jahre 1948 unter dem Namen *Dynaflow* auf den Markt brachte, Abb. 181, zur Anwendung. Den Aufbau zeigen die Abb. 182 und 183.

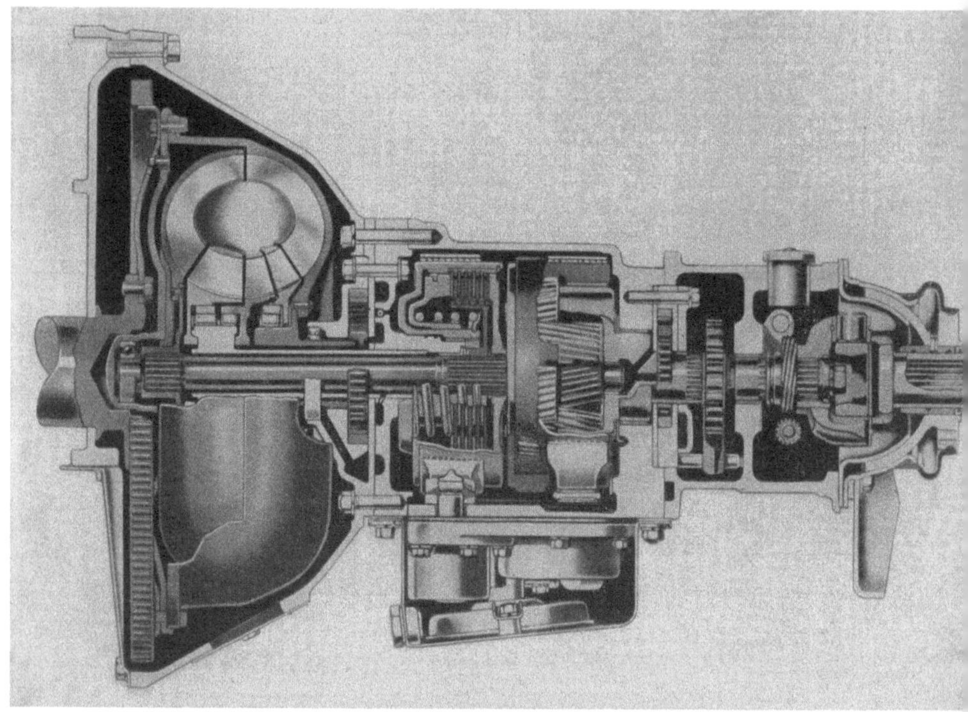

Abb. 183. Blick in das *Dynaflow*-Getriebe (1948)

Das dem Wandler nachgeschaltete Planetengetriebe in Gestalt einer Getriebekette I hatte zunächst nur die Aufgabe, eine Leergangstellung (*N*) und einen Rückwärtsgang (*R*) zu liefern. Man konnte nun ohne größeren zusätzlichen Aufwand für besonders schwierige Fahrbedingungen (steile Anfahrten oder in den Bergen) neben der direkten Übertragung auch eine einzige Übersetzungsstufe, einen Berggang, vorsehen. Das gewöhnliche Fahren einschließlich Anfahren und Beschleunigen erfolgt ausschließlich in der Wählhebelstellung D, die das Planetengetriebe als Block umlaufen läßt. Das Umschalten auf den Berggang geschieht von Hand durch den Wählhebel (Stellung L).

Die Wandlung des Motormomentes nimmt der Wandler in den vier Phasen vor, die Abb. 184 angibt. In der *1. Phase*, beim Anfahren, läuft das Rad P_2 mit größerer Drehzahl als die Hauptpumpe P_1 frei um. Die beiden Leiträder stützen sich mittels der Freilaufsperren gegen das Gehäuse ab und nehmen so das Reaktionsmoment, den Unterschied zwischen Ab- und Antriebsmoment auf. Die Wandlung im Start beträgt $\mu_A = 2{,}15$. Der Verlauf von $\dfrac{n_1}{n_{1\,\mathrm{max}}}$ zeigt, daß die Motordrehzahl durch den Wandler gedrückt wird. Bei $\dfrac{n_2}{n_{1\,\mathrm{max}}} = 0{,}415$ legt sich über den

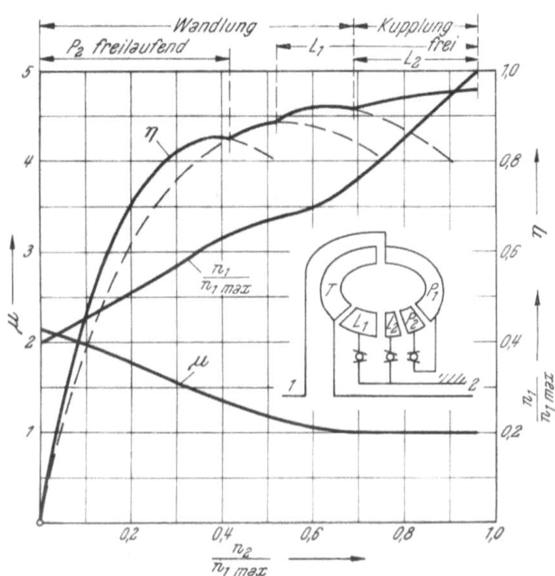

Abb. 184. Wirkungsgrad und Momentwandlung des *Dynaflow*-Getriebes (1948) mit *Polyphase*-Wandler (Fahrkennfeld)

sperrenden Freilauf das Pumpenrad P_2 an P_1 an und leitet so die *2. Phase* ein. Beide Pumpenräder werden jetzt zusammen als Einheit von der Antriebsachse gedreht. Die Verbesserung der Pumpenanströmung führt zu einem erneuten Anstieg des Wirkungsgrades. In seinem Maximum, bei $\dfrac{n_2}{n_{1\,\mathrm{max}}} = 0{,}52$, löst sich das 1. Leitrad (L_1) und läuft frei um. Die Umlenkung der Turbinenaustrittsströmung nimmt nur noch das Leitrad L_2 vor *(3. Phase)*. Bei $\dfrac{n_2}{n_{1\,\mathrm{max}}} = 0{,}69$ wird der Kupplungspunkt erreicht; auch das 2. Leitrad (L_2) ist nun freilaufend. In dieser *4. Phase* wird das Motormoment ohne Wandlung übertragen (Kupplungsbereich). Der Verlauf der Wirkungsgradkurve läßt deutlich werden, wie das Feld der hohen Werte vergrößert und daß der Abfall am Ende des Wandlungsbereiches vermieden worden ist.

Da im *Dynaflow*-Getriebe keine Zahnradstufen automatisch zu schalten sind, ist die Schaltmechanik bestechend einfach, Abb. 185. Der von Hand verstellbare Wählschieber regelt den Drucköllauf für die verschiedenen Arbeitsgebiete, wobei in den Fahrstellungen jeweils nur ein Servoglied tätig ist:

P Parken; über ein Sperrad (*19* in Abb. 182) ist der Achsantrieb blockiert;

N Leergang;

D Normalfahrt; hierbei ist die Lamellenkupplung *K* eingerückt;

L Berggang; das Bremsband *B 1* ist angezogen;

R Rückwärtsgang, durch Anziehen des Bremsbandes *B 2*.

Solange der Wagen steht oder die Geschwindigkeit unter 65 km/h bleibt, erzeugt bei laufendem Motor die vordere Ölpumpe den Öldruck, der vom Druckregler auf etwa 6,3 kp/cm² eingeregelt wird. Bei höheren Geschwindigkeiten übernimmt die mit der Abtriebswelle in Verbindung stehende hintere Ölpumpe die Lieferung des Drucköls.

Stellt der Fahrer den Wählhebel auf D (Normalgang), so erhält der Wählschieber die in Abb. 185 gezeigte Lage. Das Drucköl fließt nun zum Ölakkumulator (Speicher) der Lamellenkupplung *K*. Zunächst wirkt auf den Öldruckzylinder (Ringkolben) der Kupplung nur ein Druck, der der Feder im Speicher entspricht. Erst wenn der Kolben im Akkumulator seine untere Endlage erreicht und die Feder ganz zusammengedrückt ist, baut sich in der Kupplung der volle Öldruck auf. Solange die Kupplung eingerückt ist, bleibt der Kolben im Akkumulator in der unteren Lage.

Bringt man nun den Wählhebel in die Stellung L (Berggang), so wird der Wählschieber um eine Rast nach links verschoben. Dadurch wird der Ölakkumulator der Lamellenkupplung von der Druckleitung abgeschaltet; er kann sein Öl in die Wanne entleeren und damit die Kupplung lösen. Der Wählschieber schickt jetzt durch seine zweite obere Leitung von rechts in Abb. 185 Drucköl in die Federkammer des Druckreglers und steigert so durch Unterstützung der Feder den Systemdruck auf 12,5 kp/cm². Durch eine Abzweigung der Leitung gelangt Drucköl nach dem vom Bremsband *1* gesteuerten Ventil, das, entsprechend seiner Stellung in Abb. 185, das Öl zum Akkumulator und zum Druckzylinder für Bremsband *1* strömen läßt. Das Bremsband legt sich zunächst an die Trommel an, um dann nach Füllung des Speichers durch den vollen Druckaufbau im Arbeitszylinder zu fassen. Der Kolben des mit dem Bremsband *1* in Verbindung stehenden Ventils wird durch die Widerlagerkraft (Bremsgegenmoment) nach unten gedrückt. Der Ölabfluß von der Lamellenkupplung, der zunächst nur über eine Drossel

im Akkumulator möglich war, ist nun voll geöffnet; das Drucköl zum
Bremsband *1* geht direkt über die 1. Zuleitung oben rechts am Wählschieber. So wird erreicht, daß Lösen der Kupplung und Fassen des
Bremsbandes *1* für den Übergang vom Normal- zum Berggang im
richtigen Zeitablauf vor sich gehen.

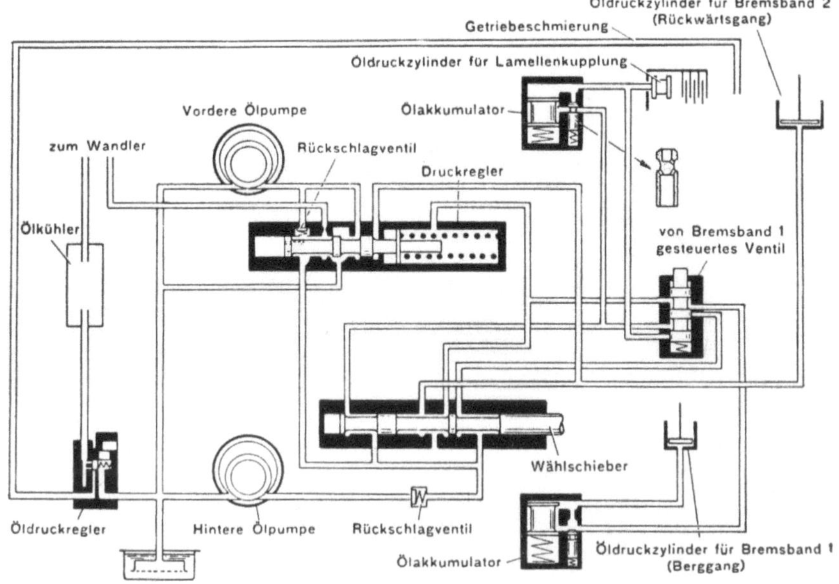

Abb. 185. Schaltmechanik für das *Dynaflow*-Getriebe (1948), Stellung D

Ebenso muß beim Umschalten vom Berggang zum Normalgang
(Hochschalten) dafür gesorgt sein, daß das Lösen des Bremsbandes *1*
und das Greifen der Kupplung so erfolgen, daß der Motor nicht durchgeht
und daß kein Schaltstoß auftritt. Wenn beim Einlegen des Wählhebels
von L nach D der Wählschieber wieder in die Lage gebracht wird,
die Abb. 185 zeigt, so bleibt zunächst das Bremsband *1* angezogen, weil
das von ihm gesteuerte Ventil in seiner Lage verharrt und somit Drucköl
über die erste Zuleitung des Wählschiebers (oben rechts) auf das Bremsband wirkt. Es wird aber jetzt auch Öl zum Speicher der Kupplung
geleitet. Sobald die Kupplung zu fassen beginnt, hört der Druck des
Bremsbandes *1* auf den Kolben des Steuerventils auf, der dann unter
dem Einfluß der unten angebrachten Feder die in Abb. 185 gezeigte
Lage einnehmen kann. Die dadurch vorgenommene Umschaltung der
Ölleitungen löst das Bremsband *1* und läßt die Kupplung unter Mitwirkung des Speichers wirksam werden; damit befindet sich das Getriebe
im Normalgang.

Für den Rückwärtsgang kommt der Wählschieber bis zum Anschlag nach links. Damit gelangt Drucköl zum Arbeitszylinder für Bremsband *2* und zum Druckregler, der daraufhin den Arbeitsöldruck auf etwa 12,5 kp/cm² erhöht. Dieser Druck ist erforderlich, um im Rückwärtsgang die hohen Abstützmomente am Bremsband *2* aufzunehmen.

Das *Dynaflow*-Getriebe erlaubt ein sehr geschmeidiges, völlig stoß- und ruckfreies Fahren. Die guten Ergebnisse veranlaßten die Firma

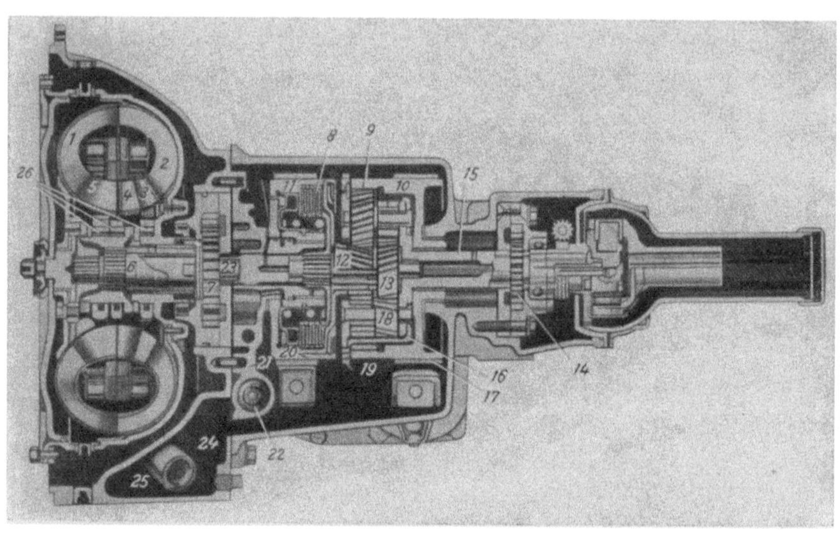

Abb. 186. Das *Powerglide*-Getriebe (1950) von CHEVROLET

1 Turbine,	*10* Bremstrommel *B2*,	*19* Parksperrad,
2 Pumpenrad P_1,	*11* Bremstrommel *B1*,	*20* Bremsband *B1*,
3 Pumpenrad P_2,	*12* Sonnenrad s_1,	*21* Ventilgehäuse,
4 Leitrad L_1,	*13* Sonnenrad s_2,	*22* Speicher (Sammler),
5 Leitrad L_2,	*14* hintere Ölpumpe,	*23* Antriebswelle,
6 Leitradhalter,	*15* Abtriebswelle,	*24* Ölsumpf,
7 vordere Ölpumpe,	*16* Planetenträger,	*25* Ölfilter,
8 Kupplung *K*,	*17* Bremsband *B2*,	*26* Freiläufe
9 Planetenrad p_1,	*18* Planetenrad p_2,	

CHEVROLET, im Jahre 1950 ein im Aufbau gleiches Getriebe unter der Bezeichnung *Powerglide* in ihre Wagen einzubauen, Abb. 186. Während beim *Dynaflow* die Schaufelräder aus Aluminiumguß hergestellt waren, wurden sie beim *Powerglide* aus Stahlblech gefertigt. Weiterhin hatte man im Wandler des *Powerglide*-Getriebes an Pumpen- und Turbinenrad zusätzliche Schaufeln angebracht, die in den ringförmigen Hohlraum ragen. Diese Schaufeln bilden eine hydrodynamische Kupplung, die wirksam wird, wenn der Wagen im Schub den Motor antreiben will. Die Hilfsschaufeln an der Turbine übernehmen dabei die Pumparbeit,

während das bisherige Pumpenrad durch seine Innenschaufeln als Turbine
arbeitet. In der anderen Arbeitsrichtung ist durch Schrägstellen der
Schaufeln eine Freilaufwirkung erzielt. Mit dieser Einrichtung läßt
sich der Motor bei Talfahren als wirkungsvolle Bremse benutzen.

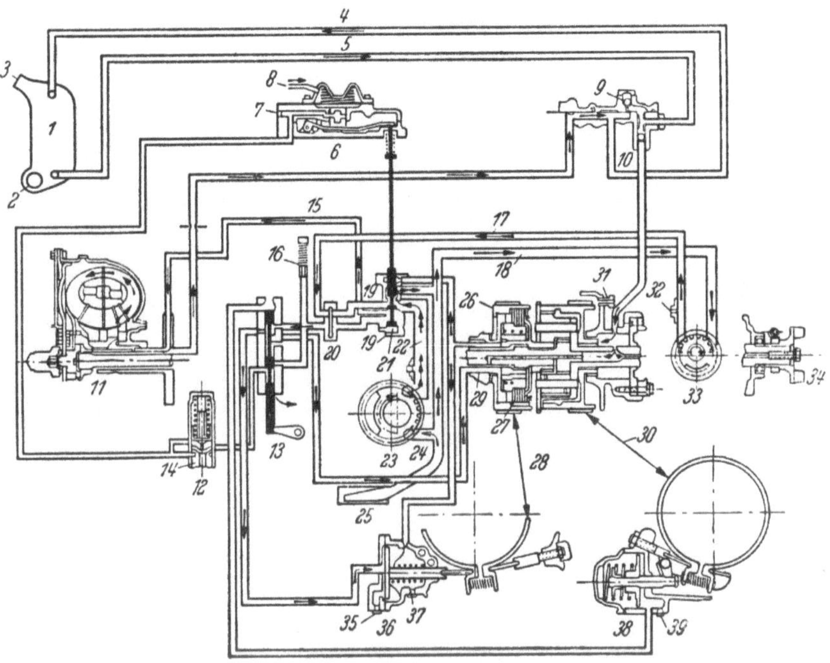

Abb. 187. Die hydraulische Steueranlage des *Powerglide*-Getriebes (1950); Wählhebelstellung D

1 Ölkühler,	*13* Wählschieber,	*26* Ablaßventil,
2 Wasserein- und	*14* Drossel,	*27* Kupplung *K*,
3 Wasseraustritt,	*15* Ölzufluß zum Wandler,	*28* Bremsband *B1*,
4 Ölleitung zum und	*16* Überdruckventil,	*29* Drossel,
5 vom Kühler,	*17* Druck- und	*30* Bremsband *B2*,
6 Druckmodulator,	*18* Saugleitung der hinteren	*31* Entlüftung,
7 Kontrollstopfen,	Ölpumpe,	*32* Kontrollstopfen,
8 Druck in der Saugleitung	*19* Drossel,	*33* hintere Ölpumpe,
des Motors,	*20* Wechselventil,	*34* Schmierung,
9 Thermostat in der Öl-	*21* Druckregelventil,	*35, 37* und *39* Kontroll-
leitung, öffnet bei 115° C,	*22* Druckleitung,	stopfen,
10 Rückschlagventil,	*23* vordere Ölpumpe,	*36* Schaltkolben für *B1*,
11 hydraulischer Wandler,	*24* Saugleitung,	*38* Schaltkolben für *B2*
12 Aufnehmer für Drucköl,	*25* Ölsumpf mit Sieb,	

Das Schaltschema der hydraulischen Steuerung für das *Powerglide*-
Getriebe ist ähnlich aufgebaut wie beim *Dynaflow*, Abb. 187. Es sind
zwei Ölpumpen vorgesehen, die sich in bekannter Weise in die Aufgabe
der Drucköleerzeugung teilen. Das Wechselventil (*20*) schaltet bei etwa
75 km/h die bei Leerlauf und geringeren Geschwindigkeiten wirksame

vordere Ölpumpe ab und die hintere Ölpumpe ein. Die Höhe des Haupt-
öldruckes regelt das Druckventil *21*, und zwar mit Hilfe eines Druck-
modulators *6* in Abhängigkeit von dem Unterdruck in der Ansaugleitung
des Motors. Dadurch wird erreicht, daß bei großem Motormoment der
Öldruck höher, bei kleinem niedriger wird. Die Leistung, die an die Ölpumpe abgegeben werden muß, und die ja als Verlust anzusehen ist,
bleibt daher so klein wie möglich. Im Berg- und Rückwärtsgang wird die
Unterdruckregelung überbrückt, um in diesen beiden Sonderfällen durch
starke Erhöhung des Arbeitsdruckes das sichere Fassen der Bremsbänder
auch bei den hohen Abstützmomenten zu gewährleisten.

Die Stellungen des Wählhebels am Lenkrad werden auf den Wählschieber *13* übertragen. Damit löst man die Schaltvorgänge in der Form
aus, wie sie oben für das *Dynaflow*-Getriebe bereits beschrieben wurden.
Ein Unterschied besteht noch darin, daß man bei der *Powerglide*-Steuerung
für das Zusammenarbeiten der Schaltorgane nicht nur die Wirkung der
Speicher, sondern über den Druckmodulator, s. Abb. 59 auf Seite 62,
auch Änderungen des Systemdrucks heranzieht. So bewirkt ein Verstellen des Wählhebels von N auf D zunächst ein starkes Ansteigen des
Öldruckes, damit sich das System schnell füllt. Beim Greifen der Kupplung geht dann der Druck auf einen Betrag zurück, der gesteuert über
den Modulator dem zu übertragenden Motormoment entspricht.

b) Weiterentwicklung des *Dynaflow*-Getriebes

Etwa um das Jahr 1950 kamen auch andere amerikanische Firmen
mit automatischen Automobilgetrieben, über die weiter unten berichtet
wird, auf den Markt. Die Leistungsfähigkeit des einfachen *Trilok*-
Wandlers war inzwischen soweit vorangetrieben, daß sich der Mehraufwand des *Polyphase*-Wandlers nicht mehr lohnte [248]. CHEVROLET
gab daher im Jahre 1953 seinem neuen *Powerglide*-Getriebe einen normalen
Trilok-Wandler und bezog durch eine Schaltautomatik den Berggang
als 1. Gang in den Normalfahrbereich ein.

BUICK hielt dagegen daran fest, die gestellte Aufgabe auf rein hydrodynamischem Wege zu lösen. Damit setzte eine sehr reizvolle technische
Entwicklung des Strömungswandlers ein, über die im folgenden zu
berichten ist. Abb. 188 gibt einen Überblick über die verschiedenen
Baustufen. Unter *a* ist der *Polyphase*-Wandler wiedergegeben, den BUICK
von 1948 bis 1952 baute. Im Jahre 1953 kam als Nachfolger das *Twin
Turbine Dynaflow*-Getriebe heraus, dessen Strömungsteil in Abb. 188*b*,
als Schema und in Abb. 189 als Schnittbild dargestellt ist. Der Wandler
hat neben Pumpe und Leitrad eine zweistufige Turbine. Wenn man eine
auf *eine* Welle arbeitende Turbine in mehrere Stufen unterteilt (was bei
Dampfturbinen immer geschieht), so muß zwischen den Stufen jeweils
ein Leitrad angebracht sein. Darauf kann man nur verzichten, wenn die

Turbinenstufen unterschiedliche Drehzahlen aufweisen. Diesen Weg ging man bei BUICK. Die beiden Turbinenstufen T_1 und T_2 folgen direkt aufeinander; ein Planetengetriebe übernimmt die Verbindung der beiden Räder. Das Turbinenrad T_1 arbeitet auf das Außenrad, die Turbine T_2 auf den Planetenträger und die Abtriebswelle, während das Sonnenrad des Planetensatzes mit dem Leitrad des Wandlers verbunden ist. Im

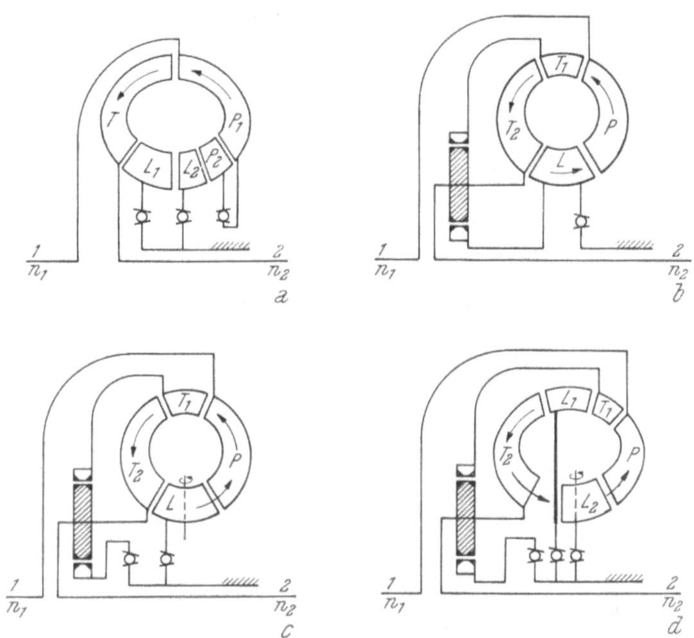

Abb. 188. Die Entwicklung des *Dynaflow*-Getriebes; *a Polyphase*-Wandler (1948), *b Twin Turbine*-Wandler (1953), *c Twin Turbine*-Wandler mit einem Leitrad mit verstellbaren Schaufeln (1955), *d Twin Turbine*-Wandler mit zwei Leiträdern, davon eines mit Schaufelverstellung (1956)

Start steht es daher mit dem Leitrad L über den sperrenden Freilauf still. Das Drehzahlverhältnis der beiden Turbinenstufen ist dann $\dfrac{n_{T1}}{n_{T2}} = 1{,}6$.

Beim Anfahren nimmt T_1 den größeren Teil des eingeleiteten Momentes auf und gibt ihn nach 1,6facher Vergrößerung im Planetengetriebe an den Abtrieb weiter. Bei zunehmendem Drehzahlverhältnis ψ wird der Momentanteil von T_2 größer. Wenn sich im Kupplungspunkt das Leitrad und damit auch das Sonnenrad im Drehsinn der Pumpe zu bewegen beginnt, wird das gesamte eingeleitete Moment von P über T_2 unverändert an den Abtrieb weitergegeben. Dabei ist zu bemerken, daß die Freigabe des Leitrades nicht mehr allein von seiner Anströmung abhängt, sondern

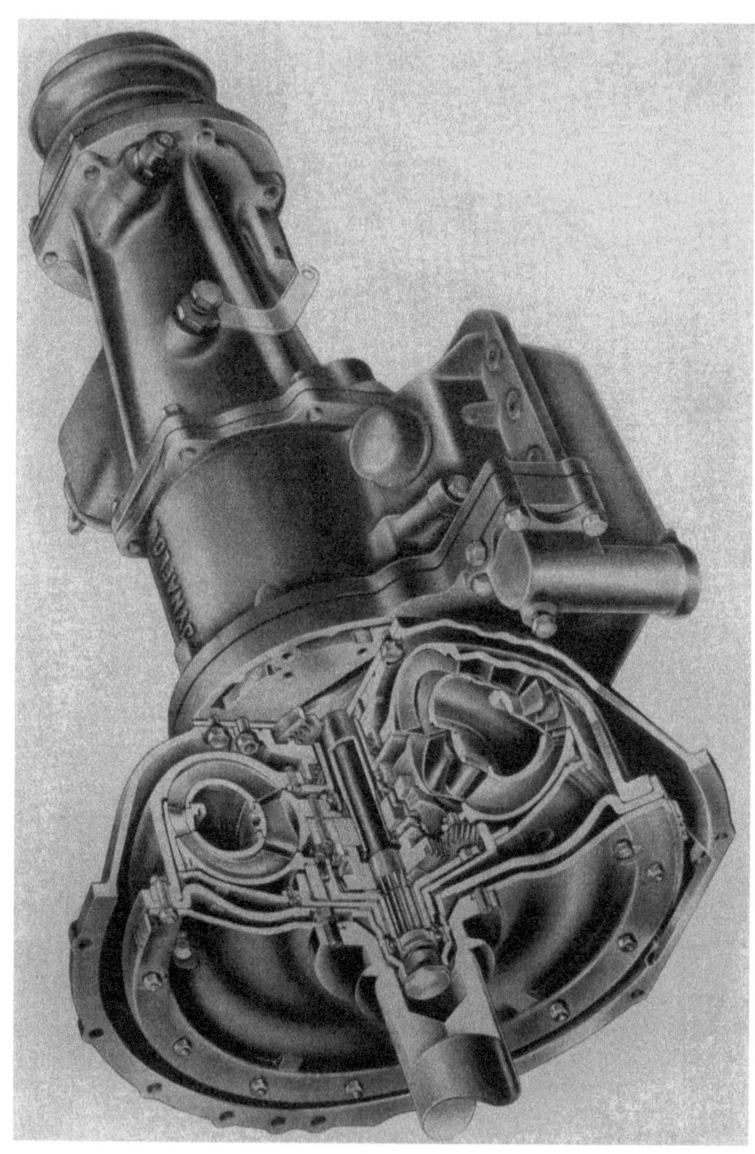

Abb. 189. Blick in den *Twin Turbine*-Wandler des *Dynaflow*-Getriebes (1953)

auch von den Kräften, die über das Sonnenrad auf L ausgeübt werden. Dieses Zusammenspiel soll hier nicht näher behandelt werden.

In Abb. 190 sind zum Vergleich die Wirkungsgradkurven und der Momentenverlauf des *Polyphase*-Wandlers (1948) und des *Twin Turbine*-Wandlers (1953) eingetragen. Die Wandlung im Start ist von $\mu_A = 2{,}15$ auf 2,45 angestiegen, und der Wirkungsgrad konnte im gesamten Drehzahlbereich mit Ausnahme der Umgebung des Kupplungspunktes angehoben werden.

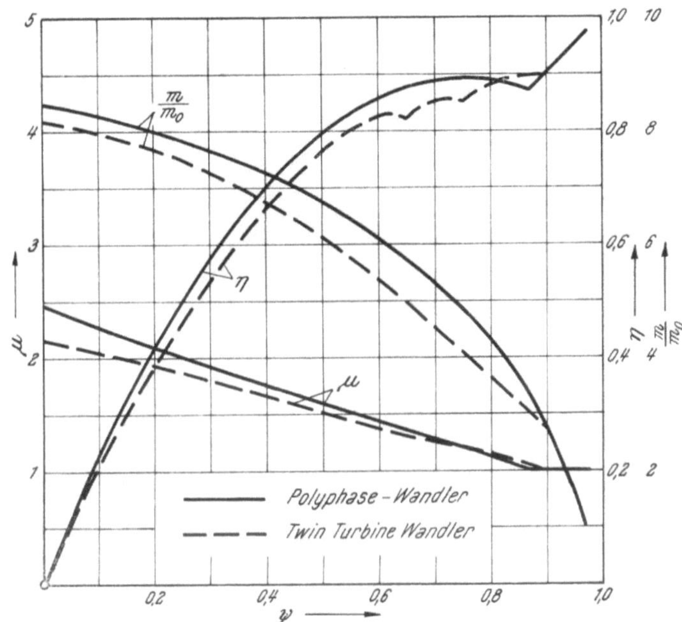

Abb. 190. Momentaufnahme, Wirkungsgrad und Momentenverhältnis, ausgezogen beim *Polyphase*-Wandler (1948) und gestrichelt des *Twin Turbine*-Wandlers (1953)

Da bei der Einführung des *Twin Turbine Dynaflow*-Getriebes gleichzeitig auch stärkere Motoren zum Einbau gelangten, konnte Buick im Hauptfahrbereich nach wie vor auf umschaltbare Zahnradstufen verzichten. Das einfache Planetengetriebe, Abb. 191, blieb beibehalten. Es besitzt neben dem Rückwärtsgang einen von Hand einschaltbaren Berggang für besonders schwierige Fahrverhältnisse.

Kurz nach Erscheinen dieses neuen *Dynaflow*-Getriebes sahen sich die Konstrukteure von Buick vor ein äußerst kritisches Problem gestellt. Die Getriebebauer, die in ihren automatischen Automobilgetrieben mit Zahnradstufen arbeiten, hatten geschickt eine Erfahrung und Erkenntnis aus dem allgemeinen Fahrbetrieb eines Autos ausgenutzt.

Wenn ein Wagen stark beschleunigen soll, z. B. zum Überholen oder am Berg, so gibt der Fahrer Vollgas, und am liebsten würde er den Gashebel noch über den Anschlag hinaus durchtreten. Diese rein gefühlsmäßige Bewegung hat man genial so angewandt, daß sich der Gashebel über die

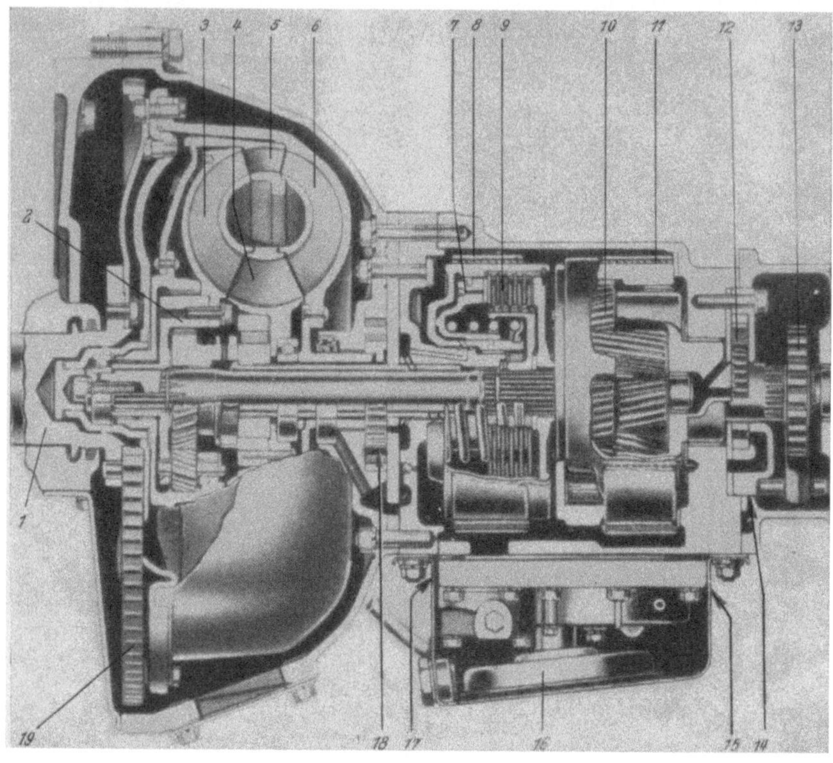

Abb. 191. Schnitt durch das *Twin Turbine Dynaflow*-Getriebe (1953)

1 Antrieb,	*7* Ringkolben für *K*,	*13* Klinkenrad für die Parksperre,
2 Planetensatz,	*8* Bremsband *B1*,	*14* Gehäuseabschluß,
3 Turbine T_2,	*9* Kupplung *K*,	*15* und *17* Schaltkasten,
4 Leitrad,	*10* Planetengetriebekette,	*16* Ölsieb,
5 Turbine T_1,	*11* Bremsband *B2*,	*18* vordere Ölpumpe,
6 Pumpenrad,	*12* hintere Ölpumpe,	*19* Anlasserzahnkranz

Vollgasstellung hinaus in die sogenannte „kick-down"- oder Übergasstellung bewegen läßt. Zwar wird dadurch der Motor nicht zu größerer Leistung angestachelt, aber man schaltete das Getriebe durch Eingriff in die Schaltautomatik um einen Gang zurück, wie wir es bereits beim *Hydramatic*-Getriebe kennengelernt haben. Die Beschleunigung wird dadurch spürbar verbessert, vor allem dann, wenn ein automatisches

Getriebe zur Erzielung sparsamen Brennstoffverbrauches sehr hochschaltfreudig ausgelegt ist.

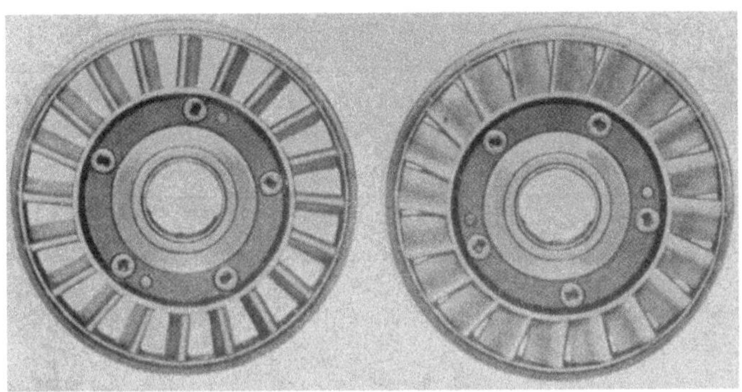

Abb. 192. Das Leitrad des *Twin Turbine*-Wandlers mit verstellbaren Schaufeln; links Einstellung auf kleinen Winkel (Normalfahrt), rechts Einstellung auf großen Winkel (kick-down)

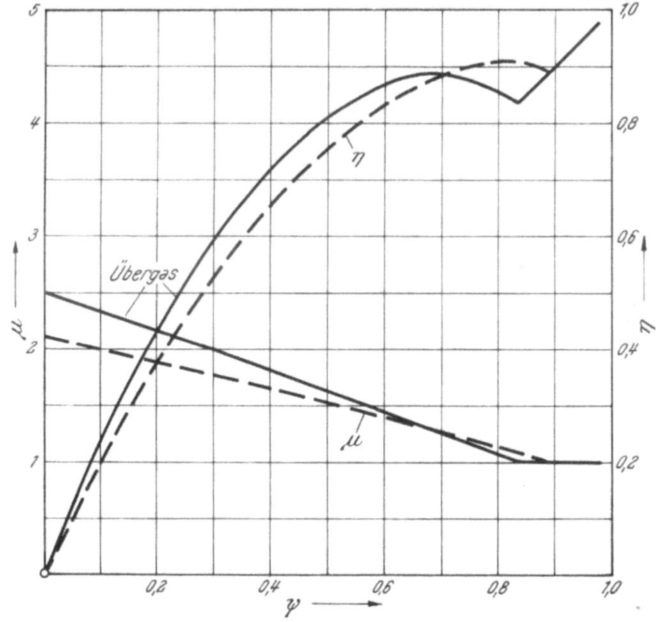

Abb. 193. Auswirkung der Verstellung der Leitradschaufeln bei Übergas im *Twin Turbine*-Wandler (1955), gestrichelt kleiner, ausgezogen großer Schaufelwinkel (kick-down)

Wenn BUICK das bessere Beschleunigen der gleich starken Konkurrenzwagen aufholen und weiterhin völlig stufenlos fahren wollte, so mußte die Aufgabe gelöst werden, dem *Dynaflow*-Getriebe ein „kick-

down“ zu verschaffen, ohne zu Zahnrädern zu greifen. Die gefundene
Lösung ist ebenso geistreich wie die Übergas-Erfindung. In dem 1955
erschienenen *Twin Turbine Dynaflow*-Getriebe erhielt das Leitrad verstellbare Schaufeln (variable pitch-converter), Abb. 188 Teilbild c.
Durch eine hydraulische Einrichtung kann der Einstellwinkel der
20 Schaufelblätter in zwei Stellungen gebracht werden, Abb. 192. Die
eine, links in der Abbildung, gilt für die Normalfahrt; der Winkel der

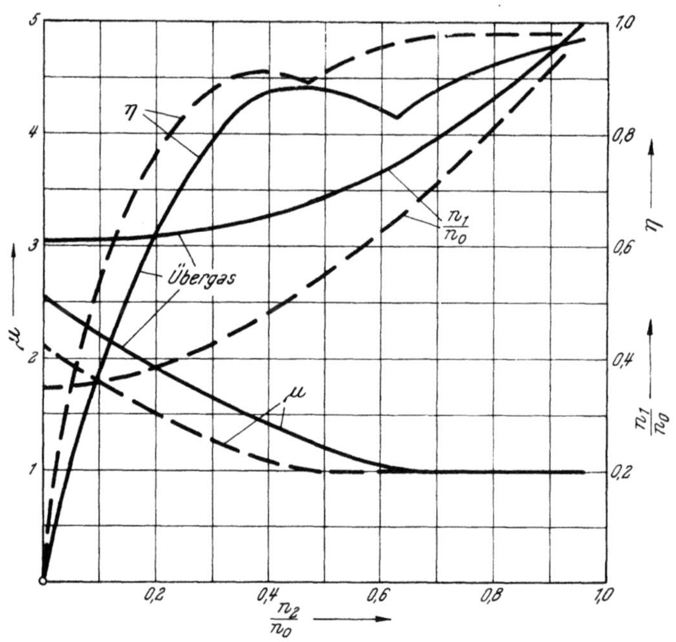

Abb. 194. Motordrehzahl, Momentverhältnis und Wirkungsgrad bei den beiden Schaufelstellungen
des *Twin Turbine Dynaflow*-Getriebes (1955); n_0 Drehzahl des Motors bei Höchstleistung; gestrichelt
für Normalfahrt mit kleinem Schaufelwinkel, ausgezogen kick-down

Schaufeln zur Strömungsrichtung ist klein. Die Anfahrwandlung beträgt
in diesem Fall $\mu_A = 2,1$. Zum Beschleunigen, vor allem beim Start, und
bei Drehzahlverhältnissen $\psi < 0,6$ können durch Übergasgeben die
Schaufeln auf einen großen Winkel gebracht werden, rechts in Abb. 192.
Hierzu sind die einzelnen Schaufeln um eine radiale Achse drehbar. Die
Achsen tragen an ihrem inneren Ende eine Kurbel, mit deren Hilfe über
einen durch Öldruck betätigten Ringkolben eine Drehung von 75°
möglich wird. Zwischenstellungen zwischen den angegebenen Schaufellagen sind nicht vorgesehen.

In Auswirkung der Schaufelverstellung, Abb. 193, steigt die Momentwandlung im Start von $\mu_A = 2,1$ auf 2,5 an. Der Verlauf des Wirkungsgrades könnte zu Fehlschlüssen führen. Einen besseren Einblick erhält man, wenn man die Drehzahlen des Motors, den Wirkungsgrad und das Momentverhältnis über der Abtriebsdrehzahl $\frac{n_2}{n_0}$ (gleichbedeutend mit der Fahrgeschwindigkeit $\frac{v}{v_0}$) aufträgt, Abb. 194. Der kleine Einstellwinkel führt im gesamten Fahrbereich vom Stillstand bis zur Höchstgeschwindigkeit auf bessere Wirkungsgrade, der größere Winkel bei Übergas auf höhere Momente und damit stärkere Beschleunigung im Bereich bis etwa 60% der Höchstgeschwindigkeit. Diese Betrachtungen gelten für Vollgas, das ja bei Übergas immer vorliegt. In der Stellung für Normalfahrt ist die Motordrehzahl im Start sehr gedrückt, die abgegebene Motorleistung ist daher klein. Beim Übergas (kick-down) kann der Motor wesentlich mehr Leistung liefern, weil die Drehzahl ansteigt.

Zu bemerken ist noch, daß sich das Sonnenrad in dem neuen Getriebe, s. Abb. 188 c, mit einem eigenen Freilauf zum Gehäuse abstützen kann. Freilauf tritt ein, sobald das Turbinenrad T kein Moment mehr abgibt. Das Leitrad L kann von dem Augenblick an frei umlaufen, in dem sein Reaktionsmoment verschwindet.

Mit der Einführung der Schaufelverstellung hatte BUICK den Vorsprung der anderen Getriebehersteller im Beschleunigungsverhalten wieder eingeholt. Auch dem Wagen mit einem neuen *Dynaflow*-Getriebe konnte man mit „kick-down" die Sporen geben. Etwas unbefriedigend blieb die Beschleunigung im Start. Das Fehlen eines Leitrades zwischen den beiden Turbinenstufen machte sich doch bemerkbar. Diese Lücke wurde dann im *Dynaflow*-Getriebe von 1956 ausgefüllt, Abb. 188, Teilbild *d*. Die Speichen, die den Leitschaufelkranz L_1 mit seinem Freilauf und der Drehachse verbinden, laufen zwischen dem Turbinenrad T_2 und dem Leitrad L_2. Es sind nur sechs, die außerdem so geformt sind, daß der störende Einfluß auf die Strömung im Wandler nur klein ist. In der Normalstellung der Schaufelwinkel stieg die Momentwandlung im Start von $\mu_A = 2,1$ auf 3,1 an, bei Übergas von 2,5 auf 3,5. Der Freilauf von L_1 beginnt bereits bei $\psi = 0,39$, so daß sich eine Erhöhung der Momentwandlung durch das zusätzliche Leitrad L_1 bis zu diesen Drehzahlen auswirkt, s. Abb. 203 unter *d*.

c) Das *Turboglide*-Getriebe von CHEVROLET aus dem Jahre 1957

Der nächste Anstoß zur Weiterentwicklung kam von der Firma CHEVROLET (GMC). Sie hatte, wie bereits erwähnt wurde, im Jahre 1950 für ihre Wagen das *Powerglide*-Getriebe gebaut, das in seiner Konstruktion dem ersten *Dynaflow*-Getriebe von BUICK entsprach. Jedoch schon 1953 gab CHEVROLET den etwas aufwendigen Bau des *Polyphase*-Wandlers zugunsten eines einfachen *Trilok*-Wandlers auf. Offensichtlich hat man aber bei CHEVROLET die oben beschriebene Weiterentwicklung des *Dynaflow*-Getriebes aufmerksam verfolgt.

Im Jahre 1957 stellte CHEVROLET sein *Turboglide*-Getriebe vor, das zwar einige Aufbauelemente aus der *Dynaflow*-Reihe übernahm, aber doch in seiner Grundidee als Neukonstruktion anzusehen ist. In ihm ist das Prinzip der rein hydrodynamischen Momentwandlung für den gesamten Anwendungsbreich eines Automobils klar eingehalten. Wie das Schema in Abb. 195 und der Schnitt in Abb. 196 zeigen, hat der hydraulische Wandler neben Pumpe und einem Leitrad mit verstellbaren

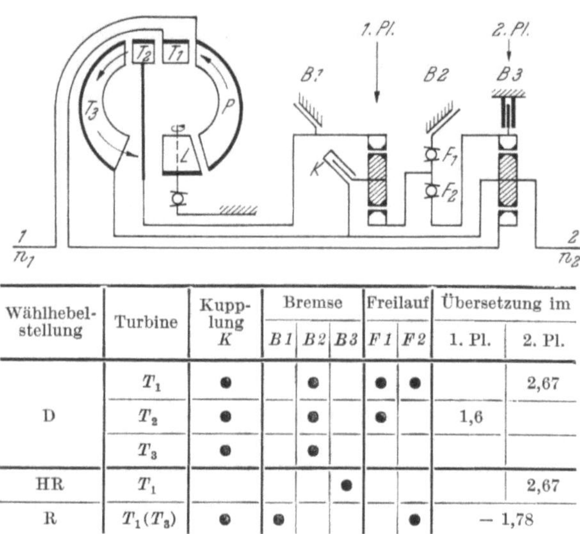

Wählhebel-stellung	Turbine	Kupp-lung K	Bremse			Freilauf		Übersetzung im	
			$B1$	$B2$	$B3$	$F1$	$F2$	1. Pl.	2. Pl.
D	T_1	●		●		●	●		2,67
	T_2	●		●		●		1,6	
	T_3	●		●					
HR	T_1				●				2,67
R	$T_1(T_3)$	●	●				●	− 1,78	

Abb. 195. Das *Turboglide*-Getriebe von CHEVROLET (1957); T_1, T_2 und T_3 Turbinenräder, L Leitrad, P Pumpenrad, $B1$ und $B2$ Konusbremsen, $B3$ Lamellenbremse, K Kupplung, F_1 und F_2 Freiläufe

Schaufeln drei Turbinenräder. Das anschließende Getriebe mit zwei Planetensätzen hat nicht die Aufgabe, eine in Stufen schaltbare Umformung des Momentes vorzunehmen; es dient vielmehr wie das in Abb. 188*b* gezeigte Planetengetriebe dazu, bestimmte Drehzahlverhältnisse unter den drei Turbinenstufen einzuhalten, zwischen denen sich keine Leiträder befinden.

Die Turbine T_1 arbeitet auf das Sonnenrad des 2. Planetensatzes, dessen Planetenträger zum Abtrieb führt. Wird das Außenrad dieses Satzes über die Freiläufe F_1 und F_2 sowie die Bremse $B2$ festgehalten, so wird das von T_1 abgegebene Drehmoment in dem Planetensatz im Verhältnis 2,67 : 1 gewandelt.

Das zweite Turbinenrad (T_2) leitet sein Moment an das Außenrad des 1. Planetensatzes weiter. Auch hier steht der Planetenträger bei

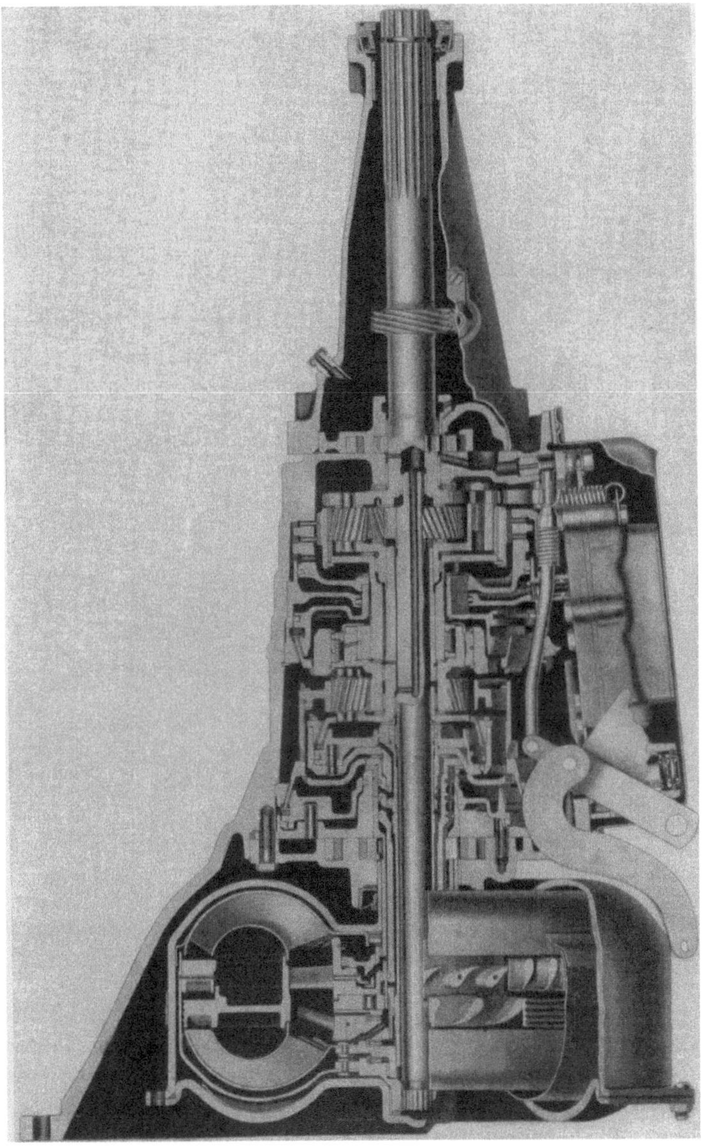

Abb. 196. Schmitt durch das *Turboglide*-Getriebe (1957)

eingerückter Kupplung K mit dem Abtrieb in Verbindung. Das Sonnenrad ist über F_1 und $B\,2$ fest, woraus sich eine Vergrößerung des Momentes um den Faktor 1,63 ergibt.

Die Turbine T_3 wirkt direkt auf die Abtriebswelle. Es liegen also hier die Verhältnisse wie im direkten Gang eines Stufengetriebes vor.

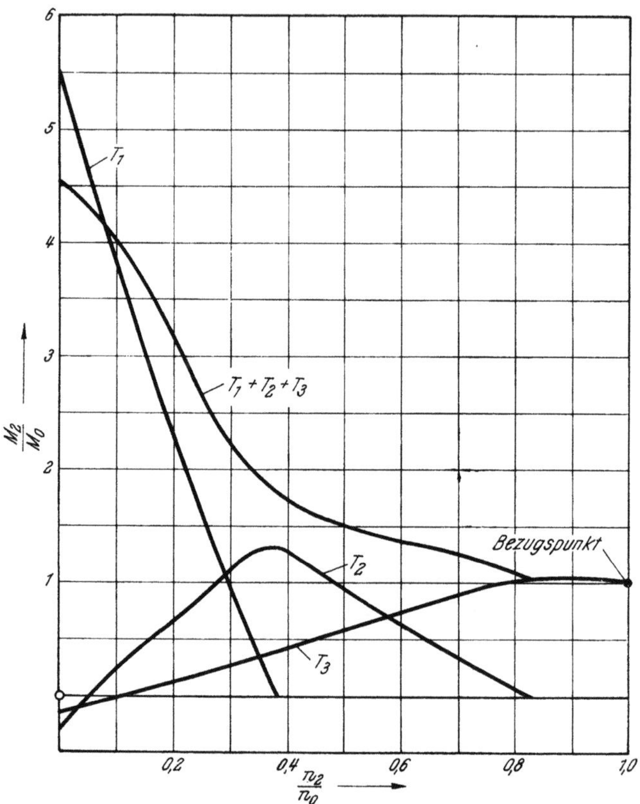

Abb. 197. Die Momentenanteile der Turbinenstufen T_1, T_2 und T_3 des *Turboglide*-Getriebes in Abhängigkeit von der Abtriebsdrehzahl

Für die Vorwärtsfahrt (Wählhebelstellung D) ist die Kupplung K geschlossen und die Konusbremse $B\,2$ angezogen. Alle drei Turbinenräder werden durchströmt, und alle sind, wenn auch mit verschiedenen Übersetzungen, in Verbindung mit der Abtriebswelle. Die Größe des Anteiles, den die einzelnen Turbinenräder zum Gesamtabtriebsmoment M_2 beisteuern, hängt von den Drehgeschwindigkeiten ab. In Abb. 197 ist das Abtriebsmoment M_2 in Abhängigkeit von der Abtriebsdrehzahl n_2 (und damit von der Fahrgeschwindigkeit) wiedergegeben. Die Angaben sind bezogen auf das Moment M_0, das bei der Höchstdrehzahl n_0 (entsprechend der Höchstgeschwindigkeit v_0) abgegeben wird. Im Start ist das Moment, das von der Turbine T_1 herrührt, etwa 5,5mal größer als M_0 (nicht zu verwechseln mit der Momentwandlung μ_A!). Da in diesem Betriebspunkt die Räder T_2 und T_3 kleine negative Momentanteile liefern, ist das Gesamtmoment $M_2 = 4,5\,M_0$.

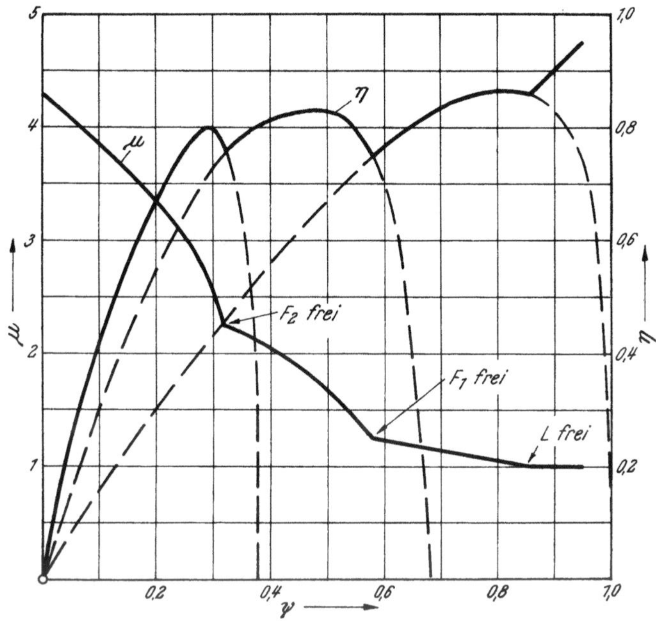

Abb. 198. Wirkungsgrad und Momentverhältnis des *Turboglide*-Getriebes (1957)

Bei $\dfrac{n_2}{n_0} = 0{,}38$ verschwindet das Moment von T_1. In den negativen Momentbereich kann die Turbine jedoch nicht gelangen; denn bei Umkehr des Vorzeichens gibt der Freilauf F_2 das Außenrad des 2. Planetensatzes frei. Damit kann sich T_1 ohne Einfluß auf den Momentenhaushalt frei bewegen.

Den Hauptanteil des Momentes in der Abtriebswelle liefert in diesem Bereich (um $\dfrac{n_2}{n_0} = 0{,}4$) die 2. Turbine, die ihr Moment mit einer mittleren Übersetzung (1,6) durch den 1. Planetensatz abgibt. Die Momentenkurve von T_2 hat ungefähr da ihr Maximum, wo das Rad T_1 seine Mitarbeit einstellt.

Mit weiter zunehmenden Abtriebsdrehzahlen sinkt der Momentanteil der Turbine T_2, während die Übertragung des Motormomentes mehr und mehr vom Rad T_3 übernommen wird. Bei $\frac{n_2}{n_0} = 0{,}83$ ist auch T_2 an seinem Arbeitsende angelangt und läuft nun über den Freilauf F_1 ohne Wirkung um.

In Abb. 198 ist der Verlauf des Wirkungsgrades und der Momentwandlung des *Turboglide*-Getriebes in Abhängigkeit vom Drehzahlverhältnis ψ aufgetragen [10]. Wenn auch die Höchstwerte des Wirkungs-

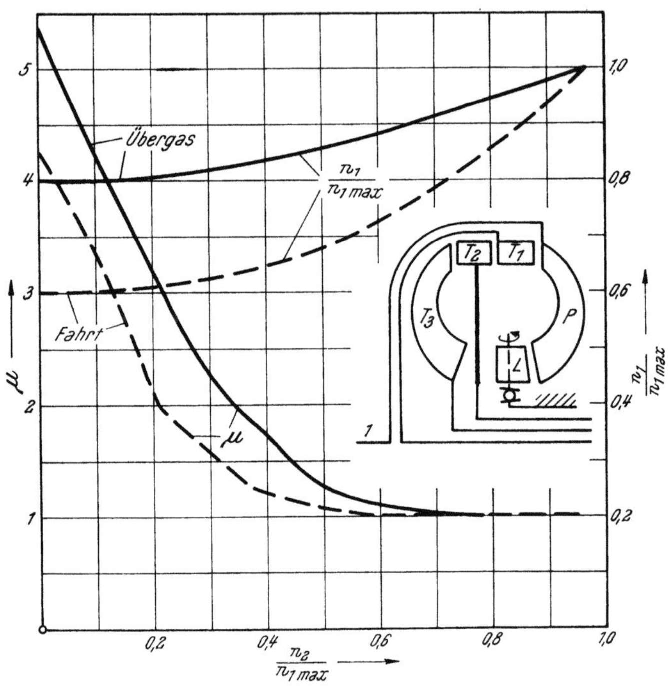

Abb. 199. Einfluß der Leitradschaufelverstellung auf Motordrehzahl und Momentenverhältnis beim *Turboglide*-Getriebe

grades nicht ganz an die von den verschiedenen Ausführungen der *Dynaflow*-Reihe herankommen, so ist doch die Breite des Drehzahlbereiches beachtlich, in der relativ hohe Wirkungsgrade erzielt werden. Der Wert von $\eta = 0{,}75$, der oft als Richtschnur dient, wird bereits bei $\psi = 0{,}245$ erreicht.

Für den Rückwärtsgang bleibt die Kupplung K (s. Abb. 195) geschlossen; ferner wird durch die Konusbremse $B\,1$ das Außenrad des 1. Planetensatzes und das Turbinenrad T_2 festgehalten. Das von der Turbine T_1 aufgenommene Moment geht zum Sonnenrad des 2. Planetensatzes. Die beiden Planetensätze sind durch die Abtriebswelle, die zu den beiden Planetenträgern führt, und durch die Verbindung zwischen dem Außenrad des 2. und dem Sonnenrad des 1. Satzes, die über den Freilauf F_2 geht, doppelt miteinander gekoppelt. Damit liegt die Anordnung vor, die an Hand von Abb. 28 auf S. 34 bereits beschrieben und behandelt wurde. Es tritt eine Übersetzung $i_R = \dfrac{n_1}{n_2} = -1{,}78$ mit entsprechender Momentwandlung ein. Auf das Gesamtmoment M_2 hat auch noch die Turbine T_3 einen Einfluß. Sie läuft in entgegengesetzter Drehrichtung von Pumpe P und Turbine T_1. Das feststehende Turbinenrad wirkt dabei wie ein Leitrad (Stator) zwischen den Rädern T_1 und T_3. Die Gesamtwandlung im Start ist etwa $-4{,}1$.

Eine Eigenart des *Turboglide*-Getriebes ist die Wählhebelstellung HR (= *Hill Retarder*), die eine Bremswirkung bei schiebendem Wagen auslöst, wie sie zur Verzögerung von Bergabfahrten erwünscht ist. Hierzu wird das Turbinenrad T_1 mit der hohen Übersetzung von 2,67 vom Abtrieb her gedreht, indem man das Außenrad des 2. Planetensatzes durch die Lamellenbremse $B\,3$ festhält. Die beiden anderen Turbinenräder laufen frei. Die Bremsarbeit wird teils durch die Strömungsverluste im Wandler, teils durch den über die Pumpe als Turbine erfolgenden Antrieb des leerlaufenden Motors geleistet.

Für die Sonderbeschleunigung mit Übergas (kick-down) ist im *Turboglide*-Getriebe wie bei den zuletzt beschriebenen *Dynaflow*-Ausführungen der Einstellwinkel der Leitradschaufeln von seiner Normalstellung (kleiner Winkel) auf großen Winkel verstellbar (variable pitch). Die Auswirkung dieser Maßnahme gibt Abb. 199 wieder, in der über der Abtriebsdrehzahl n_2, bezogen auf die Höchstdrehzahl $n_{1\,max}$ des Motors, der Verlauf der Motordrehzahlen n_1 und das Momentverhältnis μ aufgezeichnet sind. In bekannter Weise nimmt bei Übergas die Motordrehzahl und damit die Leistungsabgabe und Momentwandlung zu.

In einer späteren (1959) Ausführung des *Turboglide*-Getriebes hat man neben anderen kleineren Verbesserungen die Konusbremsen (s. Abb. 196) durch Lamellenbremsen ersetzt.

Die hydraulische Schalteinrichtung, Abb. 200, dient im wesentlichen dazu, die von Hand gewählten Arbeitsbereiche D, HR, R, N und P einzuschalten. Während der Fahrt selbst hat die Steuereinrichtung keine Umschaltungen vorzunehmen, weil die beiden Freiläufe F_1 und F_2 selbsttätig im richtigen Augenblick die Turbinenräder wirksam oder unwirksam werden lassen. In Abb. 200 ist der Schaltplan mit der Lage der Ventile und dem Drucköistrverlauf aufgezeichnet, wenn in der Wählhebelstellung D (Normalfahrt) die Geschwindigkeit so hoch ist, daß die hintere Ölpumpe die Versorgung des Ölkreislaufes übernommen hat. Durch die Leitungen *1* und *3* sind im Sinne der eingetragenen Pfeile die Kupplung $K\,1$ und die Bremse $B\,2$ vom Öldruck beaufschlagt und damit geschlossen, wie es das Schema in Abb. 195 für die Normalfahrt vorschreibt.

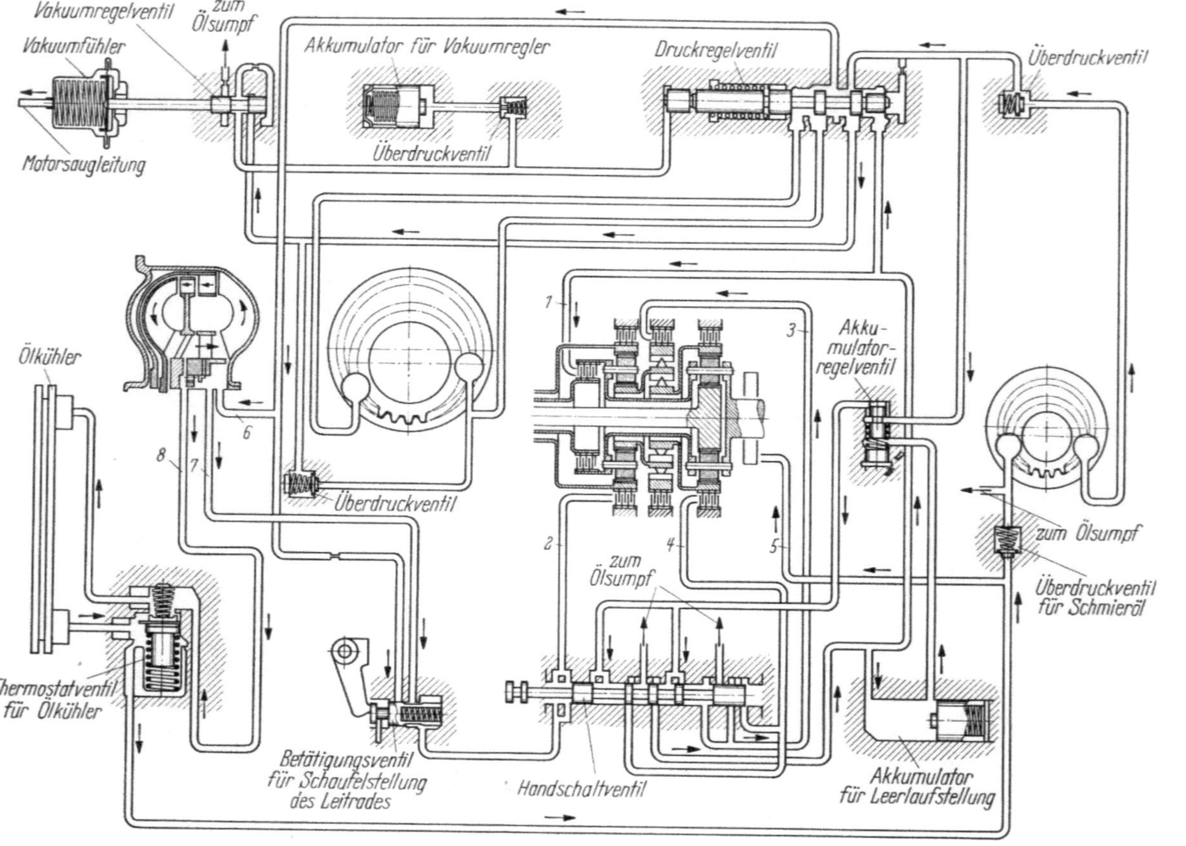

Abb. 200. Hydraulisches Schaltschema des *Turboglide*-Getriebes, Stellung D

d) Das *Flight Pitch Dynaflow*-Getriebe von BUICK (1958)

Im Jahre 1958 rüstete BUICK seine Wagen mit dem *Flight Pitch Dynaflow*-Getriebe aus, das sich im Aufbau eng an das *Turboglide*-Getriebe anlehnt, Abb. 201 und 202. Wie schon bei der letzten Ausführung von CHEVROLET sind auch hier die Bremsen als Lamellenbremsen ausgebildet. Während sich bisher die Veränderlichkeit der Schaufelwinkel beim Leitrad auf zwei Stellungen beschränkte, die eine für Normalfahrt, die andere bei Übergas (kick-down) für stärkere Beschleunigung, ändert BUICK im *Flight Pitch Dynaflow*-Getriebe den Einstellwinkel kontinuierlich in Abhängigkeit von der Gashebelstellung. Vom Leerlauf bis etwa zur Halbgasstellung behält das Leitrad die Normalstellung der Schaufeln bei (kleiner Winkel). Bei weiterem Gasgeben wird dann über eine ölhydraulische Steuerung der Schaufelwinkel im Verhältnis der Gashebelstellung vergrößert, bis dann bei Vollgas der Winkel erreicht wird, der beim *Turboglide*-Getriebe dem kick-down entspricht.

Die Steuereinrichtung ist ähnlich wie beim *Turboglide*-Getriebe; beim *Flight Pitch Dynaflow* hat man sich mit einer Ölpumpe begnügt.

Wirkungsgradkurven sind von BUICK nicht veröffentlicht worden; für das *Turboglide*-Getriebe konnte man sie aus den vorliegenden Angaben ungefähr errechnen.

Um zusammenfassend einen Überblick über den Entwicklungsgang des *Dynaflow*-Getriebes und seiner Abkömmlinge zu erhalten, sind in der Tabelle 7 die Angaben über die verschiedenen Getriebeformen gesammelt, während Abb. 203 für einige Ausführungen zum Vergleich die Wirkungsgrad- und Momentkurven wiedergibt. Der Erfolg der Bemühungen von BUICK und CHEVROLET im zähen Ringen um die Vergrößerung des Arbeitsfeldes mit gutem Wirkungsgrad und um die Verbesserung seiner Höchstwerte, die stete Steigerung der Momentwandlung zur Erhöhung der Beschleunigungsleistung vor allem im Start, wird deutlich erkennbar. Dabei hat man das eigentliche Ziel, durch weitgehende, wenn möglich sogar ausschließliche hydrodynamische Übertragung das Fahren weich, stoßfrei und geschmeidig zu gestalten, nie aus dem Auge verloren. In der letzten Entwicklungsstufe, dem *Turboglide*- und dem *Flight Pitch Dynaflow*-Getriebe, liegt im Gesamtverhalten sicher die beste Lösung dieser Aufgabe vor. Es mußte aber, wie Abb. 203 aufzeigt, beim *Turboglide*-Getriebe und vermutlich auch beim *Flight Pitch Dynaflow* eine Einbuße an Wirkungsgrad hingenommen werden, vom Aufwand des Aufbaues ganz zu schweigen.

Hierin mag der Grund zu suchen und zu finden sein, daß BUICK und CHEVROLET im Jahre 1962 das *Turboglide*- bzw. *Flight Pitch Dynaflow*-Getriebe wieder aufgaben. BUICK griff zurück auf das *Twin Turbine Dynaflow*-Getriebe mit zwei Leiträdern, wovon das eine zwei Einstellungen

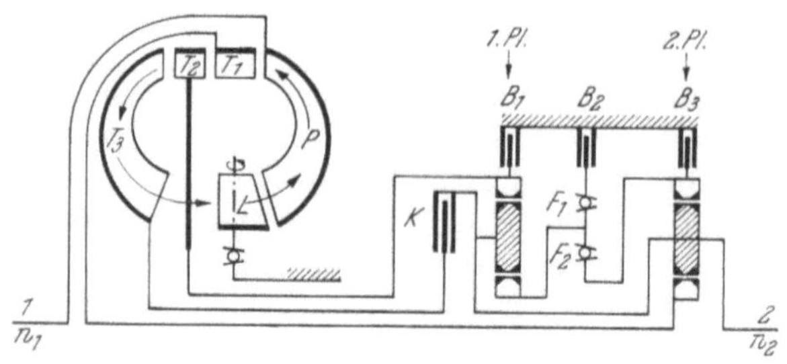

Wählhebel-stellung	Turbine	Kupplung K	\multicolumn{3}{c}{Bremse}			\multicolumn{2}{c}{Freilauf}		\multicolumn{2}{c}{Übersetzung im}
			$B1$	$B2$	$B3$	$F1$	$F2$	1. Pl.	2. Pl.
D	T_1	●		●		●	●		2,86
	T_2	●		●		●		1,54	
	T_3	●		●					
GR	T_1				●				2,86
R	$T_1(T_3)$	●	●				●	− 2,44	

Abb. 201. Schema des *Flight Pitch Dynaflow*-Getriebes von Buick (1958); T_1, T_2 und T_3 Turbinenstufen, P Pumpenrad, L Leitrad, K Kupplung, $B1$, $B2$ und $B3$ Lamellenbremsen, F_1 und F_2 Freiläufe, GR Grade Retarder, 1. Pl. erster und 2. Pl. zweiter Planetensatz

Abb. 202. Schnitt durch das *Flight Pitch Dynaflow*-Getriebe (1958)

des Schaufelwinkels ermöglicht, s. Abb. 188*d*. Die Übersetzung des Rückwärtsganges ist gegenüber der früheren Ausführung etwas angehoben, Abb. 204. Nach wie vor ist im Hauptfahrbereich keine Momentsteigerung mit dem Planetengetriebe erforderlich. Von 1964 an kamen dann die Getriebe zum Einbau, die im 4. Abschnitt beschrieben werden.

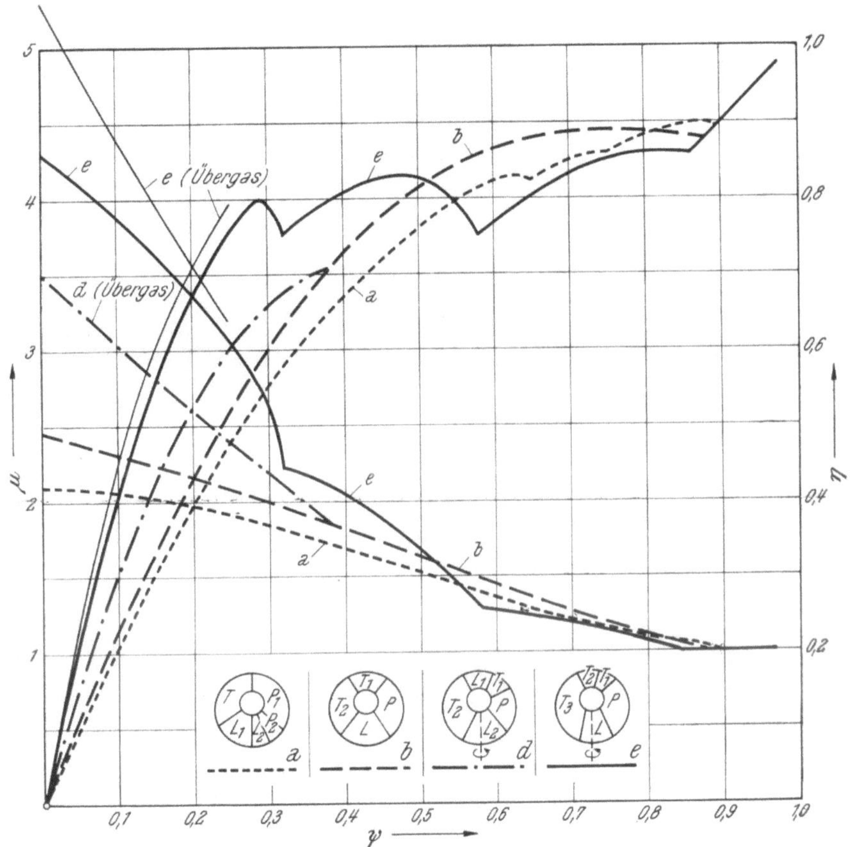

Abb. 203. Wirkungsgrad und Momentenverhältnis verschiedener Getriebe der *Dynaflow*-Entwicklung; *a Polyphase Dynaflow* (1948), *b Twin Turbine Dynaflow* (1953), *d Twin Turbine Dynaflow, Two Stage* (1956), *e Turboglide* (1957)

Chevrolet verwendet bis heute (z. B. in der *Chevelle*) ein *Powerglide*-Getriebe mit zwei automatisch geschalteten Gängen mit einem einfachen *Trilok*-Wandler. Dabei ist die Bremse *B 2* (s. Abb. 204 und 268) als Lamellenbremse gebaut worden. Ein solches Getriebe befindet sich seit 1964 auch im Opel *Kapitän, Admiral* und *Diplomat*.

Tabelle 7. *Das Dynaflow-Getriebe*

Allgemeine Angaben				Hydraulische Übertragung				
Hersteller	Bezeichnung	Baujahr	Art	Momentwandlung im Start	Wirkungsgrad			Kupplungspunkt bei $\frac{n_2}{n_1}$
					η_{max}	bei $\frac{n_2}{n_1}$	mit $\frac{M_2}{M_1}$	
Buick (GMC)	Dynaflow	1948	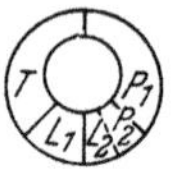	2,15	0,83 0,86 0,90	0,63 0,74 0,87	1,32 1,16 1,03	0,90
Buick (GMC)	Twin Turbine Dynaflow	1953	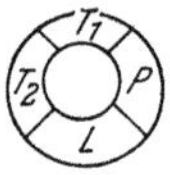	2,45	0,89	0,74	1,20	0,88
Buick (GMC)	Twin Turbine Dynaflow (Variable Pitch)	1955	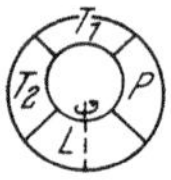	2,10 2,50	0,90 0,88	0,75 0,75	1,20 1,17	0,89 0,84
Buick (GMC)	Twin Turbine Dynaflow (Two Stage)	1956	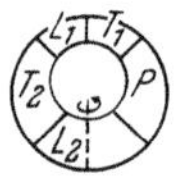	3,2 3,5	0,90 0,88	0,75 0,75	1,20 1,17	0,89 0,84
Buick (GMC)	Flight Pitch Dynaflow	1958	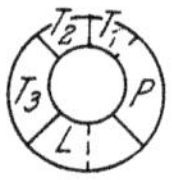	4,8				0,86
Chevrolet (GMC)	Powerglide	1950	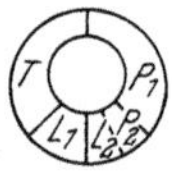	2,15	0,83 0,86 0,90	0,63 0,74 0,87	1,32 1,16 1,03	0,90
Chevrolet (GMC)	Powerglide	1953	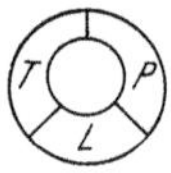	2,10	0,90	0,80	1,13	0,90
Chevrolet (GMC)	Turboglide	1957		4,3 (5,3)	0,80 0,83 0,87	0,29 0,50 0,80	2,8 1,66 1,10	0,86

und seine Varianten

Planetengetriebe				Küh-lung	Bemerkung	Schema in
Art	Vorwärtsgänge		Über-setzungen	Wählhebel-stellungen	$L = $ Luft $W = $ Wasser		
	Zahl	davon auto-matisch					
Kette I	2	1	1,82 1 — 1,64	P N D L R	W		Abb. 181
Kette I	2	1	1,82 1 — 1,64	P N D L R	W		Abb. 191
Kette I	2	1	1,82 1 — 1,64	P N D L R	W		Abb. 188 bei c
Kette I	2	1	1,82 1 — 1,64	P N D L R	W	ab 1962 mit $i_R = -1,82$	Abb. 188 bei d
2 Pla-neten-sätze	3	3	2,86 1,54 1 — 2,44	P R N D GR	W	Bergbremse (Grade Retarder)	Abb. 201
Kette I	2	1	1,82 1 — 1,64	P R N D L	W	mit hydraulischer Hilfskupplung im Kernring für die Motorbremse	Abb. 186
Kette I	2	2	1,82 1 — 1,64	P R N D L	W	ab 1962 mit $i_R = -1,82$	
2 Pla-neten-sätze	3	3	2,67 1,6 1 — 1,78	P R N D HR	W	Bergbremse (Hill Retarder)	Abb. 195

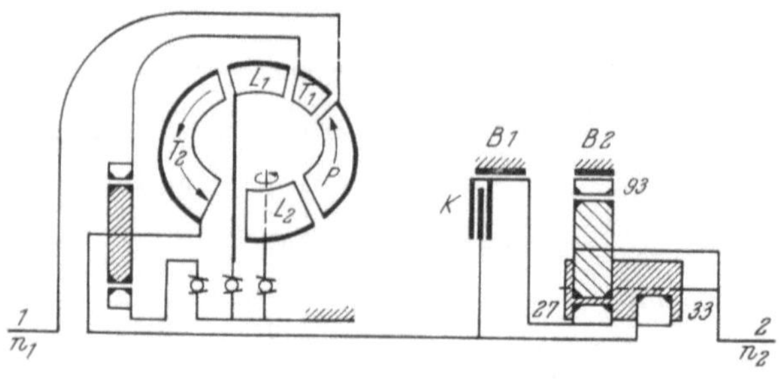

Wähl-hebel-stellung	Gang	Kupp-lung K	Bremsband		Über-setzung i	Momentwandlung im Start	
			B1	B2		L₂ klein	L₂ groß
D	2	●			1	3,10	3,40
L	1		●		1,82	5,64	6,18
R	R			●	− 1,82	− 5,64	− 6,18

Abb. 204. Schema des *Twin Turbine Dynaflow*-Getriebes (1962)

2. Weitere automatische Automobilgetriebe aus den USA

Durch die in den vorhergehenden Abschnitten dargelegten Arbeiten der Getriebeabteilungen von GMC war die Bahn für die Einführung und allgemeine Verwendung automatischer Automobilgetriebe freigelegt. Dieser Fortschritt hat die Bedienung des Autos spürbar und einschneidend vereinfacht und es damit all den Kreisen zugängig gemacht, die sich bisher vielleicht aus Angst vor der Technik zurückhielten. So ist es nicht überraschend, daß sich in kurzer Zeit alle führenden Automobilhersteller in den USA dieser neuen Aufgabe zuwandten. Mit zu den Pionieren bei der Entwicklung und beim Bau automatischer Getriebe gehört die Firma PACKARD. Aus diesem Grunde erscheint es angebracht, über ihre Leistungen zu berichten, wenn auch PACKARD selbst im Jahre 1956 in die Firma STUDEBAKER aufging und ihre Produkte heute vom Markt verschwunden sind.

a) Das *Ultramatic*-Getriebe von PACKARD

Das *Ultramatic*-Getriebe erschien im Jahre 1949; es lehnt sich in seinem Aufbau, Abb. 205, 206 und 207, noch am stärksten an den Vorläufer, das RIESELER-Getriebe, s. Abb. 155 und 156, an. Es besitzt einen Wandler mit zweistufiger Turbine, über dessen Wirkungsweise im Abschnitt über die technische Physik des FÖTTINGER-Wandlers ausführlich berichtet wurde, s. S. 127. Damit im Kupplungsbereich des Wandlers jeglicher Leistungs- und damit Wirkungsgradverlust fortfällt, können, wie schon RIESELER ausführte, Pumpen- und Turbinenrad durch eine Kupplung $K1$ kraftschlüssig miteinander verbunden werden. Das Einrücken dieser Kupplung geschieht ölhydraulisch in Abhängigkeit von der Fahrgeschwindigkeit und der Gashebelstellung. Man läßt in bekannter Weise zwei Öldrücke, den einen gesteuert von der Fahrgeschwindigkeit durch einen Fliehkraftregler auf der Abtriebswelle, den anderen abhängig von der Gasdrosselstellung auf die beiden Enden eines zylindrischen Steuerkolbens gegeneinander wirken. Die Steuerung,

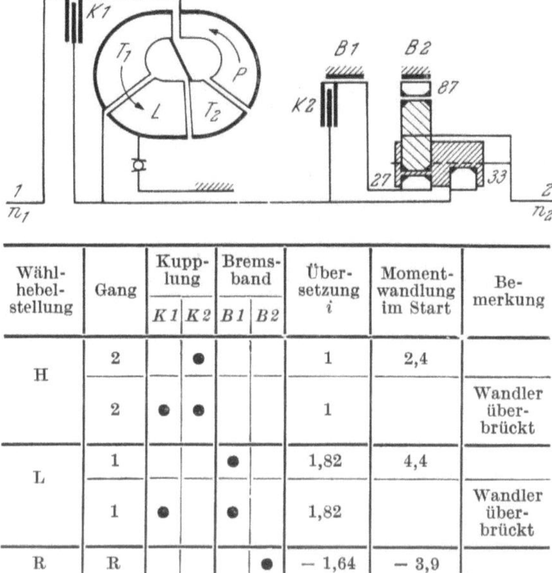

Wähl-hebel-stellung	Gang	Kupp-lung		Brems-band		Über-setzung i	Moment-wandlung im Start	Be-merkung
		$K1$	$K2$	$B1$	$B2$			
H	2		●			1	2,4	
	2	●	●			1		Wandler über-brückt
L	1			●		1,82	4,4	
	1	●		●		1,82		Wandler über-brückt
R	R				●	− 1,64	− 3,9	

Abb. 205. Schematischer Aufbau des *Ultramatic*-Getriebes von PACKARD: P Pumpe, T_1 und T_2 Turbinen, L Leitrad, $B1$ und $B2$ Bandbremsen, $K1$ und $K2$ Kupplungen, 1 An- und 2 Abtrieb

d. h. das Betätigen oder Lösen der Kupplung $K1$, hängt dann von dem Überwiegen der einen oder anderen Druckkraft ab. Bei wenig Gas erfolgt bereits bei einer Fahrgeschwindigkeit von 24 km/h das Einlegen der Kupplung, während bei Unterschreiten einer Geschwindigkeit von 21 km/h die Kupplung gelöst wird. Mit Vollgas dagegen wird die Kupplung erst bei $v = 0,65\,v_{\mathrm{max}}$ wirksam.

Dem Wandler ist eine Planetengetriebekette I nachgeschaltet, die für einen Berggang und den Rückwärtsgang sorgt. Das Einschalten dieser Gänge geschieht beim *Ultramatic*-Getriebe von Hand. Im normalen Fahrbereich, Wählhebelstellung H, wird demnach nur der 2., der direkte Gang des Planetengetriebes benutzt. Die Momenterhöhung für den Start erfolgt dann allein im hydrodynamischen Wandler, der eine Anfahrwandlung von $\mu_A = 2,4$ aufweist. Im Berggang, Wählhebelstellung L,

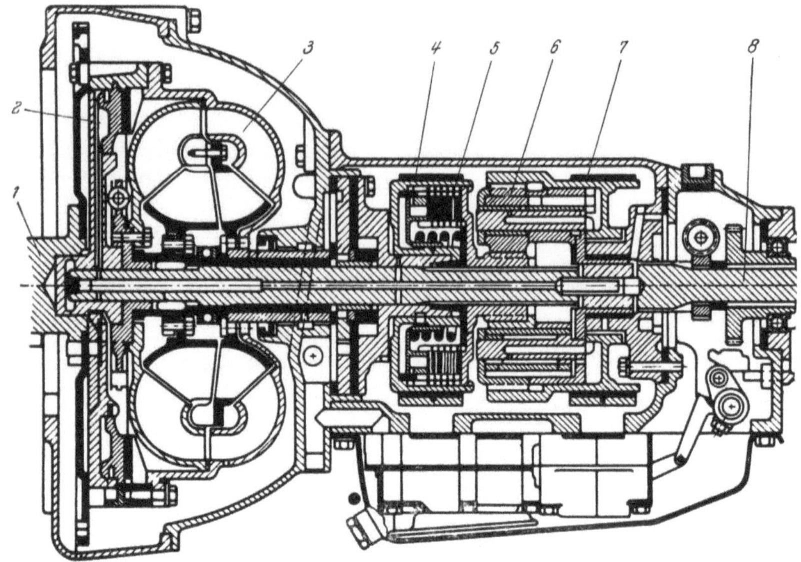

Abb. 206. Schnitt durch das PACKARD-*Ultramatic*-Getriebe: *1* Antrieb, *2* Überbrückungskupplung *K 1*, *3* FÖTTINGER-Wandler, *4* Bremsband *B 1*, *5* Kupplung *K 2*, *6* Planetengetriebekette, *7* Bremsband *B 2*, *8* Abtrieb

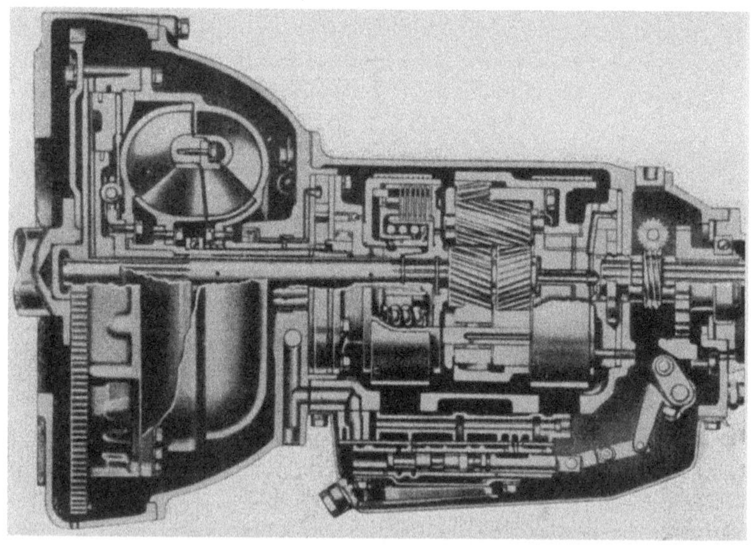

Abb. 207. Blick in das *Ultramatic*-Getriebe

liegt eine Übersetzung $i_\mathrm{I} = 1{,}82$ vor. In beiden Vorwärtsstellungen, H und L, wird bei Erreichen genügend hoher Fahrgeschwindigkeit der FÖTTINGER-Wandler durch die Kupplung $K\,1$ überbrückt und die Leistung direkt zum Getriebe übertragen.

In Abb. 208 ist in Abhängigkeit von der Abtriebsdrehzahl (oder der Fahrgeschwindigkeit) der Verlauf von Motordrehzahl, Momentenverhältnis und Wirkungsgrad bei Vollast aufgetragen. Die Drehzahl des Motors wird im Start sehr gedrückt. Der Höchstwert des Wandler-Wirkunsgragdes ist $\eta = 0{,}85$.

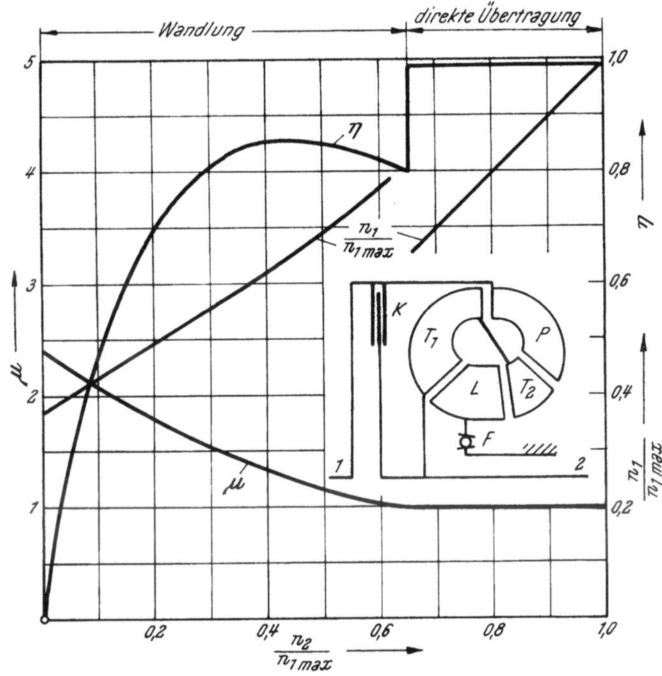

Abb. 208. Vollastkennlinien des *Ultramatic*-Getriebes von PACKARD

In der Schaltautomatik des *Ultramatic*-Getriebes, Abb. 209, wird der Arbeitsöldruck in der bereits beschriebenen Weise von zwei Ölpumpen in Zusammenarbeit mit einem Pumpenwählventil (Wechselventil) und einem Überdruckventil geliefert und in seiner Höhe eingehalten (linker Teil der Abb. 209). Von hier aus wird über ein Einlaß- und Druckminderventil auch der Wandler selbst mit Öl versorgt.

Zur manuellen Steuerung des Getriebes dient der Gangwählschieber, der über den Wählhebel am Lenkrad in die Stellungen P, N, H, L oder R gebracht werden kann. In der Abb. 209 ist die Lage der Schieber und

Ventile in der Stellung H, entsprechend dem Hauptfahrgang, wiedergegeben.

Steht der Wählhebel auf N oder P, so kann der Motor angelassen werden. Der von der vorderen Ölpumpe erzeugte Druck bringt dann den Schieber des Wechselventils nach rechts zum Anschlag. Der Wandler und das Leitungssystem werden mit Drucköl gefüllt, das durch die Stellung des Wählschiebers auch auf die Löseseite der Öldruckzylinder für die beiden Bremsbänder *1* und *2* gelangt. Wird nun für den normalen

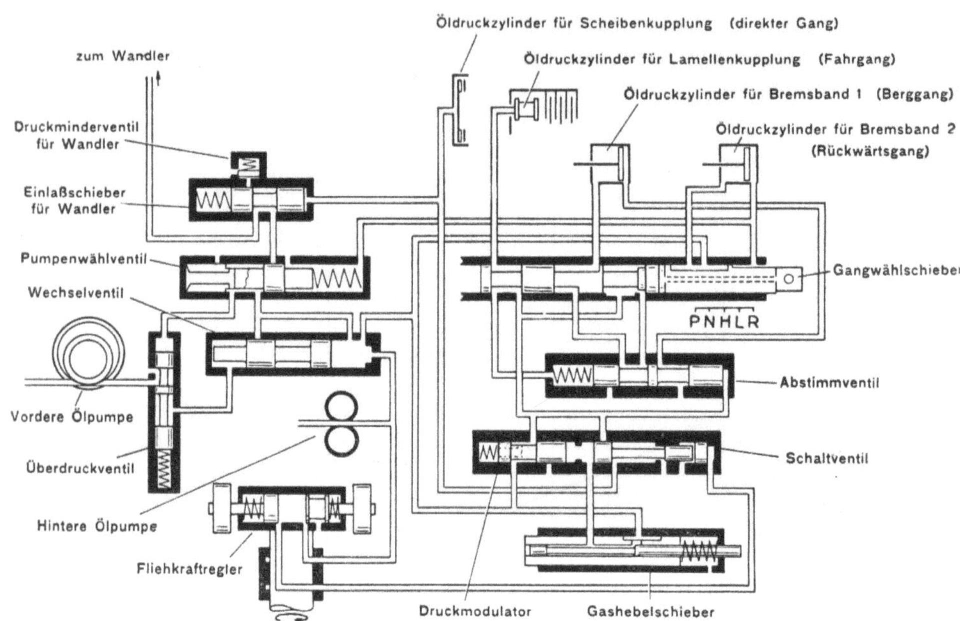

Abb. 209. Schaltmechanik des *Ultramatic*-Getriebes, Stellung H

Fahrbetrieb der Gangwählschieber nach H verstellt, so kommt zum Einschalten des 2. Ganges Druck auf den Öldruckzylinder für die Lamellenkupplung (*5* in Abb. 206). Dieser Druck wird durch den Modulator je nach der Stellung der Gasdrossel (und damit der Größe des Motormomentes) zwischen 2 und 6 kp/cm² eingeregelt (moduliert). Hierzu erzeugt der Gashebelschieber einen von der Drosselstellung abhängigen Steueröldruck, der auf den Druckmodulator gegeben wird und auf die linke Seite des Schaltventils. Auf die rechte Seite dieses Ventils wirkt der vom Fliehkraftregler in Abhängigkeit von der Fahrgeschwindigkeit geregelte Druck. Bei etwa 24 km/h ist dieser Regeldruck so groß, daß seine Kraft den Schieber des Schaltventils nach links bewegt, wodurch dann das Drucköl die Scheibenkupplung für den direkten Gang betätigt. Der Wandler ist nun überbrückt, und da er nicht arbeitet, wird er durch den Einlaßschieber von der Ölversorgung ausgeschlossen.

Das Ausschalten der Scheibenkupplung und damit das Rückschalten auf Wandlerbetrieb geht bei gedrosseltem Motor unterhalb von 21 km/h vor sich.

Gibt man Übergas, so erhöht sich der vom Gashebelschieber geregelte Druck auf etwa 6,3 kp/cm². Solange die Fahrgeschwindigkeit unter 80 km/h liegt, genügt dieser Druck, um eine Rückschaltung auf Wandlerbetrieb zu erreichen. Bei Talfahrten mit gedrosseltem Motor und Geschwindigkeiten über 24 km/h wird die Überbrückungskupplung eingeschaltet; man kann also in der Normalstellung H mit dem Motor bremsen. Die Bremswirkung wird durch Übergang auf den Berggang (L) wesentlich verstärkt.

Der Berggang ist in die Automatik nicht einbezogen; er wird nur durch das Einlegen des Wählhebels auf die Stellung L von Hand wirksam. Dabei gibt das linke Ende des Gangwählschiebers die Ölleitungen zum Öldruckzylinder für die Lamellenkupplung und zum Federraum des Abstimmventils frei. Der Schieber dieses Ventils kann dann nach links gehen und damit Drucköl auf die Betätigungsseite des Öldruckzylinders für Bremsband *1* (Berggang) leiten. Die Löseseite ist über die Stellung des Gangwählschiebers und des Abstimmventils geöffnet und läßt das Öl in die Wanne zurückfließen. In dieser Anordnung sorgt also der Abstimmschieber dafür, daß beim Rückschalten der Druck im Arbeitszylinder für Bremsband *1* erst ansteigen kann, wenn der Öldruck im Zylinder für die Lamellenkupplung abgesunken ist. Der Motor bekommt so Zeit, die der neuen Übersetzung entsprechenden Drehzahlen aufzuholen. Beim Hochschalten wird durch den Einfluß des Abstimmventils der Kraftfluß durch das Getriebe erhalten, ohne daß die Drehzahl des Motors ansteigt. Auch in der Stellung L schaltet sich in der oben beschriebenen Weise bei Geschwindigkeiten über 24 km/h die Überbrückungskupplung ein und der Wandler aus. In diesem Betriebszustand verfügt man, wie schon erwähnt wurde, über eine sehr starke Motorbremse.

Für den Rückwärtsgang wird vom Wählhebel der Gangwählschieber ganz nach rechts verschoben. Dadurch gelangt der Öldruck von der Löseseite des Öldruckzylinders für Bremsband *2* (Rückwärtsgang) weg auf die Betätigungsseite. Weil er gleichzeitig auf die Federseite des Pumpenwählventils geht, wird der Arbeitsdruck von etwa 6 auf 12 kp/cm² erhöht, um so die hohen Reaktionsmomente am Bremsband *2* aufnehmen zu können.

Im Jahre 1955 hat man für die Wagen PACKARD, CLIPPER, HUDSON und NASH das *Twin Ultramatic*-Getriebe hergestellt. Bei ihm wurde auch der 1. Gang in die Schaltautomatik einbezogen.

15*

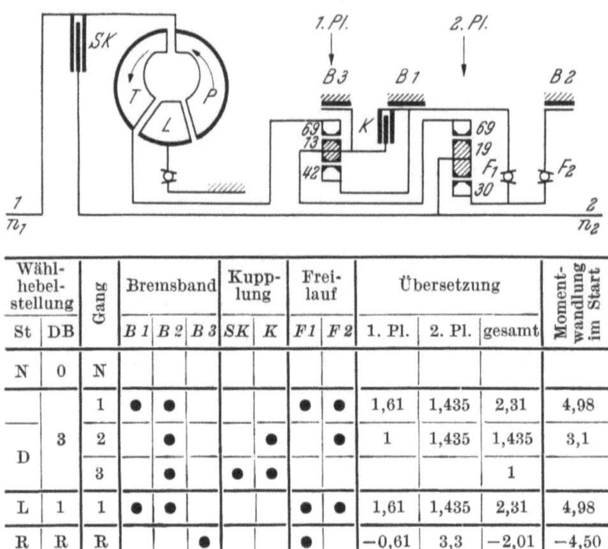

Wählhebelstellung		Gang	Bremsband			Kupplung		Freilauf		Übersetzung			Momentwandlung im Start
St	DB		$B1$	$B2$	$B3$	SK	K	$F1$	$F2$	1. Pl.	2. Pl.	gesamt	
N	0	N											
D	3	1	●	●				●	●	1,61	1,435	2,31	4,98
		2		●			●		●	1	1,435	1,435	3,1
		3		●		●	●					1	
L	1	1	●	●				●	●	1,61	1,435	2,31	4,98
R	R	R			●			●		−0,61	3,3	−2,01	−4,50

Abb. 210. Grundsätzlicher Aufbau des Borg-Warner-Getriebes für Studebaker *(Detroit Gear)*, *P* Pumpe, *T* Turbine, *L* Leitrad, *SK* Scheibenkupplung, *K* Kupplung, *B1*, *B2* und *B3* Bremsbänder, *F1* und *F2* Freilaufsperren, 1. Pl. erster und 2. Pl. zweiter Planetensatz, *1* An- und *2* Abtrieb

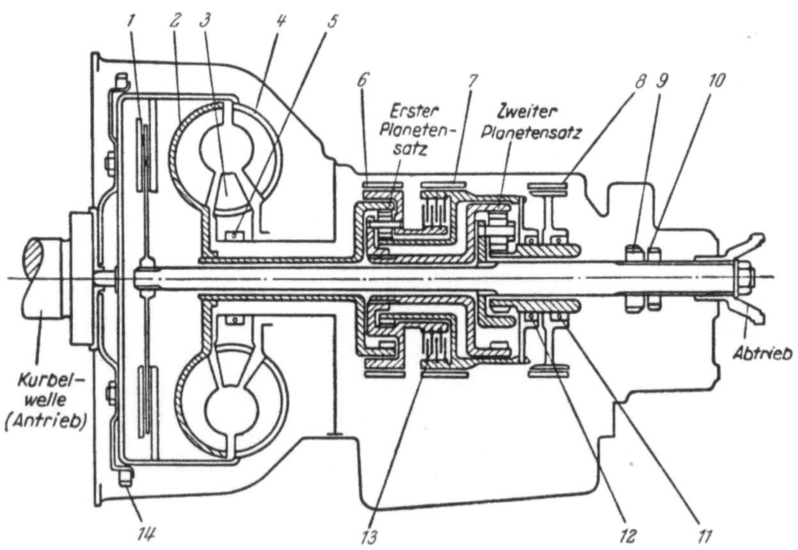

Abb. 211.   Anordnung des Borg-Warner-Getriebes für Studebaker; *1* Scheibenkupplung *SK*, *2* Turbine, *3* Leitrad, *4* Pumpe, *5* Freilauf, *6* Bremsband *B3*, *7* Bremsband *B1*, *8* Bremsband *B2*, *9* Parksperrenrad, *10* Antrieb für Hilfsgeräte, *11* Freilauf *F2*, *12* Freilauf *F1*, *13* Kupplung *K*, *14* Anlasserzahnkranz

b) Das Borg-Warner-Getriebe für Studebaker *(Detroit Gear)*

An der Entwicklung automatischer Automobilgetriebe in den USA haben sich nicht nur Automobilfabriken beteiligt. So hat die bekannte Getriebefirma Borg-Warner zunächst im Jahre 1950 für Studebaker, dann die Warner-Gear-Division, ein Zweig von Borg-Warner,

Abb. 212. Schnitt durch das Borg-Warner-Getriebe *(Detroit Gear)*

1 Pumpenrad,	*9* Arbeitszylinder für Bremsband *B 1*,	*15* Bremsband *B 1*,
2 Turbine,		*16* Bremsband *B 3*,
3 Leitrad,	*10* Arbeitszylinder für Bremsband *B 2*,	*17* Kupplung *K*,
4 Freilauf,		*18* 1. Planetensatz (1. Pl.),
5 Mitnehmerscheibe,	*11* hinteres Getriebegehäuse,	*19* 2. Planetensatz (2. Pl.),
6 Druckplatte,	*12* Schaltschiebergehäuse,	*20* Freilaufsperren *F 1*
7 Gegendruckplatte,	*13* Getriebehauptwelle,	und *F 2*
8 vordere Ölpumpe,	*14* Bremsband *B 2*,	

für Ford und später auch für andere automatische Getriebe konstruiert und gebaut, die in den nachfolgenden Abschnitten beschrieben werden sollen.

Das für Studebaker entwickelte Getriebe, auch *Detroit Gear* genannt, wird heute noch hergestellt und verwandt; es gelangte außer in

den USA auch in Deutschland bei DAIMLER-BENZ im *Mercedes 300c*
und *d* zur Anwendung und wird jetzt (1963) noch in Großbritannien bei
den Firmen ALVIS, AUSTIN, DAIMLER, FORD, HUMBER und JAGUAR
eingebaut. Wie die Abb. 210, 211 und 212 zeigen, besteht das Getriebe
aus einem einfachen, dreiteiligen *Trilok*-Wandler und einem Planetengetriebe. Mit Hilfe von zwei Planetensätzen lassen sich drei Vorwärtsgänge und ein Rückwärtsgang zusammensetzen. Der zeitlich richtige
Ablauf der Umschaltvorgänge wird durch zwei Freiläufe unterstützt.

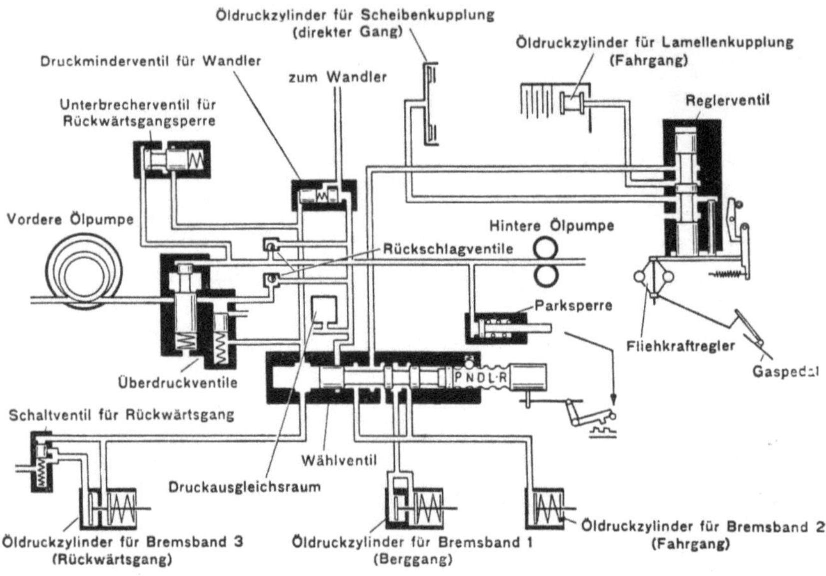

Abb. 213.   Schaltmechanik des BORG-WARNER-Getriebes für STUDEBAKER; Stellung N (Leergang)

Wie das Schema im unteren Teil von Abb. 210 erkennen läßt, wird beim
Schalten von einer auf die andere Gangstufe jeweils nur ein einziges
Servoelement zusätzlich wirksam. Für alle Vorwärtsgänge ist das Bremsband $B\,2$ angezogen. Für den 1., den Anfahrgang, wird dazu die Bremse $B1$
betätigt. Beim Übergang vom 1. zum 2. Gang löst sich $B\,1$ und $K\,1$
kuppelt ein; hierbei sorgt der Freilauf $F\,1$ für den stoßfreien Übergang.

Im 3., dem direkten Gang geht durch die Scheibenkupplung SK die
Eingangsleistung unmittelbar auf die Abtriebswelle *2*. Man überbrückt
also nicht nur den Wandler, sondern auch das gesamte Planetengetriebe.

In der ursprünglichen Ausführung des BORG-WARNER-Getriebes
wurden, wie schon das Schema in Abb. 210 anzeigt, in der Wählhebelstellung D (Normalfahrt) nur der 2. und 3. Gang automatisch geschaltet;
man fuhr also im 2. Gang an. Abb. 213 gibt den Aufbau der dazugehörigen Schaltautomatik wieder. Am unteren Bildrand sind die Öl-

druckzylinder für die drei Bremsbänder: *B 3* für den Rückwärtsgang, *B 1* für den 1. und *B 2* für den 2. Gang eingezeichnet, während sich oben rechts die Servoelemente für die Scheibenkupplung und die Lamellenkupplung befinden. In bekannter Weise arbeiten auch hier zwei Ölpumpen, eine größere vorn für den Leerlauf und kleinere Geschwindigkeiten und eine kleinere hinten für den übrigen Fahrbereich über Rückschlag- und Überdruckventile zusammen.

Der Schieber des Wählventils kann von Hand in die Lagen P, N, D, L und R gebracht werden. Zwei in den Ölkreislauf eingefügte Sperrventile verhindern, daß Parksperre und Rückwärtsgang bei Geschwindigkeiten über 5 bis 8 km/h wirksam werden, wenn der Fahrer unachtsam den Wählhebel auf P oder R stellt.

Der Schieber im Regelventil wird durch einen Zentrifugalregulator, Abb. 214, umso mehr nach unten gezogen, je größer die Fahrgeschwindigkeit ist. Dabei kann der gesamte Fliehkraftregler und damit auch der Ventilschieber zusätzlich durch das Bewegen des Gaspedals nach oben oder unten geschoben werden.

Abb. 214. Zentrifugalregler im Borg-Warner-Getriebe

In der Wählhebelstellung N (Leergang), s. Abb. 213, wird bei Leerlauf des Motors von der vorderen Ölpumpe Druck erzeugt und durch die Überdruckventile auf etwa 5,5 kp/cm² gehalten. Das Leitungssystem und auch der Wandler werden mit Öl gefüllt, während auf die fünf Arbeitszylinder kein Druck gelangt.

Bringt man den Wählschieber um eine Rast nach links in die Lage D (Normalfahrt), so geht Drucköl zum Öldruckzylinder von Bremse *B 2* und auf den oberen Teil des Reglerventils und von dort auf den Ringkolben der Lamellenkupplung. Somit ist gemäß dem Schaltschema im unteren Teil von Abb. 210 der 2. Gang eingeschaltet. Nimmt nun die Fahrgeschwindigkeit zu, so wird durch den Zentrifugalregulator und das Gaspedal der Schieber des Regelventils mehr und mehr nach unten gezogen, bis er schließlich dem Drucköl den Weg zur Scheibenkupplung freigibt. Unter Mitwirkung des Freilaufes *F 2* ist so das Getriebe vom 2. auf den 3. Gang umgeschaltet worden, ein Vorgang, der sich mit gedrosseltem Motor bei etwa 29 km/h und mit Vollgas bei etwa 56 km/h abspielt. Bei Übergas erfolgt ein Hochschalten vom 2. zum 3. Gang erst nach Erreichen von 93 km/h; man kann also so den Motor bis zur höchsten Drehzahl ausfahren.

Das automatische Rückschalten geschieht unabhängig von der Drosselstellung bei Unterschreiten einer Fahrgeschwindigkeit von 19 km/h. Es kann unter 80 km/h vom Fahrer durch Übergasgeben willkürlich vorgenommen werden.

Für schwierige Verhältnisse, das Anfahren am Hang, das Befahren starker Steigungen oder für hohe Beschleunigung kann von Hand mit der Wählhebelstellung L der 1. Gang des Getriebes eingelegt werden.

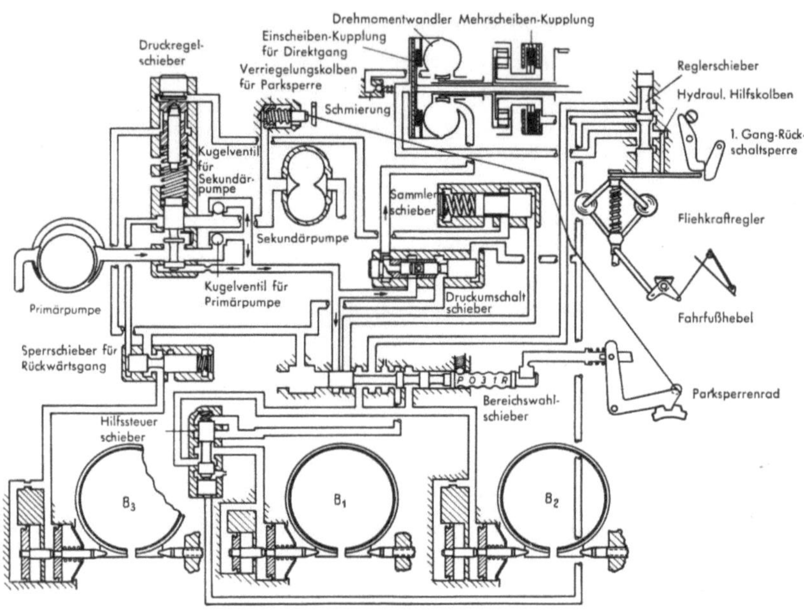

Abb. 215.   Schaltmechanik des BORG-WARNER-Getriebes für DAIMLER-BENZ; Stellung P (Parken)

Hierbei wird der Arbeitszylinder für das Bremsband $B\,1$ unter Druck gesetzt. Damit die Betätigungskraft des Bremsbandes für die Aufnahme der im 1. Gang sehr großen Stützmomente ausreicht, wird hier nicht der Systemdruck erhöht; man hat vielmehr durch einen Doppelkolben die Fläche, auf die der Öldruck wirkt, sehr vergrößert.

Die gleiche Anordnung eines Doppelkolbens besitzt die Servoeinrichtung für den Rückwärtsgang, die das Bremsband $B\,3$ anzieht. Hier ist zusätzlich ein Schaltventil eingefügt, das erst die eine Kolbenfläche vom Drucköl beaufschlagen läßt, damit sich das Bremsband anlegt. Erst bei weiterem Ansteigen des Druckes gibt das Schaltventil für den Rückwärtsgang den Weg zur 2. Arbeitskolbenfläche frei.

In späteren Ausführungen des BORG-WARNER-Getriebes, wie sie z. B. auch von DAIMLER-BENZ benutzt wurden, hat man in der Stellung D

nicht nur den 2. und 3., sondern alle drei Vorwärtsgänge automatisch geschaltet; deshalb wird bei Daimler-Benz-Wagen diese Wählhebelstellung mit *3* bezeichnet, s. Abb. 65 und Abb. 210 in der Spalte DB. In der Schaltautomatik, Abb. 215, sind hierzu nur geringfügige Änderungen vorgenommen worden, wie ein Vergleich mit Abb. 213 zeigt. Das Bremsband *B1*, das für den 1. Gang (Berggang) angezogen werden muß, erhält

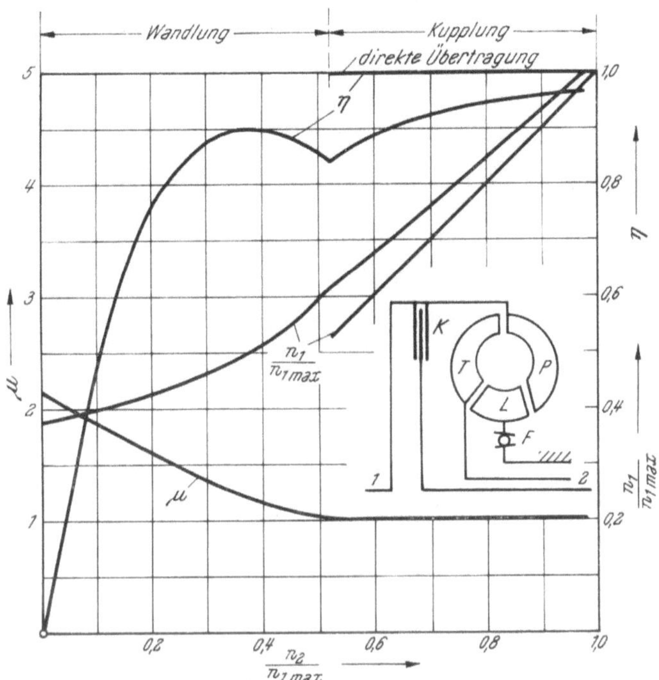

Abb. 216. Vollast-Kennlinien des Borg-Warner-Getriebes in Abhängigkeit von der Abtriebsdrehzahl

seinen Öldruck nicht mehr wie in Abb. 213 direkt vom Wählventil (Bereichswählschieber), sondern über einen Hilfssteuerschieber (s. Abb. 215), der seinen Steuerdruck vom Reglerschieber unter dem Einfluß von Fliehkraftregler und Stellung des Fahrfußhebels erhält.

Eine weitere Erleichterung für den Fahrer ist der Einbau einer Kriechsperre. Da auch bei Leerlaufdrehzahlen ein geringes Moment auf das Turbinenrad übertragen wird, haben Wagen mit hydrodynamischer Kraftübertragung nach Einschalten eines Fahrganges meist das Bestreben, sich langsam weiterzubewegen, zu kriechen. Für das Fahren in Schlangen oder für das Rangieren mag dieser Vorgang ganz nützlich sein, im Stadtverkehr, z. B. beim Warten vor einer Verkehrsampel, ist er lästig. Bei der Kriechsperre ist in die Öldruckleitung der Hinterradbremse ein elektrisches Magnetventil eingebaut. Wenn es eingeschaltet ist, so bleibt in den Hinterradbremszylindern ein Bremsdruck auch dann erhalten, wenn der Bremsfußhebel losgelassen wird; es genügt dann also ein kurzer Druck auf die Fußbremse, um den Wagen am Kriechen zu hindern. Der Stromkreis zum Ventil ist unterbrochen und damit die

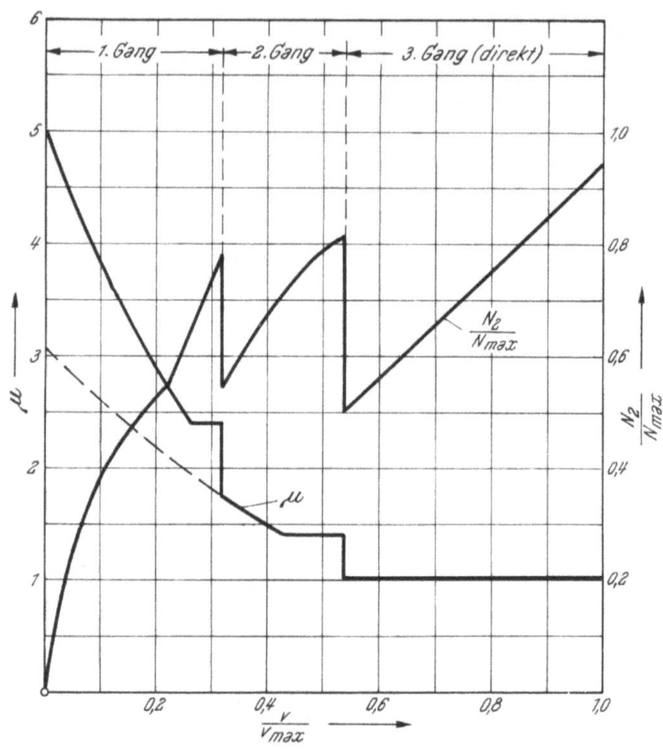

Abb. 217. Ausgangsleistung und Momentenverhältnis des BORG-WARNER-Getriebes in Abhängigkeit von der Geschwindigkeit bei Vollgas

Wirkung der Kriechsperre aufgehoben, sobald der Gashebel nicht in Leerlaufstellung sich befindet oder die Fahrgeschwindigkeit größer als 7 km/h ist.

BORG-WARNER waren mit die ersten, die ein in größeren Stückzahlen gefertigtes automatisches Automobilgetriebe mit einem einfachen *Trilok*-Wandler ausstatteten. Sie begnügten sich mit einer Anfahrwandlung von $\mu_A = 2,15$, Abb. 216, und hatten dafür den Vorteil eines wenig kostspieligen Aufbaues. Die weiteren Erfahrungen und Erkenntnisse mit automatischen Automobilgetrieben und vor allem ihren hydrodynamischen Übertragungsteilen haben diese Einstellung als richtig bestätigt, wie noch aufgezeigt wird. In Abb. 217 ist über der Fahrgeschwindigkeit v (bezogen auf die Höchstgeschwindigkeit $v_{\max}$ bei der Höchstleistung $N_{\max}$) der Verlauf des Momentenverhältnisses μ und der Ausgangsleistung N_2 für das BORG-WARNER-Getriebe bei Vollgas wiedergegeben.

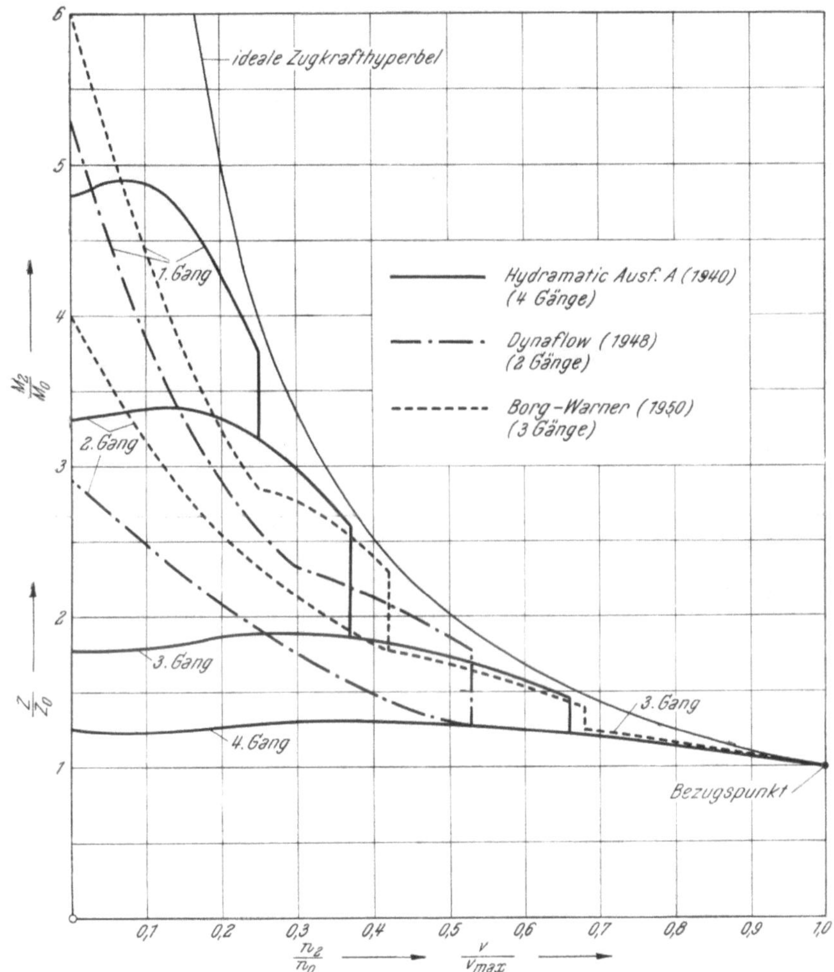

Abb. 218. Vergleich zwischen dem *Hydramatic*-, *Dynaflow*- und BORG-WARNER-Getriebe; Zugkraftverlauf in Abhängigkeit von der Fahrgeschwindigkeit

In dem Augenblick, in dem diese Zeilen geschrieben werden (Februar 1963) geht durch die Presse die Nachricht, daß in Amerika bis jetzt insgesamt 40 Millionen automatische Automobilgetriebe hergestellt worden sind. Die drei in den vorstehenden Abschnitten aufgeführten Getriebe

Hydramatic, Dynaflow und BORG-WARNER *(Detroit Gear)* sind die Schrittmacher der Automatik gewesen mit Konstruktionen, die, natürlich mit Verbesserungen, auch heute noch den Markt beherrschen. Allen gemeinsam ist die Anwendung einer hydrodynamischen Kraftübertragung in Zusammenarbeit mit einem Planetengetriebe. Aber die weiteren technischen Wege, auf denen man eine Lösung des Problems suchte, sind doch sehr verschieden. Es ist daher von Interesse, einmal die Fahrleistungen der drei verschiedenen Getriebeformen miteinander zu vergleichen, wie es schon K. KOLLMANN und H. J. FÖRSTER [273] getan haben. Unter der Annahme gleicher Motorleistung und gleicher Hinterachsübersetzung ist in Abb. 218 das Abtriebsmoment M_2 (oder die Zugkraft Z an den Antriebsrädern) in Abhängigkeit von der Abtriebsdrehzahl n_2 (oder der Fahrgeschwindigkeit v) aufgezeichnet; dabei sind alle Werte bezogen auf die Verhältnisse bei der Höchstgeschwindigkeit (Bezugspunkt). Das vierstufige Planetengetriebe der *Hydramatic* Ausf. *A* liefert die beste Annäherung an die ideale Zugkrafthyperbel, während die Annehmlichkeit des „stufenlosen" Fahrens bei dem *Dynaflow*-Getriebe mit einigen Einbußen bezahlt werden muß. Das BORG-WARNER-Getriebe hält den Mittelweg ein. Es ist bezeichnend, daß alle drei Lösungsarten und Bauformen ihren Platz auf dem Markt bis heute behalten konnten.

c) Das FORD-*Mercury*-Getriebe von WARNER

Die ersten automatischen Getriebe, die FORD ab 1950 in seine Wagen einbaute, stammen von der WARNER-GEAR-DIVISION; sie trugen die Bezeichnung FORD *Mercury*. Später hat dann FORD in eigener Werk-

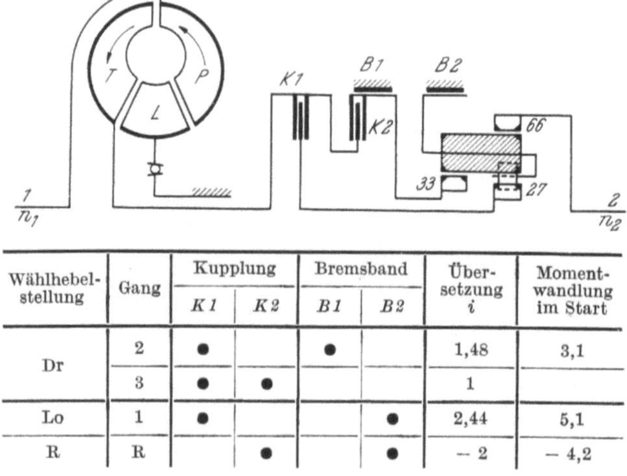

Wählhebel-stellung	Gang	Kupplung		Bremsband		Über-setzung i	Moment-wandlung im Start
		K1	*K2*	*B1*	*B2*		
Dr	2	●		●		1,48	3,1
	3	●	●			1	
Lo	1	●			●	2,44	5,1
R	R		●		●	− 2	− 4,2

Abb. 219. Schema des FORD-*Mercury*-Getriebes von WARNER; *P* Pumpe, *T* Turbine, *L* Leitrad, *B1* und *B2* Bremsbänder, *K1* und *K2* Kupplungen, *1* An- und *2* Abtrieb

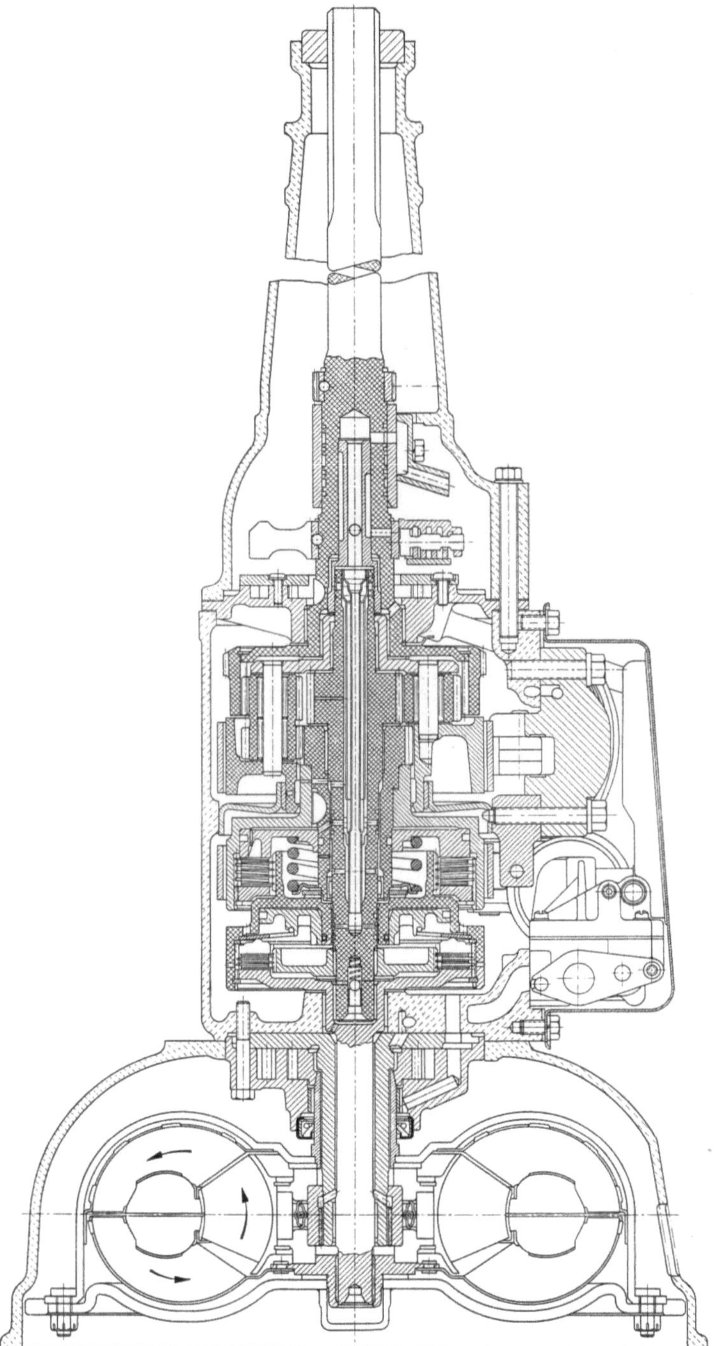

Abb. 220. Schnitt durch das Ford-Mercury-Getriebe

statt in Sharonville den Bau von automatischen Automobilgetrieben aufgenommen. Es tauchten dann die Namen *Mercomatic* und *Fordomatic* auf für Getriebe, die dem FORD *Mercury* entsprechen.

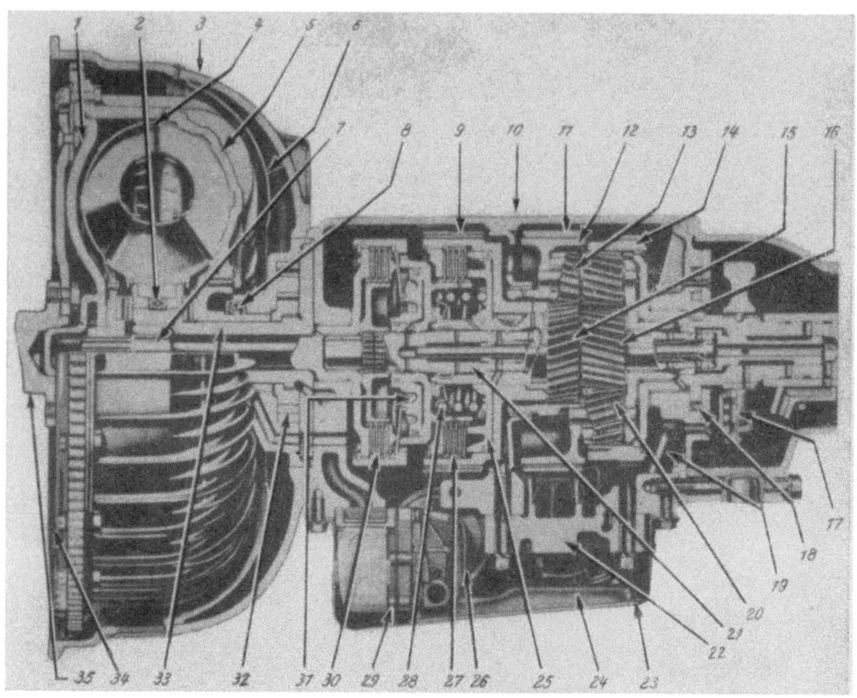

Abb. 221. Blick in das FORD-*Mercury*-Getriebe (*Fordomatic*-Dreiganggetriebe)

1 Wandlerdeckel,	*13* Planetenräder p_2,	*25* Ringkolben für Kupplung $K2$,
2 Leitradfreilauf,	*14* Außenrad,	*26* Betätigung für $B1$,
3 Wandlergehäuse,	*15* Sonnenrad s_2,	*27* Kupplung $K2$,
4 Turbine,	*16* Sonnenrad s_1,	*28* Ringfeder zu Kupplung $K2$,
5 Pumpenrad,	*17* Fliehkraftregler,	*29* Druckregulierventil,
6 Führungsblech für Kühlluft,	*18* hintere Ölpumpe,	*30* Kupplung $K1$,
7 Turbinenwelle,	*19* Ölzuflußrohr,	*31* Ringkolben für $K1$,
8 Dichtring,	*20* Planetenräder p_1,	*32* vordere Ölpumpe,
9 Bremsband $B1$,	*21* Zwischenwelle,	*33* Träger des Leitradfreilaufes,
10 Gehäuse,	*22* Betätigung von $B2$,	*34* Antriebscheibe,
11 Bremsband $B2$,	*23* Ölwanne,	*35* Kurbelwelle des Motors
12 Planetenträger,	*24* Ölsieb,	

WARNER wählte für die Kraftübertragung beim FORD *Mercury* wie schon BORG-WARNER beim *Detroit Gear* für STUDEBAKER einen dreiteiligen *Trilok*-Wandler, an den sich eine Getriebekette II anschließt, Abb. 219, 220 und 221. Das Getriebe verfügt so über drei Vorwärtsgänge. Im normalen Fahrbereich, wenn der Wählhebel auf Dr steht, werden nur der 2. und

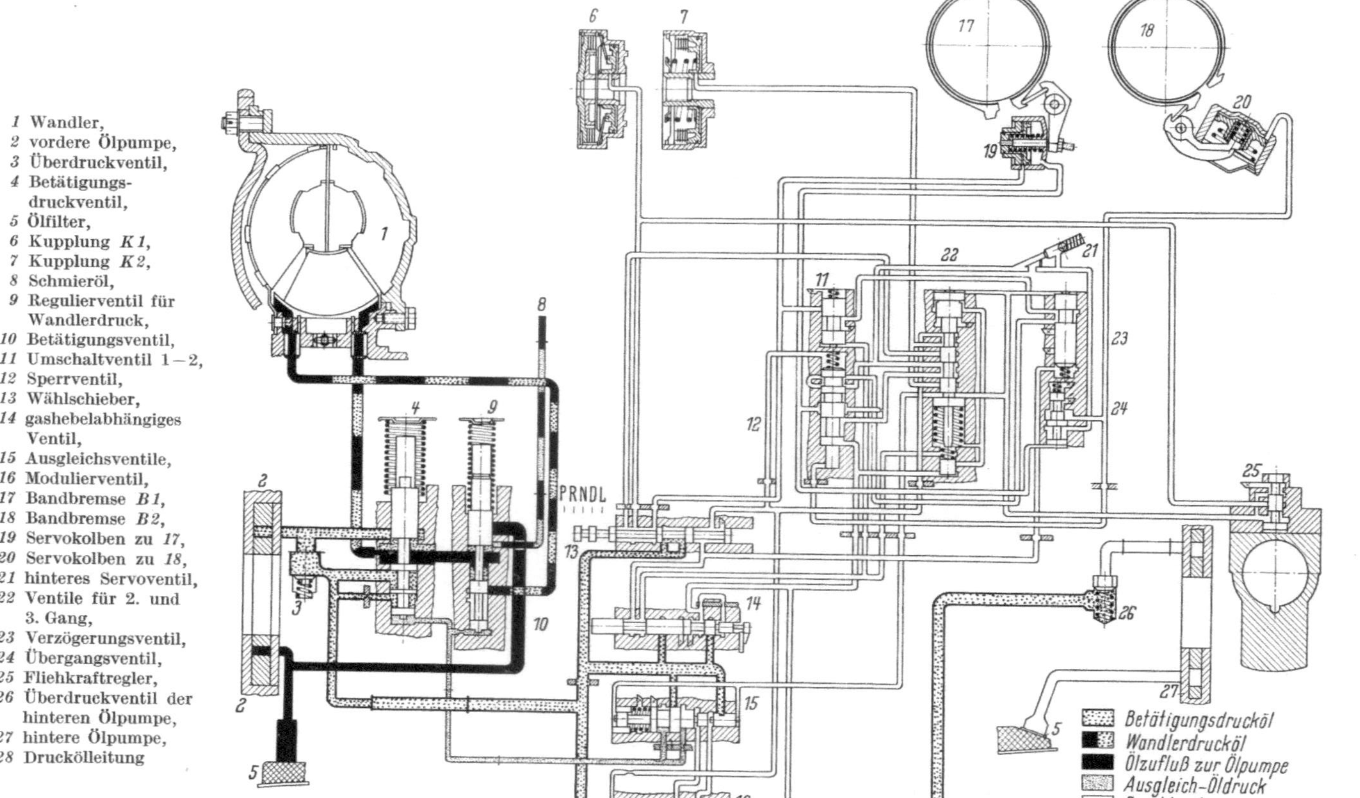

Abb. 222. Schaltschema für das Ford-*Mercury*-Getriebe, Leerlauf bei Stellung N

3. Gang benutzt, d. h. das Anfahren geschieht gewöhnlich im 2. Gang, der eine mechanische Übersetzung $i_{II} = 1,48$ besitzt. Hierzu tritt dann im Start die Anfahrwandlung von $\mu_A = 2,1$ des hydraulischen Wandlers, so daß für den Fahrbeginn das 3,1fache Moment zur Verfügung steht. Für sehr schwierige Verhältnisse, z. B. zum Anfahren am Berg, kann von Hand (Wählhebelstellung Lo) der 1. Gang mit einer Übersetzung $i_I = 2,44$ eingelegt werden, der zusammen mit dem FÖTTINGER-Getriebe auf eine Anfahrwandlung von 5,1 führt.

Der Steuermechanismus, Abb. 222, schaltet je nach Gasdrosselstellung bei einer Fahrgeschwindigkeit zwischen 27 km/h und 100 km/h auf den 3. Gang. Die Rückschaltung auf den 2. Gang geht mit Vollgas bei 32 km/h vor sich, während bei Leerlauf die Geschwindigkeit erst auf etwa 8 km/h absinken muß. Unter 93 km/h kann man jedoch das Rückschalten auf den 2. Gang durch Übergasgeben (kick down) erzwingen.

In der Schaltautomatik für das FORD-*Mercury*-Getriebe wird ähnlich wie bei den bereits beschriebenen Anlagen der Arbeitsöldruck von einer vorderen Ölpumpe (*2*) und einer hinteren (*27*) geliefert, wobei das Zusammenspiel der beiden Pumpen in Abhängigkeit von der Fahrgeschwindigkeit und die Höhe des Öldruckes durch die Ventilanordnung *3, 4, 9* und *26* geregelt wird. Von dem System aus wird auch der Wandler (*1*) mit Öl versorgt. In den beiden Stellungen für Vorwärtsfahrt D und L ist die Kupplung $K\,1$ (*6*) geschlossen. Steht der Wählhebel auf D, so hat die Automatik je nach Fahrgeschwindigkeit und Gashebelstellung den 2. oder 3. Gang einzuschalten. Hierzu dient das Umschaltventil 2—3 (*22*). In der Art, die schon beim *Hydramatic*-Getriebe ausführlich dargelegt wurde, werden die vom Fliehkraftregler (*25*) und vom Gasdrosselventil (*14*) herrührenden Regeldrücke gegeneinander auf den Umschaltschieber (*22*) gegeben. Bei Überwiegen der vom Öldruck des Fliehkraftreglers ausgeübten Kraft erfolgt eine Hochschaltung. Dazu wird beim Übergang vom 2. zum 3. Gang auch auf den Ringkolben der anderen Kupplung (*7* in Abb. 222) Drucköl geführt.

Schaltet man während der Fahrt von D auf L (Berggang), so wird bei Geschwindigkeiten unter 65 km/h eine Rückschaltung ausgelöst; ist die Geschwindigkeit höher als 35 km/h, so wird zunächst der 2. Gang eingelegt, nach Unterschreiten dieser Grenze dann der 1. Gang. Ein Hochschalten erfolgt in dieser Betriebstellung nicht.

Auf eine einfachere Ausführung des *Fordomatic*-Getriebes, die statt der drei nur zwei Vorwärtsgänge hat, kommen wir bei der Beschreibung der Getriebe für die Compact Cars noch zurück.

d) Das *Cruiseomatic*-Getriebe von FORD

Im Jahre 1958 brachten die FORD-Werke für ihre stärkeren Wagen als Weiterentwicklung des *Fordomatic*- das *Cruiseomatic*-Getriebe auf den

Markt. Es wird auch in die *Mercury*-Typen unter der Bezeichnung *Multi Drive Mercomatic* eingebaut. Wie das Schema in Abb. 223 zeigt, ist der gesamte Aufbau ähnlich wie beim FORD-*Mercury*-Getriebe; Abb. 224 läßt die etwas größere und schwerere Ausführung des *Cruiseomatic*-Getriebes erkennen. In die Planetengetriebekette II ist noch ein Freilauf *F* eingefügt, Abb. 225. Dadurch gelingt es ohne weitere Komplizierung des Aufbaues, auch den 1. Gang in den automatisch gesteuerten

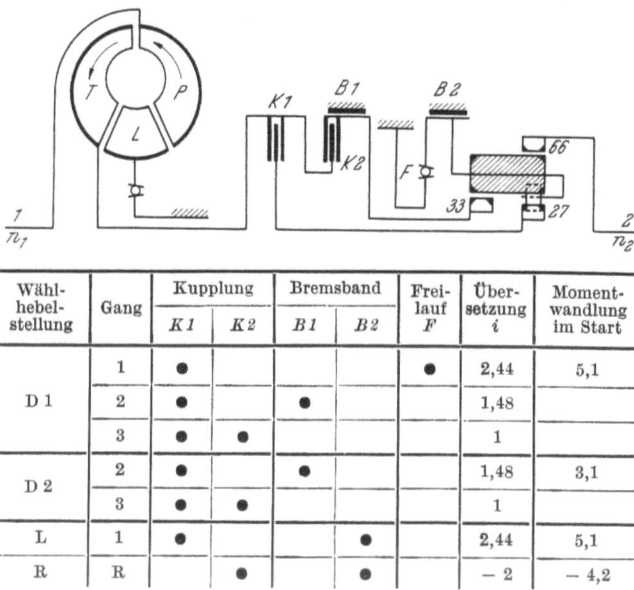

Wähl-hebel-stellung	Gang	Kupplung		Bremsband		Frei-lauf F	Über-setzung i	Moment-wandlung im Start
		K 1	K 2	B 1	B 2			
D 1	1	●				●	2,44	5,1
	2	●		●			1,48	
	3	●	●				1	
D 2	2	●		●			1,48	3,1
	3	●	●				1	
L	1	●			●		2,44	5,1
R	R		●		●		− 2	− 4,2

Abb. 223. Schematischer Aufbau des *Cruiseomatic*-Getriebes von FORD; *P* Pumpe, *T* Turbine, *L* Leitrad, *B 1* und *B 2* Bremsbänder, *K 1* und *K 2* Kupplungen, *F* Freilauf, *1* An- und *2* Abtrieb

Hauptfahrbereich (Wählhebelstellung D 1) einzubeziehen. Daneben gibt es noch einen 2. Hauptfahrbereich, der am Wählhebel durch D 2 gekennzeichnet ist. In der einen Stellung ist auf hohe Beschleunigung, in der anderen mehr auf wirtschaftliches Fahren Wert gelegt worden. Daher stehen in der Stellung D 1 alle drei Vorwärtsgänge der Automatik zur Verfügung, während bei der Stellung D 2 das Getriebe nur zwischen dem 2. und 3. Gang automatisch geschaltet wird. Steht der Wählhebel auf L, so arbeitet das Getriebe im 1. Gang.

In der Stellung D 1 wird mit wenig Gas bei etwa 19 km/h vom 1. auf den 2. und bei etwa 32 km/h vom 2. auf den 3. Gang umgeschaltet. Bei dieser Gasdrosselstellung geht bei 14 km/h das Getriebe vom 3. in den 1. Gang zurück.

Mit Vollgas wird der 1. Gang bis zu 78 km/h gehalten und der 2. Gang bis zu 120 km/h; der Motor kommt dabei bis an seine Höchstdrehzahl. In diesem Betriebszustand erfolgt das Rückschalten auf den 2. Gang bei 111 km/h und auf den 1. bei 51 km/h.

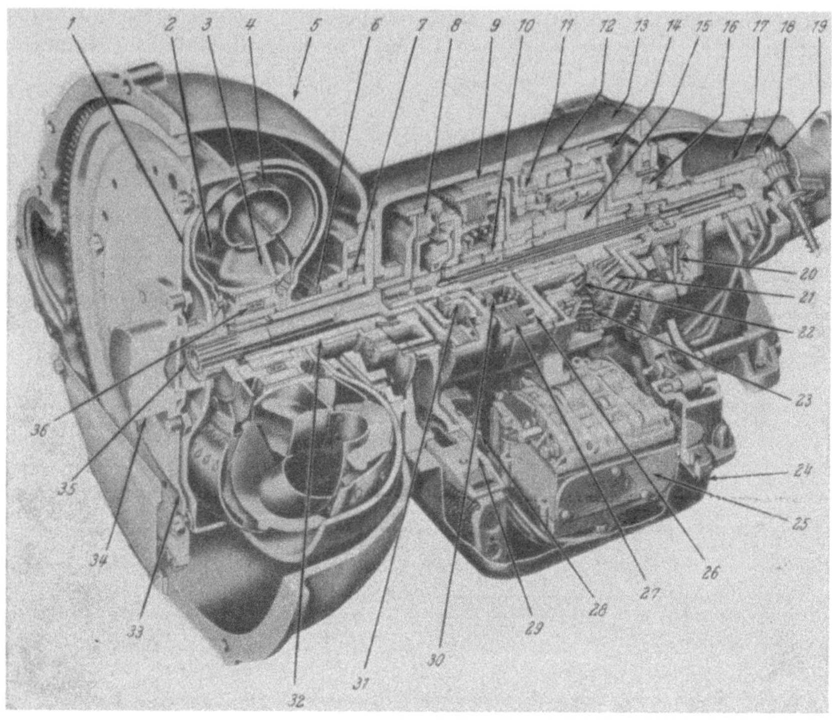

Abb. 224. Blick in das *Cruiseomatic*-Getriebe von FORD

1 Wandlerdeckel,	14 Außenrad a,	26 Ringkolben für Kupplung $K2$,
2 Turbine,	15 Sonnenrad s_1,	
3 Leitrad,	16 hintere Ölpumpe,	27 Kupplung $K2$,
4 Pumpenrad,	17 Verteilermanschette,	28 Betätigung für $B2$,
5 Gehäuse,	18 und *19* Tachometer-	29 Druckregelventil,
6 Dichtring,	antrieb,	30 Feder für $K2$,
7 vordere Ölpumpe,	20 Fliehkraftregler,	31 Ringkolben für $K1$,
8 Kupplung $K1$,	21 Planetenräder p_1,	32 Träger des Leitradfrei-
9 Bremsband $B1$,	22 Sonnenrad s_2,	laufes,
10 Zwischenwelle,	23 Planetenräder p_2,	33 Schwungrad,
11 Freilauf F,	24 Ölwanne,	34 Kurbelwelle des Motors,
12 Bremsband $B2$,	25 hydraulischer Steuer-	35 Turbinenwelle,
13 Gehäuse,	mechanismus,	36 Leitradfreilauf

In der Wählhebelstellung D 2 wird der 1. Gang nicht angewandt. Mit Leerlauf geschieht das Hochschalten vom 2. zum 3. Gang bei etwa 32 km/h und Rückschalten auf den 2. bei 14 km/h. Unter Vollgas wird bei 120 km/h herauf (2—3) und bei 111 km/h zurück (3—2) geschaltet.

Die Schaltautomatik für die Abwicklung dieses Programmes ist in ihrem Aufbau, Abb. 226, der Einrichtung für das FORD-*Mercury*-Getriebe sehr ähnlich, wie ein Vergleich mit Abb. 222 erkennen läßt. Um den Vergleich zu erleichtern, sind in den Abb. 222 und 226 die gleichen Bauteile mit gleichen Ziffern versehen.

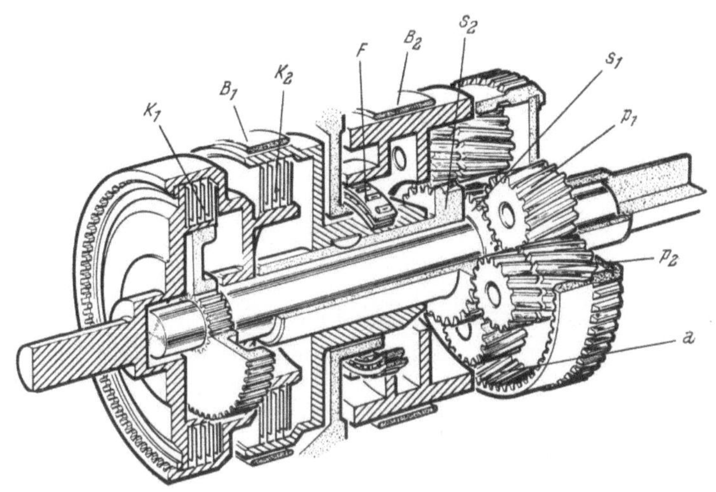

Abb. 225. Planetengetriebekette II mit Freilauf; *K1* Kupplung für die Vorwärtsgänge, *B1* Bremsband für den 2. Gang, *K2* Kupplung für den 3. Gang, *F* Freilauf, *B2* Bremsband für den 1. und R-Gang, s_1 kleines und s_2 großes Sonnenrad, p_1 kurzes und p_2 langes Planetenrad, *a* Außenrad

Da die Wagen, die mit dem *Cruiseomatic*-Getriebe ausgerüstet werden, über leistungsstarke Motoren verfügen, mußte eine Wasserkühlung des Getriebeöles (*36*) vorgesehen werden.

e) Das *Powerflite*-Getriebe von CHRYSLER

Die Firma CHRYSLER hat bereits 1949 Versuche zur Automatisierung der Schaltvorgänge angestellt. Sie ging dabei von normalen Handschaltgetrieben aus und verknüpfte ein Zweiganggetriebe mit einem Schnellgang [18, 273]. Man erhielt so ein Vierganggetriebe, bei dem halbautomatisch durch einen elektro-hydraulischen Schaltmechanismus der Gangwechsel vom 1. zum 2. und vom 3. zum 4. Gang vorgenommen wurde (CHRYSLER-*M6*-Getriebe, 1951).

Das erste automatische Automobilgetriebe von CHRYSLER erschien im Jahre 1953 unter dem Namen *Powerflite*. Es hatte in der ursprünglichen Ausführung, Abb. 227, einen *Trilok*-Wandler mit geteiltem Leitrad (Dreiphasen-Wandler). In einem späteren Modell, das der Abb. 228 zugrunde liegt, ging man auf das einfache Leitrad über. Das nachgeschaltete Zahnradgetriebe besteht aus zwei Planetensätzen, in denen aus Gründen der Vereinfachung die entsprechenden Räder (Sonnen-, Planeten- und

16*

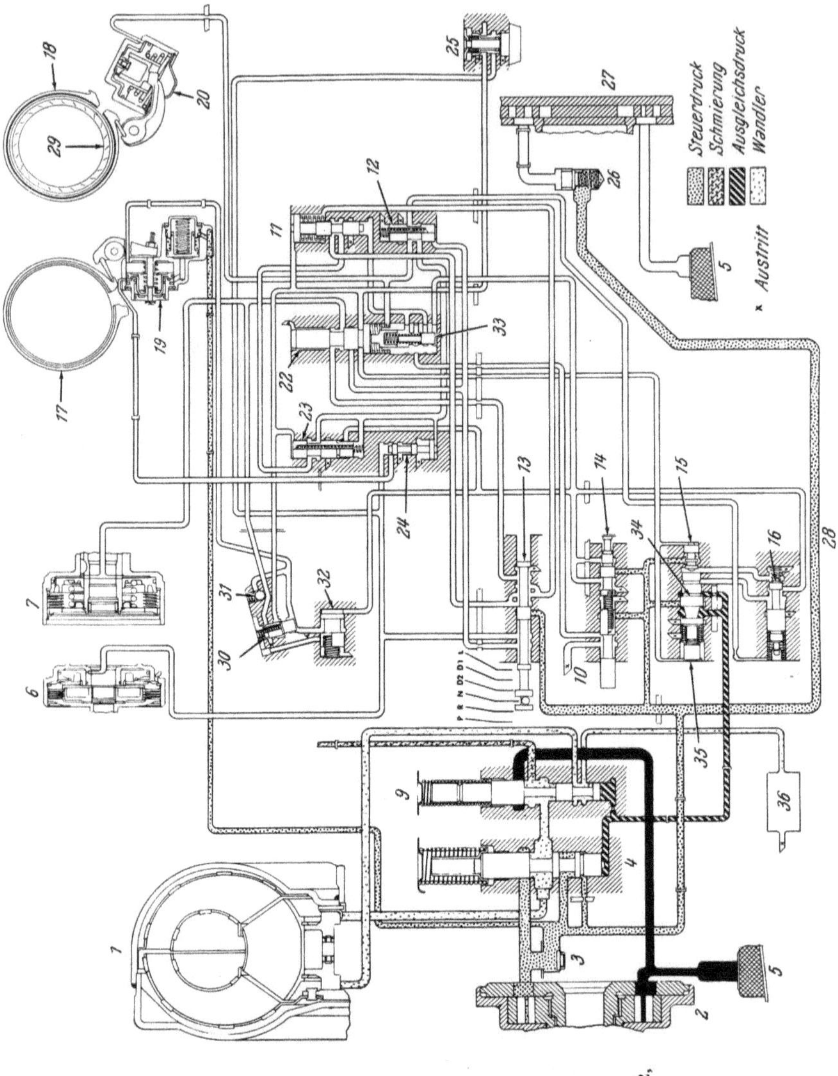

Abb. 226. Steuereinrichtung des *Cruiseomatic*-Getriebes von FORD, Stellung N (Leergang)

1 Wandler,
2 vordere Ölpumpe,
3 Überdruckventil,
4 Arbeitsdruckventil,
5 Ölsieb,
6 Kupplung *K 1*,
7 Kupplung *K 2*,
8 zur Schmierung,
9 Regulierventil für Wandleröldruck,
10 Betätigungsventil,
11 Umschaltventil 1—2,
12 Sperrventil,
13 Wählschieber,
14 gashebelabhängiges Ventil,
15 Ausgleichsventile,
16 Modulierventil,
17 Bandbremse *B 1*,
18 Bandbremse *B 2*,
19 Servoelement zu *17*,
20 Servoelement zu *18*,
22 Umschaltventil 2—3,
23 Verzögerungsventil,
24 Übergangsventil,
25 Fliehkraftregler,
26 Überdruckventil der hinteren Ölpumpe,
27 hintere Ölpumpe,
28 Druckölleitung,
29 Freilauf *F*,
30 Übergassteuerventil 3—2,
31 Überdruckventil,
32 Steuerventil 3—2 bei Schub,
33 Reduzierventil für Gasdrossel,
34 Ausgleichsventil,
35 Ausgleichsstopfen,
36 Ölkühler

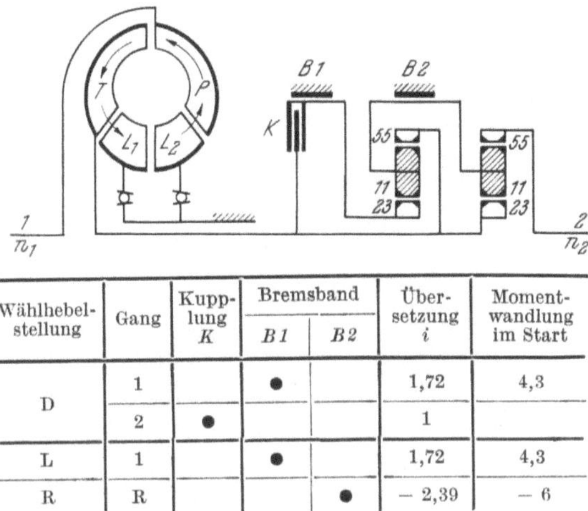

Wählhebel-stellung	Gang	Kupplung K	Bremsband		Über-setzung i	Moment-wandlung im Start
			$B1$	$B2$		
D	1		●		1,72	4,3
	2	●			1	
L	1		●		1,72	4,3
R	R			●	− 2,39	− 6

Abb. 227. Schema des *Powerflite*-Getriebes von CHRYSLER; P Pumpenrad, T Turbine, L_1 und L_2 Leiträder, $B1$ und $B2$ Bremsbänder, K Kupplung, *1* An- und *2* Abtrieb

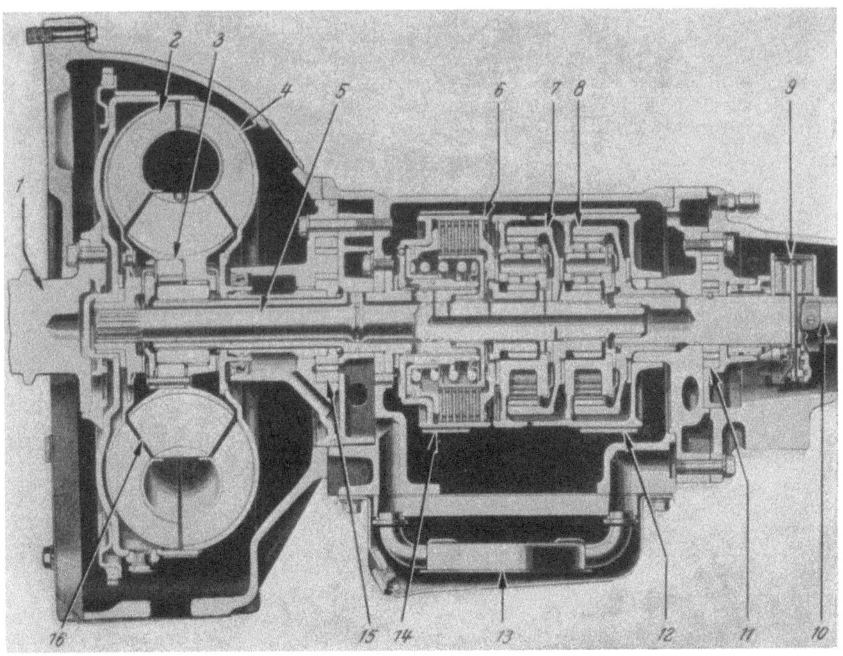

Abb. 228. Schnitt durch das CHRYSLER-*Powerflite*-Getriebe (spätere Ausführung mit einfachem Leitrad)

1 Antriebswelle (Motorwelle),   *5* Zwischenwelle,   *9* Fliehkraftregler,   *13* Ölsieb,
2 Turbine,   *6* Kupplung $K1$,   *10* Abtriebswelle,   *14* Bremsband $B1$,
3 Freilauf,   *7* 1. Planetensatz,   *11* hintere Ölpumpe,   *15* vordere Ölpumpe
4 Pumpenrad,   *8* 2. Planetensatz,   *12* Bremsband $B2$,   *16* Leitrad

Außenräder) gleich ausgeführt sind. Mit Hilfe von zwei Bremsbändern
$B\,1$ und $B\,2$ und einer Lamellenkupplung werden zwei Vorwärtsgänge
und der Rückwärtsgang erzielt. In der Wählhebelstellung D schaltet

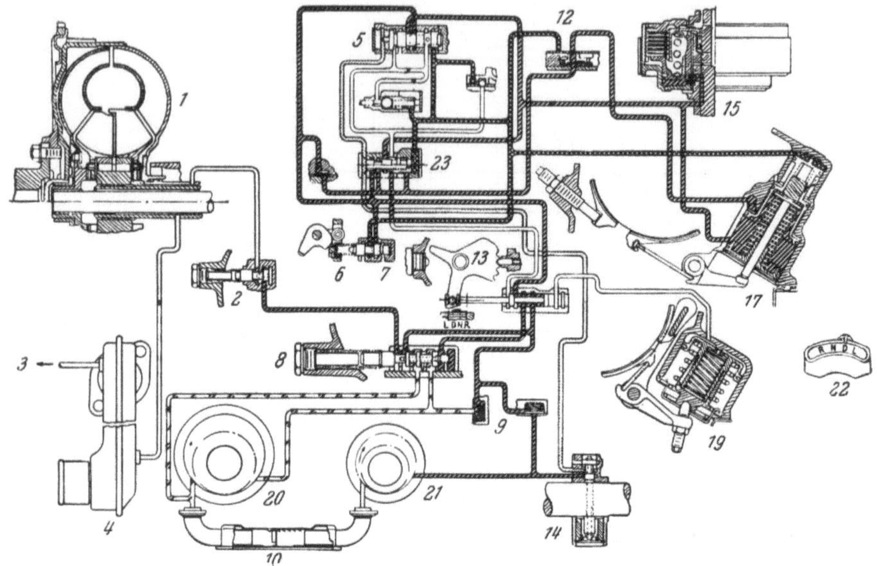

Abb. 229. Schaltanlage für das *Powerflite*-Getriebe von CHRYSLER, Stellung D

1 Wandler,	8 Steuerventil,	17 Betätigung für Brems-
2 Regelventil für Wandleröldruck,	9 Rückschlagventil,	band $B\,1$,
3 zur Schmierung,	10 Ölwanne,	19 Betätigung für $B\,2$,
4 Ölkühler,	12 Relaisventil,	20 vordere und
5 Umschaltventil $1-2$,	13 Handschalthebel,	21 hintere Ölpumpe,
6 Übergasventil,	14 Fliehkraftregler,	22 Wählhebelanzeige,
7 Gashebelventil,	15 Kupplung K,	23 Ausgleichsventil

die Steuermechanik, Abb. 229, je nach Fahrgeschwindigkeit und Gasdrosselstellung den 1. oder 2. Gang ein. Da zum Umschalten jeweils nur
ein Servoelement zu betätigen ist, kann der Schaltapparat einfach gehalten werden.

f) Das *Torqueflite*-Getriebe von CHRYSLER

Im Zuge der höheren Anforderungen ging CHRYSLER im Jahre 1955
vom Zweigang- zum Dreiganggetriebe über, das den Namen *Torqueflite*
bekam, Abb. 230 und 231. Die Übertragung der Leistung erfolgt über
einen dreiteiligen *Trilok*-Wandler. Das Zahnradgetriebe weist wieder
zwei gleichgebaute Planetensätze auf. Es werden aber jetzt durch zwei
Bandbremsen $B\,1$ und $B\,2$, zwei Kupplungen $K\,1$ und $K\,2$ und mit dem

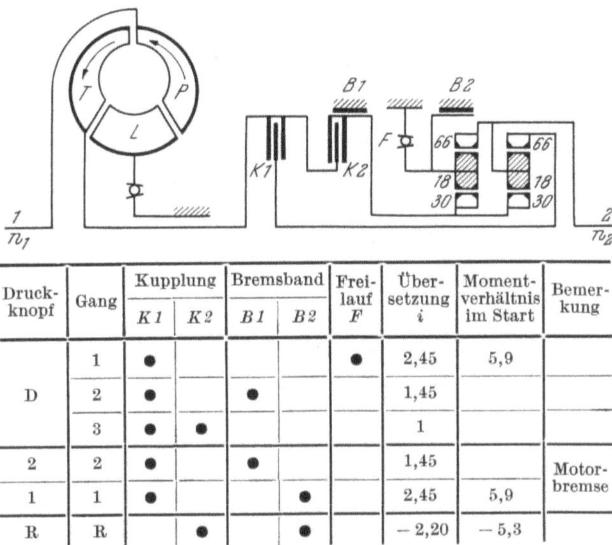

Druck-knopf	Gang	Kupplung		Bremsband		Frei-lauf F	Über-setzung i	Moment-verhältnis im Start	Bemer-kung
		$K1$	$K2$	$B1$	$B2$				
D	1	●				●	2,45	5,9	
	2	●		●			1,45		
	3	●	●				1		
2	2	●		●			1,45		Motor-bremse
1	1	●			●		2,45	5,9	
R	R		●		●		− 2,20	− 5,3	

Abb. 230. Schema des *Torqueflite*-Getriebes von CHRYSLER; P Pumpe, T Turbine, L Leitrad, $B1$ und $B2$ Bremsbänder, $K1$ und $K2$ Kupplungen, F Freilauf, *1* An- und *2* Abtrieb

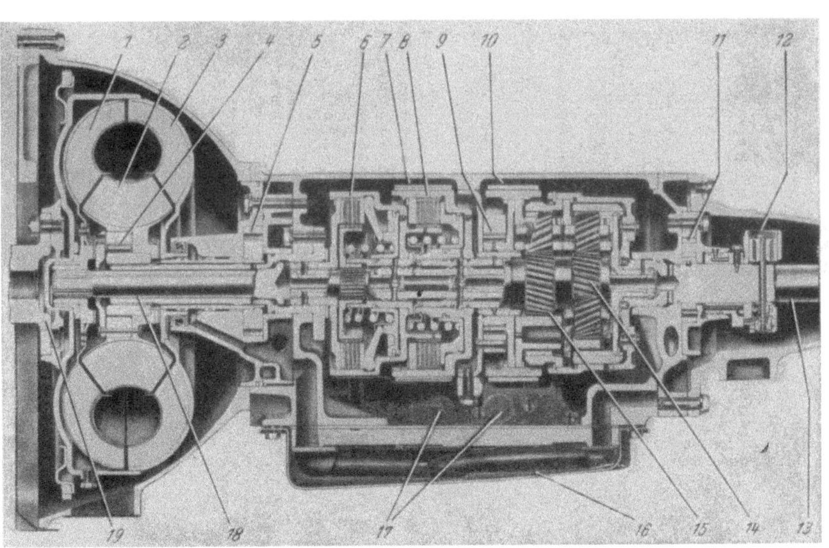

Abb. 231. Schnitt durch das *Torqueflite*-Getriebe von CHRYSLER

1 Turbine,	*8* Kupplung $K2$,	*15* erster Planetensatz,
2 Leitrad,	*9* Freilauf F,	*16* Ölsieb,
3 Pumpenrad,	*10* Bremsband $B2$,	*17* Steuerventile,
4 Freilauf,	*11* hintere Ölpumpe,	*18* Zwischenwelle,
5 vordere Ölpumpe,	*12* Fliehkraftregler,	*19* Antriebswelle (vom Motor)
6 Kupplung $K1$,	*13* Abtriebswelle,	
7 Bremsband $B1$,	*14* zweiter Planetensatz,	

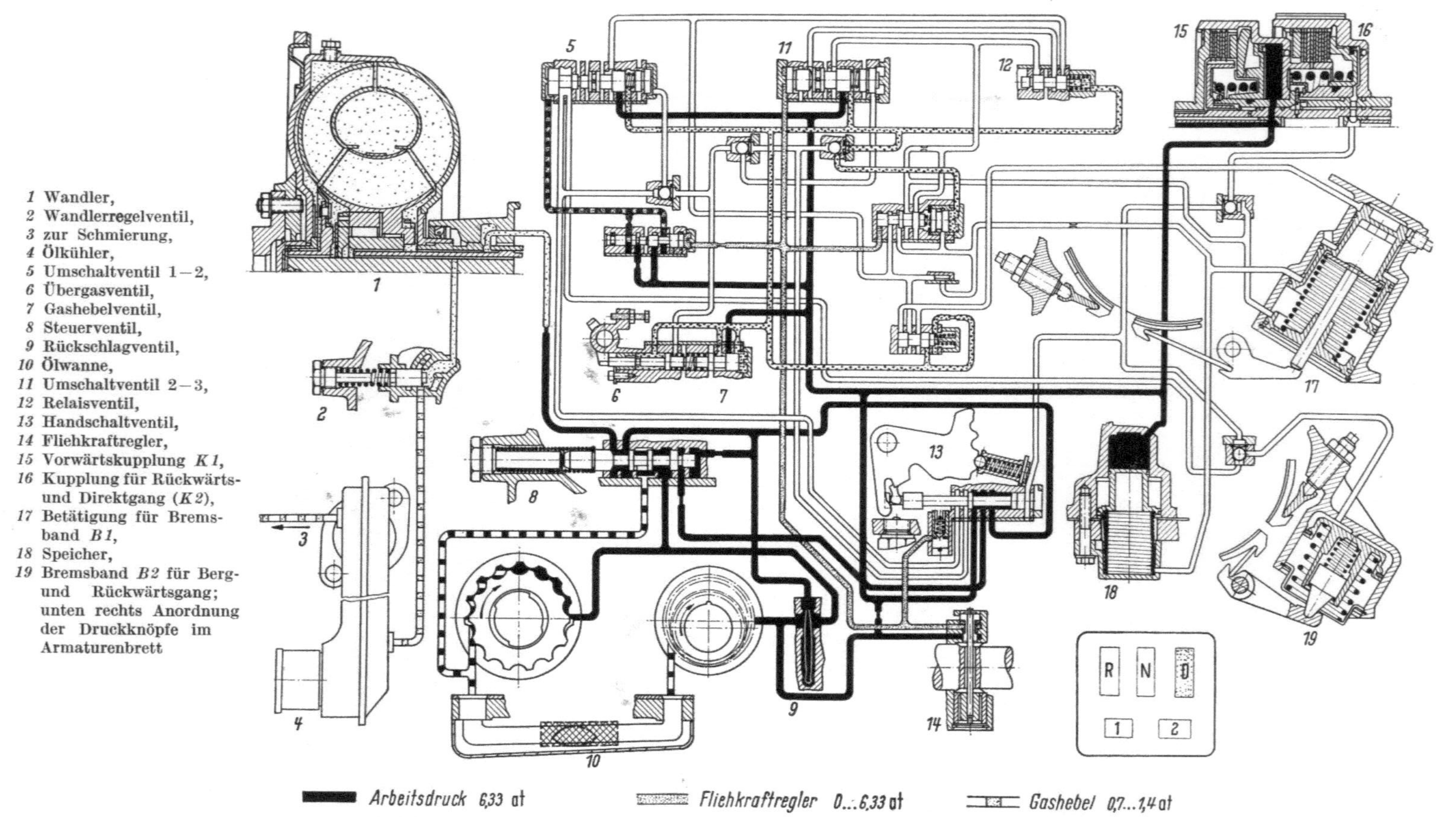

Abb. 222. Die Schalteinrichtung des CHRYSLER-Tempoflit-Getriebes. Stellung D 4. S…

Freilauf F drei Vorwärtsgänge erstellt. Druckknöpfe am Armaturenbrett des Wagens, s. Abb. 66, erlauben für die Vorwärtsfahrt die Wahl der Bereiche D, 2 und 1. Im Hauptfahrbereich der Stellung D schaltet die Automatik, Abb. 232, in bekannter Weise in Abhängigkeit von der Gasdrossel und der Fahrgeschwindigkeit den 1., 2. oder 3. Gang ein. In der Stellung 2 und 1 wird der 2. bzw. der 1. Gang festgehalten; hierbei kann sehr wirksam mit dem Motor gebremst werden. Eine sehr ausführliche Darlegung der Arbeitsweise des hydraulischen Steuersystems liegt in den Veröffentlichungen des Herstellerwerkes vor [243].

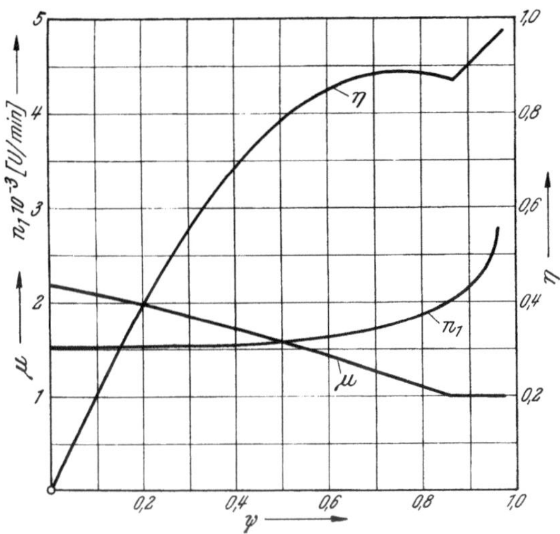

Abb. 233. Motordrehzahl n_1, Momentenverhältnis μ und Wirkungsgrad η des *Torqueflite*-Getriebes A 466 (1959) in Abhängigkeit vom Drehzahlverhältnis ψ

Abb. 233 gibt den Verlauf von Motordrehzahl (n_1), Momentenverhältnis (μ) und Wirkungsgrad (η) für ein *Torqueflite*-Getriebe wieder, wie es unter der Bezeichnung A 456 eingebaut wird. Das Eingangsmoment war mit $M_1 = 27{,}6$ m kp konstant.

In der Tabelle 8 sind die im letzten Abschnitt behandelten automatischen Automobilgetriebe aus den USA mit ihren wichtigsten Daten zusammengestellt. Die Liste der Wagen, in denen sie Anwendung finden, erhebt auf Vollständigkeit keinen Anspruch; es sollten nur Beispiele angeführt werden. Zu erwähnen sind noch zwei einander sehr ähnliche Getriebe, der *Flashomatic*, den die AMERICAN MOTOR CORPORATION in ihrem *Rambler* anbietet, s. letzte Reihe der Tabelle 8, und der *Flightomatic* von STUDEBAKER. Beide Modelle haben den gleichen Aufbau wie das *Cruiseomatic*-Getriebe von FORD, s. Abb. 223 und 224.

Tabelle 8. *Weitere automatische*

| | Allgemeine Angaben | | | | Hydrodynamische Übertragung | | | |
Hersteller	Bezeichnung	Baujahr	Eingebaut in	Art	Moment-wandlung im Start	η_{max}	bei $\dfrac{n_2}{n_1}$	mit $\dfrac{M_2}{M_1}$
Packard	Ultra-matic	1949	Packard	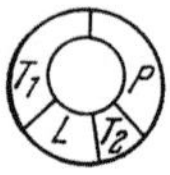 T_1 P L T_2	2,40	0,85	0,67	1,26
Packard	Twin Ultramatic	1955	Packard	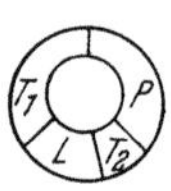 T_1 P L T_2	2,92	0,85	0,67	1,26
Borg-Warner	Detroit Gear	1950	Stude-baker, Daimler-Benz	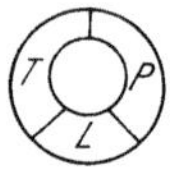 T P L	2,15	0,90	0,75	1,20
Ford (Warner)	Ford Mercury (Merco-matic), Fordo-matic	1950 1955	Ford Mercury, Lincoln	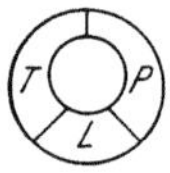 T P L	2,10	0,90	0,80	1,12
Ford	Cruiseo-matic (Multi Drive Merco-matic)	1958	Ford Mercury	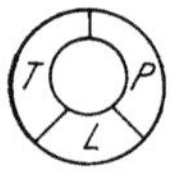 T P L	2,10	0,90	0,80	1,12
Chrysler	Powerflite	1953	Chrysler, de Soto, Dodge, Ply-mouth	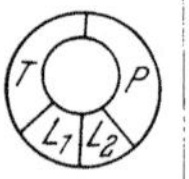 T P L_1 L_2	2,60	0,87 0,90	0,70 0,82	1,25 1,10
Chrysler	Torqueflite	1955	Chrysler, Dodge, de Soto, Imperial, Bristol	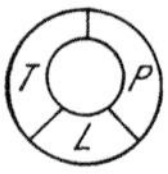 T P L	2,20	0,90	0,82	1,10
American Motors Corpora-tion	Flasho-matic	1962	Rambler	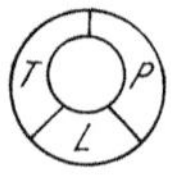 T P L	2,10	0,90	0,80	1,12

Automobilgetriebe aus den USA

| Kupplungspunkt bei $\frac{n_2}{n_1}$ | Planetengetriebe | | | | Wählhebelstellungen | Kühlung L = Luft W = Wasser | Bemerkung | Schema in |
| | Art | Vorwärtsgänge | | Übersetzungen | | | | |
		Zahl	davon automatisch					
0,81	Kette I	2	1	1,82 1 — 1,64	P N H L R	W	Überbrückungskupplung	Abb. 205
0,81	Kette I	2	2	1,82 1 — 1,64	P N D L R	W	Überbrückungskupplung	
0,85	2 Planetensätze	3	3	2,31 1,435 1 — 2,01	P P N 0 D 3 L 1 R R	W	Überbrückungskupplung	Abb. 210
0,89	Kette II	3	2	2,44 1,48 1 — 2	P R N Dr Lo	W	Fordomatic 1955 mit $i = 2,40$ 1,467 1 — 2	Abb. 219
0,89	Kette II	3	3	2,44 1,48 1 — 2	P R N D 2 D 1 L	W		Abb. 223
0,87	2 Planetensätze	2	2	1,72 1 — 2,39	R D L	W		Abb. 227
0,87	2 Planetensätze	3	3	2,45 1,45 1 — 2,20	R N D 2 1	W		Abb. 230
0,89	Kette II	3	3	2,40 1,47 1 — 2	P R N D L	W		

3. Die automatischen Getriebe der amerikanischen „Compact Cars"

Die bisher beschriebenen Getriebe haben sich in den USA sehr bewährt und sich dort wie in anderen Ländern ausgezeichnet eingeführt. Es werden über 80% aller amerikanischen Wagen mit automatischen Getrieben ausgerüstet. Die Anwendung dieser Einrichtung kam der Einstellung der Amerikaner, im Automobil ein Werkzeug des täglichen Gebrauches zu sehen, das möglichst bequem und einfach zu handhaben ist, sehr entgegen. Geringe Verluste an Leistung und damit an Wirkungsgrad wurden hingenommen. Es setzte sich jedoch in Europa das Vorurteil fest, daß automatische Getriebe nur für sehr starke und große Wagen in Betracht kämen und daß die Annehmlichkeiten mit höherem Brennstoffverbrauch erkauft werden müßten. Diese und andere Schwierigkeiten standen der Einführung automatischer Getriebe in Automobile europäischer Herkunft zunächst im Wege. Doch den Gegenbeweis lieferten die Amerikaner selber.

Angeregt durch die guten Verkaufserfolge europäischer Kleinwagen in den USA, vor allem des deutschen *Volkswagens* und der französischen Renault *Dauphine*, wandten sich die amerikanischen Automobilhersteller in den Jahren 1959/60 der Entwicklung und dem Bau von kleineren Wagen zu, die den Namen Compact Cars erhielten. Für europäische Begriffe handelt es sich jedoch nicht um Kleinwagen, sondern um Ausführungen, die zur Mittelklasse, ja meist sogar zur großen Mittelklasse zählen. So erschienen 1960 folgende Compact Cars:

Oldsmobile F 85,

Chrysler *Valiant* und *Lancer*,

Ford *Falcon* und *Comet*,

Chevrolet *Corvair*,

Pontiac *Tempest*,

Buick *Special*.

Für alle Modelle werden Ausführungen mit automatischen Getrieben angeboten. Dabei ist es außerordentlich reizvoll aufzuzeigen, wie die amerikanischen Getriebekonstrukteure diese Aufgabe aufgefaßt und gelöst haben. Die vorliegenden Formen konnten, abgesehen von der Größe, wegen ihres Bauaufwandes und den damit verbundenen hohen Kosten nicht beibehalten werden. Alle Firmen haben neue Getriebe konstruiert. Man hat dabei sogar völlig neuartige Wege beschritten, wenn man selbstverständlich auch an dem bewährten Guten festhielt. So überrascht es nicht, daß mit einer einzigen Ausnahme alle Hersteller den einfachen, dreiteiligen *Trilok*-Wandler mit einer Anfahrwandlung von etwa $\mu_A = 2{,}4$ verwenden. Auch die einzige Ausnahme, das *Hydramatic*-Getriebe Ausf. *C*, weicht in seinem Wandler nur sehr geringfügig vom *Trilok*-Prinzip ab; dieses Modell ist bereits ausführlich im Abschnitt über die *Hydramatic*-Getriebe beschrieben worden, s. S. 181.

Das *Hydramatic-Getriebe Ausf. C* gelangt im *Oldsmobile F 85* zum Einbau. Für CHRYSLER *Valiant* und *Lancer* ist eine Variante des *Torque-flite*-Getriebes gebaut worden, während die Einrichtung im FORD *Falcon* und *Comet* sich aus dem *Fordomatic*-Getriebe herleitet. Zu besonders interessanten und miteinander verwandten Bauformen kam man beim CHEVROLET *Corvair* und beim PONTIAC *Tempest*. Der Gesamtentwurf des *Corvair* ist mit luftgekühltem Heckmotor für amerikanische Verhältnisse geradezu revolutionär. Das Getriebe lehnt sich in seinem Namen und in seinem Aufbau an die *Powerglide*-Ausführungen der bisherigen CHEVROLET-Wagen an, während das sehr ähnlich aufgebaute Getriebe für den PONTIAC *Tempest* die Bezeichnung *Tempestorque* trägt. Die größte Abweichung von den bisher bekannten automatischen Automobilgetrieben weist das *Dual Path Turbine Drive*-Getriebe für den BUICK *Special* auf.

Zu den automatischen Getrieben für Compact Cars ist das *Borg-Warner-35*-Getriebe zu zählen. Ein Getriebe dieser Art fand 1962 unter dem Namen *Flashomatic* Anwendung im *Rambler* der AMERICAN MOTORS CORPORATION und in ähnlicher Ausführung unter der Bezeichnung *Flightomatic* im STUDEBAKER *Lark* (s. Tabelle 8). Die beiden genannten Automobiltypen sind Vorläufer der Compact Cars, denn sie leiteten in den USA den Bau kleinerer Wagen ein. Das *Borg-Warner-35*-Getriebe war darüber hinaus von vornherein für europäische Mittelklassewagen vorgesehen. Deshalb hat auch BORG-WARNER in LETCHWORTH in England eine Fabrik gebaut, in der das Getriebe für den europäischen Markt hergestellt wird. Im Jahre 1962 konnte es in folgenden britischen Wagen angeboten werden:

AUSTIN *A 60*,

DAIMLER *2,5 l*,

FORD *Zephyr und Zodiac*,

HILLMAN *Super Minx*,

MG *Magnette*,

MORRIS *Oxford*,

RILEY *4/72*,

SINGER *Vogue*,

WOLSELEY *16/60*.

Seit 1964 wird das BORG-WARNER-*35*-Getriebe in den schwedischen *Volvo*-Wagen, in den englischen Modellen *Sunbeam Alpine* sowie FORD *Cortina* und *Corsair* wie auch in den japanischen NISSAN *Cedric* verwendet.

254   Die automatischen Getriebe der „Compact Cars“

a) Das Borg-Warner-35-Getriebe

Der Aufbau des Borg-Warner-35-Getriebes, Abb. 234 und 235, erinnert an das Ford-*Cruiseomatic*-Getriebe, s. Abb. 223, das ja letzten Endes auch auf Borg-Warner-Entwicklungen zurückgeht. Wie bei allen nachfolgend beschriebenen automatischen Getrieben für Compact Cars ist auch in der Gestaltung des Borg-Warner 35 große Sorgfalt auf preis-, gewicht- und raumsparende Bauweisen gelegt worden. In der Erkenntnis, daß schwächere Motoren im allgemeinen viele Getriebe-

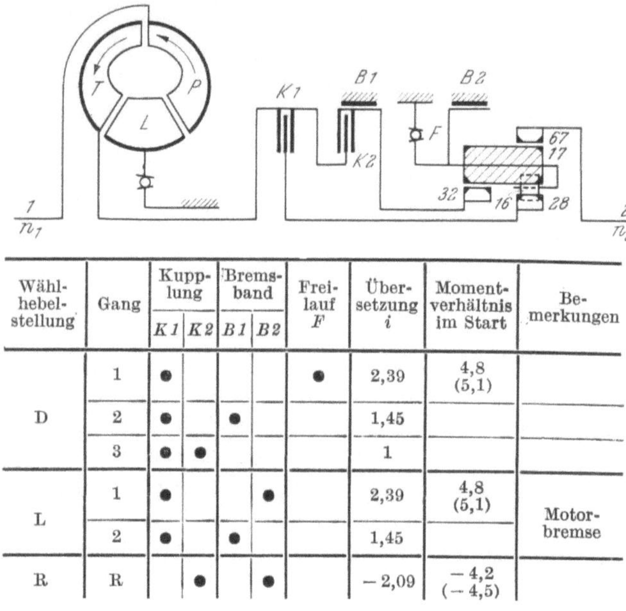

Wähl-hebelstellung	Gang	Kupplung		Bremsband		Frei-lauf F	Über-setzung i	Moment-verhältnis im Start	Be-merkungen
		$K1$	$K2$	$B1$	$B2$				
D	1	●				●	2,39	4,8 (5,1)	
	2	●		●			1,45		
	3	●	●				1		
L	1	●			●		2,39	4,8 (5,1)	Motorbremse
	2	●		●			1,45		
R	R		●		●		− 2,09	− 4,2 (− 4,5)	

Abb. 234. Schematischer Aufbau des Borg-Warner-35-Getriebes; P Pumpe, T Turbine, L Leitrad, $K1$ und $K2$ Kupplungen, $B1$ und $B2$ Bremsbänder, F Freilaufsperre, *1* An- und *2* Abtrieb

stufen verlangen, um unter allen Fahrbedingungen ihre volle Leistung an den Boden zu bringen, hat man nicht versucht, diese Einsparungen auf Kosten der Zahl der Gänge zu erzielen.

Wegen der Anpassung an die verschiedenen Motorgrößen stehen zwei Wandler mit unterschiedlichem Größtdurchmesser des Strömungskreises zur Auswahl. Mit dem kleineren Durchmesser von 242 mm erreicht man eine Anfahrwandlung μ_A von knapp 2, mit dem größeren von 280 mm kommt man auf 2,15. Die weitere Momentenerhöhung besorgt eine Planetengetriebekette II, in die ein Freilauf eingefügt ist (s. Abb. 225 auf S. 243). Im Hauptfahrbereich (Stellung D) stehen drei Gänge zur Verfügung, die je nach den Fahrbedingungen automatisch geschaltet werden.

Wird der Wählhebel am Stand in die Lage L (= Lock up) gebracht, so bleibt das Getriebe im 1. Gang; es findet kein Hochschalten statt. Legt man während der Fahrt bei Geschwindigkeiten unterhalb 90 km/h den Wählhebel von D auf L, so erfolgt ein Rückschalten 3—2, das mit kräftigem Bremsen des Motors verbunden ist. Sinkt die Geschwindigkeit weiter, so kommt schließlich *automatisch* der Übergang vom 2. auf den 1. Gang, der auch schon bei höheren Geschwindigkeiten *willkürlich* durch

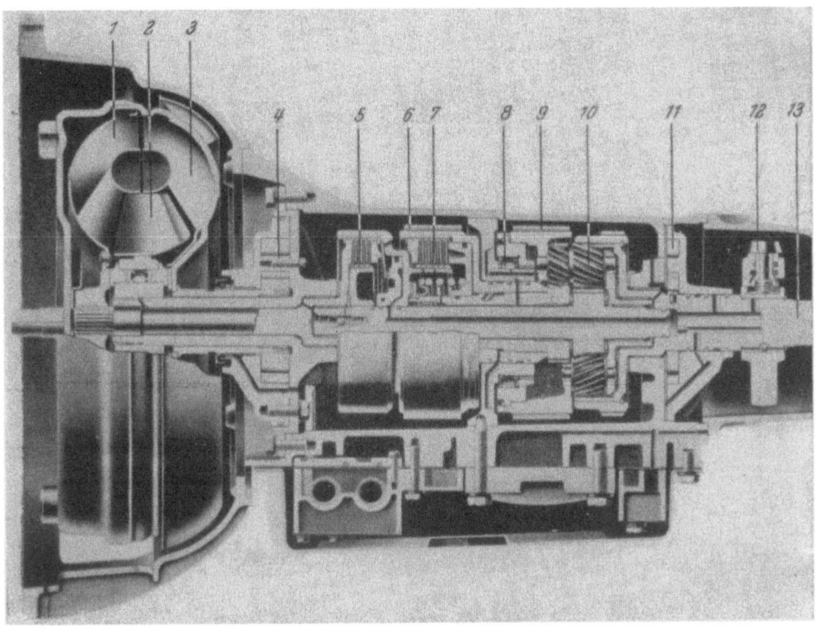

Abb. 235. Schnitt durch das Borg-Warner-35-Getriebe; *1* Turbine, *2* Leitrad, *3* Pumpe, *4* vordere Ölpumpe, *5* Kupplung *K1*, *6* Bremsband *B1*, *7* Kupplung *K2*, *8*, *9* Bremsband *B2*, *10* Planetengetriebekette II, *11* hintere Ölpumpe, *12* Zentrifugalregler, *13* Abtrieb

kurzes Übergasgeben ausgelöst werden kann. Ist die Bremswirkung im 1. Gang zu groß und will man deshalb in den 2. Gang übergehen, so ist, da in der Stellung L kein Hochschalten möglich ist, der Wählhebel kurzzeitig von L auf D und dann wieder zurück auf *L* zu stellen.

Die Schaltautomatik des Borg-Warner-*35*-Getriebes hält das in der Tabelle 9 aufgestellte Schaltprogramm ein. Die Geschwindigkeitsangaben sind ungefähre Richtwerte, die sich je nach Wagentyp leicht ändern können.

Der hydraulische Schaltplan, Abb. 236, erinnert in seinem grundsätzlichen Aufbau an die Steuereinrichtung des Dreigang-*Fordomatic-*

Getriebes, s. Abb. 222. Die Arbeitsweise ist an Hand des Planes leicht zu übersehen und zu verfolgen. Die beiden Ölpumpen, vorn S und hinten Q, saugen durch die Siebe W Öl an und drücken es in die Hauptleitung. Die

Tabelle 9. *Schaltprogramm des* BORG-WARNER-*35-Getriebes; Geschwindigkeitsangaben in km/h*

Wählhebelstellung	Gasdrosselstellung	Umschaltungen				
		1—2	2—3	3—2	3—1	2—1
D	gedrosselt	9,6	21	10	—	3
	Vollgas	32	64	24	3	3
	Übergas	50	88	72	40	40
L	Leerlauf	—	—	oberhalb 13	13	13

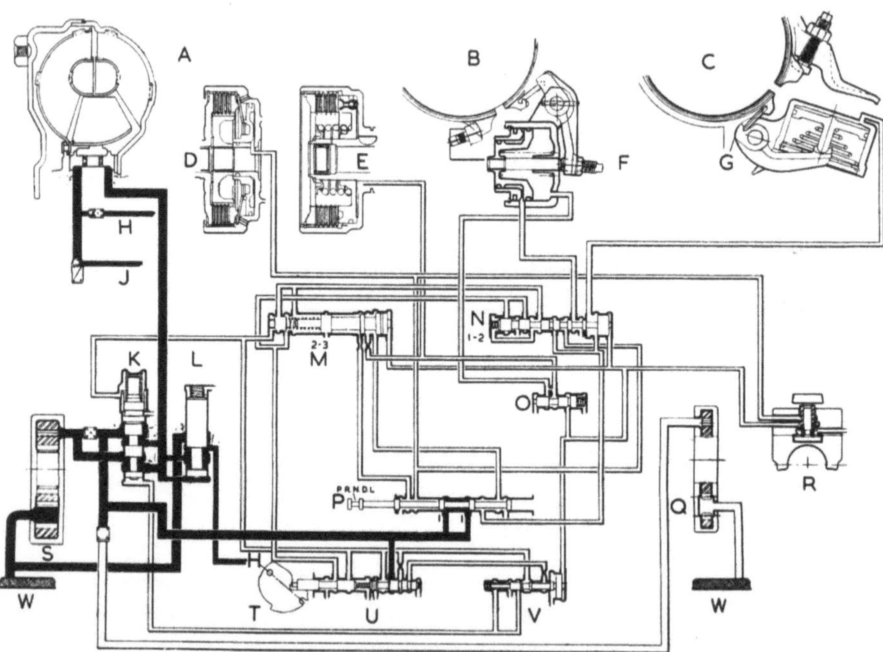

Abb. 236. Hydraulische Steueranlage des BORG-WARNER-*35*-Getriebes, Stellung N im Leerlauf

A	Wandler,	*J*	zur Ölwanne,
B	Bremsband *B1*,	*K*	erstes und
C	Bremsband *B2*,	*L*	zweites Druckregelventil,
D	Kupplung *K1*,	*M*	Umschaltventil 2—3,
E	Kupplung *K2*,	*N*	Umschaltventil 1—2,
F	Servoelement zu *B*,	*O*	Ausflußdrossel-Regelventil,
G	Servoelement zu *C*,	*P*	Wählschieber,
H	zur Schmierung,		

Q	hintere Ölpumpe,
R	Fliehkraftregler,
S	vordere Ölpumpe,
T	Kurvenscheibe für das Gasdrossel- und Übergasventil *U*,
V	Modulierventil,
W	Ölsieb

Höhe des Druckes regelt das Ventil K. Es läßt die vordere Pumpe ins Leere fördern, wenn die Fahrgeschwindigkeit so hoch geworden ist, daß die kleinere, hintere Pumpe Q die Versorgung des Systems allein übernehmen kann.

Die Gasdrosselstellung wird über eine Kurvenscheibe T auf das Steuerventil U übertragen und so ein Steuerdruck erzeugt, der von der Motorleistung abhängig ist. Dieser Druck unterstützt die Feder im Regelventil K, so daß bei höherem Leistungsfluß auch der Arbeitsdruck größer wird. Der für das sichere Fassen der Kupplungen und Bremsbänder nötige Öldruck hängt aber nicht nur von der Eingangsleistung des Motors, sondern auch von der Momentenänderung im Wandler ab. Es wäre nun eine Leistungsverschwendung, wenn man die Ölpumpen immer den Druck erzeugen läßt, der der Anfahrwandlung entspricht. Deshalb wird die Arbeitsdruckhöhe nicht nur von der Gasdrosselstellung, sondern darüber hinaus über das Modulierventil V auch von der Fahrgeschwindigkeit gesteuert. Das Modulierventil V erhält seine Impulse von dem Fliehkraftregler R, dessen von der Geschwindigkeit abhängiger Druck auch auf die rechte Seite des Umschaltventils 1—2 N und des Ventils 2—3 M geht. Auf die linke Seite der beiden Schaltschieber wirkt außer einer Feder der Steuerdruck des Gasdrosselventils U.

Bringt man den Wählschieber P in die Lage D, so erhält die Kupplung D ($K\,1$ in Abb. 234) Öldruck, der in allen Vorwärtsgängen aufrechterhalten wird. Im Stillstand oder bei kleineren Geschwindigkeiten ist der Schaltschieber M in seiner Lage rechts, wie das Bild zeigt. Dadurch sind die Kupplung E und die Servoelemente F und G der beiden Bremsbänder drucklos. Das Getriebe ist somit im 1. Gang. Bei höheren Geschwindigkeiten wird der Steuerdruck des Fliehkraftreglers R so groß, daß er gegen Gasdrossel- und Federdruck den Schieber N nach links verschiebt; dann gelangt Drucköl auf die Betätigungsseite von F und zieht so das Bremsband B ($B\,1$) an. Mit dem Fassen der Bremse löst sich der Freilauf F (Abb. 234), und es arbeitet der 2. Gang. Bei weiterer Steigerung der Geschwindigkeit wird vom Fliehkraftreglerdruck schließlich auch der Schieber M in die linke Lage gebracht, was den Umschaltvorgang 2—3 einleitet. Dazu muß, wie das Schema in Abb. 234 zeigt, die Bremse $B\,1$ (B in Abb. 236) gelöst und die 2. Kupplung E betätigt werden. Hier, wie auch beim Rückschalten 3—2, ist der richtige zeitliche Ablauf beider Vorgänge von Wichtigkeit. Diese Aufgabe übernimmt das Ventil O, das den Abfluß des Öls von der Löseseite des Servoelementes F regelt. Bei kleineren Fahrgeschwindigkeiten liegt der Schieber in O links und überbrückt die über ihm befindliche Drosselöffnung. Bei höheren Geschwindigkeiten drückt der Steuerdruck vom Fliehkraftregler R den Schieber O nach rechts und läßt den Ölabfluß nur über die Drosselöffnung vor sich gehen.

Durch Übergasgeben wird über das Ventil U der Gasdrosseldruck, der bereits auf die linken Enden der Schaltschieber M und N einwirkt, auf eine weitere Kolbenfläche (Ringfläche) der Schieber geleitet, um so eine Rückschaltung auch oberhalb der Geschwindigkeit für automatisches Umschalten zu erzielen.

Legt man während der Fahrt den Wählhebel auf L, so bekommt das Umschaltventil 2—3 M vom Wählschieber U kein Drucköl mehr. Damit werden die Kupplung E und die Löseseite der Bremse B drucklos. Sobald die Bremse B faßt, ist unabhängig von der Geschwindigkeit das Getriebe in den 2. Gang geschaltet. Sinkt die Geschwindigkeit weiter ab, bis der

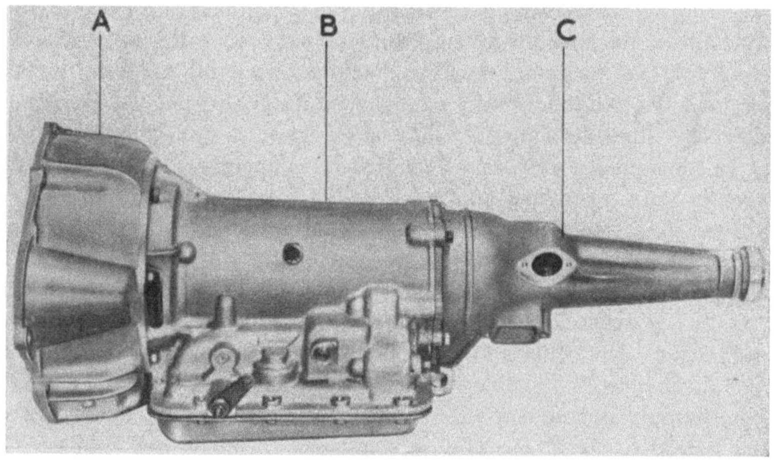

Abb. 237. Ansicht des BORG-WARNER-*35*-Getriebes; A Wandlerteil, B Zahnradgetriebeteil, C Gehäuse mit Abtrieb

Schaltschieber N automatisch nach rechts gehen kann oder wenn er durch Übergas in diese Stellung gedrückt wird, so bekommt über P und die rechte Seite von N das Servoelement G des Bremsbandes C ($B\,2$) Drucköl. Durch diese Bremse ist der Freilauf F (in Abb. 234) überbrückt, der Planetenträger wird in beiden Drehrichtungen festgehalten, man kann so mit dem Motor bremsen.

Die Ölleitung, die das Drucköl für G vom Wählschieber P zum Umschaltventil N führt, hat eine Abzweigung, die an die Mitte des Schiebergehäuses N geht. Der Schaltschieber in N besteht aus zwei fast gleich langen Teilen, die bei den bisher beschriebenen Funktionen durch die links liegende Feder aneinander gedrückt worden und so wie *ein* Schieber arbeiteten. Der an die Mitte des Gehäuses angeschlossene Öldruck treibt nun die beiden Schieber auseinander, den linken in die linke und den rechten in die rechte Endlage. Das hat zur Folge, daß unabhängig von der Fahrgeschwindigkeit kein Hochschalten 1—2 mehr stattfindet. Eine solche Schaltung kann nur, wie oben erwähnt wurde, durch Verschieben des Wählhebels aus der Stellung L nach D herbeigeführt werden.

Die Teilung des Schaltschiebers N ist auch im Rückwärtsgang in Kraft. In diesem Fall schickt der Wählschieber U Drucköl über den Schalter 2—3 M, dessen Schieber rechts steht, auf die Kupplung E und über das Ventil O auf die Löseseite von F (Bremsband $B\,1$). Weiterhin geht über den rechten Teil des Schiebers N Druck auf das Servoelement G des Bremsbandes C ($B\,2$). Damit ist, wie das Schema in Abb. 234 ergibt, der Rückwärtsgang eingeschaltet.

Das BORG-WARNER-35-Getriebe wiegt einschließlich Öl mit dem kleineren Wandler 57 kp, mit dem größeren 62 kp. Es ist daher nur sehr wenig schwerer als die Getriebe, an deren Stelle es tritt. Die Außenansicht in Abb. 237 läßt erkennen, daß es sich in seinen Abmessungen und Formen kaum von den üblichen Handschaltgetrieben unterscheidet. Es wird mit Erfolg auch in kleinere Wagen eingebaut. Borg-Warner hat aus dem 35-Getriebe im Jahre 1964 für stärkere Motoren das „Modell 8" entwickelt, bei dem die Fahrstufe D in D_1 und D_2 unterteilt ist.

b) Das *Torqueflite*-Getriebe für CHRYSLER *Valiant* und *Lancer*

Das CHRYSLER-Getriebe für die Compact Cars *Valiant* und *Lancer* lehnt sich in der Anordnung, Abb. 238 und 239, an das frühere *Torqueflite*-Getriebe (s. Abb. 230) an, von dem es auch den Namen bekam. Wie bei BORG-WARNER, so hielt man bei CHRYSLER an drei Gangstufen fest, während alle anderen in amerikanische Compact Cars eingebauten automatischen Getriebe nur zwei Vorwärtsgänge aufweisen. Auch die Übersetzungsverhältnisse haben sich nicht geändert.

Abb. 240 zeigt den Schaltplan des *Torqueflite*-Getriebes für den *Valiant*. Dabei ist die Stellung der Ventile und Regelorgane wiedergegeben, wenn durch Eindrücken eines Knopfes am Armaturenbrett der Hauptfahrbereich D eingeschaltet ist. Die Kupplung $K\,2$ (1 in Abb. 240) erhält Öldruck, und unter Mitwirkung des Freilaufes F ist das Getriebe im 1. Gang. Der Fliehkraftregler 20 liefert mit steigender Fahrgeschwindigkeit einen zunehmenden Öldruck, der auf die linke, große Kolbenfläche des Umschaltventils 1—2 (8 in Abb. 240) wirkt und schließlich den Schieber gegen Feder- und Gasdrosseldruck (11) nach rechts verschiebt. Dadurch kommt Öldruck auf das Servoelement des Bremsbandes $B\,1$ (3). Der Speicher 9 sorgt für weiches Fassen der Bremse. Das Umschalten 1—2 erfolgt bei gedrosseltem Motor zwischen 12 bis 16 km/h, bei Vollgas erst zwischen 50 und 65 km/h, bei Teilgas entsprechend weniger.

Nimmt der vom Fliehkraftregler 20 gesteuerte Druck mit der Geschwindigkeit weiter zu, so wird er im Umschaltventil 2—3 (6 in Abb. 240) den Schieber nach rechts drücken. Dadurch wird die Kupplung $K\,1$ eingerückt, und auf die Löseseite des Bremsbandes $B\,1$ (3) kommt Öldruck. Bei wenig Gas schaltet die Steuerung zwischen 18 und 25 km/h in den 3. Gang, mit Vollgas zwischen 93 und 110 km/h.

In den Umschaltventilen 1—2 und 2—3 wird beim Hochschalten auf den 2. oder den 3. Gang der von der Gasdrossel gesteuerte Öldruck an der rechten Seite der Ventile 6 und 8 abgeschaltet. Das Rückschalten nimmt daher nur die jeweils rechts liegende Feder in den unteren der

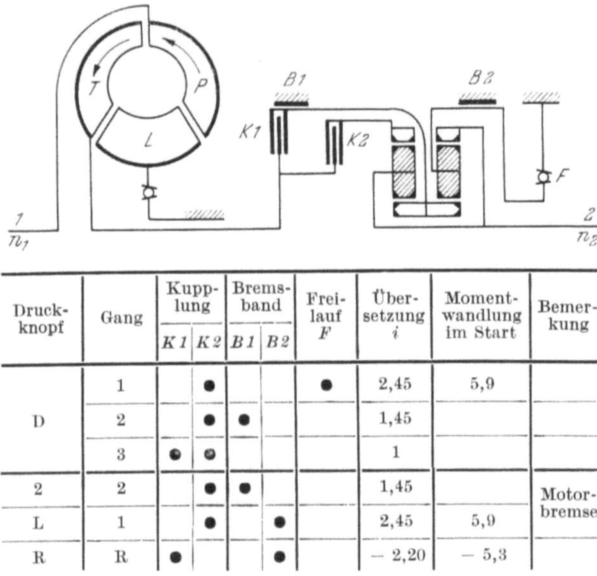

Druck-knopf	Gang	Kupp-lung		Brems-band		Frei-lauf F	Über-setzung i	Moment-wandlung im Start	Bemer-kung
		$K\,1$	$K\,2$	$B\,1$	$B\,2$				
D	1		●			●	2,45	5,9	
	2		●	●			1,45		
	3	●	●				1		
2	2		●	●			1,45		Motor-bremse
L	1		●		●		2,45	5,9	
R	R	●			●		— 2,20	— 5,3	

Abb. 238. Grundsätzlicher Aufbau des *Torqueflite*-Getriebes für den CHRYSLER *Valiant*; P Pumpe, T Turbine, L Leitrad, $K\,1$ und $K\,2$ Kupplungen, $B\,1$ und $B\,2$ Bremsbänder, F Freilaufsperre, 1 An- und 2 Abtrieb

angegebenen Geschwindigkeitsbereichen vor, eben dann, wenn die nach rechts gerichtete Kraft des Öldruckes vom Fliehkraftregler auf den Schaltschieber durch die Feder überwunden werden kann.

Wenn der Fahrer Übergas gibt, so verschiebt er das kick-down-Ventil 12, das dann über eine Leitung den von der Gasdrosselstellung abhängigen Öldruck auf die Schaltschieberventile führt. So kann bei Geschwindigkeiten unterhalb 90 bis 110 km/h eine Rückschaltung 3—2 und unterhalb 45 bis 60 km/h von 2—1 erzwungen werden.

Beim Eindrücken des Knopfes mit der Ziffer „2" am Armaturenbrett wird der Wählschieber 14 so verschoben, daß im Umschaltventil 2—3 (6 in Abb. 240) der Hauptöldruck ein Umschalten in den 3. Gang verhindert.

In der Stellung L wird durch den Hauptöldruck der Umschaltschieber 1—2 in der Lage für den 1. Gang gegen den Druck vom Fliehkraftregler festgehalten, solange die Fahrgeschwindigkeit unter 50 bis
60 km/h bleibt. Im Gegensatz zu der Schaltung des 1. Ganges bei der
Stellung auf D wird bei L der Planetenträger des 2. Satzes nicht über den
Freilauf *F*, sondern durch das Bremsband *B 2* gehalten; man kann daher
jetzt wirksam mit dem leerlaufenden Motor bremsen.

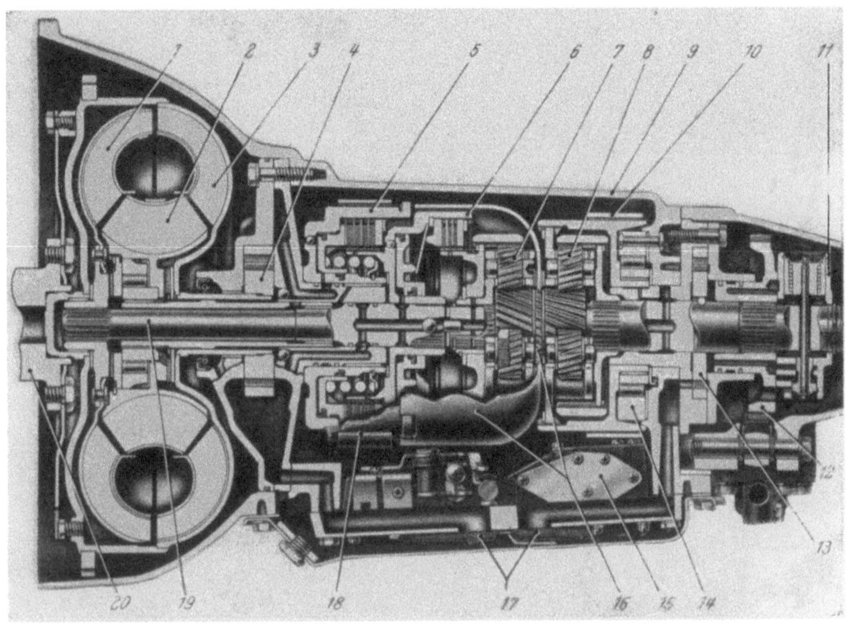

Abb 239. Schnittbild des *Torqueflite*-Getriebes für den CHRYSLER *Valiant*

1 Turbine,	*8* 2. Planetensatz,	*15* Steuerventilgehäuse,
2 Leitrad,	*9* Gehäuse,	*16* Antriebsschale für ge-
3 Pumpe,	*10* Bremsband *B2*,	meinsames Sonnenrad,
4 vordere Ölpumpe,	*11* Fliehkraftregler,	*17* Ölsieb,
5 Kupplung *K1*,	*12* Parksperre,	*18* Bremsband *B1*,
6 Kupplung *K2*,	*13* hintere Ölpumpe,	*19* Turbinenwelle,
7 1. Planetensatz,	*14* Freilauf *F*,	*20* Kurbelwelle des Motors

Mit der Wahl des Rückwärtsganges leitet man den Hauptöldruck
auf die Kupplung *K 1* und das Bremsband *B 2*. Da das Abstützmoment
des Bremsbandes in diesem Fall sehr hoch ist, wird durch den Druckregler *19* der Systemdruck auf rund 20 kp/cm² gesteigert. Bei Geschwindigkeiten über 10 km/h macht ein vom Öldruck des Fliehkraftreglers
angehobener Sperrbolzen *16* das Einlegen des Wählschiebers *14* in die
R-Stellung unmöglich, um so Beschädigungen des Getriebes auszu-
schließen.

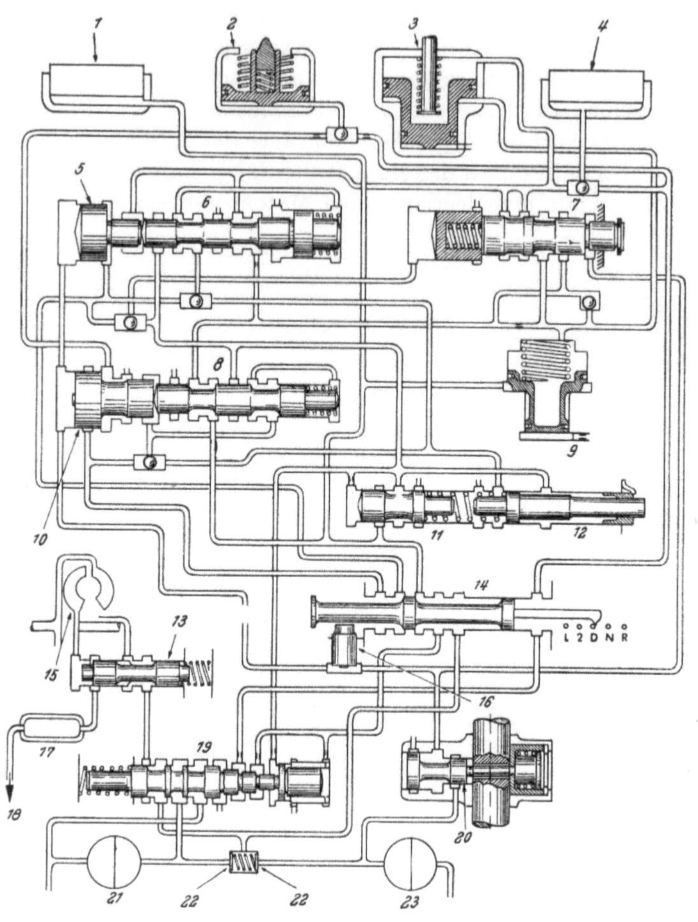

Abb. 240. Schaltplan des *Torqueflite*-Getriebes für den CHRYSLER *Valiant*, Stellung D

1 Kupplung *K2*,	*9* Speicher,	*16* Sperrventil für Rückwärtsgang,
2 Bremsband *B2*,	*10* Reglerkolben,	*17* Ölkühler,
3 Bremsband *B1*,	*11* Drosselklappenventil,	*18* zur Schmierung,
4 Kupplung *K1*,	*12* Übergasventil,	*19* Druckregler,
5 Reglerkolben,	*13* Reglerventil für	*20* Fliehkraftregler,
6 Umschaltventil 2−3,	Wandlerzufluß,	*21* vordere Ölpumpe,
7 Abstimmventil,	*14* Wählschieber,	*22* Pumpenrückschlagventil,
8 Umschaltventil 1−2,	*15* Wandler,	*23* hintere Ölpumpe

In Abb. 241 sind die Kennlinien des *Torqueflite*-Getriebes, Modell *A-904* (1960), wiedergegeben. Über dem Drehzahlverhältnis ψ ist der Verlauf der Eingangsdrehzahl n_1, der Momentwandlung μ und des Wirkungsgrades η aufgetragen. Das Eingangsmoment M_1 war konstant und betrug 20,7 m kp.

c) Das *Fordomatic*-Getriebe für Ford *Falcon* und *Comet*

Für die Compact Cars *Falcon* und *Comet* brachte Ford eine verkleinerte Ausführung des *Fordomatic*-Getriebes heraus, das statt der drei nur zwei Vorwärtsgänge aufwies. Es besteht aus einem *Trilok*-Wandler mit einer nachgeschalteten Planetengetriebekette I, Abb. 242 und 243. Damit weicht es kaum von den schon bisher bekannten Bauformen ab, nur daß man auch hier aus den erwähnten Einsparungsgründen Vereinfachungen vorgenommen hat.

In der Schaltautomatik, Abb. 244, ist die übliche Anordnung beibehalten. Zwei Ölpumpen, *2* und *8*, übernehmen die Erzeugung des Öldruckes, dessen Höhe das Druckregelventil *13* bestimmt. Das Ausgleichsventil *19* steuert einen Druck, der von der Gashebelstellung und dem Reglerdruck beeinflußt wird. Dieser Ausgleichsdruck ist hoch bei hoher Fahrgeschwindigkeit und gedrosseltem Motor und klein mit Vollgas und kleiner Fahrgeschwindigkeit. Umgekehrt verhält es sich mit dem Systemdruck, der vom Ventil *13* kommt. Hierdurch wird erreicht, daß der Arbeitsdruck in der Steueranlage, dessen Erzeugung ja Leistung verschluckt, immer nur so groß ist, wie er für den jeweiligen Betriebszustand gerade sein muß.

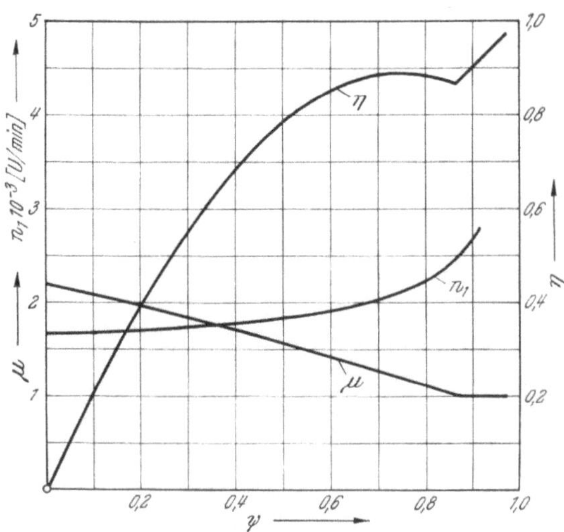

Abb. 241. Kennlinien des *Torqueflite*-Getriebes Modell *A-904* (1960) für den Chrysler *Valiant*

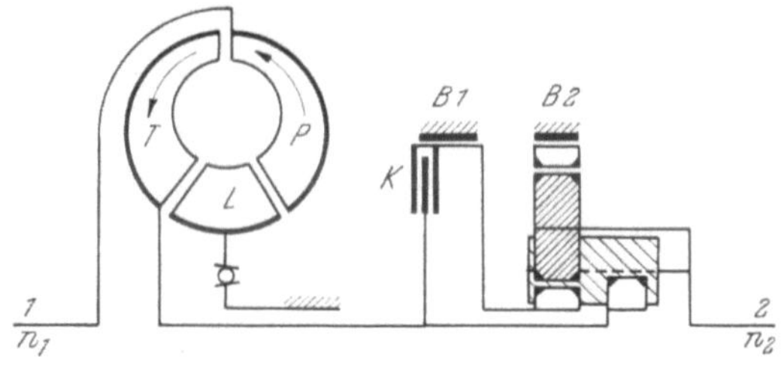

Wähl-hebel-stellung	Gang	Kupp-lung K	Bremsband		Über-setzung i	Moment-wandlung im Start
			$B1$	$B2$		
D	1		●		1,75	4,2
	2	●			1	
L	1		●		1,75	4,2
R	R			●	− 1,5	− 3,6

Abb. 242. Schema des *Fordomatic*-Getriebes für Ford *Falcon* und *Comet*; *P* Pumpe, *T* Turbine, *L* Leitrad, *K* Kupplung für den 2. Gang, *B1* Bremsband für den 1. Gang, *B2* Bremsband für den Rückwärtsgang, *1* An- und *2* Abtrieb

In der Wählhebelstellung D kommt Drucköl vom Wählschieber zum
Servoelement *3* des Bremsbandes *B 1*; dadurch ist das Getriebe im
1. Gang. Je nach Gashebelstellung und Geschwindigkeit bewirkt der
vom Fliehkraftregler *5* kommende Öldruck ein Umschalten im Ventil *25*

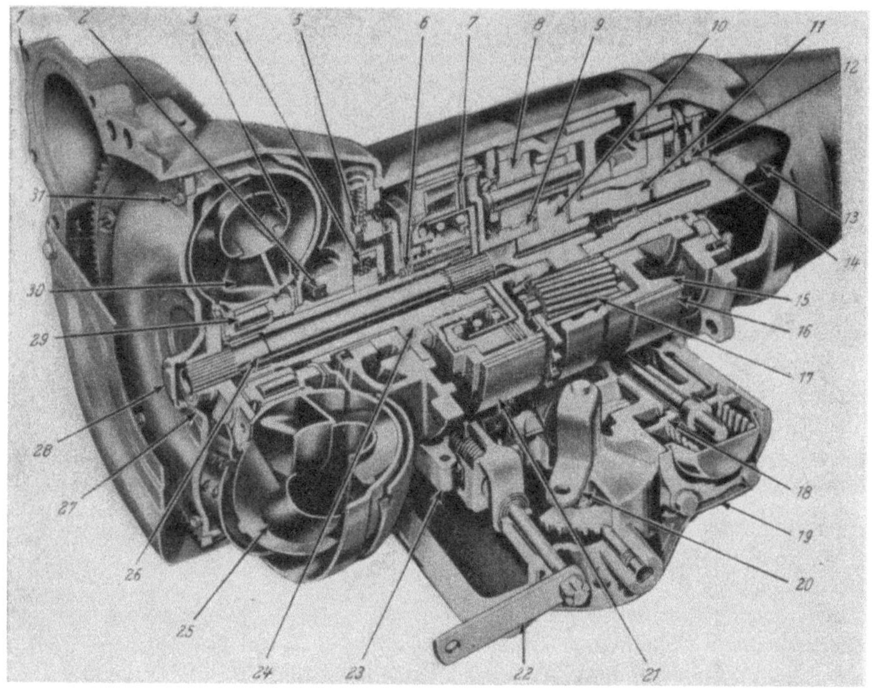

Abb. 243. Blick in das Zweigang-*Fordomatic*-Getriebe

1 Gehäuse,	*11* Planetenradträger,	*22* Hebelverbindung zur Gas-
2 Dichtung,	*12* hintere Ölpumpe,	drossel,
3 Pumpenrad,	*13* Abtriebswelle,	*23* Steuermechanismus,
4 vordere Ölpumpe,	*14* Fliehkraftregler,	*24* Lagerung des Leitrades,
5 Wandlerüberdruckventil,	*15* Außenrad (*a*),	*25* Turbine,
6 Rückschlagventil	*16* Bremsband *B2*,	*26* Antriebswelle,
(Schmierung),	*17* langes Planetenrad (*p₂*),	*27* Wandlergehäuse,
7 Kupplung *K*,	*18* Servokolben für *B2*,	*28* Zentrierung,
8 kurzes Planetenrad (*p₁*),	*19* Ölwanne,	*29* Freilauf,
9 kleines Sonnenrad (*s₁*),	*20* Anschluß für Wählhebel,	*30* Leitrad,
10 großes Sonnenrad (*s₂*),	*21* Bremsband *B1*,	*31* Ölablaßschraube am Wandler

und so durch Ölzufuhr nach Kupplung *4* den Übergang vom 1. zum
2. Gang. Den zeitlich günstigen Zusammenhang zwischen dem Lösen
von *3* (Bremsband *B 1*) und Fassen der Kupplung *4* überwacht das
Kontrollventil *28*. Das Umschalten 1—2 geht bei gedrosseltem Motor
zwischen 19 und 29 km/h, bei Vollgas zwischen 73 und 83 km/h vor sich.

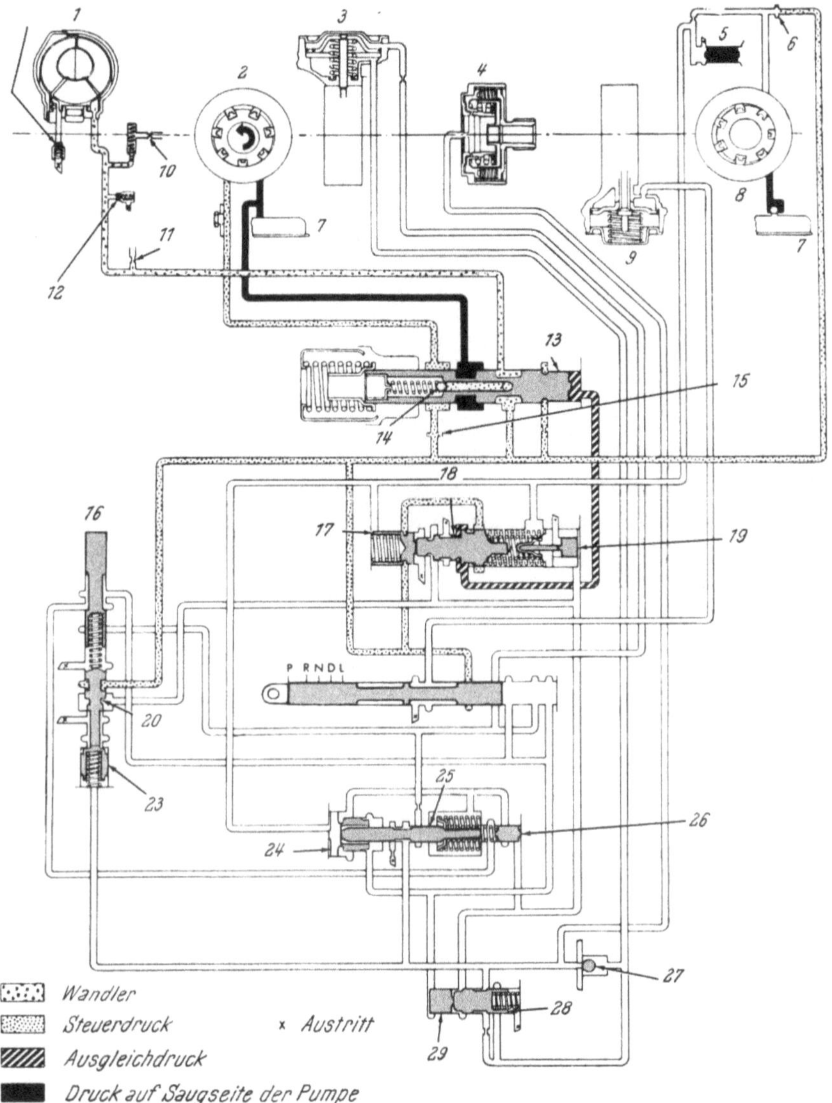

Abb. 244. Hydraulische Steueranlage des Zweigang-*Fordomatic*-Getriebes, Stellung P

Ventil am Wandler-
abfluß,
vordere Ölpumpe,
Betätigungskolben des
Bremsbandes *B 1*,
Kupplung *K*,
Regler,
Rückschlagventil der
hinteren Ölpumpe,
Ölsieb,

8 hintere Ölpumpe,
9 Kolben für Bremsband *B2*,
10 Schmieröffnung vorn,
11 Schmieröffnung hinten,
12 Überdruckventil am
Wandlerzufluß,
13 Druckregelventil,
14 Überdruckventil,
15 Rückschlagventil der
vorderen Ölpumpe.

16 Rückschaltventil,
17 Unterbrecherkolben für
Kompensierdruck,
18 Kompensierventil,
19 Kolben für Drossel-
klappendruck,
20 Drosselklappen-
ventil,
P R N D L Wählschieber,
23 Druckpunktkolben,

24 Kolben für Regler-
druck,
25 Umschaltventil 1−2,
26 Ventil zur Reduktion des
Drosselklappendruckes,
27 Nebenschluß-Rück-
schlagventil,
28 Ventil zur Kontrolle der
Düse,
29 Kolben zu *28*

Das Rückschalten 2—1 kann der Fahrer mit dem Gaspedal, das auf
das Rückschaltventil *16* wirkt, auslösen. Der Druckpunktkolben *23*
macht dabei durch einen am Gashebel auftretenden Widerstand (Druckpunkt) darauf aufmerksam, daß bei weiterem Durchtreten eine Rückschaltung erfolgt, wenn die Geschwindigkeit unter 73 bis 82 km/h liegt.
Im Leerlauf schaltet das Getriebe automatisch zwischen 14 und 23 km/h
auf den 1. Gang zurück.

Stellt man den Wählschieber *21* auf L, so wird der Schaltschieber im
Umschaltventil 1—2 (*25*) in die Stellung für den 1. Gang, in Abb. 244
also nach links gedrückt und dort festgehalten.

Im Rückwärtsgang läßt der Schaltschieber *21* Drucköl zum Servoelement *9* fließen, wodurch mittels des Servoelementes *9* das Bremsband *B 2* angezogen wird.

d) Das *Powerglide*-Getriebe für den Chevrolet *Corvair*

Eine der größten Sensationen im Automobilbau war das Erscheinen
des Chevrolet *Corvair*. Die USA waren das Land, in dem die
klassische Form des Automobils mit vorne liegendem, wassergekühltem
Motor und angeflanschtem Zahnradgetriebe, Kardanwelle und Antrieb
der beiden starr verbundenen Hinterräder zur höchsten Blüte gebracht

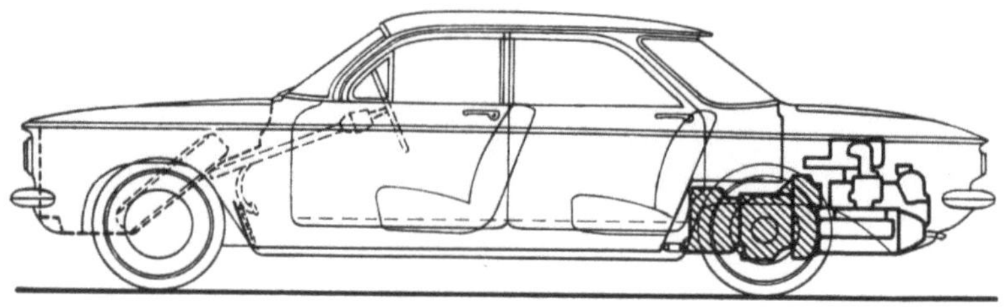

Abb. 245. Anordnung des automatischen Getriebes im Chevrolet *Corvair*

worden ist, eine Bauform, die eindeutig an Stückzahlen den Markt be-
herrscht. Mit dieser Tradition brach der *Corvair*, dessen luftgekühlter
Heckmotor (Sechszylinder-Boxer) direkt über Pendelachsen die Hinterräder antreibt. Abb. 245 zeigt einen Schnitt durch den Wagen mit der
Anordnung des automatischen Getriebes, die hier in erster Linie interessiert. Zwischen dem hinten liegenden Motor und der zur Zeichenebene senkrechten Hinterachse findet der hydrodynamische Wandler
Platz, während das Zahnradgetriebe, eine Planetengetriebekette I, *vor*
dem Hinterachsantrieb angebracht ist.

Diese Anordnung, Motor hinter und Getriebe vor der Hinterachse,
weisen fast alle Wagen mit Heckmotor auf, z. B. *Volkswagen*, Renault
Dauphine, Simca *1000* u. a. m. Dabei wird die Motorleistung durch eine
Welle, die über der Hinterachse liegt, nach vorn zum Getriebe und von

dort zurück zum Hinterachswinkelgetriebe (Differential) geführt. Im großen Gang ist somit eine direkte Übertragung nicht möglich. Man benötigt eine Zahnradpaar, einmal zur Rückleitung der Leistung, zum anderen, um von der Höhe der oben liegenden Welle zwischen Motor und Getriebe auf die Höhe des Hinterachsantriebes herunterzukommen. Dieses Paar wird aber nur ungern in Kauf genommen; wenn es auch eine von 1:1 abweichende Übersetzung im großen Gang erlaubt, so würde man schon aus Geräuschgründen gerade in dem am meisten benutzten obersten Gang auf eine direkte Übertragung sehr viel Wert legen. Die Konstrukteure des *Corvair*-Getriebes lösten diese Aufgabe in geschickter Weise, indem sie davon Gebrauch machten, daß bei einem Antrieb der Hinterachse mit Hypoidzahnrädern die beiden Drehachsen stark untereinander versetzt sind, Abb. 246. Gerade diese Versetzung der Achsen hat in den letzten Jahren zu fast allgemeiner Einführung der Hypoidverzahnung bei der oben skizzierten Standardbauform des Automobils geführt,

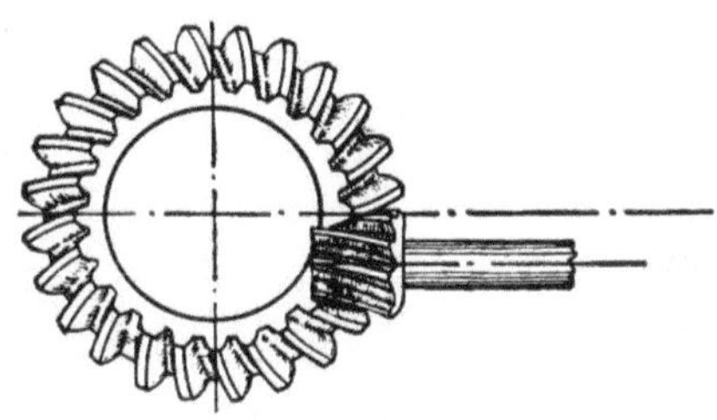

Abb. 246. Versetzung der Achsen bei einem Hypoidantrieb

weil so die Kardanwelle tiefer gelegt und damit der lästige Kardantunnel mitten durch den Wagen niedriger gehalten werden konnte.

Das Schema des *Powerglide*-Getriebes für den *Corvair* in Abb. 247 zeigt, wie die Welle von der Turbine T des Wandlers rechts zur links liegenden Getriebekette I läuft. Von dort führt dann eine die Antriebswelle umschließende Hohlwelle als Abtrieb 2 zurück zum Ritzelrad des Hypoidantriebes. Aus dem Schnittbild des Getriebes, Abb. 248, entnimmt man, daß sogar drei Hohlwellen konzentrisch ineinanderliegen. Die innere (in Abb. 247 nicht eingezeichnete) Hohlwelle treibt die ganz links liegende Ölpumpe 1 an. Der Hohlraum dieser Welle dient als Ölverbindung zwischen Wandler und Zahnradgetriebe. Das ist nötig, weil das für den Wandler und die hydraulische Steuereinrichtung benutzte Öl wohl die Schmierung des Getriebes, nicht aber die des Hypoidantriebes übernehmen kann. Das hierzu erforderliche Hypoid-Spezialöl eignet sich hinwiederum nicht für den Wandler. Der Hinterachsantrieb hat so seine eigene Schmierung, während in dem automatischen Getriebe trotz der räumlichen Trennung von Wandler und Planetensatz nur *ein* Ölkreislauf vorliegt.

Das Getriebe selbst bietet keine Besonderheiten. Die hydraulische Schaltautomatik, die die Befehle des Fahrers an das Getriebe weitergibt und in der Fahrstellung D automatisch zwischen dem 1. und 2. Gang wählt, ist so aufgebaut wie die Steuereinrichtung des verwandten *Tempestorque*-Getriebes, das im nächsten Abschnitt behandelt wird.

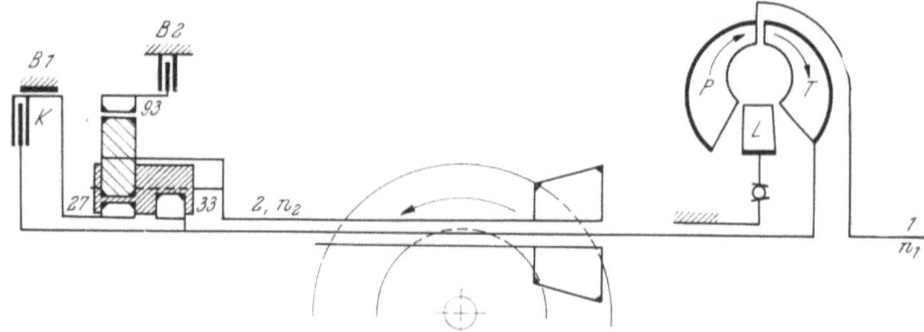

Gang	Kupplung K	Bremse		Übersetzung i	Momentwandlung im Start
		$B1$	$B2$		
1		●		1,82	4,73
2	●			1	
R			●	− 1,82	− 4,73

Abb. 247. Schematischer Aufbau des *Powerglide*-Getriebes für den CHEVROLET *Corvair*; K Kupplung für den 2. Gang, $B1$ Bremsband für den 1. Gang, $B2$ Kupplungsbremse für den Rückwärtsgang, P Pumpe, T Turbine, L Leitrad, 1 An- und 2 Abtrieb

Abb. 248. Schnitt durch das *Corvair-Powerglide*-Getriebe mit Hinterachsantrieb

1 vordere Ölpumpe,
2 Bremsband $B1$,
3 Kupplung K,
4 Planetengetriebekette I,
5 Lamellenbremse $B2$,
6 Kolben zur Betätigung von *5*,
7 hintere Ölpumpe,
8 innere Hohlwelle zum Antrieb der Ölpumpe *1*,
9 mittlere Hohlwelle als Verbindung zwischen Turbine und Sonnenrad s_2 des Planetengetriebes *4*,
10 äußere Hohlwelle als Abtriebswelle,
11 Hypoidantriebszahnrad (Ritzel),
12 Pumpenrad,
13 Leitrad,
14 Anlaßzahnkranz,
15 Freilauf,
16 Turbine,
17 Antriebsscheibe als Verbindung zum Motor,
18 Steuerapparat,
19 Betätigungskolben für Bremsband $B1$

e) Das *Tempestorque*-Getriebe für den PONTIAC *Tempest*

Auch beim Entwurf des PONTIAC *Tempest* gingen die amerikanischen Konstrukteure eigenwillige Wege. Man hielt zwar an dem Grundprinzip der Standardbauweise, vorne liegender Motor mit Antrieb der Hinter-

Abb. 249. Der Antrieb im PONTIAC *Tempest*

räder, fest. Um aber den voluminösen und störenden Kardantunnel möglichst weit zu verkleinern, legte man Getriebe (transmission) und Hinterachsantrieb (axle) zusammen, was auch für die Bezeichnung „transaxle" gilt, die diese kombinierte Einrichtung erhielt. Zur Über-

Abb. 250. Das „transaxle" des PONTIAC *Tempest*; rechts der hydraulische Wandler, links das Planetengetriebe, in der Mitte der Hinterachsantrieb

tragung der Motorleistung von vorn nach hinten dient eine relativ dünne, biegsame Stahlwelle, Abb. 249, die in einem flachen Bogen längs der Unterseite des Wagenkörpers geführt wird. An der Hinterachse kommt man so zu einer baulichen Einheit von Wandler, Zahnradgetriebe und Hinterachsantrieb, Abb. 250, die der Anordnung beim *Corvair*-Getriebe sehr ähnlich ist.

Wie das Schema in Abb. 251 und das Schnittbild nebst perspektivischer Darstellung in Abb. 252 erkennen lassen, führen wieder drei konzentrische Hohlwellen über die Hinterachse. Die innere Welle, die gleichzeitig Ölleitung zwischen Wandler und Getriebe ist, treibt vom Motor aus das Pumpenrad des hinten fliegend angebauten *Trilok*-Wandlers an. Über die mittlere Hohlwelle schickt die Turbine die Leistung zum Planetengetriebe (Kette I). Der Abtrieb erfolgt dann über die äußere Hohlwelle zum Ritzelrad des Hypoidpaares. Dieser Leistungsfluß ermöglicht ohne jeden zusätzlichen Bauaufwand eine Leistungsverzweigung im 2.,

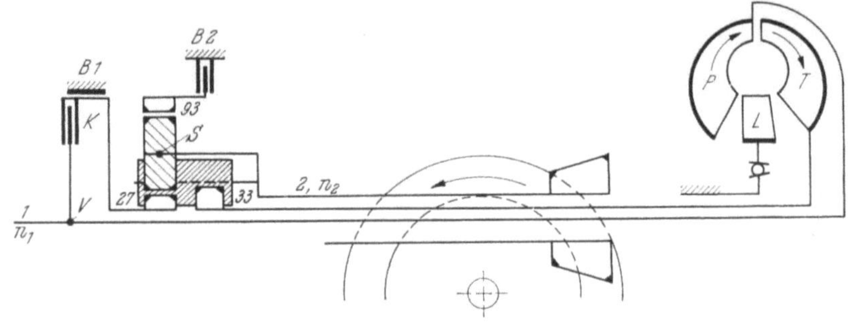

Gang	Kupplung K	Bremse		Übersetzung i	Momentwandlung im Start
		$B1$	$B2$		
1		●		1,82	4,4
2	●			1	LV
R			●	− 1,82	− 4,4

Abb. 251. Schema des *Tempestorque*-Getriebes für den Pontiac *Tempest*; *K* Kupplung für den 2. Gang, *B1* Bremsband für den 1. Gang, *B2* Lamellenbremse für den Rückwärtsgang, *V* Verzweigungs- und *S* Sammelpunkt der Leistungsverzweigung, *P* Pumpenrad, *T* Turbine, *L* Leitrad, *1* An- und *2* Abtrieb

dem direkten Gang. Die Kupplung K (s. Abb. 251) verbindet hier nicht wie im *Powerglide*-Getriebe des *Corvair*, s. Abb. 247, die beiden Sonnenräder, sondern sie führt einen Teil (45%) der im Punkte V aufgeteilten Leistung dem 1. Sonnenrad zu, während der restliche Teil über den Wandler zum 2. Sonnenrad geht. Über den Sammelpunkt S fließt dann die Gesamtleistung zum Abtrieb *2*. Der Verlauf der Momentenwandlung und des Wirkungsgrades über dem Drehzahlverhältnis ψ in Abb. 253 zeigt die Auswirkung der Leistungsverzweigung. Gerade in dem Bereich hoher Drehzahlverhältnisse, der im Fahrbetrieb am meisten interessiert, ist die Verbesserung des Wirkungsgrades erheblich.

Der Schaltplan der Steuerung des *Tempestorque*-Getriebes, der dem des *Corvair Powerglide* entspricht, lehnt sich an das schon mehrfach beschriebene Schema an. Aus Gründen der Vereinfachung hat man bei beiden Getrieben auf eine Parksperre verzichtet. Weiterhin begnügt man sich beim *Tempestorque*, Abb. 254, mit einer Ölpumpe, während das *Corvair*-Getriebe zwei besitzt. Den Öldruck steuert das Druckregelventil *5* in Abhängigkeit von dem Druck, der im Ventil *10* durch den Unter-

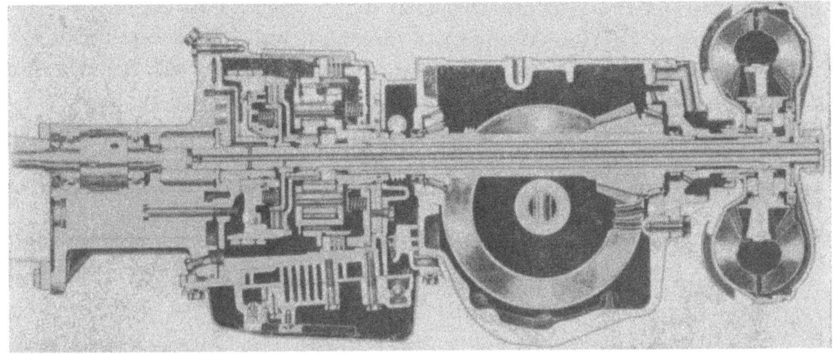

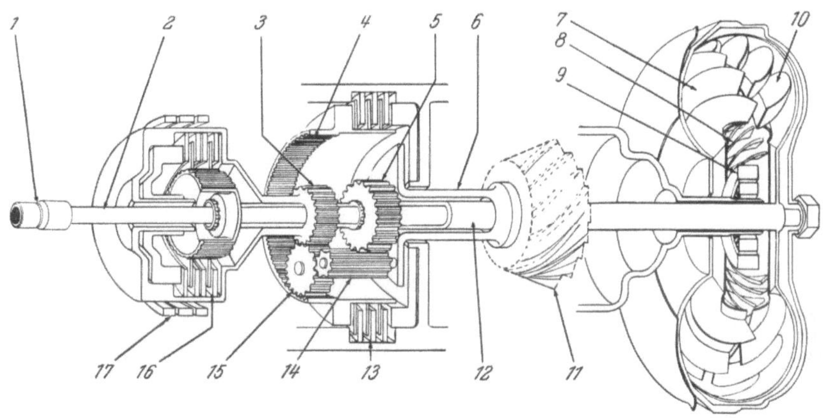

Abb. 252. Aufbau des *Tempestorque*-Getriebes für den PONTIAC *Tempest*

1 Anschlußstück,	*6* Abtriebswelle,	*12* Turbinenwelle,
2 Antriebswelle zur Pumpe	*7* Pumpenrad,	*13* Lamellenbremse $B2$,
des Wandlers,	*8* Leitrad,	*14* Planetenrad p_2,
3 Sonnenrad s_1,	*9* Freilauf,	*15* Planetenrad p_1,
4 Außenrad,	*10* Turbine,	*16* Kupplung K,
5 Sonnenrad s_2,	*11* Hypoidantriebszahnrad,	*17* Bremsband $B1$

druck im Saugrohr des Motors moduliert wird. Auf diesen Steuerdruck wirkt über das Ventil *12* auch die Stellung der Gasdrossel ein. Dabei wird durch einen Widerstand am Gaspedal (Druckpunkt) dem Fahrer angezeigt, daß bei weiterem Durchtreten mit einem Rückschalten 2—1 gerechnet werden muß (kick-down).

Da nur zwei Gänge automatisch zu schalten sind, ist die Arbeitsweise der Steuereinrichtung nach Abb. 254 einfach und daher leicht zu verstehen. Dargestellt ist der Betriebszustand, wenn der Wählschieber *14* in die Stellung D gebracht ist. Die Pfeile in den dunkel gezeichneten Ölleitungen geben den Verlauf des Drucköls an. Von der Pumpe *3* geht über den Druckregler *5* Öl zum Wandler, weiterhin zum Druckmodulator *10* und über den Wählschieber *14* direkt zum Kolben *11* für das Bremsband (*B 1*). Damit steht das Getriebe im 1. Gang, s. Schema in Abb. 251.

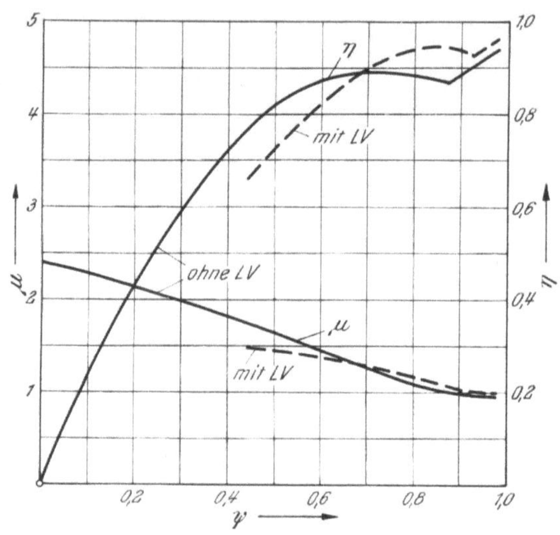

Abb. 253. Auswirkung der Leistungsverzweigung beim *Tempestorque*-Getriebe

Wenn der vom Fliehkraftregler *6* in Abhängigkeit von der Fahrgeschwindigkeit gesteuerte Druck genügend hoch ist, so überwindet er den Feder- und Ölgegendruck im Umschaltventil *8* und bewegt den Schieber nach rechts. Damit gelangt Öldruck auf die Löseseite des Bremsbandkolbens *11* und auf die Kupplung *7*. Aber erst wenn die Kupplung *7* anfängt zu fassen, kann sich auf der Oberseite des Kolbens *11* ein Druck ausbilden, der zum Lösen der Bremse führt. Für das beim Rückschalten 2—1 besonders wichtige zeitlich richtige Überschneiden der Schaltvorgänge sorgen die Abstimmventile *9* und *13*.

Die hydraulische Steuerung des *Powerglide*- und *Tempestorque*-Getriebes hat folgendes Schaltprogramm [252]:

Hochschaltungen 1—2

  mit gedrosseltem Motor .... bei 16 bis 20 km/h,
  mit Vollgas .... bei 55 bis 65 km/h,
  mit Übergas (Druckpunkt) ...... bei 65 bis 75 km/h;

Rückschaltungen 2—1

    mit Leergas .... bei 13 bis 19 km/h,
    mit Vollgas .... bei 37 bis 47 km/h,
    mit Übergas (Druckpunkt) ...... bei 60 bis 70 km/h.

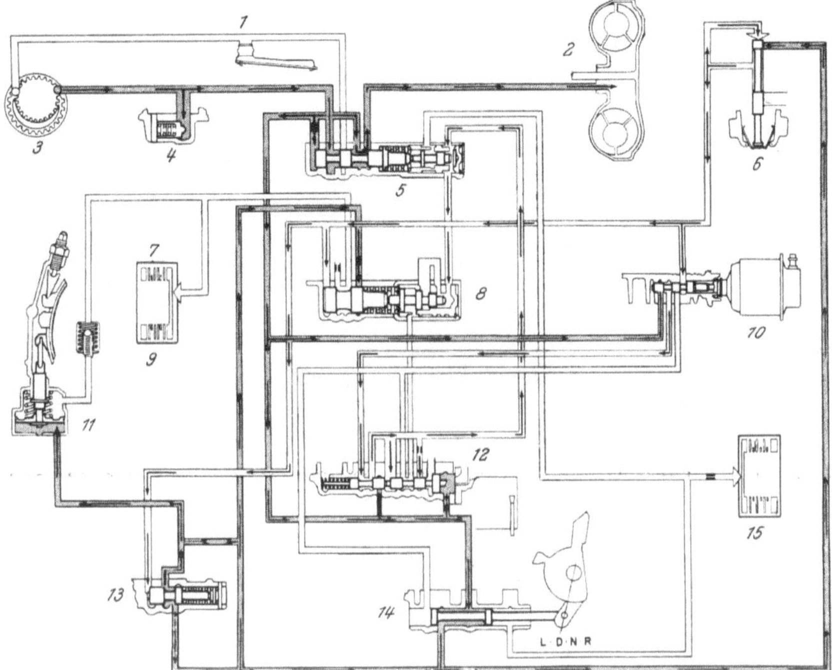

Abb. 254. Hydraulische Steueranlage des *Tempestorque*-Getriebes, Stellung D

1 Ölsieb,	*8* Umschaltventil 1—2,	*12* Druckpunkt- und Gas-
2 Wandler,	*9* Abstimmventil für Rück-	drosselventil,
3 Ölpumpe,	schaltung bei schieben-	*13* Abstimmventil für Rück-
4 Überdruckventil,	dem Wagen,	schaltung 2—1,
5 Druckregelventil,	*10* Modulierventil,	*14* Wählschieber,
6 Fliehkraftregler,	*11* Betätigung für Brems-	*15* Bremse *B2*
7 Kupplung *K*,	band *B1*,	

Wenn der Wählschieber *14* auf L steht, so schickt er Drucköl über das
Modulierventil *10* und das Ventil *12* auf die Federseite des Umschaltventils *12*. Der Schieber wird nach links in die Stellung für den 1. Gang
gedrückt und dort festgehalten, solange die Höchstdrehzahl des Motors
nicht überschritten wird. Anderenfalls ist der vom Modulator *10* gesteuerte Öldruck groß genug, um eine Hochschaltung 1—2 vorzunehmen
oder eine Rückschaltung 2—1 zu verhindern.

    In der Stellung R fließt vom Wählschieber *14* Drucköl direkt auf die
Lamellenbremse *15* (Bremse *B2* in Abb. 251) und gleichzeitig auf die

Federkammer des Druckregelventils *5*, um den Arbeitsdruck für den Rückwärtsgang wegen der Größe des in *15* abzustützenden Reaktionsmomentes zu erhöhen.

f) Das *Dual Path Turbine Drive*-Getriebe für den BUICK *Special*

Das automatische Getriebe, das BUICK für den Compact Car *Special* konstruierte, weicht in seinem Aufbau und in seiner Arbeitsweise am weitesten von den bisherigen Getriebeausführungen ab. Wie das Schema in Abb. 255 und noch mehr das Schnittbild, Abb. 256, und der Blick in das Getriebe, Abb. 257, aufzeigen, ist in das Innere eines dreiteiligen *Trilok*-Wandlers noch eine Kupplung ($K\,1$) und das gesamte Planetengetriebe untergebracht. Das an den Wandler anschließende Gehäuse enthält nur Servoelemente und zwar noch eine weitere Kupplung $K\,2$ sowie zwei Bremsen, die in Form von Lamellenbremsen gebaut sind, und die beiden Freilaufsperren $F\,1$ und $F\,2$.

Für den 1. Gang in der Wählhebelstellung D wird die Bremse $B\,2$ betätigt. Die Motorleistung geht über die Antriebswelle *1* an das Pumpenrad P und wird von dort auf die Turbine T übertragen, die dann das Außenrad des Planetensatzes antreibt. Das Leitrad stützt sich beim Anfahren mit der Sperre des Freilaufes $F\,1$

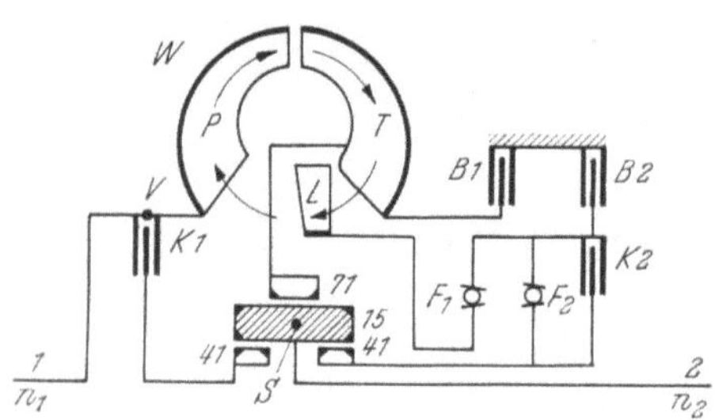

Wählhebelstellung	Gang	Kupplung		Bremse		Übersetzung i	Momentwandlung	
		$K\,1$	$K\,2$	$B\,1$	$B\,2$		im Wandler W	gesamt im Start
D	1				●	1,58	2,5	3,95
	2	●			●	1	Leistungsverzweigung	
L	1		●		●	1,58	2,5	3,95
R	R		●	●		2,73	− 1,5	− 4,1

Abb. 255. Schematischer Aufbau des *Dual Path Turbine Drive*-Getriebes für den BUICK *Special*; $K\,1$ Kupplung, W Wandler, P Pumpe, T Turbine, L Leitrad, $B\,1$ und $B\,2$ Bremsen, $K\,2$ Kupplung, $F\,1$ und $F\,2$ Freilaufsperren, V Verzweigungs- und S Sammelpunkt der Leistungsverzweigung, *1* An- und *2* Abtrieb

und das hintere Sonnenrad über den Freilauf $F\,2$ gegen Fest (Gehäuse) ab, weil der Außenkranz der beiden Freilaufsperren durch die Bremse $B\,2$ festgehalten wird. So tritt im Planetensatz eine Übersetzung $i_\mathrm{I} = 1{,}58$ auf, die zusammen mit der Anfahrwandlung des FÖTTINGER-Getriebes auf eine Momentwandlung im Start von 3,95 führt.

Wenn der rollende Wagen den Motor anzutreiben sucht, löst sich das hintere Sonnenrad im Freilauf $F\,2$; somit besteht dann kein Kraftschluß zwischen Motor und Antriebsrädern. Um in diesem Fall mit dem

Motor bremsen zu können, müßte das Sonnenrad in beiden Drehrichtungen gesperrt sein. Das geschieht in der Wählhebelstellung L durch die Kupplung *K 2*, die dann zusammen mit der Bremse *B 2* das Sonnenrad festhält.

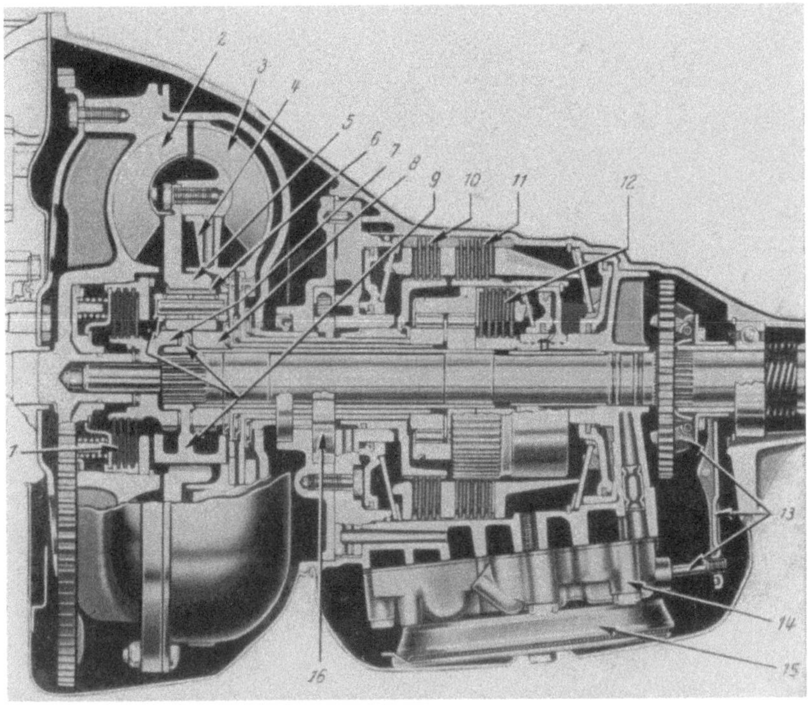

Abb. 256. Schnitt durch das *Dual Path Turbine Drive*-Getriebe

1 Kupplung *K 1*,	*7* vorderes und	*12* Kupplung *K 2*,
2 Pumpenrad,	*8* hinteres Sonnenrad,	*13* Fliehkraftregler,
3 Turbine,	*9* Planetenträger,	*14* Ventilgehäuse,
4 Leitrad,	*10* Lamellenbremse *B 1*,	*15* Ölsieb,
5 Außenrad,	*11* Bremse *B 2*,	*16* Ölpumpe
6 Planetenrad,		

Im 2., dem direkten Gang bleibt die Bremse *B 2* wirksam; zusätzlich wird die Kupplung *K 1* geschlossen. Es ist dann die Antriebswelle sowohl mit dem Pumpenrad als auch mit dem vorderen Sonnenrad verbunden. Vom Punkt *V* ab wird somit die Eingangsleistung auf zwei Wegen weitergeleitet, was Anlaß zu dem Namen des Getriebes *Dual Path Turbine Drive* gab. Wie bereits im Abschnitt über Leistungsverzweigung dargelegt worden ist, s. S. 148, gehen 63% der Leistung über den hydrodynamischen Wandler und die restlichen 37% direkt zum Planetensatz.

Im Planetenträger werden die Leistungszweige gesammelt (*S*) und von
dort dem Abtrieb zugeführt.

In Abb. 258 sind die Kennlinien des *Dual Path Turbine Drive*-Ge-
triebes in Abhängigkeit vom Drehzahlverhältnis aufgetragen. Der Gewinn
durch die Leistungsverzweigung wird noch deutlicher, wenn man die

Abb. 257. Blick in das *Dual Path Turbine Drive*-Getriebe; *1* Wandlerdeckel, *2* Pumpenrad, *3* Freilauf *F 1*, *4* Lamellenbremse B_2 und Kupplung K_2, *5* Leitrad, *6* Kupplung *K 1*, *7* Planetenrad

Fahrtzustandskurven aufzeichnet, Abb. 259. Über der Fahrgeschwindigkeit oder der Abtriebsdrehzahl ist der Verlauf von Motordrehzahl n_1,
vom Momentenverhältnis μ und Wirkungsgrad η angegeben, wobei die
Drehzahlen auf die Höchstdrehzahl $n_{1\,\mathrm{max}}$ des Motors bezogen sind. Durch
die Leistungsverzweigung wird die Motordrehzahl gedrückt; es ist zwar
die Momentwandlung kleiner, der Wirkungsgrad η ist jedoch im gesamten Fahrbereich (vom Anfahrgebiet abgesehen) sehr verbessert.

Völlig neuartig und daher äußerst interessant ist der Aufbau des Rückwärtsganges. Die Umkehr der Drehrichtung erfolgt hier nicht, wie es sonst stets üblich ist, im Zahnradgetriebe, sondern im Wandler. Hierzu wird mittels der Bremse $B\,1$ das Turbinenrad T festgehalten (s. Abb. 255). Es lenkt dann die aus dem Pumpenrad P kommende Strömung so um, daß das Leitrad L jetzt als Hilfsturbine in der verglichen mit dem Pumpenrad umgekehrten Drehrichtung läuft. Die Wandlung des Momentes im Start beträgt $\dfrac{M_L}{M_P} = {}$ $= -1{,}5$. Was hier wirksam wird, ist nichts anderes als das Differenzmoment $(M_T - M_P)$, das in jedem *Trilok*-Wandler beim Start von der Sperre des Leitradfreilaufes gegen das Gehäuse abgestützt werden muß. Dieses Drehmoment führt man über die geschlossene Kupplung $K\,2$ zum hinteren Sonnenrad des Planetengetriebes. Da zusammen mit der Turbine das Außenrad festgebremst ist, ergibt sich eine Übersetzung $i_R = 2{,}73$, die zusammen mit der hydraulischen Wandlung eine Anfahrwandlung im Rückwärtsgang von $-4{,}1$ liefert. Dabei kann der Motor die Festbremsdrehzahl nicht überschreiten.

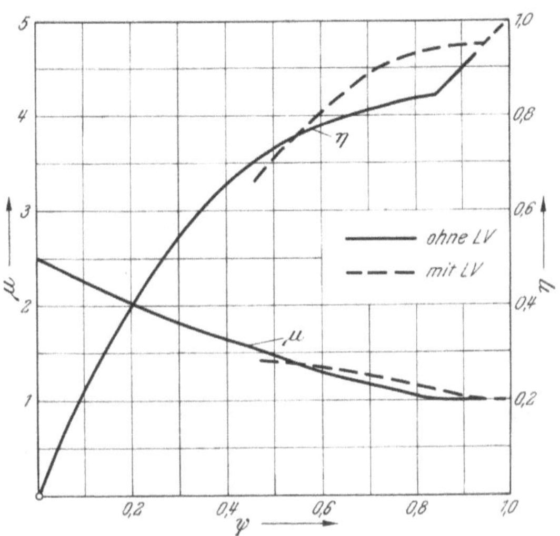

Abb. 258. Kennlinien des *Dual Path Turbine Drive*-Getriebes; Auswirkung der Leistungsverzweigung

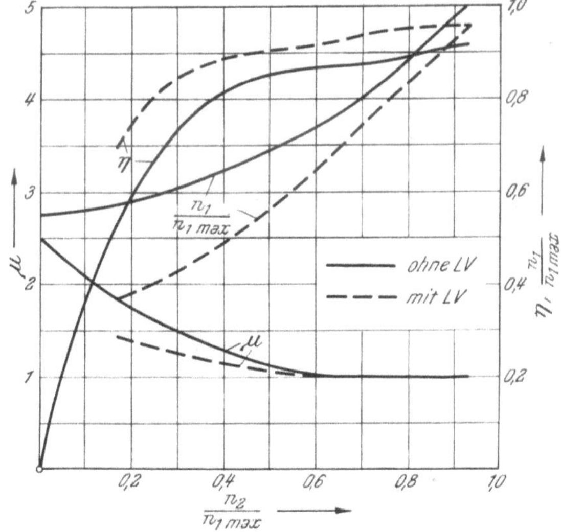

Abb. 259. Fahrtzustandskurven mit dem *Dual Path Turbine Drive*-Getriebe; Auswirkung der Leistungsverzweigung

Der hydraulische Schaltplan des *Dual Path Turbine Drive*-Getriebes, Abb. 260, und die Arbeitsweise der Steuerung sind sehr übersichtlich. Der Öldruck wird von einer doppelt wirkenden Flügelpumpe *3* und *4* geliefert, die bereits an Hand von Abb. 57 auf S. 61 beschrieben wurde. Das Druckregelventil *10* stellt, gesteuert vom Gasdrosselventil *21* und damit in Abhängigkeit von der zu übertragenden Leistung, einen Arbeitsöldruck zwischen 5 und 8,5 kp/cm² ein. Bei hohen Motordrehzahlen

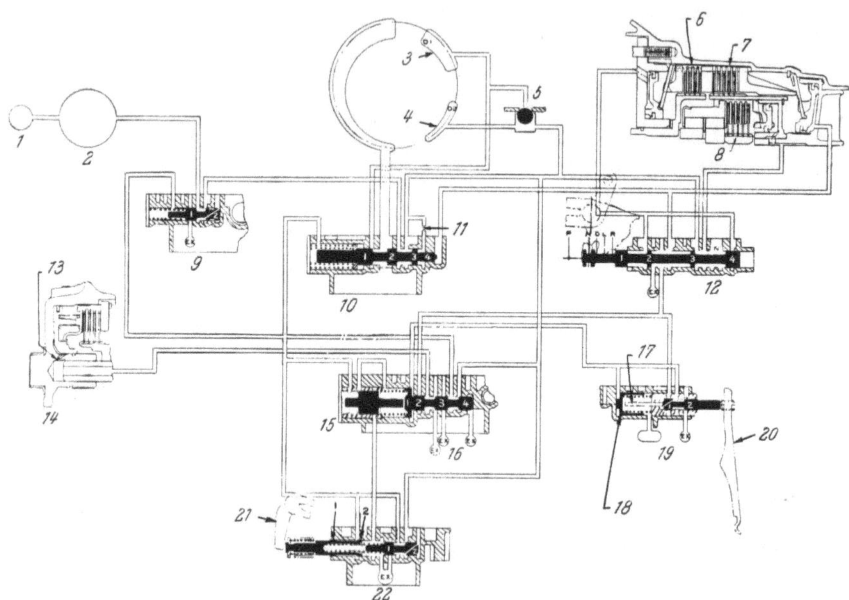

Abb. 260. Steuerschema des *Dual Path Turbine Drive*-Getriebes, Stellung N

1 Schmierung,	*9* Regelventil für Wandleröldruck,	*17* Stift,
2 Wandler,	*10* Hauptdruckregler,	*18* Reglerventil,
3 äußere und	*11* Drossel,	*19* Steuerventil,
4 innere Ölpumpe,	*12* Wählschieber,	*20* Hebel des Fliehkraftreglers,
5 Rückschlagventil,	*13* Drossel,	*21* Hebel zur Gasdrossel,
6 Bremse *B 1*,	*14* Kupplung *K 1*,	*22* Steuerventil für Öldruck
7 Bremse *B 2*,	*15* Regler zum Schaltventil,	abhängig von der Gas-
8 Kupplung *K 2*,	*16* Schaltventil,	drosselstellung

wird die äußere, größere Ölpumpe vom Druckregelventil *10* durch Verbinden von Saug- und Druckseite kurzgeschlossen und damit die für den Antrieb der Ölpumpe nötige Leistung herabgesetzt.

Der Fahrer bringt mit dem Wählhebel den Wählschieber *12* in eine der Betriebsstellungen P, N, D, L oder R. Für den gewöhnlichen Fahrbetrieb kommt die Lage D zur Anwendung. Im Start, wenn vom Fliehkraftregler *17* noch kein Steuerdruck auf das Umschaltventil *16* kommt, ist nur der Ringkolben der Bremse *B 1* unter Drucköl, das in beiden Vorwärtsstellungen D und L direkt vom Wählschieber *12* dorthin gelangt.

Das Umschalten 1—2 und 2—1 erfolgt wieder in Abhängigkeit der Steuerdrücke vom Fliehkraftregler *17* und des Gasdrosselventils *22*. Wie das Schaltschema im unteren Teil der Abb. 255 zeigt, ist für das Umschalten wegen der Mitwirkung des Freilaufes *F 2* nur ein einziger Schaltvorgang auszuführen, das Schließen oder Lösen der Kupplung *K 1*. Man konnte daher auf Abstimm- und Sperrventile verzichten und erhielt so den denkbar einfachsten Ausbau der Steuereinrichtung, s. Abb. 260. Vom Druckpunktventil *22* wird über die Verbindung *21* zum Gaspedal dem Fahrer durch einen Druckpunkt angezeigt, daß bei weiterem Durchtreten des Gaspedals ein Umschalten 2—1 erfolgt.

Die Abb. 256 und 257 lassen erkennen, daß man im Streben nach einfachen, kostensparenden Bauformen und nach geringem Gewicht das gesamte Getriebegehäuse als ein einziges Bauteil, ein Gußstück, ausgeführt hat. Durch diese und andere Maßnahmen ist es gelungen, das Gewicht des *Dual Path Turbine Drive*-Getriebes mit 43 kp (einschließlich der Ölfüllung von 5 kp) im Vergleich zu dem wahlweise angebotenen handgeschalteten Dreiganggetriebe um 5 kp leichter auszuführen. Das ist ein ungewöhnlicher Erfolg, wenn man berücksichtigt, daß im allgemeinen die automatischen Automobilgetriebe etwas schwerer sind als die entsprechenden Handschaltgetriebe, wenn auch dieser Unterschied im Zuge der technischen Entwicklung kleiner geworden ist.

Zusammenfassend ist festzustellen, daß es den Amerikanern mit den automatischen Getrieben für die Compact Cars gelungen ist nachzuweisen, daß sich ihre Anwendung auch bei hydrodynamischer Kraftübertragung durchaus für kleinere und leistungsschwächere Wagen eignet, wie sie u. a. in der europäischen Mittelklasse vorliegen. Es scheint sich eine Standardlösung herauszuschälen, bei der ein dreiteiliger FÖTTINGER-Wandler nach dem *Trilok*-Prinzip mit einer Planetengetriebekette I oder II zusammenarbeitet. Man will auf keinen Fall auf das geradezu ideale Arbeiten der FÖTTINGER-Getriebe für das Anfahren verzichten. Die Anfahrwandlung im hydraulischen Teil liegt etwa zwischen 2 und 2,4. Die Entwicklung der allerjüngsten Zeit läßt vermuten, daß ein Nachschaltgetriebe mit drei Gängen (wie bei der Kette II) die gestellte Aufgabe besser bewältigt als die Zweiganggetriebe, denen man zunächst (wohl aus Preisgründen) den Vorzug gab. Noch preisgünstiger als die Getriebekette II ist eine Getriebe*reihe* aus zwei einfachen, völlig gleich gebauten Planetensätzen; hierauf kommen wir im nächsten Kapitel zurück.

Wenn auch in den USA die Compact Cars in letzter Zeit mehr und mehr an Interesse verlieren und man sich wieder den größeren Wagen zuwendet, so wird man doch die Getriebekonstruktionen für die Compact Cars, die in der Tabelle 10 noch einmal mit ihren wesentlichen Daten zusammengestellt sind, beachten müssen.

Tabelle 10. *Die automatischen Automobil-*

Allgemeine Angaben				Hydrodynamische Übertragung			
						Wirkungsgrad	
Hersteller	Bezeichnung	Baujahr	eingebaut in	Art	Moment-wandlung im Start	η_{max}	bei $\frac{n_2}{n_1}$
General Motors Corporation (GMC)	Hydramatic 61—05, Hydramatic 240 (hier „Ausf. C" genannt)	1960	Oldsmobile, Vauxhall, Opel		1,30		
Borg-Warner	Borg-Warner 35	1962	Austin, Daimler, Ford, Hillmann, MG, Morris, Riley, Singer, Wolseley, Rover, Standard	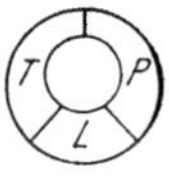	2,15 2	0,89 0,90	0,77 0,80
Chrysler	Torqueflite	1960	Plymouth, Valiant, Lancer	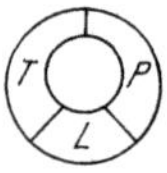	2,4	0,89	0,74
Ford	Fordomatic (Mercomatic)	1960	Ford Falcon, Mercury, Comet	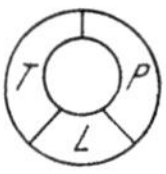	2,4		
Chevrolet (GMC)	Powerglide	1960	Corvair	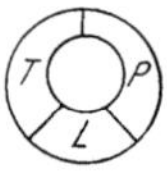	2,4		
Pontiac (GMC)	Tempestorque	1960	Tempest, Star Chief, Bonneville, Grand Prix	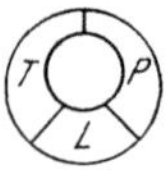	2,4	0,89 0,94	0,70 0,84
Buick (GMC)	Dual Path Turbine Drive	1960	Buick Special	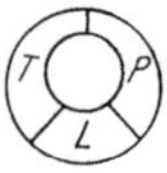	2,5, im R-Gang — 1,5	0,84 0,95	0,83 0,94

getriebe für Compact Cars

mit $\frac{M_2}{M_1}$	Kupplungs-punkt	Art	Zahl	davon auto-matisch	Über-setzungen	Wählhebel-stellungen	L = Luft W = Wasser	LV = Leistungs-verzweigung	Schema in
		2 Pla-neten-sätze	3	3	3,03 1,58 1 —2,50	P N D S L R	L	Über-brückungs-kupplung im 2. Gang, LV im im 3. Gang	Abb. 174
1,16 1,12	0,87 0,90	Kette II	3	3	2,39 1,45 1 —2,09	L D N R P	L	⌀ 280 mm ⌀ 242 mm	Abb. 234
1,21	0,87	2 Pla-neten-sätze	3	3	2,45 1,45 1 —2,20	L 2 D N R	W		Abb. 238
		Kette I	2	2	1,75 1 —1,5	P R N D L	L	Über-setzungen ab 1962: 1,82 1 — 1,73	Abb. 242
		Kette I	2	2	1,82 1 —1,82	L D N R	L		Abb. 247
1,27 1,13	0,87 0,93	Kette I	2	2	1,82 1 —1,82	R N D L	L	LV im 2. Gang	Abb. 251
1,01 1,02	0,84 0,95	1 Pla-neten-satz	2	2	1,58 1 —2,73	P N D L R	L	LV im 2. Gang	Abb. 255

4. Neue automatische Automobilgetriebe aus den USA für die Modelle 1964

Mit der Ankündigung der Automobilmodelle 1964 stellten die USA neue automatische Getriebe vor. FORD hat das *Cruiseomatic*-Getriebe (s. S. 240) leicht geändert; an die Stelle der bisherigen Getriebekette II tritt eine Planetengetriebereihe, die aus zwei gleichgebauten Planetensätzen besteht.

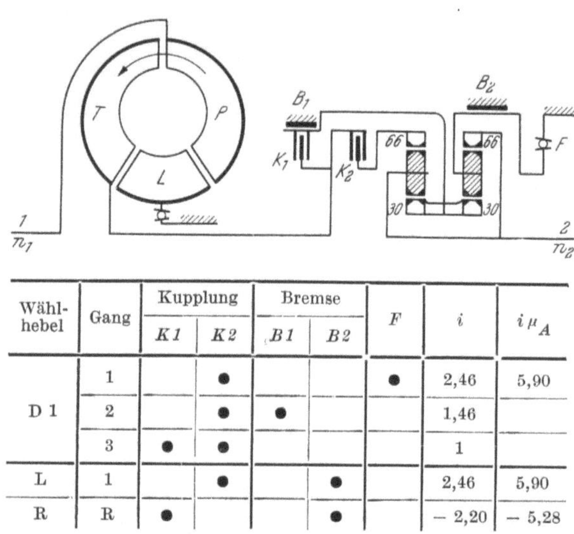

Wähl-hebel	Gang	Kupplung		Bremse		F	i	$i\,\mu_A$
		$K1$	$K2$	$B1$	$B2$			
D 1	1		●			●	2,46	5,90
	2		●	●			1,46	
	3	●	●				1	
L	1		●		●		2,46	5,90
R	R	●			●		$-\,2,20$	$-\,5,28$

Abb. 261. Schematischer Aufbau des *Cruiseomatic*-Getriebes 1964 von FORD; T Turbine, L Leitrad, P Pumpe, $K1$ und $K2$ Lamellenkupplungen, $B1$ und $B2$ Bandbremsen, F Freilaufsperre, 1 An- und 2 Abtrieb mit den Drehzahlen n_1 und n_2

Einschneidender sind die Neukonstruktionen von GMC. Angezeigt werden fünf neue Getriebe:

von CADILLAC: *Turbo Hydramatic,*
von BUICK: *Super Turbine 400* und
Super Turbine 300,
von OLDSMOBILE: *Jetaway,*
von PONTIAC: *1964 Tempestorque.*

In Wirklichkeit handelt es sich aber nur um drei neue GMC-Getriebe, denn *Turbo-Hydramatic* und *Super Turbine 400* einerseits sowie *Super Turbine 300* und *Jetaway* anderseits sind einander gleich. Auch weisen alle Getriebe untereinander starke verwandtschaftliche Züge auf. Es ist für den Außenstehenden schwer abzuschätzen und an sich auch ohne Belang, an welchen Stellen der GMC die Entwicklung der neuen Getriebe vorgenommen wurde. Verschiedene Anzeichen lassen die Handschrift der bisherigen BUICK-Entwicklung beim *Super Turbine 300* und *Jetaway*-Getriebe erkennen, während die GMC-HYDRAMATIC-DIVISION für *Turbo Hydramatic* und *Super Turbine 400* verantwortlich ist.

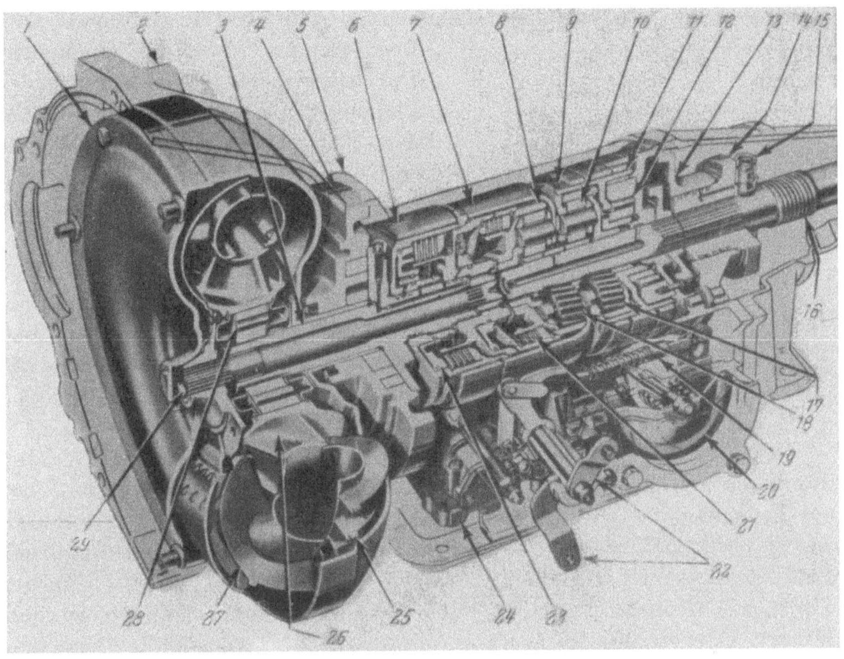

Abb. 262. Blick in das *Cruiseomatic*-Getriebe von FORD

1 Wandler,
2 Wandlergehäuse,
3 Leitradlagerung,
4 Ölpumpe,
5 Gehäuse,
6 Bremsband *B1*,
7 Verbindungsglocke,
8 Außenrad des 1. Planetensatzes,
9 Bremstrommel,
10 Außenrad des 2. Planetensatzes,

11 Bremsband *B2*,
12 Freilaufsperre,
13 Ölverteilungsmanschette,
14 Ölverteiler für Fliehkraftregler *15*,
16 Tachometerantrieb,
17 Planetenträger des 1. und
18 des 2. Planetensatzes,
19 Verbindung zur Parksperre,
20 Servoelement für Bremse *B2*,

21 Kupplung *K2*,
22 Steuerhebel,
23 Kupplung *K1*,
24 Steuerventilkörper,
25 Pumpenrad,
26 Leitrad,
27 Turbine,
28 Freilauf,
29 Antriebswelle

a) Das *Cruiseomatic*-Getriebe 1964 von FORD

In der obigen Beschreibung der Planetengetriebe ist auf S. 41 dargelegt worden, wie man in der Kette II ein Getriebe mit drei Vorwärtsgängen erhält. An Servoeinrichtungen sind zwei Kupplungen und zwei Bremsen erforderlich, denen zur Schalterleichterung meist noch ein Freilauf (s. Abb. 225 auf S. 243) beigefügt ist. Das Getriebe besitzt mit zwei Sonnenrädern, den langen und kurzen Planetenrädern und dem Außenrad fünf verschiedene Arten von Zahnrädern. Zum gleichen Ziel, einem Getriebe mit drei Vorwärtsgängen, gelangt man mit einer Planetengetriebe*reihe*, die aus zwei gleichgebauten einfachen Planetensätzen besteht, wie als Beispiel das Schema des neuen *Cruiseomatic*-Getriebes von FORD in Abb. 261 zeigt. Für den Aufbau der verschiedenen Übersetzungsstufen, den Gängen, dienen auch hier zwei Kupplungen, zwei Bremsen und eine Freilaufsperre. Durch den gleichen Aufbau der beiden Planetensätze erhält man gegenüber der Kette II jedoch den Vorteil, daß nur drei Zahnradarten benötigt werden. Schon aus diesem Grunde hat in den neuen Dreiganggetrieben aus den USA für die Modelle 1964 die Planetengetriebereihe die Kette II verdrängt. Getriebe dieser Art sind bereits früher von CHRYSLER gebaut worden, s. Abb. 228 auf S. 245 und Abb. 231 auf S. 247.

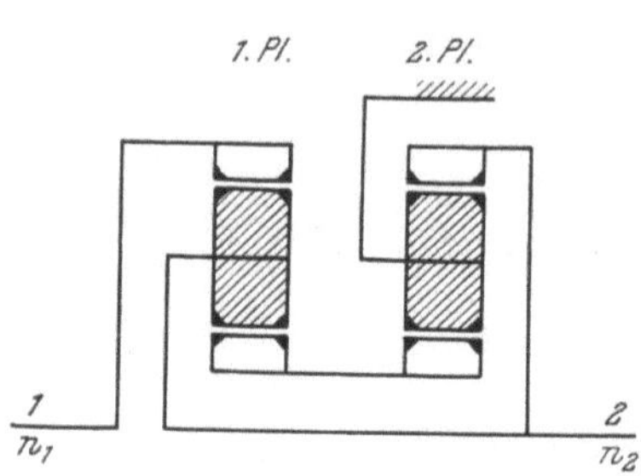

Abb. 263. Doppelbindung der beiden Planetensätze im *Cruiseomatic*-Getriebe 1964 für den 1. Gang

Das *Cruiseomatic*-Getriebe von FORD, Abb. 262, weist im 1. Gang durch die Wirkung der Kupplung *K 2* und des Bremsbandes *B 2* (bzw. der Freilaufsperre *F*) eine Doppelbindung der beiden Planetensätze auf, wie sie Abb. 263 zeigt. Diese Form der Verbindung von zwei gleichen Planetensätzen ist bereits auf S. 36 an Hand von Abb. 31 für das *Torqueflite*-Getriebe von CHRYSLER dargestellt und behandelt worden. Für die Übersetzung im 1. Gang (i_I) gilt die dort abgeleitete Beziehung

$$i_\mathrm{I} = 2 + \frac{z_s}{z_a},$$

was mit den in Abb. 261 angegebenen Zähnezahlen des neuen *Cruiseomatic*-Getriebes auf die Übersetzung $i_\mathrm{I} = 2{,}46$ führt.

Im 2. Gang ist nur der 1. Planetensatz wirksam, der 2. läuft leer um. Durch die Bremse *B 1* wird das Doppelsonnenrad festgehalten. Somit ist nach Tabelle 2, letzte Zeile,

$$i_\mathrm{II} = 1 + \frac{z_s}{z_a},$$

das dann hier $i_\mathrm{II} = 1{,}46$ ergibt.

Im 3. Gang sind durch die Kupplungen *K 1* und *K 2* Sonnen- und Außenrad des 1. Planetensatzes miteinander verbunden; der Satz läuft als Block um, es ist $i_\mathrm{III} = 1$.

Im Rückwärtsgang erfolgt die Übersetzung und Richtungsumkehr im 2. Planetensatz. Über die Kupplung *K 1* wird das Sonnenrad ange-

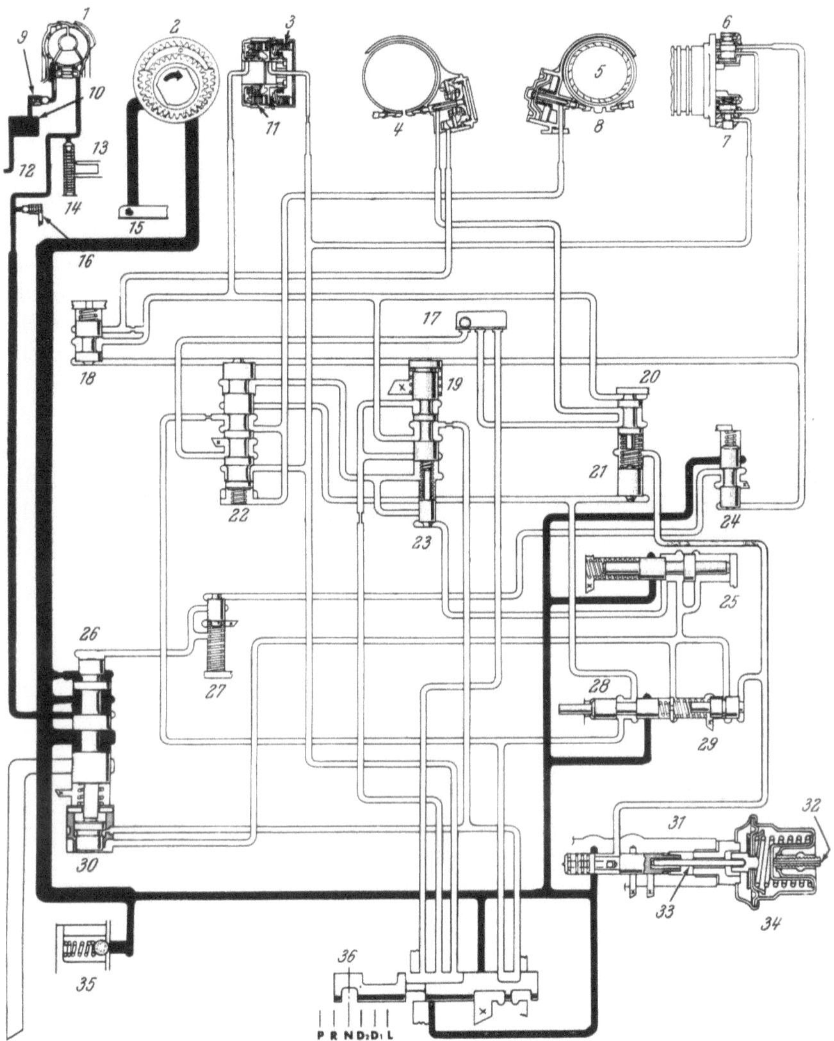

Abb. 264. Schaltanlage für das *Cruiseomatic*-Getriebe; Leergang bei stehendem Wagen und leerlaufendem Motor

1 Wandler,	15 Ölsieb,	25 Drosselventil,
2 Ölpumpe,	16 Überdruckventil,	26 Druckregelschieber,
3 Kupplung *K2*,	17 Pendelrückschlagventil	27 Reduzierventil,
4 Bremsband *B1*,	mit Kugel,	28 Rückschaltventil,
5 Freilaufsperre *F*,	18 3—2-Schubsteuerventil,	29 Gasdrosselventil,
6 1. und	19 2—3-Umschaltschieber,	30 Druckventil,
7 2. Fliehkraftregler,	20 Rückschlagventil,	31 Modulierventil,
8 Bremsband *B2*,	21 Ventil für handgeschal-	32 Anschluß zum Ansaugrohr,
9 Rückschlagventil,	teten 1. Gang (Stel-	33 Steuerstab,
10 Ölkühler,	lung L),	34 Unterdruckmembran,
11 Kupplung *K1*,	22 1—2 Umschaltschieber,	35 Überdruckventil,
12 und 13 Schmierung,	23 Gasdrosselmodulierventil,	36 Wählhebelschieber
14 Rücklaufventil,	24 Ausschaltventil,	(Bereichswahl)

trieben. Die Bremse $B\,2$ hält den Planetenträger fest. Nach Tabelle 2, 2. Zeile, ist dann

$$i_R = -\frac{z_a}{z_s},$$

was mit den angegebenen Zähnezahlen $i_R = -2{,}20$ ergibt.

Die hydraulische Schaltanlage des neuen Getriebes, Abb. 264, ist gegenüber der früheren Ausführung nach Abb. 220 etwas vereinfacht. Im Sinne der Kosteneinsparung hat man auf die zweite, die hintere Ölpumpe, verzichtet und begnügt sich mit einer einfachen Zahnradpumpe mit Innenverzahnung (22). In der Wählhebelstellung D 1 schaltet die Automatik in bekannter Weise in Abhängigkeit von der Gasdrosselwirkung (Unterdruck im Ansaugrohr) und der Fahrgeschwindigkeit zwischen dem 1., dem 2. und dem 3. Gang. In der Stellung D 2 wird im 2. Gang angefahren und nur zwischen dem 2. und 3. Gang automatisch geschaltet, während in der Stellung L das Getriebe im 1. Gang bleibt. Wenn man während der Fahrt den Wählhebel auf L stellt, so erfolgt je nach Fahrgeschwindigkeit das Rückschalten 3—2 und schließlich 2—1, aber kein Hochschalten.

b) Das *Turbo Hydramatic*-Getriebe für CADILLAC und das BUICK *Super Turbine 400*-Getriebe

Diese beiden Getriebe sind von gleichem Aufbau. Wie das Schema in Abb. 265 darlegt, findet auch hier eine Planetengetriebereihe mit

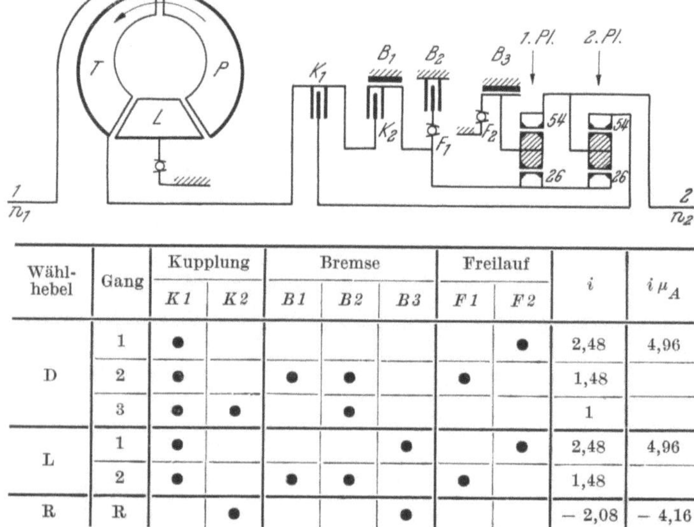

Wählhebel	Gang	Kupplung		Bremse			Freilauf		i	$i\,\mu_A$
		$K\,1$	$K\,2$	$B\,1$	$B\,2$	$B\,3$	$F\,1$	$F\,2$		
D	1	●						●	2,48	4,96
	2	●		●	●		●		1,48	
	3	●	●		●				1	
L	1	●				●		●	2,48	4,96
	2	●		●	●		●		1,48	
R	R		●			●			− 2,08	− 4,16

Abb. 265. Aufbau des CADILLAC *Turbo Hydramatic*- und des *Super Turbine 400*-Getriebes von BUICK; *T* Turbine, *L* Leitrad, *P* Pumpe, *K 1* und *K 2* Lamellenkupplungen, *B 1*, *B 2* und *B 3* Bremsen, *F 1* und *F 2* Freilaufsperren, 1. Pl. 1. und 2. Pl. 2. Planetensatz, *1* An- und *2* Abtrieb mit den Drehzahlen n_1 und n_2

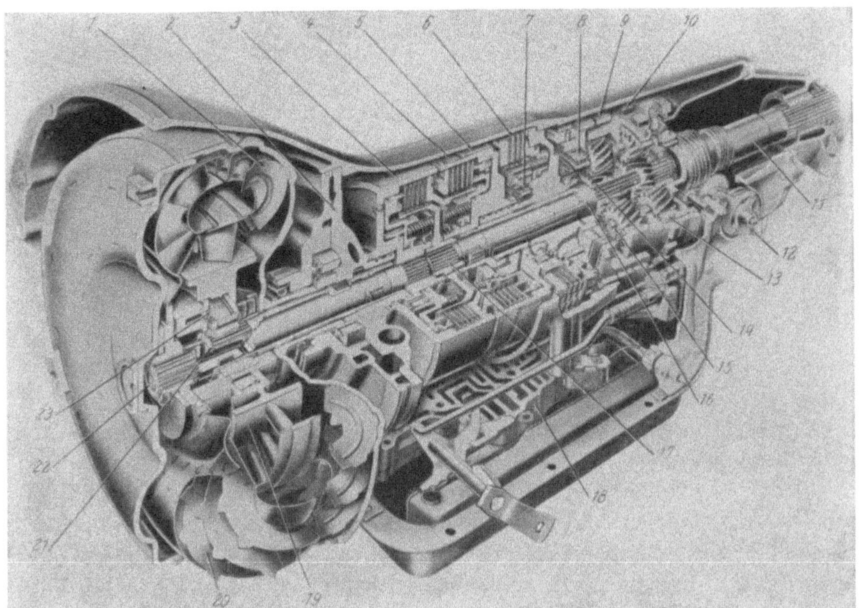

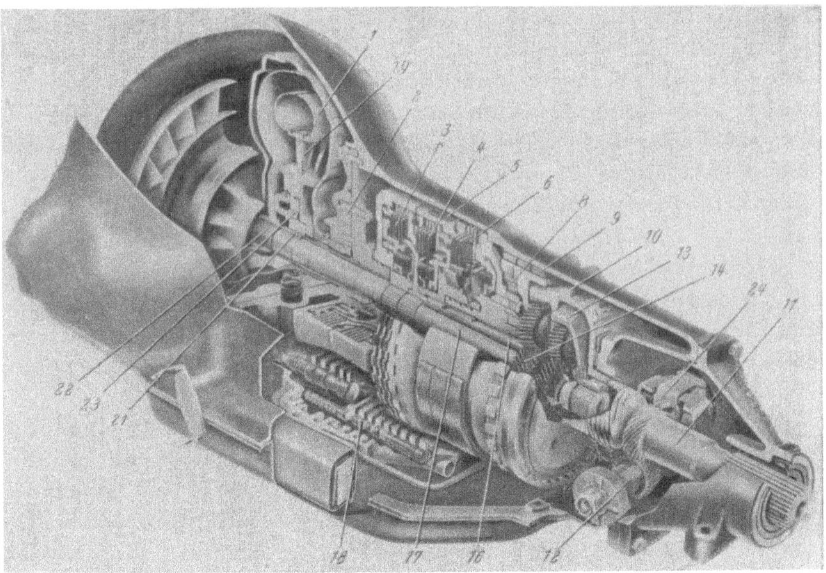

Abb. 266. Oben Schnittbild des *Turbo Hydramatic*- und unten des *Super Turbine 400*-Getriebes

1 Pumpe,
2 Halterung für die Druck-
   ölpumpe,
3 Kupplung *K 1*,
4 Kupplung *K 2*,
5 Bremsband *B 1*,
6 Lamellenbremse *B 2*,
7 Freilaufsperre *F 1*,
8 Freilaufsperre *F 2*,
9 Bremsband *B 3*,

10 Klinkenrad der Park-
   sperre,
11 Abtriebswelle,
12 Tachometerantrieb,
13 Außenrad des 2. Planetensatzes,
14 Sonnenrad des 1. Pla-
   netensatzes,
15 Planetenradträger des
   1. Planetensatzes,

16 Welle der beiden Sonnenräder,
17 Hauptwelle,
18 Schaltmechanismus,
19 Leitrad,
20 Turbine,
21 Leitradwelle,
22 Turbinenwelle,
23 Leitradfreilauf,
24 Fliehkraftregler

zwei einander gleichen Planetensätzen Anwendung. Gegenüber dem vorhin beschriebenen FORD-Getriebe haben hier die beiden Sätze ihren Platz vertauscht. Man kommt so zu einer Doppelbindung im 1. Gang, wie sie an Hand von Abb. 30 auf S. 35 bereits gezeigt wurde. Es ist demnach auch hier

$$i_{\mathrm{I}} = 2 + \frac{z_s}{z_a},$$

$$i_{\mathrm{II}} = 1 + \frac{z_s}{z_a},$$

$$i_R = - \frac{z_a}{z_s},$$

was mit den in Abb. 265 angegebenen Zähnzahlen die im unteren Bildteil eingetragenen Übersetzungen liefert.

Abb. 266 oben gibt einen Blick in das *Turbo Hydramatic*-Getriebe für die CADILLAC-Wagen und Abb. 266 unten in das BUICK *Super Turbine 400*-Getriebe. Zu Erleichterung des Vergleiches erhielten die einander entsprechenden Einzelteile in beiden Getriebebildern die gleichen Hinweisziffern. Die GMC hat bei dieser Neukonstruktion auf eine möglichst weitgehende hydrodynamische Wandlung des Drehmomentes verzichtet und diese Aufgabe im wesentlichen dem Planetengetriebe überlassen. Man konnte sich daher mit einer verhältnismäßig niedrigen Anfahrwandlung von $\mu_A = 2{,}15$ begnügen, da im Normalfahrbereich jetzt drei Getriebestufen zur Verfügung stehen. Besonderes Augenmerk hat man darauf gerichtet, die Umschaltvorgänge weich und stoßfrei, somit fast unmerklich zu gestalten. Hierzu nimmt man die beiden Freilaufsperren *F 1* und *F 2* zu Hilfe. Je eine der Sperren leitet den Schaltvorgang für den 1. und den 2. Gang ein, bis dann im 1. Gang (Stellung L) die Bremse *B 3* und im 2. Gang die Bremse *B 2* das Abstützmoment aufnimmt. Dabei ist die für den wichtigen 2. Gang verantwortliche Bremse *B 2* als Lamellenbremse ausgeführt, um ein weiches und zeitlich einwandfreies Fassen und Lösen sicherzustellen [269 a].

Den Aufbau und die Wirkungsweise der hydraulischen Schaltanlage für das *Turbo Hydramatic*-Getriebe zeigt Abb. 267; dargestellt ist die Stellung der Ventile im Leergang (Wählhebelstellung N) bei laufendem Motor. Eine vom Motor angetriebene Ölpumpe *5* mit Innenverzahnung sorgt für den Öldruck, dessen Höhe das Druckregelventil *6* proportional dem in das Planetengetriebe eingeleiteten Drehmoment einstellt. Dieses hängt vom Motordrehmoment und von dem Verhältnis μ in dem hydrodynamischen Wandler ab, und beide Einflüsse werden vom Modulierventil *10* über den Unterdruck im Ansaugrohr des Motors erfaßt. In diese Einrichtung ist bei *9* noch eine Aneroiddose eingefügt, um bei Fahrten in den Bergen eine Auswirkung der Luftdruckänderung auf die Schaltvorgänge zu unterdrücken. Auf das Modulierventil wird auch der

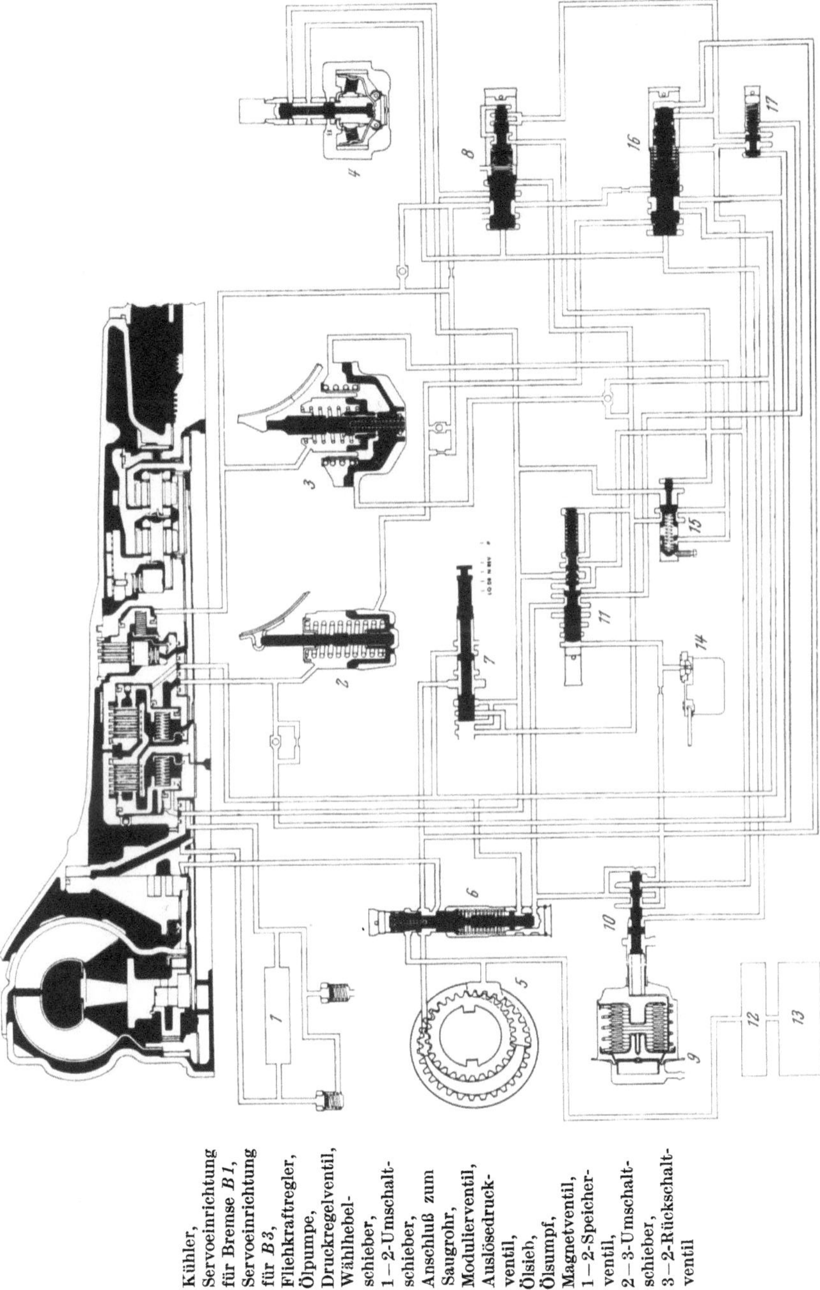

Abb. 267. Hydraulische Schaltanlage für das *Turbo Hydramatic*-Getriebe, Stellung N

1 Kühler,
2 Servoeinrichtung für Bremse *B 1*,
3 Servoeinrichtung für *B 3*,
4 Fliehkraftregler,
5 Ölpumpe,
6 Druckregelventil,
7 Wählhebelschieber,
8 1–2-Umschaltschieber,
9 Anschluß zum Saugrohr,
10 Modulierventil,
11 Auslösedruckventil,
12 Ölsieb,
13 Ölsumpf,
14 Magnetventil,
15 1–2-Speicherventil,
16 2–3-Umschaltschieber,
17 3–2-Rückschaltventil

vom Fliehkraftregler *4* in Abhängigkeit von der Fahrgeschwindigkeit gesteuerte Regeldruck gegeben.

In der Hauptfahrstellung D besorgen die Umschaltventile 1—2 (*8*) und 2—3 (*16*) in der bekannten Zusammenarbeit von Modulierdruck und Steuerdruck vom Fliehkraftregler das automatische Schalten der Gänge 1, 2 und 3. Wenn der 3. Gang erreicht ist, so schaltet das 3—2-Ventil *17* den Modulierdruck vom Umschaltventil 2—3 ab. Das ergibt im 3. Gang einen weiten Arbeitsbereich der Gasdrossel, ohne daß ein Rückschalten erfolgt. Durch kick-down (Übergas) kann das Rückschalten jedoch willkürlich vom Fahrer ausgelöst werden. Hierbei erhält in der Vollgasstellung ein elektrischer Schalter am Vergaser des Motors Kontakt und betätigt so das Magnetventil *14*, womit das Rückschalten eingeleitet wird.

c) Das BUICK *Super Turbine 300-*Getriebe und das *Jetaway-*Getriebe von OLDSMOBILE

Für die kleineren Wagentypen *Le Sabre* und *Special* entwickelte BUICK in seinem Programm für 1964 ein automatisches Getriebe mit zwei Vorwärtsgängen unter der Bezeichnung *Super Turbine 300.* Ein

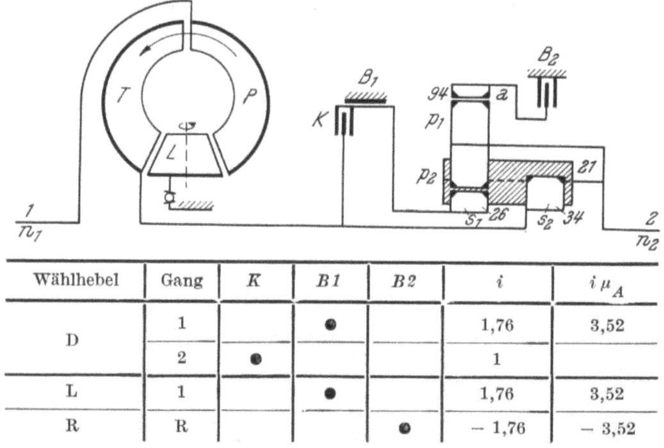

Wählhebel	Gang	K	B 1	B 2	i	$i\,\mu_A$
D	1		●		1,76	3,52
	2	●			1	
L	1		●		1,76	3,52
R	R			●	− 1,76	− 3,52

Abb. 268. Aufbau des BUICK *Super Turbine 300-* und des *Jetaway-*Getriebes (OLDSMOBILE); *T* Turbine, *P* Pumpe, *L* Leitrad mit verstellbaren Schaufeln, *K* Lamellenkupplung, *B 1* Bremsband, *B 2* Lamellenbremse, *a* Außenrad, p_1 kurzes und p_2 langes Planetenrad, s_1 kleines und s_2 großes Sonnenrad, *1* An- und *2* Abtrieb mit den Drehzahlen n_1 und n_2, $i = \dfrac{n_1}{n_2}$, μ_A = Momentsteigerung im Wandler beim Start

Getriebe gleichen Aufbaues unter dem Namen *Jetaway* liefert OLDSMOBILE für seine Fahrzeuge. Es besteht aus einem dreiteiligen *Trilok-*Wandler mit einer nachgeschalteten Planetengetriebekette I, Abb. 268 und 269. Hier erreicht die Anfahrwandlung im hydrodynamischen Teil den Wert von $\mu_A = 2,75$ (bei V 8-Motoren 2,50) [242a].

In der Fahrstellung D wählt die hydraulische Schaltmechanik, Abb. 270, automatisch zwischen dem 1. und 2., dem direkten Gang, in Abhängigkeit von der Fahrgeschwindigkeit und dem Unterdruck im Ansaugrohr des Motors. Da im Vorwärtsbereich nur zwei Gänge zu

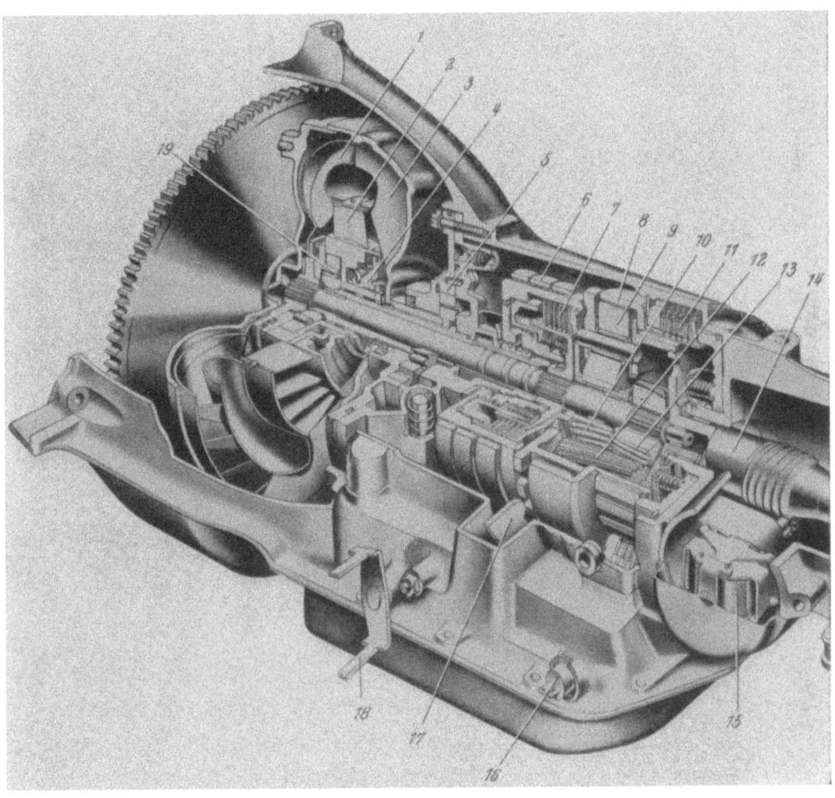

Abb. 269. Schnittbild des *Super Turbine 300*-Getriebes

1 Turbine,	*7* Lamellenkupplung K,	*14* Abtriebswelle,
2 Leitrad,	*8* Außenrad a,	*15* Fliehkraftregler,
3 Pumpe,	*9* kurzes Planetenrad p_1,	*16* Anschluß für das Magnetventil,
4 Kolben zur Verstellung	*10* kleines Sonnenrad s_1,	*17* Parksperre,
der Leitradschaufeln,	*11* Lamellenbremse $B2$,	*18* Verbindung zum Wähl-
5 Ölpumpe,	*12* langes Planetenrad p_2,	hebel am Lenkrad,
6 Bremsband $B1$,	*13* großes Sonnenrad s_2,	*19* Freilauf

schalten sind, ist die Anlage entsprechend einfach. Wieder kann durch Vollgasgeben mittels eines Schalters am Vergaser ein Stromkreis geschlossen werden, so daß über das Magnetventil *21* in einem bestimmten Geschwindigkeitsbereich ein Rückschalten vom 2. auf den 1. Gang ausgelöst wird.

So sinnvoll und nützlich dieses erzwungene Rückschalten durch kick-down (Übergas) auch ist, eine Einrichtung, die ja fast alle automatischen Automobilgetriebe aufweisen, so stellte sich in der Praxis

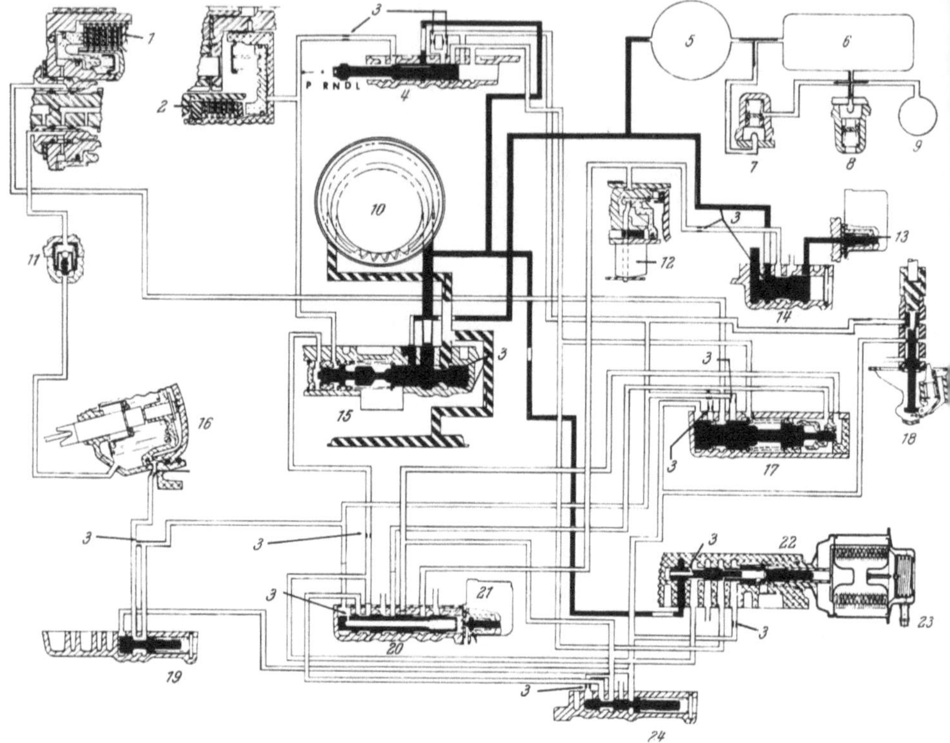

Abb. 270. Hydraulische Schaltmechanik für das *Jetaway*-Getriebe, Stellung N

1 Kupplung *K*,	11 Rückschaltabstimmventil bei schiebendem Wagen,	18 Fliehkraftregler,
2 Lamellenbremse *B2*,		19 Rückschaltventil (bei hohen Geschwindigkeiten),
3 Drossel,	12 Verstellung der Leitradschaufeln,	
4 Wählhebelschieber,	13 Magnetventil,	20 Auslösedruckventil,
5 Wandler,	14 Leitradschaufel-Steuerventil,	21 Magnetventil,
6 Kühler,		22 Modulierdruckventil,
7 Nebenschluß-Überdruckventil für Kühler,	15 Hauptdruckregelschieber,	23 Aneroid und Anschluß an Saugrohr,
8 Überdruckventil für Schmierung 9,	16 Servoeinrichtung für Bremsband *B1*,	24 Modulierdruck-Begrenzungsventil
10 Ölpumpe,	17 Umschaltventil,	

doch eine Schwäche heraus. Das kick-down ist nur wirksam bei Vollgas des Motors. Dabei wird oft die erzielte Beschleunigung, zumal bei Zweiganggetrieben der Sprung in der Übersetzung groß ist, und anschließend die Fahrgeschwindigkeit zu hoch. Nimmt der Fahrer nun das Gas etwas zurück, so reagiert das Getriebe darauf sofort mit Hochschalten, das aber oft noch gar nicht gewünscht wird. Diesen Mangel hat die GMC beim *Super Turbine 300-* und dem *Jetaway*-Getriebe behoben. Am Vergaser des Motors ist ein zweiter Schalter vorgesehen, der bei einer Gasdrosselstellung, die größer als 45° ist, ein 2. Magnetventil *13* betätigt. Hierdurch wird der Einstellwinkel der Leitradschaufeln von normal 32° auf 54° verstellt und damit die Motordrehzahl erhöht; bei Geschwindigkeiten über 18 km/h ist auch das Drehmoment größer.

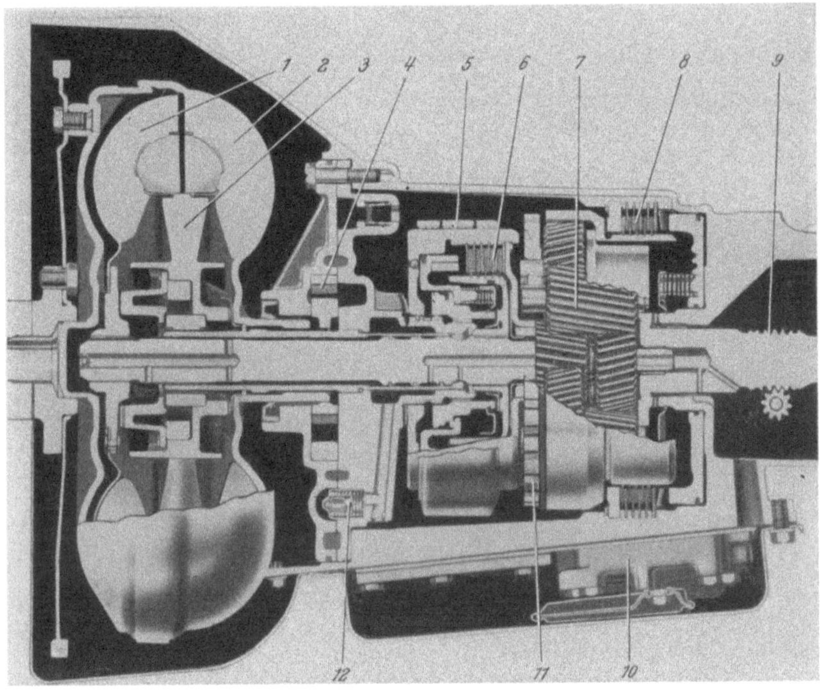

Abb. 271. Schnitt durch das *1964 Tempestorque*-Getriebe von PONTIAC; *1* Turbine, *2* Pumpe, *3* Leitrad, *4* Ölpumpe, *5* Bremsband *B1*, *6* Kupplung *K*, *7* Planetengetriebekette I, *8* Lamellenbremse *B2*, *9* Abtriebswelle, *10* Schaltmechanik, *11* Parksperre, *12* Überdruckventil

Die Verstellbarkeit der Leitradschaufeln hat im Jahre 1955 BUICK für Automobilgetriebe eingeführt; worüber auf S. 207 an Hand der Abb. 192, 193 und 194 ausführlich berichtet wurde. Die Erhöhung der Momentwandlung beim Umschalten des Leitrades übernimmt hier so die Aufgabe eines mechanischen Zwischengangs. Dieses „Rückschalten" geht sehr weich und völlig stoßfrei vor sich. Solange die Gasdrossel im oberen Bereich geöffnet ist, wird der große Schaufelwinkel am Leitrad beibehalten; ein automatisches „Hochschalten" durch Rückkehr zu dem

Tabelle 11. *Neue automatische*

| Allgemeine Angaben | | | Hydrodynamische Übertragung | |
Hersteller	Bezeichnung	eingebaut in	Art	Moment-wandlung im Start
Ford	Cruiseomatic	Galaxie 223 Six und 289 V 8, Fairlane		2,40 (2,02)
	Taunomatic (Ford X-P 3)	Taunus 17 M und 20 M		2,15
Cadillac (GMC)	Turbo Hydra-matic	Ville, Sixty special, Sedan, Eldorado		2,15
Buick (GMC)	Super Turbine 400	Riviera, Electra, Wildcat		2,15
Buick (GMC)	Super Turbine 300	Special, Le Sabre		2,75 (1,98) 2,50 (1,82)
Oldsmobile (GMC)	Jetaway	Jetstar 88, F 85		2,75 (1,98) 2,50 (1,82)
Pontiac (GMC)	1964 Tempes-torque	Tempest 215, Tempest V 8		2,80 2,50

Automobilgetriebe aus den USA für die Modelle 1964

| Planetengetriebe | | | | Küh-lung | Wählhebelstellungen | Bemerkung | Schema in |
| | Vorwärtsgänge | | Über-setzungen | L = Luft
W = Wasser | | | |
Art	Zahl	davon auto-matisch					
2 Pla-neten-sätze	3	3	2,46 1,46 1 — 2,20	W	P R N D 2 D 1 L	in den Taunus-Modellen P—R—N—2—3—L	Abb. 261
2 Pla-neten-sätze	3	3	2,48 1,48 1 — 2,08	W	P R N D L		Abb. 265
2 Pla-neten-sätze	3	3	2,48 1,48 1 — 2,08	W	P R N D L		Abb. 265
Kette I	2	2	1,76 1 — 1,76	W	P R N D L	veränderlicher Leitradschaufel-winkel (2 Stellungen)	Abb. 268
Kette I	2	2	1,76 1 — 1,76	W	P R N D L	veränderlicher Leitradschaufel-winkel (2 Stellungen)	Abb. 268
Kette I	2	2	1,76 1 — 1,76	L W	P R N D L		Abb. 271

normalen Leitradwinkel geht also erst bei Schließen der Gasdrossel auf
unter 45° oder bei entsprechend hohen Fahrgeschwindigkeiten vor sich.
Bei Übergas werden beide Magnetventile unter Strom gesetzt. Wenn
die Fahrgeschwindigkeit nicht zu hoch ist, erfolgt demnach ein Rückschalten auf den 1. Gang und eine Verstellung der Leitradschaufeln auf
den großen Wert.

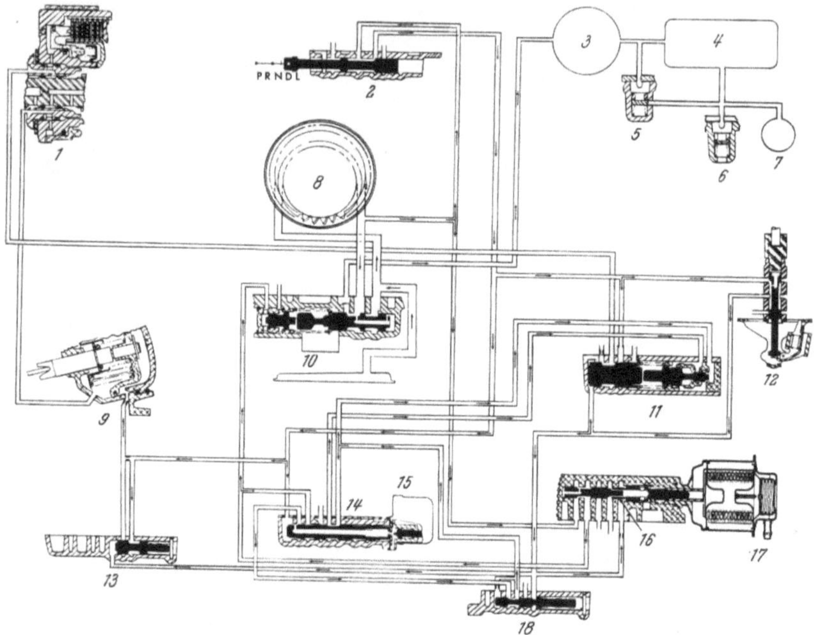

Abb. 272. Schaltplan der hydraulischen Anlage für das *1964 Tempestorque*-Getriebe

1 Kupplung K,	8 Ölpumpe,	14 Druckpunktventil,
2 Wählhebelschieber,	9 Servoeinrichtung für	15 Magnetventil,
3 Wandler,	Bremsband $B1$,	16 Unterdruckmodulier-
4 Kühler,	10 Hauptdruckregelschieber,	ventil,
5 Nebenschluß-Rück-	11 1—2-Umschaltschieber	17 Anschluß zum Saugrohr
schlagventil für Kühler,	und -steuerventil,	des Motors,
6 Überdruckventil für	12 Fliehkraftregler,	18 Modulierdruck-Begren-
Schmierung 7,	13 2—1-Rückschaltabstimmventil,	zungsventil

Sobald die Gasdrossel auf Leerlauf zurückgeht, wird unabhängig von
der Fahrgeschwindigkeit der große Leitradwinkel eingeschaltet. Damit
erreicht man einen guten Leerlauf des Motors, da jetzt seine Drehzahlen
im Verhältnis zur Turbinendrehzahl höher sein können. Außerdem wird
die Kriechneigung unterdrückt, weil im Stand nur eine Momentwandlung
von $\mu_A = 1,98$ (bei V 8-Motoren 1,82) vorliegt. Wenn jedoch der Gashebel
den Leerlaufanschlag verläßt, werden durch Unterbrechen des Stromes
zum Magnetventil *13* die Leitradschaufeln in die Normallage, also auf den
kleinen Winkel, gebracht, womit sich μ_A auf 2,75 (bzw. 2,50) erhöht.

d) Das 1964 *Tempestorque*-Getriebe

Um ein einfaches und daher preisgünstiges automatisches Automobilgetriebe zu erhalten, hat man in der oben beschriebenen *Jetaway*-Ausführung die Verstelleinrichtung der Leitradschaufeln weggelassen. So gelangte man zu dem *1964 Tempestorque*-Getriebe, Abb. 271. An dem sonstigen Aufbau und an den Übersetzungsverhältnissen hat sich kaum etwas verändert. Auch der hydraulische Schaltplan in Abb. 272 lehnt sich an die *Jetaway*-Anlage an, wie ein Vergleich mit Abb. 270 aufzeigt. Die Hilfseinrichtungen für das Verstellen der Leitradschaufeln konnten fortfallen.

Zusammenfassend ist festzustellen, daß die GMC in den neuen Getrieben die Vereinigung ihrer beiden, weiter oben dargelegten Entwicklungsrichtungen, die durch die Namen *Hydramatic* und *Dynaflow* gekennzeichnet sind, vorgenommen hat. Es schält sich auch hier, wie schon an anderer Stelle bemerkt wurde, als Endlösung die Verwendung eines einfachen *Trilok*-Wandlers in Verbindung mit einem automatisch geschalteten Zwei- oder Dreigang-Planetengetriebe heraus. Interessant bleibt dabei die Verwendung verstellbarer Leitradschaufeln in dem Zweiganggetriebe, eine letzte Erinnerung an die historische Buick-Entwicklung.

In der Tabelle 11 sind die wichtigsten Daten der neuen amerikanischen Getriebe für 1964 zusammengestellt.

C. Automatische Automobilgetriebe aus Europa

Es ist schon verschiedentlich in diesem Buch darauf hingewiesen worden, daß die europäischen Verhältnisse, sowohl von der Technik wie auch von der Mentalität der Menschen her, die Einführung automatischer Automobilgetriebe nicht so begünstigt haben wie in den USA. Es waren daher auch die Wagentypen, die in Größe und Ausstattung den amerikanischen Ausführungen noch am ehesten entsprachen und deshalb mit ihnen auf dem Weltmarkt konkurrierten und sogar auch nach den USA eingeführt wurden, die sich die Ausrüstung mit amerikanischen automatischen Getrieben erlaubten, z. B. Rolls Royce mit *Hydramatic*, Daimler-Benz mit Borg-Warner *Detroit Gear*. Diese beiden Getriebe wurden dann bald in Europa (England) hergestellt, *Hydramatic* bei Rolls Royce unter Lizenz und das *Detroit Gear* in einem Werk von Borg-Warner. Ihre Weiterentwicklung zu Bauformen, die dem europäischen Markt angepaßt sind, das Borg-Warner-*35*-Getriebe und das *Hydramatic*-Getriebe Ausf. *C*, die beide in den vorstehenden Abschnitten bereits beschrieben wurden, können daher ohne Bedenken den europäischen Getrieben zugezählt werden, denen die folgenden Kapitel gewidmet sind.

Rein europäischer Herkunft war das *Hansamatic*-Getriebe von BORG-
WARD, das erstmalig 1950 vorgestellt wurde. Es kam dann in dem
Hansa 2400-Wagen im Jahre 1952 auf den Markt, wurde aber später
durch das HOBBS-Getriebe aus England abgelöst. Ein Durchbruch zur
Automatik in Europa war damit keineswegs gelungen. Die Automobilhersteller vertraten nach wie vor die Ansicht, daß sich die relativ
leistungsschwachen europäischen Wagen nicht für die Verwendung automatischer Getriebe eignen. Es ist daher nicht ohne Reiz, daß 1958
gerade ein ausgesprochener Kleinwagen, der DAF aus Holland, ein
automatisches und sogar stufenlos veränderliches Getriebe aufwies und
die Kühnheit besaß, seinen Käufern nur diese Antriebsart und keine
andere Ausweichmöglichkeit anzubieten. Das DAF-*Variomatic*-Getriebe
blieb erfolgreich und setzte sich durch.

Weniger Glück hatten zwei englische Getriebeausführungen, das
Mechamatic-Getriebe von HOBBS und das Getriebe von SMITHS, das
unter der Bezeichnung *Autoselectric* oder *Easidrive* angeboten wurde.
Beide verzichteten auf eine hydrodynamische Kraftübertragung wegen
der unvermeidlichen Verluste. HOBBS löste das Problem mit öldruck-
betätigten Reibungskupplungen und einem Planetengetriebe mit vier
Vorwärtsgängen, die automatisch über eine Hydraulik gesteuert wurden,
während SMITHS elektrische Magnetpulverkupplungen anwandten und
auch das automatische Schalten des Zahnradgetriebes mit seinen drei
Gängen auf elektrischem Wege vornahmen. HOBBS verlor durch das Aus-
scheiden der Firma BORGWARD seinen besten Kunden und damit etwas
die Verbindung zum Markt. Die Arbeiten von SMITHS an den Magnetpulverkupplungen finden eine Neubelebung in dem 1963 erschienenen
T 124-Getriebe für den RENAULT *R 8* aus Frankreich.

Im Jahre 1961 kam nach jahrelanger Entwicklungsarbeit die DAIMLER-
BENZ AG mit einem eigenen automatischen Getriebe heraus, das zunächst
serienmäßig in den damals größten Wagen, den *300 SE*, nach und nach
aber in alle *Mercedes*-Typen auf Wunsch eingebaut wird.

Auf der Internationalen Automobil-Ausstellung (IAA) in Frankfurt
im Herbst 1963, deren Neuheiten gerade noch in dem vorliegenden Buch
Berücksichtigung finden, stellte die bekannte Getriebefirma ZAHNRAD-
FABRIK FRIEDRICHSHAFEN AG ihr in Zusammenarbeit mit dem Hause
FICHTEL & SACHS entwickeltes automatisches Getriebe unter dem Namen
ZF-Automat-Getriebe 3 HP-12 vor. Es eignet sich zur Verwendung in
Mittelklassewagen.

Alle Anzeichen deuten darauf hin, daß sich auch in Europa die automatischen Automobilgetriebe mehr und mehr einführen und an Boden
gewinnen. Es sieht dabei so aus, als wenn sich, nach einigen Geburts-
wehen und von Ausnahmen abgesehen, die Ausführungen durchsetzen,
die nach den großen Erfahrungen in den USA zur Zeit wohl das

Optimum in der Erfüllung der zahlreichen Wünsche darstellen: ein Planetengetriebe, automatisch unter Last schaltbar, dem die Leistung über einen FÖTTINGER-Wandler oder eine FÖTTINGER-Kupplung zugeführt wird.

1. Das Hansamatic-Getriebe von Borgward

Der BORGWARD *Hansa 2400*, auch der „Große BORGWARD" genannt, war der erste Personenwagen in Deutschland, der ab 1952 auf Wunsch mit einem automatischen Getriebe ausgerüstet werden konnte. Das *Hansamatic*-Getriebe, Abb. 273, hatte einen hydrodynamischen Dreh-

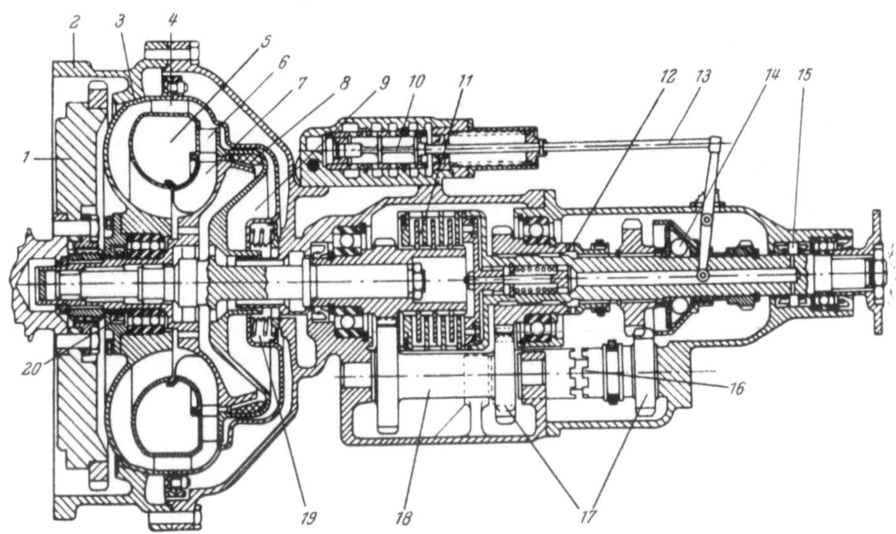

Abb. 273. Schnitt durch das *Hansamatic*-Getriebe von BORGWARD

1 Motorschwungrad,	*9* Hohlraum,	*16* Klauenkupplung für den
2 Getriebegehäuse,	*10* Steuerschieber,	Rückwärtsgang,
3 Konuskupplung,	*11* Lamellenkupplung,	*17* Zahnradsatz für den
4 Leitrad,	*12* Klauenkupplung für den	Rückwärtsgang,
5 Wandler,	1. Gang,	*18* Vorgelegewelle,
6 Turbine,	*13* Gestänge,	*19* Feder,
7 Pumpe,	*14* Fliehkraftregler,	*20* Freilauf
8 Konuskupplung,	*15* Druckölöfluß zu *11*,	

momentwandler *5* mit der hohen Anfahrwandlung von $\mu_A = 3{,}7$. Nachgeschaltet war ein Zahnradgetriebe mit Vorgelegewelle *18*, das einen Berggang mit der Übersetzung $i_I = 1{,}5$ und eine direkte Übertragung ($i_{II} = 1$) besaß. Der Querschnitt des FÖTTINGER-Wandlers und die Anordnung von Pumpe, Turbine und Leitrad wichen etwas von der heute fast ausschließlich angewandten Form ab. Das Leitrad *4* umfaßt den größeren Teil des Strömungskreises. Seine Außenfläche bildet das Wandlergehäuse, das durch die Feder *19* und den Öldruck in seinem Innern so axial gegen das Getriebegehäuse *2* gedrückt wird, daß durch die konische Kupplungsflächen *3* das Leitradmoment beim Anfahren abgestützt werden kann.

Der hydrodynamische Wandler dient nur zum Anfahren und Beschleunigen bis etwa 40 km/h. Dann wird mittels eines Steuerschiebers *10*, der über das Gestänge *13* mit dem Fliehkraftregler *14* auf der Abtriebswelle verbunden ist, das Öl aus dem Wandler abgelassen und Drucköl in den Hohlraum *9* geschickt. Hierdurch bewegt sich das Wandlergehäuse axial so weit nach rechts, daß die Leitradkupplung *3* gelöst wird. Weiterhin verschiebt der Öldruck das Turbinenrad *6* nach links bis die Konuskupplung *8* Pumpen- und Turbinenrad kraftschlüssig miteinander verbindet. Der Wandler ist jetzt überbrückt, und alle drei Teile, Turbine, Pumpe und Leitrad, laufen mit der Motordrehzahl wie ein Schwungrad ohne sonstige Wirkung um, wobei sich das Leitrad *4* mit dem Freilauf *20* an das Pumpenrad *7* anlehnt. Einen hydrodynamischen Kupplungsbereich hat der *Hansamatic*-Wandler nicht.

Im Start ist über Öldruck vom Steuerschieber *10* aus die Klauenkupplung *12* und damit der 1. Gang eingeschaltet. Man verfügt somit zum Anfahren über das 5,5fache Motormoment. Bei einer Fahrgeschwindigkeit von 40 km/h schaltet der Zentrifugalregler *14* den hydraulischen Wandler aus. Die Leistung wird durch die Kupplung *8* direkt übertragen; das Zahnradgetriebe bleibt zunächst noch im 1. Gang (Berggang) mit $i_I = 1{,}5$. Ein Rückschalten auf Wandlerbetrieb geschieht erst wieder nach Unterschreiten einer Fahrgeschwindigkeit von 20 km/h.

Bei steigender Geschwindigkeit drückt schließlich der Zentrifugalregler *14* über *13* den Steuerschieber *10* ganz nach links, wodurch Drucköl über die Zuführung *10* auf den Ringkolben der Lamellenkupplung *11* gelangt. Gleichzeitig wird die Klauenkupplung *12* gelöst; das Getriebe überträgt jetzt die Motorleistung geradlinig und direkt auf den Abtrieb.

Der Wählhebel am Lenkrad hat nur drei Stellungen: V (Vorwärts), N (Neutral), R (Rückwärts). Die beschriebenen Umschaltungen in der Vorwärtsstellung werden automatisch vom Fliehkraftregler *14* ausgelöst und können vom Fahrer nicht beeinflußt werden. Bemerkenswert ist noch, daß Öl und Öldruck für den Wandler und die hydraulische Steuerung dem normalen Schmierölkreislauf des Motors entnommen wurden.

BORGWARD hat später dieses Getriebe mit hydrodynamischer Kraftübertragung wieder aufgegeben und dafür den Einbau des HOBBS-*Mechamatic*-Getriebes in seine Wagen vorgesehen, das dann ebenfalls die Bezeichnung *Hansamatic* erhielt. Über dieses HOBBS-Getriebe wird weiter unten berichtet.

2. Das Variomatic-Getriebe von der DAF

Das älteste der heute auf dem Markt befindlichen und serienmäßig gebauten automatischen Automobilgetriebe europäischer Herkunft stammt nicht von einem der großen, bekannten Automobil- oder Getriebehersteller, sondern von einem Außenseiter. Die holländische Firma DAF (van *Doorne's Automobielfabriek*), die mit Erfolg Anhänger und Lastwagen baut, entschloß sich im Jahre 1957, ihr Programm durch einen Personenwagen abzurunden. Es handelt sich um einen viersitzigen Kleinwagen, Abb. 274, von 675 kp Leergewicht, vollbeladen 990 kp. Als Kraftquelle dient ein luftgekühlter Zweizylinder-Boxermotor mit zunächst 0,6 später 0,75 l Hubraum, der vor der Vorderachse liegt. Die Motorleistung von maximal 26 PS bei 4000 U/Min wird über eine Fliehkraftkupplung mittels einer Welle nach hinten geleitet. Das automatische Getriebe, über das die Kraft an die Hinterräder gelangt, ist so organisch in die Gesamtkonstruktion eingefügt, daß nie eine andere Getriebelösung (Zahnradgetriebe o. ä.) vorgesehen ist.

In dem Keilriemenantrieb lebt eine Kraftübertragung wieder auf, die in der Frühzeit von Automobil und Motorrad, bevor Kette und Kardan das Feld eroberten und sich durchsetzten, weit verbreitet und wegen des einfachen Aufbaues und der stoßdämpfenden Wirkung sehr geschätzt war. Die DAF gab in ihrem Wagen jedem Hinterrad seinen eigenen Keilriemenantrieb und löste so auch das Problem der unterschiedlichen Drehzahlen der Hinterräder bei Kurvenfahrt in einer Weise, wie es ein selbstsperrendes Differentialgetriebe kaum besser kann.

Schon um die Jahrhundertwende sind in der Patentliteratur Wege aufgezeigt worden, wie man die Übersetzung eines Keilriemenantriebes veränderlich gestalten kann. Man setzt dazu die Antriebsscheibe aus zwei Tellern zusammen, deren Abstand voneinander verstellbar ist. Stehen die Scheiben eng beieinander, so ist der Keilriemen gezwungen, im äußeren Teil des V-förmigen Einschnittes zu laufen; bei größerem Abstand rutscht er jedoch nach innen, bis er in dem Einschnitt an die Stelle gelangt, die der Keilriemenbreite entspricht. Dadurch ist der wirksame Durchmesser der Keilriemenscheibe in dem Fall kleiner.

Um nun die für einen ordentlich arbeitenden Betrieb richtige Spannung des Keilriemens zu erzielen, gibt es verschiedene Möglichkeiten. Man könnte z. B. den Abstand der antreibenden und der angetriebenen Riemenscheibe entsprechend ändern. Eine andere Lösung besteht darin, die Riemenscheibe, die angetrieben wird, ebenfalls aus zwei Tellern zusammenzusetzen, um auch an dieser Stelle einen veränderlichen wirksamen Durchmesser zu erhalten. In dem Maße, in dem der Arbeitsdurchmesser der Antriebsscheibe kleiner wird, muß der Durchmesser auf der Abtriebsseite größer werden und umgekehrt. Man hat nun die Mechanik,

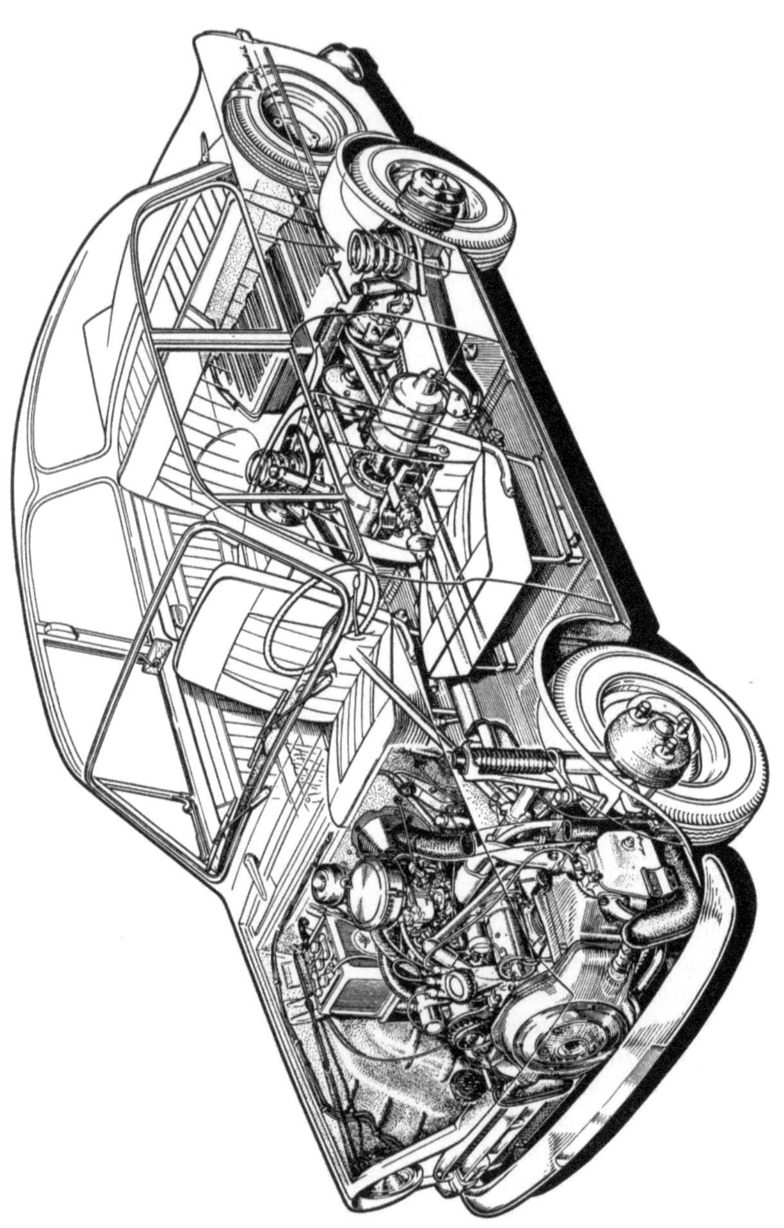

Abb. 274. Phantombild des DAF-Wagens mit *Variomatic*-Keilriemengetriebe

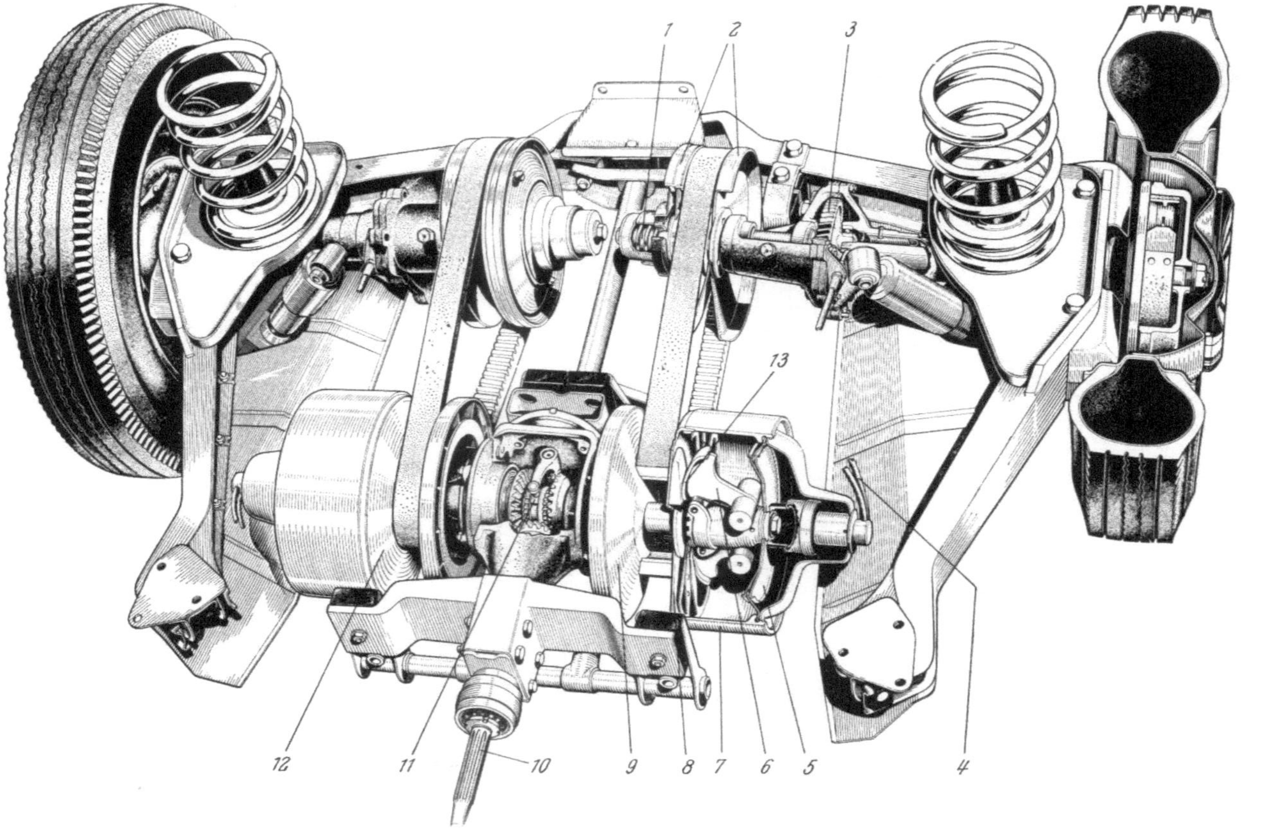

Abb. 275. Aufbau des *Variomatic*-Getriebes der DAF; *1* Feder, *2* hintere, angetriebene Riemenscheibe, *3* Übersetzungsgetriebe, *4* Unterdruckleitungen, *5* mit der Achse fest verbundene Membrantrennwand, *6* Fliehgewicht, *7* Unterdruckzylinder, *8* axial verschiebbarer Teller der antreibenden Riemenscheibe, *9* fester Teller der Riemenscheibe, *10* Antriebswelle, *11* Umschaltgetriebe, *12* vordere, antreibende Riemenscheibe, *13* Kurvenscheibe

die die Teller der 1. Riemenscheibe verstellt, gleichzeitig auch auf die 2. Riemenscheibe einwirken lassen.

Baulich einfacher ist es, die beiden Tellerplatten des angetriebenen Rades durch eine genügend starke Feder zusammenzupressen. Ihre Kraft sucht dann immer einen möglichst großen wirksamen Durchmesser einzustellen und spannt so den Keilriemen.

Die zuletzt beschriebene Anordnung ist für den Antrieb des DAF-Wagens gewählt worden, Abb. 275. Der Name *Variomatic* weist darauf hin, daß in einem bestimmten Bereich die Übersetzung automatisch stufenlos variiert wird. Die beiden vorderen Keilriemenscheiben *9* und *12* sitzen auf den Enden einer kurzen Querwelle, die über ein Umschaltgetriebe *11* von der Achse *10* angetrieben wird. Das Umschaltgetriebe hat zwei sich auf der Querwelle frei drehende Tellerräder (Zahnräder), die beide gleichzeitig von dem am Ende der Welle *10* befestigten Kegelrad gedreht werden. Durch einen zwischen den Vordersitzen angebrachten Wählhebel kann der Fahrer das Kupplungsstück *11* (Verschiebemuffe mit Zahnkupplung) für die Vorwärtsfahrt nach links verschieben und so das linke Tellerrad formschlüssig mit der Querwelle verbinden. Beim Verschieben der Muffe *11* nach rechts wird der Rückwärtsgang eingelegt, während in der mittleren Lage der Muffe, wie in der Abb. 275 gezeigt wird, sich das Getriebe in Neutralstellung befindet.

Betrachten wir nun den rechten Keilriemenantrieb. Die innere Scheibe *9* des treibenden Rades ist fest mit der Querachse verbunden, die äußere (*8*) ist in Richtung der Achse verschiebbar. Die Scheibe *8* bildet den Boden eines Unterdruckzylinders *7*. Das Innere ist durch eine mit der Achse fest verbundene Membran *5* in zwei Räume geteilt; zu jedem führt eine der Rohrleitungen *4*. In dem innenliegenden, etwas größeren Raum sind auf der Achse Fliehgewichte *6* angebracht. Über ein Kurvenstück *13* wird bei steigender Drehzahl die verschiebbare Tellerscheibe *8* mehr und mehr gegen die feste (*9*) gedrückt, womit der Keilriemen nach außen gepreßt und so der wirksame Durchmesser vergrößert wird. Die Wirkung der Fliehgewichte kann durch Einleiten von Unterdruck in die äußere Kammer (rechts von *5*) bei gleichzeitiger Belüftung der inneren Kammer (links von *5*) verstärkt werden. Der Druckunterschied auf den Seiten der Membran *5* schiebt dann den Zylinder *7* mit der Scheibe *8* im Sinne der Fliehkraftwirkung nach links. Umgekehrt kann durch Unterdruck in der inneren Kammer und Belüften der äußeren dem Arbeiten der Fliehgewichte entgegengewirkt werden.

Die hintere Riemenscheibe *2* besteht ebenfalls aus zwei Tellern, die durch die Feder *1* zusammengepreßt werden. Die Stärke der Feder ist so bemessen, daß der Keilriemen immer die richtige Spannung aufweist. Je größer der Arbeitsdurchmesser der Scheibe *8 + 9* wird, umso mehr drückt der Keilriemen gegen die Kraft der Feder *1* die beiden Scheibenteller *2* auseinander und wirkt so auf einem kleineren Durchmesser der Riemenscheibe *2*. Das hintere Keilriemenrad *2* treibt über ein Zahnrad-Übersetzungsgetriebe *3* das linke Hinterrad an. Dieses Übersetzungsgetriebe bietet u. a. den Vorteil, daß es durch die höheren Drehzahlen

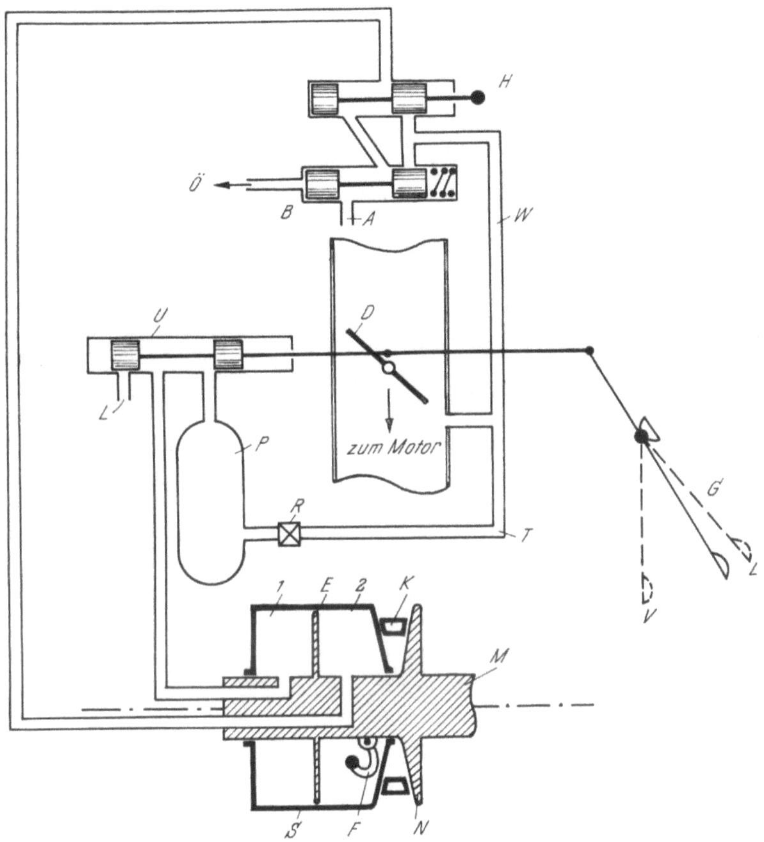

Abb. 276. Unterdruckregelung des *Variomatic*-Getriebes

A Verbindung zur Außen- luft (Belüftung),	*H* Handventil,	*R* Rückschlagventil,
B Bremsventil,	*K* Keilriemen,	*S* Unterdruckzylinder,
D Drosselklappe,	*L* Belüftung,	*T* Unterdruckleitung,
E Membrantrennwand,	*M* Ende der Querwelle,	*U* Umschaltventil,
F Fliehgewicht,	*N* fester Teller der Riemen- scheibe,	*W* Unterdruckleitung
G Gashebel mit den Stel- lungen L Leerlauf und V Vollgas,	*Ö* Anschluß des Öldruckes vom Bremssystem,	*1* äußere Unterdruckkammer,
	P Unterdruckbehälter,	*2* innere Unterdruckkammer

des Keilriemenantriebes die mechanische Belastung des Riemens herabsetzt.

In Abb. 276 ist die Unterdruckregelung des *Variomatic*-Getriebes und ihre Einwirkung auf das Übersetzungsverhältnis dargestellt. *M* ist das eine Ende der Querwelle mit der festen Scheibenhälfte N. Die andere Hälfte ist mit dem axial verschiebbaren Gehäuse S verbunden. Die Trennwand E (Membran) bildet in dem Gehäuse einen äußeren (1) und einen inneren (2) Unterdruckraum. Steht der Gashebel G in Leerlaufstellung L, so liegt der Umschaltschieber U am linken Anschlag. Über die Belüftungsöffnung L ist die äußere Kammer 1 an den Atmosphärendruck angeschlossen, also belüftet. Wenn sich in der Normalstellung die Schaltschieber des Handschaltventils H und auch des Bremsventils B in der gezeichneten Lage befinden (am linken Anschlag), so ist die innere Kammer 2 über H und B durch die Öffnung A ebenfalls belüftet. Da die Welle M sich nicht dreht, wirken die Fliehgewichte nicht. Der Keilriemen liegt, wie Abb. 275 zeigt, auf dem kleinstmöglichen Durchmesser der Antriebsriemenscheibe; es ist also die große Übersetzung, der kleinste Gang eingeschaltet.

Gibt der Fahrer nun Gas, dann beginnt die Fliehkraftkupplung, wie noch weiter unten beschrieben wird, zu fassen, und die Querwelle M fängt an, sich zu drehen. Bei einer mittleren Stellung des Gashebels, die in Abb. 276 wiedergegeben ist, verbindet der Umschaltschieber U den Unterdruckbehälter P mit der äußeren Kammer 1. Dadurch wird das Streben des Fliehgewichtes F unterstützt, die Scheiben S und N zusammenzudrücken. Das Getriebe wird so auf eine möglichst kleine Übersetzung (großer Gang) gebracht. Der Motor arbeitet dann mit geringem Kraftstoffverbrauch.

Soll jedoch der Wagen stark beschleunigt werden, so kommt der Gashebel G in die Vollgasstellung V. Der Umschaltschieber U gibt jetzt über die Öffnung L Atmosphärendruck auf die äußere Kammer 1. Durch den Fortfall der Unterdruckhilfe gehen die Keilriemenscheiben etwas auseinander, eine größere Übersetzung wird wirksam. Man hat also die gleiche Wirkung wie bei dem Übergas (kick-down) der oben beschriebenen Planetengetriebe.

Im gewöhnlichen Fahrbetrieb eines Automobils gibt es noch zwei Gelegenheiten, bei denen man gern eine etwas größere Übersetzung, einen kleineren Gang einschalten möchte: einmal bei Talfahrten, um durch die höhere Drehzahl eine stärkere Bremswirkung des Motors zu erzielen; ganz abgesehen davon, daß man bei einer Fliehkraftkupplung die höheren Drehzahlen benötigt, um ein nicht erwünschtes Auskuppeln zu vermeiden. Zum anderen würde man aus den gleichen Gründen bei jeder Betätigung der Fußbremse ein Rückschalten begrüßen. Beide Wünsche werden in dem DAF-*Variomatic*-Getriebe dadurch erfüllt, daß man den Unterdruck im Saugrohr des Motors über die Leitung W und eines der beiden Ventile H oder B auf die innere Kammer (2) wirken läßt. Bei Talfahrten zieht man hierzu den Knopf des Handventils H, das im Armaturenbrett sitzt, nach vorn. Dann ist die Belüftung über die Öffnung A abgeschlossen und die Unterdruckleitung W mit der Kammer 2 verbunden.

Sobald man mit dem Fuß auf die Öldruckbremse tritt, kommt der Öldruck des Bremssystems über $\ddot{O}$ auf die linke Seite des Ventils B und drückt den Schieber nach rechts, womit wieder A geschlossen und die Leitung W mit der inneren Kammer 2 verbunden wird. Da beim Bremsen und bei Talfahrten der Gashebel G auf Leerlauf (L) steht, ist die Kammer 1 über U und L belüftet. Der Unterdruck aus dem Motorsaugrohr bewirkt so in beiden Fällen gegen die Fliehgewichte F die gewünschte Rückschaltung.

Bezeichnet man die Drehzahl der Motor- oder Antriebswelle (10 in Abb. 275) mit n_1, die der Hinterräder mit n_R, so überbrückt das *Variomatic*-Getriebe eine Übersetzung

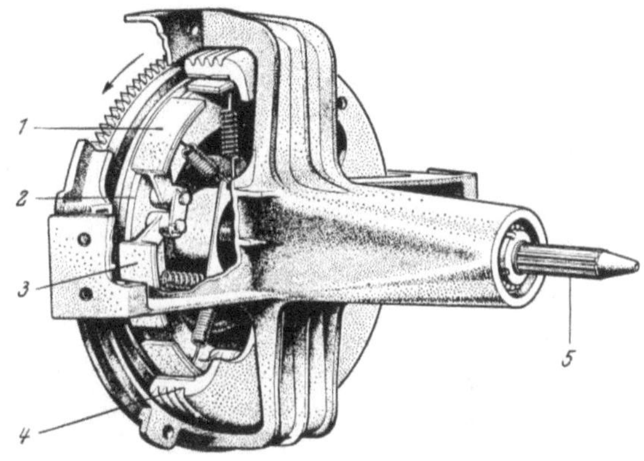

Abb. 277. Fliehkraftkupplung des DAF-Wagens; *1* ablaufende Mitnehmerbacke, *2* Schwungrad des Motors, *3* auflaufende Mitnehmerbacke, *4* Trommel, *5* Abtriebswelle

$i_{\ddot{u}} = \dfrac{n_1}{n_R}$ von 3,9 (großer Gang)

bis 16,4 (kleiner Gang). Die Übersetzung $i_{\ddot{u}}$ läßt sich aufteilen in eine feste, unveränderliche Übersetzung i_f, die durch das Umschaltgetriebe (*11* in Abb. 275) und die Übersetzung an der Hinterachse (*3* in Abb. 275) gegeben ist, sowie in eine variable i_v, die vom Keilriemengetriebe herrührt; es ist $i_{\ddot{u}} = i_f \, i_v$. Läßt man die kleinste Übersetzung des Keilriemenantriebes, den großen Gang, noch so in die Festsetzung von i_f mit eingehen, daß in diesem Falle $i_v = 1$ wird, so ist $i_f = 3,9$, und i_v variiert von 1 (großer Gang) bis 4,2 (kleiner Gang). Die Momentänderung im Getriebe liegt somit in dem üblichen Bereich.

Zum Anfahren des DAF-Wagens dient eine Fliehkraftkupplung, Abb. 277. Das Motorschwungrad 2 trägt zwei Arten von Mitnehmerbacken, die nach der Lage des Drehpunktes ähnlich wie bei Bremsbacken als ablaufend (*1*) oder auflaufend (*3*) bezeichnet werden. Die auflaufenden Backen 3 haben etwas stärkere Rückholfedern. Deshalb legen sich bei etwa 1000 U/Min zunächst nur die ablaufenden Backen (*1*) gegen die Trommel 4 und leiten sanft den Kupplungsvorgang ein. Allmählich greifen bei steigernder Drehzahl auch die auflaufenden Backen 2, deren Fassen mit einer Servowirkung verbunden ist. Spätestens bei 2000 U/Min verbindet die Kupplung Motor und Abtriebswelle 5 schlupffrei miteinander.

Mit der oben beschriebenen Regelungseinrichtung und der Fliehkraftkupplung führt das *Variomatic*-Getriebe das in Abb. 278 aufgezeichnete Schaltprogramm durch. Die Linie I entspricht der größten Übersetzung $i_v = 4{,}2$, dem kleinen Gang, wie er im Start vorliegt, s. Abb. 275, während die Linie II zum „großen Gang" (kleinste Übersetzung mit $i_v = 1$) gehört. Das schraffierte Feld K ist der Kupplungsbereich; in ihm geht bei Motordrehzahlen zwischen 1000 und 2000 U/Min der Start vor sich. Bei Vollgas bleibt bis etwa $n_1 = 2500$ U/Min, d. h. bis zum

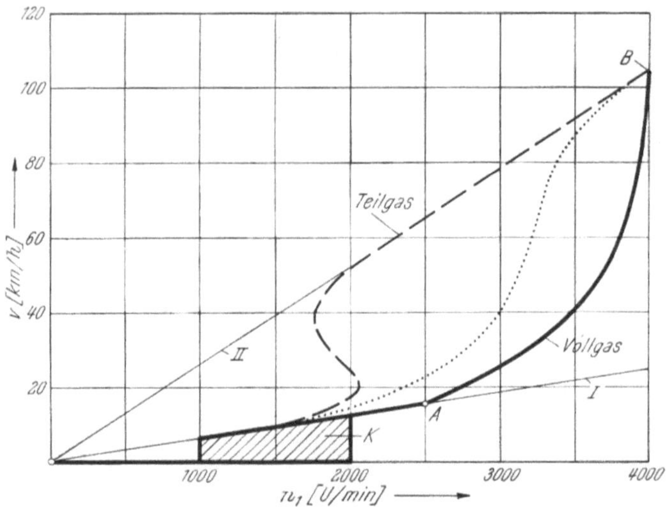

Abb. 278. Schaltprogramm des *Variomatic*-Getriebes; *I* Linie der größten Übersetzung, kleinster Gang; *II* Linie der kleinsten Übersetzung, großer Gang; *A* Stelle des maximalen Motordrehmomentes, *B* Höchstgeschwindigkeit bei Höchstdrehzahl, *K* Kupplungsbereich, n_1 Motordrehzahl, *v* Fahrgeschwindigkeit

Punkte A, der Antrieb im kleinen Gang. Der Punkt A entspricht dem Maximum des Motordrehmomentes. Von dieser Stelle an bringt ein Verbleiben im kleinen Gang (Linie I) keinen Gewinn mehr; deshalb beginnt das Getriebe mit der Änderung der Übersetzung. Solange Vollgas anliegt, solange also der Fahrer stark beschleunigen will, wird mit möglichst großer Übersetzung gearbeitet und erst sehr spät hochgeschaltet, bis bei B die Höchstgeschwindigkeit von 105 km/h mit der Höchstdrehzahl 4000 U/Min erreicht ist.

Bei Teilgas dagegen, wenn es also u. a. auf geringen Brennstoffverbrauch ankommt, geht das *Variomatic*-Getriebe durch die Unterdruckregelung schon bei Drehzahlen von rund 2000 U/Min in den großen Gang über. Das Arbeitsfeld des Getriebes, das in Abb. 278 von der Teilgas-

und Vollgaslinie begrenzt wird, hat die Form eines Blattes. Die punktierte Linie innerhalb dieses Gebietes gibt die sich automatisch einstellenden Übersetzungen an, wenn die Unterdruckregelung ausgeschaltet wäre, d. h. wenn nur die Fliehgewichte wirksam sind.

Zwar ist das Keilriemenprinzip des *Variomatic*-Getriebes nicht (oder noch nicht) für die Übertragung großer Leistungen geeignet; es bleibt zunächst auf Kleinwagen beschränkt. Im DAF-Wagen hat es sich jedoch allen Unkenrufen zum Trotz sehr gut bewährt, vor allem als man die ursprünglich etwas schwache Motorleistung anhob und dem Getriebe selbst die erwähnten Feinheiten der kick-down- und der Bremsrückschaltung gab.

Als Abschluß dieser Beschreibung ist in Abb. 279 der Verlauf des Momentenverhältnisses und des Wirkungsgrades aufgetragen. Zum Vergleich ist ein *Trilok*-Getriebe mit gleicher Anfahrwandlung ($\mu_A = 3{,}8$) eingezeichnet. Es soll aber in der Abb. 279 keine Überlegenheit des *Vario-matic*-Getriebes gegenüber einem FÖTTINGER-Getriebe aufgezeigt werden. Einmal ist das zum Vergleich heran-

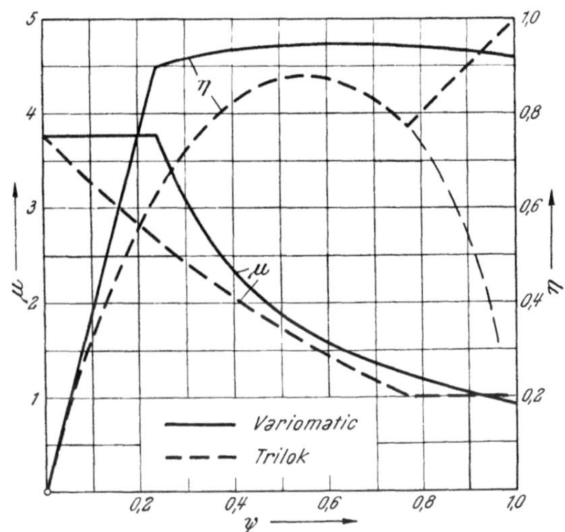

Abb. 279. Momentenverhältnis und Wirkungsgrad des *Variomatic*-Getriebes im Vergleich zu einem Strömungsgetriebe

gezogene Strömungsgetriebe ziemlich beliebig gewählt worden, zum anderen ist es in der Größe der übertragbaren Leistung keinen Einschränkungen unterworfen. Es kam vielmehr darauf an, den unterschiedlichen Charakter der Kurven für Momentverhältnis und Wirkungsgrad aufzuzeigen. Als n_2 ist beim *Variomatic*-Getriebe der Wert $n_R\,i_\ddot{u}$ gesetzt worden, so daß im Start $\psi = 0$ und im großen Gang $\psi = 1$ ist. Im Bereich $0 < \psi < 0{,}24$ ist das übertragene Moment durch den Kupplungsschlupf konstant. Das Übersetzungsverhältnis des Keilriemenantriebes liefert hier eine Momentenerhöhung von $\mu = 3{,}8$. Bei $\psi = 0{,}24$ setzt dann die Übersetzungsänderung des *Variomatic*-Getriebes ein. Dabei ergibt sich ein sehr flacher Wirkungsgradverlauf mit einem Maximum von etwa $\eta = 0{,}94$ ungefähr an der Stelle, an der die wirksamen Durchmesser der Keilriemenscheiben vorn und hinten gleich groß sind.

3. Das Mechamatic-Getriebe von Hobbs

Vor etwa zehn Jahren, also fast zur gleichen Zeit, als amerikanische automatische Automobilgetriebe, *Hydramatic* von GMC und *Detroit Gear* von BORG-WARNER, in europäischen Wagen zur Anwendung gelangten, erschienen die ersten Veröffentlichungen [288, 291, 321, 321a] über den Entwurf von zwei automatischen englischen Kraftübertragungen, dem *Mechamatic*-Getriebe von HOBBS und dem SMITHS-*Autoselectric*-Getriebe, das im nächsten Abschnitt vorgestellt wird. Während die oben erwähnten amerikanischen Modelle nur für leistungsstarke Wagen in Frage kamen, sind die beiden englischen Getriebe von vornherein und ganz bewußt auf Wagen europäischer Konzeption zugeschnitten worden [249]. Es dauerte allerdings noch bis etwa 1960, ehe sie zunächst in englischen, dann auch in deutschen und italienischen Wagen erhältlich wurden.

Wie die Schemadarstellung in Abb. 280 aufzeigt, hat man im *Mechamatic*-Getriebe auf eine hydrodynamische Kraftübertragung wegen der unvermeidlichen Verluste einer Strömungsmaschine verzichtet. In einer Baueinheit, Abb. 281, sind zwei Reibungskupplungen zusammengefaßt. Die erste, mit A bezeichnet, übernimmt bei den Vorwärtsgängen das Anfahren. Im großen, direkten, dem 4. Gang tritt die Kupplung B hinzu, die auch das Anfahren im Rückwärtsgang besorgt. Die Kupplungen werden durch Öldruck eingerückt. Dabei verwendet man zur baulichen Vereinfachung keine Ringkolben, sondern elastische Gummimembrane. Zu jeder der beiden Kupplungen gehören je zwei Ventile, ein Anfahr- und ein Schaltventil, die in dem Raum zwischen den Kupplungen, s. Abb. 281, Platz finden.

Im Leerlauf hält die Kupplung Motor und Getriebe getrennt. Beim Gasgeben zum Anfahren muß sie das Drehmoment zunächst unter

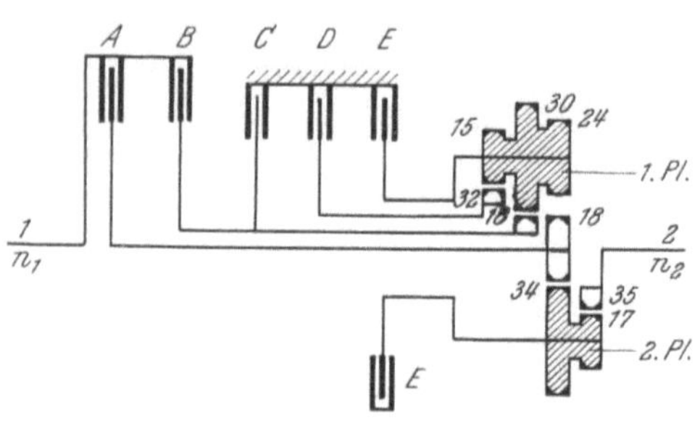

Gang	Kupplung		Bremse			Übersetzung i
	A	B	C	D	E	
0					●	
1	●				●	3,89
2	●			●		2,22
3	●		●			1,49
4	●	●				1
R		●			●	− 4,86

Abb. 280. Schematischer Aufbau des *Mechamatic*-Getriebes von HOBBS; A und B Kupplungen, C, D und E Bremsen, 1. Pl. erste und 2. Pl. zweite Planetenreihe, *1* An- und *2* Abtrieb

Schlupf so übertragen, daß der Motor weder stehenbleibt noch durchgeht. Hierzu regelt das Anfahrventil den Kupplungsdruck entsprechend ein. Es besteht aus einem radial gelagerten, zylindrischen Schaltschieber, der von der Fliehkraft nach außen, durch eine schwache Feder und durch Öldruck nach innen bewegt wird. Bei Leerlaufdrehzahlen sind die nach außen und nach innen gerichteten Kräfte so gegeneinander abgewogen, daß der Schaltschieber in einer Stellung in der Schwebe bleibt,

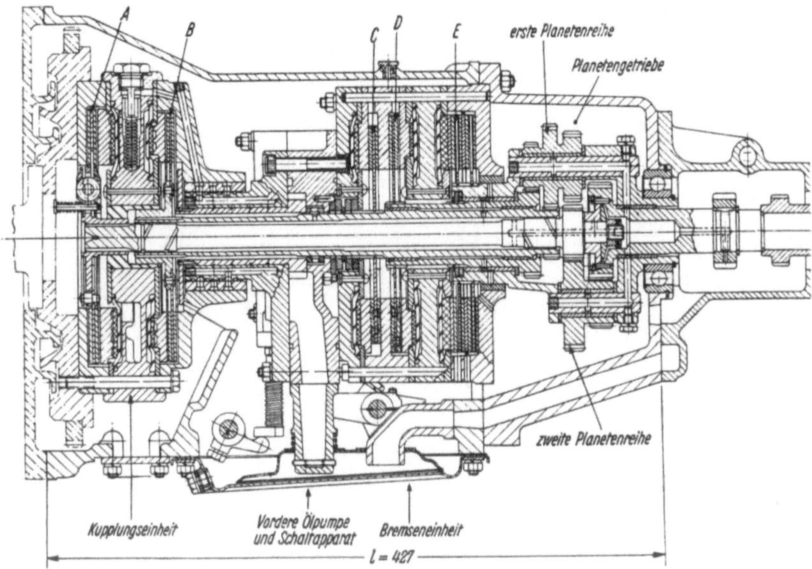

Abb. 281. Schnitt durch das *Mechamatic*-Getriebe von HOBBS; *A* und *B* Kupplungen, *C*, *D* und *E* Bremsen

in der kein Drucköl zur Kupplung geht, weil er den Abfluß offenhält; es ist ausgekuppelt. Bei steigender Drehzahl schließt der Schieber den Ölabfluß der Kupplung mehr und mehr ab, und entsprechend nimmt der Kupplungsdruck zu; die Kupplung faßt. Umgekehrt wird bei abnehmender Drehzahl der Druck in der Kupplung durch den Schieber wieder so weit gesenkt, daß sie sich zu lösen beginnt und der Motor nicht abgewürgt werden kann.

Bei Stillstand des Motors wird durch eine Feder der Schieber der Anfahrkupplung ganz nach innen (auf die Achse zu) gedrückt. Dabei schließt er die Ölabflußöffnungen der Kupplung. Es ist jetzt möglich, den stehenden Motor durch Anschieben in Gang zu bringen, weil die hintere Ölpumpe für Öldruck sorgt, der dann ein Schließen der Kupplung und damit eine kraftschlüssige Verbindung zwischen den Hinterrädern und dem Motor bewirkt.

Da die Kupplungen A und B nicht nur automatisch, sondern für die Neutralstellung, den 4. und den Rückwärts-Gang auch willkürlich geschaltet werden müssen, ist für jede außer dem Anfahrventil noch je ein Schaltventil vorgesehen. Auch dieses Ventil hat einen radial angeordneten zylindrischen Schaltschieber. Er strebt durch Feder- und Fliehkraft nach außen und öffnet dabei den Ölabfluß der Kupplung.

Abb. 282. Blick in das *Mechamatic*-Getriebe; *1* Kupplungseinheit mit den Kupplungen A und B, *2* vordere Ölpumpe und Schaltapparat, *3* Bremse C, *4* Bremse D, *5* Bremse E, *6* zweite Planetenreihe, *7* hintere Ölpumpe, *8* Sonnenrad (s_4) der Abtriebswelle, *9* erste Planetenreihe, *10* Verbindung zum Wählhebel, *11* Verbindungshebel zur Gasdrossel

Dadurch wird verhindert, daß in den Kupplungen allein von der Zentrifugalkraft her ein Öldruck entsteht. Kommt nun von der Steueranlage Drucköl zur Kupplung, so schiebt es den Ventilschieber gegen Feder- und Fliehkraft nach innen, womit der Auslaß des Drucköls aus der Kupplung verschlossen wird; die Kupplung rückt ein.

Das Planetengetriebe hat vier Sonnenräder und zwei Planetenreihen, die auf einem Träger gelagert sind, der mit der Bremse E verbunden ist. Das Getriebe vermeidet jedes Hohlrad, weil deren Herstellung Spezialmaschinen erfordert.

In Abb. 280 und 281 sind aus zeichnerischen Gründen die Achsen der beiden Planetenreihen in einer Ebene mit der Mittelachse, der Zeichenebene, liegend dargestellt. In Wirklichkeit jedoch sind die beiden Achsen der Planetenreihen um die Mittellinie so weit verdreht, daß das letzte Planetenrad der 1. Reihe (mit 24 Zähnen) mit dem letzten Rad der 2. Planetenreihe (mit 34 Zähnen) kämmt, wie Abb. 282 gut erkennen läßt. Die Errechnung der Übersetzungen in den verschiedenen Gängen aus den Zähnezahlen nach den oben dargelegten Methoden sowie der Geschwindigkeitspläne hat H. J. Förster [249] dargelegt. Dabei werden elf verschiedene Ausführungen des Getriebes aufgezählt, um es für Motoren von 1,0 bis 3,5 l Hubraum mit Höchstdrehmomenten von 9 bis 28 m kp anbieten zu können. Abb. 281 und der Schaltplan zum *Mechamatic*-Getriebe mit den nachstehenden Erläuterungen dazu konnten mit freundlicher Zustimmung von Verfasser und Verlag dem oben erwähnten Beitrag entnommen werden.

Arbeitsweise des Schaltapparates. Bei

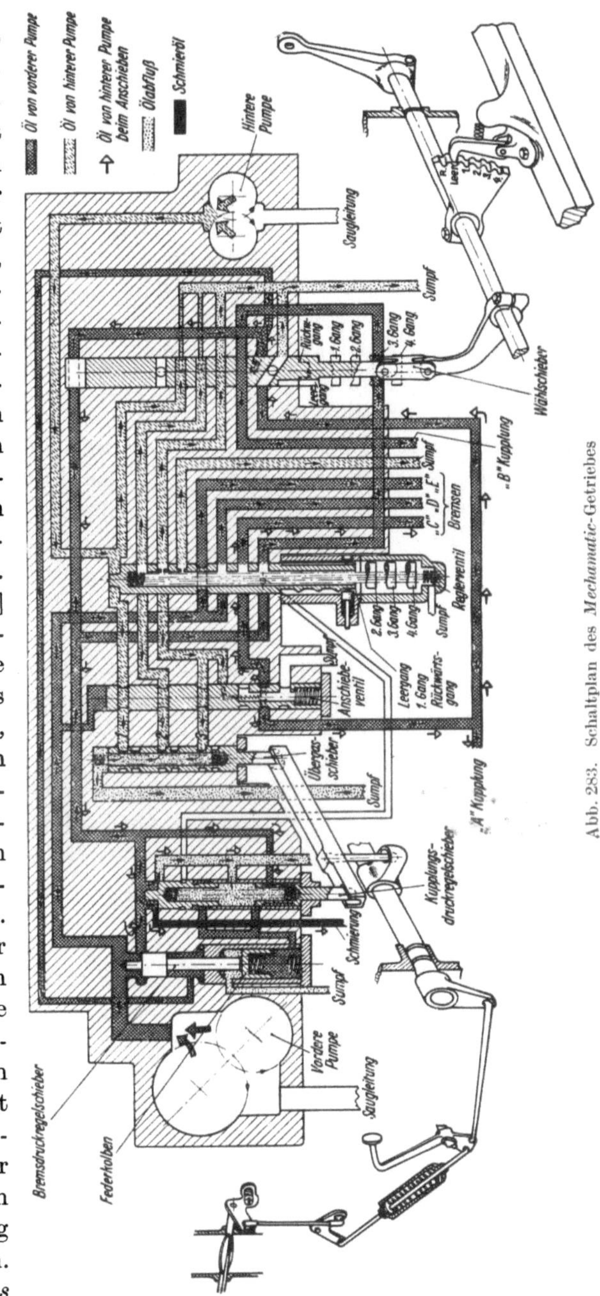

Abb. 283. Schaltplan des *Mechamatic*-Getriebes

dem *Mechamatic*-Getriebe können die Stellungen R (Rückwärts), N (Leergang), 1, 2, 3 und 4 gewählt werden. Die einzelnen Nummern bedeuten dabei, daß das Getriebe nur bis zu dem genannten Gang automatisch schaltet. In der Stellung 4 werden alle vier Gänge durchgeschaltet, in der Stellung 3 drei Gänge, in der Stellung 2 zwei Gänge, und in der Stellung 1 bleibt das Getriebe im 1. Gang. An den Grenzgeschwindigkeiten der Gänge erfolgen Sicherheitsschaltungen, damit ein falsches Einrücken des Wählhebels keine zu hohe Motordrehzahl ergibt.

Die Bewegung des Gaspedals, das mit der Drosselklappe über ein federndes Gestänge verbunden ist, wird auch auf das Getriebe übertragen und durch einen Waagebalken auf den Kupplungsdruckregelschieber und den Übergasschieber gegeben, Abb. 283. Solange der Motor läuft, liefert die vordere Pumpe den Arbeitsdruck für die Kupplungen und Bremsen, während die hintere Pumpe die Aufgabe der Geschwindigkeitsmessung übernimmt. Der Druck in der vorderen Pumpe wird vom Bremsdruckregelschieber geregelt. Bei geschlossener und wenig geöffneter Drosselklappe bestimmt eine Feder den Grunddruck. Mit zunehmender Drosselklappenstellung wird die Federwirkung durch einen der Drosselklappenstellung proportionalen Öldruck unterstützt, so daß auch der für die Bremsen wirksame Öldruck der Drosselklappenstellung zugeordnet ist.

Das Öl, das nicht zur Betätigung der Bremsen benötigt wird (die Bremsen haben den Vorrang vor den Kupplungen), fließt zum Kupplungsdruckregelschieber. Hier wird der Arbeitsdruck für die Kupplungen eingeregelt. Bei geschlossener Drosselklappe wird der Kupplungsgrunddruck (ausreichend für Bremsschaltungen) von einer Feder eingestellt. Die Vorspannung dieser Feder wird mit zunehmender Drosselklappenöffnung vergrößert. Das Federwiderlager ist als Schaltkolben ausgebildet. Nach einem kleinen Weg wird der Kupplungsöldruck sowohl unter den Federkolben des Bremsdruckregelschiebers als auch auf eine Ringfläche der Rückseite des Kupplungsdruckregelschiebers gegeben.

Die Zuordnung „Drosselklappenöffnung zu Kupplungsöldruck" zeigt dadurch einen Knick im Anstieg und ist so besser dem Drehmoment angepaßt. Da im direkten Gang die Bremsen abgeschaltet sind und *beide* Kupplungen das Antriebsmoment übertragen, wird zusätzlich eine andere, die wirksame Kolbenfläche vergrößernde Ringfläche beschickt, so daß der Kupplungsdruck kleiner wird.

Das für die Kupplungen nicht benötigte Öl kann zuerst zur Schmierung und dann in den Sumpf abströmen. Im Rückwärtsgang wird der Kupplungsöldruck auch auf die Rückseite des Bremsdruckregelschiebers gegeben, d. h. der wirksame Bremsöldruck wird verstärkt (das Stützmoment im Rückwärtsgang ist etwa doppelt so groß wie im 1. Gang). Die beiden Leitungen zur Versorgung von Kupplungen und Bremsen gehen weiter zum Reglerschieber. Von dort wird, je nach Stellung dieses Schiebers, der Öldruck auf die einzelnen Betätigungsorgane verteilt.

Das von der hinteren Ölpumpe geförderte Öl wird zu dem Übergasschieber und zu dem Wählschieber geleitet. Wählschieber und Übergasschieber haben Drosselöffnungen, durch die das Öl in den Sumpf abströmen kann. Da die Fördermenge der Pumpe der Drehzahl linear zugeordnet ist, ergibt sich bei konstanter Abflußdrossel ein der Abtriebsdrehzahl etwa quadratisch zugeordneter Öldruck. Dieser geschwindigkeitsabhängige Öldruck wirkt auf den Reglerschieber gegen die Reglerfeder. Die Höhe dieses Öldruckes wird nun nicht nur von der Fahrgeschwindigkeit beeinflußt, sondern auch von der Stellung der Drosselklappe, weil von dieser abhängig der Übergasschieber unterschiedlich große Abströmöffnungen für das Öl der hinteren Pumpe freigibt.

Ist die Drosselklappe geschlossen, so befindet sich der Übergasschieber in seiner unteren Lage, und die Abflußbohrung ist relativ klein, d. h. es wird sich in der Leitung der Sekundärpumpe schon bei kleiner Fahrgeschwindigkeit der zum Bewegen des Reglerschiebers notwendige Öldruck aufbauen. Wird die Drosselklappe geöffnet bzw. Übergas gegeben, so kann das Öl über eine größere Öffnung im Übergasschieber abströmen. Dann stellt sich im Kreislauf der hinteren Pumpe und damit am Reglerschieber der zum Schalten nötige Öldruck erst bei einer höheren Fahrgeschwindigkeit wieder ein.

Ähnlich ist nun auch die Wirkung des Wählschiebers. Abhängig von der gewählten Stellung „Rückwärts", „Leergang", „1. Gang", „2. Gang", „3. Gang", „4. Gang" wird der Sekundärpumpenkreislauf so an kalibrierte Öffnungen angeschlossen, daß der Gang, der der Stellung den Namen gibt, bis zu der maximal möglichen Fahrgeschwindigkeit behalten wird. Die jetzt beschriebenen Schieber arbeiten bei laufendem Motor. Wenn der stehende Motor durch Anschleppen oder Anschieben angeworfen werden soll, dann übernimmt die hintere Ölpumpe die Versorgung der Betätigungsorgane. Wenn der Öldruck der vorderen Pumpe fehlt, wird das Anschiebeventil von einer Feder in eine solche Lage geschoben, daß das Öl der hinteren Pumpe nicht mehr über den Übergasschieber abströmen kann, sondern an das Versorgungsnetz der Betätigungsorgane angeschlossen ist. Je nach der Stellung des Wählhebels und je nach der Fahrgeschwindigkeit wird ein passender Gang eingeschaltet. Ist der Motor angesprungen, wird das Anschiebeventil vom Öldruck der vorderen Ölpumpe gegen die Feder verschoben. Die vordere Ölpumpe übernimmt die Ölversorgung und die hintere Pumpe wieder die Geschwindigkeitsanzeige.

Schaltautomatik. Die Bewegungen des Reglerschiebers bei den Gangschaltungen lassen sich am besten in der Stellung 4 verfolgen. Der Wählschieber ist in seiner untersten Lage. In dieser Stellung kann kein

Öl der hinteren Pumpe über ihn abströmen. Dagegen wird die Kupplung A an den Öldruck angeschlossen. In dieser Kupplung wird zwar der Schaltschieber betätigt, aber — wie erinnerlich — überträgt sie erst dann Drehmoment, wenn der Motor die nötige Drehzahl hat. Bei stillstehendem Wagen, aber laufendem Motor, ist der Öldruck in der hinteren Ölpumpe Null.

Der Öldruck der vorderen Ölpumpe wird je nach Drosselklappenstellung eingeregelt. Der Reglerschieber befindet sich in seiner oberen Lage. Bremse E ist schon im Leergang geschlossen, da sie sowohl für den 1. Vorwärts- als auch für den Rückwärtsgang benötigt wird. Wird nun das Fahrzeug durch Gasgeben beschleunigt, so beginnt die Kupplung A, abhängig von der Motordrehzahl, zu schließen. Die Beschleunigung des Wagens bewirkt eine zunehmende Förderung der hinteren Ölpumpe und damit eine Steigerung des Steueröldruckes.

In dieser Phase muß immer das gesamte, von der hinteren Pumpe gelieferte Öl durch den Übergasschieber abströmen. Der stetig wachsende Öldruck verschiebt den Reglerschieber gegen die Feder nach unten. An seinem unteren Ende sind Rasten angebracht, die mit einem Rastenkolben zusammenarbeiten. Sie bewirken, daß der Abwärtsweg des Schiebers nicht kontinuierlich ist, sondern daß die Bewegung schnappt, wenn der Rastenkolben über eine Rast geht. Mit dieser Einrichtung werden Zwischenstellungen zwischen den einzelnen Gängen vermieden.

Hat der Reglerschieber die erste Raste passiert, so schaltet das Getriebe vom 1. in den 2. Gang. In dieser Stellung wird die bisher geschaltete Bremse E vom Öldruck abgeschaltet und über eine Drossel entlastet, während die Bremse D Öldruck bekommt. Die Bewegung des Reglerschiebers öffnet gleichzeitig an dem Übergasschieber einen 2. Abströmquerschnitt für die hintere Ölpumpe, so daß mit der Schaltung der Steuerdruck wieder absinkt, wodurch das Reglerventil, durch die Raste gehalten, sicher in der neuen Lage bleibt. Gleichzeitig bewirkt diese zusätzliche Abströmöffnung, daß die Fahrgeschwindigkeit (wieder auch noch abhängig von der Drosselklappenstellung und damit von der Stellung des Übergasschiebers) größer werden muß, bis der Steuerdruck im System der hinteren Ölpumpe erneut ausreicht, um den Reglerschieber gegen die Feder über die nächste Raste zu drücken.

Ist dies erfolgt, so befindet sich das Getriebe im 3. Gang. Bremse D wird über eine Düse mit Null verbunden, während die Bremse C dazugeschaltet wird. Mit dieser Bewegung öffnet sich eine weitere Abströmöffnung am Übergasschieber, so daß der Steuerdruck wieder absinkt und erst eine Vergrößerung der Fahrgeschwindigkeit den Öldruck der hinteren Ölpumpe erneut soweit ansteigen lassen kann, daß der Reglerschieber auch über die letzte Rast verschoben wird. Bei diesem letzten

Schaltvorgang kommt das Getriebe in den 4. Gang, Bremse C wird über eine Düse entlastet, und die Kupplung B erhält über den Reglerschieber Öldruck. Damit der Öldruck in der hinteren Ölpumpe nicht zu groß wird, gibt der Reglerschieber über seine Stellung 4. Gang hinaus eine Abflußöffnung für das Öl der hinteren Ölpumpe frei. Wenn die Fahrgeschwindigkeit wieder sinkt, spielt sich der ganze Vorgang nun rücklaufend ab.

Zu einer Rückschaltung muß der Steueröldruck so weit gesunken sein, daß die Reglerfeder gegen diesen und gegen die Raste den Wählschieber um jeweils eine Position zurückschieben kann. Ist z. B. der direkte Gang eingeschaltet, so kann eine Rückschaltung in den 3. Gang dadurch erreicht werden, daß erstens das Gaspedal durchgetreten wird und der Übergasschieber in seine oberste Lage kommt. Dann werden nämlich alle Abflußbohrungen des Steuerölkreislaufes voll geöffnet, so daß der Druck stark absinkt und die Rückschaltung erfolgt. Nur oberhalb einer durch die Düsen und die Feder des Reglerschiebers bestimmten Fahrgeschwindigkeit genügen auch die Öffnungen bei Übergas nicht mehr, um den Druck der Steuerpumpe ausreichend zu senken. Dann findet keine Rückschaltung mehr statt.

Eine Rückschaltung vom 4. in den 3. Gang kann zweitens durch den Wählschieber erfolgen. Wird der Wählschieber von der Stellung 4 auf die Stellung 3 geschoben, so wird die Leitung der hinteren Ölpumpe plötzlich mit einer größeren Abflußöffnung verbunden, der Druck im Steuerkreislauf sinkt dann so stark ab, daß das Getriebe zurückschaltet. Voraussetzung ist immer, daß die Fahrgeschwindigkeit nicht zu hoch ist.

Ähnlich ist auch der Vorgang, wenn die Stellung 2 gewählt wird. Dann wird eine weitere Abflußöffnung durch den Wählschieber für den Ölkreislauf der hinteren Ölpumpe geöffnet, so daß bei hinreichend kleiner Fahrgeschwindigkeit nicht der 3., sondern der 2. Gang geschaltet wird. Auch der 1. Gang kann so gewählt werden. Zu jeder Schaltung ist eine Bewegung des Reglerschiebers nötig. Seine Stellung wird vom Gaspedal, vom Steuerdruck und vom Wählschieber beeinflußt.

Wird der Wählschieber in den Rückwärtsgang geschaltet, so erhält der Bremsschieber Druck auf die Unterseite. Dadurch wird die Anpreßkraft auf die Bremse E erhöht. Zu der geschalteten Bremse E wird auch die Kupplung B mit Öl versorgt, die nun als Anfahrkupplung, abhängig von der Motordrehzahl, zu schließen beginnt.

Der Schaltapparat kommt mit verhältnismäßig wenigen, wenn auch großen Schiebern aus. Es ist erstaunlich, daß trotz der Viskositätsunterschiede des Steueröls und möglicher Reibungen in der Raste des Schaltventils das Schaltprogramm recht gleichmäßig abgewickelt wird [249].

4. Das Autoselectric-Getriebe von Smiths

Das automatische Automobilgetriebe von SMITHS, dessen Planung
fast zur gleichen Zeit erfolgte wie die des *Mechamatic*-Getriebes, hat mit
diesem gemeinsam, daß es keine Strömungsmaschine für die Kraftübertragung benutzt. Es wendet sich von jeglicher Hydraulik ab und
zieht den elektrischen Strom als Servokraft heran. Da Elektrizität
durch Lichtmaschine und Batterie in jedem Automobil vorhanden ist,
kann für die Kupplungs- und Schaltarbeit auf eine andere Kraftquelle
mit ihrem Leistungsverbrauch verzichtet werden. Das *Autoselectric-*

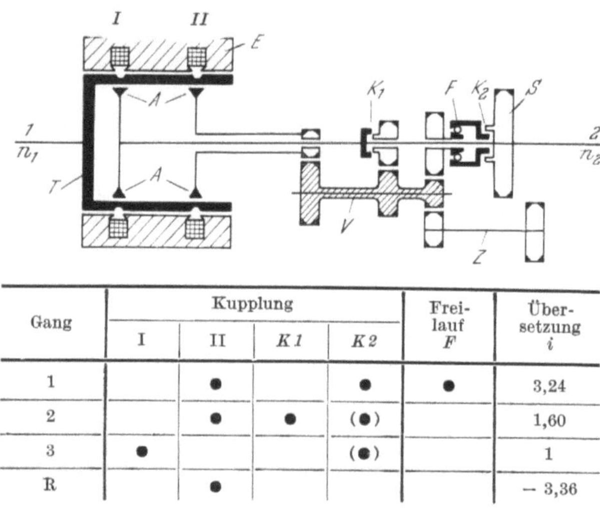

Gang	Kupplung				Frei-lauf F	Über-setzung i
	I	II	$K\,1$	$K\,2$		
1		●		●	●	3,24
2		●	●	(●)		1,60
3	●			(●)		1
R		●				− 3,36

Abb. 284.　Schema des *Autoselectric*-Getriebes von SMITHS; *I* und *II* Magnetpulverkupplungen,
A Eisenanker an den Kupplungsscheiben, *E* stehender Eisenring mit Wicklungen, *F* Freilauf, *K 1* und
K 2 Klauenkupplungen (Verschiebemuffen), *S* Schaltrad (axial verschiebbar), *T* Treibglocke, *V* Vor-
gelegewelle, *Z* Zwischenwelle, *1* An- und *2* Abtrieb

Getriebe, Abb. 284 und 285, hat zwei Magnetpulverkupplungen I und II
von der Art, wie sie auf S. 14 an Hand von Abb. 9 bereits kurz beschrieben wurden. Sie setzen sich zusammen aus dem festen Eisenring *E*
mit den beiden Wicklungen bei I und II, der mit dem Antrieb *1* fest verbundenen Treibglocke *T* und den beiden angetriebenen Scheiben mit
den Eisenankern *A*. Das allmähliche und weiche Fassen einer Magnetpulverkupplung kann durch die Steuerung der Stromstärke in den Er-
regerwicklungen erreicht werden. In Abb. 286 ist der Verlauf des übertragenen Drehmomentes in Abhängigkeit von der Stromstärke (bei
konstanter Drehzahl) wie auch in Abhängigkeit von der Drehzahl (bei
konstanter Stromstärke) für die beiden Kupplungen in dem SMITHS-
Getriebe aufgetragen.

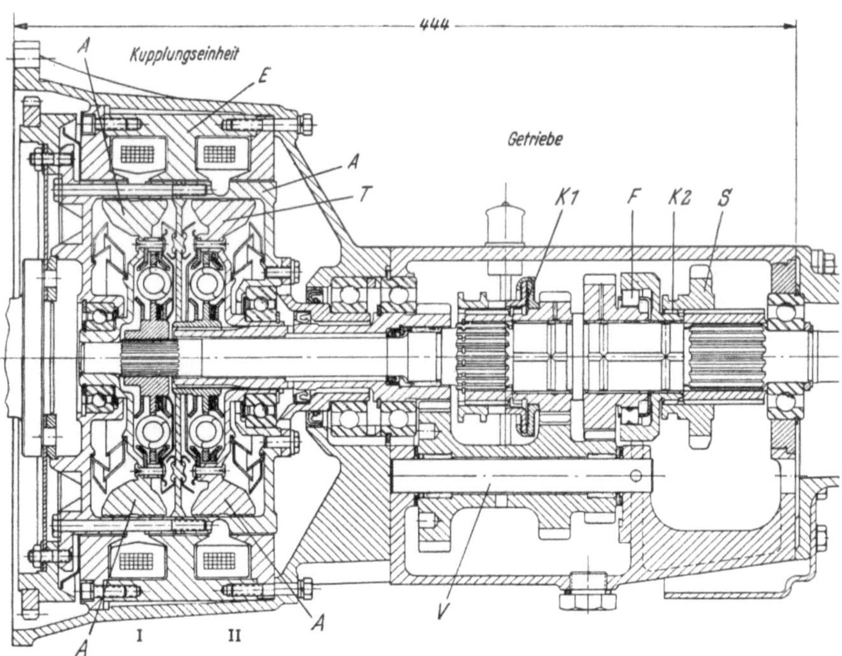

Abb. 285. Oben Schnitt durch und unten Blick in das SMITHS-Getriebe; *I* und *II* Magnetpulver-
kupplungen, *A* Eisenanker an den Kupplungsscheiben, *E* stehender Eisenring mit Wicklungen,
F Freilauf, *K 1* und *K 2* Klauenkupplungen (Verschiebemuffen), *S* Schaltrad, *T* Treibglocke,
V Vorgelegewelle

An die Kupplungseinheit, s. Abb. 285, schließt sich ein Zahnradgetriebe mit Vorgelegewelle V an. Durch das Zusammenwirken von zwei Muffenkupplungen, $K\,1$ mit Synchronisiereinrichtung und $K\,2$, einem Freilauf F und der Zwischenwelle Z entstehen drei Vorwärtsgänge und ein Rückwärtsgang, wie das in Abb. 284 wiedergegebene Schema anzeigt. Dabei verschiebt ein Magnetschalter die vordere Kupplungsmuffe $K\,1$, während die Bewegung der hinteren Schaltmuffe $K\,2$ (Verschieben des Rades S) mechanisch vom Wählhebel aus erfolgt. SMITHS ist es gelungen, mit zwei Reibungskupplungen ein Dreiganggetriebe in allen Schaltungen kraftschlüssig zu machen.

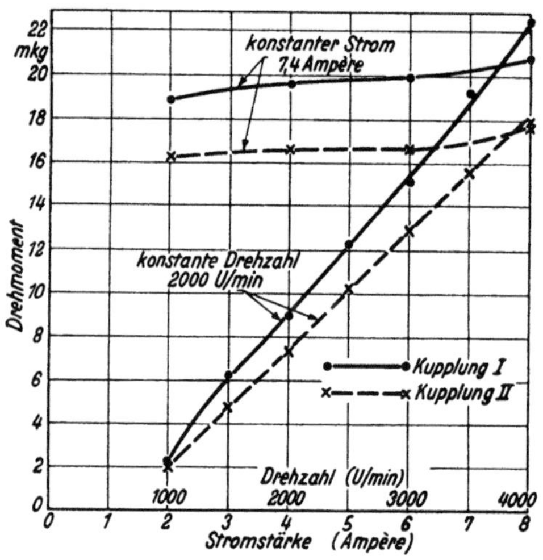

Abb. 286. Abhängigkeit des Kupplungsmomentes in dem *Autoselectric*-Getriebe von der Stromstärke und von der Drehzahl

Im 1. Gang wird die Kupplung $K\,2$ geschlossen, wodurch der Außenkranz des Freilaufes F formschlüssig über das Schieberad S mit dem Abtrieb 2 verbunden ist. Setzt man jetzt für den Start die Wicklung II unter Strom, so geht die Kraft vom Antrieb 1 über T auf A, dann über das 1. Zahnradpaar auf die Vorgelegewelle V, von dort über das letzte Zahnradpaar dieser Welle zum sperrenden Freilauf F und schließlich über die Kupplung $K\,2$ zum Abtrieb 2.

Für die Schaltung vom 1. zum 2. Gang wird die Magnetpulverkupplung I erregt. Sie zieht nun den Motor herunter, und in dem Augenblick, in dem an der Schaltklaue der Kupplung $K\,1$ Drehzahlgleichheit herrscht, schnappt dort die Schaltmuffe über, und die Kupplung I wird gelöst. Das mittlere Zahnradpaar der Vorgelegewelle V tritt in Tätigkeit, und die Kraft wird über $K\,1$ an den Abtrieb 2 geleitet. Die Kupplung $K\,2$ kann geschlossen bleiben, weil der Freilauf F überholt wird.

Im 3., dem direkten Gang kommt die Kupplung I unter Strom, womit die Leistung direkt auf den Abtrieb übertragen wird. Dabei wird $K\,1$ gelöst, während $K\,2$ ohne Wirkung geschlossen bleiben kann.

Zum Rückwärtsfahren wird durch den Wählhebel das Schieberad S so weit nach rechts gebracht, bis es mit dem rechten Zahnrad der Zwischenwelle Z zum Eingriff gelangt. Die Kraft fließt dann über Kupplung II und die Vorgelegewelle V zur Zwischenwelle Z, die die Drehrichtung umkehrt, und von dort über S zum Abtrieb 2.

Der Wählhebel für das SMITHS-Getriebe hat die Stellungen: N, 2, D, R. In der normalen Fahrstellung D gilt dann das in Abb. 287 dargestellte Schaltprogramm. Beim Umlegen des Hebels von D in die Stellung „2" wird bei nicht zu hoher Geschwindigkeit das Getriebe auf den 2. Gang zurückgeschaltet und in ihm gelassen.

Die elektrische Steuereinrichtung setzt sich aus Schaltapparat, Regler, Wählschalter und Drosselklappenmagnet zusammen, Abb. 288. Der Wählschalter formt das Verstellen des Wählhebels in elektrische Befehle um. Gleichzeitig bringt er mechanisch durch Verschieben von S die hintere Kupplungsmuffe in die richtige Stellung; bei den Vorwärtsgängen ist $K\,2$ geschlossen,

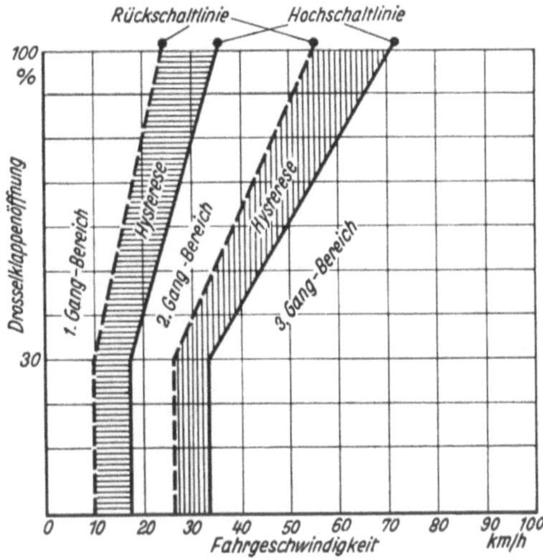

Abb. 287. Schaltprogramm des *Autoselectric*-Getriebes von SMITHS

bei N ist das Rad S frei, und bei der Stellung R ist S mit Z verbunden. Im Regler werden unter dem Einfluß der Fahrgeschwindigkeit und der

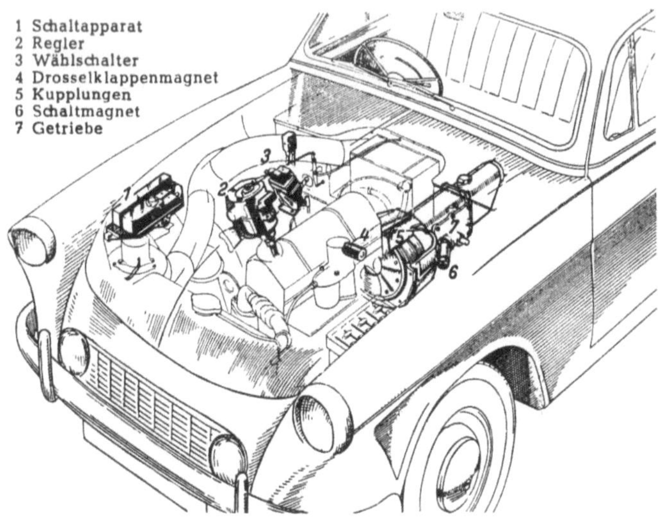

Abb. 288. Gesamtanordnung des SMITHS-Getriebes in einem Automobil

Stüper, Automobilgetriebe 21

Gasdrosselstellung Kontakte geschlossen oder geöffnet, die das Um-schalten der Gänge nach Abb. 287 auslösen. Im Schaltapparat treffen die Anzeigen der einzelnen Stellen (Wählschalter, Regler, Muffenstellung, Drosselklappenstellung) zusammen und werden dort verarbeitet. Der Drosselklappenmagnet gibt bei bestimmten Schaltungen dem Motor etwas Gas, um die Drehzahl dem Schaltvorgang anzupassen.

Auf die Wiedergabe und Erläuterung des elektrischen Schaltplanes [249] muß hier schon aus Raumgründen verzichtet werden. Das kann umso eher geschehen, weil auf der einen Seite das SMITHS-Getriebe zur Zeit kaum in Automobilen angeboten wird. Dabei ist bezeichnend, daß einige Firmen, die es früher auf Wunsch eingebaut haben, auf das BORG-WARNER-*35*-Getriebe, also eine hydrodynamische Kraftübertragung um-geschwenkt sind. Zum anderen werden aber die großen Erfahrungen, die die Firma SMITHS mit Magnetpulverkupplungen sammeln konnte, ihren Niederschlag in dem zusammen mit JAEGHER entwickelten auto-matischen Getriebe *T 124* für den RENAULT *R 8* und die *Dauphine* finden.

5. Das automatische Getriebe von Daimler-Benz

Die DAIMLER-BENZ AG hat seit dem Jahre 1955 ihr größtes Modell, den *Mercedes 300*, der eine Höchstleistung von 125 PS besaß, auf Wunsch statt mit Handschaltgetriebe mit dem BORG-WARNER *Detroit Gear* (s. S. 229) ausgerüstet. Ein besonders großer oder gar durchschlagender Erfolg war damit auf dem europäischen Markt nicht verbunden. Die Einstellung der europäischen Fahrer zu ihrem Fahrzeug und ihre Fahr-weise ist anders als in den USA. Während man sich dort im allgemeinen gern den verschiedenen Auto„matics" und ihrem Komfort anvertraut, will man in der alten Welt selbst entscheiden können. Die Annehmlich-keit des automatischen Kuppelns und Schaltens wird zwar geschätzt, aber in Sonderfällen möchte man die Gangart selber wählen und bei-behalten.

Auf diese Eigenarten mußte die DAIMLER-BENZ AG ihr besonderes Augenmerk richten, als sie vor einigen Jahren damit begann, für ihre Wagen selbst ein automatisches Getriebe zu entwickeln und zu bauen. *Mercedes*-Wagen spiegeln in Konstruktion und Leistung die großen Rennerfolge des Hauses wider. Die Motoren sind, wie schon die oben liegende Nockenwelle ahnen läßt, drehfreudig und auch so drehzahlfest, daß 6000 U/Min ohne Schwierigkeiten erreicht und durchgehalten werden. Wenn man schon aus Geräuschgründen nicht jeweils in allen Gängen diese Höchstdrehzahlen ausfahren wird, so kann bei sport-lichem Fahren dieses Verlagen durchaus auftreten, und ein automatisches Getriebe muß die Erfüllung ermöglichen. Da noch für lange Zeit Wagen-typen wahlweise mit manuell betätigter oder mit automatischer Kraftübertragung angeboten werden, wird man bei einem Vergleich im Durchschnitt gleiche Fahrleistungen, fast gleichen Kraftstoffverbrauch und gleiche Wartungsfreiheit erwarten.

Manche Automobilfabriken heben bei Einbau von automatischen Getrieben gleichzeitig die Leistung des Motors z. B. durch Erhöhen der Kompression o. ä. leicht an, was ohne weiteres möglich ist, weil die Strö-

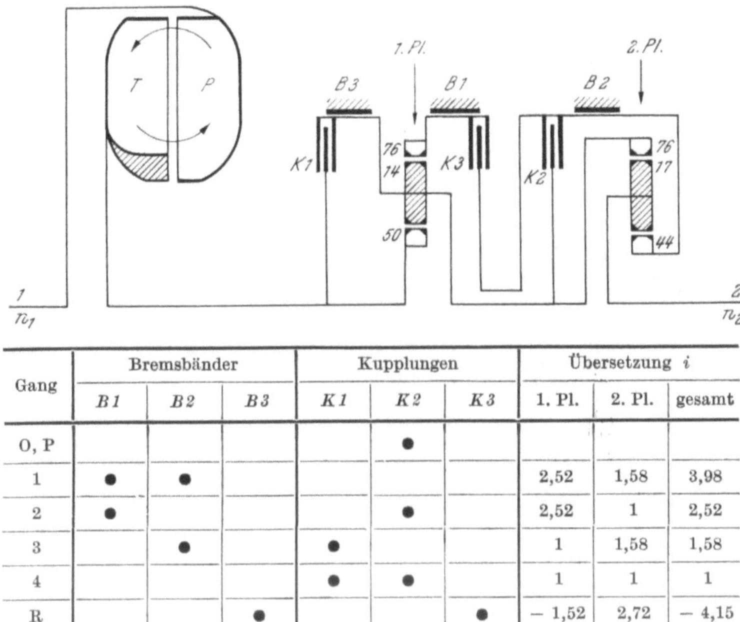

Gang	Bremsbänder			Kupplungen			Übersetzung i		
	B1	B2	B3	K1	K2	K3	1. Pl.	2. Pl.	gesamt
O, P					●				
1	●	●					2,52	1,58	3,98
2	●				●		2,52	1	2,52
3		●		●			1	1,58	1,58
4				●	●		1	1	1
R			●			●	− 1,52	2,72	− 4,15

Abb. 289. Schematischer Aufbau des automatischen Getriebes von DAIMLER-BENZ; T Turbine, P Pumpe, 1. Pl. erster und 2. Pl. zweiter Planetensatz, $K1$, $K2$ und $K3$ Kupplungen, $B1$, $B2$ und $B3$ Bremsbänder, 1 An- und 2 Abtrieb

mungsgetriebe die klopfgefährdeten Arbeitsgebiete meiden. Dadurch kann bei einem Vergleich ein Leistungsverlust im Getriebe etwas vertuscht werden. DAIMLER-BENZ hat auf diesen Ausweg verzichtet. Man hat dort beim Entwurf des Getriebes an allen Stellen Wert darauf gelegt, die inneren Verluste so klein wie möglich zu halten. Zur guten Anpassung an die ideale Zugkrafthyperbel (s. Abb. 3) wird die Drehmomentwandlung im Bereich zwischen der Rutschgrenze und der Höchstgeschwindigkeit ausschließlich mit einem automatisch geschalteten vierstufigen Zahnradgetriebe vorgenommen. Das ausgezeichnete Resultat zeigte Abb. 127 auf S. 125. Das Getriebe ist, wie das Schema in Abb. 289 darlegt, aus zwei Planetensätzen aufgebaut, die mit Hilfe von drei Bremsbändern und drei Kupplungen die Gestaltung von vier Vorwärtsgängen und einem Rückwärtsgang erlauben. Das Schalten kann unter Last geschehen. Daher war man in der Wahl der Anfahrkupplung völlig frei, und man entschied sich für die FÖTTINGER-Kupplung mit ihrem hohen, bis zu 98% reichenden Wirkungsgrad und den idealen Kupplungseigenschaften. Ihre Anwendung hat weiterhin gegenüber einem Wandler den Vorteil, daß in allen Gängen mit dem Motor gebremst werden kann. Um die schwingungs- und geräuschdämpfenden Eigenschaften der FÖTTINGER-

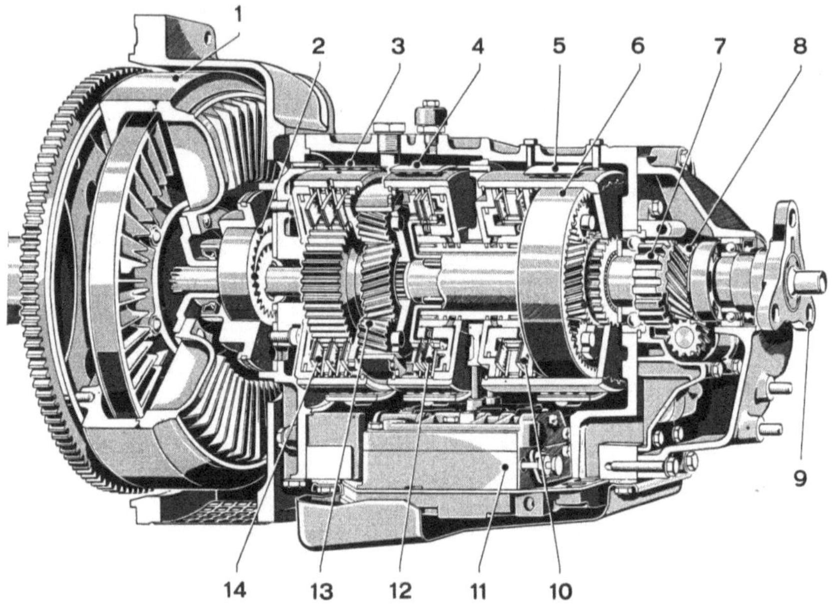

Abb. 290. Blick in das DAIMLER-BENZ-Getriebe; *1* hydraulische Kupplung, *2* vordere Ölpumpe (Primärpumpe), *3* Bremsband *3*, *4* Bremsband *1*, *5* Bremsband *2*, *6* zweiter Planetensatz, *7* Parksperrenrad, *8* Antriebsrad für Regler- und Sekundärölpumpe, *9* Abtriebswelle, *10* Kupplung *2*, *11* Schaltmechanismus, *12* Kupplung *3*, *13* erster Planetensatz, *14* Kupplung *1*

Kupplung und ihren schonenden Einfluß auf die gesamte Kraftübertragung voll auszunutzen, bleibt sie stets eingeschaltet und wirksam. Der jeweilige Gangwechsel wird von einem ölhydraulischen Steuergerät in Abhängigkeit von der Geschwindigkeit und der abgegebenen Motorleistung durchgeführt.

Abb. 290 gibt einen Blick in das Getriebe und Abb. 291 einen Längsschnitt wieder. Aus Rationalisierungsgründen sind die Kupplungsscheiben der drei Lamellenkupplungen *K 1*, *K 2* und *K 3* einander gleich wie auch die drei Bremsbänder *B 1*, *B 2* und *B 3*, Abb. 292.

Betätigung der Kupplungen und Bremsbänder. In den drei Kupplungen werden, wie die Abb. 290 und 291 zeigen, die Lamellen jeweils durch einen ringförmigen Kolben, der durch Drucköl verschoben wird, zusammengepreßt. Den Öldruck erzeugt entweder die vordere Ölpumpe, die von der Motorwelle, somit auch bei stehendem Wagen, angetrieben wird, oder eine hintere Ölpumpe, die über eine Querwelle mit dem Abtrieb,

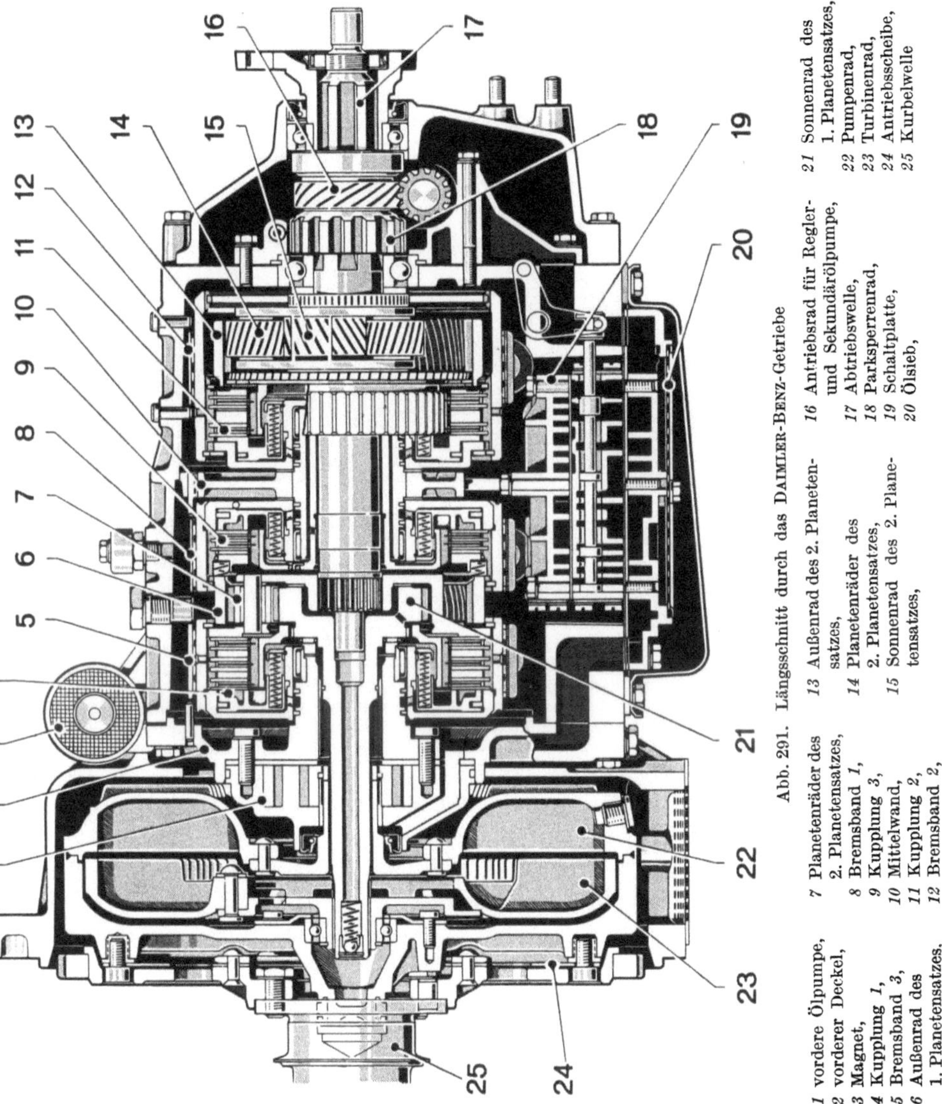

Abb. 291. Längsschnitt durch das DAIMLER-BENZ-Getriebe

1 vordere Ölpumpe,
2 vorderer Deckel,
3 Magnet,
4 Kupplung 1,
5 Bremsband 3,
6 Außenrad des 1. Planetensatzes,
7 Planetenräder des 2. Planetensatzes,
8 Bremsband 1,
9 Kupplung 3,
10 Mittelwand,
11 Kupplung 2,
12 Bremsband 2,
13 Außenrad des 2. Planetensatzes,
14 Planetenräder des 2. Planetensatzes,
15 Sonnenrad des 2. Planetensatzes,
16 Antriebsrad für Regler- und Sekundärölpumpe,
17 Abtriebswelle,
18 Parksperrenrad,
19 Schaltplatte,
20 Ölsieb,
21 Sonnenrad des 1. Planetensatzes,
22 Pumpenrad,
23 Turbinenrad,
24 Antriebsscheibe,
25 Kurbelwelle

also mit den Hinterrädern, verbunden ist, Abb. 293. Wenn der Wagen schnell genug läuft, etwa ab 10 km/h, übernimmt die hintere Ölpumpe die Lieferung des Drucköls; die vordere Pumpe wird dann zur Einsparung

von Leistung abgeschaltet. Da die hintere Pumpe auch bei stehendem
Motor Druck gibt, wenn sich der Wagen vorwärts bewegt, kann der
Motor durch Anschleppen oder Ablaufen vom Hang angelassen werden.

Die Größe der Ölkammern der Ringkolben sorgt dafür, daß das
Greifen der Kupplungen weich vor sich geht. Zur Unterdrückung der
Kriechneigung, die Föttinger-Wandler oder -Kupplungen nun einmal
mit sich bringen, erfolgt das Anfahren normalerweise im 2. Gang. Um
dabei Zeitverluste zu vermeiden, wird in den Getriebestellungen Leergang (O) und Parken (P), in denen das Anlassen des Motors möglich ist,
bereits die Kupplung *K 2* eingerückt (s. unterer Teil der Abb. 289).

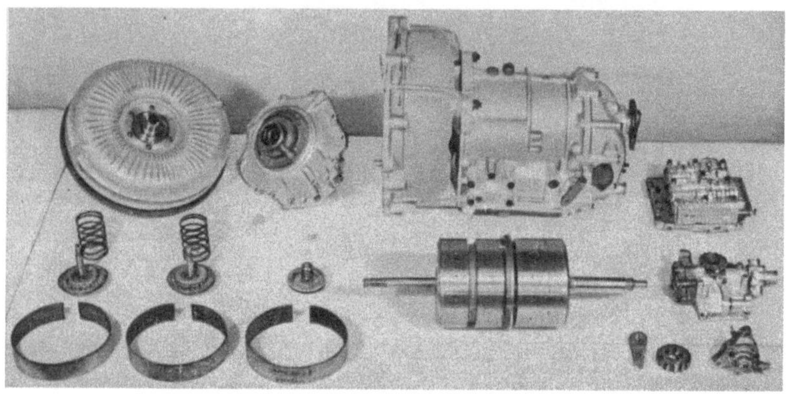

Abb. 292. Einzelteile des Daimler-Benz-Getriebes; oben von links nach rechts: hydraulische Kupplung, vorderer Deckel mit vorderer Ölpumpe, Getriebegehäuse, Schiebergehäuse der Steuereinrichtung;
unten: die drei Bremsbänder, darüber jeweils die Betätigungskolben und Federn, Planetensätze,
sichtbar die 3 Bremstrommeln, Sperrklinke und Klinkenrad der Parksperre, Tachometerantrieb,
darüber Querwelle mit links den beiden hinteren Ölpumpen und rechts dem Zentrifugalregulator für
den Stufendruck

Es braucht dann zur Herstellung des 2. Ganges nur noch das Bremsband *B 1* betätigt zu werden.

Die Bremsbänder werden mittels Öldruckes durch Kolben, s. Abb. 292,
gegen die Bremstrommeln gedrückt. Das Wechseln der Gangstufen beim
Rückschalten unter Gas vom 4. auf den 3. Gang, das in den Bergen und
in der Stadt oft vorkommt, ist nur dann weich und stoßfrei, wenn die
Bremstrommel des 2. Planetensatzes durch die Bremse *B 2* nicht aus
dem vollen Lauf plötzlich abgebremst und festgehalten wird, sondern
wenn die Bremse gerade dann faßt, wenn die Trommel nach dem Lösen
der Kupplung *K 2* ihren Drehsinn von vorwärts auf rückwärts ändert
und einen Augenblick stillsteht. Nun ist aber die Zeitspanne vom Kom-
mando des Gangwechsels bis zum Moment der Drehrichtungsumkehr
stark von der Geschwindigkeit des Wagens, von der Motordrehzahl
und vom Abnützungsgrad der Bremsbandbeläge abhängig. Sie schwankt

zwischen 0 Sekunden bei Stillstand des Wagens bis zu einer vollen Sekunde bei 100 km/h. DAIMLER-BENZ hat für ihr Getriebe eine geniale Lösung gefunden, um zu erreichen, daß die Bremstrommel immer genau im Augenblick des Stillstandes gefaßt wird.

In Abb. 294 ist schematisch eine Trommel dargestellt mit einem Bremsband, das durch die Betätigungskraft P_1 angepreßt wird. Bestünde zwischen Trommel und Band keinerlei Reibung, so wäre die Widerlagerkraft P_2 am anderen Ende des Bremsbandes genau so groß wie P_1. Bei dem links angegebenen Drehsinn (vorwärts) ist $P_2 < P_1$, während bei dem anderen Drehsinn (rückwärts) im rechten

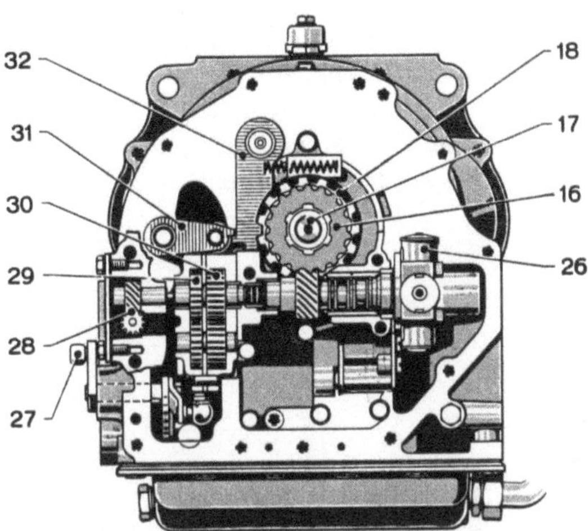

Abb. 293. Querschnitt durch den hinteren Teil des DAIMLER-BENZ-Getriebes; *16* Antriebsrad für Regler- und Sekundär-ölpumpe, *17* Abtriebswelle, *18* Parksperrenrad, *26* Regler mit Fliehgewichten, *27* Betätigungshebel, *28* Tachometer-Antriebsrad, *29* Reglerpumpe, *30* hintere Ölpumpe (Sekundärpumpe), *31* Rollenhebel zur Parksperre, *32* Parksperrenrad-Klinke

Bildteil $P_2 > P_1$ ist. Bezeichnet man mit α den Umschlingungswinkel und mit μ den Gleitreibungskoeffizienten zwischen Trommel und Band, so gelten die in Abb. 294 angegebenen Gleichungen. Im DAIMLER-BENZ-

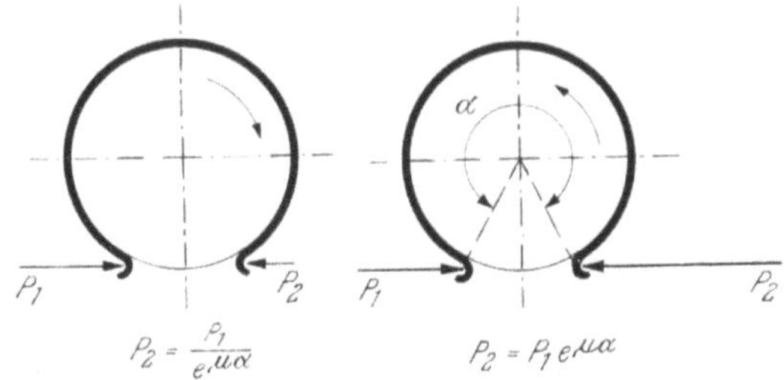

Abb. 294. Bremsbetätigungs- und Widerlagerkräfte an einem Bremsband bei verschiedenem Drehsinn der Bremstrommel

Getriebe ist $\alpha = 330°$ (oder 5,61 in Bogenmaß) und $\mu \approx 0,12$. (Der Haftreibungskoeffizient, der im Augenblick des Trommelstillstandes wirksam wird, ist größer.) Damit ist $e^{\mu\alpha} = 2$. Beim Vorwärtslauf der Trommel ist demnach in diesem Fall $P_2 = 0,5\,P_1$ und beim Rückwärtslauf $P_2 = 2\,P_1$.

Die Änderung des Drehsinns vervierfacht also die Widerlagerkräfte. Diesen Effekt nutzt man nun zum Schalten des Bremsbandes aus in einer Anordnung, die Abb. 295 in ihrem prinzipiellen Aufbau wiedergibt.

Solange die Trommel *1* nicht festgehalten werden soll, liegt durch die Zuleitung *6* Öldruck auf der Rückseite des Kolbens *3*; er drückt die Feder *4* zusammen und hält das Bremsband *2* lose. Wenn nun die im Uhrzeigersinn laufende Trommel *1* festgebremst werden soll, so kommt durch die Zuleitung *5* der gleiche Öldruck wie bei *6*. Der Kolben *3* steht

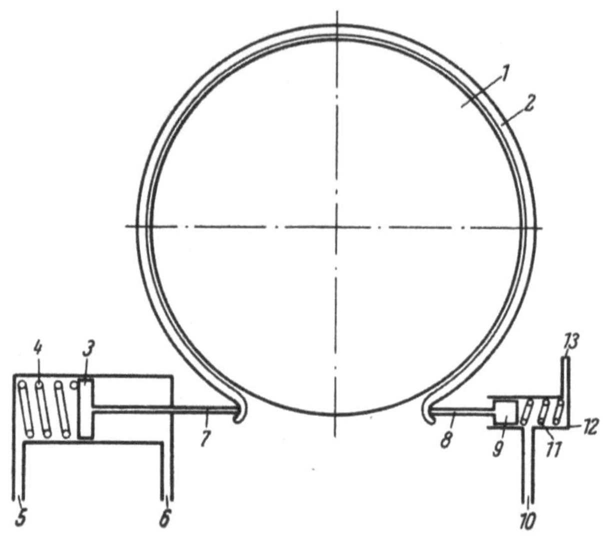

Abb. 295. Prinzipieller Aufbau der Schalteinrichtung für die Bremsen *B 1* und *B 2*; *1* Bremstrommel, *2* Bremsband, *3* Arbeitskolben, *4* Feder, *5* und *6* Ölleitungen, *7* Kolbenstange, *8* Widerlagerstange, *9* Ventilkolben, *10* Ölzuleitung, *11* Feder, *12* Widerlager, *13* Ölabfluß

jetzt auf beiden Seiten unter gleichem Druck und wird unter dem Einfluß der Feder *4* (und wegen der leicht verschiedenen Kolbenflächen auch durch den Öldruck) nach rechts verschoben; dadurch legt sich das Bremsband an die Trommel, ohne jedoch zu fassen. Damit dieses Anlegen schnell geschieht, hat der Kolben *3* ein (in Abb. 295 nicht eingezeichnetes) Ventil, das das Öl von der Rück- auf die Vorderseite treten läßt. Das andere Endes des Bremsbandes *1* drückt über die Stange *8*, den Ventilkolben *9* und die Feder *11* auf das Widerlager *12*. Die Federn *4* und *11* sind so aufeinander abgestimmt, daß bei Vorwärtsdrehung der Trommel *1* der Kolben *9* links steht und Öl über die Leitung *10* zu- und über die Öffnung *13* abfließt.

Im Augenblick des Drehsinnwechsels der Trommel wird die Kraft auf *8* und *9* vervierfacht. Der Kolben *9* rückt nach rechts und verschließt die Zuleitung *10*. In ihr baut sich jetzt ein Druck auf, der ein Steuer-

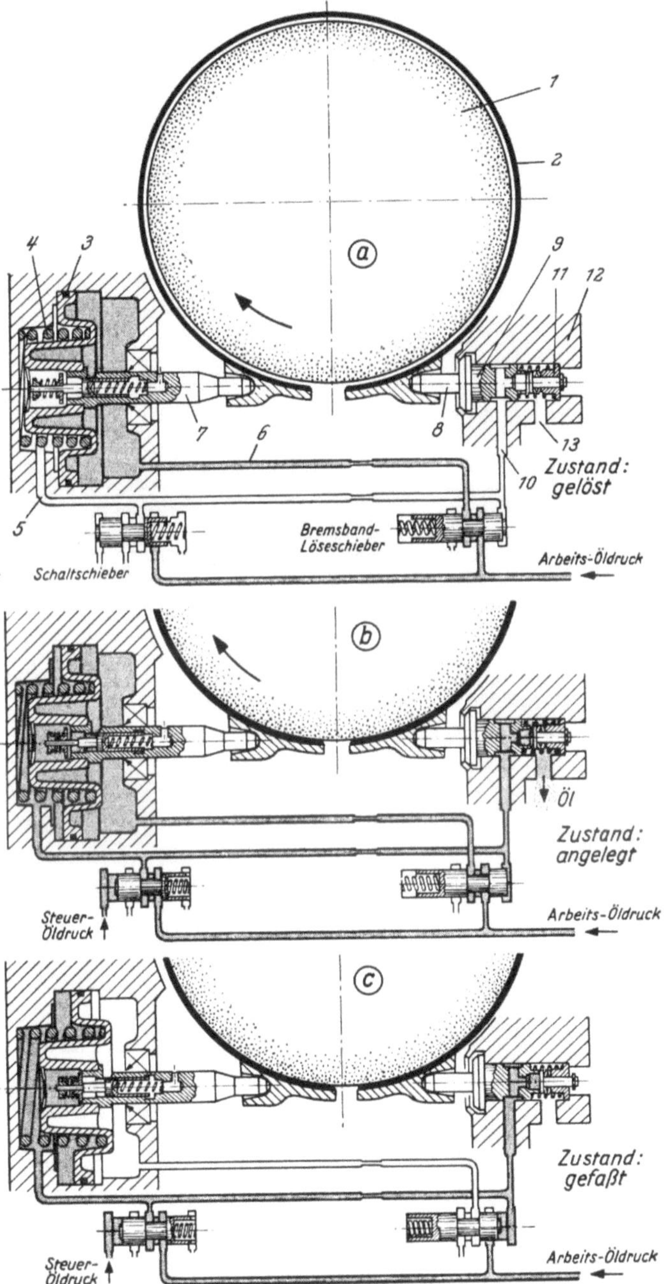

Abb. 296. Schalteinrichtung der Vorwärtsbremsbänder *B1* und *B2*; *a* Bremsband gelöst, *b* Anlege-zustand, *c* Bremsband angezogen; *1* Bremstrommel, *2* Bremsband, *3* Arbeitskolben, *4* Feder, *5* und *6* Öl-leitungen, *7* Kolbenstange, *8* Widerlagerstange, *9* Ventilkolben, *10* Ölzuleitung, *11* Feder, *12* Wider-lager, *13* Ölabfluß; schraffierte Rohrfläche = Drucköl

ventil (Löseventil) betätigt, das die Ölleitung *6* drucklos werden läßt. Dann wirkt über die Leitung *5* der volle Arbeitsdruck auf den Kolben *3* und preßt das Bremsband *2* gegen die Trommel.

Abb. 296 zeigt die praktische Ausführung im DAIMLER-BENZ-Getriebe; dabei sind für die einzelnen Teile die Hinweisziffern benutzt wie in Abb. 295. Den gleichen Aufbau weist das Bremsband *B 1* auf, damit auch die Rückschaltung unter Gas vom 3. auf den 2. Gang stoßfrei vor sich geht.

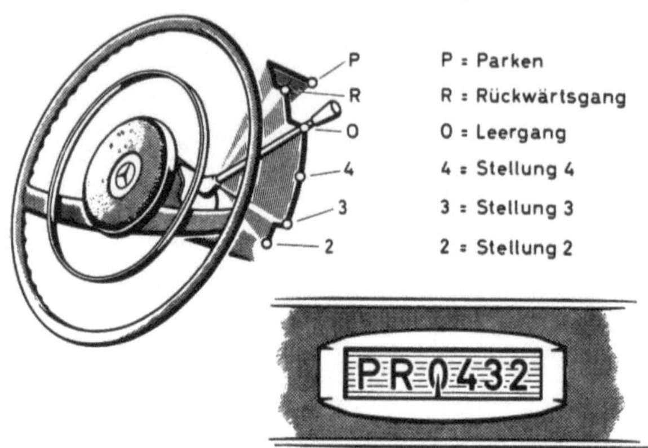

Abb. 297. Wählhebel am Lenkrad; der schwarze Linienzug und die Schraffur deuten an, daß die Stellungen O, 4 und 3 in einer Ebene liegen, während beim Übergang nach 2, R und P der Hebel angehoben werden muß; unten rechts das Anzeigegerät im Instrumentenbrett

In der geschilderten Anordnung liegt ein Grund für die hohe Wartungsfreiheit des DAIMLER-BENZ-Getriebes. Das Fassen der Trommel im Stillstand vermeidet Verschleiß. Erfahrungsgemäß muß jede Hand- oder Fußbremse im Laufe der Zeit öfter nachgestellt werden. Diese Notwendigkeit besteht bei dem hier behandelten automatischen Getriebe nicht; das Anlegen der Bremse erfolgt stets in sehr kurzer Zeit (etwa 0,1 s), ganz gleich, ob der Weg des Betätigungskolbens kurz oder lang ist.

Das Schaltprogramm. Die Schaltkommandos werden von einem Steuergerät gegeben, das unter dem Getriebe angebracht ist, s. Abb. 290 und 291. Sein Aufbau wird im nächsten Abschnitt beschrieben. In die Automatik des Schaltgerätes kann der Fahrer mit dem am Lenkrad angebrachten Wählhebel, Abb. 297, eingreifen. In der Stellung P (= Parken) ist die Abtriebswelle durch ein Sperrad nebst Klinke blockiert. Bei Geschwindigkeiten über 10 km/h verhindert eine Sicherung das Einfallen der Sperre, um Beschädigungen des Getriebes zu vermeiden. Eine ähnliche Sicherung gibt es für den Rückwärtsgang, der durch Legen des Wählhebels auf R eingeschaltet wird. Die Marke O kennzeichnet die Leergangstellung des Getriebes. Nur in O und P kann der Motor angelassen werden.

Die Lage des Wählhebels, die im normalen Fahrbetrieb, in der Stadt und über Land, zur Anwendung gelangt, ist die Stellung *4*. In ihr werden alle vier Vorwärtsgänge nach dem Schaltprogramm der Abb. 298 automatisch geschaltet, links die Hoch- und rechts die Rückschaltungen. Aufgetragen ist über der Drehzahl n_t der Kupplungsturbine die Fahrgeschwindigkeit v in den vier Gängen. In dem schraffierten Bereich erfolgen dann in Abhängigkeit von der Gasdrosselstellung (gesteuert über den Unterdruck im Ansaugrohr) die Hochschaltungen 2—3 und 3—4.

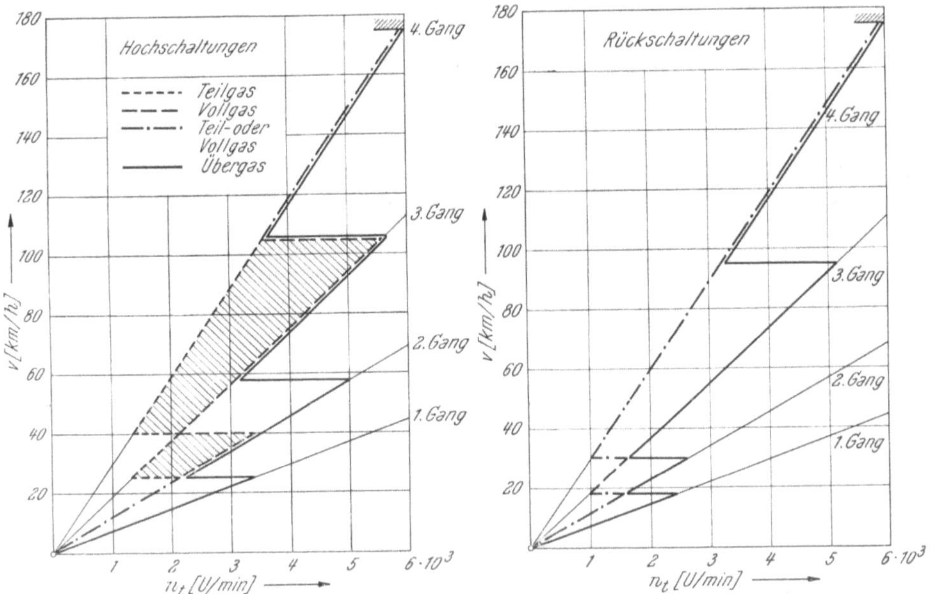

Abb. 298. Schaltprogramm des DAIMLER-BENZ-Getriebes in Wählhebelstellung 4

Durch Übergas kann auch beim Anfahren der 1. Gang geholt werden. Um dann die volle Beschleunigung zu erzielen, wird dabei der 2. Gang wesentlich höher ausgefahren als bei Vollgas.

Das rechte Teilbild läßt erkennen, daß die Rückschaltungen im Bereich zwischen Teil- und Vollgas ohne Rücksicht auf die Gasdrosselstellung bei der Geschwindigkeit von 30 km/h für 4—3 und bei 18 km/h für 3—2 vor sich gehen. Die ausgezogene Linie gibt den Bereich der durch Übergas erzwungenen Rückschaltungen an.

In der Wählhebelstellung 3, die für Gebirgsfahrten gedacht ist, Abb. 299, kann das Getriebe nicht in den 4. Gang schalten. Zum Anfahren wird bei Teil- und Vollgas wieder der 2. Gang benutzt. Der Umschaltbereich 2—3 ist aber, wie ein Vergleich mit Abb. 298 zeigt, jetzt

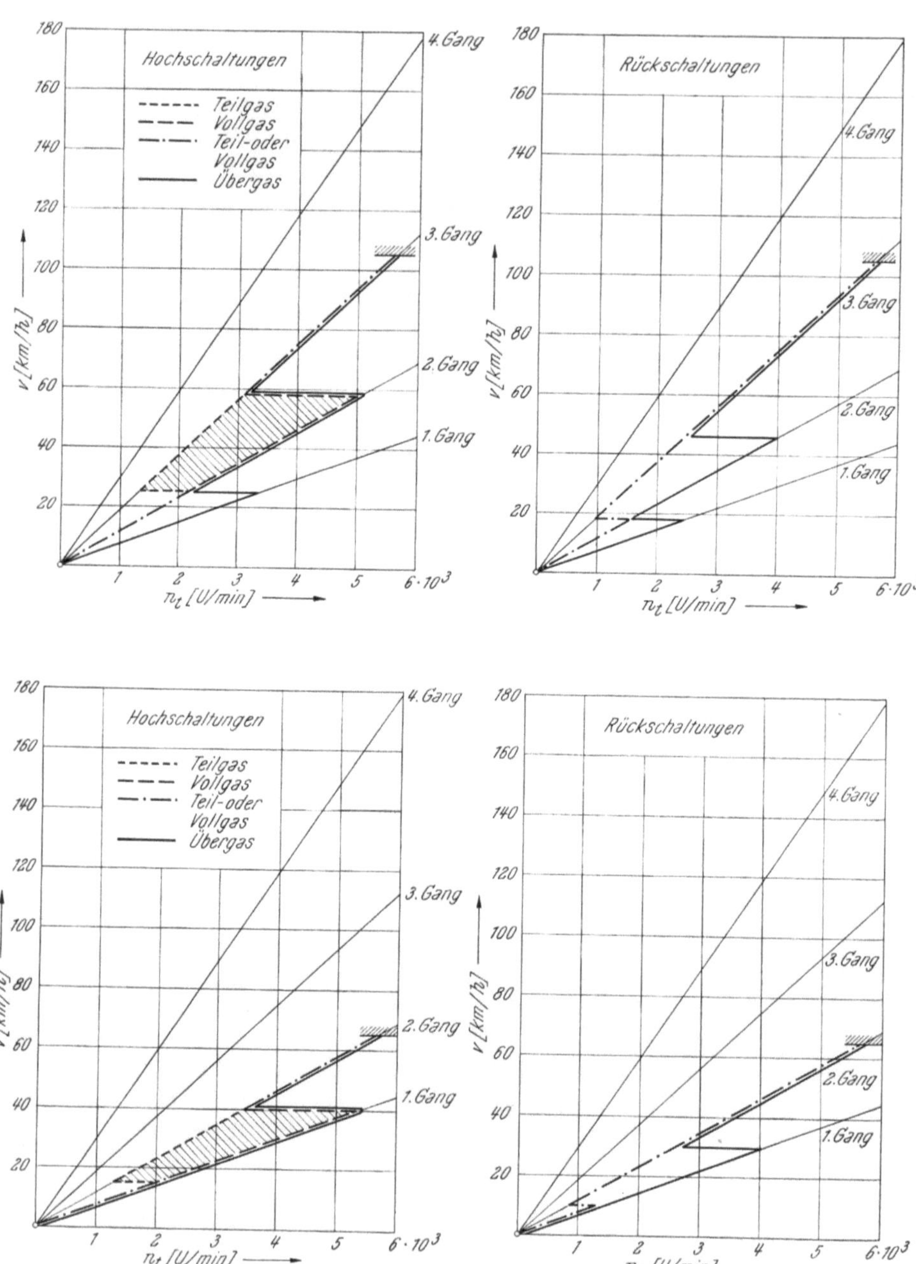

Abb. 300. Schaltprogramm des DAIMLER-BENZ-Getriebes in Wählhebelstellung 2

wesentlich größer. Das Festhalten im 3. Gang ergibt für Talfahrten eine wirksame Motorbremse. Ein automatisches Rückschalten in den 2. Gang geschieht erst bei Unterschreiten von 18 km/h, während mit Übergas der 2. Gang unter 46 km/h und der 1. Gang unterhalb 18 km/h angefordert werden kann.

Für besonders schwierige Verhältnisse, Anfahren am steilen Hang, Ausfahren aus einer stark ansteigenden Garage, Paßfahrten mit Anhänger, Kolonnenfahren usw. ist die Wählhebelstellung 2 vorgesehen, Abb. 300. Bei ihr wird auch bei Teil- oder Vollgas mit dem 1. Gang angefahren. Das Getriebe schaltet dann mit Teilgas bei 15 km/h, mit Voll- oder Übergas bei 40 km/h in den 2. Gang und bleibt darin, solange die Geschwindigkeit nicht unter 10 km/h absinkt. Mit Übergas kann das Rückschalten unterhalb 30 km/h vorgenommen werden. Zur Vermeidung von unzulässig hohen Drehzahlen darf in der Wählhebelstellung 2 eine Fahrgeschwindigkeit von 65 km/h nicht überschritten werden.

Mit Hilfe der Stellungen 2, 3 und 4 vermag der sportliche Fahrer das automatische Getriebe wie ein übliches Handschaltgetriebe zu verwenden. Er kann in den Stellungen 2 und 3 den Motor bis zu den höchsten Drehzahlen ausfahren und dann in dem von ihm gewünschten Augenblick hochschalten.

Die Überlegungen, die zum Aufbau des geschilderten Programmes führten, hat der Konstrukteur in einigen Veröffentlichungen dargelegt [250, 251, 254].

Das Steuergerät des DAIMLER-BENZ-*Getriebes.* Für den Ablauf der Schaltungen ist über Wählhebel und Gaspedal der Fahrer sowie der Betriebszustand des Motors (Saugrohrdruck) und die Fahrgeschwindigkeit maßgebend. Der Fliehkraftregler, s. Abb. 293, liefert hier nicht, wie sonst meist üblich, einen mit der Geschwindigkeit quadratisch ansteigenden Steuerdruck. Es wird vielmehr durch verschieden große Fliehgewichte, die je nach der Drehzahl Ölöffnungen schließen oder freigeben, der Steuerdruckbereich zwischen Null und dem Höchstdruck in drei Stufen eingeteilt, die den Umschaltvorgängen 1—2, 2—3 und 3—4 und zurück zugeordnet sind. Der Drucksprung löst jedesmal das Rückschalten aus; während für das Hochschalten sich der Stufendruck mit dem Modulierdruck messen muß. Das Steuergerät, *11* in Abb. 290, enthält daher auch hier die schon aus den früheren Getriebebeschreibungen bekannten Umschaltschieber 1—2, 2—3 und 3—4, auf die der Fliehkraftstufendruck und ein saugrohrabhängiger Modulierdruck gegeneinander arbeiten. Zu dem Druckregler und dem Wählschieber (*13*) kommt eine Reihe von Zusatzschiebern, die Hilfsfunktionen ausüben (Bestimmen, ob Zug- oder Schubschaltung, Steuerung des zeitlich richtigen Fassens der Bremsbänder, Verriegelung des Rückwärtsganges und der Parksperre u. a.).

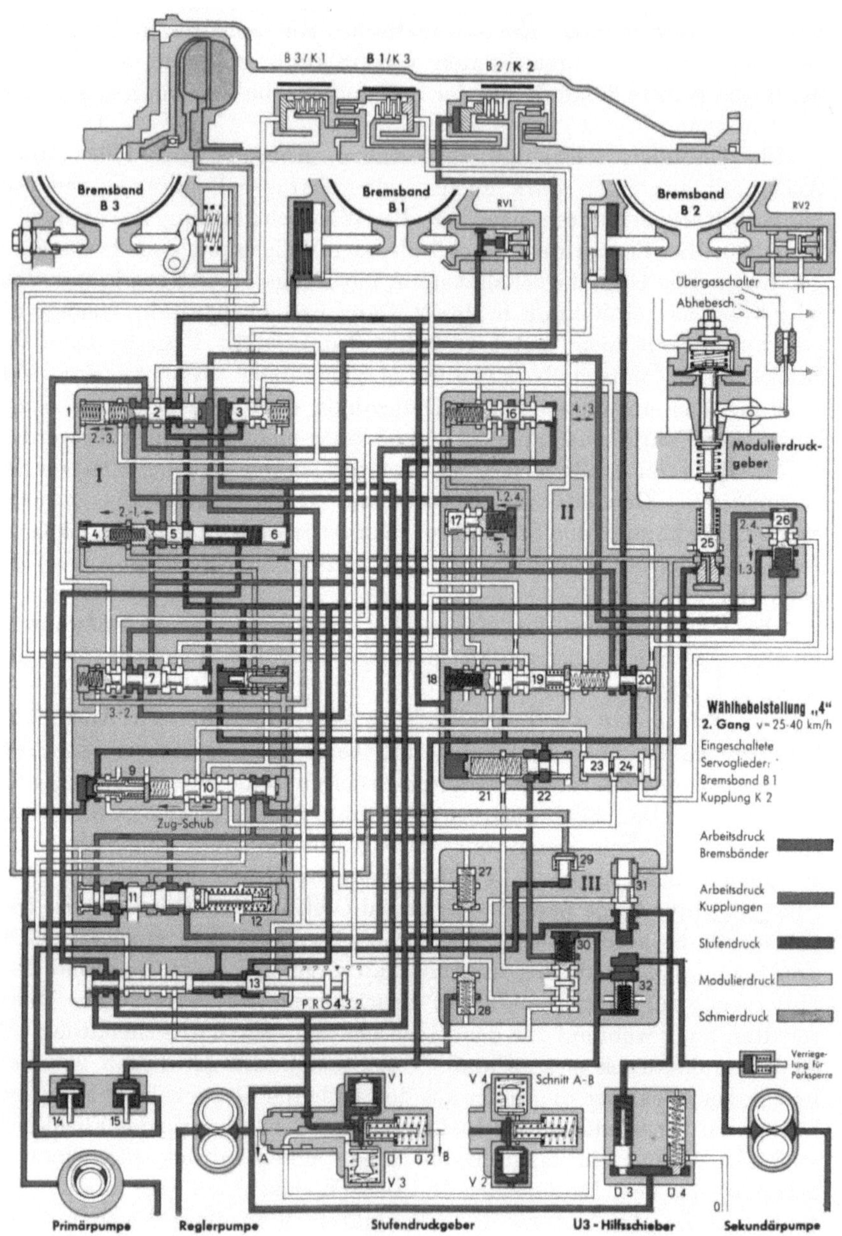

Abb. 301. Hydraulische Steueranlage des DAIMLER-BENZ-Getriebes

Der Schaltmechanismus, Abb. 301, enthält alle zum automatischen Ablauf notwendigen Steuerschieber, Ventile und Federn. Der Saugrohrdruck wird von einer Membran im Modulierdruckgeber (oben rechts) gemessen und in einen proportionalen Modulierdruck verwandelt. Dieser Modulierdruck wirkt neben einer Feder (bei *12*) auf den Druckregler *11*, so daß auch der Hauptdruck oberhalb eines Grundwertes dem Saugrohrdruck proportional ist. Damit der Schieber im Druckregler auch den kleinsten Änderungen des Modulierdruckes sofort folgen kann, wird er durch eine kleine Turbine (links von der Ziffer *11*) in Rotation versetzt, um so Reibungseinflüsse auszuschalten. Die Regelfedern bei *12* stützen sich dabei über ein Kugellager auf den Schieber ab.

Es würde zu weit führen, hier die Bedeutung und Aufgabe jedes einzelnen Schiebers zu beschreiben. Im Prinzip enthält die Schaltplatte für jeden Gangwechsel einen, also insgesamt drei Schaltkommandoschieber, und zwar für den Wechsel 1—2 den Schieber *5*, für 2—3 den Schieber *7* und Schieber *16* für den Wechsel 3—4 (und jeweils umgekehrt 2—1, 3—2 und 4—3). Auf die eine Seite der Kommandoschieber wirkt der Stufendruck (grün), auf die andere der Modulierdruck (gelb). Damit wird der gerade zu Drosselklappenstellung und Fahrgeschwindigkeit passende Gang ausgesucht und eingeschaltet. Die Kommandoschieber besitzen Differenzflächen, auf die *nach* der Hochschaltung der Arbeitsdruck zusätzlich wirkt, wodurch die Rückschaltung auch beim Wieder-Gas-Geben, d. h. bei steigendem Modulierdruck vermieden wird.

I Schaltschiebergehäuse-Unterteil mit:

1 Kolben Schaltschieber *1*,
2 Schaltschieber *1*,
3 Schaltschieber Anlegen,
4 Kolben Kommandoschieber 2. Gang,
5 Kommandoschieber *2* 2. Gang,
6 Kolben Kommandoschieber 2. Gang,

7 Kommandoschieber 3. Gang,
8 (rechts von *7*) Schaltschieber Anfahren,
9 Schaltschieber Anschieben,
10 Schaltschieber Bremsschaltung,

11 Regelschieber Arbeitsdruck,
12 Kolben Regelschieber,
13 Wählstellungsschieber,
14 Rückschlagventil Primärpumpe,
15 Rückschlagventil Sekundärpumpe;

II Schaltschiebergehäuse-Oberteil mit:

16 Kommandoschieber 4. Gang,
17 Schaltschieber Überschneidung,
18 Kolben Schaltschieber Abhebedruck *B 1*,

19 Schaltschieber Abhebedruck *B 1*,
20 Schaltschieber Abhebedruck *B 2*,
21 Kolben Regelschieber Bremsband-Grunddruck,

22 Regelschieber Bremsband-Grunddruck,
23, *24* Kolben,
25 Regelschieber, Modulierdruck,
26 Schaltschieber 2;

III Ölverteilerplatte mit:

27 Kolben Entlüftung *K 1*,
28 Kolben Entlüftung *K 2*,
29 Überdruckventil hydraulische Kupplung,

30 Schaltschieber Rückwärtsgang,
31 Schaltschieber Stufendruck,

32 Schaltschieber Rückschaltgrenze;

Stufendruckgeber mit *V 1*, *V 2*, *V 3*, *V 4* = Fliehkraftventile, *Ü 1*, *Ü 2*, *Ü 3*, *Ü 4* = Überdruckventile;
Bremsbänder mit *RV 1*, *RV 2* = Rückschlagventile

Gibt man mit dem Gaspedal Übergas (kick-down), so wird der Modulierdruck vom Niveau „Vollgas" zum Niveau „Übergas" gebracht; sofort schaltet der richtige Kommandoschieber vom Fahrgang auf Beschleunigungsgang, d. h. vom vorliegenden Gang auf den nächst kleineren, zurück. Um keine Gestängeeinstellungen zwischen Drosselklappengestänge und Getriebe zu haben, wird das Rückschaltkommando „Übergas" elektrisch übertragen. Tritt man den Gasfußhebel über einen Vollgasdruckpunkt durch, so schließt ein elektrischer Kontakt den Stromkreis eines Elektromagneten, der über einen Hebel eine Zusatzfeder des Modulierschiebers vorspannt, so daß der Modulierdruck auf das Niveau „Übergas" gehoben wird und die Rückschaltung bewirkt. Da bei Motorleerlauf der Saugrohrdruck kein sicheres Maß für das Motormoment darstellt, wird bei geschlossener Drosselklappe ein zweiter elektrischer Stromkreis durch einen Abhebeschalter (s. Abb. 301) geschlossen, der den Magneten in entgegengesetzter Richtung wirken läßt und dabei den Unterdruck an der Membran unterstützt. So wird der Modulierdruck auf das Niveau „Leergas" gedrückt.

Die Schaltschieber *2* und *26* sorgen dafür, daß die Bremsbänder *B 1* und *B 2* erst gelöst werden, wenn die Kupplungen *K 2* oder *K 1* das Drehmoment übernehmen können. Zahlreiche Hilfsschieber haben eine Reihe von Zusatzaufgaben. So trifft der Schieber *10* die Auswahl zwischen Brems- oder Beschleunigungsschaltung. Wird von Hand ein tieferer Bereich gewählt, so fassen die Gänge nur bei Leergas sofort (Bremsschaltung), aber bei Teil- und Vollgas erst bei Drehrichtungsumkehr an den Bändern (Beschleunigungsschaltung). Zum Anwerfen des Motors durch Anschieben des Wagens wird diese Steuerung aufgehoben.

Über den Schieber *32* ist das Einschalten der Parksperre und über *32* und *30* das des Rückwärtsganges bei zu hoher Fahrgeschwindigkeit unwirksam. Der Rückwärtsgang ist oberhalb von 10 bis 15 km/h hydraulisch verriegelt. Wird z. B. bei 50 km/h der Wählhebel in die Stellung R gebracht (was an sich falsch ist), so geht das Getriebe in den Leergang, bis die Wagengeschwindigkeit unter 10 km/h gesunken ist. Dann erst schaltet der Rückwärtsgang gefahrlos ein. Diese Sicherheitsvorkehrung wird vom Öldruck der hinteren Ölpumpe gesteuert, der dazu erst oberhalb 15 km/h erscheint und unter 10 km/h verschwindet. Die Verriegelung ist auch für die Parksperre wirksam.

Das Getriebe ist immer im 2. Gang, wenn der Wagen steht. Unter Umständen muß zur Beschleunigung blitzschnell in den 1. Gang geschaltet werden. Um die Schaltzeit zu vermeiden, befindet sich Bremsband *B 2* bei Fahrgeschwindigkeiten unter 10 km/h durch den Schieber *3* im Anlegezustand, so daß der Kolben beim Schalten keinen Hub zu machen braucht.

Wenn die hintere Ölpumpe genügend Öl fördert, so wird über die Schalter *14* und *15* die vordere Ölpumpe drucklos gemacht, um Antriebsleistung zu sparen. Die Primärpumpe wird (annähernd) drucklos den Regelschieber *11* so weit öffnen, daß das Öl über das Turbinenrad frei abströmt. Dann schließt das Rückschlagventil *14*. Auch der Zulaufdruck zur hydrodynamischen Kupplung wird über den Schieber *29* abhängig vom Arbeitsdruck geregelt. Da das zur hydraulischen Kupplung strömende Öl auch durch den Kühler und zur Schmierung des Getriebes geht, ist die Ölmenge lastabhängig [250].

Das Bild des hydraulischen Steuersystems in Abb. 301 zeigt das automatische DAIMLER-BENZ-Getriebe in der Wählhebelstellung „4" im 2. Gang, bei einer Fahrgeschwindigkeit von etwa 25 bis 40 km/h mit dem Fahrfußhebel in Vollgasstellung. Die Darstellung ist der Einführungsschrift der Herstellerfirma entnommen, die dazu folgende Erklärung gibt.

„Die Getriebeübersetzung für den 2. Gang wird durch die Servoglieder *Bremsband B 1* und *Kupplung K 2* erreicht (s. Abb. 289). Die Schaltseite des Bremsbandes *B 1* steht unter ‚Arbeitsdruck Bremsbänder‘, die Kupplung *K 2* steht unter ‚Arbeitsdruck Kupplungen‘. Die anderen Servoglieder (Kupplungen und Bremsbänder) werden durch Arbeitsdruck oder mechanisch abgehoben.

Durch die automatischen Schaltvorgänge innerhalb des Getriebes und Schaltschiebergehäuses werden ganz bestimmte Servoglieder für die gewünschte Getriebeübersetzung in Arbeitsstellung gebracht. Um diese Schaltautomatik mit dem Fahrfußhebel beeinflussen zu können, ist der ‚Modulierdruck‘, der auch an der Regelung des Arbeitsdruckes mitbeteiligt ist, erforderlich. Der Modulierdruck wird vom *Modulierdruckgeber* und *Regelschieber Modulierdruck* (25) dem Saugleitungsdruck proportional gehalten und steigt von einem Mindestdruck (Leerlaufstellung des Fahrfußhebels) bis zum Maximaldruck (Vollgasstellung des Fahrfußhebels) linear an.

Für die Betätigung der Servoglieder steht der ‚Arbeitsdruck Bremsbänder‘ bzw. der ‚Arbeitsdruck Kupplungen‘ zur Verfügung. Dieser Arbeitsdruck wird von der *Primärpumpe* oder *Sekundärpumpe* oder von beiden erzeugt und von den *Regelschiebern Bremsband-Grunddruck* (22) und *Arbeitsdruck* (11) geregelt, d. h. er wird vom Regelschieber Arbeitsdruck dem zu übertragenden Motordrehmoment angepaßt.

Der ‚Stufendruck‘ wird von der *Reglerpumpe* und dem *Stufendruckgeber* erzeugt und beeinflußt ebenfalls die Schaltautomatik. Der Unterschied zum ‚Modulierdruck‘ besteht darin, daß kein linearer Anstieg in Angängigkeit vom Saugrohrunterdruck erfolgt, sondern, wie der Name sagt, die Druckerhöhung stufenweise stattfindet, und zwar in Abhängigkeit von der Abtriebsdrehzahl. Die Schaltpunkte auf eine andere Druckhöhe sind durch die Fliehkraft- und Überdruckventile im Stufen-

druckgeber drehzahlmäßig festgelegt. Damit ist die automatische Umschaltung in einen anderen Gang vom Modulierdruck, d. h. vom Motordrehmoment und vom Stufendruck, d. h. von der Geschwindigkeit, abhängig.

Der *Wählstellungsschieber* (*13*) ist das einzige Element im Schalt-
schiebergehäuse, das mechanisch, nämlich vom Wählhebel über ein Gestänge, bewegt wird. Über den Wählstellungsschieber wird der ‚Arbeitsdruck Bremsbänder‘ zu den Bremsbändern weitergeleitet. Das von
der Primärpumpe oder Sekundärpumpe oder von beiden geförderte Öl

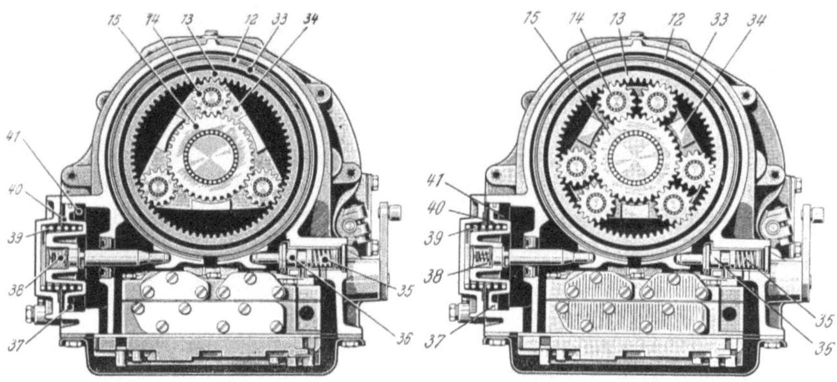

Abb. 302. Querschnitte durch das DAIMLER-BENZ-Getriebe in der Höhe des 2. Planetensatzes; links
die Ausführung in dem Normalgetriebe mit drei Planetenrädern, rechts die Sonderausführung für den
Mercedes 600 mit je sechs Planetenrädern

12 Bremsband 2 (*B2*),	*34* Planetenträger,	*38* Kurzschlußventil,
13 Hohlrad,	*35* Widerlagerfeder,	*39* Anlegefeder,
14 Planetenräder,	*36* Widerlager,	*40* Schaltseite,
15 Sonnenrad,	*37* Bremsbandkolben,	*41* Löseseite
33 Bremsbandtrommel,		

fließt über die *Rückschlagventile 14* und *15* zum *Regelschieber Bremsband-Grunddruck* (*22*). Dieser Regelschieber regelt mit seinem feder-
belasteten *Kolben* (*21*) die Höhe des Grunddruckes für die Bremsbänder.
Das von diesem Regelschieber abfließende Drucköl (Farbe: dunkelblau) wird weitergeleitet zum *Regelschieber Arbeitsdruck* (*11*). Dieser
Regelschieber regelt die Höhe des Grunddruckes und des Arbeitsdruckes
für die Kupplungen. Beide Regelschieber, Bremsband-Grunddruck (*22*)
und *Arbeitsdruck*, regeln also den Öldruck für die Servoglieder.

Das für das Bremsband *B 1* geregelte Drucköl (Farbe: rot) fließt
vom *Wählstellungsschieber* (*13*) über den *Kommandoschieber 2. Gang* (*5*)
zum *Schaltschieber 1* (*2*), der vom ‚Arbeitsdruck Kupplungen‘ gegen
seine Federkraft umgeschaltet ist. Drucköl wirkt jetzt auf die Schaltseite des Bremsbandes *B 1*. Die Schaltseite des Bremsbandes *B 2* wird
durch den *Schaltschieber Anlegen* (*3*) gesperrt. Die Abhebeseite des
Bremsbandes *B 1* wird gesperrt, da auf den Kolben des *Schaltschiebers*

Abhebedruck B 1 (18) Arbeitsdruck wirkt und die Ölleitung zur Abhebeseite gesperrt wird. Die Abhebeseite des Bremsbandes *B 2* hat Arbeitsdruck über den *Schaltschieber Abhebedruck B 2 (20)*.

Das für die Kupplung *K 2* geregelte Drucköl (Farbe: dunkelblau) fließt vom *Regelschieber Arbeitsdruck (11)* zum *Kommandoschieber 2. Gang (5)* (steht in Grundstellung). Das Drucköl kann weiterfließen zum *Schaltschieber 1 (2)* (vom ‚Arbeitsdruck Kupplungen' gegen seine Federkraft umgeschaltet). Der Schaltschieber *1* gibt Drucköl frei auf die Kupplung *K 2*."

DAIMLER-BENZ hatte zunächst (1961) nur den Typ *Mercedes 300 SE* serienmäßig mit dem automatischen Getriebe ausgestattet. (Mit Handschaltgetriebe kann dieser Typ erst seit 1963 geliefert werden.) In der Zwischenzeit ist es gelungen, alle 14 Wagenausführungen, vom 190 D mit 55 PS bis zum „*Großen Mercedes 600*" mit 250 PS und einem Drehmoment von 51 m kp, mit dem Getriebe auszurüsten. Dabei kann der Grundaufbau des Getriebes mit seinen Übersetzungen beibehalten werden; es sind zur Anpassung jeweils nur geringfügige Änderungen erforderlich. Für den *Großen Mercedes 600* hat man wegen des hohen zu übertragenden Drehmomentes die Lamellenkupplungen verstärkt und in den Planetensätzen statt drei je sechs Planetenräder angeordnet, Abb. 302.

Einige Schwierigkeiten machte die Anpassung an den Dieselmotor des 190 D. Im Gegensatz zum Bezinmotor mit Vergaser steht für die Regelung des Modulierdruckes kein Saugleitungsdruck als Maß für die Motorbelastung zur Verfügung. Man hat hier die Stellung des Fahrgashebels zur Steuerung herangezogen; der erwünschte Verlauf des Modulierdruckes wird durch die unterschiedliche Kennung von dazwischengeschalteten Federn erreicht. Auch die Übergas- (kick-down-) und Leergasstellung wird mechanisch dem Modulierdruckgeber gemeldet, so daß beim Dieselmotor auf die oben beschriebene elektrische Einrichtung mit dem Doppelhubmagneten verzichtet werden kann.

6. Das T 124-Getriebe von Renault

In einem Automobil, das mit Reibungskupplung und Handschaltgetriebe ausgestattet ist, spielt sich ein Gangwechsel in folgenden Phasen ab:

1. Gaswegnehmen, damit der Motor bei der anschließenden Entlastung nicht hochjagt oder gar durchgeht;

2. Auskuppeln, zur Unterbrechung des Kraftflusses, was für einwandfreien Wechsel der Gangstufen nötig ist;

3. Herausnehmen des bisherigen und Einlegen des gewünschten Ganges,

4. Einkuppeln und gleichzeitig

5. Gasgeben, so daß kein Einschaltstoß auftritt.

Diese fünf Vorgänge, die vom Fahrer einzuleiten sind, werden in genau der gleichen Art in der Anlage des automatischen *T 124*-Getriebes von RENAULT für seine Wagen *Dauphine* und *R 8* von elektrischen Schalteinrichtungen über Magnete und einen Motor ausgeführt. Die Analogie ist dabei so groß, daß das Herstellerwerk der Darstellung der Getriebeanordnung mit den einzelnen Bauelementen die Skizze eines Fahrers unterlegt hat, Abb. 303. Mit der Wähltastatur *1*, die im Instrumentenbrett des Wagens angebracht ist, s. Abb. 67 auf S. 67, wird der gewünschte Fahrbereich gewählt. In bekannter Weise ist N die Neutralstellung (Leergang) für Anlassen und Leerlauf, R der Rückwärtsgang und A die Normalfahrstellung mit automatischem Schalten der drei Gänge in Abhängigkeit von Fahrgeschwindigkeit und Gasdrosselstellung. Bei der Stellung *2* schaltet die Automatik nur den 1. oder 2. Gang ein, und in *1* ist nur der 1. Gang wirksam.

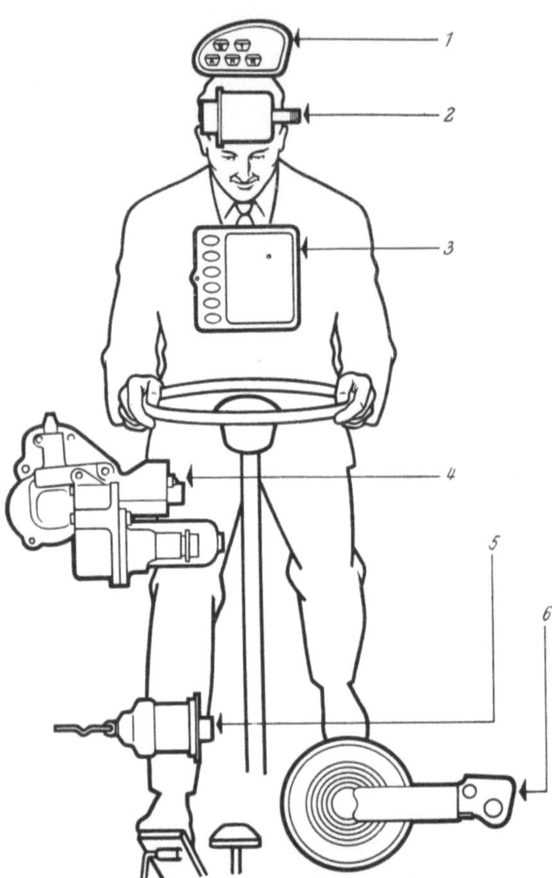

Abb. 303. Die einzelnen Bauelemente des *T 124*-Getriebes von RENAULT; *1* Wähltastatur (Druckknopfschalter), *2* Schaltkasten (Schaltgehirn), *3* Relaiskasten, *4* elektromechanischer Gangschalter (Selektor) am Zahnradgetriebe, *5* Gasdrosselmagnet, *6* Magnetpulverkupplung

Abb. 292 zeigt den Gesamtaufbau des automatischen Getriebes und die Lage der einzelnen Teile in dem RENAULT *Dauphine*. Eine ähnliche Anordnung lag bereits für den Vorläufer des *T 124*-Getriebes, das *Autoselectric*-Getriebe von SMITHS, in Abb. 288 vor. Vom Schaltkasten *2* (Abb. 303 und 304), der mit der Abtriebsachse über eine Tachometerwelle und über Hebel mit der Gasdrossel in Verbindung steht, werden durch

Schließen und Öffnen von elektrischen Kontakten die Kommandos für die Gangwechsel gegeben. Der Relaiskasten *3* mit mehreren Schaltrelais und Transistoren gibt die Befehle dann an den Gasdrosselmagneten *5*, die elektrische Kupplung *6* und den Gangschalter *4* weiter. Der Gasdrosselmagnet *5* schließt die Gaszufuhr vor dem Auskuppeln und gibt sie beim Einkuppeln wieder frei. Die Abb. 305 gewährt einen Blick in

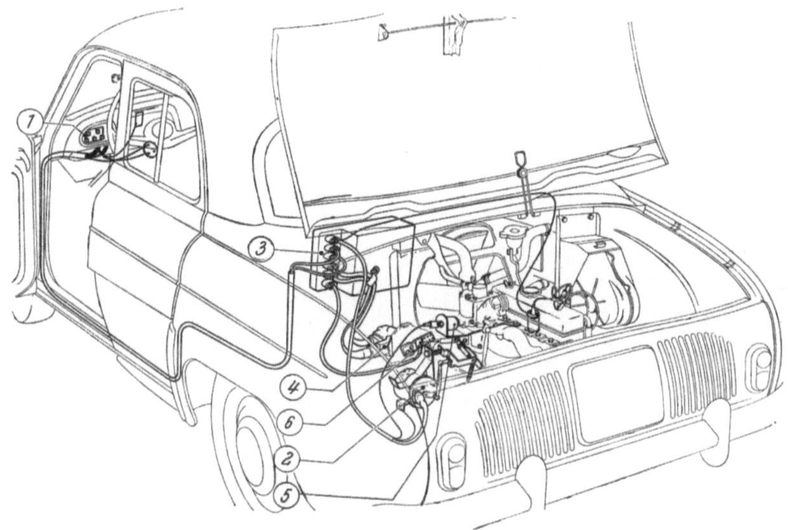

Abb. 304. Anordnung der *T 124*-Getriebeanlage in dem RENAULT *Dauphine*; *1* Wähltastatur im Instrumentenbrett, *2* Schaltkasten mit Hebelverbindung zur Gasdrossel, *3* Relaiskasten, *4* Gangschalter am Getriebe, *5* Gasdrosselmagnet, *6* Magnetpulverkupplung (Stromzuführung)

die elektrische Magnetpulverkupplung. Ihr Prinzip ist bereits auf S. 14 an Hand von Abb. 9 dargelegt worden. Der Gangschalter *4* (Abb. 304) sitzt an einem vollsynchronisierten Dreiganggetriebe mit Vorgelegewelle. Mittels eines Magneten wird die erforderliche Schaltkulisse für die Verschiebung der Schaltmuffen gewählt, und ein Elektromotor nimmt dann das endgültige Einlegen des Ganges vor.

Von den elektrischen Einrichtungen wird im RENAULT *R 8* folgendes Schaltprogramm eingehalten. Im Normalfahrbereich *A* erfolgt das Anfahren im 1. Gang. Die Hochschaltung 1—2 geht bei Mittelgas bei einer Fahrgeschwindigkeit von 25 km/h, mit Vollgas bei 35 km/h vor sich. Von der 2. zur 3. Gangstufe kommt man mit Halbgas bei 55 km/h, mit Vollgas bei 70 km/h. Die Rückschaltung 3—2 nimmt das Getriebe unter Vollgas bei 30 km/h. vor.

Bei zunehmender Fahrgeschwindigkeit mit entsprechender Gaszufuhr faßt ab etwa 18 km/h die Magnetpulverkupplung schlupffrei.

Sie hält bei geschlossener Gasdrossel mit abnehmender Fahrgeschwindigkeit die feste Verbindung bis etwa zu einer Geschwindigkeit von 10 km/h aufrecht; dann wird automatisch ausgekuppelt, damit der Motor nicht abgewürgt wird, sondern in Leerlauf übergeht.

Abb. 305. Blick in und Schnitt durch die Magnetpulverkupplung des *T 124*-Getriebes; *A* Anlasserzahnkranz, *B* Schleifringe für die Stromzuführung, *E* Erregerwicklung, *I* Eisenanker der Abtriebsachse *2*, *M* Eisenanker der Antriebswelle *1*, *P* Spalt mit Eisenpulver

Die Schaltanlage ist gegen versehentliche Fehlbedienung geschützt. Aus den Vorwärtsfahrtbereichen A, 1 und 2 kann man nicht unmittelbar, sondern nur über die Zwischenstufe N auf R schalten; auch kommt man von A nach 1 nur über die Stellung 2 oder N.

Wagen mit dem *T 124*-Getriebe werden seit Sommer 1963 geliefert Die erste praktische Erprobung verlief erfolgversprechend [267a].

7. Das ZF-Automat-Getriebe 3 HP-12 von der Zahnradfabrik Friedrichshafen AG

Die ZAHNRADFABRIK FRIEDRICHSHAFEN AG (ZF), einer der bekanntesten deutschen Getriebehersteller, hat bereits seit Jahren automatische Getriebe für Omnibusse unter der Bezeichnung *Hydromedia* hergestellt und damit sehr gute Erfolge erzielt. Mit diesen Erfahrungen entwickelte sie in den letzten Jahren ein automatisches Getriebe für Automobile europäischer Herkunft und Bauart von 1,5 bis 2,5 l Hubraum. Die endgültige Bauform stellte sie auf der Internationalen Automobilausstellung 1963 in Frankfurt als *ZF-Automat-Getriebe 3 HP-12* der Öffentlichkeit vor, Abb. 306 und 307. Zur Kraftübertragung dient ein einfacher *Trilok*-Wandler. Die Anfahrwandlung liegt zwischen $\mu_A = 2,0$ bis 2,4, je nach dem Wandlerdurchmesser, der von dem vorliegenden Motor abhängt. Die weitere Momenterhöhung übernimmt ein Zahnradgetriebe, Abb. 308, eine Planetengetriebekette II mit ihren Servoeinrichtungen: zwei Kupplungen, drei Lamellenbremsen und zwei Freilaufsperren. Das Schema im unteren Teil der Abb. 306 legt dar, wie drei Vorwärtsgänge und ein Rückwärtsgang entstehen.

Für die Anpassung des Getriebes an die verschiedenen Motor- und Wagentypen kann eine Wahl zwischen zwei Ausführungen der Planetengetriebekette getroffen werden; beim Übergang von der einen zur anderen ist, wie die Tabelle in Abb. 294 zeigt, nur das hintere Sonnenrad (s_1) auszutauschen. Das Schalten der Fahrbereiche und Gänge nimmt eine hydraulische Steueranlage vor, die an Hand von Abb. 309 wie folgt beschrieben wird.

„Das von der *Ölpumpe* geförderte Öl wird dem *Hauptdruckventil* zugeleitet, in dem sich der zum Schalten der Kupplungen und Bremsen nötige Öldruck einstellen läßt. Dieser Hauptdruck wird in seiner Höhe noch von der Drosselklappeneinstellung des Motors mitbeeinflußt. Das im eigentlichen Schaltgerät nicht verwendete Öl strömt vom Hauptdruckventil zum *Wandlerdruckventil* und von dort über eine Drosselstelle zu den einzelnen Schmierstellen im Getriebe. Hierbei bestimmt die Drosselstelle in Abhängigkeit von der durchströmenden Menge den Wandlergegendruck. Das Wandlerdruckventil bestimmt den Druck vor dem Wandler, der in seiner Größe von der Drosselklappenöffnung abhängt. Dem Hauptdruckventil nachgeschaltet ist der *Wählschieber*. Seine Position wird vom Fahrer festgelegt; der Wählschieber gibt die Hauptkommandos in das Schaltgerät für die einzelnen Stellungen.

Der *Hauptdrosseldruckkolben* ist über ein Hebelgestänge, das an der Drosselklappe des Vergasers angelenkt ist, verschiebbar. Durch die Änderung der Federspannung erzeugt das *Hauptdrosseldruckventil* einen bestimmten Druck in Abhängigkeit von der Drosselklappenstellung.

Dieser Hauptdrosseldruck wird auf den Federraum des Hauptdruckventils geleitet und beeinflußt dort einerseits den Hauptdruck und andererseits, da er sich gegen das Wandlerdruckventil richtet, auch den Wandlerdruck. In derselben Weise arbeiten *Schaltdrosseldruckventil* und *Schaltdrosseldruckkolben* nur mit dem Unterschied, daß hier der von der Drosselklappenstellung abhängige Schaltdrosseldruck dazu verwendet wird, die Schaltung der Gänge zu beeinflussen. In Position B und R

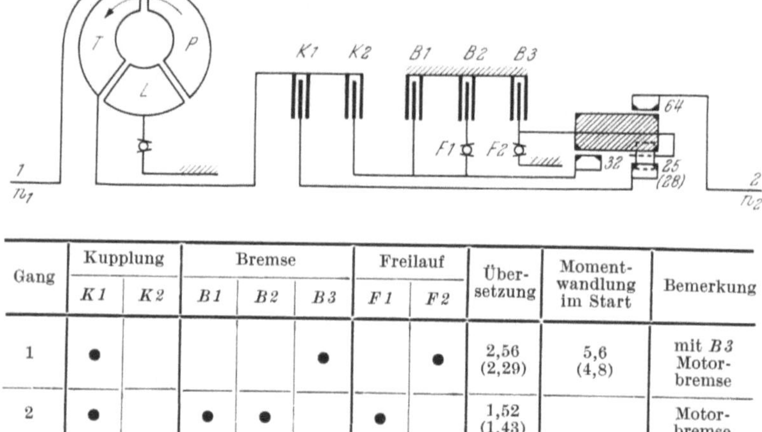

Gang	Kupplung		Bremse			Freilauf		Übersetzung	Momentwandlung im Start	Bemerkung
	K 1	*K 2*	*B 1*	*B 2*	*B 3*	*F 1*	*F 2*			
1	●				●		●	2,56 (2,29)	5,6 (4,8)	mit *B 3* Motorbremse
2	●		●	●		●		1,52 (1,43)		Motorbremse
3	●	●						1		
R		●			●			− 2	− 4,2	

Abb. 306. Schematischer Aufbau des *ZF-Automat-Getriebes 3 HP-12*; *T* Turbine, *P* Pumpe, *L* Leitrad, *K 1* und *K 2* Kupplungen, *B 1*, *B 2* und *B 3* Lamellenbremsen, *F 1* und *F 2* Freilaufsperren, *1* An- und *2* Abtrieb

wird der Schaltdrosseldruckkolben so weit vorgespannt, bis der Sprengring an die im Gehäuse sitzende Büchse zum Anschlag kommt. Dadurch wird erreicht, daß die Schaltpunkte in den einzelnen Gängen in einen höheren Geschwindigkeitsbereich zu liegen kommen. Die Schaltung wird des weiteren durch den im *Regler* erzeugten und von der Fahrgeschwindigkeit abhängigen Reglerdruck beeinflußt.

Der Gangwechsel wird durch das Umschalten der Schaltventile und Schaltkolben eingeleitet.

Auf den *Schaltkolben 1—2* wirkt zusammen mit der Federkraft der Reglerdruck. Ihm entgegengesetzt arbeitet rechts am *Schaltventil 1—2* und gleichfalls an der Ringfläche des Schaltkolbens der Schaltdrosseldruck, der jedoch nur in Stufe B oder bei „kick down" aufgebracht wird. Somit stehen Schaltkolben und Schaltventil in Stufe A bei stehendem

Fahrzeug rechts am Anschlag, d. h. daß unterhalb der „kick-down-Stellung" im 2. Gang angefahren wird.

Schaltdrosseldruck und Reglerdruck wirken in gleicher Weise auf das *Schaltventil 2—3* und den *Schaltkolben 2—3* mit der Ausnahme, daß die Federkraft und der Schaltdrosseldruck im gleichen Raum nach links

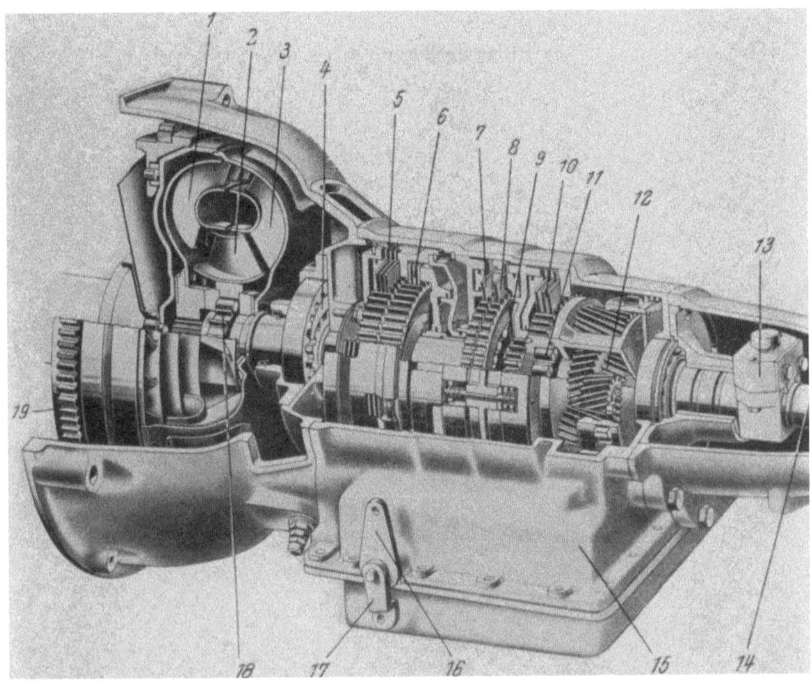

Abb. 307. Blick in das aufgeschnittene *ZF-Automat-Getriebe 3 HP-12*

1 Turbine,	*8* Bremse *B 2*,	*15* Schaltkasten,
2 Leitrad,	*9* Freilauf *F 1*,	*16* Verbindung zum Wähl-
3 Pumpe,	*10* Bremse *B 3*,	hebel,
4 Ölpumpe,	*11* Freilauf *F 2*,	*17* Verbindung zur Gas-
5 Kupplung *K 1*,	*12* Planetengetriebekette II,	drossel,
6 Kupplung *K 2*,	*13* Fliehkraftregler,	*18* Leitradfreilauf,
7 Bremse *B 1*,	*14* Abtriebswelle,	*19* Anlasserzahnkranz

gegen das Schaltventil bei jeder Drosselklappenstellung wirken. Auf die Ringfläche des Schaltkolbens wird der Schaltdrosseldruck nur bei kick down bzw. in Wählhebelstellung B aufgebracht.

Die Schaltkombination der Schaltventile und -kolben in Position A und B ist folgende:

Schaltventil 1—2 links am Anschlag: *1. Gang,*

Schaltventil 1—2 rechts und 2—3 links am Anschlag: *2. Gang,*

Schaltventil 1—2 rechts und 2—3 rechts am Anschlag: *3. Gang.*

Nur beim Einlegen der Stufe B wird das *Sperrventil A—B* (Position A bis Position B) gegen die Federkraft nach rechts zum Anschlag gebracht; dadurch wird, unabhängig von der Drosselklappenstellung, der Schaltdrosseldruck auf die Flächen der Schaltventile und die Ringflächen der

Abb. 308.   Planetengetriebekette II aus dem *ZF-Automat-Getriebe 3 HP-12*

1 Sonnenrad s_2,	*5* Planetenrad p_2,	*11* Planetenrad p_2,
2 Antrieb des Sonnenrades s_1,	*6* Planetenrad p_1,	*12* Zahnkranz für die Parksperre,
3 Antrieb des Sonnenrades s_2,	*7* Außenrad a,	*13* Parksperrenklinke,
4 Lamellenbremse $B3$,	*8* Sonnenrad s_1,	*14* Betätigung für die Parksperrenklinke
	9 Abtrieb,	
	10 Planetenrad p_1,	

Schaltkolben gegeben. Somit fährt man in der Stufe B im 1. Gang an, und die Gänge können unabhängig von der Last relativ weit ausgefahren werden.

Das *Sperrventil V—R* (vorwärts — rückwärts) wird nur dann rechts zum Anschlag gebracht, wenn der Fahrer die Stufe R wählt. Die Verteilung des Öls über das Sperrventil V—R erfolgt so, daß in Stufe R die dafür nötige Kupplung (*K2*) und Bremse (*B3*) beaufschlagt werden.

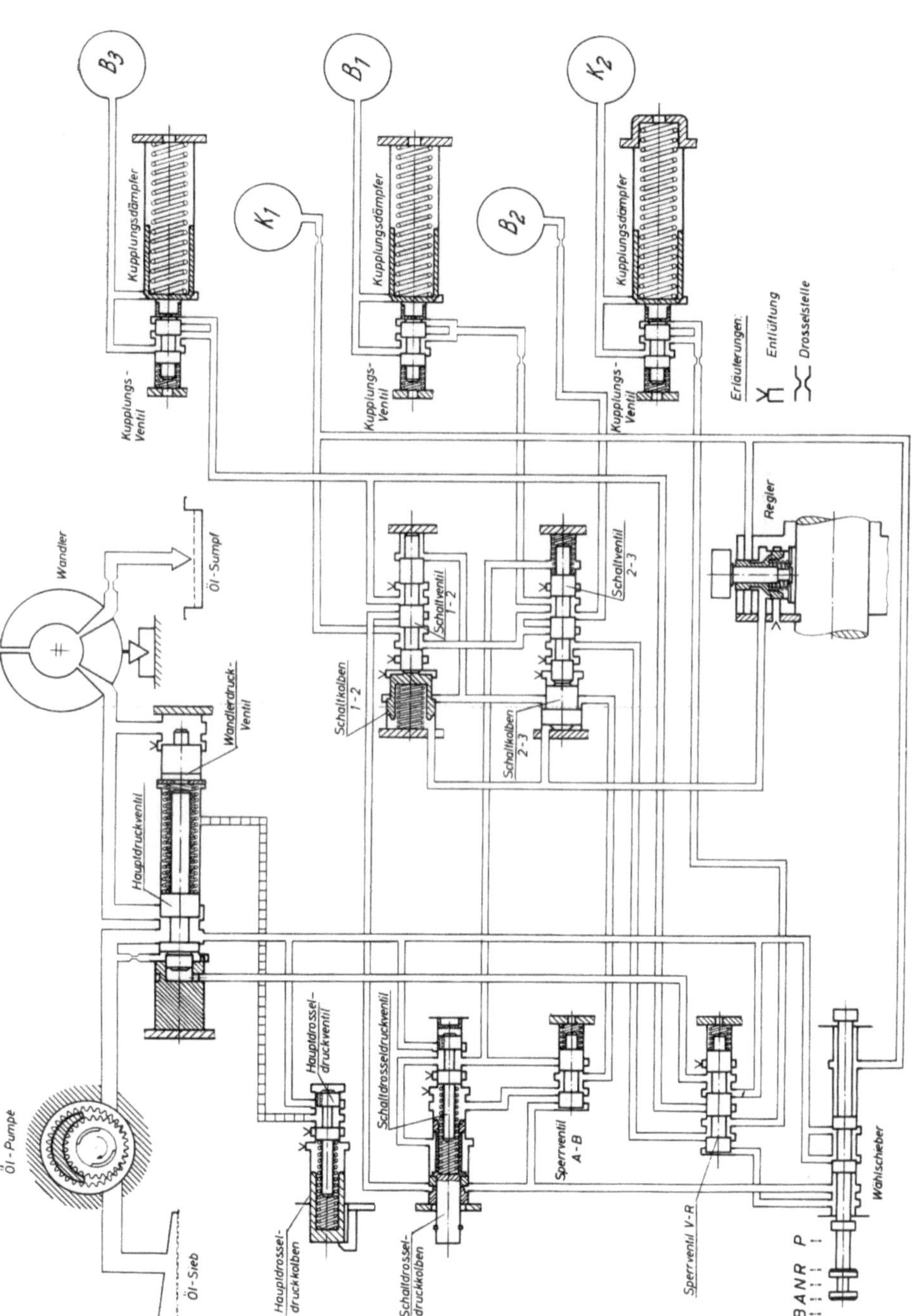

Abb. 309. Schaltanlage in dem ZF-Automat-Getriebe 3 HP-12, Stellung N

Das den Kupplungen und Bremsen vorgeschaltete *Kupplungsventil* bzw. der *Kupplungsdämpfer* dient dazu, den Kupplungsvorgang so elegant wie möglich zu machen. Das Öl strömt über das Kupplungsventil zur Kupplung (oder Lamellenbremse). Zugleich wird das Kupplungsventil rechts vom Öl beaufschlagt und bei entsprechendem Gegendruck gegen seine Feder nach links verschoben. Von diesem Zeitpunkt an strömt das Öl nur noch über die Drosselbohrung und den Dämpferraum zur Kupplung (oder Bremse). Der Dämpferraum wird aufgefüllt; dabei steigt der Druck stetig an. Diese Einrichtung ist so geschaffen, daß die Kupplung (oder Bremse) gegen die Abweisfeder schnell gefüllt wird, um danach über den Kupplungsdämpfer den eigentlichen Schaltvorgang einzuleiten" [320a].

Der unter dem Lenkrad angebrachte Wählhebel des *ZF-Automat-Getriebes 3 HP-12* hat folgende Stellungen: P, R, N, A und B. In der Lage P wird die Abtriebsachse durch die in Abb. 308 ersichtliche Parksperre blockiert. N ist die Neutral- oder Leergangstellung. Für den Normalfahrbereich steht der Wählhebel auf A (= Automatik). Dabei wird zur Unterdrückung der Kriechneigung im 2. Gang angefahren. Durch Übergas kann jedoch der 1. Gang geholt werden; auch läßt sich so im Fahrbetrieb eine Rückschaltung 3—2 erzwingen. Unter dem Einfluß der Freilaufsperren kann nach dem Einlegen des Wählhebels auf A der Wagen nicht rückwärts rollen; das Anfahren am Berg ist damit leicht und bequem.

Befindet sich der Wählhebel in der Lage B (= *Berg-* und *Bremsgang*), so wird im 1. Gang angefahren. Da in dem Getriebe außer der Kupplung *K 1* jetzt auch die Kupplungsbremse *B 3* betätigt wird, so ist bei schiebendem Wagen die Freilaufwirkung von *F 2* aufgehoben. Die kraftschlüssige Verbindung zwischen den Antriebsrädern und dem Motor bleibt erhalten; man kann so mit dem Motor bremsen. In dieser Wählhebelstellung schaltet das Getriebe auch in den 2. und 3. Gang hoch; die Umschaltpunkte sind aber so gelegt, daß der 1. Gang bevorzugt wird. In einer früheren Ausführung des *ZF-Automat-Getriebes 3 HP-12* gab es eine weitere Wählhebelstellung, die dem 2. Gang den Vorrang gab. Aus Gründen der Vereinfachung hat man später darauf verzichtet; auch ließ man eine Fliehkraftkupplung, die im Hohlring des Wandlers untergebracht war und die von einer bestimmten Drehzahl an Pumpe und Turbine kraftschlüssig verband [320], fortfallen.

8. Automatische Automobilgetriebe aus Rußland und Japan

Zu den automatischen Automobilgetrieben aus Europa sind auch die in Rußland hergestellten Ausführungen zu zählen. Die Versuche, von dort Beschreibungen und Bildunterlagen zu erhalten, waren völlig erfolglos. Selbst das Einschalten der Pressestelle der sowjetischen Botschaft in Bonn, die sonst sehr um die Berichterstattung über russische Produkte und Erfolge bemüht ist, führte nicht zum Ziel. Das Fehlen der Darstellung russischer Getriebe in diesem Buch dürfte jedoch tragbar sein. Einmal sind Automobile aus der UdSSR in den westlichen Ländern nur sehr spärlich vertreten. Andererseits zeigt das Schnitt-

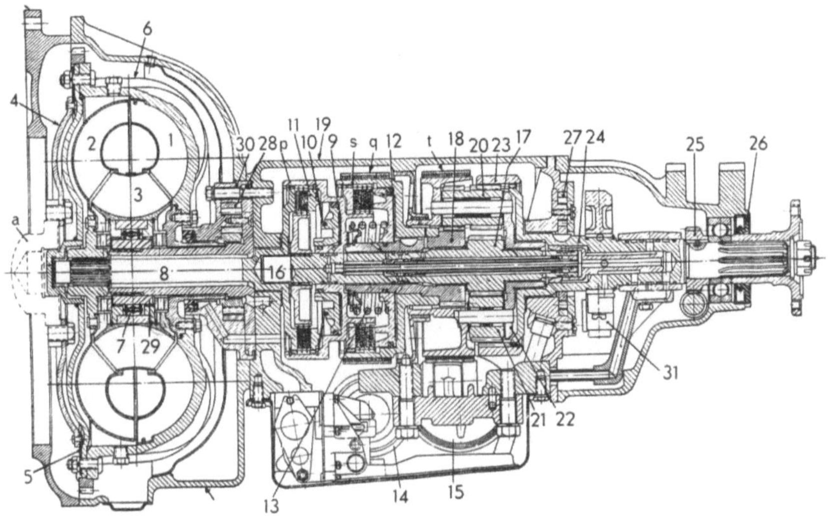

Abb. 310. Schnitt durch das automatische *Wolga*-Getriebe aus Rußland

1 Pumpe,	*14* Servomotor für Bremsband *B1*,	*25* Tachometerantrieb,
2 Turbine,		*26* Dichtring,
3 Leitrad,	*15* Servomotor für Bremsband *B2*,	*27* hintere und
4 Anschlußscheibe,		*28* vordere Ölpumpe,
5 Wandlergehäusedeckel,	*16* Zwischenwelle mit Sonnenrad *17* (s_1),	*29* Innennabe des Freilaufes *7*,
6 Ventilatorschaufel,		*30* Ölpumpengehäuse,
7 Freilauf,	*18* Sonnenrad s_2,	*31* Fliehkraftregler,
8 Zwischenwelle,	*19* Gehäuse,	*a* Kurbelwelle des Motors,
9 Ringkolben und	*20* langes Planetenrad (p_2),	*p* Kupplungsgehäuse,
10 Tellerfeder für *11* Kupplung *K1*,	*21* kurzes Planetenrad (p_1),	*q* Bremsband *B1* mit Trommel *s*,
	22 Planetenträger (Steg),	
12 Ringkolben und	*23* Außenrad (Hohlrad),	*t* Bremsband *B2*
13 Feder für Kupplung *K2*,	*24* Abtriebswelle,	

bild des *Wolga*-Getriebes in Abb. 310, daß es sich dabei um einen Nachbau des amerikanischen *Fordomatic*-Getriebes handelt, wie ein Vergleich mit Abb. 221 auf S. 238 offenkundig macht.

Auch über die japanischen automatischen Automobilgetriebe, die in einigen Katalogen erwähnt werden, war keine Auskunft zu erhalten. Wenn das Schweigen aus Rußland auch noch verständlich erscheint und nicht ungewöhnlich ist, so ist das Ausbleiben einer Antwort aus Japan bei der sonstigen Publikationsfreudigkeit dieses Landes etwas

Tabelle 12. *Automatische Automobil-*

Allgemeine Angaben			Kupplung		
Hersteller	Bezeichnung	Baujahr	Art	Betätigung	Art
C. Borgward (Deutschland)	Hansamatic	1952		hydrau-lisch	Zahnrad mit Vorgelege
DAF (van Doorne's Auto-mobilfabriek) (Holland)	Variomatic	1958	Trommel	Flieh-kraft	Keilriemen
Hobbs Trans-mission (Groß-britannien)	Mechamatic (Hansamatic)	1960	Scheibe (Rei-bung)	Öldruck	2 Planeten-reihen
Smiths Accessories (Groß-britannien)	Autoselectric (Easidrive)	1960	Magnet-pulver	elek-trisch	Zahnrad mit Vorgelege
Daimler-Benz AG (Deutschland)	DB auto-matisches Getriebe	1961		hydro-dyna-misch	2 Planeten-sätze
Renault (Frankreich)	T 124	1963	Magnet-pulver	elek-trisch	Zahnrad mit Vorgelege
Zahnradfabrik Friedrichshafen AG (Deutschland)	ZF-Automat-Getriebe 3 HP-12	1963		hydro-dyna-misch	Planeten-getriebekette kette II

getriebe aus Europa

Getriebe						
Vorwärtsgänge		automatische Betätigung durch	Übersetzung	Wählhebel-stellungen	Bemerkung	Schema in
Zahl	davon auto-matisch					
2	2	Öldruck	1,5 1	R N V	Über-brückungs-kupplung	Abb. 273
—	—	Fliehkraft und Saug-rohrunter-druck	4,2 — 1 — 4,2	Vorwärts Neutral Rück-wärts		Abb. 275
4	4	Öldruck	3,89 2,22 1,49 1 — 4,86	R N 1 2 3 4 (A)	10 weitere Über-setzungs-reihen	Abb. 280
3	3	Magnet-schalter (elektrisch)	3,24 1,60 1 — 3,36	D 2 N R		Abb. 284
4	4	Öldruck	3,98 2,52 1,58 1 — 4,15	P R O 4 3 2		Abb. 289
3	3	elektrisch	3,54 1,81 1,03 — 3,60	2 1 A N R	Knopf-bedienung	Abb. 303
3	3	Öldruck	2,56 (2,29) 1,52 (1,43) 1 — 2	P R N A B		Abb. 306

verwunderlich. Das wird sich sicher ändern, wenn demnächst japanische Automobile auf dem europäischen oder amerikanischen Markt Fuß fassen sollen.

In der Tabelle 12 sind die Angaben über die meisten aus Europa stammenden automatischen Automobilgetriebe zusammengestellt. Es ist zu erwarten und zu hoffen, daß diese Aufstellung in Zukunft etwas länger wird.

D. Das Angebot von automatischen Automobilgetrieben auf dem Weltmarkt im Jahre 1964

Zusammenfassung

In den vorstehenden Ausführungen sind alle bedeutenden bisher erschienenen und angebotenen automatischen Automobilgetriebe dargelegt und beschrieben worden. Manche Konstruktion wurde im Zuge des technischen Fortschritts überholt und ist daher vom Markt wieder verschwunden. Gehalten hat sich nur das, was sich in der Praxis bewährte. Es interessiert daher, welche automatischen Getriebe heute auf dem Markt angeboten werden und in welchen Wagen sie erhältlich sind. Gerade bei Abschluß des vorliegenden Buches im März 1964 erschien anläßlich des Genfer Automobil-Salons die *„Katalognummer 1964 der Automobil Revue"*, der bekannten Schweizer Autofachzeitschrift, die in Bern herausgegeben wird. Die mit großer Mühe und peinlicher Sorgfalt zusammengetragene Liste der technischen Einzelheiten aller heutigen Automobiltypen gilt in Fachkreisen als die zuverlässigste Aufstellung und Informationsquelle, also gewissermaßen als „amtlicher Katalog". Nach diesen Angaben ist mit freundlicher Zustimmung des Verlages die Tabelle 13 (siehe S. 356—368) erstellt worden, die das heutige Angebot (gültig für 1964/65) an automatischen Automobilgetrieben in aller Welt wiedergibt.

In der ersten Spalte ist die Herstellerfirma und gegebenenfalls der Konzern angegeben, in der zweiten das Ursprungsland. Dann folgen die Bezeichnungen der Wagenmodelle und einige Daten über die Motoren. Wenn die Leistungsangabe in Klammern steht, so gehört sie zu einer anderen als der zitierten Drehzahl. Die dritte Hauptspalte befaßt sich mit dem automatischen Antrieb. Für die Kupplungsarten sind folgende Abkürzungen benutzt: FK Fliehkraftkupplung, HK hydrodynamische Kupplung, HW hydrodynamischer Wandler mit Startwandlung μ_A, MP elektrische Magnetpulverkupplung. Es ist i die Übersetzung der Getriebestufen und i_H die Übersetzung der angetriebenen Hinterachse. (Für Frontantrieb gibt es noch keine automatischen Getriebe.) In Klammern sind die auf Wunsch erhältlichen Achsübersetzungen angegeben. Die letzte Spalte zeigt an, an welcher Stelle des Buches eine ausführliche Beschreibung der jeweiligen Getriebeausführung zu finden ist.

IV. Über das Fahren mit automatischen Automobilgetrieben

Es liegt in der Natur der automatischen Getriebe, daß dieses Kapitel nur kurz zu sein braucht. Denn ihre Hauptaufgabe ist ja die, den Fahrer zu entlasten. Und doch ist das Beachten einiger Hinweise von Wert, wenn man in den vollen Genuß der Annehmlichkeiten und der Vorteile gelangen will, die automatische Getriebe bieten.

So kommt der Feststellbremse, also meist der Handbremse, eine höhere Bedeutung zu als bisher. Man mache es sich zur festen Gewohnheit, stets, wenn der Wagen über längere Zeit halten soll (also nicht bei einem kurzen Halt vor dem Rot einer Verkehrsampel), sofort die Handbremse anzuziehen. Sie soll auch immer angezogen bleiben und erst unmittelbar in dem Augenblick der Abfahrt gelöst werden. So wird mit Sicherheit vermieden, daß etwa die Kriechneigung oder das Spielen am Gashebel den Wagen ungewollt in Bewegung setzt.

Das Anlassen des Motors erfolgt in der Neutralstellung (N) des Getriebes oder, falls vorhanden, auch in der Stellung P (= Parken). Meist ist schon die elektrische Schaltung so ausgeführt, daß nur in diesen Wählhebelstellungen der Anlasser Strom bekommen kann. Nach dem Anspringen des Motors warte man auch im Sommer einige wenige Sekunden, damit sich die Kupplung oder der Wandler und die Leitungen, Bremsen und Kupplungen der hydraulischen Steueranlage mit Öl füllen können. Im Winter wird man sowieso nach dem Anlassen etwas mehr Zeit verstreichen lassen, damit der Motor Gas annimmt und ein Schmieröldruck angezeigt wird. Zu langes Laufenlassen in der Leergangstellung bringt jedoch keinen Nutzen. Wie beim Motor so wird auch beim Getriebe die gewünschte Betriebstemperatur am besten und schnellsten durch Fahren mit mäßiger Belastung erreicht. (Eine Ausnahme ist vielleicht bei sehr strenger Kälte gegeben.)

Zum Anfahren legt man den Wählhebel in die passende Stellung, entweder auf R, um rückwärts aus der Garage herauszukommen, oder auf eine der Vorwärtsstellungen. Meist spürt man nun an einem kleinen Ruck, daß der Schaltmechanismus den Anfahrgang eingelegt hat. Dann, aber auch *erst dann* wird die Handbremse gelöst. Beim Gasgeben wird sich der Wagen weich und stoßfrei in Bewegung setzen.

Unter fast allen Fahrbedingungen werden mit der Normalstellung (D oder A oder 4 oder 3) die besten Ergebnisse erzielt. Nur in den Bergen, bei Steigungen und langen Talfahrten, nimmt man vorteilhaft die Stellung der Wähleinrichtung, die mittlere Gänge (2. oder 3. je nach Zahl der Gangstufen) bevorzugt. Bei Bergfahrten schaltet dann das Getriebe nicht zu früh hoch, und bei Talfahrten zieht man so den leerlaufenden Motor als Bremse heran.

Stüper, Automobilgetriebe   23

Gashebel und Bremse sollen stets nur vom rechten Fuß bedient werden. Der Zwang, sich entweder für den Gashebel oder die Bremse zu entscheiden, verhindert dann automatisch, daß man versehentlich beide gleichzeitig betätigt, was dem Getriebe auf die Dauer nicht gut bekommt. Von dieser Regel gibt es eine einzige Ausnahme. Zum Rangieren eines Wagens, Verschieben in einer Garage oder Einfügen in eine Parklücke ist es zweckmäßig, mit dem linken Fuß die Fußbremse zu treten und gleichzeitig mit dem rechten etwas Gas zu geben. Die langsamen Bewegungen des Wagens steuert man dann durch entsprechendes leichtes und dosiertes Loslassen des linken Fußes. Das ist die bequemste und sicherste Art, um einen Wagen mit einem automatischen Getriebe zentimetergenau hinzustellen.

Für Notfälle ist folgendes zu beachten. Falls das Getriebe das Anwerfen eines Motors durch Anschleppen zuläßt, so ist dazu ein sehr langes Zugseil zu verwenden, damit man nach dem Anspringen nicht auf den Zugwagen auffährt. Sicherer und daher vorzuziehen ist das Anschieben. Das Abschleppen eines Wagens mit automatischem Getriebe kann nicht über sehr lange Strecken und mit hoher Geschwindigkeit vorgenommen werden. Man beachte dabei die Vorschriften des Herstellerwerkes.

Das größte Hindernis für die weitreichende Einführung und Verwendung automatischer Automobilgetriebe liegt gar nicht beim Preis, sondern in einer eigenartigen Ablehnung vor allem solcher Fahrer, die ihre Fahr- und Schaltkunst für hoch und wertvoll halten. Da werden dann die Märchen vom überhohen Kraftstoffverbrauch, von starker Leistungseinbuße, von der Schwierigkeit des Fahrens bei Eis und Schnee aufgetischt, als wenn die mehr als 40 Millionen Käufer amerikanischer Wagen mit automatischen Getrieben nicht längst den klaren Gegenbeweis geliefert hätten. Wahrer technischer Fortschritt läßt sich nicht aufhalten, schon gar nicht mit Vorurteilen. Wieder andere glauben oder wollen glauben machen, daß es nicht sportlich sei, mit einem automatischen Getriebe zu fahren. Geben wir daher einem sehr erfahrenen und erfolgreichen Sport- und Rennfahrer das Wort; HANS HERRMANN sagt in einem seiner Fachberichte: „Das Auto der Zukunft wird auch in den niederen Hubraumklassen eine vollautomatische Schaltung haben müssen, wenn es konkurrenzfähig bleiben soll. Denn der Einwand, daß man nur mit der Handschaltung ein sportlicher Fahrer sei, ist blanker Unsinn. Man fährt nicht sportlicher als andere, weil man einen Knüppel oder Schalthebel am Lenkrad bewegt. Vor allem nicht im Stadtverkehr! Ich bin überzeugt, daß es in Zukunft immer schwieriger wird, sich mit einem Kraftwagen durch einen Verkehrsstrom zu zwängen. Das heißt, die Fahrbahn erfordert immer größere Aufmerksamkeit. Nur der wird es leicht haben, dessen Wagen den meisten Fahrkomfort bietet, in diesem Falle eine automatische Schaltung. Ich bin sogar davon überzeugt, daß selbst im Rennsport in Zukunft die vollautomatische Schaltung tonangebend sein wird, damit bei den immens hohen Geschwindigkeiten der Fahrer nicht ständig nur mit einer Hand zu lenken braucht, weil die andere meistens am Schaltknüppel liegt" [267a].

Über die psychologische Auswirkung der Anwendung automatischer Automobilgetriebe hat H. J. FÖRSTER in einer sehr interessanten Studie berichtet, aus der als Beispiel folgende Stelle zitiert sei.

„*Erhöhte Bereitschaft zum Anhalten.* Das ist ein wichtiger Punkt. Wenn das Anhalten des Wagens nicht gleichbedeutend ist mit Zurückschalten, Auskuppeln und mit der Kupplung wieder Anfahren, sondern wenn es einfach nur bedeutet Bremsen und wieder Gasgeben, dann ist der Fahrer leichten Herzens bereit, lieber einmal zuviel als einmal zuwenig anzuhalten. Die Annäherung an Kreuzungen erfolgt langsamer, und vor allen Dingen wird an Zebrastreifen ohne inneren Widerstand gestoppt, wenn auch nur ein einzelner Fußgänger darübergeht. Man sollte die Gefahrenmomente nicht unterschätzen, die heute aus mangelnder Bereitschaft zum Anhalten, die meist aus einer unbewußten inneren Abwehr des Schaltens und Kuppelns entsteht, herrühren" [60].

Jeder, der vor dem Ankauf eines Automobils steht, sollte *vorurteilslos* auch Wagen mit automatischen Getrieben ausprobieren, die heute schon in fast allen Klassen angeboten werden; das geeignetste Prüffeld ist Großstadtverkehr. Es ist wohl ein Wesenszug in der Natur des Menschen, daß er manchmal zu seinem Glück mit etwas sanfter Gewalt geführt werden muß. Wenn dieses Buch dem einen oder anderen Leser den Entschluß erleichtert hat, den nächsten Wagen mit automatischem Getriebe ausrüsten zu lassen, oder wenn es anschließend durch die Vermittlung der Kenntnisse von Aufbau und Wirkungsweise die Freude am Besitz und an der Anwendung erhöht, so hat es auch von dieser Seite her seinen Zweck erfüllt. In diesem Sinne wünscht der Verfasser allen Lesern

„Gute Fahrt!"

Tabelle 13. *Das heutige (1964) Angebot von automatischen Automobilgetrieben auf dem Weltmarkt*

Typ des Wagens			Motor					Automatischer Antrieb						beschrieben auf Seite
			Hub-raum [ccm]	Höchstleistung bei n			Bezeichnung	Kupplung		Übersetzungsgetriebe				
Hersteller (Konzern)	Land	Bezeichnung		DIN-PS	SAE-PS	[U/Min]		Art	μ_A	Art	i	i_H		
Alvis	England	Alvis 3 Litre Series III	2993	136		5000	Borg-Warner DG	HW	2,15	Planeten (2 Sätze)	2,308 1,435 1 — 2,009	3,77 (3,54) (4,09)		229
Apollo	Canada/ Italien	Apollo 3500 GT	3532		200	5000	Dual Path Turbine Drive	HW	2,5	Planeten (1 Satz)	1,5 1 — 1,5	3,076 (3,363) (3,9)		274
Austin	England	Austin A 60 Cambridge	1622	62		4500	Borg-Warner 35	HW	2	Planeten (Kette II)	2,39 1,45 1 — 2,09	4,3		254
		Austin A 110 Westminster	2912	122	128	4850	Borg-Warner DG	HW	2,16	Planeten (2 Sätze)	2,31 1,44 1 — 2,01	3,909		229
		Austin Taxi & Hire Car	2178	55		3500	Borg-Warner DG	HW	2,15	Planeten (2 Sätze)	2,31 1,44 1 — 2,01	5,125		229
Bentley	England	Bentley S 3	6230	keine Angaben			Hydramatic (Ausf. *A*)	HK	1	Planeten (3 Sätze)	3,82 2,63 1,45 1 — 4,3	3,08		155

Bristol	England	Bristol 408	5130		253	4400	Torqueflite	HW	2,2	Planeten (2 Sätze)	2,45 1,45 1 — 2,2	3,31	296
Buick (GMC)	USA	Buick Special 4000 Special Deluxe 4100, Skylark 4300	3692 4923		157 213	4400 4600	Super Turbine Drive 300	HW	2,80 (1,97)	Planeten (Kette I)	1,765 1 — 1,765	3,08 2,78 (3,23)	290
		Buick Le Sabre 4400	4923		213	4600	Super Turbine Drive 300	HW	2,45 (1,80)	Planeten (Kette I)	1,765 1 — 1,765	3,07	290
							Super Turbine Drive 400	HW	2,10	Planeten (2 Sätze)	2,48 1,48 1 — 2,08	3,07	286
		Buick Le Sabre 4600, Buick Wildcat 4600, Buick Electra 225 Buick Riviera 4700	6569 6970		330 345	4400 4400	Super Turbine Drive 400	HW	2,10	Planeten (2 Sätze)	2,48 1,48 1 — 2,08	3,07	286
Cadillac (GMC)	USA	Serie 62	7025		345	4600	Hydramatic (Ausf. *B*)	HK	1	Planeten (3 Sätze)	3,96 2,55 1,55 1 — 3,74	2,94 (3,21)	178

(Fortsetzung der Tabelle 13)

Typ des Wagens			Motor				Automatischer Antrieb						beschrieben auf Seite
Hersteller (Konzern)	Land	Bezeichnung	Hubraum [ccm]	Höchstleistung bei n			Bezeichnung	Kupplung		Übersetzungsgetriebe			
				DIN-PS	SAE-PS	[U/Min]		Art	μ_A	Art	i	i_H	
Cadillac (GMC)	USA	Serie 60—63	7025		345	4600	Turbo-Hydramatic	HW	2,1	Planeten (2 Sätze)	2,48 1,48 1 — 2,08	2,94 (3,21)	286
		Serie 67	7025		345	4600	Hydramatic (Ausf. B)	HK	1	Planeten	s. o.	3,36 (3,77)	178
Checker	USA	Checker Marathon A-12 und A-12 W	3768		142	4400	Single Range	HW	2,10	Planeten	2,40 1,47 1 — 2,00	3,31 (3,54)	
Chevrolet (GMC)	USA	Chevrolet Corvair 500, 700, 900 Monza	2684		96 (112)	3600 (4400)	Powerglide	HW	2,60	Planeten (Kette I)	1,82 1 — 1,82	3,27 (3,55)	200
		Chevy II-Serie 100	2512		91	4000	,,		2,60			3,08	
		Chevy II-Serie 200	3186		122	4400	,,		2,60			3,08	
		und Nova 400	3768 4637		157 198	4400 4800	,, ,,		2,10 2,10			3,08	
		Chevelle-300, Malibu, Malibu Super Sport Six 19 CV, Biscayne 1100, Bel Air 1500, Impala 1700, Impala Super Sport 1300	3186 3768 (auch mit V 8-Motoren)		122 142	4400 4400	Powerglide ,,	HW	2,40 2,10	Planeten (Kette I)	1,82 1 — 1,82	3,08 3,08 (3,55) (3,36)	200

		Chevrolet V 8, 27 und 34 CV	5354 5354 6702		253 304 345	4400 5000 5000	Powerglide ,, ,,	HW	2,10	Planeten (Kette I)	1,76 1 — 1,76	3,08 3,36 3,36	200
		Corvette Sting Ray	5354		253	4400	Powerglide	HW	2,10	Planeten (Kette I)	1,76 1 — 1,76	3,36	200
Chrysler	USA	Chrysler New- port	5907 6746		269 365	4400 4800	Torqueflite Eight Torqueflite Eight	HW	2,20	Planeten (2 Sätze)	2,45 1,45 1 — 2,20	2,76 3,23 2,76 3,23	246
		Chrysler New Yorker	6746		345	4600	Torqueflite Eight						
		Chrysler 300 K	6746		365	4800	Torqueflite Eight						
DAF	Holland	Daffodil	746	26	30	4000	Variomatic	FK	1	Keil- riemen	16,4 bis 3,9 — 16,4	—	301
Daimler	England	Daimler 2,5 Litre, V 8 Saloon	2548		142	5800	Borg- Warner 35	HW	2	Planeten (Kette II)	2,39 1,45 1 — 2,09	4,27	254
		Majestic Major	4560		223	5500	Borg- Warner DG	HW	2,16	Planeten (2 Sätze)	2,308 1,435 1 — 2,009	3,77	229
Dodge	USA	Dart 14 CV, 170, 270, GT	2789 3682 4473		102 147 182	4400 4000 4200	Torqueflite Six Torqueflite Six Torqueflite Six	HW	2,20	Planeten (2 Sätze)	2,45 1,45 1 — 2,20	3,23 2,93 (3,23) 2,93 (2,76) (3,31) (3,55)	246
		Dodge Six 19 CV, 330, 440, Polora	3682		147	4000	Torqueflite Six						

(Fortsetzung der Tabelle 13)

| Typ des Wagens | | | Motor | | | | | Automatischer Antrieb | | | | | | |
| | | | Hub-raum [ccm] | Höchstleistung bei n | | | Bezeichnung | Kupplung | | Übersetzungsgetriebe | | | beschrie-ben auf Seite |
Hersteller (Konzern)	Land	Bezeichnung		DIN-PS	SAE-PS	[U/Min]		Art	μ_A	Art	i	i_H	
Dodge	USA	Dodge V 8 27 CV, 330, 440, Polora, Polora 500	5210		233	4400	Torqueflite Eight	HW	2,20	Planeten (2 Sätze)	2,45 1,45 1 — 2,20	2,76 (3,23) (2,93) 3,23	246
		Dodge V 8 High Per-formance	6286		309	4600	Torqueflite Eight						
					335	4600	Torqueflite Eight						
					421	5600	Torqueflite Eight (Heavy Duty-Ausführung)					3,91	
		Dodge 880 und Dodge Custom 880	5907		269	4400	Torqueflite Eight	HW	2,20	Planeten (2 Sätze)	2,45 1,45 1 — 2,20	2,76 3,23 (2,76)	246
			6286		309	4600	Torqueflite Eight						
Facel Vega	Frank-reich	Facel II	6286		355	4800	Torqueflite	HW	2,2	Planeten (2 Sätze)	2,45 1,45 1 — 2,2	2,93	246
Ford (Ford)	England	Consul Cortina Super, Consul Corsair	1498	57,5	65	4600	Borg-Warner 35	HW	2,0	Planeten (Kette II)	2,39 1,45 1 — 2,09	3,9	254
		Zephyr 4 Mk. III, Zodiac Mk. III	1703	65	74	4800	Borg-Warner 35	HW	2,0	Planeten (Kette II)	2,39 1,45 1 — 2,09	3,90	254
			2553	106,5	115	4800	Borg-Warner 35						

Ford (Ford)	USA	Falcon, Futura Sedan (Falcon Sprint) Fairlane, Fairlane 500,	2781 3273 4267 2781		102 118 166 102	4400 4400 4400 4400	Fordomatic „ „ „	HW	2,4 2,05	Planeten (Kette II)	1,82 1 — 1,73	3,20 (3,50) 3,25 3,25 (3,50)	263
		Six Custom, Custom 500, Galaxie 500 V 8 Custom, Custom 500, Galaxie 500,	4267 4728 3643 4728		166 198 140 198	4400 4400 4200 4400	(Fordomatic oder) Cruiseomatic „ „ „	HW	2,02	Planeten (2 Sätze)	2,46 1,46 1 — 2,20	2,80 (3,25) 3,00 (3,25) 3,50 3,00 (3,50)	283
		Galaxie 500 XL	5766 6384		253 304 335	4400 4600 5000	Cruiseomatic „	HW	2,10	Planeten (Kette II)	2,40 1,47 1 — 2,00	3,00 3,00 (3,50)	240
Hillmann	England	Minx Serie V, Super Minx Serie II	1592	59 59	62 62	4400 4400	Borg Warner 35 Borg Warner 35	HW	2,15	Planeten (Kette II)	2,393 1,45 1 — 2,094	3,89 4,22	254
Holden (GMC)	Austra-lien	EH Special und Standard EH Premier	2440 2930		101 117	4400 4000	Hydramatic (Ausf. D) „	HK	1,3	Planeten (2 Sätze)	2,933 1,576 1 — 2,358	3,55	192
Humber	England	Super Suipe Serie IV	2965	124	132,5	5000	Borg- Warner DG	HW	2,1	Planeten (2 Sätze)	2,31 1,43 1 — 2,01	4,22	229

(*Fortsetzung der Tabelle 13*)

Typ des Wagens			Motor				Automatischer Antrieb						beschrie-ben auf Seite
Hersteller (Konzern)	Land	Bezeichnung	Hub-raum [ccm]	Höchstleistung bei n			Bezeichnung	Kupplung		Übersetzungsgetriebe			
				DIN-PS	SAE-PS	[U/Min]		Art	μ_A	Art	i	i_H	
Imperial (Chrysler)	USA	Crown, Le Baron	6746		345	4600	Torqueflite Eight	HW	2,20	Planeten (2 Sätze)	2,45 1,45 1 — 2,20	2,93	246
Jaguar	England	MK 2, 2,4 Litre	2483		120	5750	Borg-Warner DG	HW	2,15	Planeten (2 Sätze)	2,31 1,44 1 — 2,01	4,27	229
		MK 2, 3,4 Litre S 3,4 und 3,8 Litre	3442 3781		213 223	5500 5500	,, ,,					3,54 3,77	
		MK X	3781		269	5500	,,					3,54	
Jensen	England	Jensen C-V 8	5916		305	4800	Torqueflite	HW	2,2	Planeten (2 Sätze)	2,45 1,45 1 — 2,20	3,07	246
Kaiser-Jeep	USA	Wagoneer Station Wagon 4 × 2	3773		142	4400	Borg-Warner	HW	2,2	Planeten	2,40 1,476 — 2,00	3,73	
Lagonda	England	Lagonda Rapide	3995	236		5000	Borg-Warner DG	HW	2,1	Planeten (2 Sätze)	2,31 1,44 1 — 2,01	3,77	229
Mercedes-Benz (Daimler-Benz)	Deutsch-land	190	1897	80	(90)	5000	DB autom. Getriebe	HK	1	Planeten (2 Sätze)	3,98 2,52 1,58 1 — 4,15	4,1	322
		190 D	1988	55	60	4200	,,					3,9	
		220	2195	95	(105)	5000	,,					3,92	
		220 S		110	(124)	5000	,,					4,08	
		220 SE		120	(134)	4800	,,					4,08	
		230 SL	2306	150	(170)	5500	,,					3,75	
		300 SE	2996	170	(195)	5400	,,					3,92	
		600	6329	250	(300)	4000	,,					3,23	

Mercury (Ford)	USA	Comet	3273 4267 4728		118 166 221	4400 4400 4400	Mercomatic " oder Multi-Drive Mercomatic "	HW HW	2,4 2,02	Planeten (Kette II) Planeten (Kette II)	1,82 1 — 1,73 2,46 1,46 1 — 2,20	3,20 (3,50) 2,80 (3,25) 2,80 (3,25)	236
		Monterey, Commuter Montclair, Parklane	6384 6384		253 270 304	4400 4400 4600	Multi Drive Mercomatic " "	HW	2,10	Planeten (Kette II)	2,40 1,47 1 — 2,00	3,00 (3,50)	236
Morris	England	Oxford Serie VI	1622	62		4500	Borg- Warner 35	HW	2,0	Planeten (Kette II)	2,39 1,45 1 — 2,09	4,3	255
Nissan	Japan	Cedric Special	2825	115		4400	keine Angaben erhältlich					3,889 (4,111)	
Olds-mobile (GMC)	USA	F 85 Standard De luxe F 85 Vista Cruiser F 85 Cutlass Jetstar 88	3692 5404 5404 5404 5404		157 233 294 294 294 248	4400 4400 4800 4800 4800 4600	Jetaway " " " " "	HW	2,7 (1,9)	Planeten (Kette I)	1,76 1 — 1,76	3,23 2,78 3,08 2,78 3,08 3,08	290
		Dynamic 88 Super 88 Jetstar I Starfire Oldsmobile 98 Oldsmobile 98 Sport Coupé	6461 6461 6461 6461 6461 6461		284 264 335 335 335 335 350	4400 4400 4600 4600 4600 4600 4800	Hydramatic (Ausf. D) " " " " " "	HK	1,2	Planeten (2 Sätze)	2,93 1,56 1 — 2,43	3,08 3,08 3,42 3,42 3,08 3,42	192

(Fortsetzung der Tabelle 13)

Typ des Wagens			Motor					Automatischer Antrieb						beschrieben auf Seite
			Hubraum [ccm]	Höchstleistung bei n			Bezeichnung	Kupplung		Übersetzungsgetriebe				
Hersteller (Konzern)	Land	Bezeichnung		DIN-PS	SAE-PS	[U/Min]		Art	μ_A	Art	i	i_H		
Opel (GMC)	Deutschland	Kapitän, Admiral	2605	100	(115)	4600	Powerglide	HW	2,55	Planeten (Kette I)	1,82 1 — 1,82	3,7	221	
		Diplomat V 8	4638	190	(220)	4600	Powerglide	HW	2,0	Planeten (Kette I)	1,81 1 — 1,81	3,08	221	
Plymouth (Chrysler)	USA	Valiant V-100	2789		102	4400	Torqueflite Six	HW	2,20	Planeten (2 Sätze)	2,45 1,45 1 — 2,20	3,23 (3,55) 2,93 (3,23) (3,55) 2,93 (3,23) 2,93 (3,31) (3,23) (3,55)	246	
		V-200 und Signet 200	3682		147	4000	Torqueflite Six								
			4473		182	4200	„								
		Six-19 CV	3682		147	4000	„								
		V 8-27 CV	5210		233	4400	Torqueflite Eight	HW	2,20	Planeten (2 Sätze)	2,45 1,45 1 — 2,20	2,76 (3,23) (2,93)	246	
		V 8 High Performance	5907		269	4400	„								
			6974		370	4800	„								
			6974		421	5600	„ (Heavy Duty)					3,91			
			6974		431	5600	„					4,56			

Pontiac (GMC)	USA	Tempest Tempest Le Mans G 40	3529 5354 5354 6364 6364		142 253 284 330 353	4200 4600 4800 4800 4900	Tempestorque ,, ,, ,,	HW	2,8	Planeten (Kette I)	1,76 1 — 1,76	2,78 (2,56) (2,93) 2,56 (2,93) 3,23 3,23 3,55	297
	Canada	Parisienne Laurentian	3768		142	4400	Powerglide	HW	2,10	Planeten (Kette I)	1,82 1 — 1,82	3,08 (3,55) (3,36)	200
	USA	Catalina (Star Chief, Bonneville, Grand Prix)	6364 6364 6364 6913 6913 6913		271 307 335 324 355 375	4200 4600 4600 4400 4600 5200	Hydramatic 375 (Ausf. D) ,, ,, ,, ,,	HK	1,2	Planeten (2 Sätze)	2,93 1,56 1 — 2,49	2,56 (3,08) (2,69) 2,56 (3,08) 3,08 3,08 3,42 3,42	192
Rambler	USA	American 220 American 330 American 440 American 440 K Classic Six 550	3205 3205 3205 3205		91 127 140 129	3800 4200 4500 4200	Flashomatic ,, ,, ,,	HW	2,12	Planeten (Kette II)	2,39 1,45 1 — 2,09	3,31 2,73 (3,08) (3,31) 3,31 3,31 (3,78)	249

(Fortsetzung der Tabelle 13)

Typ des Wagens			Motor					Automatischer Antrieb						beschrieben auf Seite
Hersteller (Konzern)	Land	Bezeichnung	Hubraum [ccm]	Höchstleistung bei n			Bezeichnung	Kupplung		Übersetzungsgetriebe				
				DIN-PS	SAE-PS	[U/Min]		Art	μ_A	Art	i	i_H		
		Classic V 8-550, 660, 770	4706 4706		201	4700	Flashomatic	HW	2,12	Planeten (Kette II)	2,40 1,47 1	2,87	249	
		Ambassador V 8-990	5354		253	4700	,,				2,00	2,87		
		Ambassador 990 H	5354 5354		274 274	4700 4700	,, ,,					3,15 3,15		
Renault	Frankreich	Dauphine R 8 Automat	845 956	27,5 40	32 48	4500 5200	T 124 ,,	MP	1	Vorgelege	3,54 1,81 1,03 — 3,60	4,375 4,375	339	
Riley	England	Riley 4/72	1622	69		5000	Borg-Warner 35	HW	2,0	Planeten (Kette II)	2,39 1,45 1 — 2,09	4,3	254	
Rolls-Royce	England	Silver Cloud III Phantom V	6230 6230	keine Angaben			Hydramatic (Ausf. *B*) ,,	HK	1	Planeten (3 Sätze)	3,82 2,63 1,45 1 — 4,3	3,08 3,89	178	
Rover	England	Rover 3 Litre MK. II	2995	(119)	129	4750	Borg-Warner DG	HW	2,1	Planeten (2 Sätze)	2,308 1,435 1 — 2,009	3,9	229	

Singer	England	Vogue Serie II	1592	59	62	4400	Borg-Warner 35	HW	2,0	Planeten (Kette II)	2,393 1,450 1 — 2,094	4,22	254
Stude-baker	Kanada	Challenger	2779		114	4500	Flightomatic	HW	2,15	Planeten (Kette II)	2,40 1,47 1 — 2,40	3,73 (4,10) (3,31) (3,54) 3,07 (3,73) 3,31 (3,73)	249
		Commander 6 und V 8 (Hawk, Daytona, Cruiser)	4247		182	4500	,,						
					198	4500	,,						
			4737		213	4500	,,						
					228	4500	,,						
		Avanti	4737	keine Angaben			Borg-Warner DG	HW	2,25	Planeten (2 Sätze)	2,40 1,47 1 — 2,00	3,54 (3,31) (3,73)	229
			4973	,,	,,		,,						
Sunbeam	England	Alpine Serie IV	1592	82	88	5000	Borg-Warner 35	HW	2	Planeten (Kette II)	2,39 1,45 1 — 2,09	3,889	254
Thunder-bird (Ford)	USA	Thunderbird	6384		304	4600	Cruiseomatic	HW	2,10	Planeten (Kette II)	2,40 1,47 1 — 2,00	3,00	240
Toyota	Japan	Crown Eight	2600	noch keine Angaben			Toyoglide	HW	keine Angaben erhältlich				
Triumph	England	Triumph 2000	1998	91		5000	Borg-Warner 35	HW	2	Planeten (Kette II)	2,39 1,45 1 — 2,09	3,7	254

(Schluß der Tabelle 13)

Typ des Wagens			Motor					Automatischer Antrieb						
Hersteller (Konzern)	Land	Bezeichnung	Hub-raum [ccm]	Höchstleistung bei n			Bezeichnung	Kupplung		Übersetzungsgetriebe			Beschrie-ben auf Seite
				DIN-PS	SAE-PS	[U/Min]		Art	μ_A	Art	i	i_H	
Vanden Plas	England	Princess 3 Litre KM. II	2912	122		4850	Borg-Warner DG	HW	2,16	Planeten (2 Sätze)	2,31 1,44 1 — 2,01	3,909	229
		Princess 4 Litre	3993		122	4000	Hydramatic (Ausf. *B*)	HK	1	Planeten (3 Sätze)	3,38 2,305 1,428 1 — 4,09	4,45 (4,27)	178
Vauxhall	England	Velox, Cresta	2651	96	(115)	4600	Hydramatic (Ausf. *C*)	HK	1,20	Planeten (2 Sätze)	3,03 1,58 1 — 2,50	3,9	181
Wolseley	England	Wolseley 16/60	1622	62		4500	Borg-Warner 35	HW	2,0	Planeten (Kette II)	2,39 1,45 1 — 2,09	4,3	245
		Wolseley 6/110	2912	122	128	4850	Borg-Warner DG	HW	2,16	Planeten (2 Sätze)	2,31 1,44 1 — 2,01	3,909	229
Zil	Rußland	Zil 111	5980		230	4200		HW	2,45	Planeten	1,72 1 — 2,39	3,54	

Literaturverzeichnis

A. Bücher, Gesamtdarstellungen

1. ADOLPH, M.: Einführung in die Strömungsmaschinen; Turbinen, Kreiselpumpen und Verdichter. 1959.
2. BETZ, A.: Einführung in die Theorie der Strömungsmaschinen. 1958.
3. BOSCH: Kraftfahrtechnisches Taschenbuch, 15. Aufl. Düsseldorf: VDI-Verlag. 1961.
   BUCK, W., s. GEBAUER, R.
4. BUSCHMANN, H., und P. KOESSLER: Taschenbuch für den Kraftfahrzeugingenieur. Stuttgart 1963.
5. BUSSIEN, R.: Automobiltechnisches Handbuch, 17. Aufl., 2 Bände. Berlin W 35: Technischer Verlag Herbert Cram. 1953.
6. CROUSE, W. H.: Automotive Transmissions and Power Trains, 2. Aufl. New York: Mc Graw-Hill Book Company, Inc. 1959.
7. DOUGLAS CLEASE, A. G.: Automatic Transmissions and Two-Pedal Control. London: George Newnes Ltd. 1959.
8. ECK, B.: Technische Strömungslehre. Berlin-Göttingen-Heidelberg: Springer. 1958.
9. GEBAUER, R., und W. BUCK: Die Fahrgestelle der Personenkraftwagen. Stuttgart: Chr. Belser Verlag. 1956.
   GEBAUER, R., s. WIEKING, K.
10. GILES, J. G.: Automatic and Fluid Transmissions. London: Odhams Press Ltd. 1961.
11. HAIMERL, L. A.: Kreiselpumpen — Hydrodynamische Getriebe. München: Akademischer Verlag Thor Belej. 1949.
    HART, S., s. STÖLZLE, K.
12. HELDT, D. M.: Torque Converters or Transmissions, 3. Aufl. New York 1947.
13. JUDGE, A. W.: Modern Transmission Systems. Motor Manuals, Volume 5. London: Chapman & Hall. 1962.
14. KAUFMANN, W.: Technische Hydro- und Aeromechanik, 2. Aufl. Berlin-Göttingen-Heidelberg: Springer. 1958.
15. KICKBUSCH, E.: Föttinger-Kupplungen und Föttinger-Getriebe. Berlin-Göttingen-Heidelberg: Springer. 1963.
16. KLEIN, H.: Die Planetenrad-Umlaufrädergetriebe. München: Carl Hanser Verlag. 1962.
    KOESSLER, P., s. BUSCHMANN, H.
17. KOESSLER, P., und G. HOLLMANN: Reibpaarungs-Untersuchungen. Deutsche Kraftfahrtforschung und Straßenverkehrstechnik (1963), H. 160.
18. KRAMER, J. und andere: Internationales Automobil-Handbuch. Bern: Verlag J. Kramer AG. 1955.
19. KUGEL, F.: Hydrodynamische Kraftübertragung. Band 3 der Schriftenreihe: Ölhydraulik und Pneumatik. Wiesbaden: Krauskopf-Verlag. 1962.
20. LEBOY, G.: Automatische Gangwissels. Antwerpen: N. V. Standard-Boekhandel. 1960.

21. LUSAR, R.: Der hydraulische Drehmomentwandler und die hydraulische Kupplung. (Dieses Buch enthält leider einige Fehler.) München: Carl Hanser Verlag. 1961.

21a. MAIER, A.: Kraftfahrzeuggetriebe. Bericht der Zahnradfabrik Friedrichshafen AG (1962).

22. MERRIT, H. E.: Gears and Gear Trains. London: Verlag Pitman. 1946 und 1947.

23. N. N.: Hydraulic Applications. Twin Disc Clutch Company.

24. N. N.: Automatic Transmissions. London: Temple Press. 1958.

25. PFLEIDERER, C.: Die Wasserturbinen. In der Sammlung: Bücher der Technik. Wolfenbütteler Verlagsanstalt. 1947.

26. — Die Kreiselpumpen für Flüssigkeiten und Gase. Berlin-Göttingen-Heidelberg: Springer. 1955.

27. — Strömungsmaschinen, 2. Aufl. Berlin-Göttingen-Heidelberg: Springer. 1957.

28. REICHENBÄCHER, H.: Gestaltung von Fahrzeuggetrieben. Band 15 der Konstruktionsbücher, herausgegeben von K. KOLLMANN. Berlin-Göttingen-Heidelberg: Springer. 1955.
RÜGGEN, W., s. STÜBNER, K.

28a. SCHILDBERGER, F.: 75 Jahre Motorisierung des Verkehrs. Jubiläumsbericht der Daimler-Benz AG. Stuttgart-Untertürkheim 1961.

29. STÖLZLE, K., und S. HART: Freilauf-Kupplungen, Berechnung und Konstruktion. Band 19 der Konstruktionsbücher, herausgegeben von K. KOLLMANN. Berlin-Göttingen-Heidelberg: Springer. 1961.

30. STRAUCH, H.: Die Umlaufrädergetriebe. München: Carl Hanser Verlag. 1950.

31. STÜBNER, K., und W. RÜGGEN: Kupplungen. München: Carl Hanser Verlag. 1961.

32. SWAMP: Lectures. Boston 1900.

33. WIEKING, K., und R. GEBAUER: Die Motoren der Personenkraftwagen, 1. Aufl. 1941, 3. Aufl. 1952, Nachtrag 1954. Stuttgart: Chr. Belser Verlag.

34. WINTERGERST, E.: Technische Physik des Kraftwagens. Band 2 der Reihe: Technische Physik in Einzeldarstellungen, herausgegeben von W. MEISSNER und F. NÄBAUER, 2. Aufl. Berlin-Göttingen-Heidelberg: Springer. 1961.

35. WISLICENUS, G. F.: Fluid Mechanics of Turbomachinery. New York: Mc Graw-Hill Book Company Inc. 1947.

36. WOLF, M.: Strömungskupplungen und Strömungswandler. Berlin-Göttingen-Heidelberg: Springer. 1962.

37. ZOEBL, H.: Ölhydraulik. Wien: Springer. 1963.

B. Kraftfahrzeugantrieb

38. ARNOLD, R.: Die selbsttätige Schaltung von Kraftfahrzeugen. ATZ 49, 65 bis 72 (1947).

39. — Die selbsttätige Regelung von Kraftfahrzeugen. ATZ 50, 69 bis 71 (1948).

40. BARTHOLOMÄUS, W.: Hydrostatische Fahrantriebe. Oelhydraulik und Pneumatik 6, 62 bis 66 (1962).

41. BEDFORD, J.: The Problem of Variable Transmission with Special Reference to Hydraulic Types. Proc. Instn. Auto. Engrs. (1934), 96, 152.

42. BILLINGSLEY, W. F. and others: The Rolling Resistance of Pneumatic Tires as a Factor in Car Economy. Trans. Soc. automot. Engrs. **50**, 37 bis 39 (1942).

43. BOMHARD, F. J. VON: Die automatische Kupplung — ein europäischer Weg zur Bedienungsautomatik im Kraftfahrzeug. Automobil-Industrie (1960), Nr. 8, 73 bis 82.

44. BOWERS, E. H.: Hydrostatische Fahrzeugantriebe. SAE Paper Nr. 92 V vom 14. bis 17. 9. 1959.

45. BRAMS, ST. H.: Automotive News Letters (Automatic Transmission). The Motor (1950), January, 831.

46. BRETSCHNEIDER, H.: Ein hydrostatisches Getriebe im Kraftfahrzeugbau. ATZ **55**, 80 bis 81 (1953).

47. BÜRNHEIM, H.: Hydraulischer Fahrbetrieb für Schlepper. Z. VDI (1953), 74.

48. CARIS, D. F. and R. A. RICHARDSON: Engine-Transmission Relationships for Higher Efficiency. S. A. E. Preprint, June 1, 1952.

49. DUCOURTIOUX, M. J.: La Surmultiplication des Rapports de Vitesses et l'Economie. J. Soc. Ing. Auto. (1953), 15 bis 20.

50. ECKERT, B.: Das Kraftfahrzeug-Wechselgetriebe. ATZ **44**, 225 bis 239 (1941).

51. — Bauliche Gestaltung von Kraftfahrzeuggetrieben. ATZ **44**, 342 bis 345, 362 bis 366, 381 bis 385, 407 bis 410 (1941).

52. EDSALL, B.: The Ideal Automatic Transmission. Automotive Industries, May 1953.

53. FALKEWITSCH, B.: Zugeigenschaften und Wirtschaftlichkeit von Kraftwagen mit stufenloser Kraftübertragung. Kraftfahrzeugtechnik (1952), 99 bis 101.

54. FLORIG: Die Vorgänge in der Reibkupplung. ATZ **53**, 7 bis 9 (1951).

55. FLÖSSEL, W.: Wahl der Antriebsübersetzung beim Kraftwagen. ATZ **56**, 160 bis 162 (1954).

56. FÖRSTER, H. J.: Die Schaltzeiten bei synchronisierten Wechselgetrieben in Kraftfahrzeugen. ATZ **51**, 133 bis 136 (1949).

57. — Das kraftschlüssige Schalten von Übersetzungen in Fahrzeuggetrieben. Z. VDI **99**, Nr. 27, 1319 bis 1331 (1957).

58. — Automatische Fahrzeugkupplungen. ATZ **61**, 57 bis 68 und 91 bis 102 (1959).

59. — Die Veränderung des Motorkennfeldes durch Getriebe. VDI-Berichtsheft (1960), Nr. 42, 83 bis 94.

60. — Warum automatische Getriebe? Automobil-Revue vom 26. 4. 1962, Nr. 20.

61. — Getriebeschaltung ohne Zugkraftunterbrechung. Automobil-Industrie 21 F, Oktober 1962, 60 bis 76.

62. FRANKE, R.: Vom Aufbau der Getriebe. Düsseldorf 1958.

63. FRIEDRICH, K.: Flüssigkeitsgetriebe für Triebwagen mit Verbrennungsmotor. ZVI **42**, (1935).

64. GILES, J. G.: Transmission-ratio Requirements of Road vehicles. Motor Industry Research Association Report Nr. 1957/4.

65. GLAUBITZ, H.: Die dynamischen Beanspruchungen in Kraftfahrzeugtriebwerken. Z. VDI (1958), 173 bis 183.

66. GREBE: Die ersten Bauformen der Magnetpulverkupplung. AEG-Sonderdruck „Techn. Mitteilungen" (1952), H. 9/10.

67. GREENLEA, H. R.: Automatic and Semi-Automatic Transmissions. Engrs. **54**, 440 (1946).

68. HEIM, P. H.: Das mechanische Verhalten eines stufenlosen Reibradantriebes. Dissertation. Stuttgart 1944.

69. HELDT, P. M.: Transmissions Giving Uninterrupted Acceleration. S. A. E. **54**, 33 (1954).

70. HELESHAW, H. S.: Power Transmission by Oil. Instn. Proc. mech. Engrs. (1921), 843.

71. HELLER, A.: Hydraulischer Antrieb für Motorwagen. Z. VDI **56**, 577 bis 582 (1912).

72. JAMES, W. S.: An Ideal Transmission. S. A. E. J. **54**, August, 50 bis 52 (1946).

73. JANTE, A.: Kennliniendarstellung für Fahrzeugmotoren. Aus [5], 55. KLUGE, H., s. SPANNHAKE, W.

73a. KELLER, H.: Das automatische Getriebe in Gegenwart und Zukunft. technica **13**, 1338 bis 1342 und 1384 bis 1388 (1964).

74. KOESSLER, P.: Kennungswandler für Triebwerke mit Verbrennungsmotoren. Z. VDI **91**, 285 bis 292 (1949).

75. KÜHN, W.: Regelbare Flüssigkeitsgetriebe, insbesondere der „EnorTrieb". Masch. Bau (1927), 1107 bis 1110 und 1193 bis 1196; VDI-Sonderheft „Getriebe" (1928), 39 bis 46.

76. KUMPF, H.: Wirkungsgrade von Kraftfahrzeugen. ATZ **47**, 256 bis 258, (1944).

77. LAVENDER, J. G. and C. R. WEBB: Acceleration, Its Influence on Fuel Consumption and Journey Time. Auto. Eng. (1953), 363 bis 369.

78. LEGROS, L. A.: The Transmission of Power from Engine to Road Wheels in Motor Vehicles. Proc. Inst. Auto. Eng. **3**, 335 bis 382 (1908/09).

79. LENNIG, G.: Zwei Möglichkeiten kraftfahrtechnischer Entwicklung. ATZ **51**, Nr. 2, 27 (1949).

80. — Fahrzeug und Motor. Techn. wissensch. Mitteilungsdienst für die deutsche Fahrzeug-, Motoren- und Zubehör-Industrie (1949), Nr. 2, 6 und Nr. 4, 1.

81. MAIER, A.: Hydromechanische Antriebe für Kraftfahrzeuge. ATZ **62**, 62 bis 70 (1960).

82. — Hydromechanische Antriebe für Kraftfahrzeuge. VDI-Berichte (1960), Nr. 42, 71 bis 82.

83. — Neuere Entwicklungen im Personenwagen-Getriebebau. ATZ **63**, 205 (1961).

84. N. N.: The Magnetic Fluid Clutch. Machinery Lloyd Ed. **21** (1949). Nr. 3 A, 52.

85. N. N.: A Clutchless Gearbox with Hydraulic Control. The Motor (1950), 109 bis 111.

86. N. N.: Transmission by Magnetism. The Autocar (1954), 535 bis 537.

87. N. N.: Magnetic Particle Clutch. Auto. Engr. (1954), 181 bis 186.

87a. N. N.: Die automatische Ferlec-Kupplung. Das Automobil (1955), 377.

88. N. N.: Magnetic Transmission. The Autocar (1956), 422 bis 424.

89. N. N.: A Hydro-Mechanical Transmission. Diesel Railway Traction (1956), 404 bis 407.

90. N. N.: Automonocontrol Transmission. Auto. Engr. (1957), 70.

91. N. N.: Magnetic-powder Clutch Drives Car. Prod. Engng. (1959), Juni, 84ff.

92. N. N.: Stehen wir an einer Wende der Getriebeentwicklung? Motor-Rundschau (1960), 462.

93. N. N.: Kompakt und leichter als Normalgetriebe. Motor-Rundschau (1961), 586.

94. NUTT, H. and R. L. SMIRL: Clutches for Automatic Transmission. S. A. E. quart. Trans. 1, Nr. 4, 566 (1947).

94a. OPRECHT, E. U.: Untersuchung von hydrodynamischen Kupplungen. MTZ 16, 285 bis 290 (1955).

95. RABINOW, J.: Magnetic Fluid Control Devices. S. A. E. quart. Trans. (1949), No. 4, 639 bis 648.

RICHARDSON, R. A., s. CARIS, D. F.

96. RICHTER, L.: Über Triebwerke mit veränderlicher Übersetzung. ATZ 53, 53 bis 56 (1951).

97. RIXMANN, W.: Der Einfluß der Fahrweise und der Fahrgeschwindigkeit auf die Gesamtwirtschaftlichkeit des Kraftfahrzeuges. ATZ 52, 61 bis 69 (1950).

SMIRL, R. L., s. NUTT, H.

98. SPANNHAKE, W., H. KLUGE und A. UNRUH: Kritische Untersuchung der Leistungsübertragung durch Zahnradwechselgetriebe auf Straßenfahrzeuge mit Antrieb durch Brennkraftmaschinen. ATZ (1935) Sammelband II, 1. und 2. Teil, 1 bis 30, Sammelband III, 3. und 4. Teil, 3 bis 32.

99. THIEL, R.: Experimentelle Untersuchungen über das Verhalten von Keilriemen bei der Übertragung schnell wechselnder Drehmomente. Dissertation. Braunschweig 1958.

100. THÜNGEN, FRH. H. VON: Grundlagen für die selbsttätige Regelung von Kraftfahrzeuggetrieben. Z. VDI 78 309 bis 315 (1934).

101. — Mechanische Getriebe. Z. VDI 78, 1433 (1934).

102. — Wesen der Kupplung und des Getriebes beim Kraftfahrzeug. Z. VDI 81, 645 (1937).

UNRUH, A., s. SPANNHAKE, W.

103. UPTON, E. W.: Application of Hydrodynamic Drive Units to Passenger Car Automatic Transmissions. S. A. E. Paper (1961), 359 A.

WEBB, C. R., s. LAVENDER, J. G.

103a. WHITE, J. F. and H. L. PRESCOTT: Measuring where the Power goes. SAE-paper 533 D (1963). Deutsche Übersetzung: Leistungsverluste im Automobil. Automobil Revue vom 19. 11. 1963, 49 bis 51.

104. WILHELM, F.: Neuere Getriebe mit Freilaufanordnungen. ATZ 37, 284 bis 288, 347 (1933).

105. WOOD, H. J.: Hydraulic Differential Drives. Machine Design 22, No. 4, 129 (1950).

C. Föttinger-Kupplungen und -Wandler

106. ANSDALE, R. F.: Ein neuartiges Strömungsgetriebe für Kraftfahrzeuge ab 30 PS Motorleistung. Automobil-Industrie (1963), H. 9, 82 bis 86.

107. AUER, A.: Abstimmung der FÖTTINGER-Kupplung auf das Fahrzeug. ATZ 56, 32 (1954).

108. BAMMER, K.: Die Kern-Abmessungen in kreisenden Strömungen. Z. VDI (1950), 777.

109. BECK, E.: Fluchtlinientafel für FÖTTINGER-Organe. Z. VDI 96, 233ff. (1954).

110. BENZ, H.: Strömungsgetriebe im Fahrzeugantrieb. ATZ 41, 242 (1938).

111. BLACK, J. B. and M. W. DUNDORE: Torque Converters Can be Different. S. A. E. Paper 27, March 1957.

112. Bloch, P.: Theoretische und experimentelle Untersuchungen an einem Flüssigkeitsübersetzungsgetriebe. Von Roll Mitteilungen **12**, Nr. 1/2 (1953).

113. Bloch, P. and R. C. Schneider: Hydrodynamic Split-Torque Transmissions. S. A. E. Paper 92 W (1959).

113a. Brunner, M.: Über die Entwicklung von Flüssigkeiten für automatische Getriebe. Automobil Revue vom 17. 10. 1963, 23.

114. Büttner und Semitschastnow: Hydraulische Getriebe für Schienenfahrzeuge. Berlin: Verlag Technik. 1959.

115. Clower, J. I.: Hydraulic Fluid and their Application. Proc. nat. Conf. industr. Hydraul., **I** (1946) (Armour Research Foundation). Coleman, W. S., s. Gillan, P. L.

116. Conway, H. G.: Basic Design of Hydraulic Flow Regulators. Machine Design (1952), June.

117. Deimel, A. H.: High Torque Multiplication Converters. S. A. E. quart. Trans. **6**, **132** bis **133** (1952).

118. Dibelius, G.: Die Zusammenarbeit von Verbrennungsmotor, hydrodynamischem Wandler und Fahrzeug. Dissertation. Darmstadt 1953.

119. Diederichs, M.: Innere Leistungsverzweigung durch Föttinger-Wandler. Dissertation. Karlsruhe 1956.

120. — Die Berechnung und Beurteilung von hydrodynamischen Föitinger-Wandlern für Kraftfahrzeuge. Automobil-Industrie (1960), Nr. 8, 111 bis 116 und (1960), Nr. 9, 58 bis 68.

121. Dschuan-Dsi-De: Berechnung der Pumpen- und Turbinendrehmomente eines dreistufigen Strömungsgetriebes. Automobilnaja promyslenost (1958), Nr. 5 (russisch). Dundore, M. W., s. Black, J. B.

122. Eksergian, R.: The Fluid Torque Converter and Coupling. J. Franklin Inst. **235**, Nr. 5, 441 bis 478 (1943).

123. Förster, H. J.: Wandlungsbereich und Stufung bei Fahrzeuggetrieben. Automobil-Industrie Nr. 25 F, (1963), 107 bis 130.

124. — Föttinger-Getriebe in Leistungsverzweigungen. VDI Forschungsheft 444, Ausgabe B, Bd. 20 (1954); (Dissertation Karlsruhe).

125. — Über den Einfluß der Föttinger-Getriebe auf den Brennstoffverbrauch. ATZ **59**, 239 bis 249, 359 bis 365 (1957).

126. — Föttinger-Wandler und -Kupplungen für Kraftfahrzeuge. Automobil-Industrie (1960), Nr. 8, 53 bis 83.

127. Föttinger, H.: Eine neue Lösung des Schiffsturbinenproblems. Jahrbuch der Schiffbautechnischen Gesellschaft (1910), 157 bis 225.

128. — Die hydrodynamische Arbeitsübertragung, insbesondere durch Transformation, ein Rückblick und ein Ausblick. Jahrbuch der Schiffbautechnischen Gesellschaft **31**, 171 bis 214 (1930).

129. — Die Kohlenstaubturbine auf der Grundlage der hydrodynamischen Arbeitsübertragung (Turbo-Übertragung). Jahrbuch der Schiffbautechnischen Gesellschaft **38**, 370 bis 396 (1937).

130. — Über einige Forschungsarbeiten aus dem Gebiet der Strömungslehre und ihrer Anwendungen. Jahrbuch der Schiffbautechnischen Gesellschaft **39**, 240 bis 245 (1938).

131. — Erörterung des Vortrages F. Kugel. ATZ **40**, 300 (1938).

132. Friedrich, K.: Flüssigkeitsgetriebe für Triebwagen. Z. VDI (1935), 1283.

133. Gaube, A.: Über die Zusammenarbeit von Schaufelgittern in Turbowandlern. Dissertation. Darmstadt 1954.

134. Gibson, W. B.: Matching Torque Converters to Prime Movers. Product engineering, November 1951.

135. — Hydraulic Torque Converter. Trans. Soc. automot. Engrs. **61**, 409 (1953).

136. Gillan, P. L. and W. S. Coleman: Can's and Can't's of Torque Converters in Highway Trucks and Tractors. S. A. E. J. (1953), October, 38 bis 41.

137. Golbrejh, A. A., und Tokarew: Einfluß der Viskosität der Arbeitsflüssigkeit bei Strömungsgetrieben. Automobilnaja promyslenost (1958), Nr. 10 (russisch).

138. Gsching, W.: Über die Entwicklung hydraulischer Wandler. Das Versuchswesen der Maschinenfabrik J. M. Voith (1945), H. 11.

139. Gsching, W.: Die theoretischen Grundlagen des Differential-Wandler-Getriebes. Voith, Forschung und Konstruktion (1959), H. 6.

140. Haller, G.: Hydrodynamische Drehmomentwandler und Strömungskupplungen. Klepzig Fachberichte **68**, Nr. 5 (1960).

141. Hammerskjöld, C.: 25 Jahre Lysholm-Smith-Drehmomentenwandler. Automobil-Industrie (1960), Nr. 8, 117 bis 122.

142. Hawroth, H. F. and A. Lysholm: Progress in Design and Application of the Lysholm-Smith Torque Converter with Special Reference to the Development in England. Proc. Instn. mech. Engrs. (1935), 193 bis 230.

143. Hennigs, W.: Über das Kennfeld von Strömungsgetrieben. Dissertation. Hannover 1952.

144. — Über das Kennfeld dreikränziger Föttinger-Getriebe. ATZ 54 (1952).

145. Iljin-Semistschastnow: Geometrie der Laufräder und ihr Einfluß auf das Betriebsverhalten eines einstufigen hydrodynamischen Drehmomentwandlers. Automobilnaja promyslenost (1958), Nr. 6 (russisch).

146. Zandasek, V. J.: The design of a single-stage three-element torque converter. L. R. Buckendale Lecture Nr. 7, S. A. E. (1961).

147. Kelley, O. K.: The *Polyphase* Torque Converter. S. A. E. quart. Trans. **3**, No. 2 (1949).

148. — Is the Torque Converter Going To Be „It"? S. A. E., Umdruck 281 vom 10. 1. 1949.

149. — *Polyphase* Torque Converter. S. A. E. quart. Trans. **6**, No. 1, 138 bis 142 (1952).

150. — The *Polyphase* Torque Converter. S. A. E. quart. Trans. **6**, No. 2, 347 (1952).

151. Keuffel, A.: Das *Trilok*-Strömungsgetriebe. Z. VDI (1934), 1321 bis 1322.

152. Kimberly, E.: Fluid Couplings for Passenger Cars. S. A. E. quart. Trans. **1**, No. 4, 577 bis 583 (1947).

153. Knaak, R.: Fahrzeugtechnische Untersuchungen des Betriebsverhaltens von Föttinger-Wandlern. Dissertation. Braunschweig 1954.

154. — Vergleich zwischen Triebwerken mit Zahnrad-Wechselgetriebe und Föttinger-Wandler auf Grund gemessener Fahrleistungen. Z. VDI **96**, 899 bis 963 (1954).

155. — Der Einfluß des Ausführungsmaßstabes eines Föttinger-Wandlers auf Leistungsfähigkeit und Wirtschaftlichkeit des Triebwerkes. ATZ **61**, 83 bis 87 (1959).

156. Koch, F.: Die kombinierte mechanisch-hydraulische Kraftübertragung. Beiheft 1 der MTZ, 39 bis 42.

157. Köhle, H.: Betriebsflüssigkeit für Föttinger-Organe. Z. VDI (1953), 761.

158. Kovacshazy, E.: Hydraulische Getriebe und ihre Anwendung im Kraftwagen. Fahrzeuge und Maschinen, Budapest (1954), Nr. 5, 147 bis 154.

159. Krekler, H.: Tiefbohranlagen mit Kraftübertragung durch Strömungsgetriebe. Erdöl und Kohle (1949), 442 bis 445.

160. Kugel, F.: Strömungsgetriebe. Dtsch. Mot. Ztschr. 14, 242 bis 252 (1937).

161. — Strömungsgetriebe und Kupplungen in Kraftfahrzeugen. ATZ (1938), 242.

162. — Stand und Aussichten der Strömungsgetriebe in der Kraftfahrzeugtechnik. ATZ (1946), 3.

163. — Über den Einfluß der Druckerhöhung in einem Wandler. Veröffentlichung der Voith-Werke Heidenheim, 1948.

164. — Strömungsgetriebe und Strömungskupplungen. Glückauf 81/84, 639 bis 646 und 675 bis 685 (1948).

165. — Strömungskupplungen zum Antrieb von Kraftfahrzeugen. ATZ (1951), H. 3.

166. — Föttinger-Kupplungen für Straßenfahrzeuge. ATZ (1953), 60.

167. — Einfluß der Stufenzahl auf die Kennwerte von Drehmomentwandlern. Voith, Forschung und Konstruktion 1, H. 1 (1955).

168. — Modellgesetz und Reihenbau bei hydrodynamischer Übertragung. Konstruktion (1957), H. 4, 140 bis 144.

169. — Hydrodynamische Kraftübertragung. Ölhydraulik und Pneumatik (1959), 70 bis 74, 169 bis 173, 201 bis 210, 251 bis 255.

170. — Die Föttinger-Kupplung als Schwingungsdämpfer. Motortechn. Zeitschrift 20, Nr. 11 (1959).

171. — Schwingungs- und Stoßdämpfung bei hydrodynamischer Kraftübertragung. Die Antriebstechnik 1, Nr. 1, 25 bis 33 (1962).

172. Kühner, K.: Das Strömungsgetriebe in Kraftfahrzeugen. ATZ (1937), 744.

173. Lang, H.: Hydraulische Kupplungen. Z. VDI 102, 447 bis 456 (1960).

174. Laptew, J. N.: Berechnung von komplexen, einstufigen Strömungsgetrieben. Automobilnaja promyslenost (1959), Nr. 3 (russisch).

175. Lemperke, B. von: Strömungsgetriebe. Motor 24, 30 (1936).

Lysholm, A., s. Haworth, H. F.

176. Marble, J. C.: Hydraulic Torque Converter. The Automobile Engineer (1934), October, 379 bis 381.

177. Martyrer, E.: Über das Anfahrverhalten von Föttinger-Drehmomentwandlern. Z. VDI 94, 127 bis 134 (1952).

178. — Pumpen, Verdichter und hydraulische Getriebe. Z. VDI (1953), 551 und 1027.

179. McFarland, F. R.: Positive Direct-Drive Two-Stage Torque Converters. S. A. E. quart. Trans. 6, 143 bis 146 (1952).

180. Müller, Th.: Flüssigkeitsgetriebe für Ölmotor-Lokomotiven. Z. VDI 69, 499 bis 504, 595 bis 600 (1925).

181. N. N.: New G. M. Torque Converter Tailored to Series 71 Engine. Diesel Power and Diesel Transportations (1949), January, 60 bis 62.

182. N. N.: How to Select Fluid Couplings. Product Engineering, Annual Handbook 1953, E 12 bis E 17.

183. N. N.: Die Bewertung von Ölen für Flüssigkeitsgetriebe in den U. S. A. Moderne Schmierung, Jahrgang 3, H. 3.

184. QUALMAN, J. W. and E. L. EGBERT: Fluid Couplings. S. A. E. Paper 359-B.

SADLER, L., s. SHURTS, F.

185. SANDEN, K. VON: *Trilok*, Versuch einer Rekonstruktion des Werdens der Forschungsgemeinschaft. Automobil-Industrie (1960), April, 85 bis 86.

186. SCHAEFER, R. M.: Two-Stage Torque Converter and Double Clutch. S. A. E. quart. Trans. **6**, 147 bis 149 (1952).

187. SCHAEFER, R. M. and J. A. WINTER: The Hydraulic Torque Converter — its Effect on the Power Train. Trans. Soc. automot. Engrs. **61**, 143 (1953).

188. SCHEUBEL, F. N.: Hydraulische Wandler für Landfahrzeuge. VDI-Berichte (1960), Nr. 42, 63 bis 69.

SCHNEIDER, R. C., s. BLOCH, P.

189. SCHUBELER, J. B.: Über die Anwendung hydraulischer Wandler in amerikanischen Schwerfahrzeugen. ATZ (1959), H. 3.

190. SHURTS, F. and L. SADLER: Fluid Power Transmissions. Product Engineering (1950), March, 113 bis 136.

191. SINCLAIR, H.: Recent Developments in Hydraulic Couplings. Proc. Instr. mech. Engrs (1935), 75 bis 100.

192. — Some Problems in the Transmission of Power by Fluid Couplings. Proc. Instr. mech. Engrs. **139**, 75 (1938).

193. SÖCHTING: Dämpfung der Drehschwingungen durch Flüssigkeits-kupplungen. Z. VDI **82**, 701 (1938).

194. SPIES, S.: Neue Flüssigkeitsgetriebe. Organ: „Eisenbahn" (1935), 59.

195. SPANNHAKE, E. W.: Hydrodynamics of the Hydraulic Torque Converter. S. A. E. quart. Trans. **3**, No. 4, 592 bis 608 (1949): S. A. E. J. (1949), August, 59 bis 66.

196. SPANNHAKE, W.: Erprobung des ersten FÖTTINGER-Transformators. Z. VDI (1912), 2078.

197. — Die neueste Ausführung des FÖTTINGER-Transformators. Z. VDI **57**, 721 bis 729 und 766 bis 777 (1913).

198. — Die Transformatoranlage des Seebäderdampfers „Königin Luise" der Hamburg-Amerika-Linie. Z. VDI **58**, 481 bis 487, 532 bis 540 (1914).

199. — Hydrodynamic Power Transmission for Motor Cars. Trans. Soc. automot. Engrs. **45**, No. 4, 433 bis 443 (1939).

200. — Hydrodynamics of the hydraulic torque converter. Automotive Industries (1949), July 38.

201. STEPHAN, W.: Übertragungsverhalten der FÖTTINGER-Kupplung. Z. VDI **88**, 505 bis 510 (1944).

202. — Ausführungsformen von FÖTTINGER-Übertragungen. Z. VDI (1952), 50 bis 58.

203. SZENASY, VON, ST.: Strömungsgetriebe. MTZ (1949), Beiheft I.

204. TENOT, A.: Transmissions hydrodynamiques, accouplements et convertisseurs de couple. Extrait des Mémoires de la Société des Ingenieurs Civils de France. Paris 1941.

205. TIMM, K.: Untersuchungen an FÖTTINGER-Kupplungen. ATZ (1959), 68 bis 74.

206. TRUSOW, S. M.: Einfluß der Laufräderausbildung auf das Betriebsverhalten einstufiger Strömungsgetriebe. Automobilnaja promyslenost (1957), Nr. 7.

207. — Wahl der Kennwerte hydrodynamischer Drehmomentwandler. Automobilnaja promyslenost (1959), Nr. 3 (russisch).

208. VÖLKER, H.: Übertragungsverhalten eines dreikränzigen FÖTTINGER-Wandlers. Ölhydraulik und Pneumatik (1959), 75 bis 77, 137 bis 146.

209. WACLAWEK, M. J.: Torque Converter for Industrial and Commercial Vehicles. Trans. Soc. automot. Engrs. (1954), 5 bis 12.

210. WAGENBACH: Zur Berechnung der hydraulischen Wandler. Sonderdruck aus der Festschrift der Techn. Hochschule Breslau. 1935.

211. WAGNER, L.: Ein Strömungsgetriebe für Großkraftwagen und Eisenbahnfahrzeuge. Deutsche Motor-Zeitschrift **13**, H. 10, 196 (1936).

212. WALKER, F. H.: Geared Torque Converters Give Better Performance. S. A. E. J. (1961), November, 55 bis 57.

213. — Multi-Turbine Torque Converters. S. A. E. Paper 359 C.

214. WICK, CH. H.: Latest Press Shop Methods Produce Latest Torque Converters. Machinary (1950), April, 158 bis 167.

WINTER, J. A., s. SCHAEFER, R. M.

215. WIRRY, H. J.: Über die Anwendung von hydraulischen Drehmomentwandlern. Automobil-Industrie (1961), September, 72 bis 84.

216. WOLF, M.: Alcune considerazioni sul sistema TM-FÖTTINGER. ATA (1955), 451.

217. YOUNGS, P. R.: Transition from Torque Converter to Fluid Coupling Operation in Torque Converters. S. A. E. quart. Trans. **6**, 134 bis 137 (1952).

218. ZIEBART, E.: Untersuchungen an einem FÖTTINGER-Getriebe mit axialdurchströmter Turbine. Dissertation. Hannover 1953.

219. ZIEBART, E.: Untersuchungen an einem FÖTTINGER-Getriebe. Z. VDI **95**, 1027 (1953).

D. Planetengetriebe

220. KRAUS, R.: Zur Systematik der gleichachsigen Drehzahlwechselgetriebe als Stirnrad-, Stand- und Umlaufgetriebe. ATZ **54**, 82 bis 86, 115 bis 121, 137 bis 139 (1952).

221. LANCHESTER, F. W. and G. H. LANCHESTER: Epicyclic Gears. Proc. Inst. mech. Engrs. (1924), 605.

222. N. N.: WILSON-Getriebe. ATZ **36**, 9 bis 11, 563 (1933).

223. POPPINGA, R.: Das Planetengetriebe im Kraftfahrzeug. ATZ **53**, 235 bis 238, 294 bis 296 (1951).

224. RÖHM, F.: Die Leistungsverzweigung der Umlaufgetriebe und ihre Kennlinien. ATZ **55**, 198 bis 199 (1953).

225. SODEN, GRAF A. VON: Umlaufgetriebe. Autotechnik **9**, Nr. 17, 9 (1920).

226. THÜNGEN, FRH. H. VON: Berechnung von Planetengetrieben. (ATZ Konstruktionstafel 102) ATZ **65**, 146 (1963).

227. WOLF, A.: Die Umlaufgetriebe und ihre Berechnung. Z. VDI **91**, 597 bis 603 (1949).

228. — Die Grundgesetze der Umlaufgetriebe. Braunschweig 1954.

229. ZAJONZ, R.: Die zeichnerische und rechnerische Untersuchung bei Stirnradumlaufgetrieben. Dissertation Dresden (1938) oder ATZ Beiheft, IV. Sammelband.

E. Hilfsgeräte

230. Böhmer, W.: Untersuchungen an Sperrsynchronisierungen. Kraftfahrzeugtechnik **9**, 481 bis 484 (1959).

231. Gagne, A. F.: One-Way Clutches. Machine Design (1950), April, 120.

232. Kelley, O. K. and M. S. Rosenberger: Automatic transmission control systems (*Hydramatic* transmission). S. A. E. quart. Trans. **1**, 559 bis 565 (1947).

233. Osterloh, H.: Der Klemmkörper-Freilauf im heutigen Kraftfahrzeug. ATZ (1961), 243 bis 245.

Rosenberger, M. S., s. Kelley, O. K.

234. Sicklesteel, D. T.: The Cooling of Torque Converter Transmissions, Types of Fluid and Sealing. S. A. E. Symposium, June 3 (1951).

235. — Torque Converter Cooling. S. A. E. quart. Trans. **6**, 150 bis 153 (1952).

236. Smirl, R. L.: Hydraulic Control Problems in Automatic Transmissions. Proc. Nat. Conf. Ind. Hydraulic **IV** (1950).

237. Thüngen, Frh. H. von: Der Freilauf. ATZ **59**, 1 bis 7 (1957).

F. Ausgeführte automatische Automobilgetriebe

238. Bugbee, J. T.: Talented Transmissions. S. A. E. quart. Trans. **6**, No. 1, 107 bis 127 (1952).

239. Buschmann, H.: Das Kreis-Getriebe. ATZ **52**, 39 bis 40 (1952).

240. Chapman, Ch. S. and R. J. Gorsky: The *Dual Path Turbine Drive*. S. A. E. J. (1961), April, 80 bis 84.

241. Chayne, C. A.: The Buick *Dynaflow* Drive. S. A. E. quart. Trans. **2**, 477 bis 486 (1948); und Automotive Industries (1948), May, 39.

242. — Automatic Transmissions in America. Proc. Instn. mech. Engrs. (1952), 9 (Auto Division).

242a. Chapman, C. S.: The Buick *Super Turbine ,,300"*. Soc. of Autom. Eng. (1964), Bericht 796 A.

Chapman, C. S., s. McFarland, F. R.

243. Chrysler Corporation: *Torqueflite* Transmission. (4 Hefte); Technician's Reference Guide, December 1959, July 1960.

244. Churchill, H. E.: Studebaker's Automatic Transmission. S. A. E. J. (1950), March, 20 bis 26.

245. Cotal: Changement de vitesse électromécanique ,,*Cotal*". J. Soc. Ing. Autom. **13**, 27 (1940).

Delorean, J. Z., s. Lucia, C. J.

246. Dibelius, G.: Prüfstandsversuche am Chevrolet-*Powerglide*-Getriebe. Versuchsanstalt für Strömungslehre und Hydraulische Maschinen, Techn. Hochschule Darmstadt. 1953.

English, H. J., s. Youngsen, H. T.

247. — Lincoln *Turbodrive* Transmission. S. A. E. Preprint (1955), June 12.

Förster, J. H., s. Kollmann, K.

248. — Die Entwicklung des *Dynaflow*-Getriebes. ATZ (1956), 247 bis 252.

249. — Zwei englische Getriebeautomaten für Kraftfahrzeuge europäischer Konzeption. ATZ **61**, 259 bis 265, 289 bis 296 (1959).

250. — Das neue automatische Getriebe von Daimler-Benz. ATZ **63**, 279 bis 293 (1961).

251. — Der Getriebeautomat von Daimler-Benz. Auto. Rev. (1961).

252. Förster, J. H.: Die automatischen Getriebe der amerikanischen „Compact Cars". ATZ **63**, 227 bis 239 (1961); **64**, 39 bis 47, 192 bis 195 (1962).

253. — Das Borg-Warner-Getriebe *Modell 35*. ATZ **64,** 122—131 (1962).

254. — Das automatische Getriebe von Daimler-Benz. Automobil-Industrie (1962), März, 116 bis 124.

255. Geschelin, J.: Buick Reveals Design of New *Dynaflow* Transmission. Automot. Industr. (1948), January, 28 bis 31, 56 bis 64.

256. — Making the *Dynaflow* — on Exacting Precision Job. Automot. Industr. (1948), May, 26 bis 28, 88 bis 91.

257. — Buicks New Setup for Tripled *Dynaflow* Production. Automot. Industr. (1949), July, 26 bis 29, 56.

258. — Automatic Transmissions. *Part II*. Packard-*Ultramatic*. Automot. Industr. (1949), May, 28 bis 34.
Part V. 1950 Studebaker Transmission. Automot. Industr. (1949), December, 16 bis 30, 85 bis 88.
Part VI. The new Chevrolet *Powerglide* Torque Converter Type Automatic Transmission. Automot. Industr. (1950), January, 40 bis 45, 76 bis 78. Part I, III und IV s. Heldt, P. M.

259. — Chevrolet's Torque Converter. Automot. Industr. (1950), March, 39 bis 42, 56.

260. — Packard's *Ultramatic*-Transmission in Production. Automot. Industr. (1950), March, 29 bis 43.

261. Giles, J. G.: A Review of Hydrokinetic Fluid Drives and their Possibilities for the British Motor Industry. Proc. Instr. mech. Engrs. 1956/57, Auto. Div. Proc. p. 43.

262. Giles, J. G. and B. C. Miles: A Survey of Automatically-operated Gearboxes. Motor Industry Research Association 1958/59.

263. Gorsky, R. J.: Buick's *Twin Turbine Dynaflow* Transmission. S. A. E. Preprint, January 1954.

264. — What's New About the 1956 *Dynaflow*? S. A. E. J. (1956), February, 50 bis 56.
— s. Chapman, Ch. S.

265. Gsching, W.: Das Voith-*Diwabus*-Getriebe. ATZ **55**, 53 bis 60 (1953).

266. Hahn, W.: Voith *Turbo* Transmissions. Proc. Instn. mech. Engn. (1935), **130**, 231 (1935).

267. Heldt, P. M.: Automatic Transmissions. *Part I*. Automot. Industr. (1949), April, 34 bis 36, 90, 94.
Part III. Chrysler Newest *M 6*-hydraulically Operated. Automot. Industr. (1949), June, 38 bis 42.
Part IV. *Hydra-Matic* Transmission. Automot. Industr. (1949), September, 29 bis 31, 67, 80.
Part II, V und VI s. Geschelin, J.

267a. Herrmann, H.: Renault mit automatischer Schaltung. Bunte Illustrierte (1963), Nr. 39, 38 bis 40.

268. Herndon, W. B.: *Hydra-matic* Transmission. S. A. E. quart. Trans. **6**, 128 bis 131 (1952).

269. — Two New *Hydra-Matic* Transmissions for 1961. S. A. E. Paper 290 A (1961).

269a. Hunt, A.: Two New Transmissions for GM Cars. Car Life, March 1964, 62 bis 65.
Kaufmann, R. E., s. Plexico, R. S.

270. KELLEY, O. K.: Automatic and Hydraulic Transmissions. S. A.E. quart. Trans. **6**, 347 bis 353 (1952).
  — s. WINCHELL, F. J.

271. KÖCHLING, P.: Das RIESELER-Getriebe. Der Motorwagen (1928) 142 bis 145, 173 bis 176.

272. KOEHLER, W. O.: New *Hydramatic* Smother, Safer. Motor (1955), October, 64.

273. KOLLMANN, K., und H. J. FÖRSTER: Amerikanische Fahrzeuggetriebe mit automatischer Gangschaltung oder stufenloser Drehmomentwandlung. ATZ **52**, 89 bis 110, 129 bis 151 (1950).

274. KOOP, D.: Vollautomatische SMITHS-Getriebe (Magnetpulver-Kupplung). Auto, Motor und Sport (1959), H. 9, 18.

275. KÜHNER, K.: Das ZF-*Media*-Getriebe. ATZ **55**, 63 (1953).

276. LUCIA, C. J. and J. Z. DELOREAN: The *Twin Ultramatic* Transmission. S. A. E. Preprint, (1955), June 12.
  McFARLAND, F. R., s. VINCENT, J. G.

277. McFARLAND, F. R. and C. S. CHAPMAN: The BUICK *Flight Pitch Dyna-flow*. S. A. E. Paper 29 A (1958).

278. M'EWEN, E.: Recent Developments in Automobile Transmission. Proc. Instn. mech. Engrs. (1947/48), 97.
  MILES, B. C., s. GILES, J. G.

279. MORRIS Oxford Betriebshandbuch, Section FFF, The Automatic Transmission (Werkstatthandbuch 1961).

280. N. N.: Ein vollautomatisches Stufengetriebe. ATZ (1939), 464.

281. N. N.: *Hydra-Matic* Transmission on 1940 *Olds*. Automot. Industr. **81**, 528 bis 532 (1939).

282. N. N.: Das Prinzip des automatischen KREIS-Getriebes . ATZ **42**, 509 (1939).

283. N. N.: The *Hydramatic* Gear Box. Auto. Engr. (1940), February 40.

284. N. N.: Stufenloses „*Dynaflow*"-Getriebe von BUICK. ATZ **50**, 76 bis 78 (1948).

285. N. N.: Major Features of PACKARD's New Automatic Transmission. Automot. Industr. (1949), May.

286. N. N.: The STUDEBAKER Automatic Transmission. S. A. E. Preprint (1950), January.

287. N. N.: The CHRYSLER *Powerflite* Transmission. S. A. E. Preprint (1954), January.

288. N. N.: EATON Automatic Drive Uses Magnetic Clutches. Automot. Industr. (1954), March, 50, 51 and 76.

289. N. N.: *Fordomatic*-Getriebe. Motor-Rundschau **24** (1954), 652 und 830.

290. N. N.: Plane Propeller Pitch Changer in BUICK *Dynaflow* Transmission. Product Engineering (1955), No. 2, 150 bis 152.

291. N. N.: *Autoselectric* Transmission. The Motor (1956), September, p. 232 bis 235.

292. N. N.: BORG-WARNER Automatic Transmission. Auto. Engr. (1956), September, 336.

293. N. N. (J. C. M.): Die Kraftübertragung „*Transfluide*" von RENAULT. Auto. Rev. vom 11. 9. 1957 (Nr. 39), 17.

294. N. N.: Das HOBBS-Getriebe — ein Heilmittel für Getriebesorgen? Motorrundschau **16** (1958).

295. N. N.: HILLMANN-*Minx* mit *Easidrive*. Motor-Rundschau (1960), 823.

296. N. N.: *Hydramatic 61-05* Transmission. Auto. Engr. (1960), 524.

297. N. N.: *Easidrive* — eine automatische Kraftübertragung ohne Leistungs-verlust. Auto.-Rev. (1960), Nr. 20, 21.

298. N. N.: Borgward-*Hansamatic*-Getriebe. Motor-Rundschau (1960), 418; und Automobil Technik und Sport (1960), H. 5, 7 bis 10.

299. N. N.: Opel *Kapitän* mit *Hydramatic*. Motor-Rundschau (1960), Nr. 24, 872.

300. N. N.: *Hydra-Matic* = Vollautomatik. Adam Opel AG. Rüsselsheim (1961).

301. N. N.: *Hydra-Matic 61-05*. Auto.-Rev. (1961), Nr. 12, 19.

302. N. N. (-er): ZF-Getriebeautomat für die Mittelklasse. Auto. Rev. vom 26. 10. 1961 (Nr. 46).

303. N. N.: *Dual Path Turbine Drive*. Auto-Rev. (1961), Nr. 23, 33.

304. N. N.: Borg-Warner-Transmission *35*. Auto. Engr. 51, H. 10, 365 bis 371, H. 11, 406 bis 411 (1961).

305. N. N.: A New Transmission (Borg-Warner). Compressed Air and Hydraulics 26, 308, 374 bis 376 (1961).

306. N. N.: *3 HP-12*, ein automatisches ZF-Getriebe für Mittelklassewagen. Auto, Motor und Sport (1961), H. 21.

307. N. N.: Ein deutscher Getriebeautomat für die Mittelklasse. Motor-Rundschau (1961), Nr. 18, 656.

308. N. N.: Das vollautomatische DAF-Antriebssystem. Druckschrift der Automobilgesellschaft für Deutschland G. m. b. H. und Co. K. G., Düsseldorf 1961.

309. N. N.: Transmissions. Auto. Engr. 51, Nr. 12, 465 bis 472 (1961).

310. N. N.: La Transmission automatique *T 124*. Renault Magazine (1962), Decembre, No. 49.

311. North, O. D.: P, N, D, L, R. A Detailed Study of the American Torque Converters. Auto. Engr. (1951), April/May, 83.

312. Patzkowsky, E. G.: Packard's *Ultramatic*-drive Built by Precision Manufactoring Methods. Machinery (1949), November, 171 bis 179.

313. Plexico, R. S. and R. E. Kaufmann: Chevrolet's Automatic Trans-mission. S. A. E. J. (1950), March, 27 bis 33.
     Popow, B. B., s. Solowjew, S. W.

314. Ricker, Ch.: How Buick Makes *Dynaflow* Brakes Tough. The Machinist (1948), October, 118 bis 119.

315. — *Dynaflow* Rotors Cast in Plaster Molds. American Machinist (1948), November, 120.

316. — How Buick Builds the *Dynaflow*. The Machinist (1949), February, 1417 bis 1421.
     Ronte, W. D., s. Winchell, F. J.

317. Rosenbeck, W.: Stufenloses „*Dynaflow*"-Getriebe von Buick. ATZ 50, 76 bis 78 (1948).

318. Schjolin, H. O.: GMC-s hydraulic „*V*"-Drive. S. A. E. J. (1949), September, 52 bis 55.

319. Schwab, O.: ZF-*Hydromedia*-Getriebe. Verkehr und Technik, Sonder-heft zu 38. IAA Frankfurt (1957), 46 bis 48.

320. — ZF-Getriebeautomat für Personenwagen der Mittelklasse. ATZ 64, 33 bis 38 (1962).

320a. ZF-Getriebeautomat 3 HP-12 für Mittelklassewagen. Automobil Revue Nr. 28 vom 25. 6. 1964, 17 bis 23.

321. Scott, D.: New Automatic Transmission Developed for British Cars. Automot. Industr. (1954), July, 68 bis 72.

321a. SENGER: Das HOBBS-Getriebe. Das Auto (1958), H. 17.

322. SOLOWJEW, S. W., und B. B. POPOW: Das automatische Getriebe des *Wolga M 21.* Kraftfahrzeugtechnik 8, 218 bis 220 (1958).

323. SOLOWJEW, S. W., und POSPELOW: Das automatische PKW-Getriebe „Tschaika". Automob. promyssl. (1961), Nr. 2, 7 bis 10.

324. STADIE: Ein neues automatisches Getriebe für Kraftwagen. VDI-Nachrichten vom 20. 9. 1961.

325. STOLLE, R.: Das BORGWARD-Getriebe. ATZ (1953), 70 bis 71.

326. STROBEL, W. K.: Das *Hydra-Matic*-Getriebe für Kraftfahrzeuge. Oelhydraulik und Pneumatik 5, 86 bis 88 (1961).

327. STÜPER, J.: Automatische Getriebe für europäische Personenautos. technica 11, 845 bis 848 (1962).

328. — Das automatische Getriebe der DAIMLER BENZ AG. technica 11, 1243 bis 1248 (1962).

329. SZENASY, ST. VON: Über amerikanische hydraulische Triebwerke. ATZ (1939), 601.

330. TITL, A.: Hydrodynamische Antriebe. Techn. Rundschau 54, Nr. 51 (1962).

331. VINCENT, J. G. and F. McFARLAND: PACKARD automatic transmission. Automot. Industr. (1949), July, 38.

332. WESTRATE, L.: Features of the FORD *Mercury* automatic transmission. Automot. Industr. (1949), March, 41, 62.

333. WICK, CH. H.: BUICK's *Dynaflow* Drive Built to Aircraft Tolerances. Machinery 54, April, 135 bis 142 (1948).

334. WINCHELL, F. J., RONTE, W. D., and O. K. KELLY: The CHEVROLET *Turboglide* Transmission. S. A. E. Paper 36, (1957).

335. WINKLER, G.: KREIS-Getriebe. Das Auto 2, 13 bis 15 (1947).

336. YOUNGSEN, H. T. and H. J. ENGLISH: The FORD *Mercury* Automatic Transmission. S. A. E. Preprint (1952).

337. ZIEBART, E.: Das neue SALERNI-Flüssigkeitsgetriebe. ATZ (1938), 478.

G. Verschiedenes

338. AKSENENKO, W. D.: General Analysis of twin-flow hydromechanical transmissions. Russ. Engng. J. (1960), Nr. 3, 6 bis 11 (russ./engl.).

339. BARTH, R.: The Aerodynamics of Car Body Shapes. Engineer's Digest 17, 427 (1956).

340. BEDINGFIELD, D. L.: Power-dividing Transmissions. New Zealand Engineering, 7, July (1952) and 9, No. 7, September, 290 (1954).

341. BLOCH, P. and R. C. SCHNEIDER: Hydraulische Antriebe mit Leistungsverzweigung. S. A. E. Paper Nr. 92 W, September 1959, und in „Technische Rundschau" (1961), Nr. 11 und 22.

341a. KRAUSS, S.: Das Drehmomentverhalten von Lamellenkupplungen. Automobil-Industrie (1964), September, 87 bis 99.

342. KUTZBACH, K.: Mechanische Leistungsverzweigung. Masch. Bau Betrieb, 8, 710, 716 (1929).

343. N. N.: Aerodynamic Tests on Vehicles; Models and Actual Vehicles. Union Technique de l'Automobile, Paper Nr. 11 (1950).

344. N. N.: Determining Drag of an Automobile under Actual Road Conditions. Automot. Industr. 103, September 15, 18 (1950).

345. PANTELL, K.: Der vielseitige Schöpfer auf technischem Gebiet — Prof. FÖTTINGER. Z. VDI (1952), 123.

346. REICHENBÄCHER, H.: Verzweigungsgetriebe und Leistungsregelung bei motorbetriebenen Fahrzeugen. Z. VDI **87**, 705 bis 714 (1943).
347. SALAMOUN, C.: Diferencialni prevody s hydrodynamickym variatorem. Strojirenstri **11**, Nr. 2 (1961) (tschechisch).
SCHNEIDER, R. C., s. BLOCH, P.
348. STONEX, K. A.: Passenger Cars Wind and Rolling Resistance. S. A. E. Preprint, March 8 (1949).
349. THÜNGEN, FRH. H. VON: Leistungsverzweigung und Scheinleistung in Getrieben. Z. VDI **83**, 730 bis 734 (1939).
350. — Leistungsverzweigung in Getrieben. ATZ **54**, 44 bis 47 (1952).
351. VÖLKER, A.: Prüfstandversuche an einem LJUNGSTRÖM-KRUPP-Lokomotivgetriebe. Z. VDI (1940), 938.
352. WILLE, R.: HERMANN FÖTTINGER, Ingenieur und Hochschullehrer. Z. VDI (1952), 121.

Namen- und Sachverzeichnis